EUL VERLAG

Rechnungslegung und Wirtschaftsprüfung

Herausgegeben von Prof. (em.) Dr. Dr. h. c. Jörg Baetge, Münster, Prof. Dr. Hans-Jürgen Kirsch, Münster, und Prof. Dr. Stefan Thiele, Wuppertal

Band 68
Marcel Faber
Unternehmenszusammenschlüsse durch Einlage von Kapitalgesellschaftsanteilen – Auswirkungen eines unechten Anteilstausches auf den Konzernabschluss nach IFRS
Siegburg 2018 • 248 S. • € 60,- (D) • ISBN 978-3-8441-0571-1

Band 69
Michael Huter
Die nichtfinanzielle Konzernerklärung – Kritische Analyse und Konkretisierung der handelsrechtlichen Vorschriften
Siegburg 2019 • 308 S. • € 66,- (D) • ISBN 978-3-8441-0576-6

Band 70
Jan Conrad
Vergleich der Bilanzierungsvorschriften für versicherungstechnische Rückstellungen nach IFRS 17 und nach Solvency II – Die Bausteinansätze für Erstversicherungsunternehmen in der Schaden- und Unfallversicherung
Siegburg 2019 • 296 S. • € 66,- (D) • ISBN 978-3-8441-0582-7

Band 71
Julian Höbener
Zwischenergebniseliminierung im IFRS-Konzernabschluss
Siegburg 2020 • 336 S. • € 70,- (D) • ISBN 978-3-8441-0602-2

Band 72
Fabian von Wieding
Krypto-Token in der IFRS-Rechnungslegung – Bitcoin, Ether & Co. als bilanzielle Herausforderung für das aktuelle Normen gefüge
Siegburg 2020 • 328 S. • € 68,- (D) • ISBN 978-3-8441-0604-6

JOSEF EUL VERLAG

Reihe: Rechnungslegung und Wirtschaftsprüfung · Band 72

Herausgegeben von Prof. (em.) Dr. Dr. h. c. Jörg Baetge, Münster, Prof. Dr. Hans-Jürgen Kirsch, Münster, und Prof. Dr. Stefan Thiele, Wuppertal

Dr. Fabian von Wieding

Krypto-Token in der IFRS-Rechnungslegung

Bitcoin, Ether & Co. als bilanzielle Herausforderung für das aktuelle Normengefüge

Mit einem Geleitwort von Prof. Dr. Hans-Jürgen Kirsch, Westfälische Wilhelms-Universität Münster

EUL VERLAG

Bibliografische Information der Deutschen Nationalbibliothek

Die Deutsche Nationalbibliothek verzeichnet diese Publikation in der Deutschen Nationalbibliografie; detaillierte bibliografische Daten sind im Internet über <http://dnb.d-nb.de> abrufbar.

Dissertation, Westfälische Wilhelms-Universität Münster, 2020

D 6

ISBN 978-3-8441-0604-6
1. Auflage März 2020

JOSEF EUL VERLAG GmbH
Zeithstr. 356
53721 Siegburg
Tel.: 0 22 05 / 90 10 6-80
Fax: 0 22 05 / 90 10 6-88
E-Mail: info@eul-verlag.de
https://www.eul-verlag.de

Bei der Herstellung unserer Bücher möchten wir die Umwelt schonen. Dieses Buch ist daher auf säurefreiem, 100% chlorfrei gebleichtem, alterungsbeständigem Papier nach DIN 6738 gedruckt.

Geleitwort

Bitcoin und andere Krypto-Token sind nicht nur angesichts ihrer erheblichen Wertschwankungen für Spekulanten von Interesse. Vielmehr nutzen Unternehmen zunehmend die Möglichkeit, mit Krypto-Token Transaktionen abzuwickeln, sodass diese auch für die wirtschaftliche Realität von steigender Bedeutung sind. Von besonderer praktischer Relevanz sind in diesem Zusammenhang diejenigen Krypto-Token, die als eine Art „Geldersatz" fungieren. Dies betrifft zum einen Zahlungs-Token, die – wie staatliche Währungen auch – dazu intendiert sind, als allgemeines Tauschmittel eingesetzt zu werden. Zum anderen sind hiervon auch bestimmte Nutzungs-Token eingeschlossen, die für einen vordefinierten Verwendungszweck als Tauschmittel eingesetzt werden können. Da auch nach IFRS bilanzierende Unternehmen verstärkt Krypto-Token zu Zahlungs- und bzw. oder zu Investmentzwecken halten, die IFRS aber keine expliziten Vorschriften hinsichtlich der bilanziellen Abbildung von Krypto-Token vorsehen und in der gegenwärtigen Bilanzierungspraxis (erhebliche) *diversity in practice* zu beobachten ist, stellt sich die Frage, wie Krypto-Token zu bilanzieren sind. Dies nimmt Herr von Wieding zum Anlass, um für erworbene Zahlungs-Token und für erworbene Nutzungs-Token mit einer Zahlungsfunktion zu untersuchen, wie diese sachgerecht, d. h. vor dem Hintergrund des Ziels der IFRS, entscheidungsnützliche Informationen zu vermitteln, bilanziell abzubilden sind.

Die Dissertation ist in sechs Kapitel untergliedert. Im **ersten Kapitel** erläutert der Verfasser zunächst die Problemstellung und leitet daraus das Ziel sowie den Gang der Untersuchung ab.

Anschließend werden im **zweiten Kapitel** in angemessener Kürze die begrifflichen und technologischen Grundlagen zu Krypto-Token gelegt und das Betrachtungsobjekt abgegrenzt. Nachdem einleitend auf das gegenwärtige, zentralisierte Finanzsystem und seine Schwachstellen, die der Ursprung zur Entwicklung von Krypto-Token sind, eingegangen wird, systematisiert Herr von Wieding nachfolgend unterschiedliche Token-Arten und erläutert ihre Funktion(en). Darauf aufbauend werden knapp, aber sehr eingängig, die technologische Basis der Transaktionsabwicklung von Krypto-Token anhand des Bitcoin-Systems und relevante Weiterentwicklungen im Krypto-Ökosystem mit Blick auf die zu untersuchenden Fragestellungen der Bilanzierung beschrieben.

Im **dritten Kapitel** legt Herr von Wieding die konzeptionellen Grundlagen der IFRS, die im Rahmen der Untersuchung als Analyse- und Würdigungsgrundlage dienen. In diesem Zusammenhang erläutert er unter anderem das im *Conceptual Framework* verankerte Ziel der Finanzberichterstattung nach IFRS und die zur Erfüllung des Ziels zu beachtenden qualitativen Anforderungen. Von besonderer Bedeutung für die vorliegende Arbeit sind angesichts der Neuartigkeit von Krypto-Token zudem die Ausführungen, wie im Kontext der IFRS mit Regelungslücken und auslegungsbedürftigen Vorschriften umzugehen ist.

Das **vierte Kapitel** bildet den Kern der Untersuchung. Im Anschluss an einleitende Vorbemerkungen (**Abschnitt 41**) systematisiert der Verfasser Krypto-Token anhand von zwei Betrachtungsebenen (Art der Krypto-Token, Verwendungsabsicht), die für die (spätere) tatbestandsseitige Einordnung in das Normengefüge der IFRS von Bedeutung sind (**Abschnitt 42**). Daran anschließend folgen die drei Hauptabschnitte der Analyse. Diese orientieren sich an den Fragestellungen, ob Zahlungs- und Nutzungs-Token abstrakt die Merkmale eines Vermögenswertes aufweisen, ob ein Standard *de lege lata* tatbestandsseitig auf die betrachteten Token anwendbar ist und ob die mit einer tatbestandsseitigen Einordnung in das IFRS-Normengefüge verbundenen Rechtsfolgen mit Blick auf das Ziel der IFRS, entscheidungsnützliche Informationen zu vermitteln, sachgerecht sind. In **Abschnitt 43** betrachtet Herr von Wieding zunächst sehr grundlegend die im Rahmenkonzept der IFRS angelegten allgemeinen Definitions- und Ansatzkriterien eines Vermögenswertes. Den Definitionskriterien eines Vermögenswertes nach CF.4.3 folgend diskutiert der Verfasser im ersten Schritt, ob Krypto-Token eine gegenwärtige wirtschaftliche Ressource sind, die von dem berichterstattenden Unternehmen kontrolliert wird und aus Ereignissen der Vergangenheit resultiert. Im zweiten Schritt werden dann die allgemeinen Ansatzkriterien untersucht. Vor dem Hintergrund, dass bei einer Erwerbstransaktion stets Anschaffungskosten vorliegen und die bei einem Ansatz der Krypto-Token in der Bilanz des berichterstattenden Unternehmens vermittelten Informationen entscheidungsnützlicher für die primären Adressaten des IFRS-Abschlusses sind als bei einem unterlassenen Ansatz, kommt Herr von Wieding zu dem Schluss, dass es sich bei Zahlungs- und Nutzungs-Token um ansatzpflichtige Vermögenswerte i. S. d. *Conceptual Framework* handelt.

In **Abschnitt 44** befasst sich Herr von Wieding mit der konkreten Bilanzierungsfähigkeit von Zahlungs- und Nutzungs-Token, d. h., ob ein Standard der IFRS sich tatbestandsseitig auf diese Token bezieht. Der Verfasser identifiziert in diesem Zusammenhang die Standards für Finanzinstrumente (IAS 32, IFRS 9, IFRS 7), immaterielle Vermögenswerte (IAS 38) und Vorräte (IAS 2) als potenziell anwendbar und untersucht die Anwendungsbereiche der jeweiligen Standards zunächst allgemein und anschließend mit Blick auf seinen konkreten Sachverhalt. Obgleich für Zahlungs- und für Nutzungs-Token angesichts ihrer Funktion als Tauschmittel und ihrer Verwendung als Investmentvehikel zunächst eine Bilanzierung als finanzieller Vermögenswert offensichtlich scheint, kommt eine entsprechende Einordnung in das IFRS-Normengefüge im Status quo nicht in Betracht. Dies ist unter anderem damit zu begründen, dass Zahlungs- und Nutzungs-Token nicht (in hinreichendem Umfang) mit den Charakteristika der in IAS 32.11 aufgeführten finanziellen Vermögenswerte (z. B. Zahlungsmittel, Eigenkapitalinstrumente, Derivate) übereinstimmen. So fungieren die betrachteten Token-Arten zwar prinzipiell als Zahlungsmittel, jedoch erfüllen Zahlungs- und Nutzungs-Token (noch) nicht die bilanzrechtlichen Geldfunktionen, vor allem nicht die Funktion als (allgemeines) Tauschmittel. Dementgegen erfüllen Zahlungs- und Nutzungs-Token die Definitions- und Ansatzkriterien für immaterielle Vermögenswerte nach IAS 38. Dies überrascht zunächst sachverhaltsbedingt insofern, als immaterielle Vermögenswerte im Anwendungsbereich des IAS 38 als „nicht-monetär“ definiert werden, Zahlungs- und Nutzungs-Token indes als Form des Geldersatzes verwendet werden. Angesichts der im IFRS-Kontext insgesamt, d. h. in IAS 7, IAS 21, IAS 32 und IAS 38, verwendeten Begrifflichkeiten zu Vermögenswerten mit monetärem Bezug leitet der

Verfasser jedoch her, dass Zahlungs- und Nutzungs-Token zumindest bilanzrechtlich als nichtmonetär einzustufen sind. Herr von Wieding kommt mithin zutreffend zu dem Schluss, dass Zahlungs- und Nutzungs-Token zwar quasi ein Fremdkörper im Anwendungsbereich des IAS 38 sind, formal allerdings die Anforderungen zur Anwendung des Standards erfüllt werden. Die Vorschriften des IAS 2 sind den Normen des IAS 38 indes vorrangig, sofern das berichterstattende Unternehmen die Krypto-Token im Rahmen des normalen Geschäftsgangs verkauft. Dies ist nur für bestimmte mit Krypto-Token handelnde Akteure im Krypto-Ökosystem der Fall. Vor dem Hintergrund, dass zwei Standards – abhängig von der Verwendungsabsicht und der normalen Geschäftstätigkeit – tatbestandsseitig für den untersuchten Sachverhalt einschlägig sind, folgert der Verfasser überaus überzeugend, dass keine offene Regelungslücke für die Bilanzierung von Zahlungs- und Nutzungs-Token im IFRS-Normengefüge besteht.

Mit der tatbestandsseitigen Einordnung von Zahlungs- und Nutzungs-Token sind entsprechende Rechtsfolgevorschriften in Hinblick auf die Erst- und Folgebewertung verbunden, die der Verfasser in **Abschnitt 45** konkretisiert, analysiert und würdigt. Im ersten Schritt konkretisiert Herr von Wieding die mit den Vorgaben der Standards verbundenen Bewertungsmaßstäbe. Besondere Herausforderungen bestehen in diesem Zusammenhang, wenn für Krypto-Token noch keine Marktpreise beobachtet werden können, was mitunter im Anschluss an die Ausgabe von Krypto-Token im Rahmen eines *Initial Token Offering* der Fall ist. Im zweiten Schritt würdigt der Verfasser die Rechtsfolgevorschriften des IAS 2 und des IAS 38 vor dem Ziel der IFRS. Während die mit der Erstbewertung im Allgemeinen und mit der Folgebewertung für *commodity broker-trader* im Speziellen vermittelten Informationen dem Ziel der IFRS förderlich sind, überzeugen die weiteren Folgebewertungsvorschriften in IAS 2 und in IAS 38 mit Blick auf die Charakteristika von Zahlungs- und Nutzungs-Token nur eingeschränkt, vor allem wenn der Bewertungsmaßstab im Zuge der Folgebewertung auf den (fortgeführten) Anschaffungskosten basiert und Marktpreise für den zu bewertenden Krypto-Token zu beobachten sind. Dies ist indes weniger darauf zurückzuführen, dass die Folgebewertungsvorschriften an sich unzulänglich sind, sondern liegt vielmehr an der befremdlichen tatbestandsseitigen Einordnung. So kann es nicht überraschen, dass bspw. in IAS 38 keine sachgerechten Rechtsfolgevorschriften für Tauschmittel und zu Investmentzwecken gehaltene Vermögenswerte angelegt sind, da typische immaterielle Vermögenswerte diese Funktionen nicht aufweisen und mithin die vorgeschriebenen Bewertungsmaßstäbe und die damit ggf. verbundenen Erfolgswirkungen auf anderen Prinzipien aufbauen.

In **Abschnitt 46** würdigt Herr von Wieding die bilanzielle Abbildung von erworbenen Zahlungs- und Nutzungs-Token im aktuellen IFRS-Normengefüge abschließend. Er kommt in diesem Zusammenhang zu der Schlussfolgerung, dass die *de lege lata* auf die betrachteten Token anzuwendenden Normen zu wesentlichen Einschränkungen in Bezug auf das Ziel der IFRS, entscheidungsnützliche Informationen zu vermitteln, führen.

Daher diskutiert Herr von Wieding im **fünften Kapitel** Möglichkeiten, um eine entscheidungsnützliche Bilanzierung *de lege ferenda* zu gewährleisten. Diesbezüglich schlägt er vor, Zahlungs- und Nutzungs-Token explizit in den Anwendungsbereich des IAS 32 und bzw. oder des IFRS 9 zu integrieren, d. h. als finanzielle Vermögenswerte zu bilanzieren. Eine damit verbundene GuV-wirksame Folgebewertung mit dem beizulegenden Zeitwert erachtet er als sachgerecht für Krypto-Token, für die Marktpreise beobachtet werden können. Zudem schlägt er eine Erweiterung der Ausnahmevorschrift für bestimmte Eigenkapitalinstrumente und Verträge über Eigenkapitalinstrumente in IFRS 9.B5.2.3 vor, wodurch die Vermögens- und Ertragslage in Bezug auf Krypto-Token, für die noch keine Marktpreise beobachtbar sind, insgesamt relevanter und glaubwürdiger dargestellt würde.

Im **sechsten Kapitel** fasst Herr von Wieding die wesentlichen Erkenntnisse seiner Untersuchung zusammen und rundet seine Arbeit mit einem kurzen Ausblick auf weitere zu adressierende Fragestellungen in Bezug auf die bilanzielle Abbildung von Krypto-Token in den IFRS ab.

Insgesamt wird in der vorgelegten Arbeit ausgesprochen differenziert argumentiert. Dabei orientiert sich der Verfasser konsequent an den einschlägigen Auslegungskriterien. Die dazu erforderlichen Grundlagen des Sachverhaltes und der Bilanzierung werden in der angemessenen Kürze, aber prägnant gelegt. Herr von Wieding arbeitet dann konsequent die verschiedenen Alternativen einer Abbildung von Krypto-Token in der IFRS-Systematik ab. Im Rahmen der Vorstellung des Betrachtungsobjektes gelingt es ihm sehr überzeugend, die für die Beantwortung von Bilanzierungsfragen notwendigen Facetten und technischen Grundlagen verständlich und in der gebotenen Kürze zu formulieren. Bei der Systematik der IFRS ist dann wenig überraschend keiner der analysierten Standards uneingeschränkt einschlägig, im Detail überrascht indes die höhere Passgenauigkeit von IAS 38 im Vergleich zu IAS 32/IFRS 9 für Finanzinstrumente. Der Verfasser argumentiert hier vordergründig formal, aber im IFRS-Kontext absolut zutreffend, da bei seiner Frage keine Möglichkeit besteht, die formale Betrachtung zugunsten einer mutmaßlich inhaltlich passgenaueren Lösung zu vernachlässigen. Diesen *„missmatch"* beseitigt Herr von Wieding dann mit seinem sehr gelungenen Vorschlag zur Änderung der Standards zu den Finanzinstrumenten. Der Vorschlag ist gleichermaßen kreativ wie sachgerecht, als die dafür erforderlichen Argumente im vierten Kapitel sehr konsequent vorbereitet werden und der Vorschlag selbst dann eher „minimalinversiv" ausfallen kann. Insofern bietet die vorgelegte Arbeit nicht nur eine wissenschaftlich fundierte Anwendungshilfe für die aktuelle Bilanzierungspraxis von Krypto-Token, sondern auch einen überzeugenden Vorschlag für die Änderung der relevanten Rechnungslegungsstandards, um so die aktuell bestehenden erheblichen Unsicherheiten der Bilanzierungspraxis zu beseitigen und damit zu vergleichbareren und damit entscheidungsnützlicheren IFRS-Abschlüssen beizutragen.

Münster, im Januar 2020 Prof. Dr. Hans-Jürgen Kirsch

Vorwort des Verfassers

Die vorliegende Arbeit entstand während meiner Tätigkeit als wissenschaftlicher Mitarbeiter am Institut für Rechnungslegung und Wirtschaftsprüfung (IRW) der Westfälischen Wilhelms-Universität Münster unter der Leitung von Herrn Prof. Dr. Hans-Jürgen Kirsch. Sie wurde von der Wirtschaftswissenschaftlichen Fakultät im Januar 2020 als Dissertation angenommen.

Ermöglicht wurde diese Arbeit durch die Unterstützung und Begleitung vieler Personen, denen ich allen zu großem Dank verpflichtet bin. Zu nennen ist in diesem Zusammenhang an erster Stelle mein hoch geschätzter akademischer Lehrer und Doktorvater Herr Prof. Dr. Hans-Jürgen Kirsch, der mir nicht nur die Chance zu einer Promotion gegeben hat, sondern mich auf diesem Weg auch umfassend wissenschaftlich betreut und mir stets den Raum gegeben hat, mich persönlich und fachlich weiterzuentwickeln. Wesentlich haben dazu nicht zuletzt die durch ihn geprägte Arbeitsatmosphäre sowie seine jederzeitige kritisch konstruktive Bereitschaft zu fachlichen Diskussionen beigetragen. Darüber hinaus möchte ich Herrn Prof. Dr. Peter Kajüter für die Übernahme des Zweitgutachtens und Frau Prof. Dr. Theresia Theurl für ihr Mitwirken in der Promotionskommission danken.

Ein großes Anliegen ist es mir zudem, mich bei meinen aktuellen und ehemaligen Kollegen und Kolleginnen am IRW zu bedanken. Dieser Dank gilt den fachlichen Diskussionen vor, im und nach den zahlreichen Doktorandenseminaren, der vertrauensvollen Zusammenarbeit und den (ausgiebigen) freizeitlichen Aktivitäten. Die Zeit am IRW wird mir vor diesem Hintergrund stets in bester Erinnerung bleiben. Namentlich hervorheben möchte ich Michael Huter und Julian Höbener, die mir während der Erstellung dieser Arbeit immerwährend als (kritische) Diskussionspartner beiseite gestanden haben, äußerst wertvolle fachliche Impulse lieferten und nicht zuletzt durch ihre kritische Prüfung des Manuskripts die Qualität der vorliegenden Arbeit wesentlich gefördert haben. Viel wichtiger wiegt für mich jedoch noch ihre persönliche Begleitung als Freunde während dieser Zeit. Auch danke ich den studentischen Hilfskräften des Instituts, die meine unzähligen Literaturwünsche jederzeit mit außerordentlichem Einsatz erfüllt und so die Anfertigung meiner Dissertation wesentlich unterstützt haben.

Schließlich möchte ich mich besonders bei meinen lieben Eltern, die mich stets bedingungslos in meinen Vorhaben unterstützt haben, mir fortwährend den Rücken gestärkt und ihr Vertrauen in mich ausgesprochen haben, und meinen Großeltern, Freunden, Schwiegereltern und Anni(ka) bedanken.

Mein größter Dank gebührt jedoch meiner Frau Nele, die mit ihrer optimistischen, fürsorglichen und verständnisvollen Art mein größter Rückhalt ist und insbesondere während meiner Promotionszeit war.

Münster, im Januar 2020 — Fabian von Wieding

Inhaltsübersicht

1 Einleitung ... 1

11 Problemstellung und Ziel der Untersuchung ... 1
12 Gang der Untersuchung ... 5

2 Grundlagen zu Krypto-Token ... 7

21 Zentralisierung im Finanzsystem als Anknüpfungspunkt für die Entstehung von Krypto-Token ... 7
22 Begriffsabgrenzung und Arten von Krypto-Token ... 10
23 Technologische Grundlagen von Krypto-Token ... 17

3 Konzeptionelle Grundlagen der Rechnungslegung nach IFRS ... 53

31 *Conceptual Framework* als theoretisch-konzeptioneller Unterbau ... 53
32 Ziel und Adressaten ... 54
33 Qualitative Anforderungen ... 57
34 Erfolgskonzeption und -ausweis ... 66
35 Schließung von Regelungslücken und Auslegung von Vorschriften ... 68

4 Konkretisierung und kritische Analyse der Bilanzierung von erworbenen Krypto-Token nach IFRS *de lege lata* ... 77

41 Vorbemerkungen ... 77
42 Systematisierung von Krypto-Token für bilanzielle Zwecke anhand der Arten und der möglichen Verwendungsabsichten ... 79
43 Allgemeine Bilanzierungsfähigkeit ... 83
44 Standardspezifische Bilanzierungsfähigkeit ... 102
45 Bewertung ... 152
46 Abschließende Würdigung der Bilanzierung von erworbenen Krypto-Token im aktuellen IFRS-Normengefüge ... 204

5 Vorschlag für eine entscheidungsnützliche Bilanzierung von erworbenen Krypto-Token nach IFRS *de lege ferenda* ... 209

51 Wesentliche Schwachstellen bei der Anwendung der aktuellen IFRS-Vorschriften auf Krypto-Token ... 209
52 Folgebewertung von erworbenen Krypto-Token bei Werterhöhungen über die ursprünglichen Anschaffungskosten ... 210
53 Anpassung bestehender Vorschriften ... 213

54 Entwicklung eigener Vorschriften für Krypto-Token 226

6 Zusammenfassung und Ausblick 229

Inhaltsverzeichnis

Geleitwort ... **V**
Vorwort des Verfassers ... **IX**
Inhaltsübersicht ... **XI**
Inhaltsverzeichnis ... **XIII**
Abbildungsverzeichnis ... **XIX**
Abkürzungsverzeichnis ... **XXI**

1 Einleitung ... **1**

11 Problemstellung und Ziel der Untersuchung ... 1
12 Gang der Untersuchung ... 5

2 Grundlagen zu Krypto-Token ... **7**

21 Zentralisierung im Finanzsystem als Anknüpfungspunkt für die Entstehung von Krypto-Token ... 7
22 Begriffsabgrenzung und Arten von Krypto-Token ... 10
23 Technologische Grundlagen von Krypto-Token ... 17
231. Transaktionen im Bitcoin-System als Ausgangspunkt für die Funktionsweise von Krypto-Token und der Blockchain ... 17
231.1 Vorbemerkungen ... 17
231.2 Initiierung einer Transaktion ... 18
231.3 Abwicklung einer Transaktion ... 22
231.31 Überblick über die verbleibenden Herausforderungen ... 22
231.32 Struktur und Fortschreibung der Bitcoin-Blockchain ... 23
231.33 *Proof-of-Work* und Anreizstrukturen ... 26
231.4 Akteure im Bitcoin-System ... 32
231.5 Zwischenfazit und Schwachstellen des Bitcoin-Systems ... 38
232. Ausgewählte Weiterentwicklungen ... 40
232.1 Vorbemerkungen ... 40
232.2 Konsensmechanismen ... 41
232.3 *Smart Contract* ... 43
232.4 *Initial Token Offering* ... 46
232.41 Begriff und Funktion ... 46
232.42 Ablauf ... 47

3 Konzeptionelle Grundlagen der Rechnungslegung nach IFRS ... **53**

31 *Conceptual Framework* als theoretisch-konzeptioneller Unterbau ... 53

32 Ziel und Adressaten ... 54
33 Qualitative Anforderungen ... 57
331. Vorbemerkungen ... 57
332. Fundamentale qualitative Anforderungen ... 58
332.1 Relevanz ... 58
332.2 Glaubwürdige Darstellung ... 60
333. Fördernde qualitative Anforderungen ... 62
334. Kostenrestriktion ... 65
34 Erfolgskonzeption und -ausweis ... 66
35 Schließung von Regelungslücken und Auslegung von Vorschriften ... 68
351. Überblick ... 68
352. Schließung von Regelungslücken ... 70
352.1 Umgang mit verdeckten Regelungslücken ... 70
352.2 Umgang mit offenen Regelungslücken ... 71
353. Auslegung von Vorschriften ... 73

4 Konkretisierung und kritische Analyse der Bilanzierung von erworbenen Krypto-Token nach IFRS *de lege lata* ... 77

41 Vorbemerkungen ... 77
42 Systematisierung von Krypto-Token für bilanzielle Zwecke anhand der Arten und der möglichen Verwendungsabsichten ... 79
43 Allgemeine Bilanzierungsfähigkeit ... 83
431. Vorgaben des *Conceptual Framework* ... 83
432. Definitionskriterien ... 85
432.1 Gegenwärtige wirtschaftliche Ressource ... 85
432.11 Vorbemerkungen ... 85
432.12 Potenzial zur Generierung von wirtschaftlichem Nutzen ... 85
432.13 Recht ... 87
432.2 Kontrolle ... 89
432.21 Herleitung des konstituierenden Kontrollmerkmals für Krypto-Token ... 89
432.22 Eigenständige Verwahrung ... 90
432.23 Verwahrung durch Dritte ... 92
432.231. Vorbemerkungen ... 92
432.232. Perspektive des Kunden eines Verwahrdienstleisters ... 93
432.233. Perspektive des Verwahrdienstleisters ... 94
432.24 Geteilte Verwahrung ... 96
432.3 Vergangenes Ereignis ... 97
433. Ansatzkriterien ... 99

44 Standardspezifische Bilanzierungsfähigkeit ... 102
441. Vorbemerkungen ... 102
442. Zuordnung zum kurz- oder langfristigen Vermögen ... 103
443. Abgrenzung der potenziell anwendbaren Standards ... 103
444. Finanzielle Vermögenswerte nach IAS 32 i. V. m. IFRS 9 ... 105
444.1 Anwendungsbereich und Definitions- und Ansatzkriterien ... 105
444.2 Zahlungs-Token ... 107
444.21 Arten von finanziellen Vermögenswerten ... 107
444.211. Zahlungsmittel ... 107
444.211.1 Barmittel und Sichteinlagen ... 107
444.211.2 Bilanzrechtliche Geldfunktionen ... 108
444.212. Zahlungsmitteläquivalente ... 113
444.213. Sonstige Arten von finanziellen Vermögenswerten 115
444.22 Vertragliche Gegenpartei ... 116
444.221. Emittent ... 116
444.222. Verwahrende Institution ... 118
444.222.1 Konkretisierung der vertraglichen Gegenpartei bei Zahlungsmitteln ... 118
444.222.2 Parallelen zu Zahlungs-Token ... 121
444.3 Nutzungs-Token ... 123
444.4 Zwischenfazit ... 127
445. Immaterielle Vermögenswerte nach IAS 38 ... 128
445.1 Anwendungsbereich und Definitions- und Ansatzkriterien ... 128
445.2 Definitionskriterien von immateriellen Vermögenswerten ... 130
445.21 Vermögenswert i. S. v. IAS 38 ... 130
445.22 Identifizierbarkeit ... 131
445.23 Fehlende physische Substanz ... 132
445.24 Fehlende Monetarität ... 133
445.3 Ansatzkriterien von immateriellen Vermögenswerten ... 137
445.4 Zwischenfazit ... 139
446. Vorräte nach IAS 2 ... 139
446.1 Anwendungsbereich und Definitions- und Ansatzkriterien ... 139
446.2 Verkauf im normalen Geschäftsgang ... 141
446.21 Konkretisierung der Anforderungen ... 141
446.22 Verwendungsabsicht als Determinante der tatbestandsseitigen Anwendbarkeit der Vorschriften auf erworbene Krypto-Token ... 143
446.23 Ausnahmevorschrift für *commodity broker-trader* nach IAS 2.3 (b) ... 144
446.3 Sonstige Arten von Vorräten ... 147
446.4 Zwischenfazit ... 148

447. Würdigung der standardspezifischen Bilanzierungsfähigkeit 149

45 Bewertung 152

451. Vorgaben zur Zugangs- und Folgebewertung nach IAS 38 und nach IAS 2 152

452. Bewertungsmaßstäbe 156

452.1 Anschaffungskosten nach IAS 38 und nach IAS 2 156

452.2 Beizulegender Zeitwert nach IFRS 13 159

452.21 Konzeption des beizulegenden Zeitwertes 159

452.22 Bestimmung des (relevanten) aktiven Marktes bei Krypto-Token 162

452.23 Bestimmung des beizulegenden Zeitwertes bei Fehlen eines aktiven Marktes für Krypto-Token 169

452.231. Vorbemerkungen 169

452.232. Marktbasierter Ansatz 170

452.232.1 Marktpreise 170

452.232.2 Marktmultiplikatoren 171

452.233. Einkommensbasierter Ansatz 173

452.234. Kostenbasierter Ansatz 175

452.235. Krypto-Token spezifischer Bewertungsansatz 176

452.3 Nettoveräußerungswert nach IAS 2 178

452.4 Nutzungswert nach IAS 36 179

452.5 Zwischenfazit 181

453. Würdigung der regelungssystematischen Normenanwendung 182

453.1 Zugangsbewertung nach IAS 38 und nach IAS 2 182

453.2 Folgebewertung nach IAS 38 185

453.21 Vorüberlegungen und Diskussion eines impliziten *scope out* 185

453.22 Folgebewertung im Anschaffungskostenmodell 187

453.23 Folgebewertung im Neubewertungsmodell 192

453.231. Analyse der Vermögenslage 192

453.232. Analyse der Ertragslage 194

453.3 Folgebewertung nach IAS 2 199

453.4 Zwischenfazit 202

46 Abschließende Würdigung der Bilanzierung von erworbenen Krypto-Token im aktuellen IFRS-Normengefüge 204

5 Vorschlag für eine entscheidungsnützliche Bilanzierung von erworbenen Krypto-Token nach IFRS *de lege ferenda* 209

51 Wesentliche Schwachstellen bei der Anwendung der aktuellen IFRS-Vorschriften auf Krypto-Token 209

52 Folgebewertung von erworbenen Krypto-Token bei Werterhöhungen über die ursprünglichen Anschaffungskosten 210

53 Anpassung bestehender Vorschriften 213
531. IAS 2 und IAS 38 als Anknüpfungspunkt 213
532. IAS 32 und IFRS 9 als Anknüpfungspunkt 215
532.1 Diskussion der Möglichkeiten zur tatbestandsseitigen Anpassung 215
532.2 Diskussion der Rechtsfolgen 219
532.21 Zugangsbewertung nach IFRS 9 219
532.22 Folgebewertung nach IFRS 9 220
532.23 Ausgewählte Anhang- und Ausweisvorschriften nach IFRS 7 und IAS 1 225
54 Entwicklung eigener Vorschriften für Krypto-Token 226

6 Zusammenfassung und Ausblick 229

Quellenverzeichnis 237

Verzeichnis der Kommentare und Handbücher 237
Verzeichnis der Aufsätze, Monografien und sonstigen Fachbeiträgen 240
Verzeichnis der Geschäftsberichte 289
Verzeichnis der Gesetze 290
Verzeichnis der Materialien aus dem Gesetzgebungs- oder Standardsetzungsprozess 291
Verzeichnis der Rechtsprechung 297
Verzeichnis der sonstigen Internetquellen 298

Abbildungsverzeichnis

Abbildung 2-1: Transaktionskette im Bitcoin-System 20

Abbildung 2-2: Möglichkeiten von Blockchain-*Forks* 31

Abbildung 2-3: Verwahrarten von privaten Schlüsseln und deren Ausgestaltungen 35

Abbildung 2-4: Ablauf eines *Initial Token Offering* 48

Abbildung 4-1: Struktureller Vergleich von Vermögenswerten mit monetärem Bezug in den verschiedenen Standards 134

Abbildung 4-2: Tatbestandsseitige Einordnung von erworbenen Zahlungs- und Nutzungs-Token in das IFRS-Normengefüge *de lege lata* 149

Abbildung 4-3: Anwendung der Quantitätsgleichung des Geldes auf Krypto-Token 177

Abkürzungsverzeichnis

A

A	Appendix (i. V. m. IFRS-Fundstellen)
a. A.	anderer Auffassung, anderer Ansicht
a. a. O.	am angegebenen Ort
AASB	Australian Accounting Standards Board
Abacus	A Journal of Accounting, Finance and Business Studies (Zeitschrift)
Abs.	Absatz
Abt.	Abteilung
ACM	ACM Transactions on Programming Languages and Systems (Zeitschrift)
AcSB	Accounting Standards Board
ADS	Adler/Düring/Schmaltz
AEUV	Vertrag über die Arbeitsweise der Europäischen Union
AG	Aktiengesellschaft; Application Guidance (i. V. m. IFRS-Fundstellen); Die Aktiengesellschaft (Zeitschrift)
AGB	Allgemeine Geschäftsbedingungen
Anm.	Anmerkung
Anm. d. Verf.	Anmerkung des Verfassers
AnwBl	Anwaltsblatt (Zeitschrift)
AOSSG	Asian-Oceanian Standard-Setters Group
ARDF	Accounting Research and Development Foundation
Art.	Artikel
ASIC	Application-Specific Integrated Circuit
ASBJ	Accounting Standards Board of Japan
ATM	Automated Teller Machine
Aufl.	Auflage

B

B	Appendix (i. V. m. IFRS-Fundstellen)
BaFin	Bundesanstalt für Finanzdienstleistungsaufsicht
b&b	Bilanz & Buchhaltung (Zeitschrift)
BB	Betriebs-Berater (Zeitschrift)
BBankG	Gesetz über die Deutsche Bundesbank
BBK	Buchführung, Bilanzierung, Kostenrechnung (Zeitschrift)
BBP	Betriebswirtschaft im Blickpunkt (Zeitschrift)
BC	Basis for Conclusion(s) (i. V. m. IFRS-Fundstellen)
BCZ	Basis for Conclusion(s) (alte Passagen) (i. V. m. IFRS-Fundstellen)
Bd.	Band
BDO	Binder, Dijker Otte & Co.

BFH	Bundesfinanzhof
BFuP	Betriebswirtschaftliche Forschung und Praxis (Zeitschrift)
BGB	Bürgerliches Gesetzbuch
BGBl.	Bundesgesetzblatt
BilReG	Bilanzrechtsreformgesetz
BKR	Zeitschrift für Bank und Kapitalmarktrecht
BMF	Bundesministerium der Finanzen
BMJV	Bundesministerium der Justiz und für Verbraucherschutz
BMWi	Bundesministerium für Wirtschaft und Energie
bspw.	beispielsweise
BTC	Bitcoin
Buchst.	Buchstabe
BVerfG	Bundesverfassungsgericht
bzw.	beziehungsweise

C

ca.	circa
CAPM	Capital Asset Pricing Model
CBOE	Chicago Board Options Exchange
CCZ	Corporate Compliance Zeitschrift
CD	Compact Disc
CEO	Chief Executive Officer
CF	Conceptual Framework; Corporate Finance (Zeitschrift)
CFO aktuell	Zeitschrift für Finance & Controlling
CL	Comment Letter
CME	Chicago Mercantile Exchange
Corp.	Corporation
CR	Computer und Recht (Zeitschrift)
CSA	Canadian Securities Administrators
CPA	Chartered Professional Accountants

D

d. h.	das heißt
DAA	Daily Active Adresses
DApp	dezentralisierte Applikation
DB	Der Betrieb (Zeitschrift)
DBW	Die Betriebswirtschaft (Zeitschrift)
DCF	Discounted Cash Flow
DK	Der Konzern (Zeitschrift)
DLT	Distributed Ledger Technologie

DP	Discussion Paper
DRS	Deutsche(r) Rechnungslegungsstandard(s)
DRSC	Deutsches Rechnungslegungs Standards Committee e. V.
DS-GVO	Datenschutz-Grundverordnung
DStR	Deutsches Steuerrecht (Zeitschrift)
DStZ	Deutsche Steuer-Zeitung
DuD	Datenschutz und Datensicherheit (Zeitschrift)

E

e. V.	eingetragener Verein
E-Geld	elektronisches Geld
EBA	European Banking Authority
EBITDA	Earnings Before Interest, Taxes, Depreciation and Amortization
ED	Exposure Draft
EFRAG	European Financial Reporting Advisory Group
EG	Europäische Gemeinschaft(en)
Einf.	Einführung
ERC	Ethereum Request for Comment
ESMA	European Securities and Markets Authority
etc.	et cetera
EU	Europäische Union
EuZW	Europäische Zeitschrift für Wirtschaftsrecht
EY	Ernst & Young
EZB	Europäische Zentralbank

F

F	Framework
f.	folgende (Randnummer, Seite)
FASB	Financial Accounting Standards Board
FER	Fachempfehlungen zur Rechnungslegung
ff.	folgende (Jahre)
FINMA	Eidgenössische Finanzmarktaufsicht
Fn.	Fußnote
FR	FinanzRundschau (Zeischrift)
FRC	Financial Reporting Council
FVTPL	Fair Value Through Profit and Loss

G

GAAP	Generally Accepted Accounting Principle(s)
GesKR	Gesellschafts- und Kapitalmarktrecht (Zeitschrift)
ggf.	gegebenenfalls
GoB	Grundsätze ordnungsmäßiger Buchführung

GuV	Gewinn- und Verlustrechnung
H	
HB	Handbuch
HdJ	Handbuch des Jahresabschlusses
HdR	Handbuch der Rechnungslegung
HFA	Hauptfachausschuss des IDW
HGB	Handelsgesetzbuch
Hrsg.	Herausgeber
hrsg. v.	herausgegeben von
I	
ICAA	Institute of Chartered Accountants of Alberta
i. d. R.	in der Regel
i. S. d.	im Sinne der, des
i. V. m.	in Verbindung mit
IAS	International Accounting Standard(s)
IASB	International Accounting Standards Board
IASC	International Accounting Standards Committee
ICO	Initial Coin Offering
IDW	Institut der Wirtschaftsprüfer in Deutschland e. V.
IDW FN	IDW Fachnachrichten (Zeitschrift)
IE	Illustrative Examples (i. V. m. IFRS-Fundstellen)
IFRIC/IFRS IC	International Financial Reporting Interpretations Committee
IFRS	International Financial Reporting Standard(s)
IG	Implementation Guidance (i. V. m. IFRS-Fundstellen)
iGAAP	international GAAP
Inc.	Incorporated
inkl.	inklusive
int.	international
InTer	Zeitschrift zum Innovations- und Technikrecht
IOSCO	International Organization of Securities Commissions
IOT	Internet of Things
IP	Internet Protocol
IPO	Initial Public Offering
ITO	Initial Token Offering
ITRB	Der IT-Rechts-Berater (Zeitschrift)
IRZ	Zeitschrift für Internationale Rechnungslegung
IT	Informationstechnik
J	
JAR	Jahrbuch des Schweizerischen Arbeitsrechts

JBB	Journal for Banking Law and Banking (Zeitschrift)
jurisPR-BKR	juris PraxisReport Bank- und Kapitalmarktrecht
JZ	JuristenZeitung

K

Kap.	Kapitel
KG	Kammergericht
KoR	Zeitschrift für internationale und kapitalmarktorientierte Rechnungslegung
KPMG	Klynveld Peat Marwick Goerdeler
K&R	Kommunikation und Recht (Zeitschrift)
KWG	Gesetz über das Kreditwesen

L

Ltd.	Limited

M

m. w. N.	mit weiteren Nachweisen
M&A	Mergers and Acquisitions
MB	MegaByte
Mio.	Million(en)
MME	Meyer Müller Eckert
MMR	Multimedia und Recht (Zeitschrift)
MüKo	Münchener Kommentar
MwStR	Mehrwertsteuerrecht (Zeitschrift)

N

NJW	Neue Juristische Wochenschrift (Zeitschrift)
Nr.	Nummer(n)
NVT	Network Value to Transactions
NVwZ	Neue Zeitschrift für Verwaltungsrecht
NZASB	New Zealand Accounting Standards Board
NZBau	Neue Zeitschrift für Baurecht und Vergaberecht
NZG	Neue Zeitschrift für Gesellschaftsrecht
NZWiSt	Neue Zeitschrift für Wirtschafts-, Steuer- und Unternehmensstrafrecht

O

o. Ä.	oder Ähnliche(s)
o. S.	ohne Seite(n)
OB	Objective (i. V. m. IFRS-Fundstellen)
OCI	Other Comprehensive Income
OIC	Organismo Italiano di Contabilità
OLG	Oberlandesgericht

OTC	Over the Counter
P	
P2P	Peer-to-Peer
PIN	Personal Identification Number
PiR	Praxis der internationalen Rechnungslegung (Zeitschrift)
PwC	PricewaterhouseCoopers
Q	
Q&A	Question and Answer
R	
ReLe	Rechnungslegung
RdF	Recht der Finanzinstrumente (Zeitschrift)
RGBl.	Reichsgesetzblatt
Rn.	Randnummer(n)
RS	Stellungnahme(n) zur Rechnungslegung
S	
S.	Seite(n)
S. A.	Société Anonyme (Rechtsform einer AG)
SEPA	Single Euro Payments Area
SFAS	Statement of Financial Accounting Standards
sog.	sogenannte(s/r/n)
Sp.	Spalte(n)
ST	Der Schweizer Treuhänder (Zeitschrift)
STO	Security Token Offering
StPO	Strafprozessordnung
StuB	Unternehmensteuern und Bilanzen (Zeitschrift)
T	
TAD	Tentative Agenda Decision
TAN	Transaktionsnummer
U	
u. a.	unter anderem, und andere
Ubg	Die Unternehmensbesteuerung (Zeitschrift)
UGB	Unternehmensgesetzbuch
US	United States
USB	Universal Serial Bus
V	
vgl.	vergleiche

VO	Verordnung
vs.	versus

W

WEF	World Economic Forum
WEIS	Workshop on the Economics of Information Security
WiSt	Wirtschaftswissenschaftliches Studium (Zeitschrift)
WM	Zeitschrift für Wirtschafts- und Bankrecht
WPg	Die Wirtschaftsprüfung (Zeitschrift)
WpHG	Wertpapierhandelsgesetz
WpPG	Wertpapierprospektgesetz
WpÜG	Wertpapiererwerbs- und Übernahmegesetz

Z

ZAP	Zeitschrift für die Anwaltspraxis
z. B.	zum Beispiel
ZBB	Zeitschrift für Bankrecht und Bankwirtschaft
ZD	Zeitschrift für Datenschutz
zfbf	Zeitschrift für betriebswirtschaftliche Forschung
ZGR	Zeitschrift für Unternehmens- und Gesellschaftsrecht
ZHR	Zeitschrift für das gesamte Handelsrecht und Wirtschaftsrecht
zit.	zitiert
ZRFC	Risk, Fraud & Compliance (Zeitschrift)
ZVglRWiss	Zeitschrift für Vergleichende Rechtswissenschaft

1 Einleitung

11 Problemstellung und Ziel der Untersuchung

> *„Economic innovations often pose challenges for accounting standard setters, regulatory bodies and taxation authorities. One recent innovation in the economy has been the increased use of 'virtual currencies,' such as bitcoin, to conduct transactions.*"[1]

Disruptive (technologische) Innovationen können nicht nur ganze Branchen verändern, sondern darüber hinaus jeden Bereich einer Gesellschaft, was sich in den vergangenen Jahrzehnten unter anderem an der Verbreitung des Internets und damit verbunden der Nutzung von E-Mails, von sozialen Medien sowie von Smartphones gezeigt hat.[2] Als eine der jüngeren technologischen Disruptionen ist das Kryptowährungssystem **Bitcoin** anzusehen.[3] Hierbei handelt es sich um ein elektronisches Zahlungssystem, in dem Transaktionen mit einer dem System zugrunde liegenden Werteinheit ohne zentrale Institution(en) abgewickelt werden.[4] Mithin sind die im aktuellen Zahlungsverkehr zur Durchführung von Transaktionen erforderlichen Intermediäre, wie bspw. Banken, in diesem System überflüssig. Die den Intermediären im Zahlungsverkehr zukommende Funktion, Vertrauen zwischen den an einer Transaktion beteiligten Parteien zu gewährleisten, wird im Bitcoin-System von einem kryptografisch abgesicherten Konsensmechanismus in Verbindung mit einer verteilten Datenbank (sog. **Blockchain**) übernommen.[5] In der Blockchain werden hierbei automatisiert alle getätigten Transaktionen dokumentiert,[6] sodass „eine lückenlose, unveränderliche Historie von Eigentums- und Übertragungsbeziehungen"[7] festgehalten wird.

Auch wenn die Zahl und das Volumen der Transaktionen im Bitcoin-System in Anbetracht der weltweit abgewickelten Zahlungsvorgänge noch eher gering sind,[8] ersetzen Bitcoin-Transaktionen sowohl im Online- als auch im Offline-Geschäft vermehrt herkömmliche Zahlungsmittel,[9] „sind also Teil der ökonomischen Realität."[10] Neben der originär angedachten Verwendung von Bitcoin-Werteinheiten als **Tauschmittel** für Güter und für Dienstleistungen werden diese zudem – insbesondere in der Öffentlichkeit und in den Medien – als **Spekulationsobjekt** wahrgenommen.[11] Dies verwundert insofern nicht, als Anfang Januar 2017 der Preis einer Bitcoin-

---

1 MAIER, M., Accounting for virtual currencies, S. 8.

2 Vgl. LOADER, B. D./DUTTON, W. H., A Decade in Internet Time, S. 609–615.

3 Vgl. SCHLATT, V. U. A., Blockchain, S. 5.

4 Vgl. NAKAMOTO, S., A Peer-to-Peer Electronic Cash System, S. 1.

5 Vgl. statt vieler SIXT, E., Bitcoins und Blockchain, S. 31 f.

6 Vgl. BRÜHL, V., Distributed Ledgers und Industrie 4.0, S. 544; WORLD BANK GROUP (Hrsg.), DLT and Blockchain, S. VII und S. 1.

7 BRÜHL, V., Distributed Ledgers und Industrie 4.0, S. 544.

8 Vgl. THIELE, C.-L., Eine Währung lebt vom Vertrauen, S. 8.

9 Vgl. PESCH, P. J., Cryptocoin-Schulden, S. 2; BECK, B., Bitcoins als Geld im Rechtssinne, S. 580.

10 FREIBERG, J., Digitale (Krypto-)Währungen nach IFRS, S. 148, der sich hierbei allgemeiner auf Kryptowährungen bezieht.

11 Vgl. KIRSCH, H.-J./VON WIEDING, F., Bitcoin im IFRS-Kontext, S. 115.

Werteinheit noch bei knapp unter 1.000 US-Dollar lag, bis Mitte Dezember 2017 auf fast 20.000 US-Dollar stieg und nach einem erheblichen Preisrückgang im Jahr 2018 (knapp 4.000 US-Dollar im Januar 2018) Ende 2019 wieder bei über 7.000 US-Dollar notierte.[12] Mit Blick auf den aktuellen Preis und auf die Zahl an emittierten Bitcoin-Werteinheiten ergibt sich hieraus eine Marktkapitalisierung von über 130 Milliarden US-Dollar.

Die Abwicklung von Transaktionen im Bitcoin-System ist nur eines von vielen Beispielen, in denen die Blockchain-Technologie sinnvoll eingesetzt werden kann,[13] wobei Bitcoin als Alternative zu konventionellen Währungen der erste praktisch implementierte Anwendungsfall war. Mittlerweile kommen blockchainbasierten Werteinheiten regelmäßig weitere Funktionen in einem Krypto-Ökosystem zu. So können blockchainbasierte Werteinheiten, welche auch als **Krypto-Token** bezeichnet werden, unter anderem verschiedene Wirtschaftsgüter und die damit verbundenen Rechte und Pflichten repräsentieren, bspw. eine Immobilie, ein Wertpapier oder eine Art von Gutschein.[14] Inzwischen existieren bereits mehr als 2.200 unterschiedliche Krypto-Token.[15] Die große Zahl an unterschiedlichen Krypto-Token beruht auch darauf, dass nicht jeder Token eine eigene Blockchain-Infrastruktur benötigt, sondern vielmehr auf einer bestehenden Blockchain mittels eines sog. *Smart Contract* funktionsbezogen Krypto-Token geschaffen werden können. Eine entsprechende technologische Plattform bietet bspw. die **Ethereum-**Blockchain, auf der Transaktionen mittels der Ethereum-Werteinheit „Ether" erfolgen.[16] Die Möglichkeit, Krypto-Token mittels eines *Smart Contract* zu erstellen, wird insbesondere zur Finanzierung von noch zu entwickelnden Geschäftsmodellen verwendet. Im Rahmen eines solchen sog. ***Initial Token Offering*** werden neue Krypto-Token erstellt und anschließend an Investoren und an potenzielle Nutzer, die die erworbenen Token bspw. zu einem späteren Zeitpunkt bei dem emittierenden Unternehmen für ein Gut oder für eine Dienstleistung einlösen können, verkauft.[17] Über dieses Finanzierungsinstrument wurden im Jahr 2018 knapp 20 Milliarden US-Dollar an Kapital eingesammelt.[18] Dies und die bereits partielle Nutzung als Tauschmittel sowie als Spekulationsobjekt veranschaulichen die Bedeutung von Transaktionen mit Krypto-Token im aktuellen Wirtschaftsverkehr, was durch die erwartete, künftig steigende Nutzung von Krypto-Token und von der Blockchain zusätzlich untermauert wird.[19]

---

[12] Vgl. insgesamt zu den historischen Preisen von Bitcoin-Werteinheiten und der Marktkapitalisierung COINMARKETCAP (Hrsg.), Historical data for Bitcoin, o. S.

[13] Vgl. zu den potentiellen Einsatzbereichen einer Blockchain SCHLATT, V. U. A., Blockchain, S. 15–34; SEFFINGA, J. U. A., Blockchain in der Praxis, S. 811–820; HOSP, J., Blockchain 2.0, S. 87–211. Auch die deutsche Bundesregierung arbeitet aktuell an einer Strategie zum Umgang mit der Blockchain-Technologie, wobei vor allem verschiedene Regulierungsthemen angegangen werden sollen. Vgl. BMWI/BMF (Hrsg.), Blockchain-Strategie der Bundesregierung, S. 1–24.

[14] Vgl. hierzu ausführlich Abschnitt 22.

[15] Vgl. COINMARKETCAP (Hrsg.), All Cryptocurrencies, o. S.

[16] Vgl. hierzu ausführlich ANTONOPOULOS, A. M./WOOD, G., Ethereum, S. 171–252.

[17] Vgl. hierzu ausführlich Abschnitt 22 und Abschnitt 232.4.

[18] Vgl. ausführlich STRATEGY&/PWC (Hrsg.), 5th ICO / STO Report, S. 1–11, sowie für das Jahr 2017 EY (Hrsg.), Initial coin offerings, S. 1–44; EY (Hrsg.), ICOs – The Class of 2017, S. 1–13.

[19] Das Weltwirtschaftsforum geht bspw. davon aus, dass bis zum Jahr 2025 10 % des globalen Bruttoinlandsprodukts auf einer Blockchain gespeichert sind. Vgl. WEF (Hrsg.), Technology Tipping Points and Societal

Angesichts dieser Umstände verwundert es nicht, dass auch nach **IFRS bilanzierende Unternehmen** zunehmend Transaktionen mit Krypto-Token eingehen,[20] was zwangsläufig zu der Frage führt, wie Krypto-Token sachgerecht im IFRS-Abschluss abzubilden sind. Herausforderungen bei der Bilanzierung von Krypto-Token sind damit verbunden, dass es eine Vielzahl an unterschiedlichen Krypto-Token gibt, denen entsprechend verschiedene funktionale und technische Charakteristika sowie differierende Rechte und Pflichten zugrunde liegen,[21] die es bei der Bilanzierung zu berücksichtigen gilt. Die Beurteilung des konkreten Sachverhaltes für bilanzielle Zwecke wird darüber hinaus dadurch erschwert, dass Krypto-Token mit unterschiedlichen Absichten gehalten werden.[22] Zudem helfen die aktuellen IFRS-Vorschriften den berichterstattenden Unternehmen diesbezüglich nur bedingt, da sich im IFRS-Regelungskanon weder ein Standard noch eine Interpretation explizit auf Krypto-Token bezieht.

Dass die Anwendung der bestehenden IFRS-Normen auf Krypto-Token keinesfalls eindeutig ist, zeigt sich unter anderem daran, dass sich bislang keine einheitliche Bilanzierungspraxis etabliert hat, sondern vielmehr ***diversity in practice*** besteht.[23] So lässt sich in der aktuellen Bilanzierungspraxis unter anderem beobachten, dass die berichterstattenden Unternehmen i. S. v. IAS 8.7–9 zum Ergebnis kommen, dass sich (verschiedene) Standards im IFRS-Normengefüge tatbestandsseitig ausdrücklich auf Krypto-Token beziehen. Diesbezüglich ist festzustellen, dass Krypto-Token als finanzielle Vermögenswerte (IAS 32 i. V. m. IFRS 9), Vorräte (IAS 2) oder immaterielle Vermögenswerte (IAS 38) bilanziert werden.[24] Andere IFRS-Bilanzierer gelangen demgegenüber zu dem Schluss, dass kein Standard und keine Interpretation unmittelbar auf den Sachverhalt anzuwenden ist und mithin eine offene Regelungslücke in den Normen der IFRS verbleibt, die unter Berücksichtigung von IAS 8.10–12 sachgerecht vom berichterstattenden Unternehmen zu schließen ist. Die beschriebenen Umstände indizieren bereits, wie herausfordernd es mitunter sein kann, einen neuen Sachverhalt in das von kasuistischen Normen geprägte Gefüge der IFRS zu integrieren.

Vor diesem Hintergrund und der steigenden Zahl an Transaktionen mit Krypto-Token ist es nicht überraschend, dass sich auch der IASB und andere Standardsetzer[25] mittlerweile mit der Bilanzierung von (bestimmten)[26] Krypto-Token beschäftigen. So wurde mit Blick auf eine Bilanzierung nach IFRS erstmals im Rahmen der *Agenda Consultation 2015* ein *Research Project*

Impact, S. 24.

20 Vgl. IASB (Hrsg.), Staff Paper 12D (July 2018), Rn. 70.

21 Vgl. BaFin (Hrsg.), Digitalisierung, S. 54.

22 Vgl. so auch EY (Hrsg.), Bilanzierung von Kryptovermögenswerten, S. 3.

23 Vgl. AASB (Hrsg.), Digital currency, S. 8.

24 Vgl. hier und im folgenden Satz IFRS IC (Hrsg.), Staff Paper 4B (September 2018), Rn. 37; IASB (Hrsg.), Staff Paper 12J (November 2019), Rn. 12; CSA (Hrsg.), CL (TAD Holdings of Cryptocurrencies), S. 3.

25 Vgl. m. w. N. IASB (Hrsg.), Staff Paper 12A (January 2018), Rn. 25–30; IFRS IC (Hrsg.), Staff Paper 4B (September 2018), Rn. 21–29; EY (Hrsg.), Bilanzierung von Kryptovermögenswerten, S. 34 f.

26 Angesichts ihrer praktischen Bedeutung stehen in diesem Zusammenhang bislang vor allem Token mit einer Zahlungsfunktion im Fokus der (bilanziellen) Betrachtung, insbesondere sog. Kryptowährungen wie Bitcoin-Werteinheiten.

zu digitalen Währungen (inkl. Kryptowährungen) andiskutiert,[27] jedoch nicht weiterverfolgt.[28] Intensiviert wurden die Bemühungen, eine sachgerechte Bilanzierungslösung für bestimmte Krypto-Token zu finden, wieder ab Januar 2018, d. h. kurz nach den bisherigen Kurshöchstständen an den Märkten für Krypto-Token. Als Ergebnis der Konsultationen brachte das **IFRS IC** im Juli 2019 eine ***agenda decision* zur Bestandsbilanzierung von Kryptowährungen** heraus.[29] Anders als die aktuelle Bilanzierungspraxis und die umfassende Kritik[30] der Kommentierenden an der Agendaentscheidung vermuten lässt, kommt das IFRS IC zu dem Schluss, dass die bestehenden IFRS-Vorschriften eindeutig seien und sinnvoll auf den betrachteten Tatbestand angewendet werden könnten.

Auch wenn das IFRS IC mit seiner Agendaentscheidung die Bilanzierung von bestimmten Krypto-Token mittelbar regelt,[31] indiziert nicht nur die aktuelle Bilanzierungspraxis, sondern auch die Kritik an der Agendaentscheidung, dass es dringend erforderlich ist, den Charakter von Krypto-Token für Zwecke der IFRS grundlegend zu untersuchen. Vor diesem Hintergrund besteht das **Ziel der vorliegenden Arbeit** darin, für Krypto-Token haltende Unternehmen eine entscheidungsnützliche bilanzielle Abbildung im IFRS-Abschluss abzuleiten. Den ersten Anknüpfungspunkt hierfür bilden die aktuellen Standards und Interpretationen im IFRS-Normengefüge (*de lege lata*-Betrachtung), sodass zunächst zu prüfen ist, ob diese tatbestandsseitig auf Krypto-Token anwendbar sind oder ob für Krypto-Token eine Regelungslücke in den Normen der IFRS vorliegt. Zudem ist zu evaluieren, ob die ggf. tatbestandsseitig anzuwendenden Vorschriften auf der Rechtsfolgeseite den fundamentalen qualitativen Anforderungen an die Informationsvermittlung im Rahmen der Berichterstattung genügen. Unter Berücksichtigung der hierbei gewonnenen Erkenntnisse sollen anschließend Vorschläge entwickelt werden, durch die die Güte der Berichterstattung zu Krypto-Token im Rahmen der IFRS weiter erhöht werden könnte (*de lege ferenda*-Betrachtung).

Die vielfältigen Gestaltungsmöglichkeiten von Krypto-Token und die unterschiedlichen Formen von (Zugangs-)Transaktionen erfordern eine **Eingrenzung** der in dieser Arbeit betrachteten Sachverhalte. So beschränkt sich die vorliegende Arbeit auf bestimmte Token-Arten, die entwickelt wurden, um als Tauschmittel zu fungieren. Dies betrifft Kryptowährungen (z. B. Bitcoin-Werteinheiten), die in dieser Arbeit als Zahlungs-Token bezeichnet werden, sowie Nutzungs-Token, die als Tauschmittel mit einem vordefinierten Verwendungszweck – ähnlich wie

---

[27] Vgl. IASB (Hrsg.), Staff Paper 24F (April 2016), Rn. 12 f. und Rn. A18; AcSB (Hrsg.), CL (Agenda Consultation 2015), S. 7; AOSSG (Hrsg.), CL (Agenda Consultation 2015), S. 2 und S. 5; NZASB (Hrsg.), CL (Agenda Consultation 2015), S. 4.

[28] Vgl. IASB (Hrsg.), Staff Paper 24C (May 2016), Rn. 27–29.

[29] Vgl. IFRS IC (Hrsg.), IFRIC Update (June 2019), S. 13–15.

[30] Vgl. für eine Auswertung der *comment letter* IFRS IC (Hrsg.), Staff Paper 12 (July 2019), Rn. 6–15. In diesem Zusammenhang sprachen sich bspw. 80 % der Kommentierenden für einen Standardsetzungsprozess, entweder anstatt oder zusätzlich zur *agenda decision*, aus.

[31] Auch wenn die Agendaentscheidungen des IFRS IC formal nicht Bestandteil der verpflichtend anzuwendenden Vorschriften der Standards und der Interpretationen im IFRS-Normengefüge sind, haben sie sich mittlerweile „als Quasi-GAAP etabliert" (BERGER, J., Neue Prominenz von IFRIC-Agendaentscheidungen, o. S.).

ein Gutschein – eingesetzt werden.[32] Zudem wird für diese Krypto-Token neben der intendierten Nutzung als Tauschmittel auch die Nutzung als Investment-Vehikel betrachtet. Neben der Eingrenzung auf bestimmte Token-Arten wird im Rahmen dieser Arbeit nur die Zugangsart eines Erwerbs betrachtet, sodass andere Zugangsformen nicht Gegenstand der Untersuchung sind (z. B. *Mining*, *Hard Fork*, *Airdrop*). Dies dient dem Ziel der Arbeit insofern, als sich aus der Zugangsart zwar unterschiedliche bilanzielle Fragestellungen ergeben, die wesentlichen bilanziellen Herausforderungen indes bei der Bestandsbilanzierung von Krypto-Token bestehen.[33] Durch die Konzentration auf eine Zugangsart wird mithin dem Hauptproblem der bilanziellen Abbildung von Krypto-Token Rechnung getragen und dieses von andersgelagerten Fragestellungen isoliert.

12 Gang der Untersuchung

Die vorliegende Untersuchung ist in sechs Kapitel untergliedert. Im Anschluss an die einleitenden Ausführungen dieses Kapitels werden im **zweiten Kapitel** die Grundlagen zu Krypto-Token vorgestellt und das Betrachtungsobjekt abgegrenzt. Vor dem Hintergrund, dass die Schwachstellen bei der Abwicklung von Transaktionen im aktuellen Finanzsystem der Anknüpfungspunkt für die Entwicklung des Bitcoin-Systems waren, wird entsprechend in das Kapitel eingeleitet. Anschließend werden die verschiedenen Arten von Krypto-Token definiert und untereinander sowie hinsichtlich vergleichbarer Sachverhalte abgegrenzt. Daran anknüpfend werden die technologischen Grundlagen zu Krypto-Token ausführlich erläutert, was mit Blick auf die dieser Arbeit zugrunde liegenden Fragestellungen zwingend erforderlich ist.

Um eine sach- und normengerechte bilanzielle Abbildung von Krypto-Token beurteilen zu können, ist ferner ein grundlegendes Verständnis des konzeptionellen Rahmens der IFRS-Rechnungslegung geboten. Aus diesem Grund wird im **dritten Kapitel** zunächst das vom IASB im *Conceptual Framework for Financial Reporting* verankerte Ziel, entscheidungsnützliche Informationen für die primären Adressaten der IFRS-Finanzberichterstattung zu vermitteln, erläutert und darauf aufbauend die dieses Ziel konkretisierenden qualitativen Anforderungen an die Informationsvermittlung sowie die Erfolgskonzeption im IFRS-Abschluss skizziert. Daran anschließend wird die Identifikation und der Umgang mit Regelungslücken und auslegungsbedürftigen Normen in den IFRS erläutert, was vor dem Hintergrund des betrachteten neuartigen Sachverhaltes von besonderer Bedeutung für die vorliegende Arbeit ist.

Im **vierten Kapitel**, dem Hauptteil der vorliegenden Arbeit, wird im Rahmen einer *de lege lata*-Betrachtung untersucht, ob und ggf. wie die aktuellen Normen der IFRS zu einer sachgerechten bilanziellen Abbildung von erworbenen Krypto-Token führen. Nach einleitenden Vorbemerkungen werden die in dieser Arbeit betrachteten Krypto-Token zunächst für bilanzielle Zwecke

[32] Vgl. ausführlich zu der Abgrenzung von unterschiedlichen Arten von Krypto-Token Abschnitt 22.

[33] Dies lässt sich auch daraus ableiten, dass das IFRS IC sich nur intensiv mit der Bestandsbilanzierung von Kryptowährungen beschäftigt hat, indes bspw. den *Mining*-Sachverhalt nicht weiter verfolgt. Vgl. IASB (Hrsg.), Staff Paper 12D (July 2018), Rn. 73–76 i. V. m. Rn. 81–84.

charakterisiert und systematisiert (Abschnitt 41 und Abschnitt 42). Daran anschließend wird analysiert, ob es sich bei erworbenen Krypto-Token um allgemein bilanzierungsfähige Vermögenswerte i. S. d. *Conceptual Framework* handelt (Abschnitt 43). Angelehnt an die in IAS 8 verankerte Vorgehensweise wird nachfolgend untersucht, ob erworbene Zahlungs- und Nutzungs-Token tatbestandsseitig von einem Standard oder von einer Interpretation im IFRS-Normengefüge erfasst werden (Abschnitt 44). In diesem Zusammenhang werden zunächst potenziell anwendbare Normen identifiziert, die im Anschluss hinsichtlich ihrer tatbestandsseitigen Anwendbarkeit auf erworbene Krypto-Token evaluiert werden. Sofern diesbezüglich keine offene Regelungslücke verbleibt, sind regelungssystematisch die in den entsprechenden Standards verankerten Vorschriften in Bezug auf den Bewertungsmaßstab sowie die Erfolgserfassung bei der Zugangs- und Folgebewertung anzuwenden (Abschnitt 45). In einem ersten Schritt werden in diesem Zusammenhang zunächst die infrage kommenden Bewertungsmaßstäbe konkretisiert. Anschließend werden in einem zweiten Schritt die Implikationen der Vorschriften auf die Darstellung von erworbenen Krypto-Token im IFRS-Abschluss analysiert und vor dem Hintergrund des Ziels der IFRS gewürdigt. Abschließend wird die bilanzielle Abbildung von erworbenen Krypto-Token im aktuellen IFRS-Normengefüge übergeordnet gewürdigt (Abschnitt 46).

Basierend auf den identifizierten Schwachstellen bei der Anwendung der aktuellen Regelungen auf erworbene Krypto-Token wird im **fünften Kapitel** diskutiert, wie diese *de lege ferenda* sach- und normengerecht adressiert werden können.

Die Arbeit schließt im **sechsten Kapitel** mit einer Zusammenfassung der wesentlichen Ergebnisse.

2 Grundlagen zu Krypto-Token

21 Zentralisierung im Finanzsystem als Anknüpfungspunkt für die Entstehung von Krypto-Token

Eine wesentliche Herausforderung für die erfolgreiche Durchführung von Transaktionen zwischen (sich ggf. unbekannten) Parteien ist es, **Vertrauen** zwischen ebenjenen zu etablieren.[34] In diesem Zusammenhang ist vor allem im Online-Handel die Vertrauensbildung bezüglich der abzuwickelnden Zahlungsprozesse von Bedeutung.[35] Zum einen trägt der Händler regelmäßig das Risiko eines möglichen Zahlungsausfalls des Käufers, sofern der Händler die Ware versendet, ohne die entsprechende Gegenleistung vorher erhalten zu haben, zum anderen können bereits getätigte Zahlungen teilweise einseitig vom Käufer zurückgezogen werden.

Die Abwicklung von elektronischen Zahlungsprozessen übernehmen gegenwärtig eine **Vielzahl von Intermediären**, wie z. B. Banken, *Clearing*-Stellen und Zahlungsabwickler.[36] Die Bedeutung der involvierten Intermediäre lässt sich exemplarisch an einer Kreditkartenzahlung zeigen:[37] So sind neben der Kunden- und der Händlerbank, der Kartenemittent, der Lizenznehmer zur Abrechnung der Kartenumsätze des Händlers sowie das entsprechende Kreditkarteninstitut (z. B. VISA, MASTERCARD, AMERICAN EXPRESS), welches die Infrastruktur für die Zahlungsabwicklung bereitstellt, in die Kreditkartentransaktion involviert.[38] Durch die zwischengeschalteten Instanzen entstehen zwangsläufig **Transaktionskosten**, die im Vergleich zu einer direkten Transaktion zwischen den Parteien zu Wohlfahrtsverlusten führen.[39] Als Transaktionskosten fallen unter anderem Koordinationskosten zwischen den Intermediären, zeitliche Verzögerungen bei der Transaktionsabwicklung[40] sowie Gebühren für die Nutzung der Zahlungsmethoden an.[41] Diese Transaktionskosten und Unsicherheiten bei der Zahlungsabwicklung ließen sich durch eine direkte Transaktion mit einer physischen Währung vermeiden,[42] was jedoch bei einer Mehrheit der (heutigen) Transaktionen mit erheblichen Herausforderungen verbunden wäre. Zudem basiert auch das dem elektronischen Zahlungsverkehr zugrunde liegende **aktuelle Geldsystem**[43] auf dem Konzept einer zentral agierenden, zu vertrauenden

---

34 Vgl. BAFIN (Hrsg.), Digitalisierung, S. 51.

35 Vgl. hier und im folgenden Satz STEINACKER, S./KRAUß, R., in: Bräutigam/Rücker, E-Commerce Rechtshandbuch, 13. Teil./A., Rn. 6; NAKAMOTO, S., A Peer-to-Peer Electronic Cash System, S. 1.

36 Vgl. SCHLATT, V. U. A., Blockchain, S. 26; BAFIN (Hrsg.), Digitalisierung, S. 51.

37 Vgl. für weitere Zahlungsformen (vor allem im Internet) und die involvierten Intermediäre statt vieler STEINACKER, S./KRAUß, R., in: Bräutigam/Rücker, E-Commerce Rechtshandbuch, 13. Teil./B., Rn. 1–79.

38 Vgl. ausführlich zu einer Kreditkartentransaktion STEINACKER, S./KRAUß, R., in: Bräutigam/Rücker, E-Commerce Rechtshandbuch, 13. Teil./B., Rn. 3–14; KOCH, C., Zahlungsverkehr in der Bankpraxis, S. 284–307, sowie allgemeiner zur Abwicklung einer (internationalen) Transaktion im Korrespondenzbankensystem BOBERACH, F., Transatlantischer Zahlungsverkehr auf der Basis von Blockchain, S. 548 f.; SEFFINGA, J. U. A., Blockchain in der Praxis, S. 817 f.

39 Vgl. NAKAMOTO, S., A Peer-to-Peer Electronic Cash System, S. 1; BAFIN (Hrsg.), Digitalisierung, S. 51.

40 Vgl. EBA (Hrsg.), Cryptotechnologies, S. 13; SCHLATT, V. U. A., Blockchain, S. 26; FORMANN, M., Globale Innovationsinitiative im Zahlungsverkehr und DLT, S. 551.

41 Vgl. GÖßMANN, W./WEBER, B., Recht des Zahlungsverkehrs, S. 287.

42 Vgl. NAKAMOTO, S., A Peer-to-Peer Electronic Cash System, S. 1.

43 Vgl. zur historischen Entwicklung von Geldformen SIXT, E., Bitcoins und Blockchain, S. 47–52; LERCH, M.

Partei: Staaten(-Gemeinschaften) bzw. die dahinter stehenden (Bundes- bzw.) Zentralbanken.[44] Der einer durch eine Zentralbank ausgegebenen Geldform (z. B. Euro, Dollar), auch Fiatgeld oder Fiatwährung[45] genannt, zugesprochene Wert besteht im gesellschaftlichen Konsens darin, dass diese Geldform als Zahlungsmittel akzeptiert wird und dem Vertrauen, dass die emittierende Zentralbank für Wertstabilität sorgt.[46] Fiatwährungen haben im Vergleich zu anderen Geldformen (z. B. Waren- oder Repräsentativgeld) keinen intrinsischen Wert und sind auch nicht mit einem realen Gegenwert unterlegt.[47]

Dem für unser heutiges Finanz- und Bankensystem notwendigen Vertrauen in eine oder mehrere zentral agierende(n) Partei(en) stehen Bürger nach der **Finanz- und Wirtschaftskrise** zunehmend kritisch gegenüber.[48] Wie fragil dieses System ist, hat nicht nur die Finanz- und Wirtschaftskrise selbst gezeigt, sondern auch der daran anschließende „Regulierungstsunami"[49] für Finanzinstitute. Neben der zunehmenden Regulierung für Banken und für andere Finanzinstitute ist auch die **Digitalisierung** als weitere Herausforderung für diese Branche zu nennen.[50] So versuchen zahlreiche sog. FinTechs[51] die Geschäftsmodelle der Banken mit kundenzentrierten, digitalen Unternehmenskonzepten anzugreifen.[52] Besonders im Online-Handel haben sich zur Vermeidung von zeitlichen Verzögerungen in der Transaktionsabwicklung bereits weitere Bezahldienste (z. B. PayPal, giropay) etabliert, die zwar auf das bestehende Kernbankensystem aufsetzen, die Geldübertragung jedoch für Händler und für Kunden vereinfachen.[53] Während

---

P., Bitcoin als Evolution des Geldes, S. 191 f.; KÜTÜK-MARKENDORF, M. E., Rechtliche Einordnung von Bitcoin, S. 17 f.

44 Vgl. THIELE, C.-L., Zwischen Disruption und Spekulation, S. 580 f.; FRANCO, P., Understanding Bitcoin, S. 4.

45 Vgl. hierzu BERENTSEN, A./SCHÄR, F., Bitcoin, Blockchain und Kryptoassets, S. 21–23. Unter einer Währung versteht man zum einen das gesamte, hoheitlich geordnete Geldwesen in einem Wirtschaftsraum. Zum anderen steht der Währungsbegriff auch für den Namen der Währungseinheit (z. B. Euro oder Dollar). Vgl. DEUTSCHE BUNDESBANK (Hrsg.), Währung, o. S., sowie m. w. N. HAHN, H. J./HÄDE, U., Währungsrecht, S. 11; SCHMIDT, R., in: Isensee/Kirchhof, HB des Staatsrechts (Band V), 3. Aufl., § 117, Rn. 3. Der Währungsbegriff stellt somit vornehmlich auf staatliche Währungen ab, die in der Regel im jeweiligen Wirtschaftsraum als gesetzliches und damit uneingeschränktes Zahlungsmittel anerkannt sind. Vgl. BOSCH, R. U. A., Kryptowährungen, S. 416.

46 Vgl. BEHRENDT, P./JANKEN, S., Kryptowährung, S. 344; THIELE, C.-L., Eine Währung lebt vom Vertrauen, S. 10; EZB (Hrsg.), Virtual currency schemes, S. 9 f. Fiatwährungen können abhängig von der Geld- und Zinspolitik der agierenden Zentralbank und der damit verbundenen Inflationsentwicklung ein gutes, aber auch ein schlechtes Wertaufbewahrungsmittel sein. Vgl. hierzu im Vergleich zu Bitcoin-Werteinheiten KÜTÜK-MARKENDORF, M. E., Rechtliche Einordnung von Bitcoin, S. 31.

47 Vgl. EZB (Hrsg.), Virtual currency schemes, S. 9 f.; LERCH, M. P., Bitcoin als Evolution des Geldes, S. 192; BERENTSEN, A./SCHÄR, F., Bitcoin, Blockchain und Kryptoassets, S. 21.

48 Vgl. BLUNDELL-WIGNALL, A., The Bitcoin Question, S. 7; EY (Hrsg.), The customer takes control, S. 2 f. Vgl. zur Kundenzufriedenheit nach der Finanz- und Wirtschaftskrise BAIN & COMPANY (Hrsg.), Was Bankkunden wirklich wollen, S. 7–12.

49 MÜLBERT, P. O., Regulierungstsunami im europäischen Kapitalmarktrecht, S. 369.

50 Vgl. OTTO, P., Welt ohne Banken, S. 1060; KILIMANN, O., Zahlungsverkehr in Zeiten des Wandels und der Digitalisierung, S. 955; BOEKHOUT, R., Digitalisierung, S. 330.

51 Hierbei handelt es sich um technologieaffine Start-ups aus dem Finanzbereich. Vgl. weiterführend zum FinTech-Begriff BUCHALIK, R./DANKER, W., FinTechs, S. 12.

52 Vgl. BRÜHL, V., Banking 4.0, S. 177; BUCHALIK, R./DANKER, W., FinTechs, S. 12 und S. 17 f.; SCHOLZ, P., Droht Banken die feindliche Übernahme durch FinTechs?, S. 3.

53 Vgl. BAHN, D., Erfassung von Online-Bezahldiensten und Kryptowährungen in Buchhaltung und Bilanz, S. 712 f.; GOMBER, P./KOCH, J.-A./SIERING, M., Mittelstandsfinanzierung im Kontext von FinTech und Digital Finance, S. 330. Gleichwohl bestehen bei diesen Bezahldiensten weiterhin signifikante Gebühren für den

sich FinTechs an der Schnittstelle zwischen (Privat-)Kunde und Bank ansiedeln,[54] rückt die eigentliche Bankdienstleistung mithin in den Hintergrund.[55]

Trotz dieser Entwicklung ist das aktuelle Finanzsystem weiterhin **geprägt von zentral agierenden Akteuren**, denen von Seite der (Privat-)Kunden Vertrauen entgegen gebracht werden muss. Von einem externen Intermediär durchgeführte Dienstleistungen sind dabei nicht per se negativ zu beurteilen, da zentralisierte Dienste mitunter wesentlich effizienter sind als dezentrale.[56] Gleichwohl müssen sich die eine Transaktion durchführenden Parteien auf die Integrität, die Funktionalität und die Sicherheit der bei den Intermediären zentral verwahrten Konten- und Transaktionsinformationen verlassen.[57]

Als Reaktion[58] auf die Finanz- und Wirtschaftskrise und als Lösungsmöglichkeit für die inhärenten Probleme eines auf einem vertrauenswürdigen Drittparteien basierenden Finanzsystems veröffentlichte SATOSHI NAKAMOTO im Jahr 2008 ein sog. *Whitepaper*, in dem die Notwendigkeit eines Bankensystems grundsätzlich infrage gestellt wird.[59] In diesem Diskussionspapier propagiert der Autor ein vertrauenswürdiges elektronisches Zahlungssystem (**Bitcoin**), in dem Transaktionen vollständig *peer-to-peer*, d. h. ohne die Beteiligung eines oder mehrerer Intermediäre, abgewickelt werden.[60] Vertrauen zwischen den an einer Transaktion beteiligten Parteien soll dabei über einen **kryptografisch abgesicherten Konsensmechanismus** gewährleistet werden.[61] Hierdurch sollen – unabhängig von Finanzinstituten und von Staaten – weltweit,

---

Händler sowie die Gefahr von betrügerische Absichten vonseiten des Käufers. Vgl. BAUR, A. U. A., Cryptocurrencies as a Disruption, S. 66 f.

54 Vgl. BUCHALIK, R./DANKER, W., FinTechs, S. 17.

55 So prophezeite GATES bereits 1994: *„Banking is necessary. Banks are not!"* (zit. nach MILLER, M., Vermögenssteuerung, S. 149). Zudem wird dieses Zitat auch dem ehemaligen WELLS FARGO CEO RICHARD KOVACEVICH zugeschrieben. Vgl. BAUR, A. U. A., Cryptocurrencies as a Disruption, S. 63. Vgl. zu möglichen Neuausrichtungen der Geschäftsmodelle von Banken im digitalen Zeitalter BAIN & COMPANY (Hrsg.), Deutschlands Banken, S. 28–34.

56 Vgl. HOSP, J., Kryptowährungen, S. 35. Vgl. für einen quantitativen Vergleich zwischen der Transaktionsabwicklung durch das Bitcoin-System und den traditionellen Zahlungsmethoden GOLDMAN SACHS (Hrsg.), All About Bitcoin, S. 18; BECKER, J. U. A., Integrity by Proof-of-Work, S. 135–156.

57 Vgl. BERENTSEN, A./SCHÄR, F., Bitcoin, Blockchain und Kryptoassets, S. 96 f.; HOSP, J., Kryptowährungen, S. 35. Zudem ist es in solch einem System zwingend erforderlich, Zugang zu Bankdienstleistungen zu haben, was für ca. 1,7 Milliarden Menschen nicht der Fall ist. Vgl. hierzu ausführlich WORLD BANK GROUP (Hrsg.), Global Findex Database 2017, S. 35–41.

58 Vgl. YERMACK, D., Corporate Governance and Blockchains, S. 12; ECKERT, K.-P., Steuerliche Betrachtung elektronischer Zahlungsmittel, S. 2108; SPINDLER, G./BILLE, M., Rechtsprobleme von Bitcoins, S. 1358; TERLAU, M., in: Schimansky/Bunte/Lwowski, Bankrecht, 5. Aufl., § 55a, Rn. 130.

59 Vgl. NAKAMOTO, S., A Peer-to-Peer Electronic Cash System, S. 1–9. SATHOSI NAKAMOTO ist ein Pseudonym, sodass unklar ist, welche Person(en) Urheber der Idee ist (sind). Vgl. hierzu NARAYANAN, A. U. A., Bitcoin and Cryptocurrency Technologies, S. XXIII–XXVI. Vgl. ausführlich zur historischen Entwicklung des Bitcoin-Systems KÜFNER, R. A., Das Krypto-Jahrzehnt, S. 21–60; CASEY, M./VIGNA, P., Cryptocurrency, S. 67–101; KERSCHER, D., Bitcoin, S. 42–48.

60 Vgl. NAKAMOTO, S., A Peer-to-Peer Electronic Cash System, S. 1.

61 Vgl. statt vieler SIXT, E., Bitcoins und Blockchain, S. 31 f. A. A. THIELE, C.-L., Zwischen Disruption und Spekulation, S. 581, der implizit davon ausgeht, dass Vertrauen nur durch eine zentrale Instanz geschaffen werden kann. MILKAU präzisiert zutreffend, dass durch solch ein System allein kein Vertrauen geschaffen wird, jedoch Manipulationen unwirtschaftlich sind. Vgl. MILKAU, U., Blockchain in der Kreditwirtschaft, S. 538.

transparent, schnell, nicht-reversibel und kostengünstig Transaktionen verarbeitet werden.[62] Finanzinstitute sehen in dieser Technologie ebenfalls Potenzial zur internen und zur externen Abwicklung von Prozessen und damit verbundenen Möglichkeiten zur Kostensenkung.[63] Einem rein dezentralen System stehen Finanzinstitute hingegen vorrangig kritisch gegenüber.

Das Bitcoin-System ist mithin ein Transaktionssystem mit eigener Transaktionseinheit, in dem Transaktionen dezentral bestätigt und neue Werteinheiten emittiert werden.[64] Der Begriff „Bitcoin" wird dabei regelmäßig in unterschiedlichen Zusammenhängen verwendet.[65] So wird dieser sowohl für das gesamte System als auch für Teilkomponenten, wie das Bitcoin-Netzwerk, das (Kommunikations-)Protokoll und die virtuelle Werteinheit des Systems, genutzt.[66] Für die in dieser Arbeit behandelten **bilanziellen Fragestellungen** sind die Werteinheiten in einem blockchainbasierten System der **Anknüpfungspunkt**, sodass im Folgenden zunächst – von Bitcoin-Werteinheiten abstrahierend – die unterschiedlichen Arten von blockchainbasierten Werteinheiten weiterführend erläutert und kategorisiert werden. Dies wird auch im Hinblick auf die Bilanzierung noch von Bedeutung sein, da die Kategorisierung an die Charakteristika der Krypto-Token anknüpft, welche auch für bilanzielle Zwecke zu berücksichtigen sind, z. B. mit Blick auf die tatbestandsseitige Anwendbarkeit eines Standards oder einer Interpretation auf den vorliegenden Sachverhalt. Insofern dient der folgende Abschnitt unter anderem dem Ziel der Arbeit dadurch, dass erste Anknüpfungspunkte für eine bilanzielle Einordnung von erworbenen Krypto-Token in das IFRS-Normengefüge gelegt werden.

22 Begriffsabgrenzung und Arten von Krypto-Token

Übergeordnet werden die Werteinheiten in einem auf der Blockchain[67] aufbauenden System auch als Token[68] bzw. präziser als **Krypto-Token** bezeichnet.[69] Bei einem Krypto-Token han-

---

[62] Vgl. NAKAMOTO, S., A Peer-to-Peer Electronic Cash System, S. 1; SPINDLER, G./BILLE, M., Rechtsprobleme von Bitcoins, S. 1358 f.; BOEHM, F./PESCH, P. J., Bitcoins, S. 75 f.

[63] Vgl. THIELE, C.-L., Zwischen Disruption und Spekulation, S. 581–583; BUHL, H. U./SCHWEIZER, A./URBACH, N., Blockchain-Technologie, S. 597–599; SPITZ, M. F., Blockchain-Technologien, S. 541–543; BECK, R./MILKAU, U., Blockchain, S. 576–581; METZNER, T., Techniktrend Blockchain, S. 299–302.

[64] Vgl. SCHREY, J./THALHOFER, T., Rechtliche Aspekte der Blockchain, S. 1431.

[65] Vgl. hier und im folgenden Satz BERENTSEN, A./SCHÄR, F., Bitcoin, Blockchain und Kryptoassets, S. 48–50; FRANCO, P., Understanding Bitcoin, S. 18 f.

[66] Hierbei steht „*bit*" für die kleinste Einheit einer Datenmenge und „*coin*" für das englische Wort für Münze. Vgl. KÜTÜK-MARKENDORF, M. E., Rechtliche Einordnung von Bitcoin, S. 16. Strenggenommen handelt es sich nur bei der Schreibweise „bitcoin" um eine Einheit der Kryptowährung. Vgl. SIXT, E., Bitcoins und Blockchain, S. IX. In der vorliegenden Arbeit wird auf diese orthografische Differenzierung verzichtet, da für die Komponenten stets ein Zusatz verwendet wird, der deutlich macht, ob es sich um das Netzwerk, das Protokoll, das (Gesamt-)System oder die Werteinheit handelt.

[67] Vgl. hierzu ausführlich Abschnitt 231.3.

[68] Vgl. kritisch zum Token-Begriff JUNG, M. R., Initial Token Offerings, S. 283. In dieser Arbeit werden nur fungible Token betrachtet, d. h. beliebig austauschbare Token. Vgl. hierzu ausführlich ANTONOPOULOS, A. M./WOOD, G., Ethereum, S. 223 und S. 247 f. Die Notwendigkeit eines Token für ein Blockchain-Netzwerk wird zum Teil kontrovers diskutiert. So bestehen auch Blockchain-Netzwerke ohne einen Token. Vgl. m. w. N. SCHLATT, V. U. A., Blockchain, S. 13.

[69] Vgl. DIETSCH, D. R., Umsatzsteuerliche Einordnung von Initial Coin Offerings, S. 548; STORCK, C., Die schöne, neue Welt der Token, S. I. Teilweise wird der Begriff „Kryptowährung" auch übergeordnet für alle

delt es sich um einen auf Kryptografie basierenden „Eintrag in einer Datenbank, der ausschließlich, einzigartig und nicht vervielfältigbar ist.“[70] Dieser Eintrag ist „als eine digitale Abbildung eines intrinsischen oder marktseitig zugesprochenen Wertes durch Nutzung der *Distributed Ledger Technology*“[71] bzw. der Blockchain zu verstehen.[72] Der zum Teil für Krypto-Token genutzte Begriff „virtuelle Währung“ ist in Bezug auf die in dieser Arbeit untersuchten Werteinheiten indes nicht hinreichend präzise, da virtuelle Währungen auch andere Formen von digitalen Werten miteinschließen können (z. B. Linden-Dollar, Facebook-*Credits* oder Bonusmeilen)[73], die nicht zwangsläufig die technologische Basis von Krypto-Token benötigen.[74]

Auf Grundlage der hinter dem Anwendungsfall Bitcoin stehenden technologischen Basis der Blockchain haben sich **weitere Einsatzmöglichkeiten** und **Geschäftsmodelle** entwickelt, die die Technologie – abseits eines reinen Bezahlsystems – dazu nutzen, um Werte ohne zwischengeschaltete zu vertrauende Partei über Krypto-Token zu transferieren.[75] Abhängig von der Token-Art bestehen für den Halter einer Werteinheit unterschiedliche Rechte, für den Emittenten mitunter gewisse Pflichten, die mit Blick auf die sich für die Bilanzierung von Krypto-Token ergebenden Fragestellungen zu konkretisieren sind. Es hat sich bislang zwar weder im Schrifttum noch in der Rechtsprechung eine abschließende **Kategorisierung der möglichen Token-Arten** etabliert.[76] Gleichwohl wird zumeist eine Differenzierung der Token-Arten in Zahlungs-Token, Nutzungs-Token und Anlage-Token vorgenommen,[77] die auch dieser Arbeit zugrunde

Formen von Krypto-Token genutzt. Vgl. CPA CANADA (Hrsg.), Accounting for Cryptocurrencies, S. 3; EHRKE-RABEL, T., Kryptowährungen und Umsatzsteuer, S. 146 und S. 148–152. Der Begriff „Token“ ist alleinstehend nicht mit der Blockchain-Technologie verbunden. Dieser Zusammenhang hat sich jedoch im allgemeinen Sprachgebrauch mittlerweile durchgesetzt. Vgl. KAULARTZ, M./MATZKE, R., Tokenisierung, S. 3278. Token können entweder fester Bestandteil einer bestimmten Blockchain sein (z. B. Bitcoin-Werteinheiten) oder durch einen *Smart Contract* funktionsbezogen auf einer bestehenden Blockchain geschaffen werden. Vgl. BAFIN (Hrsg.), Digitalisierung, S. 54. Teilweise werden Werteinheiten auf einer eigenen Blockchain auch als *„coin“* bezeichnet. Für die Beurteilung in der Rechnungslegung ist diese Unterscheidung jedoch nicht von Bedeutung, da Token sowohl auf einer eigenen als auch auf einer fremden Blockchain spezifisch zugeordnete Werte in einer Datenbank sind. Vgl. ähnlich, wenn auch ohne Bezug zur Rechnungslegung, EFRAG (Hrsg.), EFRAG Research project on Crypto-assets, Rn. 12; KOGENS, R./LUCHSINGER GÄHWILER, C., Token, S. 591; BÜNNING, M./PARK, C., Steuerbilanzielle Behandlung von Kryptowährungen, S. 1835, Fn. 4. Zudem wird als übergeordneter Begriff regelmäßig von „Krypto-*Asset*“ gesprochen. Dies ist im IFRS-Zusammenhang hingegen insofern unglücklich, als noch zu prüfen ist, ob blockchainbasierte Token einen Vermögenswert (*asset*) i. S. d. IFRS darstellen. Vgl. hierzu ausführlich Abschnitt 43.

70 KAULARTZ, M./MATZKE, R., Tokenisierung, S. 3278.

71 BAFIN (Hrsg.), Digitalisierung, S. 54.

72 Vgl. so auch EBA (Hrsg.), Crypto-assets, S. 4; EY (Hrsg.), Accounting for crypto-assets, S. 4. Vgl. zur Abgrenzung der Begriffe *Distributed Ledger* und Blockchain Abschnitt 231.32.

73 Vgl. hierzu statt vieler EZB (Hrsg.), Virtual currency schemes, S. 13–16; FUNG, B./HALABURDA, H., Platform-Based Digital Currencies, S. 12–20; PENNER, S., Virtuelle Wirtschaftsgüter, S. 9–18; GRINBERG, R., Bitcoin, S. 170–172.

74 Krypto-Token können jedoch ein Unterfall von virtuellen Währungen sein. Vgl. EBA (Hrsg.), Opinion on virtual currencies, S. 10; BEHRENDT, P./JANKEN, S., Kryptowährung, S. 343; FIEDLER, S. U. A., Virtual Currencies, S. 6; LIEGMANN, B., Umsatzsteuerliche Behandlung virtueller Währungen, S. 1175 f.

75 Vgl. SPITZ, M. F., Blockchain-Technologien, S. 541; SANDNER, P./HORVATH, B., Blockchain-Technologie, S. 21 f.; SIEGEL, D., Potenziale und Anwendungsbereiche der Blockchain-Technologie im Finanzbereich, S. 269.

76 Vgl. HUBER, M. F./GULER, S./DUMONT, J., Token, S. 294; DOBRAUZ-SALDAPENNA, G./SCHRACKMANN, M., ICO in der Schweiz, S. 21.

77 Vgl. so unter anderem auch BAFIN (Hrsg.), Digitalisierung, S. 57–62; FINMA (Hrsg.), Initial Coin Offerings,

liegen soll. Auch wenn andere Kategorisierungen ebenfalls vertretbar sind,[78] wird anhand dieser Einteilung dem für die bilanzielle Abbildung eines Token elementaren wirtschaftlichen Charakter hinreichend Rechnung getragen.[79]

Ein **Zahlungs-Token** (gleichbedeutend mit dem Begriff „Kryptowährung")[80] ist dazu intendiert, unter anderem außerhalb der entsprechenden Token-Plattform als Tauschmittel für Güter und Dienstleistungen zu fungieren.[81] Bei dieser Token-Art bestehen regelmäßig keine Ansprüche gegen einen Emittenten.[82] Zahlungs-Token können demnach universal zum Ausgleich von zwischen Individuen entstehenden Zahlungsverpflichtungen genutzt werden.[83] Weiterführende Rechte oder Funktionen – abseits der Übertragung von Werteinheiten – bestehen in der Regel nicht.[84] Als Zahlungs-Token sind neben Bitcoin-Werteinheiten unter anderem Bitcoin-Cash, Litecoin, Dash und Monero zu klassifizieren.[85]

Auch **Zentralbanken** beschäftigen sich zunehmend mit der Möglichkeit, eine eigene Form einer Kryptowährung zu kreieren.[86] Der **wesentliche Unterschied** zu den in dieser Arbeit betrachteten Zahlungs-Token besteht darin, dass bei einer durch eine Zentralbank ausgegebenen Kryptowährung ein zentraler Emittent hinter dem Projekt steht, der dieses einseitig kontrolliert. In der vorliegenden Arbeit soll jedoch das ursprüngliche Begriffsverständnis eines Zahlungs-Token zugrunde gelegt werden, das eine zentral verwaltende Partei nicht vorsieht.[87] Vielmehr

---

S. 2 f.; EBA (Hrsg.), Crypto-assets, S. 7; KLÖHN, L./PARHOFER, N./RESAS, D., Initial Coin Offerings, S. 92; ZICKGRAF, P., Initial Coin Offerings, S. 295–297. Der BUNDESVERBAND BLOCKCHAIN E. V. bezeichnet diese Unterteilung auch zutreffend als „*minimum common ground in terms of terminology among both practitioners and scholars*" (BLOCKCHAIN BUNDESVERBAND E. V. (Hrsg.), Token Regulation, S. 3).

78 Vgl. z. B. EULER, T., Token Classification Framework, o. S.; MME (Hrsg.), Classification of decentralized blockchain-based assets, S. 6–10; SIXT, E., Crypto Assets, o. S.; SIXT, E./HIMMER, K., Accounting and Taxation of Cryptoassets, S. 18–22; ZETZSCHE, D. A. U. A., The ICO Gold Rush, S. 7 f.

79 Vgl. hierzu ausführlich Abschnitt 42.

80 Andere ebenfalls verwendete Begriffe sind *Currency*-Token oder *Payment*-Token. Vgl. statt vieler EBA (Hrsg.), Crypto-assets, S. 7. Teilweise wird noch zwischen dem Begriff Kryptowährungen, welche auf einer eigenen Blockchain-Infrastruktur aufsetzen, und (*Currency*- bzw. *Payment*-)Token, die auf eine fremde Blockchain-Infrastruktur aufsetzen, unterschieden. Diese Differenzierung ist indes für Rechnungslegungszwecke nicht zielführend. Vgl. bereits Abschnitt 22, Fn. 69.

81 Vgl. EBA (Hrsg.), Crypto-assets, S. 7; BLOCKCHAIN BUNDESVERBAND E. V. (Hrsg.), Token Regulation, S. 3; WEITNAUER, W., Initial Coin Offerings, S. 232; FINMA (Hrsg.), Initial Coin Offerings, S. 2; SPINDLER, G., Initial Coin Offerings und Prospektpflicht, S. 2110.

82 Vgl. HUBER, M. F./GULER, S./DUMONT, J., Token, S. 296 f.; PETRY, H. M., Kryptowährungen nach SWISS GAAP, S. 369.

83 Vgl. BAFIN (Hrsg.), Digitalisierung, S. 58.

84 Vgl. KLÖHN, L./PARHOFER, N./RESAS, D., Initial Coin Offerings, S. 92.

85 Diese werden zum Teil auch als *Altcoins* bezeichnet, da sie als Alternativen für die erste Kryptowährung Bitcoin geschaffen wurden. Vgl. hierzu ausführlich SIXT, E., Bitcoins und Blockchain, S. 111–115.

86 Vgl. WEF (Hrsg.), Central Banks and DLT, S. 1–14; BANK OF ENGLAND (Hrsg.), Staff Working Paper No. 605; BANK OF ENGLAND (Hrsg.), Staff Working Paper No. 725; FIEDLER, S. U. A., Virtual Currencies, S. 18–21; J. P. MORGAN (Hrsg.), Decrypting Cryptocurrencies, S. 23 f. Vgl. hierzu kritisch BERENTSEN, A./SCHÄR, F., Central Bank Cryptocurrencies, S. 97–104.

87 Vgl. so auch HUBER, M. F./GULER, S./DUMONT, J., Token, S. 295. Zudem sollen sog. *Stable Coins* nicht weiter betrachtet werden, die zum Teil ebenfalls den Zahlungs-Token zugeordnet werden. Vgl. EBA (Hrsg.), Crypto-assets, S. 7. Diese werden zwar zu Zahlungszwecken gehalten, sind aber regelmäßig – anders als andere Zahlungs-Token – an den Wert eines zugrunde liegenden Gutes (z. B. einer Währung) gebunden und ähneln daher eher bestimmten Anlage-Token. Vgl. ausführlich zu *Stable Coins* EZB (Hrsg.), Stablecoins,

wird ein Zahlungs-Token dadurch charakterisiert, dass dieser von staatlichen Institutionen sowie dem Bankensystem unabhängig ist. Zahlungs-Token sind zudem rein digital verfügbar und ihr Wert wird nicht durch das Vertrauen in eine Regierung oder eine Zentralbank gewährleistet oder durch einen Vermögenswert unterlegt.[88] Der Wert eines Zahlungs-Token hängt vielmehr maßgeblich von dem Vertrauen in die zugrunde liegende Technologie sowie der Akzeptanz bei möglichen Vertragspartnern ab.[89] Zahlungs-Token verfügen daher über keinen intrinsischen Wert.[90]

Zahlungs-Token sind weder in Deutschland[91] noch in anderen Staaten[92] ein **gesetzliches Zahlungsmittel**. Daher besteht auch keine Annahmepflicht für Zahlungs-Token.[93] Zahlungs-Token können dennoch (in einem gewissen Maß) Funktionen von Geld erfüllen.[94] Es handelt sich daher um eine Form von privatem Ersatzgeld oder allgemeiner um ein **gesetzesfreies Zahlungsmittel**,[95] da es als Tausch- bzw. Verrechnungssystem in einem bestimmten Umfeld genutzt wird.[96] Der Grad der Vergleichbarkeit von herkömmlichen Geld- bzw. Währungsformen mit Zahlungs-Token im Allgemeinen und Bitcoin-Werteinheiten im Speziellen ist die wesentliche „Gretchenfrage" bei der **Einordnung in bestehende Rechtsrahmen** (z. B. Zivilrecht, Aufsichtsrecht, Rechnungslegung). Denn regelmäßig ist gesetzlich nicht (oder nicht hinreichend) definiert, „[w]as im Allgemeinen unter Geld zu verstehen ist"[97]. Vor diesem Hintergrund ist

---

S. 1–55; LIEGMANN, B./FARRUGGIA-WEBER, F., Stablecoins (Teil I), S. 2455–2458. Auch gesetzliche Zahlungsmittel auf Token-Basis („Euro auf Blockchain") sind nicht Teil der Betrachtung. Vgl. hierzu allgemein SANDNER, P./SCHULDEN, P., CFO und Finanzabteilung, S. 251.

88 Vgl. EBA (Hrsg.), Opinion on virtual currencies, S. 11–13.

89 Vgl. KRÜGER, F./LAMPERT, M., Token, S. 1155; ZICKGRAF, P., Initial Coin Offerings, S. 297.

90 Vgl. BAFIN (Hrsg.), Digitalisierung, S. 57.

91 Vgl. m. w. N. KÜTÜK-MARKENDORF, M. E., Rechtliche Einordnung von Bitcoin, S. 7 f.; BECK, B., Bitcoins als Geld im Rechtssinne, S. 581 f.; BOEHM, F./PESCH, P. J., Bitcoins, S. 76. Das einzige unbeschränkte gesetzliche Zahlungsmittel in Deutschland ist der Euro. Vgl. § 14 Abs. 1 Satz 2 BBankG. Es handelt sich bei Zahlungs-Token auch nicht um sog. E-Geld. Vgl. statt vieler SCHLUND, A./PONGRATZ, H., Distributed-Ledger-Technologie, S. 599 f.; BAFIN (Hrsg.), Bitcoins, S. 27.

92 Japan hat Bitcoin-Werteinheiten zwar als erstes Land aufsichtsrechtlich als Zahlungsmittel klassifiziert. Hierbei ging es jedoch vor allem darum, dass Handelsplattformen für Krypto-Token strengere Vorschriften in Bezug auf Geldwäscherichtlinien einhalten müssen. Vgl. hierzu ausführlich DANWERTH, C., The Regulation of Bitcoin, S. 119–135.

93 Vgl. in Bezug auf die Mitgliedstaaten der Europäischen Währungsunion Art. 128 Abs. 1 Satz 3 AEUV. Vgl. zudem BECK, B., Bitcoins als Geld im Rechtssinne, S. 581.

94 Vgl. hierzu ausführlich Abschnitt 444.211.2.

95 Vgl. m. w. N. KÜTÜK-MARKENDORF, M. E., Rechtliche Einordnung von Bitcoin, S. 8–11.

96 Vgl. STEINACKER, S./KRAUß, R./KUNZ, J. H., in: Bräutigam/Rücker, E-Commerce Rechtshandbuch, 13. Teil./F., Rn. 34; REITER, C./NOLTE, D., Steuerliche Behandlung von Bitcoin und Krypto-Assets, S. 1180; JUNG, M. R., Initial Token Offerings, S. 283; BROCKER, T./KLEBECK, U., ICO – Aufsicht und Haftung, S. 289. Vgl. so im Ergebnis auch BAFIN (Hrsg.), Bitcoins, S. 27, die Bitcoin und vergleichbare Token aufsichtsrechtlich als „Recheneinheiten" i. S. v. § 1 Abs. 11 KWG, d. h. mit Devisen vergleichbaren Einheiten, qualifizieren. Vgl. kritisch zu dieser Verwaltungspraxis KG BERLIN (Hrsg.), 25.09.2018 - (4) 161 Ss 28/18 (35/18), S. 473–475; AUFFENBERG, L., Bitcoins als Rechnungseinheiten, S. 1184–1187; FROITZHEIM, O., Anmerkung zu KG, Urteil vom 25.09.2018, S. 475–477. Mittlerweile sind „Kryptowerte" für Zwecke des Kreditwesengesetzes als Finanzinstrumente definiert. Vgl. § 1 Abs. 11 KWG.

97 SCHLUND, A./PONGRATZ, H., Distributed-Ledger-Technologie, S. 599. Vgl. in Bezug auf die Definition(en) im IFRS-Normengefüge Abschnitt 444.211.2, Abschnitt 445.24 und Abschnitt 447.

bspw. mit Blick auf das IFRS-Normengefüge zu evaluieren, ob Zahlungs-Token auch bilanzrechtlich als Zahlungsmittel zu klassifizieren sind.

Mit einem **Nutzungs-Token** (oder alternativ *Utility-, App-, Consumer- oder Protocol*-Token)[98] erhalten die Inhaber Zugriff auf bestimmte, zumeist digitale Produkte oder Dienstleistungen.[99] Mithin steht „die alleinige Nutzung zum Bezug einer realwirtschaftlichen Dienstleistung im Vordergrund und nicht eine finanzielle Gegenleistung."[100] Nutzungs-Token können sehr individuell gestaltet sein, da prinzipiell eine Vielzahl von Nutzungsmöglichkeiten infrage kommt.[101] Die Berechtigung zum Zugriff auf die Produkte oder auf die Dienstleistungen kann auf zwei Arten erfolgen: Zum einen ist es möglich, dass der Token für den Zugriff auf die Produkte oder die Dienstleistungen übertragen werden muss.[102] Zum anderen kann der Token auch – ohne übertragen zu werden – als „Türöffner" für eine Anwendung dienen, wobei die Zugriffsberechtigung zeitlich beschränkt oder unbeschränkt sein kann. Bei letzterem Fall ist der Nutzungs-Token regelmäßig mit einer Art Lizenzschlüssel vergleichbar.[103] Der jedoch bedeutend häufiger auftretende Umstand ist, dass ein Nutzungs-Token als eine **Art Tauschmittel auf einer Plattform** fungiert.[104] Der Leistungsanspruch kann dabei entweder gegen den Emittenten selbst oder aber gegenüber Dritten, die ein Produkt oder eine Dienstleistung auf der Plattform anbieten, bestehen.[105] Nutzungs-Token sind daher regelmäßig mit einer Art **Gutschein** oder einer Art **Vorauszahlung** vergleichbar.[106] Der Token repräsentiert dann das Recht darauf, in Zukunft bestimmte (ggf. noch zu entwickelnde) Dienstleistungen oder Produkte durch die Übertragung des Token zu erhalten oder zumindest rabattiert zu erhalten.

Ein Nutzungs-Token mit einer Zahlungsfunktion weist **gewisse Ähnlichkeiten** zu einem reinen Zahlungs-Token auf.[107] Der wesentliche Unterschied ist jedoch, dass die Ware oder die Dienstleistung, für die der Nutzungs-Token eingelöst werden kann, vorbestimmt ist, wohingegen Zahlungs-Token universell als Tauschmittel genutzt werden können und mithin einer solchen Restriktion nicht unterliegen.[108] Der (intendierte) Anwendungsbereich eines Nutzungs-Token ist

---

98 Vgl. KAULARTZ, M./MATZKE, R., Tokenisierung, S. 3279; BAFIN (Hrsg.), Digitalisierung, S. 62.

99 Vgl. HUBER, M. F./GULER, S./DUMONT, J., Token, S. 295; KRÜGER, F./LAMPERT, M., Token, S. 1155; HACKER, P./THOMALE, C., Crypto-Securities Regulation, S. 12.

100 BAFIN (Hrsg.), Digitalisierung, S. 62.

101 Vgl. KOGENS, R./LUCHSINGER GÄHWILER, C., Token, S. 593; HUBER, M. F./GULER, S./DUMONT, J., Token, S. 295. Regelmäßig geht es hierbei um die Nutzung einer Software-Lösung. Vgl. ROHNER, T. F./BOLLIGER, A. B., Mehrwertsteuerliche Aspekte von ICOs, S. 638.

102 Vgl. hier und im folgenden Satz KOGENS, R./LUCHSINGER GÄHWILER, C., Token, S. 593.

103 Vgl. BIALLUCH-VON ALLWÖRDEN, S./VON ALLWÖRDEN, S., Initial Coin Offerings, S. 2118.

104 Vgl. HOWELL, S. T./NIESSNER, M./YERMACK, D., Initial coin offerings, S. 13; ROHNER, T. F./BOLLIGER, A. B., Mehrwertsteuerliche Aspekte von ICOs, S. 639.

105 Vgl. KRÜGER, F./LAMPERT, M., Token, S. 1155; SIXT, E., Crypto Assets, o. S.

106 Vgl. KAULARTZ, M./MATZKE, R., Tokenisierung, S. 3279; ROHNER, T. F./BOLLIGER, A. B., Mehrwertsteuerliche Aspekte von ICOs, S. 639 f.; VARRO, D./STURMA, B., Kryptowährungen und ICOs, S. 141; STORCK, C., Die schöne, neue Welt der Token, S. I. Vgl. zur Rechtsnatur von Gutscheinen in Deutschlad m. w. N. KNÖFEL, O. L., Gift Cards (Geschenkkarten) im Einzelhandel, S. 833–840; KOSS, C., Gutscheine und ihre rechtliche Beurteilung, S. 2593–2599.

107 Vgl. ZICKGRAF, P., Initial Coin Offerings, S. 296; KOGENS, R./LUCHSINGER GÄHWILER, C., Token, S. 593.

108 Gleichwohl kann sich prinzipiell auch ein Nutzungs-Token mit Zahlungsfunktion als plattformunabhängiges

demnach enger als der eines Zahlungs-Token.[109] Dies ist auch damit zu begründen, dass Nutzungs-Token zum Teil direkt bei dem emittierenden Unternehmen für Waren und für Dienstleistungen eingelöst werden können,[110] was bei Zahlungs-Token nicht möglich ist. Nutzungs-Token geben dem Inhaber daher eine im Vergleich zu Zahlungs-Token erweiterte Rechtsposition,[111] da eine konkrete Einlösbarkeit der Token vom Emittenten versprochen wird.[112] Wie auch bei Zahlungs-Token handelt es sich bei Nutzungs-Token nicht um ein gesetzliches Zahlungsmittel. Dennoch verkörpert ein Nutzungs-Token einen **Geldwert in Form einer versprochenen Akzeptanz als Tauschmittel** für künftig zu erhaltende Waren oder Dienstleistungen.

Die Tauschmittelfunktion von Nutzungs-Token mit einer Zahlungsfunktion soll anhand **zweier Beispiele** verdeutlicht werden: Dem Filecoin und dem Binance-Coin. Bei FILECOIN handelt es sich um ein dezentrales Speichernetzwerk, bei dem Nutzer (Cloud-)Speicher zur Verfügung stellen und hierfür von Inanspruchnehmenden mit dem Filecoin-Token bezahlt werden.[113] Die Dienstleistung wird folglich nicht vom Emittenten der Token selbst, sondern von bestimmten Plattformteilnehmern erbracht. Der Token-Emittent stellt lediglich die Plattform-Infrastruktur zur Verfügung. Anders ist dies beim Binance-Coin. Das Unternehmen BINANCE betreibt eine Handelsplattform für Krypto-Token. Für den Handel mit Krypto-Token verlangt Binance eine Gebühr, die bei Zahlung mit dem Binance-Coin in den ersten vier Jahren der Plattformhistorie rabattiert wird.[114] Hier erhalten die Nutzer für den Einsatz der Token also eine direkt durch den Emittenten der Token erbrachte Dienstleistung.

Als dritte Token-Art bestehen noch die sog. **Anlage-Token**.[115] Dies sind Token, die andere Vermögenswerte repräsentieren, insbesondere solche, die „eine schuldrechtliche Forderung gegenüber dem Emittenten oder ein Mitgliedschaftsrecht im gesellschaftsrechtlichen Sinne darstellen."[116] Dazu gehören z. B. Token, die Rechte auf Unternehmenserträge, andere Formen von Kapitalzuflüssen (ggf. in Token-Form) und bzw. oder Mitbestimmungsrechte gewähren.[117] Die beschriebenen Anlage-Token repräsentieren damit verschiedene Funktionen, die auch

Tauschmittel durchsetzen. Vgl. KOGENS, R./LUCHSINGER GÄHWILER, C., Token, S. 593.

109 Vgl. KAULARTZ, M./MATZKE, R., Tokenisierung, S. 3279 f.; EY (Hrsg.), Accounting for crypto-assets, S. 5.

110 Vgl. DELOITTE (Hrsg.), Cryptocurrency, S. 8; SIXT, E./HIMMER, K., Accounting and Taxation of Cryptoassets, S. 20 f.

111 Vgl. KRÜGER, F., Gewinne aus Token-Verkäufen, S. 1888.

112 Vgl. BÜNNING, M./PARK, C., Steuerbilanzielle Behandlung von Kryptowährungen, S. 1835.

113 Vgl. hierzu ausführlich PROTOCOL LABS (Hrsg.), Filecoin, S. 1–36.

114 Vgl. BINANCE (Hrsg.), Binance Exchange, S. 9. Ein ähnliches Modell verfolgt das deutsche (börsengelistete) Unternehmen THE NAGA GROUP AG. Vgl. hierzu ausführlich THE NAGA GROUP (Hrsg.), Naga Coin, S. 1–77.

115 Weitere genutzte (Unter-)Begriffe sind zudem *Security*-Token, *Investment*-Token sowie *Equity*- und *Debt*-Token. Vgl. hierzu unter anderem WEITNAUER, W., Initial Coin Offerings, S. 232 f.; KRÜGER, F./LAMPERT, M., Token, S. 1155; HUBER, M. F./GULER, S./DUMONT, J., Token, S. 295; DIETSCH, D. R., Umsatzsteuerliche Einordnung von Initial Coin Offerings, S. 547 f.; WERNEBURG, M., Steuerliche Behandlung von Erträgen aus Security Token, S. 2845 f.

116 FINMA (Hrsg.), Initial Coin Offerings, S. 2.

117 Vgl. FINMA (Hrsg.), Initial Coin Offerings, S. 2; HACKER, P./THOMALE, C., Crypto-Securities Regulation, S. 13; SPINDLER, G., Initial Coin Offerings und Prospektpflicht, S. 2109; KLÖHN, L./PARHOFER, N./RESAS, D., Initial Coin Offerings, S. 92.

Wertpapieren oder anderen Finanzinstrumenten zugeschrieben werden.[118] Die intendierte Nutzungsabsicht liegt dabei zumeist darin, eine (finanzielle) Rendite zu erzielen. Unter die Anlage-Token fallen zudem auch solche Token, die physische Wertgegenstände repräsentieren.[119]

Die hier vorgestellte, recht eindeutig erscheinende Differenzierung der Token-Arten ist in der Praxis oftmals nicht in dieser Form möglich, da ein Token mehrere der vorgestellten Merkmale repräsentieren kann.[120] Im Schrifttum werden diese dann auch als **hybride Token** bezeichnet.[121] Besonders Nutzungs-Token tendieren im Ergebnis dazu, dass sie wirtschaftlich betrachtet auch einer anderen Kategorie zugeordnet werden können. Ein Beispiel hierzu wurde bereits angesprochen: Nutzungs-Token, denen auf einer Plattform eine Zahlungsfunktion zukommt. Zudem können nicht nur Anlage-Token zum langfristigen Investieren oder zum kurzfristigen Spekulieren eingesetzt werden, sondern auch Zahlungs- und Nutzungs-Token.[122]

Im Rahmen der vorliegenden Arbeit soll der Fokus der Untersuchung auf **Token mit einer Zahlungsfunktion** liegen, d. h. (reinen) Zahlungs-Token sowie Nutzungs-Token mit einer Zahlungsfunktion auf einer Plattform, da bei diesen Token aufgrund ihres wirtschaftlichen Charakters – im Spannungsfeld zwischen immateriellem Wert, Zahlungsmittel und Geld- bzw. Währungsersatz – besondere Herausforderungen bei der bilanziellen Abbildung nach IFRS bestehen. Zudem indizieren Studien, dass diese Token-Arten aktuell am verbreitetsten sind.[123]

Für die bilanzielle Einordnung und Beurteilung von Zahlungs- und Nutzungs-Token mit einer Zahlungsfunktion[124] ist in der Rechnungslegung im Allgemeinen und den IFRS im Speziellen ein grundlegendes Verständnis ihrer technologischen Funktionsweise unerlässlich, das im folgenden Abschnitt 23 gelegt wird. In diesem Zusammenhang wird zunächst auf die Transaktionsabwicklung im von SATOSHI NAKAMOTO propagierten Bitcoin-System eingegangen (Abschnitt 231.). In diesem Zusammenhang werden unter anderem technologische Grundlagen vorbereitet, die gerade bei elementaren bilanziellen Fragestellungen, wie z. B. der Kontrolle über einen Vermögenswert oder dem Zeitpunkt des Zugangs, noch für erworbene Krypto-Token von Bedeutung sein werden. Die herausgearbeiteten Aspekte für das Bitcoin-System bilden

118 Vgl. BAFIN (Hrsg.), Digitalisierung, S. 60–62.

119 Diese Token werden auch als *asset-backed* Token bezeichnet. Vgl. KAULARTZ, M./MATZKE, R., Tokenisierung, S. 3280. Prinzipiell kann nahezu jeder Vermögenswert digitalisiert und tokenisiert werden. Der Vorteil hieran ist, dass diese Token dann in einfacherer Form handelbar und transferierbar sind. Vgl. WILLECKE, L., Die urheberrechtliche Schutzfähigkeit von Blockchain-Anwendungen, S. 833.

120 Vgl. NIEDLING, D., Steuerliche Aspekte von Initial Coin Offerings, S. 29; ROHNER, T. F./BOLLIGER, A. B., Mehrwertsteuerliche Aspekte von ICOs, S. 639.

121 Vgl. FINMA (Hrsg.), Initial Coin Offerings, S. 2; READ, O./GRÄSLUND, K., Initial Coin Offerings, S. 313.

122 Vgl. HACKER, P./THOMALE, C., Crypto-Securities Regulation, S. 13.

123 Vgl. ZETZSCHE, D. A. U. A., The ICO Gold Rush, S. 9; ADHAMI, S./GIUDICI, G./MARTINAZZI, S., Empirical analysis of initial coin offerings, S. 71; SPÖRER, J./SANDNER, P., Comparison of Payment, Utility, and Investment Tokens from 2015 until 2019, o. S.

124 Im Folgenden wird auf den Zusatz, dass es sich bei den betrachteten Nutzungs-Token um solche mit einer Zahlungsfunktion auf einer Plattform handelt, verzichtet. Zudem wird der Begriff „Krypto-Token“ ausschließlich für die in dieser Arbeit untersuchten Zahlungs- und Nutzungs-Token verwendet, obgleich auch andere Token-Arten unter diesen Oberbegriff fallen.

sodann die Grundlage für die für diese Arbeit bedeutsamen Weiterentwicklungen hinsichtlich der zugrunde liegenden Technologie sowie ihrer Einsatzmöglichkeiten (Abschnitt 232.).[125] Ein Schwerpunkt liegt hierbei darauf, wie Krypto-Token mittels eines *Smart Contract* auf einer bestehenden Blockchain neu konzipiert, erstellt und im Rahmen eines *Initial Token Offering* ausgegeben werden können. Für bilanzielle Zwecke ist dieser Aspekt insofern von Bedeutung, als mittlerweile eine Vielzahl von Krypto-Token in dieser Form emittiert werden und von Unternehmen im Rahmen einer solchen Ausgabe erworben werden.

23 Technologische Grundlagen von Krypto-Token

231. Transaktionen im Bitcoin-System als Ausgangspunkt für die Funktionsweise von Krypto-Token und der Blockchain

231.1 Vorbemerkungen

Die dem Bitcoin-System zugrunde liegenden Ideen und Technologien waren bei der Veröffentlichung des Bitcoin-*Whitepaper* im Jahr 2008 keineswegs neu.[126] Erste Versuche, eine **Form von privatem digitalem Geld** zu erzeugen, wurden bereits in den 1980er Jahren mit Verbreitung der Kryptografie unternommen.[127] Hierbei wurden Transaktionen jedoch noch über eine zentrale Partei abgewickelt. Auch weiterführende Vorschläge[128] wurden nie praktisch implementiert[129] und konnten, trotz Verbesserungen zu den ersten Formen, nicht gänzlich ohne eine **vertrauenswürdige dritte Partei** operieren,[130] da digitale Werteinheiten bzw. die dahinterliegenden elektronischen Daten beliebig kopiert werden konnten.[131] Wenn dies möglich ist, kann die die Werteinheiten empfangende Partei nicht sicher sein, dass die Werteinheiten nicht bereits anderweitig transferiert wurden.[132] Daher konnte bei den Vorgängermodellen von Bitcoin nur über eine dritte Instanz verhindert werden, dass die Werteinheiten mehrfach ausgegeben oder vervielfältigt wurden (sog. *Double-Spending*).[133]

---

125 In diesem Zusammenhang sprechen SANDNER/HORVATH zutreffend von unterschiedlichen Blockchain-Generationen. Vgl. SANDNER, P./HORVATH, B., Blockchain-Technologie, S. 22.

126 Vgl. für einen Überblick über die relevanten Forschungsergebnisse m. w. N. SIXT, E., Bitcoins und Blockchain, S. 6 f.; NARAYANAN, A. U. A., Bitcoin and Cryptocurrency Technologies, S. XIII–XXIII; PETERSEN, H., Anonymes elektronisches Geld, S. 403–410.

127 Vgl. hier und im folgenden Satz ANTONOPOULOS, A. M., Bitcoin, S. 3; BECKER, J. U. A., Integrity by Proof-of-Work, S. 139; SEITZ, J., Distributed Ledger Technology & Bitcoin, S. 763; SORGE, C./KROHN-GRIMBERGHE, A., Zahlungsmittel der Zukunft, S. 720. Das bekannteste Beispiel in diesem Zusammenhang ist e-Cash des Unternehmens DIGICASH. Vgl. hierzu m. w. N. BASSE, T., Internetgeld, S. 38–42; GRINBERG, R., Bitcoin, S. 168 f.

128 Vgl. hierzu bspw. die Vorschläge von WEI, D., B-money, o. S.; SZABO, N., Bit Gold, o. S. Vgl. allgemein zu den Vorgängern von Bitcoin FRANCO, P., Understanding Bitcoin, S. 161–168.

129 Vgl. für einen Vergleich zwischen Bitcoin und den Ideen von SZABO und WEI NARAYANAN, A. U. A., Bitcoin and Cryptocurrency Technologies, S. XXII f.

130 Vgl. ANTONOPOULOS, A. M., Bitcoin, S. 4; SIXT, E., Bitcoins und Blockchain, S. 7 f.

131 Vgl. SORGE, C./KROHN-GRIMBERGHE, A., Bitcoin: Eine erste Einordnung, S. 479; SPINDLER, G./BILLE, M., Rechtsprobleme von Bitcoins, S. 1357 f.; HINERASKY, A./KURSCHILDGEN, M., Künstliche Intelligenz und Blockchain, S. 35.

132 Vgl. SIXT, E., Bitcoins und Blockchain, S. 43.

133 Vgl. SPINDLER, G./BILLE, M., Rechtsprobleme von Bitcoins, S. 1357; SAFFERLING, C./RÜCKERT, C., Telekommunikationsüberwachung bei Bitcoins, S. 790.

Um **Vertrauen** in einem dezentralen, d. h. verteilten, (Bezahl-)System herzustellen, ist es erforderlich, dass Informationen ohne einen zwischengeschalteten Intermediär unveränderbar abgespeichert werden können.[134] Die an einer Transaktion beteiligten Parteien müssen sich dann nicht mehr gegenseitig, sondern ausschließlich der Sicherheit des dezentral gesteuerten Systems vertrauen.[135] Gewährleistet wird dies, indem in solchen dezentralen Systemen statt einer zentralen Partei mehrere Parteien eingesetzt werden, die die gemeinsame Aufgabe lösen müssen, Transaktionen abzuwickeln.[136] Eine wesentliche Herausforderung ist es hierbei, dass Transaktionen trotz mehrerer involvierter Parteien nur genau einmal durchgeführt und auch bei Defekten oder bei Angriffen auf das System nicht veränderbar oder reversibel sein dürfen. Das dem zugrunde liegende Problem ist in der Informatik auch als *The Byzantine Generals Problem* bekannt.[137] Durch die Kombination von (anreizkompatibler) Spieltheorie, der Kryptografie und der *Peer-To-Peer* Technologie wurden diese für ein dezentrales System immanenten Herausforderungen erstmals im Bitcoin-System gelöst.[138]

231.2 Initiierung einer Transaktion

Eine Transaktion im Bitcoin-System ist als Nachricht eines Nutzers an alle anderen Nutzer des Netzwerks zu verstehen, dass dieser eine bestimmte Menge an Bitcoin-Werteinheiten an eine andere Partei überträgt.[139] In einem dezentralen Netzwerk ohne zwischengeschaltete Intermediäre werden Transaktionen hierbei direkt zwischen den Nutzern (*peer-to-peer*) vollzogen.[140] Alle Nutzer eines solchen *Peer-To-Peer* Netzwerkes sind hierbei mit den gleichen Rechten und Befugnissen ausgestattet.[141] Um an diesem Transaktions-System zu partizipieren, müssen die Nutzer entweder eine sog. *Client-Software* herunterladen, in der die gesamte Transaktionshistorie des Bitcoin-Systems gespeichert ist,[142] oder anderweitige Dienstleistungen von Drittanbietern nutzen, die auf solch einem *Client* aufbauen.[143] Übergeordnet werden diese Applikationen auch als *Wallet* bezeichnet.[144] Über solch eine Applikation kann der Nutzer beliebig viele

---

134 Vgl. HOSP, J., Blockchain 2.0, S. 43.

135 Vgl. KASPER, J., Bitcoins as legal tender, S. 12.

136 Vgl. hier und im folgenden Satz PRINZ, W./SCHULTE, A. T., Blockchain und Smart Contracts, S. 15.

137 Vgl. hierzu grundlegend LAMPORT, L./SHOSTAK, R./PEASE, M., The Byzantine Generals Problem, S. 382–401. Hierbei wird eine Situation beschrieben, in der sich verschiedene Generäle anhand von Boten in Hinblick auf einen Schlachtplan abstimmen müssen, wobei einige der Generäle bösartig sein können. Diese Situation ist mit der im Bitcoin-System vergleichbar. Vgl. m. w. N. TSCHORSCH, F./SCHEUERMANN, B., Bitcoin, S. 9 und S. 25 f.

138 Vgl. KREITERLING, C./MÖGELIN, S., Blockchain, S. 528; BERENTSEN, A./SCHÄR, F., Bitcoin, Blockchain und Kryptoassets, S. 47 f.

139 Vgl. ANTONOPOULOS, A. M., Bitcoin, S. 18.

140 Vgl. BÖRNER, R., Kryptowährungen, S. 48.

141 Vgl. SORGE, C., P2P-basierte Systeme, S. 102.

142 Um vollständig von anderen Parteien unabhängig zu sein, ist solch ein *Client* unabdinglich. Bei Bitcoin ist dies regelmäßig die *Open Source*-Software des Bitcoin *Core-Client*. Vgl. hierzu auch KÜTÜK-MARKENDORF, M. E., Rechtliche Einordnung von Bitcoin, S. 22 f.; PESCH, P. J., Cryptocoin-Schulden, S. 13. Zudem gibt es auch Möglichkeiten nur Teile der Transaktionshistorie abzulegen. Vgl. hierzu SIXT, E., Bitcoins und Blockchain, S. 34–36.

143 Vgl. SCHREY, J./THALHOFER, T., Rechtliche Aspekte der Blockchain, S. 1431. Vgl. zu den unterschiedlichen Möglichkeiten ausführlich Abschnitt 231.4.

144 Vgl. SIXT, E., Bitcoins und Blockchain, S. 16.

sog. **Schlüsselpaare** generieren, die benötigt werden, um eine Transaktion im Bitcoin-System zu initiieren[145] und mit denen sich die Legitimität von Besitzansprüchen im dezentralen Bitcoin-System validieren lässt.[146] Die Verwendung von Schlüsselpaaren im Bitcoin-System basiert auf einem asymmetrischen kryptografischen Verfahren, welches im Wesentlichen auf digitalen Signaturen und Hashfunktionen[147] aufbaut.

Jedes Schlüsselpaar besteht aus einem **öffentlichen Schlüssel** und einem **privaten Schlüssel.**[148] Der öffentliche und der private Schlüssel eines Schlüsselpaares sind insofern mathematisch miteinander verbunden, als der öffentliche Schlüssel aus dem privaten Schlüssel abgeleitet wird, während der private Schlüssel eine auf dem Zufallsprinzip basierende Zahlen- bzw. Buchstabenreihenfolge ist.[149] Ein Rückkonvertieren des öffentlichen Schlüssels zum privaten Schlüssel ist nicht möglich, da bei der Erstellung des öffentlichen Schlüssels sog. kryptografische Einweg-**Hashfunktionen** verwendet werden.[150] Aus dem Ausgabewert (öffentlicher Schlüssel) der kryptografischen Hashfunktion kann dabei kein Rückschluss auf den Eingabewert (privater Schlüssel) gezogen werden.[151] Zudem ist es mit an Sicherheit grenzender Wahrscheinlichkeit nicht möglich, dass zwei unterschiedliche Eingabewerte zu demselben Ausgabewert führen.[152] Aus diesem Grund lassen sich Hashwerte schnell miteinander vergleichen und fungieren dadurch als „kryptografische Prüfsumme für eine Information.“[153]

Durch die Verknüpfung von privatem und öffentlichem Schlüssel lassen sich Transaktionen im Bitcoin-System **digital signieren und validieren.**[154] Jedes erstellte Schlüsselpaar im Bitcoin-System ist dabei funktional mit einem Konto bei einer Bank vergleichbar.[155] Der öffentliche Schlüssel entspricht in diesem Zusammenhang einer Art Kontonummer, die bei der Übertragung einer Bitcoin-Werteinheit als Adresse für den Sendenden fungiert.[156] Die empfangende

---

145 Vgl. ANTONOPOULOS, A. M., Bitcoin, S. 55 f.; PESCH, P. J., Cryptocoin-Schulden, S. 13.

146 Vgl. BERENTSEN, A./SCHÄR, F., Bitcoin, Blockchain und Kryptoassets, S. 117.

147 Bei einer Hashfunktion handelt es sich um einen mathematischen Algorithmus, durch den aus einem Input (z. B. eine Nachricht beliebiger Länge) ein Output (Hashwert) von fester Größe errechnet wird. Bei kleinster Änderung des Inputs verändert sich der Hashwert, sodass dieser funktional einem Fingerabdruck gleicht. Vgl. hierzu FRANCO, P., Understanding Bitcoin, S. 95 f.; BERENTSEN, A./SCHÄR, F., Bitcoin, Blockchain und Kryptoassets, S. 140–143. Zudem reduzieren Hashfunktionen die Datenmenge signierter Nachrichten. Vgl. PESCH, P. J., Cryptocoin-Schulden, S. 10 und S. 12. Das Bitcoin-System verwendet auch an anderen Stellen noch kryptografische Verfahren, insbesondere kryptografische Hashfunktionen (bspw. beim *Proof-of-Work*). Vgl. FRANCO, P., Understanding Bitcoin, S. 96.

148 Vgl. BERENTSEN, A./SCHÄR, F., Bitcoin, Blockchain und Kryptoassets, S. 119.

149 Im Fall von Bitcoin ergeben sich hieraus 2^{256} Möglichkeiten für einen privaten Schlüssel. Vgl. HOSP, J., Kryptowährungen, S. 46. Vgl. ausführlich zur Erstellung eines privaten und eines öffentlichen Schlüssels im Bitcoin-System ANTONOPOULOS, A. M., Bitcoin, S. 56–88.

150 Vgl. BEUTELSPACHER, A./NEUMANN, H. B./SCHWARZPAUL, T., Kryptografie, S. 177.

151 Vgl. BADEV, A./CHEN, M., Bitcoin: Technical Background and Data Analysis, S. 9.

152 Vgl. FRANCO, P., Understanding Bitcoin, S. 96.

153 KÜTÜK-MARKENDORF, M. E., Rechtliche Einordnung von Bitcoin, S. 16.

154 Hieraus resultiert auch die teilweise verwendete Bezeichnung „digitaler Fingerabdruck“. Vgl. DOBBERTIN, H., Digitale Fingerabdrücke, S. 83.

155 Vgl. ANTONOPOULOS, A. M., Bitcoin, S. 55 f.; KÜTÜK, M. E./SORGE, C., Bitcoin im deutschen Vollstreckungsrecht, S. 643; KAULARTZ, M., Blockchain-Technologie, S. 474.

156 Vgl. SORGE, C./KROHN-GRIMBERGHE, A., Bitcoin: Eine erste Einordnung, S. 480. Eine Bitcoin-Adresse ist nicht mit einem öffentlichen Schlüssel gleichzusetzen. Vielmehr ist eine Bitcoin-Adresse ein Hashwert des

Partei muss der sendenden Partei eine entsprechende Bitcoin-Adresse, die sich aus dem öffentlichen Schlüssel ableiten lässt, mitteilen, da es kein öffentliches Register für Bitcoin-Adressen und keine entsprechende Zuordnung zu den Nutzern gibt.[157] Der private Schlüssel fungiert als eine **Zugangsberechtigung** und als ein **Legitimationsnachweis** für einen auf einem öffentlichen Schlüssel hinterlegten Bitcoin-Bestand,[158] da der Inhaber nur mit dem privaten Schlüssel über eine Bitcoin-Werteinheit verfügen kann.[159] Deshalb sollte der private Schlüssel vom Inhaber stets geheim gehalten werden. Demgegenüber kann eine aus dem öffentlichen Schlüssel generierte Bitcoin-Adresse ohne Bedenken an eine andere Partei weitergegeben werden, da keine Rückschlüsse auf den privaten Schlüssel gezogen werden können.

Damit Transaktionen im Bitcoin-System wirksam sind, müssen diese in einer **standardisierten Form** durchgeführt werden.[160] Eine Transaktion besteht immer aus mindestens einem Input und einem Output.[161] Der Input einer Transaktion kann (vereinfacht) als die Belastung des Saldos der sendenden Partei angesehen werden, der Output als die Gutschrift für die empfangende Partei.[162]

Das folgende **Beispiel** veranschaulicht anhand von Abbildung 2-1 und den nachfolgenden Erläuterungen dieses Prinzip und mithin die Funktionsweise einer Bitcoin-Transaktion.

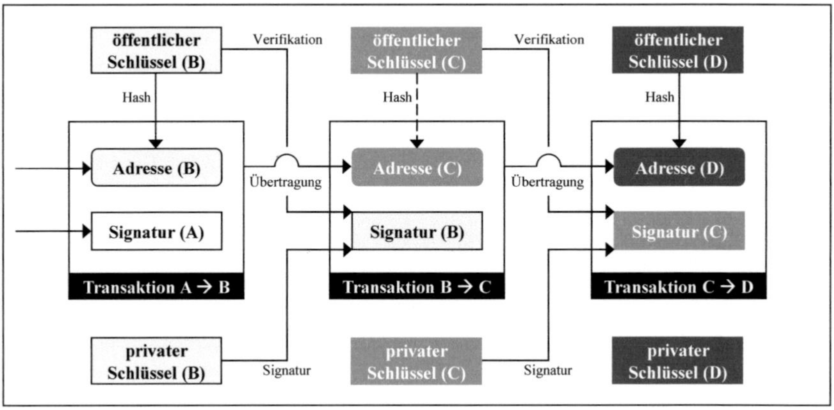

Abbildung 2-1: Transaktionskette im Bitcoin-System[163]

öffentlichen Schlüssels. Vgl. ausführlich ANTONOPOULOS, A. M., Bitcoin, S. 64–66; FRANCO, P., Understanding Bitcoin, S. 73–75.

157 Vgl. PESCH, P. J., Cryptocoin-Schulden, S. 13.

158 Vgl. SORGE, C./KROHN-GRIMBERGHE, A., Bitcoin: Eine erste Einordnung, S. 479.

159 Vgl. hier und im folgenden Satz KÜTÜK-MARKENDORF, M. E., Rechtliche Einordnung von Bitcoin, S. 23; SORGE, C./KROHN-GRIMBERGHE, A., Bitcoin: Eine erste Einordnung, S. 480.

160 Vgl. BERENTSEN, A./SCHÄR, F., Bitcoin, Blockchain und Kryptoassets, S. 170.

161 Vgl. FRANCO, P., Understanding Bitcoin, S. 77.

162 Vgl. BERENTSEN, A./SCHÄR, F., Bitcoin, Blockchain und Kryptoassets, S. 170.

163 In enger Anlehnung an PESCH, P. J., Cryptocoin-Schulden, S. 14, sowie ursprünglich NAKAMOTO, S., A Peer-

Möchte die Partei B der Partei C eine bestimmte Menge an Bitcoin-Werteinheiten übertragen (Transaktion B → C), die Partei B zuvor von Partei A erhalten hat (Transaktion A → B), sendet Partei B die entsprechende Menge an die Bitcoin-Adresse von C (Hashwert des öffentlichen Schlüssels von Partei C). Die transferierte Menge an Bitcoin-Werteinheiten und die Bitcoin-Adresse von Partei C sind Teil des Outputs einer Transaktion.[164] Dem Output wird ein Skript hinzugefügt, das konkrete Auszahlungsbedingungen definiert, unter welchen die erhaltenen Bitcoin-Werteinheiten von Partei C an eine dritte Partei weitergeleitet werden dürfen.[165] Jeder Output einer Transaktion kann lediglich einmalig als Input für eine neue Transaktion fungieren.[166] Daher verweist Partei B beim Initiieren der Transaktion auf ihre vergangenen Transaktionen (Transaktion A → B), über die sie selbst Zugriff auf die an Partei C zu übertragenden Bitcoin-Werteinheiten erhalten hat.[167] Die Bitcoin-Werteinheiten von Partei B können nur freigesetzt werden, wenn sie die Auszahlungsbedingungen des Outputs der Transaktion von Partei A zu Partei B erfüllt. Der Output der Transaktion von Partei A zur Partei B ist also direkt mit dem öffentlichen Schlüssel von Partei B verknüpft. Als Nachweis, dass Partei B berechtigt ist, die Transaktion an Partei C durchzuführen, signiert diese die Transaktion an die Bitcoin-Adresse von Partei C mit ihrem privaten Schlüssel. Die empfangende Partei sowie alle anderen Netzwerkteilnehmer des Bitcoin-Systems[168] können dann überprüfen, ob die Transaktion wirklich mit dem dazugehörigen privaten Schlüssel signiert (Authenzität der Nachricht) und nicht nachträglich verändert wurde (Integrität der Nachricht).[169] Nur wenn die standardisierte Form eingehalten wird, ist eine Transaktion gültig.[170] Gleichwohl ist sie zu diesem Zeitpunkt noch nicht vom Netzwerk bestätigt und damit auch nicht durchgeführt. Eine einmal initiierte Transaktion ist nicht mehr reversibel, d. h., dass sie nicht rückgängig gemacht oder verändert werden kann.[171]

Nur Partei C kann – nach der erfolgten und in Abschnitt 231.3 ausführlich erläuterten Abwicklung der Transaktion durch die Netzwerkteilnehmer – anschließend über die übertragenen Bitcoin-Werteinheiten mit dem eigenen privaten Schlüssel verfügen. Sollte Partei C die erhaltenen Bitcoin-Werteinheiten an Partei D weiterübertragen wollen, erfolgt die Transaktion entsprechend der beschriebenen Vorgehensweise. Durch das Aneinanderreihen von Inputs und Outputs entsteht eine **Transaktionskette**, sodass die Bitcoin-Werteinheiten anonymisiert[172] bis an ihren

to-Peer Electronic Cash System, S. 2.

164 Vgl. FRANCO, P., Understanding Bitcoin, S. 77.

165 Vgl. KAULARTZ, M., Blockchain-Technologie, S. 476. Im Bitcoin-System wird die Auszahlungsbedingung mit dem Besitz des privaten Schlüssels regelmäßig erfüllt. Vgl. für die unterschiedlichen Formen von Auszahlungsbedingungen FRANCO, P., Understanding Bitcoin, S. 82–86; BERENTSEN, A./SCHÄR, F., Bitcoin, Blockchain und Kryptoassets, S. 180–189.

166 Vgl. BERENTSEN, A./SCHÄR, F., Bitcoin, Blockchain und Kryptoassets, S. 171.

167 Vgl. SORGE, C./KROHN-GRIMBERGHE, A., Bitcoin: Eine erste Einordnung, S. 480.

168 Vgl. hierzu ausführlich Abschnitt 231.3.

169 Vgl. PESCH, P. J., Cryptocoin-Schulden, S. 9–13.

170 Vgl. NARAYANAN, A. U. A., Bitcoin and Cryptocurrency Technologies, S. 56

171 Vgl. BÖHME, R. U. A., Bitcoin, S. 277. Bspw. führen Tippfehler bei der Eingabe der empfangenden Bitcoin-Adresse dazu, dass die Bitcoin-Werteinheiten verloren gehen. Vgl. PESCH, P. J., Cryptocoin-Schulden, S. 21.

172 Vgl. hierzu Abschnitt 231.5.

Ursprung zurückverfolgt werden können.[173] Die Zuordnung der Bitcoin-Bestände erfolgt dabei über die Verkettung der digitalen Signaturen. Aus diesem Grund handelt es sich bei Bitcoin auch „nicht um digitale Münzen, sondern um Datenmengen“[174], über die ein bestimmter Nutzer mithilfe des privaten Schlüssels verfügen kann. Aufgrund des Verweises auf die vergangenen Transaktionen kann eine einzelne Bitcoin-Werteinheit daher auch als **Kette von digitalen Signaturen** durch den privaten Schlüssel definiert werden.[175]

Bei einer Transaktion im Bitcoin-System können immer nur **maximal** so viele Bitcoin-Werteinheiten weitertransferiert werden, wie der entsprechenden Bitcoin-Adresse zugeordnet sind.[176] Eine Kombination von auf verschiedenen Bitcoin-Adressen eingegangenen Transaktionen, die vom selben privaten Schlüssel kontrolliert werden, ist gleichwohl möglich. Auch der Transfer von Bruchstücken[177] von erhaltenen Bitcoin-Werteinheiten kommt prinzipiell in Betracht. Hierbei ist jedoch zu beachten, dass jede mittels einer Transaktion erhaltene Werteinheit nur als Ganzes weitergegeben werden kann, so wie auch ein erhaltener Geldschein in der analogen Welt nur in einem Stück ausgegeben werden kann.[178] Sofern hingegen nur Teile weitergegeben werden sollen, wird der verbleibende Teil an den Sendenden zurückgeleitet. Dies entspricht in der analogen Welt einer Art Wechselgeld.[179]

231.3 Abwicklung einer Transaktion

231.31 Überblick über die verbleibenden Herausforderungen

Die verbleibende Frage ist, wie im Bitcoin-System sichergestellt wird, dass Bitcoin-Werteinheiten nicht – wie bei den Vorgängermodellen – vervielfältigt oder mehrfach transferiert werden (sog. ***Double-Spending***). Alleine durch die digitale Signatur einer Transaktion mit dem privaten Schlüssel des Sendenden ist dieses Problem nicht gelöst, da der private Schlüssel auch mehrfach als Legitimationsnachweis für eine Transaktion verwendet werden kann.[180] Dies ist in einem dezentralen System von theoretischer und praktischer Bedeutung, da Intermediäre, welche in einem zentralisierten System *Double-Spending* verhindern, systembedingt nicht vorgesehen sind.[181] Um *Double-Spending* zu verhindern, muss daher in einem dezentralen System

173 Vgl. BERENTSEN, A./SCHÄR, F., Bitcoin, Blockchain und Kryptoassets, S. 172 und S. 174.

174 KAULARTZ, M., Blockchain-Technologie, S. 476. Vgl. so auch ENGELHARDT, C./KLEIN, S., Bitcoins, S. 355; KÜTÜK-MARKENDORF, M. E., Rechtliche Einordnung von Bitcoin, S. 3 und S. 16; SAFFERLING, C./RÜCKERT, C., Telekommunikationsüberwachung bei Bitcoins, S. 789.

175 Vgl. NAKAMOTO, S., A Peer-to-Peer Electronic Cash System, S. 2; MEYER, S. D./SCHUPPLI, B., Smart Contracts, S. 205; SCHROEN, O. C., Sind „Bitcoin und Co.“ Wirtschaftsgüter?, S. 1369.

176 Vgl. hier und in den folgenden zwei Sätzen PESCH, P. J., Cryptocoin-Schulden, S. 13 und S. 26.

177 Die Aufteilung einer Bitcoin-Werteinheit ist bis auf die achte Dezimalstelle möglich. Die achte Dezimalstelle wird – in Anlehnung an den Erfinder – als Satoshi bezeichnet. Vgl. KUHLMANN, N., Funktionsweise und rechtliche Einordnung, S. 693.

178 Vgl. hier und im folgenden Satz KAULARTZ, M., Blockchain-Technologie, S. 476.

179 Vgl. NAKAMOTO, S., A Peer-to-Peer Electronic Cash System, S. 5; NARAYANAN, A. U. A., Bitcoin and Cryptocurrency Technologies, S. 52 f.

180 Vgl. PESCH, P. J., Cryptocoin-Schulden, S. 14 f.; SORGE, C./KROHN-GRIMBERGHE, A., Zahlungsmittel der Zukunft, S. 720.

181 In Finanzinstituten wird bspw. mithilfe der hauseigenen IT sichergestellt, dass Überweisungen nur durchgeführt werden, wenn das entsprechende Konto gedeckt ist. Vgl. KAULARTZ, M., Blockchain-Technologie,

ein Konsens zwischen allen beteiligten Parteien erreicht werden, welche Transaktionen gültig sind und welche nicht.[182] Hierzu baut der im Bitcoin-System verankerte **Konsensmechanismus**

- zum einen auf einer verteilten Datenbank auf (sog. Bitcoin-Blockchain), in der alle Transaktionen öffentlich einsehbar, eindeutig zugeordnet und in ihrer zeitlichen Reihenfolge[183] erfasst werden (Abschnitt 231.32), und
- zum anderen darauf auf, dass bestimmte Netzwerkteilnehmer mittels der Entlohnung über den sog. *Proof-of-Work* Algorithmus inzentiviert werden, die Transaktionsbestätigungen zu übernehmen (Abschnitt 231.33).[184]

Diesen beiden Aspekten ist mit Blick auf die Bilanzierung von Bitcoin-Werteinheiten und von anderen Krypto-Token insofern Bedeutung beizumessen, als unter anderem mit dem Eintrag einer Transaktion in die Blockchain dokumentiert wird, welcher Partei ein Token und mithin der mit diesem verbundene wirtschaftliche Nutzen zusteht. Zudem hängt mit der Abwicklung von Transaktionen mittels des Konsensmechanismus zusammen, ab welchem Zeitpunkt eine Bitcoin-Werteinheit oder ein anderer Krypto-Token als dem bilanzierenden Unternehmen zugegangen angesehen werden kann, was mit Blick auf den Kontrollübergang von erworbenen Krypto-Token für die Bilanzierung nach IFRS noch wichtig sein wird.

231.32 Struktur und Fortschreibung der Bitcoin-Blockchain

Das erste Element zur Lösung des *Double-Spending* Problems ist die sog. **Blockchain.**[185] Übergeordnet handelt es sich bei einer Blockchain um ein sog. *Distributed Ledger*, d. h. eine verteilte Datenbank bzw. ein verteiltes Kontenbuch,[186] in der automatisiert Transaktionen dokumentiert werden.[187] In einem solchen Transaktionsregister erfolgt „eine lückenlose, unveränderliche

S. 476.

182 Vgl. BERENTSEN, A./SCHÄR, F., Bitcoin, Blockchain und Kryptoassets, S. 193.

183 Im Bitcoin-System werden die Transaktionen auf der Basis des sog. *Linked-Timestamping* in eine Reihenfolge gebracht. Vgl. hierzu ausführlich PESCH, P. J., Cryptocoin-Schulden, S. 14–17.

184 Vgl. SIXT, E., Bitcoins und Blockchain, S. 8; ANTONOPOULOS, A. M., Bitcoin, S. 2.

185 Anders als regelmäßig in den Medien dargestellt, entsprechen sich Bitcoin und die Blockchain nicht. Vielmehr ist die Blockchain eine hinter dem ersten Anwendungsfall „Bitcoin" stehende Technologie. Vgl. WILLECKE, L., Die urheberrechtliche Schutzfähigkeit von Blockchain-Anwendungen, S. 833; KAULARTZ, M., Blockchain-Technologie, S. 474.

186 Vgl. SCHLUND, A./PONGRATZ, H., Distributed-Ledger-Technologie, S. 598. Vgl. für eine Gegenüberstellung von konventionellen Datenbanken und einer Blockchain BAFIN (Hrsg.), Digitalisierung, S. 34 f.

187 Vgl. BRÜHL, V., Distributed Ledgers und Industrie 4.0, S. 544; WORLD BANK GROUP (Hrsg.), DLT and Blockchain, S. VII und S. 1. Gegenwärtig existiert noch keine einheitliche Definition oder Abgrenzung der Begrifflichkeiten „*Distributed Leger*" und „Blockchain". Die Begriffe werden zum Teil synonym verwendet, wobei der Begriff „Blockchain" in der Praxis häufiger genutzt wird. Vgl. KREITERLING, C./MÖGELIN, S., Blockchain, S. 528. Vgl. für eine mögliche Strukturierung von *Distributed Ledger*-Systemen RAUCHS, M. U. A., Distributed Ledger Technology Systems, S. 1–97. Weitere Formen einer *Distributed Ledger*-Technologie sind z. B. *Tangle* und *Hashgraph.* Vgl. hierzu POPOV, S., The Tangle, S. 1–28; BAIRD, L./HARMON, M./MADSEN, P., Hashgraph, S. 1–76; HOSP, J., Blockchain 2.0, S. 219–224. Vgl. für einen überblicksartigen Vergleich zwischen einer Blockchain und dem *Tangle* KAMMERER, M., IOTA, o. S.; KEDING, S., Machine-to-Machine-Zahlungen, S. 71. In dieser Arbeit soll fortan der Begriff Blockchain alleinstehend verwendet werden, da die differierenden Gestaltungen keine Auswirkungen auf die bilanzielle Einordnung nach IFRS haben.

Historie von Eigentums- und Übertragungsbeziehungen“[188]. Blockchainbasierte Transaktionsregister können entweder öffentlich verfügbar und für jedermann zugänglich (*public blockchain*) – wie die Bitcoin-Blockchain – oder aber nur für bestimmte Teilnehmer einsehbar und nutzbar sein (*private blockchain*).[189]

Die Blockchain besteht aus einer Kette von Blöcken,[190] in denen **Informationen zu den getätigten Transaktionen** gesammelt und gespeichert werden.[191] Ein Block weist neben einer Liste der verarbeiteten Transaktionen zudem einen sog. *Block Header* auf. In diesem sind verschiedene Metadaten „zur Identifikation des Blocks sowie zur Lokalisierung von dessen Position innerhalb der Blockchain“[192] enthalten.[193] So umfasst der *Block Header* unter anderem eine Referenz auf den vorherigen Block in Form eines eindeutigen Hashwerts, sodass die Blöcke in einer zeitlichen Reihenfolge angeordnet und verkettet werden.[194] Hierdurch bestätigt jeder neu angehängte Block die vorherigen Blöcke und somit die darin bestätigten Transaktionen.[195] Weiterhin enthält der *Block Header* den *Proof-of-Work*[196] als Ergebnis des Konsensmechanismus sowie eine effiziente Zusammenfassung aller im Block enthaltenen Transaktionen (sog. *Merkle Root*).[197] Alle Angaben im *Block Header* beeinflussen den Hashwert des gesamten Blocks, der als Referenz für den anschließenden Block genutzt wird.[198] In der Bitcoin-Blockchain werden demnach alle Übertragungen von Bitcoin-Werteinheiten chronologisch und unwiderruflich festgehalten,[199] sodass sich die in den Blöcken abgelegten Daten (anonymisiert) bis zu ihrem

---

188 BRÜHL, V., Distributed Ledgers und Industrie 4.0, S. 544.

189 Vgl. MASSESSI, D., Public vs. Private Blockchain, o. S.; WORLD BANK GROUP (Hrsg.), DLT and Blockchain, S. 11–14; SIEGEL, D., Potenziale und Anwendungsbereiche der Blockchain-Technologie im Finanzbereich, S. 271 f. Private Blockchains werden vor allem von Finanzinstituten genutzt, um interne und externe Prozesse effizienter abzuwickeln. In solch einem blockchainbasierten System kann eine übergeordnete Instanz Restriktionen einsetzen, Regeln zentral vorgeben und Teilnehmer von der Nutzung ausschließen. Vgl. HOFERT, E., Regulierung der Blockchains, S. 22; WILLECKE, L., Die urheberrechtliche Schutzfähigkeit von Blockchain-Anwendungen, S. 834; ORTON, H., Konsortialkredite mit Private Blockchains, S. 70 f. Bitcoin im Speziellen sowie Kryptowährungen und andere Krypto-Token im Allgemeinen bauen hingegen regelmäßig auf einem öffentlichen und für jeden prinzipiell zugänglichen Register auf. Vgl. ESMA (Hrsg.), Initial Coin Offerings and Crypto-Assets, S. 8 und S. 10.

190 Hieraus resultiert auch der Blockchain-Begriff. Vgl. KAULARTZ, M., Blockchain-Technologie, S. 476; SCHLUND, A./PONGRATZ, H., Distributed-Ledger-Technologie, S. 598.

191 Vgl. NAKAMOTO, S., A Peer-to-Peer Electronic Cash System, S. 2 f.

192 BERENTSEN, A./SCHÄR, F., Bitcoin, Blockchain und Kryptoassets, S. 196.

193 Vgl. hierzu ausführlich ANTONOPOULOS, A. M., Bitcoin, S. 195–198; BERENTSEN, A./SCHÄR, F., Bitcoin, Blockchain und Kryptoassets, S. 196–198.

194 Vgl. NARAYANAN, A. U. A., Bitcoin and Cryptocurrency Technologies, S. 64; SCHLATT, V. U. A., Blockchain, S. 10. Eine Ausnahme hiervon ist lediglich der erste Block der Blockkette, welcher auch als Genesis-Block bezeichnet wird. Vgl. KOBLITZ, N./MENEZES, A. J., Cryptocash, cryptocurrencies, and cryptocontracts, S. 96; BHASKAR, N. D./LEE, D. K. C., Bitcoin Mining Technology, S. 48.

195 Vgl. LASCHEWSKI, C., Blockchain-Algorithmus, S. 360.

196 Hierin enthalten sind ein Zeitstempel, der Schwierigkeitsgrad sowie eine sog. *Nonce*. Vgl. hierzu ausführlich Abschnitt 231.33.

197 Vgl. hierzu ausführlich ANTONOPOULOS, A. M., Bitcoin, S. 201–207; BERENTSEN, A./SCHÄR, F., Bitcoin, Blockchain und Kryptoassets, S. 198; FRANCO, P., Understanding Bitcoin, S. 117–120.

198 Vgl. BERENTSEN, A./SCHÄR, F., Bitcoin, Blockchain und Kryptoassets, S. 201.

199 Vgl. SORGE, C./KROHN-GRIMBERGHE, A., Bitcoin: Eine erste Einordnung, S. 480; SIXT, E., Bitcoins und Blockchain, S. 39.

Ursprung zurückverfolgen lassen. Da Blöcke nur angehängt, nicht jedoch entfernt werden können, nimmt die Länge der Bitcoin-Blockchain immer weiter zu.[200]

Die Fortschreibung der Blockchain erfolgt über sog. ***Full-Nodes***.[201] Hierbei handelt es sich um Knotenpunkte in einem Netzwerk, die über das Internet miteinander verbunden sind und miteinander kommunizieren können. Alle im Bitcoin-System operierenden *Full-Nodes* sind hierbei gleichgestellt, sodass keine Hierarchie zwischen diesen besteht.[202] Im Bitcoin-System betreiben *Full-Nodes* eine sog. *Client Software*, mit der Transaktionen verarbeitet werden können und über die sämtliche getätigten Transaktionen im Bitcoin-System, d. h. die gesamte Bitcoin-Blockchain, lokal gespeichert werden.[203] Die Bitcoin-Blockchain wird insofern nicht zentral an einem Ort, sondern dezentral auf einer Vielzahl an Rechnern, die einen *Full-Node* betreiben, gespeichert.[204] Das Bitcoin-System ist vor diesem Hintergrund umso sicherer, je größer die Zahl an *Full-Nodes* mit einer jeweils vollständig abgespeicherten Liste der abgewickelten Transaktionen ist, da so kein zentraler Angriffspunkt zur schadhaften Veränderung der in der Bitcoin-Blockchain hinterlegten Daten vorliegt.[205] Für einen Teilnehmer am Bitcoin-System ist es zwar nicht zwingend erforderlich, einen *Full-Node* zu betreiben.[206] Indes können nur *Full-Nodes* aktiv an der Bestätigung von Transaktionen im Bitcoin-System mitwirken.[207] Teilnehmer, die am Bestätigungsprozess mitwirken, d. h. einen *Full-Node* betreiben, werden auch als *Miner* tituliert,[208] weshalb der Validierungsprozess insgesamt auch als *Mining* bezeichnet wird.[209]

Das **Fortschreiben der Bitcoin-Blockchain** über die *Miner* verläuft wie folgt: Sobald eine Transaktion mit Bitcoin-Werteinheiten initiiert wird,[210] wird diese Transaktion an die Netzwerkknoten weitergeleitet.[211] Diese überprüfen dann die formalen Anforderungen an eine Transaktion im Bitcoin-System und leiten die Transaktion, sofern die formalen Anforderungen

---

200 Vgl. FRANCO, P., Understanding Bitcoin, S. 105.

201 Vgl. hier und im folgenden Satz PESCH, P. J., Cryptocoin-Schulden, S. 18; FRANCO, P., Understanding Bitcoin, S. 110.

202 Vgl. NARAYANAN, A. U. A., Bitcoin and Cryptocurrency Technologies, S. 66.

203 Vgl. ANTONOPOULOS, A. M., Bitcoin, S. 172 f.

204 Vgl. LASCHEWSKI, C., Blockchain-Algorithmus, S. 359 f.

205 Vgl. BERENTSEN, A./SCHÄR, F., Bitcoin, Blockchain und Kryptoassets, S. 102.

206 Einfache *Nodes* speichern bspw. nur die für sie relevanten Daten und nicht die gesamte Blockchain ab. Diese werden auch als *Simplified Payment Verification*-Knoten bezeichnet. Vgl. hierzu BERENTSEN, A./SCHÄR, F., Bitcoin, Blockchain und Kryptoassets, S. 108–110. Vgl. zu weiteren *Node*-Formen ANTONOPOULOS, A. M., Bitcoin, S. 172–175.

207 Daher unterscheidet FRANCO auch zutreffend zwischen aktiven und passiven *Nodes*. Vgl. FRANCO, P., Understanding Bitcoin, S. 111.

208 Vgl. SORGE, C./KROHN-GRIMBERGHE, A., Bitcoin: Eine erste Einordnung, S. 480.

209 Vgl. HACKER, P., Corporate Governance for Complex Cryptocurrencies, S. 8. Der Begriff *Mining* ist auf verschiedene Parallelen zum „Schürfen" von Gold zurückzuführen. Vgl. hierzu auch NAKAMOTO, S., A Peer-to-Peer Electronic Cash System, S. 4; NARAYANAN, A. U. A., Bitcoin and Cryptocurrency Technologies, S. 118. Mit dem *Mining*-Prozess ist im Bitcoin-System zudem die Emission von neuen Bitcoin-Werteinheiten verbunden. Vgl. hierzu Abschnitt 231.33.

210 Vgl. ausführlich Abschnitt 231.2.

211 Dies können sowohl *Full-Nodes* als auch einfache *Nodes* sein. Vgl. PESCH, P. J., Cryptocoin-Schulden, S. 20.

erfüllt sind, an weitere Netzwerkknoten, mit denen sie verbunden sind, weiter.[212] Zu diesem Zeitpunkt ist eine initiierte Bitcoin-Transaktion allerdings noch nicht bestätigt, da sie noch nicht in einen Block der Bitcoin-Blockchain integriert wurde.[213] Alle noch unbestätigten Transaktionen werden in einem sog. *Mempool* verwahrt. Die *Miner* integrieren die im *Mempool* verwahrten, noch unbestätigten Transaktionen in einen neuen Block,[214] nachdem die Transaktionen anhand der eigenen abgespeicherten Bitcoin-Blockchain auf ihre formale Gültigkeit geprüft wurden.[215] Hierbei wird vor allem kontrolliert, ob es sich bei den initiierten Transaktionen tatsächlich um einen noch nicht für eine frühere Transaktion genutzten Input handelt.[216] Sofern der Input bereits in einer früheren Transaktion genutzt wurde, wird die Transaktion verworfen.[217]

Sobald ein **neuer Block** von einem *Miner* erstellt wurde, wird dies den anderen Teilnehmern des Netzwerkes mitgeteilt, damit diese die Validität des propagierten neuen Blocks überprüfen und ihre Version der lokal gespeicherten Bitcoin-Blockchain – sofern der neue Block gültig ist – aktualisieren.[218] Die empfangenden *Miner* bestätigen hierbei die Gültigkeit des neuen Blocks implizit, indem sie versuchen, den nächsten Block zu erstellen, welcher eindeutig mittels des Hashwerts auf den vorherigen Block referenziert.[219] Hervorzuheben ist hierbei, dass die *Miner* sich untereinander nicht vertrauen müssen, da die Validierung der Blöcke stets auf Basis der eigenen abgespeicherten Bitcoin-Blockchain vollzogen werden kann.[220] Der Gefahr, dass *Miner* ungültige Blöcke an die Bitcoin-Blockchain hängen, um bspw. Bestände an Bitcoin-Werteinheiten für sich selbst zu proklamieren, wird in der Bitcoin-Blockchain mit dem *Proof-of-Work* begegnet.[221] Zudem haben die *Miner* stets einen Anreiz an der längsten Version der Bitcoin-Blockchain zu arbeiten und an diese neue Blöcke zu hängen, da das Bitcoin-Protokoll hierfür eine Entlohnung vorsieht.[222]

231.33 *Proof-of-Work* und Anreizstrukturen

An die Bitcoin-Blockchain können nicht beliebig neue Blöcke angehängt werden. Vielmehr müssen die *Miner* dazu zunächst einen Arbeitsnachweis in Form von Rechenleistung erbringen,

---

212 Die Verbreitung einer noch unbestätigten Bitcoin-Transaktion erfolgt dabei nicht nach einem bestimmten standardisierten Muster. Vgl. PESCH, P. J., Cryptocoin-Schulden, S. 20.

213 Vgl. hier und im folgenden Satz FRANCO, P., Understanding Bitcoin, S. 110.

214 Die Zahl an in einem Block gespeicherten Transaktionen variiert im Durchschnitt zwischen ca. 1.100 und 2.600. Vgl. BLOCKCHAIN LUXEMBOURG S. A. (Hrsg.), Average Number Of Transactions Per Block, o. S. Dies ist damit zu begründen, dass das Datenvolumen der abzuwickelnden Transaktionen in Abhängigkeit der Sender- und der Empfängeradressen bei einer festgeschriebenen Blockgröße variiert. Vgl. SCHLUND, A./PONGRATZ, H., Distributed-Ledger-Technologie, S. 598.

215 Vgl. ANTONOPOULOS, A. M., Bitcoin, S. 238; SIXT, E., Bitcoins und Blockchain, S. 40; PESCH, P. J., Cryptocoin-Schulden, S. 20.

216 Vgl. FRANCO, P., Understanding Bitcoin, S. 110.

217 Vgl. NARAYANAN, A. U. A., Bitcoin and Cryptocurrency Technologies, S. 33.

218 Vgl. NAKAMOTO, S., A Peer-to-Peer Electronic Cash System, S. 3.

219 Vgl. NARAYANAN, A. U. A., Bitcoin and Cryptocurrency Technologies, S. 33; PESCH, P. J., Cryptocoin-Schulden, S. 21; SIXT, E., Bitcoins und Blockchain, S. 40.

220 Vgl. FRANCO, P., Understanding Bitcoin, S. 110.

221 Vgl. NAKAMOTO, S., A Peer-to-Peer Electronic Cash System, S. 3; PESCH, P. J., Cryptocoin-Schulden, S. 22.

222 Vgl. NAKAMOTO, S., A Peer-to-Peer Electronic Cash System, S. 4.

welcher auch als ***Proof-of-Work*** bezeichnet wird.[223] Der Arbeitsnachweis erfolgt, indem die *Miner* eine numerische Aufgabe lösen.[224] Beim Lösen der numerischen Aufgabe handelt es sich „um eine automatisiert technische, nicht menschlich geistige Leistung."[225] Nur wenn der Arbeitsnachweis als Teil des *Block Header* vorliegt, kann ein neuer Block an die Bitcoin-Blockchain angehängt werden.[226] Die Lösung der numerischen Aufgabe basiert dabei auf „Ausprobieren", wobei erneut kryptografische Hashfunktionen zum Einsatz kommen. Das Bitcoin-Protokoll fordert in diesem Zusammenhang, dass der Hashwert des *Block Header* eines neuen Blocks mit einer bestimmten Anzahl an Nullen beginnt.[227] Der Hashwert muss also einen bestimmten Zielwert unterschreiten. Je niedriger der Zielwert ist, d. h. je mehr führende Nullen erforderlich sind, desto schwieriger ist es ebenjenen Hashwert zu finden.[228]

Die im *Block Header* enthaltenen Informationen zu den Transaktionen über die *Merkle Root*, der Verweis auf den vorherigen Block sowie der Zeitstempel und der Schwierigkeitsgrad als Teil des *Proof-of-Work* Nachweises sind exogen vorgegeben. Teil des *Proof-of-Work* Nachweises ist zudem noch eine arbiträre Zahl, welche auch als ***Nonce*** bezeichnet wird und von dem *Miner* zufällig generiert wird.[229] Durch das Verändern der *Nonce* verändert sich jedoch auch willkürlich der Hashwert des *Block Header*, was insofern von Bedeutung ist, als der Hashwert determiniert, ob der vorgegebene Zielwert unterschritten wird und mithin ein neuer valider Block gefunden wird. Einen neuen validen Block zu erstellen, basiert demnach auf dem **Zufallsprinzip**.[230] Aus diesem Grund generieren die *Miner* eine *Nonce* und überprüfen, ob der daraus resultierende Hashwert des *Block Header* dazu führt, dass dieser eine ausreichende Anzahl an führenden Nullen umfasst, um als Arbeitsnachweis von den anderen *Minern* akzeptiert zu werden.[231] Falls dies nicht der Fall ist, wird der beschriebene Vorgang wiederholt. Die *Miner* stehen bei diesem Vorgang aufgrund der Anreizstrukturen des Bitcoin-Systems im Wettbewerb zueinander, den nächsten Block an die Bitcoin-Blockchain anzuhängen.[232]

Jeder *Miner* hat, abhängig von seiner dem Bitcoin-System zur Verfügung gestellten Rechenleistung, eine bestimmte **statistische Wahrscheinlichkeit den nächsten Block** zu finden.[233] Je

---

223 Vgl. KÜTÜK-MARKENDORF, M. E., Rechtliche Einordnung von Bitcoin, S. 26. Vgl. hierzu ausführlich ANTONOPOULOS, A. M., Bitcoin, S. 228–235.

224 Vgl. LASCHEWSKI, C., Blockchain-Algorithmus, S. 361.

225 KÜTÜK-MARKENDORF, M. E., Rechtliche Einordnung von Bitcoin, S. 26.

226 Vgl. hier und im folgenden Satz PESCH, P. J., Cryptocoin-Schulden, S. 22; SIXT, E., Bitcoins und Blockchain, S. 40.

227 Vgl. NAKAMOTO, S., A Peer-to-Peer Electronic Cash System, S. 3; NARAYANAN, A. U. A., Bitcoin and Cryptocurrency Technologies, S. 105. Über die Anzahl der führenden Nullen wird die Schwierigkeit gesteuert, einen neuen Block zu finden. Vgl. ANTONOPOULOS, A. M., Bitcoin, S. 230.

228 Vgl. CAP, C. H., Bitcoin, S. 88.

229 Vgl. SIXT, E., Bitcoins und Blockchain, S. 40.

230 Vgl. KOCIOK, C., in: Auer-Reinsdorff/Conrad, IT- und Datenschutzrecht, 3. Aufl., § 27 E-Payment und E-Invoicing, Rn. 81; BECKER, J. U. A., Integrity by Proof-of-Work, S. 136.

231 Vgl. NARAYANAN, A. U. A., Bitcoin and Cryptocurrency Technologies, S. 105–107; SIXT, E., Bitcoins und Blockchain, S. 40.

232 Vgl. SCHLUND, A./PONGRATZ, H., Distributed-Ledger-Technologie, S. 598.

233 Vgl. SPINDLER, G./BILLE, M., Rechtsprobleme von Bitcoins, S. 1358; BHASKAR, N. D./LEE, D. K. C., Bitcoin Mining Technology, S. 49.

höher die eigene Rechenleistung ist, desto schneller können die *Miner* neue Zufallszahlen ausprobieren und überprüfen, ob der daraus resultierende Hashwert unter dem vorgegebenen Zielwert liegt. Im Bitcoin-Protokoll ist vorgesehen, dass ein Block ca. alle zehn Minuten gefunden wird.[234] Dies wird über den Schwierigkeitsgrad der zu lösenden Rechenaufgabe gesteuert, d. h. über die Anzahl der führenden Nullen bei dem zu unterschreitenden Hashwert. Alle 2.016 Blöcke (ca. alle zwei Wochen) wird der Schwierigkeitsgrad der Rechenaufgabe – basierend auf der Gesamtrechenleistung des Systems – automatisch angepasst.[235] Hierdurch wird zum einen sichergestellt, dass Transaktionen unabhängig von der Rechenleistung des Gesamtsystems kontinuierlich bestätigt werden können.[236] Zum anderen wird verhindert, dass bei steigender Gesamtrechenleistung des Bitcoin-Systems Blöcke schneller als in den avisierten zehn Minuten gefunden werden.[237]

Der Arbeitsnachweis in Form des *Proof-of-Work* führt für die operierenden *Miner* zu Kosten, bspw. für die bereitgestellte Rechenleistung (z. B. Anschaffung von Hardware-Komponenten)[238] sowie für Strom[239]. Im Bitcoin-System ist daher ein **Anreizsystem** verankert, das *Miner* inzentiviert, am *Mining*-Prozess teilzunehmen und so noch nicht abgewickelte Transaktionen zu bestätigen. Dieses Anreizsystem sieht vor, dass der *Miner*, der den nächsten validen Block gefunden hat, Anspruch auf die von den eine Transaktion initiierenden Parteien entrichtete Transaktionsgebühr[240] sowie einen sog. *Block Reward* hat.[241] Vor dem Hintergrund der anfallenden Kosten sowie der im Bitcoin-System implementierten Entlohnung ist die erbrachte Dienstleistung der *Miner* mittlerweile vielfach nicht (mehr) karitativ geprägt, sondern vielmehr ein veritables Geschäftsmodell von auf den *Mining*-Prozess spezialisierten Unternehmen.[242]

Weder für die sendende noch für die empfangende Partei sind im Bitcoin-System zwangsweise Transaktionsgebühren an die *Miner* zu entrichten.[243] Gleichwohl kann die initiierende Transaktionspartei auf freiwilliger Basis eine beliebig hohe **Transaktionsgebühr** für den *Miner* festlegen, der die Transaktion in seinen Block aufnimmt.[244] Diese erste Komponente wird dann der

---

234 Vgl. BHASKAR, N. D./LEE, D. K. C., Bitcoin Mining Technology, S. 49; KAULARTZ, M., Blockchain-Technologie, S. 476.

235 Vgl. FRANCO, P., Understanding Bitcoin, S. 105; TSCHORSCH, F./SCHEUERMANN, B., Bitcoin, S. 26 f.

236 Vgl. PESCH, P. J., Cryptocoin-Schulden, S. 24.

237 Vgl. NAKAMOTO, S., A Peer-to-Peer Electronic Cash System, S. 3.

238 Vgl. FRANCO, P., Understanding Bitcoin, S. 146–149.

239 Der durch den *Proof-of-Work* verursachte hohe Energieaufwand ist ein wesentlicher Kritikpunkt am Bitcoin-System. Vgl. SIXT, E., Bitcoins und Blockchain, S. 102 f.; DE VRIES, A., Bitcoin's Growing Energy Problem, S. 801–805; RAUCHS, M. U. A., 2nd Global Cryptoasset Benchmarking Study, S. 81–85; VOGEL, P./KURAK, M./HUEBNER, J., Blockchain and Philanthropy, S. 135, sowie Abschnitt 231.5.

240 Der Begriff „Gebühr" wird in Deutschland – abweichend vom Bitcoin-Kontext – regelmäßig als Abgabe an eine öffentlich-rechtliche Körperschaft für die Inanspruchnahme einer Dienstleistung, die vom Staat erbracht wird, genutzt. Vgl. BVERFG (Hrsg.), Urteil vom 06.02.1979 - 2 BvL 5/76. Gleichwohl wird dieser Begriff in der vorliegenden Arbeit dennoch genutzt, da sich dieser im Bitcoin-Kontext bereits im Schrifttum und in der Praxis etabliert hat.

241 Vgl. NAKAMOTO, S., A Peer-to-Peer Electronic Cash System, S. 4.

242 Vgl. hierzu auch Abschnitt 231.4.

243 Vgl. hier und im folgenden Satz PESCH, P. J., Cryptocoin-Schulden, S. 26.

244 Vgl. BÖHME, R. U. A., Bitcoin, S. 218. Technisch entspricht die Transaktionsgebühr der nicht zugeordneten

vom *Miner* hinterlegten Bitcoin-Adresse gutgeschrieben. Eine freiwillige Transaktionsgebühr zu entrichten, kann insofern sinnvoll sein, als die *Miner* Transaktionen mit solch einem Entgelt präferiert in ihre Blöcke aufnehmen und dadurch initiierte, aber noch nicht final validierte, Transaktionen schneller bestätigt werden.[245] Aus diesem Grund sind die freiwilligen Transaktionsgebühren im Bitcoin-System mittlerweile der Normalfall.[246]

Die zweite Komponente der Entlohnung der *Miner* für das Bestätigen von Transaktionen ist der ***Block Reward***. Der *Block Reward* stammt, anders als die Transaktionsgebühren, nicht von den in eine Transaktion verwickelten Parteien.[247] Vielmehr ist im Bitcoin-Protokoll vorgesehen, dass der *Miner*, der den nächsten validen Block findet, eine Entlohnung in Form von **neu geschöpften Bitcoin-Werteinheiten** erhält.[248] Diese algorithmusbasierte Gutschrift des Systems wird ebenfalls als Transaktion in den Block aufgenommen,[249] wobei diese sachverhaltsbedingt nicht, wie die anderen in den Block integrierten Transaktionen, auf die eigene Transaktionshistorie verweisen kann. Daher wird die erstmalige Transaktion einer Bitcoin-Werteinheit auch als *Coinbase*-Transaktion bezeichnet.[250]

Das Bitcoin-Protokoll sieht vor, dass die Zahl der ausgeschütteten Bitcoin-Werteinheiten alle 210.000 Blöcke halbiert wird.[251] Während zu Beginn des Bitcoin-Systems die Belohnung für einen aufgefundenen Block 50 Bitcoin-Werteinheiten betrug, liegt die Belohnung aktuell bei 12,5 Bitcoin-Werteinheiten. Die maximale Anzahl an Bitcoin-Werteinheiten ist auf 21 Millionen begrenzt, sodass im Jahr 2140 alle Bitcoin-Werteinheiten emittiert sein werden.[252] Deshalb gewinnen die Transaktionsgebühren als Form der Entlohnung für die *Miner* zunehmend an Bedeutung.[253]

Differenz aus dem Input und dem Output einer Transaktion. Vgl. NAKAMOTO, S., A Peer-to-Peer Electronic Cash System, S. 4; FRANCO, P., Understanding Bitcoin, S. 77.

245 Vgl. PESCH, P. J., Cryptocoin-Schulden, S. 27; SCHLUND, A./PONGRATZ, H., Distributed-Ledger-Technologie, S. 598. Die *Miner* sortieren die Transaktionen regelmäßig absteigend nach dem Transaktionsgebühren/Kilobyte-Verhältnis, da die Blockgröße und somit die Zahl der in einem Block enthaltenen Transaktionen begrenzt ist. Vgl. FRANCO, P., Understanding Bitcoin, S. 154.

246 Vgl. MÖSER, M./BÖHME, R., Bitcoin Transaction Fees, S. 24–31; BÖHME, R. U. A., Bitcoin, S. 218. Vgl. zur Üblichkeit und zur Angemessenheit von Transaktionsgebühren PESCH, P. J., Cryptocoin-Schulden, S. 28.

247 Vgl. SPINDLER, G./BILLE, M., Rechtsprobleme von Bitcoins, S. 1358. Diese Entlohnung ist im Bitcoin-Protokoll fest verankert. Vgl. FRANCO, P., Understanding Bitcoin, S. 105.

248 Vgl. SIXT, E., Bitcoins und Blockchain, S. 41; ECKERT, K.-P., Steuerliche Betrachtung elektronischer Zahlungsmittel, S. 2108.

249 Vgl. NARAYANAN, A. U. A., Bitcoin and Cryptocurrency Technologies, S. 65; SIXT, E., Bitcoins und Blockchain, S. 41.

250 Vgl. FRANCO, P., Understanding Bitcoin, S. 106.

251 Vgl. hier und im folgenden Satz SIXT, E., Bitcoins und Blockchain, S. 41; BERENTSEN, A./SCHÄR, F., Bitcoin, Blockchain und Kryptoassets, S. 215. Im Schnitt wird alle zehn Minuten ein Block gefunden, sodass ca. alle vier Jahre der *Block Reward* halbiert wird.

252 Vgl. GRANT, G./HOGAN, R., Bitcoin: Risks and Controls, S. 29; FUNG, B./HALABURDA, H., Platform-Based Digital Currencies, S. 13; HENDRICKSON, J. R./HOGAN, T. L./LUTHER, W. J., The political economy of Bitcoin, S. 927. Vgl. kritisch zum deflationären System im Bitcoin-Protokoll COURTOIS, N. T., On The Longest Chain Rule, S. 51.

253 Vgl. KÜTÜK-MARKENDORF, M. E., Rechtliche Einordnung von Bitcoin, S. 27; PESCH, P. J., Cryptocoin-Schulden, S. 28. Vgl. hierzu kritisch KROLL, J. A./DAVEY, I. C./FELTEN, E. W., Mining, S. 15–17.

Sobald ein *Miner* einen validen Block gefunden hat, verbreitet er die Information über diesen Block an die anderen *Miner* im Bitcoin-Netzwerk.[254] Die Verbreitung dieser Information nimmt jedoch eine gewisse Zeit in Anspruch, sodass es durchaus vorkommt, dass zwei *Miner* (nahezu) zeitgleich einen neuen Block finden und diesen an das Netzwerk propagieren.[255] Da in diesem Fall die Teilnehmer am *Mining*-Prozess mitunter über unterschiedliche Informationen in Bezug auf den zuletzt gefundenen Block verfügen, bestehen (kurzfristig) mehrere gültige Blockketten.[256] Diese Gabelung der Blockchain wird (sinnbildlich) auch ***Fork*** genannt.[257] Dennoch erhalten in solch einem Fall nicht beide *Miner* den *Block Reward* und die Transaktionsgebühren.[258] Vielmehr werden die anderen *Miner* – in Abhängigkeit ihrer Informationen – so lange an der eigenen Version der Bitcoin-Blockchain weiterarbeiten, bis sie über eine längere Blockkette benachrichtigt werden.[259] Daher wird sich im Anschluss an eine Gabelung die Blockkette „durchsetzen", die schneller wächst, d. h. die Blockkette, an die schneller der nächste valide Block angehängt wird.[260] Nur die **längste Blockchain** wird von den Teilnehmern im Bitcoin-System als die richtige und damit einzig valide Blockchain erachtet, da in diese der höchste Arbeitsaufwand in Form des *Proof-of-Work* geflossen ist.[261] Die *Miner*, die an der kürzeren Kette gearbeitet haben, werden diese nicht weiter fortführen, da sie hierfür keine Belohnung erhalten werden. Die mit dem *Fork* verbundenen Blöcke der kürzeren, d. h. der nicht fortgeführten, Blockkette, werden daher auch als verwaiste Blöcke bezeichnet (sog. *Orphan Blocks*).[262] Da nur die längere Blockkette fortgeführt wird und als valide erachtet wird, haben

---

[254] Vgl. NAKAMOTO, S., A Peer-to-Peer Electronic Cash System, S. 3.

[255] Vgl. KÜTÜK-MARKENDORF, M. E., Rechtliche Einordnung von Bitcoin, S. 29. Dies ist bei ca. 2 % der neuen Blöcke der Fall. Vgl. LASCHEWSKI, C., Blockchain-Algorithmus, S. 361; BUHL, H. U./SCHWEIZER, A./URBACH, N., Blockchain-Technologie, S. 597.

[256] Vgl. SCHLATT, V. U. A., Blockchain, S. 11; ANTONOPOULOS, A. M., Bitcoin, S. 244.

[257] Vgl. TSCHORSCH, F./SCHEUERMANN, B., Bitcoin, S. 4; KÜTÜK-MARKENDORF, M. E., Rechtliche Einordnung von Bitcoin, S. 16. Da das Bitcoin-Protokoll als *Open Source*-Software gestaltet ist, kann jeder an diesem Protokoll Veränderungen vorschlagen und mithin das Bitcoin-System weiterentwickeln. *Forks* können daher auch auftreten, wenn die Konsensregelungen im Bitcoin-Protokoll geändert werden. Zu unterscheiden ist in diesem Zusammenhang zwischen einem sog. *Soft Fork* (deutsch: weiche Gabelung) und einem sog. *Hard Fork* (deutsch: harte Gabelung). Bei einem *Soft Fork* können die Teilnehmer auf Basis unterschiedlicher Softwareversionen weiterhin miteinander über dieselbe Bitcoin-Blockchain kommunizieren. Bei einem *Hard Fork* müssen sich die *Miner* hingegen zwingend für eine Version entscheiden. Sofern sich die Gemeinschaft daher nicht auf ein Bitcoin-Protokoll einigen kann, kommt es zu einer harten Gabelung der Blockchain, da die verwendeten Versionen nicht kompatibel miteinander sind. Abhängig von der genutzten Version operieren die *Miner* dann ab einem bestimmten Block auf unterschiedlichen Blockchains. Im Regelfall erhalten die Besitzer von Werteinheiten bei einem *Hard Fork* Werteinheiten der geforkten Blockchain im Verhältnis 1:1. Vgl. zu *Forks* insgesamt ANTONOPOULOS, A. M., Bitcoin, S. 256–267; JACQUEMART, N./MEYER, S. D., Der Bitcoin-/Bitcoin-Cash-Hardfork, S. 471–473; HAKERT, A./KIRSCHBAUM, B., Bilanzierung und Besteuerung von Kryptowährungen aus einer Hard Fork, S. 881 f. Vgl. zu den wohl bekanntesten *Forks* HACKER, P., Corporate Governance for Complex Cryptocurrencies, S. 12–16. Diese Form des Zugangs von Krypto-Token wird in dieser Arbeit nicht behandelt, da es sich nicht um einen Erwerb handelt. Vgl. hierzu auch Abschnitt 11 und Abschnitt 41, Fn. 693.

[258] Vgl. PESCH, P. J., Cryptocoin-Schulden, S. 23.

[259] Vgl. ZOHAR, A., Bitcoin, S. 107 f.; TSCHORSCH, F./SCHEUERMANN, B., Bitcoin, S. 25.

[260] Vgl. BERENTSEN, A./SCHÄR, F., Bitcoin, Blockchain und Kryptoassets, S. 229 f.; TSCHORSCH, F./SCHEUERMANN, B., Bitcoin, S. 4.

[261] Vgl. BERENTSEN, A./SCHÄR, F., Bitcoin, Blockchain und Kryptoassets, S. 216 und S. 229.

[262] Vgl. FRANCO, P., Understanding Bitcoin, S. 108; KÜTÜK-MARKENDORF, M. E., Rechtliche Einordnung von Bitcoin, S. 16.

die Transaktionen, die in den verwaisten Blöcken verarbeitet wurden, im Bitcoin-System (noch) nicht stattgefunden.[263] Die insofern noch unbestätigten Transaktionen werden wieder in den *Mempool* verschoben.[264] Die verschiedenen Möglichkeiten von Gabelungen der Blockchain können in Abbildung 2-2 zusammenfassend nachvollzogen werden.

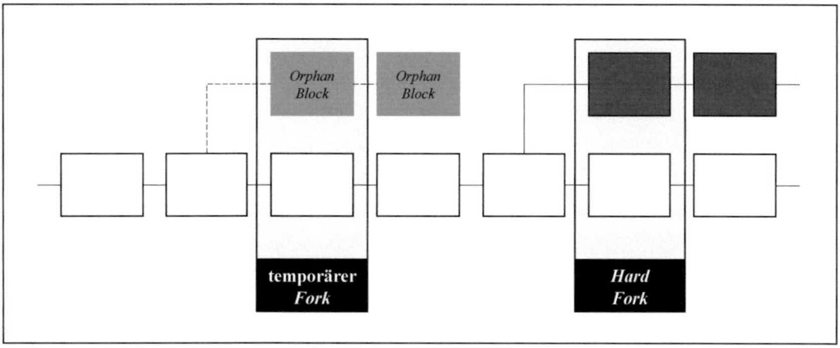

Abbildung 2-2: Möglichkeiten von Blockchain-*Forks*[265]

Die Möglichkeit einer Gabelung der Blockchain wirft indes die Frage auf, wann eine Transaktion im Bitcoin-System als bestätigt angesehen werden kann. Vor dem zuvor erläuterten Hintergrund kann im Bitcoin-System weniger von einer absoluten Bestätigung einer Transaktion gesprochen werden. Vielmehr geht es um den **Grad der Bestätigung**.[266] Je häufiger ein nachfolgender Block auf den vorherigen Block referenziert, desto stärker abgesichert ist eine bestätigte Transaktion.[267] Dies ist damit zu begründen, dass der Arbeitsaufwand zum Fortführen einer alternativen (ebenso langen oder längeren) Blockkette exponentiell steigt.[268] Auch wenn technisch eine absolute Bestätigung einer initiierten Transaktion mithin nicht vorliegen kann,[269] ist eine Transaktion im Regelfall nach sechs Konfirmationen im Bitcoin-System als belastbar bestätigt anzusehen.[270, 271] Dieser Aspekt wird mit Blick auf die Rechnungslegung unter anderem noch für den Zeitpunkt des Übergangs der Bitcoin-Werteinheit auf eine andere Partei von Bedeutung sein.

---

263 Vgl. PESCH, P. J., Cryptocoin-Schulden, S. 24.

264 Vgl. SCHLATT, V. U. A., Blockchain, S. 11; FRANCO, P., Understanding Bitcoin, S. 108; SCHLUND, A./PONGRATZ, H., Distributed-Ledger-Technologie, S. 598.

265 In Anlehnung an PESCH, P. J., Cryptocoin-Schulden, S. 24.

266 Vgl. FRANCO, P., Understanding Bitcoin, S. 110.

267 Vgl. PESCH, P. J., Cryptocoin-Schulden, S. 31.

268 Vgl. FRANCO, P., Understanding Bitcoin, S. 113.

269 Vgl. PESCH, P. J., Cryptocoin-Schulden, S. 31; CAP, C. H., Structural Analysis of Bitcoin, S. 60.

270 Vgl. BÖHME, R. U. A., Bitcoin, S. 217; ANTONOPOULOS, A. M., Bitcoin, S. 255. Trotz der beschriebenen Sicherheitsmechanismen können Manipulationen an der Bitcoin-Blockchain nicht vollständig ausgeschlossen werden. Vgl. zu verschiedenen Angriffsszenarien auf die Bitcoin-Blockchain FRANCO, P., Understanding Bitcoin, S. 113–117; ANTONOPOULOS, A. M., Bitcoin, S. 253–256; PESCH, P. J., Cryptocoin-Schulden, S. 32–38; NARAYANAN, A. U. A., Bitcoin and Cryptocurrency Technologies, S. 131–136.

271 Transaktionen, die mit dem beschriebenen Mechanismus über die Bitcoin-Blockchain abgewickelt werden,

231.4 Akteure im Bitcoin-System

Für die Bilanzierung von Krypto-Token ist neben einem Verständnis hinsichtlich der Funktionsweise von Transaktionen über die Blockchain ein Überblick über die in solch einem Ökosystem insgesamt agierenden Parteien erforderlich. Dieses Ökosystem und die darin involvierten Parteien sollen ebenfalls – stellvertretend für andere Anwendungsfälle – anhand des **Bitcoin-Ökosystems**[272] erläutert werden. Die bislang beschriebenen Aspekte der Initiierung und der Abwicklung einer Transaktion haben sich vor allem auf das sog. Kernsystem des Bitcoin-Ökosystems bezogen.[273] Um dieses Kernsystem herum sind mittlerweile verschiedene Akteure mit unterschiedlichen Geschäftsmodellen aktiv.[274] In diesem Zusammenhang sind für bilanzielle Fragestellungen vor allem Anbieter von verschiedenen *Wallet*-Arten, Betreiber von Handelsplattformen, die *Miner* sowie damit verbundene unterschiedliche *Mining*-Formen und sog. Zahlungsabwickler relevant.[275] So ist unter anderem ein grundlegendes Verständnis in Hinblick auf die Art der Verwahrung der privaten Schlüssel in einer *Wallet* für die Beurteilung der Kontrolle im Rahmen der Prüfung der Vermögenswertdefinition erforderlich. Handelsplattformen sind mit Blick auf die Bilanzierung zum einen von Bedeutung, da auf diesen regelmäßig die in dieser Arbeit untersuchten Erwerbe von Krypto-Token erfolgen. Zum anderen sind Aktivitäten auf Handelsplattformen mit Blick auf verschiedene Fragestellungen der Zugangs- und Folgebewertung für bilanzielle Zwecke von Belang.

Um am Bitcoin-System partizipieren zu können, benötigen die Teilnehmer eine *Wallet*. Mit einer ***Wallet*** können die für eine Transaktion im Bitcoin-System notwendigen Schlüsselpaare aufbewahrt,[276] Transaktionen signiert und dokumentiert sowie an das Bitcoin-Netzwerk mitgeteilt werden.[277] Wichtig zu verstehen ist dabei, dass in einer *Wallet* zwar die Bitcoin-Transaktionen dokumentiert werden, die Bitcoin-Werteinheiten jedoch jederzeit auf der Blockchain als vergangene Transaktionen verbleiben und daher nicht direkt in der *Wallet* hinterlegt sind.[278]

---

sind sog. *on-chain* Transaktionen. Es gibt jedoch auch Möglichkeiten, Transaktionen *off-chain*, d. h. ohne die Bitcoin-Blockchain, zu tätigen. Zum einen ist dies möglich, indem Transaktionen von Drittparteien über ein internes *Clearing* und *Settlement* durchgeführt werden. Zum anderen können im Bitcoin-System separate Kanäle (sog. *Payment-Channel*) zwischen sich direkt vertrauenden Parteien implementiert werden, die lediglich beim *Settlement* auf die Validierung über die Bitcoin-Blockchain zurückgreifen. Vgl. RAUCHS, M. U. A., 2nd Global Cryptoasset Benchmarking Study, S. 37–40. Vgl. zu *Payment-Channels* ANTONOPOULOS, A. M., Bitcoin, S. 284–304. Hierdurch können Skalierungsprobleme bei der Transaktionsabwicklung vermindert werden. Vgl. SIXT, E., Bitcoins und Blockchain, S. 115–117.

272 Vgl. hierzu bereits MÖSER, M./BÖHME, R./BREUKER, D., Towards Risk Scoring of Bitcoin Transactions, S. 17 f.; PESCH, P. J., Cryptocoin-Schulden, S. 38–44.

273 Vgl. PESCH, P. J., Cryptocoin-Schulden, S. 38. Darüber hinaus unterscheidet PESCH a. a. O. noch zwischen Ökosystem, Finanzsektor und Realwirtschaft. Auf diese granulare Differenzierung wird in dieser Arbeit verzichtet.

274 Vgl. FRANCO, P., Understanding Bitcoin, S. 39.

275 Vgl. PESCH, P. J., Cryptocoin-Schulden, S. 38–40; RAUCHS, M. U. A., 2nd Global Cryptoasset Benchmarking Study, S. 42.

276 Vgl. ECKERT, K.-P., Steuerliche Betrachtung elektronischer Zahlungsmittel, S. 2108.

277 Vgl. PESCH, P. J., Cryptocoin-Schulden, S. 41. Zudem kann der Saldo aus empfangenen und gesendeten Bitcoin-Werteinheiten über einige *Wallet*-Arten eingesehen werden. Vgl. SORGE, C./KROHN-GRIMBERGHE, A., Bitcoin: Eine erste Einordnung, S. 480.

278 Vgl. ANTONOPOULOS, A. M., Bitcoin, S. 93.

Daher können Bitcoin-Werteinheiten selbst nie gestohlen werden, sondern lediglich die für einen Zugang zu diesen erforderlichen privaten Schlüssel. Mithin ändert sich bei einer Übertragung von Bitcoin-Werteinheiten zwischen zwei Parteien nicht ihr Aufbewahrungsort, sondern lediglich der Verweis auf den Zugriffsberechtigten.[279]

Es gibt mittlerweile **eine Vielzahl unterschiedlicher *Wallet*-Arten**,[280] wobei stets ein *Trade-Off* zwischen Sicherheit, Verfügbarkeit und Benutzerfreundlichkeit vorliegt.[281] Es lassen sich übergeordnet drei Verwahrmöglichkeiten für die privaten Schlüssel identifizieren: Die eigenständige Verwahrung (Fall 1), die Verwahrung durch Dritte (Fall 2) und die geteilte Verwahrung (Fall 3).

Zunächst soll die **eigenständige Verwahrung** der privaten Schlüssel erläutert werden (**Fall 1**). Damit die bereits beschriebenen Funktionen vollständig ausgeführt werden können, muss eine *Wallet* mit dem Internet verbunden sein, um mit dem Bitcoin-Netzwerk kommunizieren zu können.[282] Sofern eine Verbindung zum Internet besteht, wird bei einer *Wallet* auch von *hot storage* gesprochen,[283] was jedoch ein bedeutendes Sicherheitsrisiko ist, z. B. durch Hacking-Attacken. Alternativ können die privaten Schlüssel in *cold storage*, d. h. ohne Verbindung zum Internet, aufbewahrt werden. Möglichkeiten für ein *cold storage* sind z. B. eine sog. ***Paper-* oder *Brain-Wallet***.[284] Hierbei schreibt sich der Nutzer den privaten Schlüssel[285] entweder auf ein Stück Papier (*Paper-Wallet*) und verwahrt dieses sicher oder merkt sich den privaten Schlüssel (*Brain-Wallet*). Solch eine *Wallet* ist zwar gegenüber externen Zugriffen über das Internet geschützt, gleichwohl wenig benutzerfreundlich und auch nicht jederzeit einsetzbar.[286] So muss der im *cold storage* verwahrte private Schlüssel, um eine Transaktion zu signieren, in eine mit dem Bitcoin-Netzwerk verbundene *Wallet* importiert werden.[287]

Während der Nutzer bei einer *Paper-* oder *Brain-Wallet* vollständig auf sich gestellt ist, gibt es auch *Wallet*-Arten, bei denen der Betreiber einer *Wallet* eine Infrastruktur bereitstellt, über die die Krypto-Token verwahrt werden. Ein Beispiel hierfür ist eine sog. *Desktop-Wallet*. Bei einer

---

279 Vgl. KÜTÜK-MARKENDORF, M. E., Rechtliche Einordnung von Bitcoin, S. 28.

280 Vgl. GRZYWOTZ, J., Virtuelle Kryptowährungen und Geldwäsche, S. 36.

281 Vgl. NARAYANAN, A. U. A., Bitcoin and Cryptocurrency Technologies, S. 76 f.

282 Vgl. FRANCO, P., Understanding Bitcoin, S. 126.

283 Vgl. hier und in den folgenden zwei Sätzen NARAYANAN, A. U. A., Bitcoin and Cryptocurrency Technologies, S. 79; HOSP, J., Kryptowährungen, S. 90–95; FRANCO, P., Understanding Bitcoin, S. 126 f.

284 Zudem ist es ebenfalls denkbar, die bzw. den privaten Schlüssel auf einem externen, nicht mit dem Internet verbundenen Speichermedium (z. B. einer CD, einem USB-Stick oder einer Festplatte) aufzubewahren. Vgl. FRANCO, P., Understanding Bitcoin, S. 127; GRZYWOTZ, J., Virtuelle Kryptowährungen und Geldwäsche, S. 38.

285 Den privaten Schlüssel kann der Nutzer entweder über einen Zufallsgenerator erstellen lassen oder sich selbst ausdenken. Zudem ist es möglich, dass der Nutzer sich nicht den privaten Schlüssel selbst merkt, sondern eine darauf zurückzuführende Wörterkombination. Vgl. NARAYANAN, A. U. A., Bitcoin and Cryptocurrency Technologies, S. 81–83. Vgl. zur Erstellung einer *Paper-* und *Brain-Wallet* HOSP, J., Kryptowährungen, S. 90–92.

286 Vgl. ESKANDARI, S. U. A., Bitcoin Key Management, S. 3; NARAYANAN, A. U. A., Bitcoin and Cryptocurrency Technologies, S. 79.

287 Vgl. FRANCO, P., Understanding Bitcoin, S. 129.

Desktop-Wallet[288] wird auf einem Gerät (Computer, Handy etc.) eine Software installiert, mit der die beschriebenen Funktionen ausgeführt und Teile der (oder die gesamte) Bitcoin-Blockchain abgelegt werden (können).[289] Abhängig davon, ob das Gerät, auf dem die Software installiert ist, mit dem Internet verbunden ist, kann diese Form der eigenständigen Verwahrung entsprechend als *hot* oder als *cold storage* klassifiziert werden.

Für zahlreiche Teilnehmer am Bitcoin-System erweist sich diese *Wallet*-Art indes als wenig benutzerfreundlich, weshalb zunehmend sog. ***Web-Wallets*** genutzt werden, deren Benutzeroberfläche dem klassischen Online-Banking gleicht.[290] Die in einer *Web-Wallet* hinterlegten Informationen werden vom Betreiber auf Servern verwaltet, sodass die Nutzer über einen Browser auf ihre Bitcoin-Werteinheiten zugreifen können, ohne die Transaktionshistorie der Bitcoin-Blockchain – wie bei einem *Desktop-Wallet* – vollständig oder teilweise speichern zu müssen.[291] Mit dieser *Wallet*-Art sind jedoch erhebliche Sicherheitsrisiken verbunden,[292] sofern der Betreiber der Software keine ausreichenden Sicherheitsvorkehrungen getroffen hat. Zudem muss einer zentral agierenden Partei vertraut werden, was der Ursprungsidee des Bitcoin-Systems grundlegend widerspricht.[293]

Um die Vorteile der Methoden zur Online- und Offline-Verwahrung zu kombinieren, wurden zudem sog. ***Hardware-Wallets*** entwickelt. Die privaten Schlüssel werden bei dieser *Wallet*-Art offline auf einer Art USB-Stick verwahrt, können aber über ein auf dem *Hardware-Wallet* integriertes Software-Element mit einem Computer und mithin dem Internet verbunden werden.[294]

Bei allen bisher beschriebenen *Wallet*-Arten ist der Nutzer stets im Besitz und der Kenntnis der privaten Schlüssel. Im Gegensatz dazu haben sich – zur weiteren Steigerung der Benutzerfreundlichkeit – Varianten herausgebildet, bei denen der private Schlüssel von einer **dritten Partei verwahrt** wird (sog. *custodial wallet provider*) und der private Schlüssel dem Nutzer nicht bekannt ist (**Fall 2**).[295] Eine Anmeldung und Authentifizierung erfolgt bei den Betreibern

---

288 Hierzu gehört auch der Bitcoin *Core-Client*. Vgl. hierzu bereits Abschnitt 231.2.

289 Vgl. NARAYANAN, A. U. A., Bitcoin and Cryptocurrency Technologies, S. 77; ESKANDARI, S. U. A., Bitcoin Key Management, S. 2.

290 Vgl. FRANCO, P., Understanding Bitcoin, S. 43 und S. 131.

291 Vgl. PESCH, P. J., Cryptocoin-Schulden, S. 41.

292 Vgl. GRZYWOTZ, J., Virtuelle Kryptowährungen und Geldwäsche, S. 39 f.

293 Es gibt zum Teil die Möglichkeit, dass der Zugriff auf die privaten Schlüssel mit einem weiteren Passwort geschützt wird. Dies ist prinzipiell auch bei anderen *Wallet*-Arten möglich. Vgl. hierzu ESKANDARI, S. U. A., Bitcoin Key Management, S. 3; PESCH, P. J., Cryptocoin-Schulden, S. 41 f.; RAUCHS, M. U. A., 2nd Global Cryptoasset Benchmarking Study, S. 49.

294 Vgl. GRZYWOTZ, J., Virtuelle Kryptowährungen und Geldwäsche, S. 38 f.; HOSP, J., Kryptowährungen, S. 94; FRANCO, P., Understanding Bitcoin, S. 130 f.

295 Vgl. hier und im folgenden Satz ESKANDARI, S. U. A., Bitcoin Key Management, S. 4; RAUCHS, M. U. A., 2nd Global Cryptoasset Benchmarking Study, S. 49 f.; JACQUEMART, N./MEYER, S. D., Der Bitcoin-/Bitcoin-Cash-Hardfork, S. 471. Teilweise werden nicht einmal separat für jeden Nutzer ein oder mehrere private Schlüssel für den Zugriff auf die hinterlegten Werteinheiten verwaltet. Vielmehr werden für verschiedene Nutzer dieselben privaten und öffentlichen Schlüssel verwendet. In diesem Fall handelt es sich für den Nutzer nicht mehr tatsächlich um eine *Wallet*, sondern um einen damit vergleichbaren Dienst. Vgl. PESCH, P. J.,

über klassische Nutzername-Passwort-Kombinationen und ggf. zusätzlich über eine Zwei-Faktor-Authentifizierung. Diese Mechanismen sind bspw. bei Handelsplattformen mit angeschlossenem *Wallet-Service* gängige Praxis.[296] Die Handelsplattformen haben dann eine Treuhänderfunktion.[297]

Neben der alleinigen eigenständigen Verwahrung des privaten Schlüssels bzw. der privaten Schlüssel und der alleinigen Verwahrung des privaten Schlüssels bzw. der privaten Schlüssel durch einen Dienstleister ist es zudem möglich, dass der Nutzer und der Dienstleister sich die **Verwahrung teilen (Fall 3)**. Hierbei verwahrt sowohl der Kunde als auch der Dienstleister einen oder mehrere private Schlüssel. Um eine Transaktion zu initiieren und somit die Verfügungsberechtigung zu übertragen, ist es im Rahmen einer solchen Verwahrart erforderlich, dass die Transaktion mit einer bestimmten Zahl an privaten Schlüsseln signiert wird. Das Halten eines individuellen privaten Schlüssels ist daher nicht hinreichend, um eine Transaktion durchzuführen.

Die vorgestellten Verwahrarten für die privaten Schlüssel und deren Ausgestaltung sind zusammenfassend in Abbildung 2-3 dargestellt.

		Verwahrung	
		eigenständig (*non-custodial*)	**für Dritte (*custodial*)**
Ausgestaltung	**alleinige Kontrolle**	Der Nutzer kontrolliert die privaten Schlüssel und hat exklusive Kontrolle über die hinterlegten Krypto-Token (**Fall 1**).	Der Dienstleister kontrolliert die privaten Schlüssel und hat exklusive Kontrolle über die hinterlegten Krypto-Token. Der Nutzer kann mittelbar auf diese zugreifen (**Fall 2**).
	geteilte Kontrolle	Sowohl der Nutzer als auch der Dienstleister halten einen oder mehrere private Schlüssel, sodass der Dienstleister die Krypto-Token nicht ohne Nutzergenehmigung einseitig versenden kann (**Fall 3**).	

Abbildung 2-3: Verwahrarten von privaten Schlüsseln und deren Ausgestaltungen[298]

Eine weitere wichtige Funktion im Krypto-Ökosystem im Allgemeinen und dem Bitcoin-Ökosystem im Speziellen nehmen Handelsplattformen ein. **Handelsplattformen** kommt – wie auch bei konventionellen Währungen, Aktien, Anleihen o. Ä. – die Funktion der Preisbildung zu.[299]

Cryptocoin-Schulden, S. 42; ESMA (Hrsg.), Initial Coin Offerings and Crypto-Assets, S. 13.

296 Vgl. RAUCHS, M. U. A., 2nd Global Cryptoasset Benchmarking Study, S. 50; PESCH, P. J., Cryptocoin-Schulden, S. 42.

297 Vgl. KOCIOK, C., in: Auer-Reinsdorff/Conrad, IT- und Datenschutzrecht, 3. Aufl., § 27 E-Payment und E-Invoicing, Rn. 87 f.

298 In Anlehnung an RAUCHS, M. U. A., 2nd Global Cryptoasset Benchmarking Study, S. 49.

299 Vgl. PESCH, P. J., Cryptocoin-Schulden, S. 43; NARAYANAN, A. U. A., Bitcoin and Cryptocurrency Technologies, S. 99.

Der Preis bestimmt sich dabei aus Angebot und Nachfrage.[300] Über Handelsplattformen können Bitcoin-Werteinheiten und andere Krypto-Token gehandelt werden.[301] In diesem Zusammenhang ist, abhängig von der konkreten Handelsplattform und der gehandelten Werteinheit, ein Handel gegen andere Krypto-Token und bzw. oder gegen Fiatwährungen möglich.[302] In diesem Rahmen kann eine Handelsplattform unterschiedliche Rollen einnehmen.[303] Es ist möglich, dass die Handelsplattform als *Broker* agiert und in dieser Rolle zu einem vorgegebenen Preis Krypto-Token an- und verkauft. Ferner können Transaktionen auch direkt zwischen den Nutzern erfolgen, wobei die Handelsplattform in diesem Fall als Vermittler zwischen den Transaktionsparteien auftritt.[304] Dies kann sowohl im Rahmen eines börslichen Handels über ein Orderbuch (sog. *Order-Book Exchange*) als auch außerbörslich (sog. *OTC-Desk*) geschehen.[305] Für eine solche Dienstleistung vereinnahmen die Betreiber der Handelsplattform von beiden Seiten der Transaktion eine Gebühr.[306] Die beschriebenen Formen von Handelsplattformen werden durch einen zentral agierenden Betreiber verwaltet, welcher auch das *Clearing* und das *Settlement* der Transaktionen übernimmt.[307] Solche Transaktionen werden in der Regel nicht über die Blockchain, sondern über interne Datenbanken der Betreiber abgewickelt.[308] Daneben etablieren sich zunehmend auch dezentrale Handelsplattformen, die ohne eine zentrale Instanz auf Basis der Blockchain An- und Verkäufe abwickeln.[309] Eine Sonderform des Handels von Bitcoin-Werteinheiten sind physische Bitcoin-Automaten, die (äußerlich) mit Geldautomaten vergleichbar sind.[310] An diesen können Bitcoin-Werteinheiten gegen Fiatwährungen erworben und zum Teil auch verkauft werden.[311] Zudem verzahnt sich das Bitcoin-Ökosystem zunehmend mit der „klassischen" Finanzindustrie. So startete bspw. im Dezember 2017 der Handel mit Bitcoin-*Futures* an den Chicagoer Optionsbörsen *Chicago Mercantile Exchange* (CME)

---

300 Vgl. EZB (Hrsg.), Virtual currency schemes, S. 6; NARAYANAN, A. U. A., Bitcoin and Cryptocurrency Technologies, S. 99 f.; DJAZAYERI, A., Die virtuelle Währung Bitcoin – Zivilrechtliche Fragestellungen und internationale regulatorische Behandlung, Anm. 1.

301 Vgl. HILDNER, A., Bitcoins auf dem Vormarsch, S. 488.

302 Vgl. hierzu RAUCHS, M. U. A., 2nd Global Cryptoasset Benchmarking Study, S. 41 und S. 43.

303 Teilweise bieten die Handelsplattformen auch mehrere der nachfolgend beschriebenen Dienstleistungen an. Vgl. RAUCHS, M. U. A., 2nd Global Cryptoasset Benchmarking Study, S. 22.

304 Der Kaufvertrag kommt hierbei direkt zwischen den in die Transaktion involvierten Parteien zustande. Vgl. KOCIOK, C., in: Auer-Reinsdorff/Conrad, IT- und Datenschutzrecht, 3. Aufl., § 27 E-Payment und E-Invoicing, Rn. 86.

305 Vgl. RAUCHS, M. U. A., 2nd Global Cryptoasset Benchmarking Study, S. 22. Transaktionen auf Handelsplattformen sind normalerweise vierundzwanzig Stunden am Tag und sieben Tage die Woche möglich. Vgl. FRANCO, P., Understanding Bitcoin, S. 40.

306 Vgl. FRANCO, P., Understanding Bitcoin, S. 40. Diese Gebühr entspricht nicht der Transaktionsgebühr, die Nutzer auf freiwilliger Basis an die *Miner* zahlen können.

307 Vgl. RAUCHS, M. U. A., 2nd Global Cryptoasset Benchmarking Study, S. 23.

308 Vgl. BERENTSEN, A./SCHÄR, F., Bitcoin, Blockchain und Kryptoassets, S. 179 f. und S. 304; RAUCHS, M. U. A., 2nd Global Cryptoasset Benchmarking Study, S. 49; SEITZ, J., Distributed Ledger Technology & Bitcoin, S. 765; NARAYANAN, A. U. A., Bitcoin and Cryptocurrency Technologies, S. 88 f.; FRANCO, P., Understanding Bitcoin, S. 42.

309 Vgl. RAUCHS, M. U. A., 2nd Global Cryptoasset Benchmarking Study, S. 22 f.; EY (Hrsg.), Life of a coin, S. 27–29.

310 Vgl. BERENTSEN, A./SCHÄR, F., Bitcoin, Blockchain und Kryptoassets, S. 306 f. Es wurden bereits mehr als 4.000 dieser Automaten (nicht nur für Bitcoin-Werteinheiten) in über 70 Ländern aufgestellt. Vgl. COIN ATM RADAR (Hrsg.), Bitcoin ATM Map, o. S.

311 Vgl. hierzu ausführlich FRANCO, P., Understanding Bitcoin, S. 48.

und *Chicago Board Options Exchange* (CBOE).[312] Hierdurch vereinfacht sich für institutionelle Investoren die Möglichkeit, auf fallende oder steigende Kurse zu setzen und Bitcoin-*Futures* als *Hedging*-Instrument zu nutzen.[313]

Weitere, für die Fortschreibung der Bitcoin-Blockchain und mithin für das Bitcoin-Ökosystem erforderliche Akteure sind die ***Miner***. Während zu Beginn des Bitcoin-Systems das Lösen der Rechenaufgaben mit handelsüblichen Computern möglich war, wird das *Mining* mittlerweile praktisch nur noch mit hochspezialisierter Hardware (sog. ASIC-Einheiten) betrieben.[314] *Mining* kann in den unterschiedlichen Konstellationen *Solomining*, *Poolmining* sowie *Cloudmining* betrieben werden. Beim ***Solomining*** agiert der *Miner* alleine, was in dem vorherrschenden kompetitiven Umfeld und der steigenden Rechenleistung des Gesamtsystems regelmäßig nicht mehr rentabel ist.[315] Wenn sich *Miner* hingegen zusammenschließen, um über die Nutzung ihrer gemeinsamen Rechenleistung die Wahrscheinlichkeit, einen validen Block zu generieren, zu erhöhen, handelt es sich um sog. ***Miningpools***.[316] Ein erhaltener *Block Reward* sowie die Transaktionsgebühren werden zwischen den beteiligten *Minern* aufgeteilt.[317] In der Folge reduziert sich zwar für die beteiligten Parteien die Vergütung im Vergleich zum *Solomining* pro neu gefundenem validen Block, es ist aber davon auszugehen, dass die Vergütung insgesamt beständiger auftritt, da insgesamt mehr valide Blöcke gefunden werden.[318] Zudem kann sich auch am *Mining* beteiligt werden, ohne über die erforderliche Hard- und Software zu verfügen (sog. ***Cloudmining***).[319] So ist es möglich, sich für einen bestimmten Geldbetrag von einem tatsächlich operierenden *Miner* eine gewisse Rechenleistung anzumieten.[320] Mit dieser Rechenleistung wird dann das *Mining* betrieben und ggf. auftretende Erträge werden dem Nutzer abzüglich einer Gebühr gutgeschrieben.

Das Bitcoin-System wurde ursprünglich entwickelt, um mit der dem System zugrunde liegenden Werteinheit eine neue Form des Zahlungsmittels zu etablieren. So können Händler Bitcoin-Werteinheiten direkt von ihren Kunden als Form eines Zahlungsmittels akzeptieren. Sofern die akzeptierenden Händler die erhaltenen Bitcoin-Werteinheiten nicht selber halten wollen,[321]

---

312 Vgl. SPIELMANN, C., Bitcoin-Terminhandel, S. 185; BAUR, D./DIMPFL, T., Price Discovery in Bitcoin, S. 1.

313 Vgl. J. P. MORGAN (Hrsg.), Decrypting Cryptocurrencies, S. 38; BAUR, D./DIMPFL, T., Price Discovery in Bitcoin, S. 2. Vgl. für eine empirische Analyse zur Effektivität von Bitcoin-*Futures* als *Hedging*-Instrument CORBET, S. U. A., Bitcoin Futures, S. 1–12.

314 Vgl. zu dieser Entwicklung insgesamt NARAYANAN, A. U. A., Bitcoin and Cryptocurrency Technologies, S. 110–119; FRANCO, P., Understanding Bitcoin, S. 143–154; SIXT, E., Bitcoins und Blockchain, S. 42 f.

315 Vgl. ANTONOPOULOS, A. M., Bitcoin, S. 250; BHASKAR, N. D./LEE, D. K. C., Bitcoin Mining Technology, S. 53; KERSCHER, D., Bitcoin, S. 91; PESCH, P. J., Cryptocoin-Schulden, S. 40.

316 Vgl. hierzu ausführlich ANTONOPOULOS, A. M., Bitcoin, S. 250–253; TSCHORSCH, F./SCHEUERMANN, B., Bitcoin, S. 12 f.

317 Vgl. zu möglichen Verteilungsmechanismen BHASKAR, N. D./LEE, D. K. C., Bitcoin Mining Technology, S. 59–62.

318 Vgl. BERENTSEN, A./SCHÄR, F., Bitcoin, Blockchain und Kryptoassets, S. 222–225; ANTONOPOULOS, A. M., Bitcoin, S. 250.

319 Vgl. BHASKAR, N. D./LEE, D. K. C., Bitcoin Mining Technology, S. 57.

320 Vgl. hier und im folgenden Satz RICHTER, L./AUGEL, C., Geld 2.0, S. 947; REITER, C./NOLTE, D., Steuerliche Behandlung von Bitcoin und Krypto-Assets, S. 1184.

321 Vgl. zu den Gründen NARAYANAN, A. U. A., Bitcoin and Cryptocurrency Technologies, S. 94.

können sie einen **Zahlungsabwickler** zwischen sich und den Kunden schalten.[322] Dieser wandelt die erhaltenen Bitcoin-Werteinheiten direkt in die jeweilige lokale Währung um, wodurch der Händler bspw. keinen Wechselkursrisiken aus der Volatilität der Bitcoin-Werteinheiten ausgesetzt ist.[323]

231.5 Zwischenfazit und Schwachstellen des Bitcoin-Systems

Seit der Implementierung des Bitcoin-Systems ist es erstmals möglich, dass zwei Parteien ohne Intermediär eine verifizierbare Transaktion durchführen.[324] Gleichwohl wurden durch die seit der Implementierung im Jahr 2009 rasant gestiegene Nutzung[325] des Bitcoin-Systems auch einige im Bitcoin-Protokoll **inhärente Schwachstellen** sichtbar. Eine wesentliche Schwachstelle, die unmittelbar durch die gestiegene Nutzung deutlich wird, ist die eingeschränkte Skalierbarkeit der Transaktionsabwicklung. Als weitere Schwachstellen werden mitunter die Pseudonymität der eine Transaktionen durchführenden Parteien, Energieverschwendung für den Konsensmechanismus sowie Limitierungen bei der Anpassung des Bitcoin-Protokolls angeführt.

Durch die Limitierung der in einem Block verarbeitbaren Transaktionen wurde bei steigender Zahl an initiierten Transaktionen deutlich, dass das Bitcoin-System bislang nicht in dem Umfang und in der Geschwindigkeit Transaktionen abwickeln kann, wie es für ein globales Transaktionssystem erforderlich wäre, um bspw. mit dem VISA- oder dem MASTERCARD-Netzwerk konkurrieren zu können.[326] Die **Skalierbarkeit** des Bitcoin-Systems kann zwar durch *off-chain* Transaktionen und sog. *Second-Layer* Techniken (z. B. *Payment-Channel*[327] wie bei *Lightning*[328]) verbessert werden, jedoch befinden sich diese Entwicklungen erst im Anfangsstadium.[329] Zudem wurde bereits deutlich, dass zunehmend zentralisierte Dienstleister, wie z. B. Handelsplattformen, Teil des Bitcoin-Ökosystems werden und über interne Datenbanken Transaktionen abwickeln. Dies steht zwar zunächst dem Grundgedanken eines dezentralen Transaktionssystems entgegen, ist jedoch der Tatsache geschuldet, dass die Benutzerfreundlichkeit der originären Bitcoin-Software (*Core-Client*) weder intuitiv noch anwenderfreundlich

---

322 Vgl. NARAYANAN, A. U. A., Bitcoin and Cryptocurrency Technologies, S. 94; FRANCO, P., Understanding Bitcoin, S. 43. Bekannte Dienstleister in diesem Bereich sind z. B. *Coinbase* oder *BitPay*. Vgl. BRITO, J./SHADAB, H./CASTILLO, A., Bitcoin Financial Regulation, S. 157 f.

323 Vgl. GRANT, G./HOGAN, R., Bitcoin: Risks and Controls, S. 33; BRITO, J./SHADAB, H./CASTILLO, A., Bitcoin Financial Regulation, S. 157 f. Vgl. zu diesem Prozess ausführlich NARAYANAN, A. U. A., Bitcoin and Cryptocurrency Technologies, S. 94–97.

324 Vgl. NAKAMOTO, S., A Peer-to-Peer Electronic Cash System, S. 1.

325 Vgl. statt vieler SIXT, E., Bitcoins und Blockchain, S. 18–20. Vgl. für einen aktuellen Überblick zur weltweiten Nutzung von Bitcoin und anderen Krypto-Token m. w. N. RAUCHS, M. U. A., 2nd Global Cryptoasset Benchmarking Study, S. 30–41.

326 Vgl. SORGE, C./KROHN-GRIMBERGHE, A., Zahlungsmittel der Zukunft, S. 721; SIXT, E., Bitcoins und Blockchain, S. 95–100. Vgl. für einen Vergleich der Transaktionsgeschwindigkeiten zwischen dem Visa-Netzwerk und verschiedenen Kryptowährungen BRANDT, M., Kryptoprojekte bald so effizient wie Visa, o. S.

327 Vgl. hierzu bereits Abschnitt 231.33, Fn. 271.

328 Vgl. hierzu ANTONOPOULOS, A. M., Bitcoin, S. 297–304, sowie ursprünglich POON, J./DRYJA, T., The Bitcoin Lightning Network, S. 1–59.

329 Vgl. BERENTSEN, A./SCHÄR, F., Central Bank Cryptocurrencies, S. 101.

ist.[330] Darüber hinaus erfordert das Bitcoin-System in seiner ursprünglichen Ausführung, d. h. ohne die Erweiterungen durch externe Dienstleister, einen hohen Grad an Eigenverantwortung, die Nutzer zum Teil nicht zu tragen bereit sind.[331]

Dem Bitcoin-System wird zudem teilweise unterstellt, dass es sich um ein **anonymes Transaktionsnetzwerk** handelt[332] und daher für kriminelle Aktivitäten prädestiniert sei,[333] was mit Blick auf die Bilanzierung von Bitcoin-Werteinheiten unter anderem bei der Beurteilung des künftig erwarteten wirtschaftlichen Nutzens von Bedeutung ist. Der Bezug zur Anonymität einer Transaktion ist insofern zutreffend, als sich Nutzer nicht zwangsläufig bei einer zentralen Stelle anmelden und identifizieren müssen.[334] Vielmehr können die Nutzer im Bitcoin-System beliebig vielen Konten in Form von Schlüsselpaaren erstellen, die nicht direkt mit der Identität des Nutzers verbunden sind.[335] Daher kann auch nicht unmittelbar festgestellt werden, welche öffentlichen Schlüssel einem Nutzer und welche Bitcoin-Adressen einem öffentlichen Schlüssel zugeordnet sind.[336] Gleichwohl sind Transaktionen im Bitcoin-System – unabhängig von der verwendeten *Wallet*-Art – über das Internet durchzuführen, weshalb die IP-Adresse eines Nutzers aufgezeichnet werden kann, anhand derer ggf. personenbezogene Daten zum Initiator einer Transaktion aufgedeckt werden können.[337] Zudem ist es in der Regel erforderlich, personenbezogene Daten preiszugeben, wenn Bitcoin-Werteinheiten für den Kauf von Waren genutzt (z. B. Lieferadresse) oder in gesetzliche Zahlungsmittel über eine Handelsplattform konvertiert und an ein Bankkonto gesendet werden sollen.[338] Die über das Bitcoin-System abgewickelten Transaktionen sind daher als **pseudonym** für die Netzwerkteilnehmer zu charakterisieren.[339] Vor dem Hintergrund, dass im Bitcoin-System alle Transaktionen unwiderruflich abgespeichert werden und öffentlich einsehbar sind, kann der erwähnten Unterstellung, es sei für

---

330 Vgl. hierzu allgemein HOSP, J., Blockchain 2.0, S. 77 f.

331 Vgl. SIXT, E., Bitcoins und Blockchain, S. 91. So sind bspw. initiierte Transaktionen nicht-reversibel, sodass Fehler bei der Transaktion, z. B. die Eingabe der falschen Bitcoin-Adresse, nicht rückgängig gemacht werden können. Zudem ist die Aufbewahrung der privaten Schlüssel eine Herausforderung für die Nutzer.

332 Vgl. SORGE, C./KROHN-GRIMBERGHE, A., Zahlungsmittel der Zukunft, S. 721.

333 Diese Einschätzung ist vermutlich vor allem auf die Anfangszeit des Bitcoin-Systems und den Marktplatz *Silk Road* zurückzuführen. Vgl. hierzu PINKERNELL, R., Ertrag- und umsatzsteuerliche Behandlung von Bitcoin-Transaktionen, S. 20; HENDRICKSON, J. R./HOGAN, T. L./LUTHER, W. J., The political economy of Bitcoin, S. 928; KASPER, J., Bitcoins as legal tender, S. 27; BRANDVOLD, M. U. A., Price discovery on Bitcoin exchanges, S. 33 f. Vgl. zu weiteren kriminellen Aktivitäten sowie den Möglichkeiten der strafrechtlichen Verfolgung TEICHMANN, F., Terrorismusfinanzierung, S. 225; MITTERER, K./WIEDEMANN, M./ZWISSLER, T., Industrie 4.0 und Digitalisierung, S. 4; HENNECKE, R., Geldwäscherisiken, S. 120–125; PESCH, P. J./BÖHME, R., Datenschutz, S. 93–98; KUHLMANN, N., Funktionsweise und rechtliche Einordnung, S. 693; SAFFERLING, C./RÜCKERT, C., Telekommunikationsüberwachung bei Bitcoins, S. 791–794; HARTMANN, S., Bargeld, S. 169; HILDNER, A., Bitcoins auf dem Vormarsch, S. 492 f.; EBA (Hrsg.), Crypto-assets, S. 20 f.

334 Vgl. SORGE, C./KROHN-GRIMBERGHE, A., Zahlungsmittel der Zukunft, S. 721.

335 Vgl. CAP, C. H., Bitcoin, S. 87.

336 Vgl. KÜTÜK-MARKENDORF, M. E., Rechtliche Einordnung von Bitcoin, S. 33 f.

337 Vgl. NARAYANAN, A. U. A., Bitcoin and Cryptocurrency Technologies, S. 138–151; SORGE, C./KROHN-GRIMBERGHE, A., Zahlungsmittel der Zukunft, S. 721; SCHLUND, A./PONGRATZ, H., Distributed-Ledger-Technologie, S. 599; BÖHME, R. U. A., Bitcoin, S. 233.

338 Vgl. KÜTÜK-MARKENDORF, M. E., Rechtliche Einordnung von Bitcoin, S. 34. (Digitale) Anonymität könnte lediglich dann verbleiben, wenn sich die Parteien persönlich treffen. Vgl. ENGELHARDT, C./KLEIN, S., Bitcoins, S. 356, Fn. 10.

339 Aus diesem Umstand resultiert auch die Verbreitung von andersartigen Kryptowährungen, die sich primär

kriminelle Aktivitäten prädestiniert, insofern nicht uneingeschränkt zugestimmt werden.[340] Gleichwohl steht der zum Teil hergestellte Bezug zu kriminellen Machenschaften der weiteren Verbreitung des Bitcoin-Systems noch entgegen.

Ein weiterer Kritikpunkt am Bitcoin-System ist der auf einem rechen- und damit energieintensiven Arbeitsnachweis basierende Konsensmechansimus.[341] Da die Rechenleistung des gesamten Bitcoin-Systems seit der Implementierung wesentlich zunahm, werden die zum Nachweis der Arbeitsleistung zu lösenden Rechenaufgaben zunehmend anspruchsvoller. In der Folge steigen die insgesamt anfallenden **Kosten für das Aufrechterhalten** des Konsens. So wird bspw. in Island bereits mehr als die Hälfte des im Land genutzten Stroms für *Mining* verbraucht.[342]

Die Dezentralität des Bitcoin-Systems ist sowohl Stärke als auch Schwäche des Transaktionssystems,[343] da **Anpassungen des Bitcoin-Protokolls** an die beschriebenen Herausforderungen nur äußerst schwer zu implementieren sind. Dies erschwert die Weiterentwicklungen des Bitcoin-Systems – trotz des *Open Source*-Gedankens – erheblich. Zwar gibt es eine Entwicklergemeinschaft, die Verbesserungen am Bitcoin-System vorschlägt und die Transaktionsplattform kontinuierlich pflegt,[344] die hier involvierten Personen sind jedoch weder für das Bitcoin-System verantwortlich noch steuern oder gar kontrollieren sie dieses. Die Dezentralität des Bitcoin-Systems und anderer Krypto-Systeme (insbesondere anderer Zahlungs-Token) ist im Zusammenhang mit der tatbestandsseitigen Einordnung in das IFRS-Normengefüge von Bedeutung, vor allem in Hinblick auf die Definition eines Finanzinstrumentes.

232. Ausgewählte Weiterentwicklungen

232.1 Vorbemerkungen

Als Reaktion auf die nicht gänzlich zufriedenstellend gelösten Herausforderungen bei der Abwicklung von Transaktionen im Bitcoin-System haben sich weitere Token-Arten etabliert, die Lösungen für einen oder mehrere der beschriebenen kritischen Aspekte bieten.[345] Zudem kommt es mit Blick auf die erläuterten Herausforderungen im Blockchain-Umfeld kontinuierlich zu technologischen Weiterentwicklungen. Hervorzuheben sind in diesem Kontext für die bilanziellen Fragestellungen in dieser Arbeit zum einen Fortschritte in Bezug auf den Ressourcenverbrauch mittels spieltheoretisch effizienterer Konsensmechanismen (Abschnitt 232.2).[346]

---

auf die Anonymität der Nutzer konzentrieren. Vgl. FIEDLER, S. U. A., Virtual Currencies, S. 9 f. Beispiele hierfür sind Monero, Dash und Zcash. Auch im Bitcoin-System gibt es Ansätze über sog. *Mixing-Services* eine erhöhte Privätsphäre zu erlangen. Vgl. m. w. N. TSCHORSCH, F./SCHEUERMANN, B., Bitcoin, S. 22–24.

340 Vgl. KÜTÜK-MARKENDORF, M. E., Rechtliche Einordnung von Bitcoin, S. 34; FIEDLER, S. U. A., Virtual Currencies, S. 9.

341 Vgl. hierzu bereits Abschnitt 231.33, Fn. 239.

342 Vgl. HANDELSBLATT (Hrsg.), Bitcoin-Boom auf Island, o. S.

343 Vgl. hier und im folgenden Satz HOSP, J., Blockchain 2.0, S. 82 f.; KÜTÜK-MARKENDORF, M. E., Rechtliche Einordnung von Bitcoin, S. 31; SIXT, E., Bitcoins und Blockchain, S. 111.

344 Vgl. KÜTÜK-MARKENDORF, M. E., Rechtliche Einordnung von Bitcoin, S. 31.

345 Vgl. SIXT, E., Bitcoins und Blockchain, S. 111–115; BLOCHER, W., The next big thing: Blockchain, S. 617.

346 Vgl. TSCHORSCH, F./SCHEUERMANN, B., Bitcoin, S. 28; LASCHEWSKI, C., Blockchain-Algorithmus, S. 361; FIEDLER, S. U. A., Virtual Currencies, S. 8.

Ein Verständnis über deren Funktionsweisen ist für bilanzielle Zwecke unter anderem mit Blick auf den Zeitpunkt des Kontrollübergangs von erworbenen Krypto-Token erforderlich. Zum anderen kam es zu einer Weiterentwicklung von einem rein auf die Abwicklung von Transaktionen basierenden Modell, hin zu der Möglichkeit, komplexere dezentrale Anwendungen auf der Blockchain zu konstruieren,[347] bspw. mit einem sog. *Smart Contract* (Abschnitt 232.3). Über die technologische Basis eines *Smart Contract* werden mittlerweile im Krypto-Ökosystem unter anderem neue Krypto-Token erstellt und anschließend im Rahmen eines sog. *Initial Token Offering* an andere Parteien veräußert (Abschnitt 232.4). Die emittierenden Unternehmen nutzen das eingesammelte Kapital anschließend gewöhnlich dafür, ein neues Geschäftsmodell aufzubauen, in dem der emittierte Token eine Funktion hat, bspw. eine Zahlungsfunktion. Auch wenn in dieser Arbeit nicht die Perspektive des emittierenden Unternehmens eingenommen wird, ist es mit Blick auf die Bilanzierung von erworbenen Zahlungs-Token und Nutzungs-Token mit einer Zahlungsfunktion erforderlich, den Ablauf und die Umstände, unter denen der Erwerb im Rahmen eines *Initial Token Offering* erfolgt, zu erläutern. Dies wird unter anderem noch von Bedeutung in Bezug auf die (Folge-)Bewertung von im Rahmen eines *Initial Token Offering* erworbenen Krypto-Token sein.

232.2 Konsensmechanismen

Der *Proof-of-Work* ist aktuell noch der bekannteste und in Blockchain-Systemen am weitesten verbreitete Konsensmechanismus.[348] Im Vergleich zu dem im Bitcoin-System implementierten *Proof-of-Work* haben andere Blockchains zum Teil **differierende Parameter in Bezug auf den Arbeitsnachweis** im Protokoll hinterlegt. So können bspw. Aspekte wie die Blockgröße, die Schwierigkeit, den richtigen Hashwert zu finden, die durchschnittliche Dauer der Blockfindung o. Ä. im Vergleich zum Arbeitsnachweis in der Bitcoin-Blockchain divergieren.[349] Wichtig zu betonen ist in diesem Zusammenhang nochmals, dass der *Proof-of-Work* nicht ausschließlich dazu dient, neue Einheiten eines Krypto-Token zu schaffen.[350] Dies kann, muss aber kein Nebeneffekt eines Konsensmechanimus sein. Es geht in diesem Prozess vielmehr darum, in einem dezentralen System einen Konsens darüber zu erzielen, welche Transaktionen sich ereignet und welche sich nicht ereignet haben.[351] Hierbei werden die Teilnehmer am Bestätigungsprozess über die Anreizstrukturen inzentiviert, sich regelkonform zu verhalten, d. h. nur valide Transaktionen und Blöcke zu bestätigen. Denn nur dann werden die im *Mining*-Prozess

---

347 Vgl. EFRAG (Hrsg.), EFRAG Research project on Crypto-assets, Rn. 4. In begrenztem Umfang ist dies auch auf Basis der Bitcoin-Blockchain möglich. Ein Beispiel hierfür sind sog. *colored coins.* Vgl. hierzu ROSENFELD, M., Colored Coins, S. 1–13; SIXT, E., Bitcoins und Blockchain, S. 167; ANTONOPOULOS, A. M., Bitcoin, S. 278–283.

348 Vgl. HOSP, J., Blockchain 2.0, S. 59 f.; HOSP, J., Kryptowährungen, S. 61.

349 Vgl. TSCHORSCH, F./SCHEUERMANN, B., Bitcoin, S. 27; DEBUS, J., Consensus Methods in Blockchain Systems, S. 14 f. Vgl. bspw. für einen Überblick zum *Proof-of-Work* Mechanismus im Ethereum-System ANTONOPOULOS, A. M./WOOD, G., Ethereum, S. 321 f.

350 Vgl. ANTONOPOULOS, A. M./WOOD, G., Ethereum, S. 320.

351 Vgl. ANTONOPOULOS, A. M./WOOD, G., Ethereum, S. 319; DEBUS, J., Consensus Methods in Blockchain Systems, S. 1 und S. 10.

unvermeidlich entstehenden Kosten ggf. mit einem *Block Reward* und mit den Transaktionsgebühren vergütet. Neben dem *Proof-of-Work* haben sich noch eine **Vielzahl weiterer Möglichkeiten** entwickelt, wie in einem dezentralen System Konsens erreicht werden kann. Hierzu zählt unter anderem der (*delegated*)[352] *Proof-of-Stake* oder der *Proof-of-Activity*[353].[354] Bei diesen Konsensmechanismen sind im Vergleich zum *Proof-of-Work* mitunter andere Anreizstrukturen und bzw. oder Sanktionsmechanismen erforderlich, damit sich die Teilnehmer im Validierungsverfahren regelkonform verhalten.[355] Exemplarisch soll im Folgenden der *Proof-of-Stake* erläutert werden. Bei diesem werden die die Transaktionen bestätigenden Parteien – anders als beim *Proof-of-Work* – als Validatoren bezeichnet.[356]

Bei einem auf dem ***Proof-of-Stake*** basierenden Konsensmechanismus entscheidet nicht „das Ausmaß von Investitionen in Mininghardware und Energie über die Miningpower des Miners sondern die Höhe der Investments"[357] in einen Krypto-Token. Prinzipiell kann daher jeder, der über einen entsprechenden Token der betrachteten Blockchain verfügt, als Validator am Konsensmechanismus teilnehmen; eine bestimmte Hardware-Ausrüstung ist mithin nicht erforderlich.[358] Vielmehr muss ein Validator seine Token für einen bestimmten Zeitraum „einlegen", um an dem Konsensmechanismus partizipieren zu können. Dies erfolgt im Rahmen einer separaten Transaktion, bei der der Validator die Werteinheiten an sich selbst sendet und diese dadurch für den Zeitrahmen der Blockfindung blockiert.[359] Die Auswahl, wer einen validen Block findet, basiert beim *Proof-of-Stake* dann darauf, welchen Anteil an Blockchain-Werteinheiten der Validator im Verhältnis zu den insgesamt „eingelegten" Blockchain-Werteinheiten hinterlegt hat.[360] Der „eingelegte" Anteil wird auch als *Stake*, der Vorgang an sich als *Staking* bezeichnet.[361]

---

352 Bei einem *delegated Proof-of-Stake* werden bestimmte Validatoren, die sog. Delegierten, für eine bestimmte Zeit von den anderen Teilnehmern auserwählt, um Transaktionen zu bestätigen. Vgl. hierzu DEBUS, J., Consensus Methods in Blockchain Systems, S. 18; ANDONI, M. U. A., Blockchain technology, S. 150.

353 Vgl. ausführlich zum *Proof-of-Activity* BENTOV, I. U. A., Proof of Activity, S. 1–19.

354 Vgl. für einen kurzen Überblick zu weiteren Konsensmechanismen ANDONI, M. U. A., Blockchain technology, S. 149 f.; DEBUS, J., Consensus Methods in Blockchain Systems, S. 22 f. Zudem ist es auch möglich, unterschiedliche Konsensmechanismen miteinander zu kombinieren. Vgl. LEE, L., New Kids on the Blockchain, S. 110 f.; NARAYANAN, A. U. A., Bitcoin and Cryptocurrency Technologies, S. 208 f.

355 Vgl. HOSP, J., Blockchain 2.0, S. 60 f.

356 Vgl. LI, W./BOHLI, J.-M./KARAME, G., Proof-of-Stake, S. 297; GRANT THORNTON (Hrsg.), Mining and validation issues, S. 2.

357 SIXT, E., Bitcoins und Blockchain, S. 113.

358 Vgl. hier und im folgenden Satz ANTONOPOULOS, A. M./WOOD, G., Ethereum, S. 321.

359 Vgl. TSCHORSCH, F./SCHEUERMANN, B., Bitcoin, S. 28; ANTONOPOULOS, A. M./WOOD, G., Ethereum, S. 321.

360 Alternativ kann der Anteil auch basierend auf der Haltedauer (multipliziert mit der Zahl der Werteinheiten im Verhältnis zum Gesamtsystem) ermittelt werden. Hierbei wird das sog. *coinage* berücksichtigt. Beide vorgestellten Möglichkeiten sind Ausprägungen eines *Proof-of-Stake.* Vgl. NARAYANAN, A. U. A., Bitcoin and Cryptocurrency Technologies, S. 209; LASCHEWSKI, C., Blockchain-Algorithmus, S. 361. Vgl. zum *Proof-of-Stake* mittels der Haltedauer der Blockchain-Werteinheiten TSCHORSCH, F./SCHEUERMANN, B., Bitcoin, S. 28 f., sowie ursprünglich KING, S./NADAL, S., PPCoin: Peer-to-Peer Crypto-Currency with Proof-of-Stake, S. 1–6. Zudem kann beim *Proof-of-Stake* im Wesentlichen zwischen einem *Chain-based Proof-of-Stake* und einem *Byzantine Fault Tolerance Proof-of-Stake* unterschieden werden. Vgl. hierzu ausführlich DEBUS, J., Consensus Methods in Blockchain Systems, S. 19–21; HIMMER, K., Proof of Stake, o. S.

361 Vgl. THAKE, M., Proof of Stake, o. S.; LI, W./BOHLI, J.-M./KARAME, G., Proof-of-Stake, S. 298.

Wie beim *Proof-of-Work* muss auch beim *Proof-of-Stake* ein Hashwert unter einem bestimmten Zielwert ermittelt werden,[362] d. h. auch der *Proof-of-Stake* basiert darauf, eine numerische Aufgabe zu lösen.[363] Der Zielwert bestimmt sich jedoch individuell auf Basis des „eingelegten" Anteils im Verhältnis zu allen „eingelegten" Werteinheiten und determiniert damit den Schwierigkeitsgrad der numerischen Aufgabe.[364] Anders als beim *Proof-of-Work* müssen die Validatoren beim *Proof-of-Stake* keine *Nonce* verändern, um neue Hashwerte des zu bestätigenden Blocks zu generieren.[365] Vielmehr ist der einzige variable Parameter eines Blocks sein Zeitstempel. Jedes Mal, wenn sich der Zeitstempel ändert, haben die Validatoren erneut anteilsgewichtet die Chance, eine Lösung unterhalb des individuellen Zielwertes zu finden. Aus diesem Grund erfordert der *Proof-of-Stake* auch nur „eine vernachlässigbare Rechenleistung."[366] Die **Idee** hinter diesem Konzept besteht demnach darin, dass die Validatoren, die einen großen Anteil an Werteinheiten eines Krypto-Token besitzen, eine Vielzahl an Transaktion bestätigen und durch ihren Anteil am Gesamtsystem den Anreiz haben, das Netzwerk korrekt fortzuführen.[367] Zudem kann im Blockchain-Protokoll implementiert sein, dass Validatoren die gestakten Blockchain-Werteinheiten verlieren, wenn die von ihnen vorgeschlagenen Blöcke von anderen Validatoren nicht akzeptiert werden.[368]

232.3 *Smart Contract*

Der Begriff ***Smart Contract***[369] beschreibt die automatisierte Ausführung von Verträgen, sofern bestimmte vordefinierte Bedingungen eintreten („Wenn-dann-Bedingungen"),[370] ohne dass ein menschliches Eingreifen erforderlich ist.[371] Die Begriffsbestimmung und die Ausführung eines *Smart Contract* sind grundsätzlich unabhängig vom Blockchain-Zusammenhang zu sehen.[372]

---

362 Vgl. TSCHORSCH, F./SCHEUERMANN, B., Bitcoin, S. 28.

363 Vgl. DEBUS, J., Consensus Methods in Blockchain Systems, S. 17.

364 Der Schwierigkeitsgrad ist hierbei invers-proportional zum Anteil der „eingelegten" Token. Vgl. hierzu mit Bezug zum *coinage*-Modell TSCHORSCH, F./SCHEUERMANN, B., Bitcoin, S. 28.

365 Vgl. hier und im folgenden Satz TSCHORSCH, F./SCHEUERMANN, B., Bitcoin, S. 28; DEBUS, J., Consensus Methods in Blockchain Systems, S. 17.

366 LASCHEWSKI, C., Blockchain-Algorithmus, S. 361.

367 Vgl. SCHLATT, V. U. A., Blockchain, S. 12; LASCHEWSKI, C., Blockchain-Algorithmus, S. 361.

368 Vgl. ANTONOPOULOS, A. M./WOOD, G., Ethereum, S. 321; ANDONI, M. U. A., Blockchain technology, S. 149. Solch eine Implementierung im Quellcode ist sinnvoll, da für die Validatoren ansonsten, aufgrund der geringen Kosten der Teilnahme am Konsensmechanismus, kein Anreiz besteht, an einer einheitlichen Blockchain zu arbeiten und es regelmäßig zu *Forks* kommt. Vgl. LASCHEWSKI, C., Blockchain-Algorithmus, S. 361. Dieses Problem ist auch als sog. *Nothing-at-Stake Problem* bekannt. Vgl. NARAYANAN, A. U. A., Bitcoin and Cryptocurrency Technologies, S. 209 f.; DEBUS, J., Consensus Methods in Blockchain Systems, S. 17; LI, W./BOHLI, J.-M./KARAME, G., Proof-of-Stake, S. 301 f.

369 Der Begriff *Smart Contract* ist insofern irreführend, als diese weder *smart*, d. h. in irgendeiner Form intelligent, noch im rechtlichen Sinne ein Vertrag sein müssen. Vgl. ANTONOPOULOS, A. M./WOOD, G., Ethereum, S. 127; MEYER, S. D./SCHUPPLI, B., Smart Contracts, S. 208; HECKMANN, J./KAULARTZ, M., Selbsterfüllende Verträge, S. 140. Dennoch hat sich dieser Begriff in der Theorie und in der Praxis etabliert und wird daher im Rahmen dieser Arbeit verwendet. Vgl. so auch KAULARTZ, M., Herausforderungen bei Smart Contracts, S. 202.

370 Vgl. SZABO, N., Smart Contracts, o. S.; HECKELMANN, M., Smart Contracts, S. 504.

371 Vgl. DJAZAYERI, A., Rechtliche Herausforderungen durch Smart Contracts, Anm. 1. Vgl. zu verschiedenen Definitionsversuchen auch BRAEGELMANN, T. H./KAULARTZ, M., in: Braegelmann/Kaulartz, Rechtshandbuch Smart Contracts, Kap. 1, Rn. 9–29.

372 Vgl. JACOBS, C./LANGE-HAUSSTEIN, C., Blockchain und Smart Contracts, S. 12; DORSCHEL, J./MANZ, S.,

So wurde das Konzept von sich automatisch ausführenden Verträgen bereits in den 1990er Jahren diskutiert.[373] Gleichwohl gilt ein *Smart Contract* als **idealer Anwendungsfall für die Blockchain**[374] und gewann erst durch eine solche technologische Umsetzbarkeit erneut im wissenschaftlichen und im praktischen Diskurs wieder an Bedeutung.[375] Dies lässt sich damit begründen, dass Verträge über die Blockchain ohne zentralen Intermediär transparent und fälschungssicher abgebildet und ausgeführt werden können.[376] Obwohl die Funktionen eines *Smart Contract* in begrenztem Umfang auch auf der Bitcoin-Blockchain implementiert und ausgeführt werden können, sind andere Blockchain-Plattformen hierfür technologisch besser geeignet.[377] Die bekannteste Plattform hierfür ist Ethereum,[378] auf der Transaktionen mittels der Ethereum-Werteinheit „Ether" erfolgen.[379] Die Konsequenz aus einer erfüllten Bedingung des *Smart Contract* ist in der Regel ein Zahlungsvorgang,[380] welcher als Teil der Pflichterfüllung des Vertrags – im Gegensatz zu einer direkten Transaktion – zeitlich verzögert ausgeführt wird.[381]

Der **Zyklus eines *Smart Contract*** kann im Wesentlichen in vier Phasen unterteilt werden.[382] In der **ersten Phase** muss der *Smart Contract* aufgesetzt werden. Hierzu müssen die Vertragsbestandteile zunächst in Code-Form[383] umgewandelt werden,[384] wobei die zugrunde liegende Programmiersprache die Möglichkeiten der Abbildung der Vertragsinhalte limitieren kann.[385] Danach wird der *Smart Contract* – wie bei einer direkten, d. h. nicht zeitlich verzögerten Transaktion – an die *Nodes* gesendet, welche bestrebt sind, diesen *Smart Contract* als Teil des nächsten

---

Contract Management in der Blockchain, S. 554; HECKELMANN, M., Smart Contracts, S. 504. So könnte prinzipiell auch ein Warenautomat als primitive Form eines *Smart Contract* angesehen werden. Vgl. SZABO, N., Relationships on Public Networks, o. S.

373 Vgl. hierzu SZABO, N., Smart Contracts, o. S.; SZABO, N., The Idea of Smart Contracts, o. S.; GUGGENBERGER, N., The Potential of Blockchain, S. 85 f.

374 Vgl. DORSCHEL, J./MANZ, S., Contract Management in der Blockchain, S. 554.

375 Vgl. KAULARTZ, M./HECKMANN, J., Smart Contracts, S. 618; ESCHENBRUCH, K./GERSTBERGER, R., Smart Contracts, S. 3, sowie ähnlich VOSHMGIR, S., in: Braegelmann/Kaulartz, Rechtshandbuch Smart Contracts, Kap. 2, Rn. 12.

376 Vgl. GUGGENBERGER, N., The Potential of Blockchain, S. 94 f. Vgl. zu den rechtlichen Herausforderungen beim Einsatz von *Smart Contracts* SILLABER, C./WALTL, B., Life Cycle of Smart Contracts, S. 499 f.; JÜNEMANN, M./KAST, A., Rechtsfragen beim Einsatz der Blockchain, S. 531–533; KAULARTZ, M., Herausforderungen bei Smart Contracts, S. 203–206; KAULARTZ, M./HECKMANN, J., Smart Contracts, S. 619–624; GUGGENBERGER, N., The Potential of Blockchain, S. 95 f.; SIMMCHEN, C., Blockchain (R)Evolution – Verwendungsmöglichkeiten und Risiken, S. 164.

377 Vgl. BORKERT, K. G., Die Blockchain, S. 824 f.

378 Vgl. JACOBS, C./LANGE-HAUSSTEIN, C., Blockchain und Smart Contracts, S. 13; HECKELMANN, M., Smart Contracts, S. 505.

379 Vgl. WAGNER, J., Legal Tech und Legal Robots, S. 901.

380 Vgl. ESCHENBRUCH, K./GERSTBERGER, R., Smart Contracts, S. 3.

381 Vgl. KAULARTZ, M./HECKMANN, J., Smart Contracts, S. 619; WAGNER, J., Legal Tech und Legal Robots, S. 901.

382 Vgl. SILLABER, C./WALTL, B., Life Cycle of Smart Contracts, S. 498.

383 Auf der Ethereum-Blockchain ist bspw. *Solidity* die zugrunde liegende Programmiersprache. Vgl. hierzu ausführlich ANTONOPOULOS, A. M./WOOD, G., Ethereum, S. 131–158.

384 Vgl. JÜNEMANN, M./KAST, A., Rechtsfragen beim Einsatz der Blockchain, S. 531; DJAZAYERI, A., Rechtliche Herausforderungen durch Smart Contracts, Anm. 1.

385 Vgl. SURDEN, H., Computable Contracts, S. 642–644; BORKERT, K. G., Die Blockchain, S. 825.

Blocks an die Blockchain zu hängen.[386] Der *Smart Contract* ist dann nicht mehr veränderbar und – sofern die Mehrheit der *Nodes* den neuen Block akzeptiert hat – zur Ausführung bereit.

Jeder *Smart Contract* hat eine eigene Adresse, die von den Teilnehmern des Netzwerkes „angesprochen" werden kann, indem eine Transaktion an die Adresse getätigt wird.[387] In dieser **zweiten Phase** werden die eingehenden Transaktionen so lange „eingefroren", bis die vordefinierten Bedingungen des *Smart Contract* eingetreten sind.[388] Dies wird von den *Nodes* kontinuierlich kontrolliert, wofür sie eine Transaktionsgebühr erhalten, deren Höhe von der Komplexität der zu überprüfenden Bedingungen abhängt.[389] Die zu überprüfenden Bedingungen müssen zwingend in digitaler Form vorliegen, da die *Nodes* sie anders nicht überprüfen können.[390] Hierbei kann unterschieden werden zwischen Ereignissen, „die durch *Transaktionen* in einer Blockchain abbildbar sind, und solchen, die in der realen Welt eintreten."[391] Bei letzteren benötigt es eine Schnittstelle, über die der *Smart Contract* mit der realen Welt „kommunizieren" kann.[392] Eine solche IT-Schnittstelle wird auch als *Oracle* bezeichnet.[393] Sobald die Bedingungen des *Smart Contract* erfüllt werden, wird dieser ausgeführt. Das bedeutet, dass in dieser **dritten Phase** die aus der Vertragserfüllung resultierenden Transaktionen neu initiiert und der neue Status des *Smart Contract* an die übrigen Teilnehmer des Blockchain-Netzwerkes kommuniziert werden.[394]

In der daran anschließenden **vierten Phase** müssen die durch die Ausführung des *Smart Contract* initiierten Transaktionen noch von den *Nodes* über den entsprechenden Konsensmechanismus bestätigt werden. Insgesamt wird hieraus deutlich, dass der Leistungsaustausch der in einen *Smart Contract* involvierten Parteien durch eine Transaktion an die entsprechende *Smart Contract*-Adresse initiiert, jedoch erst durch den Eintritt der (Vertrags-)Bedingungen und die Abwicklung des *Smart Contract* vollständig abgeschlossen wird.[395]

Aus diesem allgemein beschriebenen technologischen Prozess ergibt sich eine Vielzahl von Anwendungsfällen in der Praxis. Prominente Beispiele sind das „Internet der Dinge"[396] sowie

---

386 Vgl. hier und im folgenden Satz SILLABER, C./WALTL, B., Life Cycle of Smart Contracts, S. 498.

387 Vgl. hierzu ANTONOPOULOS, A. M./WOOD, G., Ethereum, S. 112–114 und S. 128 f.

388 Vgl. SILLABER, C./WALTL, B., Life Cycle of Smart Contracts, S. 499.

389 Vgl. hierzu in Bezug auf die Ethereum-Blockchain ANTONOPOULOS, A. M./WOOD, G., Ethereum, S. 158–160 und S. 314–318.

390 Vgl. ESCHENBRUCH, K./GERSTBERGER, R., Smart Contracts, S. 4.

391 KAULARTZ, M./HECKMANN, J., Smart Contracts, S. 620.

392 Vgl. KAULARTZ, M./HECKMANN, J., Smart Contracts, S. 620; ANTONOPOULOS, A. M./WOOD, G., Ethereum, S. 253–266.

393 Vgl. ANTONOPOULOS, A. M./WOOD, G., Ethereum, S. 253; GUGGENBERGER, N., The Potential of Blockchain, S. 94.

394 Vgl. hier und im folgenden Satz SILLABER, C./WALTL, B., Life Cycle of Smart Contracts, S. 499.

395 Vgl. KAULARTZ, M./HECKMANN, J., Smart Contracts, S. 619.

396 Vgl. KLEIN, D., Blockchains als Verifikationsinstrument, S. 429–440; HECKELMANN, M., Smart Contracts, S. 504; HÜTHER, M./DANZMANN, M., Internet of Things und Industrie 4.0 (Teil 1), S. 839 f.; HÜTHER, M./DANZMANN, M., Internet of Things und Industrie 4.0 (Teil 2), S. 2694 f. Vgl. zum Begriff „Internet der Dinge" statt vieler DIENST, S./FALKE, M., in: Bräutigam/Rücker, E-Commerce Rechtshandbuch, 14. Teil., Rn. 1–5.

Prozesse an einer Börse (z. B. im Derivatehandel)[397]. Eine besondere Bedeutung kommt ihnen derzeit zudem im Zuge von Kapitalaufnahmen im Rahmen von sog. *Initial Token Offering* zu. Da letzterer Anwendungsfall in Anbetracht der in dieser Arbeit behandelten bilanziellen Fragestellungen noch von Bedeutung sein wird, soll im Folgenden erläutert werden, wie eine solche Kapitalaufnahme abläuft.

232.4 *Initial Token Offering*

232.41 Begriff und Funktion

Krypto-Token können im Wesentlichen auf drei unterschiedliche Weisen entstehen. Bereits explizit betrachtet wurde die Möglichkeit, neue Krypto-Token, basierend auf dem zugrunde liegenden Blockchain-Protokoll, im Rahmen des *Mining*-Prozesses neu zu schaffen.[398] Zudem entstehen auch im Zuge eines *Hard Forks* neue Werteinheiten.[399] Weiterhin ist es möglich, dass neue Token auf einer bereits bestehenden Blockchain-Plattform mittels *Smart Contract* oder einer neu aufzubauenden Blockchain-Infrastruktur generiert werden,[400] was auch als *Minting* bezeichnet wird.[401] Letztere Möglichkeit, neue blockchainbasierte Werteinheiten zu generieren, nutzen Organisationen[402] zunehmend zur **Finanzierung** ihres (ggf. noch zu entwickelnden) Geschäftsmodells. Hierzu werden neue Werteinheiten generiert und anschließend verkauft oder in einem Auktions- oder Bieterverfahren versteigert.[403] Dieser Prozess wird als ***Initial Token Offering*** bezeichnet.[404] Die Finanzierungsfunktion bei einem ausgegebenen Nutzungs-Token besteht für den Organisator des *Initial Token Offering* bspw. darin, dass die erhaltenen Mittel im

---

397 Vgl. KAULARTZ, M./HECKMANN, J., Smart Contracts, S. 620; BORKERT, K. G., Die Blockchain, S. 818; HECKELMANN, M., Smart Contracts, S. 504; ESCHENBRUCH, K./GERSTBERGER, R., Smart Contracts, S. 4.

398 Vgl. ausführlich Abschnitt 231.33.

399 Vgl. Abschnitt 231.33, Fn. 257.

400 Vgl. NYFFENEGGER, R./SCHÄR, F., Token Sales, S. 122; JUNG, M. R., Initial Token Offerings, S. 283. Sofern die Blockchain-Infrastrukur noch aufgebaut werden muss, wird dem Erwerber der Erhalt der Blockchain-Werteinheit versprochen. Vgl. zu dieser Unterscheidung ebenso FINMA (Hrsg.), Initial Coin Offerings, S. 6; WEITNAUER, W., Initial Coin Offerings, S. 231; MME (Hrsg.), Classification of decentralized blockchain-based assets, S. 11 f. Teilweise werden Werteinheiten auf einer eigenen Blockchain auch als „*coin*" bezeichnet. Für die Beurteilung in der Rechnungslegung ist diese Unterscheidung jedoch nicht von Bedeutung. Vgl. so bereits Abschnitt 22, Fn. 69. Zahlungs-Token werden regelmäßig auf einer eigenen Blockchain abgebildet. Nutzungs-Token werden eher über einen *Smart Contract* erschaffen. Vgl. BRINKMANN, M./MESECK, M., Besteuerung von Kryptowährungen, S. 232.

401 Vgl. KAULARTZ, M./MATZKE, R., Tokenisierung, S. 3278.

402 Der Organisator eines *Initial Token Offering* beschränkt sich nicht auf ein bereits bestehendes Unternehmen. Vielmehr kann es sich auch um noch zu gründende Unternehmen, Einzelpersonen oder auch Stiftungen handeln, wobei im Folgenden davon ausgegangen werden soll, dass es sich um ein Unternehmen handelt. In Deutschland wird aktuell die Gründung gemeinnütziger Stiftungen präferiert. Vgl. KRÜGER, F./LAMPERT, M., Token, S. 1154 f.

403 Vgl. READ, O./GRÄSLUND, K., Initial Coin Offerings, S. 314; BAFIN (Hrsg.), Digitalisierung, S. 63.

404 Weitere verwendete Begrifflichkeiten sind *Token Generating Event*, *Token Sale* oder das wohl bekannteste Synonym *Initial Coin Offering.* Vgl. BAFIN (Hrsg.), Digitalisierung, S. 54; HUBER, M. F./GULER, S./DUMONT, J., Token, S. 292; HEMMERLE, M./LANGER, M., Blockchain-Technologie, S. 172. Zudem wird zum Teil der Begriff *Security Token Offering* für bestimmte Formen von Anlage-Token genutzt. Vgl. hierzu für einen kurzen Überblick KAULARTZ, M., Security Tokens, S. 4–6. Weiterhin etablieren sich aktuell sog. *Initial Exchange Offerings*, bei denen eine Handelsplattform eine Vielzahl der Aufgaben des Projekt-Teams übernimmt. Vgl. hierzu EFRAG (Hrsg.), EFRAG Research project on Crypto-assets (Initial Coin Offerings and

Unternehmen zum Aufbau des Geschäftsmodells genutzt werden können, während die Gegenleistung für den Token erst zu einem späteren Zeitpunkt zu erfüllen ist.[405]

Der **Begriff** *Initial Token Offering* lehnt sich semantisch eng an den für einen erstmaligen Börsengang üblichen Terminus *Initial Public Offering* an,[406] wodurch zunächst der Eindruck entstehen könnte, dass blockchainbasierte Werteinheiten mit Anteilsscheinen in Form einer Aktie vergleichbar seien.[407] Obwohl es sich bei beiden Vorgängen um Finanzierungsformen handelt, sind Aktien rechtlich, ökonomisch und regulatorisch nicht unmittelbar mit den in dieser Arbeit behandelten Token vergleichbar.[408] Dass beide Finanzierungsformen nicht unmittelbar übereinstimmen, hängt auch damit zusammen, dass ein *Initial Token Offering* regelmäßig, wenn auch nicht ausschließlich, von Start-ups durchgeführt wird.[409] Ein *Initial Token Offering* kann daher auch als eine neue Ausprägung der Schwarmfinanzierung (sog. *Crowdfunding*) charakterisiert werden.[410]

232.42 Ablauf

Der Ablauf eines *Initial Token Offering* kann in **drei Phasen** unterteilt werden:

- Die Planungsphase (inkl. Erstellung des *Whitepaper*),
- die Erstellung und Ausgabe der Werteinheiten und
- die Projektumsetzung mit der eingenommenen Finanzierung.[411]

Vereinfacht lässt sich dieser Ablauf eines *Initial Token Offering* in Abbildung 2-4 nachvollziehen, welcher im Folgenden ausführlich erläutert wird.

Custodial services), Rn. B42–B44. Abzugrenzen ist der Begriff *Initial Token Offering* von einem sog. *Airdrop*, da bei einem *Airdrop* blockchainbasierte Werteinheiten kostenlos (abgesehen von ggf. notwendigen *Likes*/*Retweets* o. Ä.) ausgegeben werden. Vgl. BAFIN (Hrsg.), Digitalisierung, S. 64; NYFFENEGGER, R./SCHÄR, F., Token Sales, S. 121.

405 Vgl. HILDNER, A./DANZMANN, M., Blockchain für die Unternehmensfinanzierung, S. 389.

406 Vgl. SAMIOS, N./ARNOLD, A., Dealterms, S. 234; VOGEL, A. U. A., ICO vs. IPO, R333.

407 Vgl. SPIELMANN, C., Fundraising im Kryptogeldzeitalter, S. 93; HAHN, C./WONS, A., Initial Coin Offering, S. 3.

408 Vgl. NIEDLING, D./MERKEL, F., Initial Coin Offerings, S. 141; DIETSCH, D. R., Umsatzsteuerliche Einordnung von Initial Coin Offerings, S. 547. Vgl. statt vieler ausführlich zur rechtlichen Einordnung eines *Initial Token Offering* NATHMANN, M., Rechtliche Einordnung von Initial Coin Offerings, S. 540–549.

409 Vgl. JUNG, M. R., Initial Token Offerings, S. 283; NAZARENO, D., Steuerfolgen von ICO, S. 198; HAHN, C./WONS, A., Initial Coin Offering, S. 1 und S. 25 f.

410 Vgl. BROCKER, T./KLEBECK, U., ICO – Aufsicht und Haftung, S. 288; NAZARENO, D., Steuerfolgen von ICO, S. 198; WEITNAUER, W., Initial Coin Offerings, S. 231; CHATARD, Y./MANN, M., Initial Coin Offerings und Token-Handel im funktionalen Rechtsvergleich, S. 568. Vgl. zum Begriff *Crowdfunding* statt vieler REGIERER, C./MÜHLING, M. J./HAUPT, O., Crowdfunding und Crowdinvesting, S. 3 f. Ein Unterschied zur „klassischen" Schwarmfinanzierung liegt darin, dass die ausgegebenen Token ggf. auf einem Sekundärmarkt gehandelt werden können. Vgl. KLÖHN, L./PARHOFER, N./RESAS, D., Initial Coin Offerings, S. 90. Vgl. zu weiteren Finanzierungsmöglichkeiten über die Blockchain HILDNER, A./DANZMANN, M., Blockchain für die Unternehmensfinanzierung, S. 385–390.

411 Vgl. HAHN, C./WONS, A., Initial Coin Offering, S. 26.

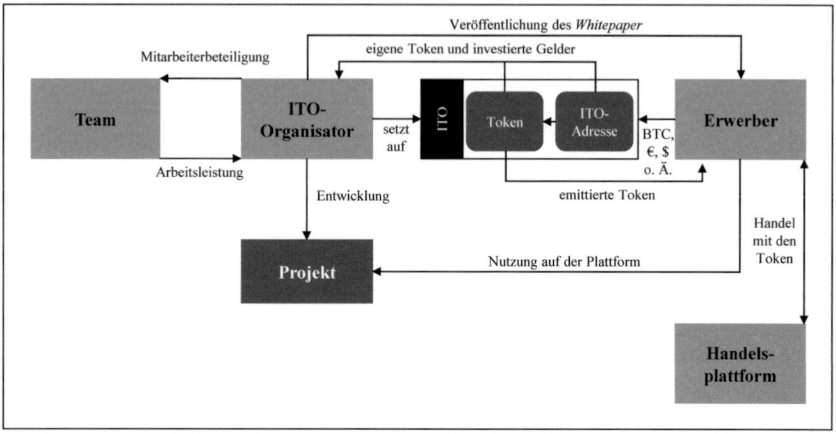

Abbildung 2-4: Ablauf eines *Initial Token Offering*[412]

In der **Planungsphase (1. Phase)** geht es für das emittierende Unternehmen zunächst darum, das zu finanzierende Projekt zu konkretisieren. Hierbei sollen im Blockchain-Umfeld durch ein *Initial Token Offering* für gewöhnlich digitale Plattformen entwickelt werden, über die Produkte oder Dienstleistungen veräußert oder vermittelt werden können.[413] Im Zusammenhang mit der Konkretisierung des zu finanzierenden Projektes ist zudem zu bestimmen, wie die ausgegebenen Krypto-Token in das Geschäftsmodell integriert werden sollen, da hiervon die Gestaltung der Token abhängt. Ferner muss sich das Unternehmen in dieser Phase mit rechtlichen und regulatorischen Fragestellungen beschäftigen. Zwar wird bei einem *Initial Token Offering* zum Teil angenommen, dass diese Finanzierungsform nicht reguliert sei, da es keine expliziten Vorschriften gibt. Jedoch sind die für vergleichbare Sachverhalte geltenden rechtlichen und regulatorischen Bestimmungen auch im Rahmen eines *Initial Token Offering* anzuwenden.[414] Krypto-Token befinden sich dabei „im Spannungsfeld zwischen Kreditwesengesetz einerseits und Vermögensanlage- und Wertpapierprospektgesetz andererseits."[415]

Gebündelt werden die Rahmeninformationen zu einem *Initial Token Offering* typischerweise in einem ***Whitepaper***.[416] Darin wird unter anderem das zu finanzierende Projekt detailliert beschrieben, indem auf das dem Projekt zugrunde liegende Problem sowie dessen Lösung samt intendierten Zeitplan eingegangen wird.[417] In diesem Zusammenhang wird auch der Markt, in

---

412 In Anlehnung an PwC (Hrsg.), Initial coin offerings, o. S.

413 Vgl. JUNG, M. R., Initial Token Offerings, S. 283.

414 Vgl. SPIELMANN, C., Fundraising im Kryptogeldzeitalter, S. 94 f. Vgl. zur Regulierung von Krypto-Token BAFIN (Hrsg.), Digitalisierung, S. 53.

415 SPIELMANN, C., Fundraising im Kryptogeldzeitalter, S. 95. Vgl. so auch NIEDLING, D./MERKEL, F., Initial Coin Offerings, S. 142.

416 Vgl. HAHN, C./WONS, A., Initial Coin Offering, S. 22; WEITNAUER, W., Initial Coin Offerings, S. 231.

417 Vgl. hier und in den folgenden zwei Sätzen SPIELMANN, C., Fundraising im Kryptogeldzeitalter, S. 94; CPA ONTARIO (Hrsg.), Cryptocurrency and ICOs, S. 11.

dem sich das Unternehmen etablieren möchte, analysiert und das hinter dem Projekt stehende Team sowie dessen Berater vorgestellt. Elementarer Bestandteil des *Whitepaper* ist ferner eine Beschreibung, welche Rechte für den Inhaber einer generierten Werteinheit bestehen, wie der Auktions- bzw. Verkaufsprozess abläuft und wie die durch das *Initial Token Offering* eingenommenen Mittel vom Unternehmen eingesetzt werden sollen. Zudem enthält das *Whitepaper* in der Regel die sog. *Terms & Conditions*, welche im deutschen Rechtsverständnis den Allgemeinen Geschäftsbedingungen (sog. AGB) entsprechen.[418]

Das *Whitepaper* wird von dem hinter dem *Initial Token Offering* stehenden Projektteam erstellt und anschließend über verschiedene Medienformate verbreitet.[419] Wichtig zu betonen ist dabei, dass ein *Whitepaper* in Hinblick auf Struktur und Aussagekraft in der Regel nicht den formalen (Mindest-)Anforderungen an ein Wertpapierprospekt nach WpPG genügen muss.[420] Ein *Whitepaper* ist vielmehr individuell gestaltbar, sodass es eher mit einem Businessplan vergleichbar ist.[421] Die im *Whitepaper* enthaltenen Versprechen sind oftmals recht vage formuliert und mit zahlreichen Anspruchsausschlüssen für die Inhaber eines Token flankiert, weshalb die rechtliche Durchsetzbarkeit der Ansprüche zumindest fraglich ist.[422] Die in dem *Whitepaper* vermittelten Informationen sind daher für die Erwerbenden zum Teil unzureichend,[423] um eine fundierte Investitionsentscheidung zu treffen.

Anschließend geht es vor allem um die **technische Abwicklung** eines *Initial Token Offering* **(2. Phase)**. Hierzu muss zunächst die technische Infrastruktur aufgesetzt werden. Wie bereits erläutert, gibt es verschiedene Möglichkeiten, ein *Initial Token Offering* zu gestalten. In der Regel setzt das emittierende Unternehmen jedoch auf einer bereits bestehenden Blockchain-Infrastruktur auf und generiert mittels eines *Smart Contract* neue Token. Die hierzu am häufigsten genutzte Infrastruktur ist die Ethereum-Blockchain, welche eine auf einem *Smart Contract* basierende Schnittstelle für den Austausch von Werteinheiten bietet (sog. ERC-20 Standard).[424] Über einen *Smart Contract* der Ethereum-Blockchain können die Werteinheiten

---

418 Vgl. KRÜGER, F./LAMPERT, M., Token, S. 1157 f.; HAHN, C./WONS, A., Initial Coin Offering, S. 22; WEITNAUER, W., Initial Coin Offerings, S. 231.

419 Vgl. ZICKGRAF, P., Initial Coin Offerings, S. 294.

420 Vgl. BAFIN (Hrsg.), Digitalisierung, S. 63. Vgl. zur Prospektpflicht eines *Initial Token Offering* in Deutschland und in der EU BMF/BMJV (Hrsg.), Regulatorische Behandlung von elektronischen Wertpapieren und Krypto-Token, S. 6 f.; BROCKER, T./KLEBECK, U., ICO – Aufsicht und Haftung, S. 292–295; SPINDLER, G., Initial Coin Offerings und Prospektpflicht, S. 2115 f.; ZICKGRAF, P., Initial Coin Offerings, S. 298–307; KLÖHN, L./PARHOFER, N./RESAS, D., Initial Coin Offerings, S. 103–106; WEITNAUER, W., Initial Coin Offerings, S. 233; ESMA (Hrsg.), Initial Coin Offerings and Crypto-Assets, S. 21–23. Vgl. für einen internationalen Überblick LINKLATERS (Hrsg.), A Global View of Token Regulation, S. 8 f.

421 Vgl. SPIELMANN, C., Fundraising im Kryptogeldzeitalter, S. 94.

422 Vgl. LOSER, S., Initial Coin Offering mit Utility Token, S. 950.

423 Vgl. BROCKER, T./KLEBECK, U., ICO – Aufsicht und Haftung, S. 289. So enthielten in einer empirischen Untersuchung von ZETZSCHE U. A. z. B. mehr als die Hälfte der untersuchten *Whitepaper* keine gültige Postanschrift und etwa ein Viertel keinerlei Informationen über das emittierende Unternehmen. Vgl. ZETZSCHE, D. A. U. A., The ICO Gold Rush, S. 11.

424 Vgl. BROCKER, T./KLEBECK, U., ICO – Aufsicht und Haftung, S. 288; HOWELL, S. T./NIESSNER, M./YERMACK, D., Initial coin offerings, S. 10. Prinzipiell könnten die Token auch über einen eigenen *Smart Contract*

erstellt und mit bestimmten Eigenschaften ausgestattet werden, die die Einsatzmöglichkeiten der Krypto-Token im Anschluss an das *Initial Token Offering* determinieren.[425] Die Werteinheiten können entweder bereits vor dem Verkauf generiert (zweistufiges Verfahren)[426] oder erst zum Zeitpunkt des Verkaufs über den *Smart Contract* geschaffen werden (einstufiges Verfahren).[427] Bei der Erstellung der Token müssen bspw. der Name der Werteinheiten, deren Gesamtzahl sowie die für einen Transfer erforderlichen Bedingungen definiert werden.[428] Sobald der *Smart Contract* fertiggestellt ist, kann dieser der Ethereum-Blockchain hinzugefügt werden.

Die **potenziellen Erwerber der Token** können den *Smart Contract* anschließend über seine individuelle Adresse erreichen.[429] Nachdem ein Erwerber die entsprechende Gegenleistung für die Werteinheiten an die Adresse des *Smart Contract* gesendet hat, wird der dem Erwerber zugehörigen *Wallet* eine Art „Konto" in der Datenbank des *Smart Contract* eingerichtet. Diesem „Konto" werden die Werteinheiten – abhängig vom Umrechnungskurs – automatisch zugeteilt und die Gegenleistung an den Emittenten weitergeleitet.[430] Als Gegenleistung für die generierten Werteinheiten werden vom Emittenten meistens andere Krypto-Token, vor allem Bitcoin-Werteinheiten und Ether, zum Teil aber auch Fiatwährungen, akzeptiert.[431] Der Preis der Werteinheiten ist entweder fix vorgegeben oder bestimmt sich im konkreten Auktions- bzw. Bieterverfahren.[432] In Abhängigkeit der konkreten Gestaltung des *Initial Token Offering* ist es zudem möglich, dass die Werteinheiten nicht direkt der *Wallet* des Erwerbers zugeschrieben werden. So werden zunehmend sog. *Hard-* und bzw. oder *Soft-Caps*[433] implementiert, sodass die Ausgabe der Werteinheiten an bestimmte vordefinierte Bedingungen geknüpft ist.[434]

---

gestaltet werden. Über den ERC-20 Standard, welcher von VOGELSTELLER/BUTERIN vorgeschlagen und anschließend weiterentwickelt wurde, erfolgt jedoch eine Standardisierung der Code-Basis. Das hat den Vorteil, dass andere Applikationen (z. B. Handelsplattformen) einfacher und vor allem skalierbarer mit dieser Art von Token interagieren können. Vgl. KAULARTZ, M./MATZKE, R., Tokenisierung, S. 3279. Vgl. ausführlich zum ERC-20 Standard ANTONOPOULOS, A. M./WOOD, G., Ethereum, S. 227–243.

425 Vgl. NIEDLING, D./MERKEL, F., Initial Coin Offerings, S. 142.

426 Hierzu wird erst ein *Smart Contract* aufgesetzt, über den die Krypto-Token erstellt werden. Anschließend wird ein zweiter *Smart Contract* erstellt, der unter vordefinierten Bedingungen auf die Werteinheiten zugreifen kann. Vgl. ANTONOPOULOS, A. M./WOOD, G., Ethereum, S. 230 f.

427 Vgl. NIEDLING, D./MERKEL, F., Initial Coin Offerings, S. 145.

428 Vgl. ANTONOPOULOS, A. M./WOOD, G., Ethereum, S. 228 und S. 230–242.

429 Vgl. hier und im folgenden Satz KAULARTZ, M./MATZKE, R., Tokenisierung, S. 3279.

430 Teilweise wird dieser Prozess vollständig von dritten Parteien und mithin nicht dem eigentlich die Finanzierung benötigenden Unternehmen übernommen. Vgl. NIEDLING, D./MERKEL, F., Initial Coin Offerings, S. 141 f.

431 Vgl. ZICKGRAF, P., Initial Coin Offerings, S. 294; WEITNAUER, W., Initial Coin Offerings, S. 231; HAHN, C./WONS, A., Initial Coin Offering, S. 1 und S. 3.

432 Vgl. HOWELL, S. T./NIESSNER, M./YERMACK, D., Initial coin offerings, S. 12. Vgl. für die unterschiedlichen Veräußerungsverfahren NYFFENEGGER, R./SCHÄR, F., Token Sales, S. 123–125; BUTERIN, V., Analyzing Token Sale Models, o. S.

433 Bei einem *Soft-Cap* handelt es sich um ein Mindestvolumen, das durch den Verkauf der Token erreicht werden muss, damit das *Initial Token Offering* als erfolgreich gilt. Sofern dieses Mindestvolumen nicht erreicht wird, erhalten die Anleger automatisch ihre Investitionssumme zurück. Bei einem *Hard-Cap* wird vorab eine fixe Höchstgrenze in Bezug auf die Menge der ausgegebenen Werteinheiten oder des Kapitalbedarfs definiert. Vgl. hierzu ZICKGRAF, P., Initial Coin Offerings, S. 294; ADHAMI, S./GIUDICI, G./MARTINAZZI, S., Empirical analysis of initial coin offerings, S. 70.

434 Teilweise werden die Token zudem bewusst in mehreren Phasen ausgegeben. Bspw. gibt es regelmäßig sog.

Im Anschluss an die Abwicklung des *Initial Token Offering* obliegt es dem emittierenden Unternehmen, die eingeworbenen Mittel zu nutzen, um das im *Whitepaper* **beschriebene Projekt umzusetzen (3. Phase)**. Denn ebenjenes existiert regelmäßig noch nicht, weshalb die Krypto-Token dann zum Erwerbszeitpunkt noch nicht funktional einsetzbar sind und mithin keinen unmittelbaren Nutzwert haben.[435] Durch die Vorabfinanzierung wird das Geschäftsrisiko daher im Wesentlichen auf die Erwerber der Token verlagert.[436] Ein weiterer wichtiger Aspekt in der dritten Phase ist es, die emittierten Krypto-Token zeitnah auf einer Handelsplattform zu listen,[437] damit die Token-Inhaber zumindest die Möglichkeit haben, ihre Krypto-Token über eine solche Börse zu verkaufen oder weitere Token nachzukaufen.[438] Der Zeitrahmen, in dem eine Platzierung auf einer Handelsplattform erfolgt, variiert hierbei fundamental zwischen den unterschiedlichen *Initial Token Offering*.[439] Unabhängig von der Listung des Token kann der Inhaber seine Werteinheiten jederzeit direkt über den *Smart Contract* an eine andere Adresse übertragen. Dann wird im *Smart Contract* der neue Inhaber eingetragen, sodass der *Smart Contract* als eine Art „automatisierte[r] Buchhalter"[440] in diesem System fungiert.[441]

Für den Emittenten von Krypto-Token bestehen die wesentlichen Vorteile darin, dass Kapital über den Einsatz der Blockchain-Technologie im Vergleich zu traditionellen Finanzierungsformen schneller, effizienter und vor allem kostengünstiger eingesammelt werden kann.[442] Genau dies ist jedoch auch ein elementares Risiko für die Erwerber, weshalb zahlreiche Aufsichtsbehörden vor dem Erwerb von über ein *Initial Token Offering* herausgegebenen Token warnen.[443]

Pre-Sales für ausgewählte Investorengruppen. Vgl. ZETZSCHE, D. A. U. A., The ICO Gold Rush, S. 7.

435 Vgl. LOSER, S., Initial Coin Offering mit Utility Token, S. 950; HOWELL, S. T./NIESSNER, M./YERMACK, D., Initial coin offerings, S. 12; NAZARENO, D., Steuerfolgen von ICO, S. 198.

436 Vgl. BROCKER, T./KLEBECK, U., ICO – Aufsicht und Haftung, S. 288.

437 Vgl. HAHN, C./WONS, A., Initial Coin Offering, S. 28; SPINDLER, G., Initial Coin Offerings und Prospektpflicht, S. 2109; KLÖHN, L./PARHOFER, N./RESAS, D., Initial Coin Offerings, S. 90; CPA ONTARIO (Hrsg.), Cryptocurrency and ICOs, S. 11; CHATARD, Y./MANN, M., Initial Coin Offerings und Token-Handel im funktionalen Rechtsvergleich, S. 567.

438 Vgl. zu den Anreizen einer Listung BOURVEAU, T. U. A., Crypto-Tokens Market, S. 9 f.

439 Vgl. BENEDETTI, H./KOSTOVETSKY, L., Returns to Investors in Initial Coin Offerings, S. 21.

440 KAULARTZ, M./MATZKE, R., Tokenisierung, S. 3279.

441 Vgl. so auch ROHR, J./WRIGHT, A., Blockchain-Based Token Sales, S. 21. Dies ist ein wesentlicher Unterschied im Vergleich zu der der Ethereum-Blockchain zugrunde liegenden Ether-Werteinheit. Diese wird auf Protokoll-Ebene abgewickelt, während eine über einen *Smart Contract* ausgegebene Werteinheit komplett autark über den *Smart Contract* verwaltet wird. Vgl. ANTONOPOULOS, A. M./WOOD, G., Ethereum, S. 227 und S. 242 f. Der Status des *Smart Contract* wird jedoch ebenfalls in der Ethereum-Blockchain festgehalten.

442 Vgl. NYFFENEGGER, R./SCHÄR, F., Token Sales, S. 314; WEITNAUER, W., Initial Coin Offerings, S. 232. Vgl. HOWELL, S. T./NIESSNER, M./YERMACK, D., Initial coin offerings, S. 1. Vgl. zu den Gemeinsamkeiten und zu den Unterschieden zwischen „traditionellen" Finanzierungsformen und einem *Initial Token Offering* HAHN, C./WONS, A., Initial Coin Offering, S. 5 f. EUROPEAN COMMISSION (Hrsg.), European Financial Stability and Integration Review 2018, S. 74–76. Vgl. für einen Überblick von Chancen und Risiken beim Investor und beim Emittenten EY (Hrsg.), Life of a coin, S. 12. Weiterhin hilft ein *Initial Token Offering* regelmäßig bei der Preisbestimmung für die in Zukunft angebotenen Produkte oder Dienstleistungen, ohne dass ebenjener Preis verpflichtend festgeschrieben wird. Vgl. CATALINI, C./GANS, J. S., Initial Coin Offerings, S. 4; FIEDLER, S. U. A., Virtual Currencies, S. 15.

443 Vgl. BAFIN (Hrsg.), Initial Coin Offerings, S. 15–18; BAFIN (Hrsg.), Verbraucherwarnungen: Risiken von ICOs, o. S.; ESMA (Hrsg.), ICO Risks, o. S. Vgl. für einen Überblick über aktuelle länderspezifische regulatorische Einschätzungen zu *Initial Token Offering* IOSCO (Hrsg.), Regulators' Statements on Initial Coin Offerings, o. S.

So wurden bereits zahlreiche *Initial Token Offering* von betrügerischen Emittenten durchgeführt, was zum Teil zu erheblichen Investitionsverlusten oder einem Totalausfall bei den erwerbenden Parteien geführt hat.[444]

[444] Vgl. m. w. N. ZETZSCHE, D. A. U. A., The ICO Gold Rush, S. 3; BENEDETTI, H./KOSTOVETSKY, L., Returns to Investors in Initial Coin Offerings, S. 10; ESMA (Hrsg.), Initial Coin Offerings and Crypto-Assets, S. 14.

3 Konzeptionelle Grundlagen der Rechnungslegung nach IFRS

31 *Conceptual Framework* als theoretisch-konzeptioneller Unterbau

Das IFRS-Regelwerk[445] besteht aus verschiedenen Komponenten.[446] Es umfasst zum einen die vom IASB und vom IFRS IC ausgearbeiteten Rechnungslegungsstandards und -interpretationen,[447] die nach der Übernahme in EU-Recht (sog. *Endorsement*) von nach IFRS bilanzierenden Unternehmen zwingend anzuwenden sind.[448] Zum anderen enthält das Regelwerk der IFRS-Rechnungslegung als weitere Komponente das *Conceptual Framework for Financial Reporting*,[449] welches als **theoretisch-konzeptioneller Unterbau** der IFRS-Rechnungslegung dient.[450] Das *Conceptual Framework* hat nicht den Rang eines Standards oder einer Interpretation,[451] sodass es gegenüber den Rechnungslegungsstandards und -interpretationen nachrangig anzuwenden ist.[452] Gleichwohl kommen den im Rahmenkonzept verankerten Leitlinien im Normengefüge der IFRS verschiedene elementare Aufgaben zu.[453] So dienen die Leitlinien des

---

445 Das IFRS-Regelwerk ist prinzipiell sowohl für den Einzel- als auch für den Konzernabschluss anzuwenden. Vgl. THEILE, C., in: Heuser/Theile, IFRS HB, 6. Aufl., Kap. 6, Rn. 6.61. Zudem sind die IFRS-Regelungen unabhängig von der Größe, der Rechtsform und der Branche des berichterstattenden Unternehmens anzuwenden. Vgl. KIRSCH, H.-J./BRÖTZMANN, I./VON WIEDING, F., in: Baetge/Kirsch/Thiele, Bilanzrecht, § 243, Rn. 512. Vgl. zur berichterstattenden Einheit CF.3.10–3.14, sowie TEITLER-FEINBERG, E., Reporting Entity, S. 3–5; KIRSCH, H., Qualitative Anforderungen, S. 622. Vgl. zum IFRS-Anwenderkreis in Deutschland statt vieler BAETGE, J./KIRSCH, H.-J./THIELE, S., Bilanzen, S. 63 f.

446 Vgl. BAETGE, J./KIRSCH, H.-J./THIELE, S., Bilanzen, S. 55–62; HENNRICHS, J., in: Hennrichs/Kleindiek/Watrin, MüKo Bilanzrecht Bd. 1, Einf. in die ReLe nach IFRS, Rn. 58; WAWRZINEK, W./LÜBBIG, M., in: Driesch u. a., Beck IFRS HB, 5. Aufl., § 2, Rn. 1.

447 Vgl. WOLLMERT, P., in: WP Handbuch, 16. Aufl., Kap. K, Rn. 13; MERKT, H., in: Merkt/Probst/Fink, Rechnungslegung nach HGB und IFRS, Kap. 1, Rn. 113–122.

448 Vgl. hierzu ausführlich DRIESCH, D., in: Driesch u. a., Beck IFRS HB, 5. Aufl., § 1, Rn. 71–76; BUCHHEIM, R./KNORR, L./SCHMIDT, M., Endorsement-Verfahren, S. 332–341; PELLENS, B. U. A., Internationale Rechnungslegung, S. 79–84. Standard- und Interpretationsentwürfe, Agendaentscheidungen des IFRS IC sowie Umsetzungsrichtlinien und Begründungserwägungen haben hingegen keinen Rechtsnormcharakter. Vgl. PETERSEN, K./BANSBACH, F./DORNBACH, E., IFRS Praxishandbuch, S. 5.

449 Die Ausführungen in dieser Arbeit beziehen sich, sofern nicht anders gekennzeichnet, auf das am 29. März 2018 veröffentlichte (überarbeitete) *Conceptual Framework*. Vgl. zur Historie des Rahmenkonzepts CF.BC0.1–BC0.17, sowie m. w. N. BAETGE, J. U. A., in: Baetge u. a., Rechnungslegung nach IFRS, 2. Aufl., Kap. II, Rn. 5–6a; KÖNIG, C., Umsatzrealisierung, S. 31, Fn. 278; ERB, C./PELGER, C., Das neue Rahmenkonzept des IASB, S. 872 f.; GIMPEL-HENNING, N., Sukzessive Anteilserwerbe, S. 10.

450 Vgl. CF.1.1, sowie BAETGE, J. U. A., in: Baetge u. a., Rechnungslegung nach IFRS, 2. Aufl., Kap. II, Rn. 3 und Rn. 7; HAYN, S., Die IAS, S. 718; GOEBEL, A., Konzernrechnungslegung nach den IAS, S. 2457; MERKT, H., Conceptual Framework aus regelungsmethodischer Sicht, S. 478; BÜRGE, A./OHLUND, E., IAS – Neueste Entwicklungen, S. 166.

451 Vgl. CF.SP1.2. Vgl. zur Frage, ob das Rahmenkonzept durch ein *Endorsement* in EU-Recht übernommen werden sollte, MERKT, H., Conceptual Framework aus regelungsmethodischer Sicht, S. 497–499; HAAKER, A./FREIBERG, J., Endorsement des Rahmenkonzept, S. 259 f.

452 Vgl. CF.SP1.2, sowie BAETGE, J. U. A., in: Baetge u. a., Rechnungslegung nach IFRS, 2. Aufl., Kap. II, Rn. 4; MERKT, H., Conceptual Framework aus regelungsmethodischer Sicht, S. 491–497; SCHÖLLHORN, T./MÜLLER, M., Relevanz des Rahmenkonzepts bei IFRS-Abschlüssen, S. 1624. Gleichwohl rekurrieren verschiedene Standards direkt auf das *Conceptual Framework* oder übernehmen unmittelbar Textpassagen, sodass „diesem daher zumindest mittelbar eine Bindungswirkung in bestimmten Fällen zuzusprechen ist" (HÖBENER, J., Zwischenergebniseliminierung, S. 10). Sofern die aus dem *Conceptual Framework* entnommenen Passagen in einem in EU-Recht übernommenen Standard aufgenommen werden, sind diese für nach IFRS bilanzierende Unternehmen verbindlich. Vgl. WAWRZINEK, W./LÜBBIG, M., in: Driesch u. a., Beck IFRS HB, 5. Aufl., § 2, Rn. 9.

453 Vgl. CF.SP1.1, sowie ERB, C./PELGER, C., Das neue Rahmenkonzept des IASB, S. 872.

Conceptual Framework dem IASB dazu, neue Standards auf einer einheitlichen Basis zu entwickeln und bestehende Standards zu überarbeiten.[454] Darüber hinaus fungiert das *Conceptual Framework* für nach IFRS bilanzierende Unternehmen als Deduktionsgrundlage für die zum Teil notwendige Schließung von Regelungslücken.[455] Ferner soll das Rahmenkonzept beim Verständnis und bei der Interpretation der IFRS unterstützen.[456]

Um diese Aufgaben zu erfüllen, sind im *Conceptual Framework* unter anderem das Ziel der IFRS-Rechnungslegung und die qualitativen Anforderungen an die Vermittlung von Informationen verankert (Abschnitt 32 und Abschnitt 33). Hierdurch werden die sich aus den Informationsbedürfnissen der Adressaten des IFRS-Abschlusses ergebenden abstrakten **Anforderungen an die bilanzielle Abbildung** eines Sachverhaltes zumindest mittelbar vorgegeben. Dem *Conceptual Framework* kommt daher in dieser Arbeit zum einen die Funktion eines Beurteilungsmaßstabs zu. Zum anderen ist dem *Conceptual Framework* bei der Schließung von Regelungslücken und bei der Auslegung von Rechnungslegungsvorschriften eine wesentliche Bedeutung beizumessen (Abschnitt 35).[457] Dies ist im Rahmen dieser Arbeit insofern von Bedeutung, als die Bilanzierung von (erworbenen) Zahlungs- und Nutzungs-Token in den IFRS nicht (explizit) geregelt ist.[458] Daneben werden in Abschnitt 34 Grundlagen zur Erfolgskonzeption und zum Erfolgsausweis in den IFRS gelegt, da ein diesbezügliches Verständnis mit Blick auf die sachgerechte Abbildung von Wert- bzw. Preisänderungen von Krypto-Token im IFRS-Abschluss erforderlich ist.

32 Ziel und Adressaten

Das Ziel der IFRS-Rechnungslegung ist es, **entscheidungsnützliche Informationen** für die Adressaten zur Verfügung zu stellen.[459] Hierunter sind gemäß IAS 1.9 Informationen über die Vermögens-, Finanz- und Ertragslage sowie die *Cashflows* des berichterstattenden Unternehmens zu fassen. Mithilfe der Finanzberichterstattung sollen die Adressaten des IFRS-Abschlusses in die Lage versetzt werden, fundierte ökonomische Entscheidungen zu treffen.[460] Zudem sollen bestehende Informationsasymmetrien zwischen dem Management des berichterstattenden Unternehmens und den Adressaten reduziert werden.[461]

---

454 Vgl. CF.SP1.1 (a).

455 Vgl. CF.SP1.1 (b), sowie THEILE, C., in: Heuser/Theile, IFRS HB, 6. Aufl., Kap. 6, Rn. 6.4; BALLWIESER, W., Analyse des Rahmenkonzepts, S. 452; PELGER, C., Rechnungslegungszweck, S. 910; STREIM, H./BIEKER, M./LEIPPE, B., Rechnungslegung nach IAS, S. 182.

456 Vgl. CF.SP1.1 (c).

457 Vgl. so auch HÖBENER, J., Zwischenergebniseliminierung, S. 9; ENGELKE, F., Kapitalkonsolidierung im mehrstufigen Konzern, S. 49 f.

458 Vgl. zum methodischen Vorgehen ausführlich Abschnitt 35 und Abschnitt 41.

459 Vgl. CF.1.2.

460 Vgl. CF.SP1.5 (a)–(b), sowie FABER, M., Einlage von Kapitalgesellschaftsanteilen, S. 48.

461 Vgl. CF.1.5 (b), sowie GIMPEL-HENNING, N., Sukzessive Anteilserwerbe, S. 10 f.; COENENBERG, A. G./STRAUB, B., Rechenschaft vs. Entscheidungsunterstützung, S. 17. Diese Aufgabe wird auch als „Metaziel" der Rechnungslegung bezeichnet. Vgl. hierzu ausführlich CHRISTENSEN, J. A./DEMSKI, J. S., Accounting Theory, S. 143–301; PELLENS, B. U. A., Internationale Rechnungslegung, S. 4–8; FÜLBIER, R. U./GASSEN, J., Bilanzrechtsregulierung, S. 138–140.

Um den **Adressaten der Finanzberichterstattung** entscheidungsnützliche Informationen zur Verfügung stellen zu können, müssen die vermittelten Informationen an den Bedürfnissen der Adressaten ausgerichtet sein.[462] Die Informationsbedürfnisse der potenziellen Adressatengruppen[463] können dabei jedoch divergieren und zum Teil konfligieren.[464] Um hieraus ggf. resultierende Zielkonflikte bei der Informationsvermittlung zu vermeiden und vor dem Hintergrund, dass innerhalb eines Berichtsinstrumentes nicht sämtliche Informationsbedürfnisse der potenziellen Adressaten adressiert werden können,[465] bedarf es einer Spezifizierung des Adressatenkreises.[466] Der IASB knüpft hieran an, indem er festlegt, dass sich die bereitgestellten Informationen im IFRS-Abschluss primär an bestehende und an potenzielle Investoren, Kreditgeber und Gläubiger der berichterstattenden Einheit richten; mithin an die potenziellen (Eigen- und Fremd-)Kapitalgeber des Unternehmens.[467] Für diese **primären** Adressaten müssen die vermittelten Informationen hinsichtlich der zukunftsgerichteten Allokation der ihnen zur Verfügung stehenden Ressourcen entscheidungsnützlich sein.[468] Dies berücksichtigt Entscheidung in Bezug auf den Kauf, den Verkauf oder das Halten eines Eigen- oder Fremdkapitalinstrumentes, die Gewährung oder Begleichung von Darlehen oder von anderen Krediten und Entscheidungen bei der Ausübung von (Stimm-)Rechten, die Einfluss auf die Handlungen des Managements haben können. In Hinblick auf diese von den bestehenden und von den potenziellen Kapitalgebern zu tätigenden Entscheidungen ist deren Renditeerwartung von ausschlaggebender Bedeutung, sodass das berichterstattende Unternehmen Informationen vermitteln muss, mit denen eine dementsprechende Erwartungsbildung stattfinden kann.[469]

Basierend auf den vom IASB abgeleiteten Informationsbedürfnissen der primären Adressaten lassen sich zwei (gleichgewichtete)[470] Teilziele identifizieren: Die **Bewertungsfunktion**[471] und

---

462 Vgl. MOXTER, A., Bilanzlehre, S. 418 f.; MOXTER, A., Fundamentalgrundsätze, S. 94 f.

463 Vgl. zu den potenziellen Adressaten des IFRS-Abschlusses PELGER, C., Entscheidungsnützlichkeit in neuem Gewand, S. 160–162.

464 Vgl. BAETGE, J./THIELE, S., Gesellschafterschutz vs. Gläubigerschutz, S. 17; PELLENS, B. U. A., Internationale Rechnungslegung, S. 100; BALLWIESER, W., Informations-GoB, S. 115 f.

465 Vgl. m. w. N. ALKEMEIER, M., Konzerninterne Unternehmenszusammenschlüsse, S. 60.

466 Vgl. MOXTER, A., Fundamentalgrundsätze, S. 94 f.

467 Vgl. CF.1.2, sowie BAETGE, J./KIRSCH, H.-J./THIELE, S., Bilanzen, S. 145 f.; WAWRZINEK, W./LÜBBIG, M., in: Driesch u. a., Beck IFRS HB, 5. Aufl., § 2, Rn. 23. Vgl. zur Begründung für diesen primären Adressatenkreis CF.1.5 i. V. m. CF.BC1.16. Gleichwohl existieren auch bei den primären Adressaten der Finanzberichterstattung heterogene Informationsbedürfnisse, z. B. zwischen kurz- und langfristigen Eigenkapitalgebern. Vgl. statt vieler BUSSE VON COLBE, W., Shareholder Value, S. 272. Solche divergierenden Informationsinteressen der primären IFRS-Adressaten sollen im Rahmen der Standardsetzung berücksichtigt werden, indem sich die Standardsetzung an den Informationsbedürfnissen der Mehrheit der primären Adressaten orientiert. Zudem können die berichterstattenden Unternehmen zusätzliche Informationen bereitstellen, die ggf. nur für eine Teilmenge der primären Adressaten nützlich sind. Vgl. CF.1.8. Vgl. zur Diskussion der spezifischen Konzernabschlussadressaten m. w. N. HÖBENER, J., Zwischenergebniseliminierung, S. 16–18; ENGELKE, F., Kapitalkonsolidierung im mehrstufigen Konzern, S. 53–56.

468 Vgl. hier und im folgenden Satz CF.1.2, sowie ERB, C./PELGER, C., Das neue Rahmenkonzept des IASB, S. 873.

469 Vgl. CF.1.3, sowie FISCHER, D. T., Entwurf eines neugefassten Rahmenkonzepts, S. 224.

470 Vgl. so auch GIMPEL-HENNING, N., Sukzessive Anteilserwerbe, S. 13; ENGELKE, F., Kapitalkonsolidierung im mehrstufigen Konzern, S. 51, Fn. 282.

471 Teilweise werden auch die Begrifflichkeiten „Informationsfunktion" oder „Bewertungsnützlichkeit" in der

die **Rechenschaftsfunktion**[472].[473] Um die erwartete Rendite einer Investition einschätzen zu können, ist es für die primären Adressanten zum einen erforderlich, dass diese mit Blick auf die Bewertungsfunktion Einschätzungen zu der Höhe, dem Zeitpunkt und der Unsicherheit der künftigen Zahlungsströme vornehmen können.[474] Zum anderen sind vor dem Hintergrund der Rechenschaftsfunktion Informationen im IFRS-Abschluss bereitzustellen, die Rückschlüsse auf die Effizienz und auf die Effektivität der Nutzung des dem Management des berichterstattenden Unternehmens zur Verfügung gestellten Kapitals ermöglichen.[475] Mithin soll das Management des berichterstattenden Unternehmens Rechenschaft über das ihm anvertraute Kapital ablegen.

Um sowohl die Bewertungs- als auch die Rechenschaftsfunktion erfüllen zu können, muss das berichterstattende Unternehmen den primären Adressaten des IFRS-Abschlusses Informationen über die Art und die Höhe der wirtschaftlichen Ressourcen sowie der gegen das eigene Unternehmen gerichteten Ansprüche bereitstellen (**Darstellung der Vermögens- und Finanzlage**).[476] Durch diese Informationen sollen die primären Adressaten befähigt werden, die ökonomischen Stärken und Schwächen des Unternehmens zu beurteilen.[477] Die daraus resultierenden Erkenntnisse können bspw. bei der Beurteilung der Liquidität oder der Solvenz des berichterstattenden Unternehmens unterstützen. Zudem ist über die Veränderungen der wirtschaftlichen Ressourcen und die Veränderungen der gegen das Unternehmen gerichteten Ansprüche zu berichten.[478] Bei solchen Veränderungen ist danach zu differenzieren, ob diese aus der Ertragslage des Unternehmens (**Darstellung der Ertragslage**)[479] oder aus anderen Ereignissen oder Geschäftsvorfällen[480] – regelmäßig mit den Kapitalgebern – resultieren.[481] Weiterhin ist

Literatur verwendet. Vgl. FÜLBIER, R. U./GASSEN, J., Bilanzrechtsregulierung, S. 138–149; PELGER, C., Entscheidungsnützlichkeit in neuem Gewand, S. 158. Die vor dem Hintergrund des Teilziels der Bewertungsfunktion vermittelten Informationen sollen den primären Adressaten nur befähigen, Zahlungsströme des Unternehmens abschätzen zu können. Eine direkte Berichterstattung über den Unternehmenswert ist gemäß CF.1.7 nicht beabsichtigt.

472 Der IASB weist in Bezug auf die Rechenschaft darauf hin, dass es sich lediglich um ein Teilziel der IFRS-Rechnungslegung handelt. Das Bereitstellen von Informationen, die die Rechenschaftsfunktion erfüllen, dient daher dem Ziel der Entscheidungsnützlichkeit. Vgl. CF.BC1.35. Vgl. hierzu kritisch EFRAG U. A. (Hrsg.), Getting a Better Framework, S. 1–14; COENENBERG, A. G./STRAUB, B., Rechenschaft vs. Entscheidungsunterstützung, S. 22–24; PELGER, C., Rechnungslegungszweck, S. 910–914. Vgl. zur Rechenschaft allgemein bereits MOXTER, A., Fundamentalgrundsätze, S. 96 f.; LEFFSON, U., GoB, S. 55–58 und S. 63–90; GJESDAL, F., Accounting for Stewardship, S. 208–226.

473 Vgl. CF.1.3 f. i. V. m. CF.BC1.34, sowie KIRSCH, H.-J./BRÖTZMANN, I./VON WIEDING, F., in: Baetge/Kirsch/Thiele, Bilanzrecht, § 243, Rn. 525; KOELEN, P., Bewertungskalküle, S. 28 f. Vgl. zu den Begrifflichkeiten GASSEN, J., Are stewardship and valuation usefulness compatible or alternative objectives of financial accounting?, S. 1–56.

474 Vgl. CF.1.3–1.4 (a) i. V. m. CF.1.12–1.21, sowie ENGELKE, F., Kapitalkonsolidierung im mehrstufigen Konzern, S. 50 f.; BUSCH, J./BOECKER, C., Conceptual Framework, S. 271.

475 Vgl. hier und im folgenden Satz CF.1.3; CF.1.4 (b) i. V. m. CF.1.22 f.; CF.BC1.32–BC1.41.

476 Vgl. CF.1.3–1.4 (a) i. V. m. CF.1.12–1.14, sowie GIMPEL-HENNING, N., Sukzessive Anteilserwerbe, S. 12; HÖBENER, J., Zwischenergebniseliminierung, S. 13.

477 Vgl. hier und im folgenden Satz CF.1.13.

478 Vgl. CF.1.3–1.4 (a) i. V. m. CF.1.12 i. V. m. CF.1.15–1.21.

479 Vgl. CF.1.15 f. i. V. m. CF.1.17–1.20.

480 Vgl. CF.1.15 i. V. m. CF.1.21.

481 Vgl. KAJÜTER, P., Eigenkapitalveränderungsrechnung, S. 109.

in diesem Zusammenhang über die vergangenen Ein- und Auszahlungen (***Cashflows***) zu berichten.[482]

Zwischen den sich aus den Teilzielen der IFRS-Rechnungslegung ergebenden Informationsbedürfnissen kommt es regelmäßig zu inhaltlichen Überschneidungen.[483] Gleichwohl sind die Informationsbedürfnisse keineswegs deckungsgleich und konfligieren sogar teilweise miteinander,[484] was dem Standardsetzer durchaus bewusst ist.[485] Der IASB sieht gleichwohl für einen Konfliktfall keine expliziten Richtlinien vor,[486] sodass in solch einem Fall die Teilziele in Bezug auf die Entscheidungsnützlichkeit der vermittelten Informationen gewissenhaft abzuwägen sind.[487]

33 Qualitative Anforderungen

331. Vorbemerkungen

Das Ziel der IFRS-Rechnungslegung ist die Vermittlung von entscheidungsnützlichen Informationen.[488] Um dieses übergeordnete Ziel in Bezug auf eine Finanzinformation im Allgemeinen und die bilanzielle Abbildung von erworbenen Krypto-Token im Speziellen zu erreichen, werden im *Conceptual Framework* Anforderungen an die Berichterstattung einer Rechnungslegungsinformation definiert und konkretisiert.[489] In diesem Zusammenhang ist zwischen den fundamentalen qualitativen Anforderungen[490] und den fördernden qualitativen Anforderungen[491] zu unterscheiden.[492]

Abschlussinformationen über erworbene Krypto-Token müssen, damit die vermittelten Informationen für die primären Adressaten entscheidungsnützlich sind, die **fundamentalen qualitativen Anforderungen** der Relevanz und der glaubwürdigen Darstellung kumulativ[493] erfüllen.[494] Demnach führt die glaubwürdige Darstellung eines irrelevanten Sachverhaltes ebenso wenig wie die unglaubwürdige Darstellung eines relevanten Sachverhaltes dazu, dass dem Ziel

482 Vgl. CF.1.16 i. V. m. CF.1.20.

483 Vgl. COENENBERG, A. G./STRAUB, B., Rechenschaft vs. Entscheidungsunterstützung, S. 25; HETTICH, S., Zweckadäquate Gewinnermittlungsregeln, S. 12.

484 Vgl. SCHRUFF, W., Die IFRS-Rechnungslegung im Spannungsfeld zwischen Cashflow-Prognose und Rechenschaft, S. 859 f.; GASSEN, J./FISCHKIN, M./HILL, V., Das Rahmenkonzept-Projekt des IASB und des FASB, S. 876 f.; GIMPEL-HENNING, N., Sukzessive Anteilserwerbe, S. 13; ALKEMEIER, M., Konzerninterne Unternehmenszusammenschlüsse, S. 36; PELGER, C., Rechnungslegungszweck, S. 913; GEBHARDT, G./MORA, A./WAGENHOFER, A., Fundamental Concepts of IFRS, S. 110.

485 Vgl. CF.BC1.39.

486 Vgl. ENGELKE, F., Kapitalkonsolidierung im mehrstufigen Konzern, S. 51.

487 Vgl. BALLWIESER, W., Analyse des Rahmenkonzepts, S. 469; ENGELKE, F., Kapitalkonsolidierung im mehrstufigen Konzern, S. 51 f.; GIMPEL-HENNING, N., Sukzessive Anteilserwerbe, S. 12 f.

488 Vgl. CF.1.2.

489 Vgl. CF.2.1, sowie HOFFMANN, S./DETZEN, D., Joint Conceptual Framework, S. 53.

490 Vgl. CF.2.5–2.22.

491 Vgl. CF.2.23–2.38.

492 Vgl. CF.2.4 i. V. m. CF.2.23.

493 Vgl. CF.2.4 i. V. m. CF.2.20, sowie GASSEN, J./FISCHKIN, M./HILL, V., Das Rahmenkonzept-Projekt des IASB und des FASB, S. 878.

494 Vgl. CF.2.5. Vgl. zur Relevanz CF.2.6–2.11. Vgl. zur glaubwürdigen Darstellung CF.2.12–2.19.

der IFRS entsprochen wird.[495] Mit Blick auf die Prüfung der fundamentalen qualitativen Anforderungen ist ein standardisierter Prüfprozess vorgesehen.[496] Obwohl bei der Anwendung der fundamentalen qualitativen Anforderungen im Prüfprozess zunächst auf die relevanteste Information abzustellen ist, sind beide Anforderungen als hierarchisch gleichwertig zu erachten.[497]

Neben den fundamentalen qualitativen Anforderungen sind darüber hinaus die **fördernden qualitativen Anforderungen** der Vergleichbarkeit, der Nachprüfbarkeit, der Zeitnähe und der Verständlichkeit zu beachten.[498] Während die fundamentalen qualitativen Anforderungen für die Zielerreichung der IFRS zwingend zu erfüllen sind, können die fördernden qualitativen Anforderungen die Entscheidungsnützlichkeit einer Information weder begründen noch widerlegen.[499] Demnach sind die fördernden qualitativen Anforderungen den fundamentalen qualitativen Anforderungen hierarchisch untergeordnet.[500] Indem die fördernden qualitativen Anforderungen erfüllt werden, soll die Entscheidungsnützlichkeit der Rechnungslegungsinformationen erhöht werden.[501] Ihnen kommt daher eine elementare Aufgabe bei der Auswahl der entscheidungsnützlichsten Abbildungsform zu, sofern zwei oder mehr mögliche Bilanzierungsmethoden zu gleichermaßen relevanten und glaubwürdig darstellbaren Informationen führen.[502]

Bei jeder potenziell zu vermittelnden Information ist zudem zu evaluieren, ob diese der **Kostenrestriktion** entgegensteht.[503] In diesem Zusammenhang muss der Nutzen einer (potenziellen) Information die Kosten für die Informationsgewinnung und -bereitstellung rechtfertigen.

332. Fundamentale qualitative Anforderungen

332.1 Relevanz

Rechnungslegungsinformationen im Allgemeinen und in Hinblick auf Zahlungs- und Nutzungs-Token im Speziellen sind relevant, wenn diese die wirtschaftlichen Entscheidungen der

---

495 Vgl. CF.2.20. Der IASB weist jedoch darauf hin, dass die beiden fundamentalen qualitativen Anforderungen in einem Spannungsverhältnis, ggf. sogar im Widerspruch, zueinander stehen können. Es ist daher auf ein ausgewogenes Verhältnis der Anforderungen zu achten. Vgl. CF.2.22 i. V. m. CF.BC2.52–BC2.56, sowie IASB (Hrsg.), Staff Paper 10E (May 2016), Rn. 38–42. Vgl. so auch BALLWIESER, W., IFRS-Rechnungslegung, S. 17 f.; DEHMEL, I./HOMMEL, M./KUNKEL, T., Conceptual Framework, S. 1706.

496 Hierbei sind in einem ersten Schritt für die primären Adressaten potenziell entscheidungsnützliche ökonomische Sachverhalte zu identifizieren (Sachverhaltsebene). In einem zweiten Schritt ist die Information auszuwählen, die für die Bilanzierung des Sachverhaltes am relevantesten ist (Bilanzierungsebene). Im abschließenden dritten Schritt hat der Bilanzierende zu prüfen, ob die erforderlichen Informationen verfügbar sind und glaubwürdig dargestellt werden können. Ist dies nicht der Fall, muss der beschriebene Prozess mit der nächstrelevanten Information erneut durchgeführt werden. Vgl. CF.2.21, sowie KIRSCH, H.-J. U. A., Bedeutung der Verlässlichkeit, S. 766. Vgl. kritisch zu diesem sequenziellen Prüfprozess WHITTINGTON, G., Fair Value, S. 146; PELLENS, B. U. A., Internationale Rechnungslegung, S. 108.

497 Vgl. LORSON, P./GATTUNG, A., Faithful representation, S. 556.

498 Vgl. CF.2.4 i. V. m. CF.2.23.

499 Vgl. CF.2.37, sowie GALLASCH, F., Bilanzierung von Versicherungsverträgen, S. 41.

500 Vgl. LORSON, P./GATTUNG, A., Faithful representation, S. 556; FISCHER, D. T., IASB-Rahmenkonzept, S. 155; HOFFMANN, S./DETZEN, D., Joint Conceptual Framework, S. 53; KIRSCH, H.-J. U. A., Bedeutung der Verlässlichkeit, S. 766.

501 Vgl. CF.2.4 i. V. m. CF.2.23 i. V. m. CF.2.37.

502 Vgl. CF.2.23.

503 Vgl. hier und im folgenden Satz CF.2.39–2.43.

primären Adressaten des IFRS-Abschlusses potenziell beeinflussen können.[504] Dieses Postulat ist erfüllt, sofern eine Abschlussinformation einen Prognosewert, einen Bestätigungswert oder beides hat.[505] Eine berichtete Information hat einen **Prognosewert**, wenn sie für die Beurteilung der künftigen Entwicklung des berichterstattenden Unternehmens genutzt werden kann.[506] In diesem Zusammenhang muss die vermittelte Information nicht selbst den Charakter einer Prognose haben, sondern vielmehr die primären Adressaten in die Lage versetzen, eigene Prognosen mittels der bereitgestellten Parameter zu erstellen. Ein **Bestätigungswert** liegt vor, wenn die primären Adressaten befähigt werden, anhand der berichteten Information eine in der Vergangenheit getroffene Einschätzung zur Unternehmensentwicklung zu bestätigen oder zu korrigieren.[507] Der Bestätigungswert ist im Vergleich zum Prognosewert primär vergangenheitsorientiert.[508] Während der Prognosewert einer Abschlussinformation in erster Linie zum Erreichen des Teilziels der Bewertungsfunktion nützlich ist, fördert der Bestätigungswert einer Information vor allem die Rechenschaftsfunktion.[509] Gleichwohl bestehen zwischen bestätigenden und prognostizierenden Informationen mitunter Interdependenzen, so z. B. bei der Schätzung und bei der Validierung künftiger Zahlungsströme.[510]

Da nahezu alle Finanzinformationen des berichterstattenden Unternehmens einen Bestätigungs- oder Prognosewert für die primären Adressaten der IFRS haben (können) und sodann als relevant einzustufen wären,[511] konkretisiert das Kriterium der **Wesentlichkeit** die fundamentale qualitative Anforderung der Relevanz.[512] Eine Information im IFRS-Abschluss ist dann als wesentlich einzuordnen, wenn vernünftigerweise erwartet werden kann, dass ihr Weglassen, ihre fehlerhafte Darstellung oder ihre Verschleierung die ökonomischen Entscheidungen der primären IFRS-Adressaten beeinflussen wird.[513] Das Kriterium der Wesentlichkeit determiniert daher den „Grad der Relevanz“[514]. Gegenstand des Kriteriums der Wesentlichkeit ist dabei

---

504 Vgl. CF.2.6. Es ist lediglich die Möglichkeit der Beeinflussung im Rahmen des Entscheidungsprozesses relevant. Ob die bereitgestellten Informationen tatsächlich von den primären Adressaten miteinbezogen werden, ist nicht ausschlaggebend. Vgl. CF.2.6 i. V. m. CF.BC2.13 f., sowie KAMPMANN, H./SCHWEDLER, K., Gemeinsames Rahmenkonzept, S. 527 f.

505 Vgl. CF.2.7, sowie BAETGE, J./KIRSCH, H.-J./THIELE, S., Bilanzen, S. 147.

506 Vgl. hier und im folgenden Satz CF.2.8 i. V. m. CF.BC2.17.

507 Vgl. CF.2.9.

508 Vgl. ALKEMEIER, M., Konzerninterne Unternehmenszusammenschlüsse, S. 39.

509 Vgl. EWELT-KNAUER, C., Konzernabschluss als Berichtsinstrument, S. 17.

510 Vgl. CF.2.10, sowie ENGELKE, F., Kapitalkonsolidierung im mehrstufigen Konzern, S. 58.

511 Solch eine Berichterstattung wäre hingegen weder für die primären Adressaten noch für die Abschlussersteller aufgrund der damit verbundenen Erfassungs-, Aufbereitungs- und Analysekosten von Interesse. Vgl. PELLENS, B. U. A., Internationale Rechnungslegung, S. 106; BRINKMANN, J., Rechnungslegung nach IFRS, S. 47 f. So können bspw. zu viele veröffentlichte Informationen zu einem sog. *information overload* führen, wodurch die Relevanz aller bereitgestellten Informationen negativ beeinflusst wird. Vgl. statt vieler RACHFALL, T., Information Overload; KÜTING, K./STRAUß, M., Anhangangaben, S. 445, sowie bereits SNOWBALL, D., Information Load, S. 22–28; TUTTLE, B./BURTON, F. G., Information overload, S. 673–687.

512 Vgl. CF.2.11. Der Grundsatz der Wesentlichkeit ist nicht nur im *Conceptual Framework*, sondern ebenfalls in IAS 1 und darauf Bezug nehmend in IAS 8 angelegt. Vgl. IAS 1.BC13E f.

513 Vgl. CF.2.11, sowie HÖBENER, J., Zwischenergebniseliminierung, S. 21. Vgl. zudem zum Kriterium der Wesentlichkeit im Kontext der handelsrechtlichen Bilanzierung BAETGE, J./KIRSCH, H.-J./THIELE, S., Bilanzen, S. 123 f.

514 WAWRZINEK, W./LÜBBIG, M., in: Driesch u. a., Beck IFRS HB, 5. Aufl., § 2, Rn. 59.

nicht, „ob und in welchem Umfang Geschäftsvorfälle als unwesentlich wegzulassen oder nicht zu buchen sind."[515] Vielmehr geht es um die Art und um den Umfang der Berichterstattung.[516] In diesem Zusammenhang ist die Wesentlichkeit einer Rechnungslegungsinformation einzelfallabhängig unter Berücksichtigung sämtlicher Tatsachen und Umstände des berichterstattenden Unternehmens zu bestimmen.[517] Ein quantitativer Schwellenwert als Konkretisierung der Wesentlichkeit wird vom IASB mithin konsequenterweise nicht vorgegeben.[518] Zudem sind ggf. – bei bestimmten Arten von Informationen oder der Natur eines Abschlusspostens – qualitative Aspekte bei der Bestimmung der Wesentlichkeit zu berücksichtigen.[519]

332.2 Glaubwürdige Darstellung

Damit eine relevante Abschlussinformation entscheidungsnützlich ist, muss diese auch die Anforderung an eine glaubwürdige Darstellung erfüllen.[520] Hierfür ist eine **wirtschaftliche Betrachtungsweise** erforderlich. Das bedeutet, dass die bilanzielle Abbildung eines Sachverhaltes den wirtschaftlichen Gehalt dieses Sachverhaltes widerspiegeln soll und – bei Auseinanderfallen von rechtlicher und wirtschaftlicher Sichtweise – nicht vorrangig auf die rechtliche Form abzustellen ist (sog. *substance over form*).[521] Die bilanzielle Abbildung von (erworbenen) Krypto-Token muss daher nicht zwangsläufig den rechtlichen und bzw. oder den regulatorischen Gegebenheiten, z. B. der Einordnung von Kryptowährungen und anderen Krypto-Token durch die BAFIN, entsprechen. Auch wenn diese Perspektive als Orientierung genutzt werden kann, ist im Rahmen der Bilanzierung vielmehr der Charakter der Krypto-Token bzw. einer Transaktion mit Krypto-Token den tatsächlichen wirtschaftlichen Verhältnissen entsprechend abzubilden.

---

515 BAETGE, J. U. A., in: Baetge u. a., Rechnungslegung nach IFRS, 2. Aufl., Kap. II, Rn. 44.

516 Vgl. BAETGE, J. U. A., in: Baetge u. a., Rechnungslegung nach IFRS, 2. Aufl., Kap. II, Rn. 44.

517 Vgl. WAWRZINEK, W./LÜBBIG, M., in: Driesch u. a., Beck IFRS HB, 5. Aufl., § 2, Rn. 63. Vgl. in Bezug auf den Anhang KIRSCH, H.-J./GALLASCH, F./GIMPEL-HENNING, N., Die formale Gestaltung anhangsbezogener Rechnungslegungsvorschriften, S. 89 f.; KIRSCH, H.-J./GIMPEL-HENNING, N., Zur aktuellen Diskussion um die Einführung eines „Disclosure Framework", S. 194 f.

518 Vgl. CF.2.11. Gleichwohl haben sich verschiedene Ansätze zur Bestimmung von Wesentlichkeitsschwellen herausgebildet. Vgl. LÜDENBACH, N./HOFFMANN, W.-D./FREIBERG, J., in: Lüdenbach/Hoffmann/Freiberg, Haufe IFRS-Kommentar, 17. Aufl., § 1, Rn. 63; WAWRZINEK, W./LÜBBIG, M., in: Driesch u. a., Beck IFRS HB, 5. Aufl., § 2, Rn. 65; TOEBE, M./LORSON, P., Wesentlichkeitsgrenzen, S. 1200–1206. Zudem veröffentlichte der IASB im September 2017 ein unverbindliches *Practice Statement*, das die Ersteller eines IFRS-Abschlusses bei der Beurteilung der Wesentlichkeit unterstützen soll. Vgl. IASB (Hrsg.), Project Summary Making Materiality Judgements, S. 1–24. Vgl. hierzu ferner LINK, R., Anwendung von Wesentlichkeit in der Finanzberichterstattung, S. 171–175; BEYERSDORFF, M., Das neue IFRS Practice Statement 2 zu Wesentlichkeitsbeurteilungen nach IFRS, S. 1383–1390; FISCHER, D. T., Neufassung des Wesentlichkeitsbegriffs und Anwendungshinweise, S. 323–325.

519 Vgl. BAETGE, J./KIRSCH, H.-J./THIELE, S., Bilanzen, S. 147. Vgl. ähnlich WAWRZINEK, W./LÜBBIG, M., in: Driesch u. a., Beck IFRS HB, 5. Aufl., § 2, Rn. 60; KIRSCH, H., Qualitative Anforderungen, S. 621.

520 Vgl. CF.2.12.

521 Vgl. CF.2.12 i. V. m. CF.BC2.33, sowie BUSCH, J./BOECKER, C., Conceptual Framework, S. 271; BAETGE, J. U. A., in: Baetge u. a., Rechnungslegung nach IFRS, 2. Aufl., Kap. II, Rn. 48. Gleichwohl wird aus dem Wortlaut in CF.2.12 sowie IAS 8.10 (b) deutlich, dass die rechtliche Form eines Sachverhaltes eine wesentliche Bedeutung für die bilanzielle Abbildung hat. Vgl. WAWRZINEK, W./LÜBBIG, M., in: Driesch u. a., Beck IFRS HB, 5. Aufl., § 2, Rn. 88.

Das Postulat der glaubwürdigen Darstellung wird durch drei **Gütekriterien** konkretisiert.[522] So werden Informationen zu dem jeweiligen Sachverhalt glaubwürdig dargestellt, sofern die bilanzielle Abbildung des Sachverhaltes vollständig, neutral und fehlerfrei ist.[523] Auch wenn idealtypisch anzustreben ist, dass alle drei Gütekriterien gleichermaßen erfüllt werden, ist dies oftmals nicht möglich. Mithin sind die Ersteller des IFRS-Abschlusses bei der bilanziellen Abbildung eines Sachverhaltes angehalten, die Gütekriterien bestmöglich zu erfüllen und – aufgrund einer fehlenden hierarchischen Ordnung der Gütekriterien – auf die Ausgewogenheit ebenjener zu achten.[524]

Eine Darstellung ist **vollständig**, wenn mit ihr alle Informationen, inklusive aller Beschreibungen und Erläuterungen, vermittelt werden, die ein primärer Adressat benötigt, um den bilanzierten Sachverhalt verstehen zu können.[525] Hierbei bezieht sich der Vollständigkeitsbegriff im *Conceptual Framework* vorrangig auf den Ausweis eines für die primären Adressaten relevanten Sachverhaltes.[526] Der IASB beschreibt in CF.2.14 zudem beispielhaft Minimalanforderungen in Bezug auf die vollständige Vermittlung von Informationen.[527] Diese sehen unter anderem vor, dass über die Art der Vermögenswerte innerhalb einer Gruppe von Vermögenswerten zu berichten ist.

Zudem sind sämtliche Abschlussinformationen **neutral**, d. h. (möglichst) wertfrei und objektiv, auszuwählen und wiederzugeben.[528] Mithilfe dieses Kriteriums der glaubwürdigen Darstellung soll sichergestellt werden, dass die primären Adressaten im Zuge ihrer Kapitalallokationsentscheidungen nicht zielgerichtet beeinflusst werden.[529] Diesbezüglich soll verhindert werden, dass einzelne Sachverhalte oder Geschäftsvorfälle einseitig, gewichtet, hervorgehoben, abgeschwächt oder anderweitig manipuliert dargestellt werden.[530] Die Ausübung von (zulässigen) Gestaltungsspielräumen steht dem Kriterium der Neutralität mithin nicht zwingend entgegen, sofern die genannten Anforderungen an die Neutralität eingehalten werden.[531] Unterstützt wird eine neutrale Berichterstattung zudem von dem Kriterium der Vorsicht.[532] Dabei ist allerdings

522 Vgl. KIRSCH, H.-J./BRÖTZMANN, I./VON WIEDING, F., in: Baetge/Kirsch/Thiele, Bilanzrecht, § 243, Rn. 525.

523 Vgl. hier und im folgenden Satz CF.2.13, sowie FISCHER, D. T., IASB-Rahmenkonzept, S. 155.

524 Vgl. ENGELKE, F., Kapitalkonsolidierung im mehrstufigen Konzern, S. 60.

525 Vgl. CF.2.14, sowie BAETGE, J./KIRSCH, H.-J./THIELE, S., Bilanzen, S. 148; THEILE, C., in: Heuser/Theile, IFRS HB, 6. Aufl., Kap. 6, Rn. 6.36.

526 Vgl. CF.2.14, sowie DETTENRIEDER, D., Hedge Accounting, S. 15. Vgl. zum Verhältnis der Ansatzkriterien und dem Gütekriterium der Vollständigkeit m. w. N. HÖBENER, J., Zwischenergebniseliminierung, S. 23, Fn. 182.

527 Vgl. hier und im folgenden Satz BAETGE, J. U. A., in: Baetge u. a., Rechnungslegung nach IFRS, 2. Aufl., Kap. II, Rn. 52.

528 Vgl. CF.2.15.

529 Vgl. CF.2.15, sowie WAWRZINEK, W./LÜBBIG, M., in: Driesch u. a., Beck IFRS HB, 5. Aufl., § 2, Rn. 72; THEILE, C., in: Heuser/Theile, IFRS HB, 6. Aufl., Kap. 6, Rn. 6.37; BAETGE, J. U. A., in: Baetge u. a., Rechnungslegung nach IFRS, 2. Aufl., Kap. II, Rn. 55.

530 Vgl. CF.2.15.

531 Vgl. LORSON, P./GATTUNG, A., Faithful representation, S. 560; SCHÖLLHORN, T./MÜLLER, M., Relevanz des Rahmenkonzepts bei IFRS-Abschlüssen, S. 1626.

532 Vgl. CF.2.16, sowie KIRSCH, H., Conceptual Framework (Teil 1), S. 165 f.

eine imparitätische Bilanzierung, wie dies im handelsrechtlichen Kontext angelegt ist,[533] explizit kein Aspekt des Kriteriums i. S. d. *Conceptual Framework* (sog. *asymmetric prudence*).[534] Mit dem Ziel eine Über- oder Unterbewertung der Abschlussposten zu vermeiden, ist das Vorsichtskriterium vielmehr als sorgfältige Ermessensausübung unter Unsicherheit aufzufassen (sog. *cautious prudence*).[535]

Rechnungslegungsinformationen sollten zudem (möglichst) **fehlerfrei** sein.[536] Dies erfordert, dass ein Sachverhalt ohne Fehler und ohne Auslassungen dargelegt wird.[537] Zudem ist zu gewährleisten, dass die berichteten „Abschlussinformationen durch einen korrekt angewendeten und anwendbaren Rechnungslegungsprozess erzeugt wurden."[538] Mithin wird keine absolute Fehlerfreiheit gefordert,[539] was vor allem bei Schätzprozessen unter Unsicherheit ohnehin nur bedingt möglich ist.[540] Bei Schätzprozessen kann die glaubwürdige Darstellung zwar aufgrund der immanenten **Bewertungsunsicherheit** eingeschränkt sein, steht der fehlerfreien Darstellung jedoch nicht zwangsläufig entgegen.[541] In diesem Zusammenhang kann Fehlerfreiheit bereits erreicht werden, sofern der geschätzte Betrag unmissverständlich als Schätzwert deklariert wird, der Schätzprozess an sich sowie dessen Beschränkungen erläutert werden und im Rahmen des Prozesses selbst und dessen Auswahl keine Fehler unterlaufen sind.[542]

333. Fördernde qualitative Anforderungen

Die vom IASB implementierten fördernden qualitativen Anforderungen sollen den Grad der Entscheidungsnützlichkeit einer Information erhöhen.[543] Zu den fördernden qualitativen Anforderungen sind die Vergleichbarkeit, die Nachprüfbarkeit, die Zeitnähe und die Verständlichkeit zu zählen. Zwischen den einzelnen fördernden qualitativen Anforderungen besteht keine Rangordnung,[544] sodass diese zur Maximierung der Entscheidungsnützlichkeit in einem iterativen Prozess – abhängig vom konkreten Sachverhalt – gegeneinander abzuwägen und zu gewichten sind.[545]

Damit die primären Adressaten begründete ökonomische Entscheidungen hinsichtlich ihrer Kapitalallokation treffen können, sollten die in einem IFRS-Abschluss vermittelten Informationen

---

533 Vgl. zum handelsrechtlichen Imparitätsprinzip BAETGE, J./KIRSCH, H.-J./THIELE, S., Bilanzen, S. 137–139.
534 Vgl. CF.2.17 i. V. m. CF.BC2.41–BC2.43.
535 Vgl. CF.2.16; CF.BC2.39 f., sowie BUSCH, J./BOECKER, C., Conceptual Framework, S. 271; THEILE, C./GOY, K., ED/2015/3, S. 619. Vgl. kritisch zum Kriterium der Vorsicht BEINSEN, B./WAGENHOFER, A., Vorsichtsprinzip, S. 413–419; FREIBERG, J., Vorsichtsprinzip, S. 290–294.
536 Vgl. CF.2.18.
537 Vgl. CF.2.18, sowie WAWRZINEK, W./LÜBBIG, M., in: Driesch u. a., Beck IFRS HB, 5. Aufl., § 2, Rn. 74.
538 BAETGE, J. U. A., in: Baetge u. a., Rechnungslegung nach IFRS, 2. Aufl., Kap. II, Rn. 57.
539 Vgl. CF.2.18, sowie THEILE, C., in: Heuser/Theile, IFRS HB, 6. Aufl., Kap. 6, Rn. 6.39.
540 Vgl. CF.2.18, sowie WAWRZINEK, W./LÜBBIG, M., in: Driesch u. a., Beck IFRS HB, 5. Aufl., § 2, Rn. 74; KIRSCH, H.-J. U. A., Bedeutung der Verlässlichkeit, S. 769.
541 Vgl. CF.2.19 i. V. m. CF.2.22, sowie GALLASCH, F., Bilanzierung von Versicherungsverträgen, S. 40.
542 Vgl. CF.2.18, sowie WAWRZINEK, W./LÜBBIG, M., in: Driesch u. a., Beck IFRS HB, 5. Aufl., § 2, Rn. 74.
543 Vgl. hier und im folgenden Satz CF.2.4 i. V. m. CF.2.23.
544 Vgl. DETTENRIEDER, D., Hedge Accounting, S. 13.
545 Vgl. CF.2.38, sowie GIMPEL-HENNING, N., Sukzessive Anteilserwerbe, S. 20.

in Bezug auf zwei Aspekte **vergleichbar** sein.[546] Zum einen muss die Vergleichbarkeit der Abschlussinformationen „über die Zeit hinweg“[547] gewährleistet werden,[548] wodurch die primären Adressaten Einblick in die Entwicklung der wirtschaftlichen Lage des bilanzierenden Unternehmens im Zeitverlauf erhalten.[549] Zum anderen ist eine zwischenbetriebliche Vergleichbarkeit der berichteten Informationen sicherzustellen,[550] damit die primären Adressaten (idealerweise) eine einheitliche Basis für die Beurteilung von Anlagealternativen haben.[551] Um eine zwischenbetriebliche Vergleichbarkeit zu erreichen, sind „gleichartige Sachverhalte auf die gleiche Weise und unterschiedliche Sachverhalte auf unterschiedliche Weise“[552] abzubilden.[553] Dies bedeutet indes nicht zwangsläufig, dass alle Krypto-Token im IFRS-Abschluss einheitlich zu bilanzieren sind, um dem Erweiterungsgrundsatz der Vergleichbarkeit zu genügen.[554] Die bilanzielle Abbildung ist vielmehr abhängig von dem Charakter des spezifischen Token sowie der Verwendungsabsicht im Unternehmen zu bestimmen.[555] Gleichwohl wird die zwischenbetriebliche Vergleichbarkeit (ggf. erheblich) eingeschränkt sein, wenn nach IFRS bilanzierende Unternehmen die gehaltenen Krypto-Token, trotz gleichen Charakters und gleicher Verwendungsabsicht, unterschiedlich bilanzieren.[556] Ebenjener Umstand ist jedoch bereits in der aktuellen Berichterstattung in Form von *diversity in practice* zu beobachten.[557]

Um die Entscheidungsnützlichkeit bereits entscheidungsnützlicher Informationen für die primären Adressaten noch weiter zu erhöhen, sollten diese möglichst **nachprüfbar** sein.[558] Hierdurch soll das Vertrauen in die Rechnungslegung gestärkt werden.[559] Eine Abschlussinformation gilt als nachprüfbar, sofern unterschiedliche, voneinander unabhängige Fachkundige darüber übereinstimmen, dass ein Sachverhalt glaubwürdig dargestellt wird (sog. intersubjektive

---

546 Vgl. CF.2.24; IAS 8.15.

547 BAETGE, J. U. A., in: Baetge u. a., Rechnungslegung nach IFRS, 2. Aufl., Kap. II, Rn. 58.

548 Vgl. CF.2.24. So sind im IFRS-Abschluss gemäß IAS 1.38 bspw. für alle quantitativen Informationen vergleichbare Vorjahresinformationen anzugeben.

549 Vgl. m. w. N. ENGELKE, F., Kapitalkonsolidierung im mehrstufigen Konzern, S. 62.

550 Vgl. CF.2.24.

551 Vgl. BAETGE, J. U. A., in: Baetge u. a., Rechnungslegung nach IFRS, 2. Aufl., Kap. II, Rn. 58. Zudem wird die Vergleichbarkeit von Abschlussinformationen durch eine sachliche und zeitliche Stetigkeit in Bezug auf die angewendeten Bilanzierungsmethoden sowie durch eine Ausweisstetigkeit gefördert. Vgl. CF.2.26; IAS 8.13; IAS 1.45. Vgl. zum Zusammenhang von Vergleichbarkeit und Stetigkeit auch KIRSCH, H.-J./BRÖTZMANN, I./VON WIEDING, F., in: Baetge/Kirsch/Thiele, Bilanzrecht, § 243, Rn. 540 f.

552 HÖBENER, J., Zwischenergebniseliminierung, S. 25.

553 Vgl. CF.2.27; CF.7.8 f.

554 Der Begriff der Vergleichbarkeit ist im IFRS-Kontext demnach nicht mit dem Begriff der Einheitlichkeit gleichzusetzen. Vgl. CF.2.27.

555 Vgl. hierzu ausführlich Abschnitt 42.

556 Vgl. ähnlich im Zusammenhang mit der Bilanzierung von Bitcoin-Werteinheiten KIRSCH, H.-J./VON WIEDING, F., Bitcoin im IFRS-Kontext, S. 120. Auch wenn es prinzipiell möglich ist, dass ein Sachverhalt anhand verschiedener Abbildungsvarianten glaubwürdig dargestellt wird, reduziert das Zulassen von differierenden Abbildungsvarianten die Vergleichbarkeit von Abschlussinformationen. Vgl. CF.2.29, sowie IASB (Hrsg.), Preface to IFRS, Rn. 11.

557 Vgl. IFRS IC (Hrsg.), Staff Paper 4B (September 2018), Rn. 37; IASB (Hrsg.), Staff Paper 12J (November 2019), Rn. 12; CSA (Hrsg.), CL (TAD Holdings of Cryptocurrencies), S. 3.

558 Vgl. CF.2.30.

559 Vgl. CF.BC2.60, sowie ALKEMEIER, M., Konzerninterne Unternehmenszusammenschlüsse, S. 44; ENGELKE, F., Kapitalkonsolidierung im mehrstufigen Konzern, S. 63.

Nachprüfbarkeit[560]).[561] Hierbei ist es nicht erforderlich, dass die Fachkundigen zu einem identischen Ergebnis wie der Abschlussersteller gelangen.[562] Vielmehr genügt es, wenn der im IFRS-Abschluss berichtete Wert in einer Bandbreite vertretbarer Werte liegt.[563] Bei der Beurteilung des Kriteriums der Nachprüfbarkeit ist zwischen der direkten und der indirekten Nachprüfbarkeit einer Abschlussinformation zu unterscheiden.[564] Direkte Nachprüfbarkeit bedeutet, dass die primären Adressaten eine im Abschluss vermittelte Information unmittelbar überprüfen können.[565] Mit indirekt nachprüfbaren Informationen sollen die primären Adressaten dazu befähigt werden, Berechnungen und (zukunftsgerichtete) Schätzungen mittels der bereitgestellten Inputparameter und Annahmen kontrollieren, plausibilisieren und ggf. reproduzieren zu können.

Um dem Kriterium der **Zeitnähe** zu entsprechen, sollten den primären Adressaten Abschlussinformationen so rechtzeitig zur Verfügung stehen, dass diese Einfluss auf die Entscheidungsfindung haben können.[566] Auf diese Weise soll erreicht werden, dass die berichteten Informationen nicht durch eine verzögerte Offenlegung an Relevanz verlieren.[567] So reduziert sich laut IASB im Allgemeinen die Entscheidungsnützlichkeit einer Abschlussinformation im Zeitverlauf.[568] Zu beachten ist in diesem Zusammenhang indes, dass sich eine zeitnahe Offenlegung nicht auf die glaubwürdige Darstellung – insbesondere die Fehlerfreiheit – auswirkt.[569] Zudem sind auch ältere Informationen für die primären Adressaten nicht per se überflüssig, da diese bspw. dazu beitragen können, Trends zu erkennen oder einen Bestätigungswert aufweisen.[570]

Um die Entscheidungsnützlichkeit von im IFRS-Abschluss vermittelten Informationen zu erhöhen, sind diese weiterhin **verständlich** darzustellen.[571] Die Finanzberichterstattung zu den jeweiligen Sachverhalten sollte daher klar, prägnant und konsistent sein. Auch wenn durch das Weglassen von Informationen zu naturgemäß komplexen Sachverhalten die Verständlichkeit des IFRS-Abschlusses gesteigert werden könnte, ist dies nicht zulässig, da hieraus im Ergebnis

560 Vgl. BAETGE, J./KIRSCH, H.-J./THIELE, S., Bilanzen, S. 149.

561 Vgl. CF.2.30, sowie BAETGE, J./KIRSCH, H.-J./THIELE, S., Bilanzen, S. 149; IJIRI, Y./JAEDICKE, R. K., Reliability and Objectivity of Accounting Measurements, S. 476 f.; HENDRIKSEN, E. S./VAN BREDA, M. F., Accounting Theory, S. 138 f.

562 Vgl. CF.2.30.

563 Vgl. CF.2.30, sowie KÜTING, K., Der Objektivierungsgrundsatz im HGB- und IFRS-System, S. 1405; KIRSCH, H.-J. U. A., Bedeutung der Verlässlichkeit, S. 764; LORSON, P./GATTUNG, A., Faithful representation, S. 562.

564 Vgl. CF.2.31.

565 Vgl. hier und im folgenden Satz CF.2.31 f.; LORSON, P./GATTUNG, A., Faithful representation, S. 562; WAWRZINEK, W./LÜBBIG, M., in: Driesch u. a., Beck IFRS HB, 5. Aufl., § 2, Rn. 82.

566 Vgl. CF.2.33, sowie WAWRZINEK, W./LÜBBIG, M., in: Driesch u. a., Beck IFRS HB, 5. Aufl., § 2, Rn. 83.

567 Vgl. WAWRZINEK, W./LÜBBIG, M., in: Driesch u. a., Beck IFRS HB, 5. Aufl., § 2, Rn. 83.

568 Vgl. CF.2.33, sowie FISCHER, D. T., Entwurf eines neugefassten Rahmenkonzepts, S. 225; PELLENS, B. U. A., Internationale Rechnungslegung, S. 109 f.

569 Vgl. CF.BC2.65. Vgl. zu diesem Spannungsverhältnis auch WAWRZINEK, W./LÜBBIG, M., in: Driesch u. a., Beck IFRS HB, 5. Aufl., § 2, Rn. 83; BAETGE, J./ZÜLCH, H., in: Schulze-Osterloh/Hennrichs/Wüstemann, HdJ, Abt. I/2, Rn. 252 f.; KÜTING, K./WEBER, C.-P./BOECKER, C., Fast Close, S. 1–10.

570 Vgl. CF.2.33 i. V. m. CF.BC2.65, sowie BAETGE, J./KIRSCH, H.-J./THIELE, S., Bilanzen, S. 149.

571 Vgl. hier und im folgenden Satz CF.2.34, sowie DOBLER, M./HETTICH, S., Änderungen der Rahmenkonzepte, S. 33; BAETGE, J. U. A., in: Baetge u. a., Rechnungslegung nach IFRS, 2. Aufl., Kap. II, Rn. 63.

ein unvollständiger IFRS-Abschluss resultieren kann.[572] Daher darf die Berichterstattung über Informationen nicht allein aus Gründen der Verständlichkeit unterlassen werden. In Bezug auf den in einem IFRS-Abschluss geforderten Grad der Verständlichkeit unterstellt der IASB den primären Adressaten eine gewisse Sachkenntnis.[573] Sofern das eigene Fachwissen jedoch nicht ausreicht, müssen die primären Adressaten ggf. auf die Expertise eines externen Beraters zurückgreifen.[574]

334. Kostenrestriktion

Berichtsinformationen im Allgemeinen sowie in Bezug auf erworbene Krypto-Token im Speziellen sind nur zu vermitteln, wenn diese neben den fundamentalen Anforderungen auch die **Kostenrestriktion** erfüllen.[575] Hiernach muss der Nutzen einer Abschlussinformation größer als die damit verbundenen Kosten sein.[576] Die Beurteilung der Kostenrestriktion ist nicht als weitere qualitative Anforderung, sondern vielmehr als **Nebenbedingung**,[577] welche die Wirtschaftlichkeit der Finanzberichterstattung gewährleisten soll, zu verstehen.[578] Kosten entstehen im Kontext der Finanzberichterstattung sowohl aufseiten des Abschlusserstellers als auch aufseiten der primären Adressaten. So muss der Abschlussersteller die zu vermittelnden Informationen sammeln, aufbereiten, prüfen und verbreiten.[579] Die primären Adressaten müssen die berichteten Informationen wiederum analysieren und interpretieren.

Während sich die mit der Bereitstellung der Berichtsinformationen verbundenen Kosten (relativ) verlässlich schätzen lassen, gilt dies für den daraus resultierenden Nutzen in Form von effizienteren Kapitalmärkten sowie – für das berichterstattende Unternehmen – in Form von geringeren Kapitalkosten[580] regelmäßig nicht.[581] Gleichwohl wird der Abschlussersteller ohnehin nur in seltenen Einzelfällen[582] auf die Nebenbedingung der Kostenrestriktion rekurrieren können, um Bilanzierungsvorgaben nicht anwenden und bzw. oder Informationen im Anhang nicht

---

572 Vgl. hier und im folgenden Satz CF.2.35, sowie BAETGE, J. U. A., in: Baetge u. a., Rechnungslegung nach IFRS, 2. Aufl., Kap. II, Rn. 63 f.

573 Vgl. hier und im folgenden Satz CF.2.36; CF.BC2.66.

574 Solch ein Vorgehen steht der allgemeinen Verständlichkeit eines Abschlusses nicht entgegen. Vgl. CF.2.36, sowie ENGELKE, F., Kapitalkonsolidierung im mehrstufigen Konzern, S. 65. Vgl. zum Informationspotenzial der Abschlussbestandteile für die Adressaten HAAKER, A./FREIBERG, J., Informationspotenzial der IFRS für die Adressaten, S. 329 f.

575 Vgl. THEILE, C., in: Heuser/Theile, IFRS HB, 6. Aufl., Kap. 6, Rn. 6.47.

576 Vgl. CF.2.39–2.43. Kann die entscheidungsnützlichste Information diese Nebenbedingung nicht erfüllen, ist auf die nächstbeste Abbildungsform zurückzugreifen, die die Kostenrestriktion erfüllt. Vgl. HOFFMANN, S./DETZEN, D., Joint Conceptual Framework, S. 55.

577 Vgl. CF.BC2.73.

578 Vgl. BAETGE, J./KIRSCH, H.-J./THIELE, S., Bilanzen, S. 150; PELLENS, B. U. A., Internationale Rechnungslegung, S. 110.

579 Vgl. hier und im folgenden Satz CF.2.40. Gerade für die Abschlussersteller werden die Kosten der IFRS regelmäßig als zu hoch erachtet. Vgl. KÖHLER, A. G./MARTEN, K.-U., IFRS-Konversion, S. 7 f.; FIECHTER, P./HALBERKANN, J./MEYER, C., IFRS to Local GAAP, S. 955–989; WAWRZINEK, W./LÜBBIG, M., in: Driesch u. a., Beck IFRS HB, 5. Aufl., § 2, Rn. 96; BALLWIESER, W., Fragwürdige Bilanzen, S. 7.

580 Vgl. CF.2.41 f. Vgl. kritisch in Bezug auf die Erkennbarkeit und die Messbarkeit dieser propagierten Vorteile HOLZEDER, K./KAHRE, B., Kosten und Nutzen, S. 212.

581 Vgl. WAWRZINEK, W./LÜBBIG, M., in: Driesch u. a., Beck IFRS HB, 5. Aufl., § 2, Rn. 95.

582 Vgl. hierzu LÜDENBACH, N./HOFFMANN, W.-D./FREIBERG, J., in: Lüdenbach/Hoffmann/Freiberg, Haufe

veröffentlichen zu müssen.[583] Die Abwägung von Kosten und Nutzen ist daher primär durch den Standardsetzer selbst – und zwar im Zuge der Er- und Überarbeitung von Rechnungslegungsstandards – zu beachten.[584]

34 Erfolgskonzeption und -ausweis

Die Erfolgskonzeption in der IFRS-Rechnungslegung basiert auf dem **Konzept der Periodenabgrenzung.**[585] Hiernach sind Erträge und Aufwendungen – unabhängig von den tatsächlichen Ein- und Auszahlungszeitpunkten – in der Periode zu erfassen, der sie wirtschaftlich zuzurechnen sind.[586] Durch das Konzept der Periodenabgrenzung sollen die primären IFRS-Adressaten einen zutreffenden Einblick in die Ertragslage des berichterstattenden Unternehmens erhalten.[587] **Erträge** resultieren aus einer Erhöhung von Vermögenswerten oder einer Verminderung von Schulden, die zu einer Mehrung des Eigenkapitals führen,[588] die aber nicht auf eine Transaktion mit Eigenkapitalgebern zurückzuführen sind.[589] **Aufwendungen** führen spiegelbildlich zu einer Abnahme des Eigenkapitals durch eine Verminderung von Vermögenswerten oder eine Erhöhung von Schulden.[590] Die Definitionen von Erträgen und von Aufwendungen beziehen sich demnach auf die (Wert-)Änderungen der Bestandsgrößen der Bilanz (sog. *asset liability approach*)[591].[592] Damit ein Ertrag oder ein Aufwand zu erfassen ist, müssen diese Elemente – neben den beschriebenen Definitionskriterien – zudem die sich an den fundamentalen qualitativen Anforderungen an die Vermittlung entscheidungsnützlicher Informationen orientierenden Ansatzkriterien erfüllen.[593]

IFRS-Kommentar, 17. Aufl., § 1, Rn. 60.

583 Vgl. WAWRZINEK, W./LÜBBIG, M., in: Driesch u. a., Beck IFRS HB, 5. Aufl., § 2, Rn. 95.

584 Vgl. CF.2.42, sowie m. w. N. HOLZEDER, K./KAHRE, B., Kosten und Nutzen, S. 212–215.

585 Vgl. CF.1.17 i. V. m. IAS 1.27 f.

586 Vgl. WAWRZINEK, W./LÜBBIG, M., in: Driesch u. a., Beck IFRS HB, 5. Aufl., § 2, Rn. 52; ADS International, Abschnitt 1, Rn. 46.

587 Vgl. CF.4.71 i. V. m. CF.1.15–1.19 i. V. m. CF.4.1 (b).

588 Vgl. CF.4.2 i. V. m. CF.4.68.

589 Vgl. CF.4.70.

590 Vgl. CF.4.2 i. V. m. CF.4.69.

591 Das Ziel des *asset liability approach* besteht darin, Vermögenswerte und Schulden in der Bilanz richtig abzubilden, um den Reinvermögenszuwachs einer Periode ermitteln zu können. Vgl. hierzu grundlegend SPROUSE, R./MOONITZ, M., Accounting principles; MOONITZ, M., Basic postulates of accounting, sowie m. w. N. DICHEV, I. D., On the Balance Sheet-Based Model of Financial Reporting, S. 453–470; WURM, B., Ertragsrealisierungsansätze, S. 14 f. Gleichwohl ist das IFRS-Regelwerk nicht ausschließlich anhand dieses Ansatzes konzipiert. Vielmehr orientieren sich auch zahlreiche Sachverhalte am sog. *revenue expense approach*, welcher maßgeblich die Ermittlung des Periodenerfolgs zum Ziel hat. Vgl. grundlegend zum *revenue expense approach* PATON, W. A./LITTLETON, A. C., Corporate accounting standards; ANTONAKOPOULOS, N., Gewinnkonzeptionen und Erfolgsdarstellung, S. 18–20. Vgl. in Hinblick auf einen Vergleich der Ansätze ZÜLCH, H./FISCHER, C./WILLMS, J., Neugestaltung der Ertragsrealisation, S. 6–9; ANTONAKOPOULOS, N., Gewinnkonzeptionen und Erfolgsdarstellung, S. 23–26.

592 Vgl. WÜSTEMANN, J./KIERZEK, S., Revenue Recognition, S. 78; WURM, B., Ertragsrealisierungsansätze, S. 18; HÖBENER, J./DUST, Y./GIMPEL-HENNING, N., Sukzessive Unternehmenserwerbe, S. 338. Hieraus lässt sich allerdings keine untergeordnete Bedeutung der Erträge und Aufwendungen im Vergleich zu den Bilanzgrößen ableiten. Die Elemente der Finanzberichterstattung sind vielmehr als gleichwertig einzustufen. Vgl. CF.4.71 i. V. m. CF.BC4.94.

593 Vgl. CF.5.6–5.25, sowie m. w. N. KÖNIG, C., Umsatzrealisierung, S. 44–46. Vgl. hierzu ausführlich in Bezug auf Krypto-Token Abschnitt 43.

Das zentrale Rechnungslegungsinstrument für die Darstellung der Ertragslage des berichterstattenden Unternehmens ist die Gesamtergebnisrechnung,[594] in der prinzipiell alle Erträge und Aufwendungen der Periode auszuweisen sind.[595] Die Gesamtergebnisrechnung besteht aus der **Gewinn- und Verlustrechnung** und dem **sonstigen Ergebnis** (sog. *other comprehensive income* (OCI)).[596] Während die Gewinn- und Verlustrechnung als die primäre Informationsquelle für die primären IFRS-Adressaten anzusehen ist, kommt dem sonstigen Ergebnis als zweitem Bestandteil der Gesamtergebnisrechnung konzeptionell nur eine untergeordnete Bedeutung zu.[597] Dies zeigt sich auch daran, dass grundsätzlich alle Erträge und Aufwendungen in der Gewinn- und Verlustrechnung zu erfassen sind.[598] Bei der Entwicklung von Rechnungslegungsstandards kann der IASB[599] jedoch in Ausnahmefällen entscheiden, dass eine Erfassung von Erträgen und Aufwendungen im sonstigen Ergebnis erforderlich ist.[600] So sehen bspw. die gegenwärtigen Regelungen des IAS 38 bei der Anwendung des Neubewertungsmodells in spezifischen Folgebewertungssituationen eine Erfassung im sonstigen Ergebnis vor.[601] Eine Erfassung im OCI kommt allerdings nur in Betracht, wenn der zugrunde liegende Ertrag oder der zugrunde liegende Aufwand aus einer zeitwertbasierten Wertänderung resultiert und die sodann in der Gewinn- und Verlustrechnung vermittelten Informationen relevanter oder die Ertragslage des berichterstattenden Unternehmens glaubwürdiger dargestellt werden.[602] Etwaige im OCI erfasste Beträge sind zu einem späteren Zeitpunkt prinzipiell in die Gewinn- und Verlustrechnung umzugliedern (sog. *recycling*),[603] wobei keine konkreten Anhaltspunkte auf den Zeitpunkt

---

594 In IAS 1.81A–1.82A sind Mindestangaben für den Ausweis in der Gesamtergebnisrechnung vorgegeben.

595 Vgl. IAS 1.88, sowie SCHLÜTER, J./SCHÖNHOFER, C., in: Driesch u. a., Beck IFRS HB, 5. Aufl., § 15, Rn. 1. Eine Ausnahme hiervon besteht bspw. bei Erträgen oder bei Aufwendungen einer Berichtsperiode, die aus der Korrektur von Fehlern oder der Änderung von Bilanzierungs- oder Bewertungsmethoden hervorgehen. Vgl. IAS 1.89.

596 Vgl. IAS 1.10 (b); CF.7.15 f. Der Ersteller des IFRS-Abschlusses hat gemäß IAS 1.10A die Möglichkeit, die Gesamtergebnisrechnung anhand von zwei unterschiedlichen Formaten (*two statement approach* oder *single statement approach*) aufzustellen. Zudem kann die Gewinn- und Verlustrechnung gemäß IAS 1.99–1.105 auf Basis des Umsatzkosten- oder des Gesamtkostenverfahrens aufgestellt werden. Vgl. hierzu statt vieler BAETGE, J./KIRSCH, H.-J./THIELE, S., Bilanzen, S. 634–644.

597 Vgl. CF.7.16, sowie HOOGERVORST, H., Ignoring unrealised income, S. 3 f. Vgl. zur Bedeutung des OCI MECHELLI, A./CIMINI, R., Comprehensive income, S. 59–87; REES, L./SHANE, P., OCI, S. 802–806; ZÜLCH, H./HÖLTKEN, M., OCI nach IFRS, S. 163–166.

598 Vgl. CF.7.17.

599 Ein nach IFRS bilanzierendes Unternehmen darf nicht selbst entscheiden, dass ein Ertrag oder ein Aufwand im OCI ausgewiesen wird. Vgl. IAS 1.88 i. V. m. CF.BC7.25.

600 Vgl. CF.7.17 f. Eine „standardübergreifende, konzeptionell eindeutige Trennlinie" (GIMPEL-HENNING, N., Sukzessive Anteilserwerbe, S. 25) zwischen der Gewinn- und Verlustrechnung und dem sonstigen Ergebnis konnte trotz der neu eingeführten abstrakten Abgrenzung im *Conceptual Framework* noch nicht identifiziert werden, sondern wird auf Basis des zugrunde liegenden Geschäftsvorfalls und daher standardspezifisch vom IASB getroffen. Vgl. kritisch zur fehlenden konzeptionellen Abgrenzung ANTONAKOPOULOS, N., Erfolgsquellenanalyse, S. 121 f.; HETTICH, S., Zweckadäquate Gewinnermittlungsregeln, S. 166; HAAKER, A./FREIBERG, J., OCI, S. 213 f.; KIRSCH, H., Qualitative Anforderungen, S. 625. Die im *Discussion Paper* (DP/2013/1) zum Rahmenkonzept diskutierten Abgrenzungskriterien wurden weder in den *Exposure Draft* (ED/2015/3) noch in das finale *Conceptual Framework* aufgenommen. Vgl. zu den ursprünglichen Ansätzen ERB, C./PELGER, C., Diskussionspapier, S. 24 f.; KIRSCH, H.-J./SCHOO, L./KRAFT, A., Discussion Paper, S. 308; HÖBENER, J./DUST, Y./GIMPEL-HENNING, N., Sukzessive Unternehmenserwerbe, S. 339–341.

601 Vgl. IAS 38.85 f., sowie ausführlich Abschnitt 451. und Abschnitt 453.232.

602 Vgl. CF.7.17 f.

603 Vgl. CF.7.19, sowie ERB, C./PELGER, C., Praxisimplikationen des neuen Rahmenkonzepts, S. 331.

der Reklassifizierung gegeben werden.[604] Bei dieser Entscheidung ist stattdessen auf die fundamentalen qualitativen Anforderungen abzustellen. Mithin soll eine Umgliederung des zuvor im sonstigen Ergebnis erfassten Ertrags oder Aufwands in die Gewinn- und Verlustrechnung zu dem Zeitpunkt erfolgen, zu dem die Relevanz der durch die Gewinn- und Verlustrechnung vermittelten Informationen erhöht oder die glaubwürdige Darstellung der Ertragslage hierdurch gestärkt wird.

35 Schließung von Regelungslücken und Auslegung von Vorschriften

351. Überblick

Sofern sich eine **IFRS-Regelung** auf Tatbestandsseite ausdrücklich auf einen Geschäftsvorfall, ein sonstiges Ereignis oder eine spezifische Bedingung bezieht, sind die daraus auf der Rechtsfolgeseite resultierenden Rechnungslegungsmethoden vom berichterstattenden Unternehmen anzuwenden.[605] Auf diese Weise soll auf Sachverhaltsebene sichergestellt werden, dass das für den gesamten IFRS-Abschluss geltende Prinzip der *fair presentation*[606], d. h., dass der Abschluss ein den tatsächlichen Verhältnissen entsprechendes Bild der Vermögens-, Finanz- und Ertragslage vermittelt,[607] eingehalten wird.[608] Zu berücksichtigen hat der Ersteller des IFRS-Abschlusses hierbei gemäß IAS 1.7 und IAS 8.5 neben den Rechnungslegungsstandards auch die Interpretationen des IFRS IC.[609]

Die IFRS bilden jedoch – trotz der Vielzahl und der Dichte an Einzelfallregelungen – kein vollständiges, in sich geschlossenes Normengefüge für den Umgang mit sämtlichen bilanziell relevanten Sachverhalten.[610] Deshalb ist es möglich, dass der Bilanzierende bei bestimmten Fragestellungen nicht auf explizite Bilanzierungsvorschriften zurückgreifen kann.[611] Auch die bilanzielle Abbildung von Krypto-Token ist auf Tatbestandsseite nicht explizit in den IFRS geregelt, allerdings auch nicht explizit vom Anwendungsbereich einer IFRS-Regelung ausgeschlossen.[612] Dieser Umstand ist jedoch nicht unmittelbar mit einer Regelungslücke im Sinne einer „planwidrige[n] Unvollständigkeit“[613] des Gesetzes gleichzusetzen, da bei der Tatbe-

---

[604] Vgl. hier und im folgenden Satz CF.7.19, sowie GIMPEL-HENNING, N., Sukzessive Anteilserwerbe, S. 25; KIRSCH, H., Qualitative Anforderungen, S. 625–627.

[605] Vgl. IAS 8.7–9, sowie SCHILD, M., Anteilserwerbsbilanzierung bei gemeinschaftlichen Tätigkeiten, S. 1240 f. Vgl. zum Vorgang der Rechtsanwendung allgemein sowie in Bezug auf die IFRS m. w. N. CASSEL, J., Unternehmensbewertung im IFRS-Abschluss, S. 32–34.

[606] Vgl. hierzu ausführlich KÜTING, K./GATTUNG, A., Principle Override (Teil A), S. 33–37.

[607] Vgl. IAS 1.15 f.

[608] Vgl. ZÜLCH, H./WILLMS, J., in: Hennrichs/Kleindiek/Watrin, MüKo Bilanzrecht Bd. 1, IAS 8, Rn. 21.

[609] Vgl. hierzu auch LÜDENBACH, N./HOFFMANN, W.-D./FREIBERG, J., in: Lüdenbach/Hoffmann/Freiberg, Haufe IFRS-Kommentar, 17. Aufl., § 1, Rn. 51.

[610] Vgl. BAETGE, J. U. A., in: Baetge u. a., Rechnungslegung nach IFRS, 2. Aufl., Kap. II, Rn. 13; WAWRZINEK, W./LÜBBIG, M., in: Driesch u. a., Beck IFRS HB, 5. Aufl., § 2, Rn. 115.

[611] Vgl. BAETGE, J. U. A., in: Baetge u. a., Rechnungslegung nach IFRS, 2. Aufl., Kap. II, Rn. 13; BAETGE, J./ZÜLCH, H., in: Schulze-Osterloh/Hennrichs/Wüstemann, HdJ, Abt. I/2, Rn. 186.

[612] Vgl. CPA CANADA (Hrsg.), Accounting for Cryptocurrencies, S. 5.

[613] ELZE, H., Lücken im Gesetz, S. 6. Vgl. so auch LARENZ, K./CANARIS, C.-W., Methodenlehre der Rechtswissenschaft, S. 194; BYDLINSKI, F., Juristische Methodenlehre, S. 473.

standsprüfung hinsichtlich der ausdrücklichen Anwendbarkeit einer IFRS-Regelung unter anderem auch der Wortlaut und -sinn einer ggf. anwendbaren Vorschrift zu berücksichtigen ist.[614] Obgleich Krypto-Token auf Tatbestandsseite nicht in den IFRS genannt werden, ist daher zu prüfen, ob sie nicht mit anderen in den IFRS geregelten Sachverhalten hinreichend vergleichbar sind, um den Voraussetzungen des IAS 8.7–9 zu genügen.

Auf eine planwidrige **Regelungslücke** kann mithin erst dann geschlossen werden, „wenn der Normentext auch unter Ausschöpfung der Auslegung keine Lösung des anstehenden Problems [...] bietet."[615] In diesem Zusammenhang kann sowohl ein bestimmter IFRS im Ganzen als auch eine Vorschrift innerhalb des Anwendungsbereichs eines IFRS fehlen.[616] Sofern eine solche Regelungslücke vorliegt, obliegt es dem Ersteller des IFRS-Abschlusses, diese angemessen zu schließen.[617] Hierbei ist danach zu unterscheiden, ob es sich um eine offene oder um eine verdeckte Regelungslücke handelt,[618] da diese Unterscheidung zu unterschiedlichen Leitlinien in der Lückenschließung führt.[619]

Während eine **verdeckte Regelungslücke** eine scheinbar anwendbare Norm voraussetzt, fehlt es bei einer **offenen Regelungslücke** an einer Vorschrift, obgleich eine solche zu erwarten gewesen wäre.[620] Der IASB sieht für eine verdeckte Regelungslücke die Leitlinien des IAS 1 vor. Demgegenüber hat der Bilanzierende bei einer offenen Regelungslücke auf die in IAS 8.10–12

---

614 Vgl. SCHILD, M., Anteilserwerbsbilanzierung bei gemeinschaftlichen Tätigkeiten, S. 1241.

615 RUHNKE, K./NERLICH, C., Regelungslücken, S. 390. Vgl. so auch WOJCIK, K.-P., IAS/IFRS als europäisches Recht, S. 252 f.; WANK, R., Auslegung von Gesetzen, S. 3. Vgl. zum Verhältnis der Auslegung einer Vorschrift und der Schließung einer offenen Regelungslücke sowie den zugrunde liegenden Methodiken Abschnitt 353. Zu beachten ist, dass *endorsed* IFRS den Status von sekundärem Gemeinschaftsrecht haben und daher die Auslegung von Normen und die Lückenschließung im europäischen Raum eigentlich dem europäischen Gerichtshof unterliegt. Vgl. hierzu m. w. N. GIMPEL-HENNING, N., Sukzessive Anteilserwerbe, S. 26 f.; HÖBENER, J., Zwischenergebniseliminierung, S. 38, Fn. 326. Vgl. hierzu jedoch mit Blick auf den objektiven Fehlerbegriff OLG FRANKFURT AM MAIN (Hrsg.), 04.02.2019 - WpÜG 3/16, WpÜG 4/16, sowie SCHMIDT, M., Fehlerbegriff im Enforcement, S. 2027–2031; LÜDENBACH, N./FREIBERG, J., Der objektive Fehlerbegriff des OLG Frankfurt, S. 2305–2309; BÖCKING, H.-J./GROS, M./WIRTH, W., Fehlerfeststellung im Enforcement-Verfahren, S. 341–355; BÖCKING, H.-J./GROS, M./WIRTH, W., Privater Standardsetzer als oberste Instanz in Deutschland und Europa?, S. 2644–2647; LÜDENBACH, N./FREIBERG, J., Der Fehlerbegriff zwischen Konsens, Dissens und offenen Fragen, S. 2647–2648; BÖCKING, H.-J./WIRTH, W., Objektiver Fehlerbegriff und Wesentlichkeit, S. 1260–1265. Von den Besonderheiten der Auslegung europäischer Rechtsnormen wird im Rahmen dieser Arbeit abstrahiert, sodass vor allem auf die in den IFRS angelegten Vorschriften zur Schließung von offenen Regelungslücken (sowie implizit der Auslegung von Normen) zurückgegriffen wird.

616 Vgl. RUHNKE, K./NERLICH, C., Regelungslücken, S. 390; CASSEL, J., Unternehmensbewertung im IFRS-Abschluss, S. 32 f., S. 47 und S. 85.

617 Vgl. BAETGE, J./ZÜLCH, H., in: Schulze-Osterloh/Hennrichs/Wüstemann, HdJ, Abt. I/2, Rn. 187. So sieht der IASB die IFRS als ein prinzipienorientiertes Normensystem an. Vgl. IFRS FOUNDATION (Hrsg.), Due Process Handbook, Rn. 1.1, Rn. 3.27 und Rn. 5.15; TWEEDIE, D., Statement, S. 4 f.; TWEEDIE, D., Written Evidence, S. 4. Vgl. zur Diskussion, ob dies für die IFRS zutrifft, PREIßLER, G., Prinzipienbasierung, S. 155–296; BAETGE, J./ZÜLCH, H., in: Schulze-Osterloh/Hennrichs/Wüstemann, HdJ, Abt. I/2, Rn. 308–310; KUHNER, C., Prinzipienbasierung, S. 269–271; SCHILDBACH, T., Prinzipienorientierung, S. 247–266; KÜHNBERGER, M./ZAUMSEIL, P., Prinzipien- oder regelbasierte IFRS, S. 518–525.

618 Vgl. WANK, R., Auslegung von Gesetzen, S. 85; WOJCIK, K.-P., IAS/IFRS als europäisches Recht, S. 282; CANARIS, C.-W., Die Feststellung von Lücken im Gesetz, S. 136 f.

619 Vgl. HAUCK, A./PRINZ, U., Auslegung von IAS/IFRS, S. 640 f.

620 Vgl. NERLICH, C., Auslegungsmethodik, S. 31.

implementierten Leitlinien zurückzugreifen.[621] Daher wird zunächst auf den differierenden Umgang mit einer verdeckten und einer offenen Regelungslücke in den IFRS eingegangen (Abschnitt 352.). Ob die in IAS 8.10–12 implementierten Leitlinien zur Schließung von offenen Regelungslücken auch im Rahmen der **Auslegung** von bestehenden Normen anzuwenden sind, ist in der Literatur strittig, da der Wortlaut der Norm sich explizit auf das Fehlen einer IFRS-Regelung bezieht.[622] Weiterführend wird dies im Anschluss an die Lückenschließung eruiert (Abschnitt 353.).

352. Schließung von Regelungslücken

352.1 Umgang mit verdeckten Regelungslücken

Bei einer verdeckten Regelungslücke scheint eine Vorschrift für den zu bilanzierenden Sachverhalt zunächst anwendbar.[623] Sofern die entsprechende Vorschrift jedoch auf den zu bilanzierenden Sachverhalt angewendet würde, würde dessen Charakter nicht hinreichend berücksichtigt werden.[624] In einem solchen Fall besteht die (verdeckte) Regelungslücke darin, dass es in der betrachteten Vorschrift an einer Einschränkung der Normenanwendung fehlt, da es „ansonsten zu Normenfolgen kommt, die nicht dem Sinn und Zweck der Norm entsprechen."[625] Daher ist der Wortlaut der (Bilanzierungs-)Vorschrift in Bezug auf ihren Sinn und Zweck zunächst zu reduzieren (sog. teleologische Reduktion[626]), damit die verdeckte Regelungslücke sichtbar wird.[627]

In den IFRS ist ein solches Vorgehen nur unter bestimmten, restriktiven Voraussetzungen möglich.[628] So ist von der Anwendung einer IFRS-Regelung nur abzuweichen, wenn die Einhaltung der Normfolge nach Einschätzung des Managements[629] so irreführend ist, dass die Entscheidungsnützlichkeit des Abschlusses beeinträchtigt wird (sog. *principle override*)[630]. In diesen äußerst seltenen Fällen ist eine IFRS-Vorschrift – mit Rücksicht auf deren Sinn und Zweck –

---

621 Vgl. hierzu ausführlich Abschnitt 352.2. Der Anwendungsbereich des IAS 8.10–12 wird in der Literatur regelmäßig auf die Schließung offener Lücken begrenzt. Vgl. WOJCIK, K.-P., IAS/IFRS als europäisches Recht, S. 287; CASSEL, J., Unternehmensbewertung im IFRS-Abschluss, S. 85.

622 Vgl. zustimmend unter anderem METZ, C., Unternehmenskauf, S. 40–43; HÖFNER, S., Gemeinschaftliche Vereinbarungen, S. 42–44; RUHNKE, K./SIMONS, D., Rechnungslegung nach IFRS und HGB, S. 336 f. und S. 348. Vgl. ablehnend unter anderem WOJCIK, K.-P., IAS/IFRS als europäisches Recht, S. 287; NERLICH, C., Auslegungsmethodik, S. 220–223.

623 Vgl. NERLICH, C., Auslegungsmethodik, S. 31.

624 Vgl. GIMPEL-HENNING, N., Sukzessive Anteilserwerbe, S. 28.

625 RUHNKE, K./NERLICH, C., Regelungslücken, S. 390.

626 Vgl. hierzu ausführlich LARENZ, K./CANARIS, C.-W., Methodenlehre der Rechtswissenschaft, S. 210 f. Die Verfasser stellen a. a. O. zutreffend fest, dass die Grenze zwischen einer einengenden Auslegung und der teleologischen Reduktion zum Teil nicht eindeutig ist.

627 Vgl. ähnlich CASSEL, J., Unternehmensbewertung im IFRS-Abschluss, S. 55.

628 Vgl. hier und im folgenden Satz IAS 1.19, sowie METZ, C., Unternehmenskauf, S. 44 f. Vgl. diesem Verständnis nicht vollumfänglich zustimmend CASSEL, J., Unternehmensbewertung im IFRS-Abschluss, S. 89–91.

629 Vgl. hierzu KÜTING, K./GATTUNG, A., Principle Override (Teil B), S. 53.

630 In funktionaler Hinsicht entsprechen sich das Vorgehen bei der teleologischen Reduktion und dem *principle override* i. S. v. IAS 1.19 weitestgehend. Vgl. HAUCK, A./PRINZ, U., Auslegung von IAS/IFRS, S. 641; METZ, C., Unternehmenskauf, S. 45; WOJCIK, K.-P., IAS/IFRS als europäisches Recht, S. 294.

„gegen den Wortlaut auszulegen.“[631] Bedeutung wird einem *principle override* bspw. bei neuartigen wirtschaftlichen Sachverhalten, d. h. nachträglichen Lücken, zugesprochen,[632] die bei der ursprünglichen Entwicklung der Regelungen seitens des Standardsetzers noch nicht bedacht werden konnten.

352.2 Umgang mit offenen Regelungslücken

Der IASB unterscheidet in IAS 8.7–12 zwischen den überschneidungsfreien Fällen einer eindeutig anwendbaren IFRS-Regelung und dem Fehlen einer solchen Regelung.[633] Sofern ein Sachverhalt nicht unter die Tatbestandsmerkmale einer IFRS-Regelung fällt,[634] ist das berichterstattende Unternehmen gemäß IAS 8.10 aufgefordert, eine angemessene Rechnungslegungsmethode auszuwählen und anzuwenden. In diesem Prozess hat der Anwender zu gewährleisten, dass die **fundamentalen qualitativen Anforderungen** des Rahmenkonzepts erfüllt und somit im Ergebnis entscheidungsnützliche Informationen für die primären Adressaten vermittelt werden.[635] Auch wenn sich IAS 8.10 bislang noch statisch auf die fundamentalen qualitativen Anforderungen der Relevanz und der Verlässlichkeit des *Framework* (1989) bezieht,[636] kann aus den Verlautbarungen des IASB geschlossen werden, dass eine klarstellende Überarbeitung dieser Vorschrift in naher Zukunft vorgesehen ist.[637] Daher werden in dieser Arbeit das aktuelle *Conceptual Framework* und die darin enthaltenen Anforderungen an eine entscheidungsnützliche Informationsvermittlung zur Schließung von offenen Regelungslücken zugrunde gelegt. Um eine offene Regelungslücke normenkonform zu schließen, sieht der IASB ein stufenweises Verfahren vor, das methodisch auf Fallanalogien (IAS 8.11 (a)), der Berufung auf die allgemeinen Prinzipien der IFRS (IAS 8.11 (b)) sowie Systemanalogien (IAS 8.12) beruht.[638]

Nach diesem Verfahren ist gemäß **IAS 8.11 (a)** vorzugsweise auf **bestehende IFRS-Vorschriften** für ähnliche oder verwandte Fragestellungen zurückzugreifen.[639] Folglich sollen auftretende offene Regelungslücken primär mittels Fallanalogien geschlossen werden.[640] Auch

---

631 LÜDENBACH, N./HOFFMANN, W.-D./FREIBERG, J., in: Lüdenbach/Hoffmann/Freiberg, Haufe IFRS-Kommentar, 17. Aufl., § 1, Rn. 75.

632 Vgl. BAETGE, J./ZÜLCH, H., in: Schulze-Osterloh/Hennrichs/Wüstemann, HdJ, Abt. I/2, Rn. 209; WOJCIK, K.-P., IAS/IFRS als europäisches Recht, S. 295; BRÜCKS, M./EHRCKE, H., in: Thiele/von Keitz/Brücks, Int. Bilanzrecht, IAS 1, Rn. 140; BISCHOF, S./WENDLANDT, K., in: Baetge u. a., Rechnungslegung nach IFRS, 2. Aufl., IAS 1, Rn. 32. Vgl. hierzu kritisch CASSEL, J., Unternehmensbewertung im IFRS-Abschluss, S. 91. In der Literatur ist es umstritten, ab wann bereits von einer IFRS-Regelung abgewichen wird und somit IAS 1.19 zur Anwendung kommt. Vgl. hierzu m. w. N. SCHILD, M., Anteilserwerbsbilanzierung bei gemeinschaftlichen Tätigkeiten, S. 1240.

633 Vgl. CASSEL, J., Unternehmensbewertung im IFRS-Abschluss, S. 31.

634 Vgl. IAS 8.7.

635 Vgl. IAS 8.10, sowie WAWRZINEK, W./LÜBBIG, M., in: Driesch u. a., Beck IFRS HB, 5. Aufl., § 2, Rn. 115.

636 Vgl. IAS 8.10 i. V. m. F.26–38 (1989). Vgl. hierzu kritisch MERKT, H., Conceptual Framework aus regelungsmethodischer Sicht, S. 491–497; HOFFMANN, S./DETZEN, D., Joint Conceptual Framework, S. 54 f.

637 Vgl. hierzu m. w. N. HÖBENER, J., Zwischenergebniseliminierung, S. 39.

638 Vgl. LÜDENBACH, N./HOFFMANN, W.-D./FREIBERG, J., in: Lüdenbach/Hoffmann/Freiberg, Haufe IFRS-Kommentar, 17. Aufl., § 1, Rn. 78.

639 Hierbei ist keine Rangfolge zwischen Rechnungslegungsstandards und -interpretationen vorgesehen. Vgl. IAS 8.BC13–BC15.

640 Vgl. IFRS IC (Hrsg.), Staff Paper 5 (January 2011), Rn. 6 (b); WOJCIK, K.-P., IAS/IFRS als europäisches

wenn der Analogiebegriff nicht explizit in IAS 8 erwähnt wird, ist diese Methode der Lückenschließung prinzipiell mit den IFRS vereinbar.[641] In Betracht kommen dabei sowohl Einzel- als auch Gesamtanalogien.[642] Bei einer Einzelanalogie werden die Vorschriften eines geregelten Sachverhaltes auf einen ähnlichen, wenn auch ungeregelten Geschäftsvorfall übertragen.[643] Im Rahmen einer Gesamtanalogie wird auf Basis verschiedener Vorschriften, die für unterschiedliche Tatbestände gleiche Rechtsfolgen vorsehen, induktiv ein allgemeiner Bilanzierungsgrundsatz abgeleitet und im Anschluss auf den ungeregelten Sachverhalt übertragen. Bei Fallanalogien ist es regelmäßig schwierig zu beurteilen, inwiefern sich die betrachteten Sachverhalte ähneln und dadurch einen Analogieschluss rechtfertigen.[644] So bedeutet Ähnlichkeit bzw. Gleichartigkeit nicht Gleichheit, denn dann wäre ein Analogieschluss nicht erforderlich.[645] Die betrachteten Sachverhalte sollten sich daher zumindest bezüglich den „für die in der gesetzlichen Regel zum Ausdruck kommende Wertung maßgeblichen Hinsichten"[646] entsprechen. Hierzu muss der IFRS-Anwender den Zweck und den Grundgedanken der ggf. analogiefähigen Regelung ergründen,[647] da der Bilanzierende nur so sicherstellen kann, dass der Standardsetzer den ungeregelten Sachverhalt nicht bewusst von der potenziell analogiefähigen Vorschrift ausschließen wollte.[648]

Scheidet eine Fallanalogie durch ähnliche oder durch verwandte Sachverhalte aus, sind in einem zweiten Schritt die im ***Conceptual Framework*** verankerten Definitions- und Ansatzkriterien sowie die Bewertungskonzeptionen für Vermögenswerte, Schulden, Erträge und Aufwendungen bei der Lückenschließung zu erwägen.[649] Auch wenn sich **IAS 8.11 (b)** explizit nur auf die zuvor genannten Bestandteile des Rahmenkonzepts bezieht, ist davon auszugehen, dass eine offene Regelungslücke unter Berücksichtigung sämtlicher im Rahmenkonzept enthaltener Grundsätze und Prinzipien zu schließen ist.[650]

Recht, S. 286; RUHNKE, K./NERLICH, C., Regelungslücken, S. 393; BOHL, W./WIECHMANN, J., IFRS für Juristen, Rn. 317.

641 Vgl. RUHNKE, K./NERLICH, C., Regelungslücken, S. 393. So ist bereits im Vorwort der IFRS der Gleichheitsgrundsatz angelegt. Vgl. IASB (Hrsg.), Preface to IFRS, Rn. 11. Vgl. allgemein zum Gleichheitsgrundsatz in der juristischen Methodenlehre ZIPPELIUS, R., Juristische Methodenlehre, S. 55.

642 Vgl. CASSEL, J., Unternehmensbewertung im IFRS-Abschluss, S. 86.

643 Vgl. hier und im folgenden Satz LARENZ, K./CANARIS, C.-W., Methodenlehre der Rechtswissenschaft, S. 204 f.; CASSEL, J., Unternehmensbewertung im IFRS-Abschluss, S. 54; KRAMER, E. A., Juristische Methodenlehre, S. 232–234.

644 Vgl. RUHNKE, K./NERLICH, C., Regelungslücken, S. 391.

645 Vgl. HÖFNER, S., Gemeinschaftliche Vereinbarungen, S. 35.

646 LARENZ, K./CANARIS, C.-W., Methodenlehre der Rechtswissenschaft, S. 202.

647 Vgl. LARENZ, K., Methodenlehre der Rechtswissenschaft, S. 382.

648 Vgl. hierzu mit IFRS-Bezug CASSEL, J., Unternehmensbewertung im IFRS-Abschluss, S. 86. Vgl. hierzu allgemein LARENZ, K./CANARIS, C.-W., Methodenlehre der Rechtswissenschaft, S. 209.

649 Vgl. IAS 8.11 (b), sowie WAWRZINEK, W./LÜBBIG, M., in: Driesch u. a., Beck IFRS HB, 5. Aufl., § 2, Rn. 115; BOHL, W./WIECHMANN, J., IFRS für Juristen, Rn. 317.

650 Vgl. IASB (Hrsg.), Staff Paper 10G (October 2014), Rn. 2 (d) i. V. m. Rn. 7 (c) i. V. m. Appendix B, sowie GIMPEL-HENNING, N., Sukzessive Anteilserwerbe, S. 31; ALKEMEIER, M., Konzerninterne Unternehmenszusammenschlüsse, S. 49; ENGELKE, F., Kapitalkonsolidierung im mehrstufigen Konzern, S. 69; HÖBENER, J., Zwischenergebniseliminierung, S. 41.

Zudem nennt der IASB in **IAS 8.12** weitere Quellen, auf die der Bilanzierende im Sinne einer Systemanalogie zurückgreifen kann,[651] sofern diese nicht im Konflikt zu den in IAS 8.11 genannten Quellen stehen.[652] So kann sich das Management zum einen auf **aktuelle Verlautbarungen anderer Standardsetzer** beziehen, wenn in deren Normengebung ein dem *Conceptual Framework* ähnelnder konzeptioneller Bezugsrahmen zugrunde gelegt wird.[653] Denkbar sind in diesem Zusammenhang angelsächsisch geprägte Rechnungslegungsregime (z. B. US-GAAP),[654] aber auch kontinentaleuropäische Regelungen (z. B. die vom DRSC entwickelten DRS).[655] Zum anderen können gemäß IAS 8.12 anerkannte Branchenpraktiken und das Fachschrifttum bei der Lückenschließung unterstützen. Anerkannte **Branchenpraktiken** können bspw. aus Studien von Branchenverbänden, von Marktforschungsinstituten oder aus der Analyse von Abschlüssen von Wettbewerbern des berichterstattenden Unternehmens abgeleitet werden.[656] Unter das **Fachschrifttum** sind z. B. einschlägige IFRS-Kommentare, Beiträge in wissenschaftlichen Zeitschriften, Dissertationen und sonstige Monografien zu subsumieren.[657] Weiterhin sind hierunter auch die vom IASB über die verbindlichen Bestandteile der IFRS hinaus veröffentlichten Dokumente (z. B. Standardentwürfe, Diskussionspapiere, Arbeitspapiere der Mitarbeiter des Standardsetzers) zu zählen.[658]

Der in IAS 8.10–12 implementierte Prozess zur Schließung von offenen Regelungslücken „führt zu begründeten und vertretbaren, selten zu zwingenden Lösungen."[659] Zu verhindern ist dabei stets, dass das Normengefüge der IFRS durch IFRS fremde Erwägungen unterwandert wird.[660] Diese Gefahr besteht besonders, wenn Branchenpraktiken berücksichtigt werden, weshalb diese umfassend in Bezug auf die Konformität mit den in IAS 8.10 angeführten fundamentalen qualitativen Anforderungen zu prüfen sind.

353. Auslegung von Vorschriften

Auslegungsfragen stellen sich in den IFRS sowohl auf Tatbestands- als auch auf Rechtsfolgeseite regelmäßig bei der **Interpretation unbestimmter Rechtsbegriffe**.[661] Allgemein wird

651 Demnach sind die in IAS 8.12 genannten Quellen bei der Schließung von offenen Reglungslücken nicht verpflichtend zu berücksichtigen. Vgl. IAS 8.BC16.

652 Vgl. KÜTING, K./RANKER, D., Auslegung der endorsed IFRS, S. 2512.

653 Vgl. IAS 8.12.

654 Vgl. RUHNKE, K./NERLICH, C., Regelungslücken, S. 393.

655 Vgl. KLEINMANNS, H., IFRS-Interpreten, S. 1327 f.; BLAUM, U./HOLZWARTH, J./WENDLANDT, G., in: Baetge u. a., Rechnungslegung nach IFRS, 2. Aufl., IAS 8, Rn. 62 f.

656 Vgl. BLAUM, U./HOLZWARTH, J./WENDLANDT, G., in: Baetge u. a., Rechnungslegung nach IFRS, 2. Aufl., IAS 8, Rn. 64.

657 Vgl. FINK, C./SCHWARZ, D., in: Thiele/von Keitz/Brücks, Int. Bilanzrecht, IAS 8, Rn. 128.

658 Vgl. RUHNKE, K./SIMONS, D., Rechnungslegung nach IFRS und HGB, S. 342 f.; ZÜLCH, H., Rechnungslegungsnormen des IASB, S. 5. Vgl. kritisch in Bezug auf die Berücksichtigung von Standard- oder Interpretationsentwürfen BAETGE, J. U. A., in: Baetge u. a., Rechnungslegung nach IFRS, 2. Aufl., Kap. II, Rn. 16; WAWRZINEK, W./LÜBBIG, M., in: Driesch u. a., Beck IFRS HB, 5. Aufl., § 2, Rn. 116.

659 LÜDENBACH, N./HOFFMANN, W.-D./FREIBERG, J., in: Lüdenbach/Hoffmann/Freiberg, Haufe IFRS-Kommentar, 17. Aufl., § 1, Rn. 78.

660 Vgl. hier und im folgenden Satz RUHNKE, K./NERLICH, C., Regelungslücken, S. 393; FINK, C./SCHWARZ, D., in: Thiele/von Keitz/Brücks, Int. Bilanzrecht, IAS 8, Rn. 127–129.

661 Vgl. RUHNKE, K./NERLICH, C., Regelungslücken, S. 389; RUHNKE, K./SIMONS, D., Rechnungslegung nach

unter der Auslegung von Vorschriften ein Prozess verstanden, bei dem „sich der Auslegende den Sinn eines Textes, der ihm problematisch geworden ist, zum Verständnis bringt.“[662] Dieser Prozess setzt demnach – im Vergleich zur Schließung einer offenen Regelungslücke – eine auslegungsbedürftige Vorschrift voraus.[663] Hierbei ist zu beachten, dass der Wortsinn einer Norm die Grenze der Auslegung determiniert.[664] Demnach beginnt die Lückenschließung erst, wenn diese Grenze erreicht wird und schließt mithin an die Auslegung an,[665] sodass Auslegung und Lückenschließung „nicht als wesensverschieden angesehen werden [dürfen; Anm. d. Verf.], sondern nur als voneinander verschiedene Stufen desselben gedanklichen Verfahrens.“[666] Prinzipiell sind daher die in IAS 8.10–12 normierten Vorschriften zur Schließung von offenen Regelungslücken analog für die Auslegung von bestehenden, indes unpräzisen Vorschriften anwendbar.[667] Gleichwohl soll die für offene Regelungslücken festgelegte Vorgehensweise nicht unreflektiert übernommen, sondern vielmehr „in den aus der juristischen Methodenlehre bekannten hermeneutischen Auslegungsprozess“ [668] integriert werden.

Ziel des hermeneutischen Auslegungsprozesses ist es, den inhärenten Sinn und Zweck einer Regelung zu erschließen.[669] Hierzu ist zunächst der Wortlaut der Norm zu untersuchen (sog. **semantische Auslegung**).[670] Es ist demnach die Bedeutung des auszulegenden Begriffs oder der Begriffsverbindungen im allgemeinen Sprachgebrauch und bzw. oder im Kontext der spezifischen Norm zu ermitteln.[671] Aufschluss über den vom Gesetzgeber (ursprünglich) intendierten Sinn und Zweck einer Vorschrift kann – an die Auslegung des Wortlauts anschließend – die Entstehungs- und Entwicklungsgeschichte verschaffen (sog. **historische Auslegung**).[672] Der Auslegende sollte im IFRS-Kontext hierzu zumindest die im Zuge des Standardsetzungsprozesses publizierten Materialien berücksichtigen, wie bspw. die Anwendungsleitlinien, die Begründungserwägungen, die erläuternden Beispiele, die abweichenden Meinungen einzelner

IFRS und HGB, S. 345 f.

662 LARENZ, K., Methodenlehre der Rechtswissenschaft, S. 204.

663 Vgl. NERLICH, C., Auslegungsmethodik, S. 31.

664 Vgl. ENGISCH, K., Einführung in das juristische Denken, S. 195.

665 Vgl. LARENZ, K./CANARIS, C.-W., Methodenlehre der Rechtswissenschaft, S. 187.

666 LARENZ, K., Methodenlehre der Rechtswissenschaft, S. 366.

667 Vgl. GIMPEL-HENNING, N., Sukzessive Anteilserwerbe, S. 29 und S. 32; RUHNKE, K./SIMONS, D., Rechnungslegung nach IFRS und HGB, S. 336 f.

668 GIMPEL-HENNING, N., Sukzessive Anteilserwerbe, S. 33. Vgl. so auch NERLICH, C., Auslegungsmethodik, S. 270 f.; HÖBENER, J., Zwischenergebniseliminierung, S. 42 f. Vgl. ähnlich CASSEL, J., Unternehmensbewertung im IFRS-Abschluss, S. 92–95; HÖFNER, S., Gemeinschaftliche Vereinbarungen, S. 62–64. Vgl. zur Ähnlichkeit der hermeneutischen Methode und den Bestimmungen des IAS 8.10–12 RUHNKE, K./NERLICH, C., Regelungslücken, S. 392.

669 Vgl. zur Hermeneutik m. w. N. HUTER, M., Nichtfinanzielle Konzernerklärung, S. 64–69; WEICH, S., Insolvenz, S. 78–83. Vgl. zur Hermeneutik mit IFRS-Bezug NERLICH, C., Auslegungsmethodik, S. 32–39 und S. 270 f.; MERKT, H., in: Merkt/Probst/Fink, Rechnungslegung nach HGB und IFRS, Kap. 1, Rn. 165; HENNRICHS, J., in: Hennrichs/Kleindiek/Watrin, MüKo Bilanzrecht Bd. 1, Einf. in die ReLe nach IFRS, Rn. 65 f.

670 Vgl. hierzu ausführlich WANK, R., Auslegung von Gesetzen, S. 41–55. Vgl. zu den Herausforderungen, die aus unterschiedlichen Sprachfassungen der *endorsed* IFRS resultieren, m. w. N. WOJCIK, K.-P., IAS/IFRS als europäisches Recht, S. 268–271.

671 Vgl. ausführlich m. w. N. CASSEL, J., Unternehmensbewertung im IFRS-Abschluss, S. 39 f.

672 Vgl. ausführlich RÜTHERS, B./FISCHER, C./BIRK, A., Rechtstheorie, Rn. 778–795.

Mitglieder des *Board* und die Arbeitspapiere der Mitarbeiter des Standardsetzers.[673] Hieran anknüpfend ist die auslegungsbedürftige Vorschrift im Gesamtkontext des Normengefüges zu betrachten (sog. **systematisch-logische Auslegung**).[674] Dies bedeutet im IFRS-Zusammenhang, dass bei der Auslegung einer Vorschrift zum einen die Systematik des Einzelstandards und zum anderen deren Einbringung in das gesamte Normensystem zu berücksichtigen sind,[675] um insgesamt ein in sich konsistentes Normengefüge zu gewährleisten.[676] Angelegt ist die systematisch-logische Auslegung bereits implizit in IAS 8.11.[677] Abschließend kann der Sinn und Zweck einer Norm im Rahmen des hermeneutischen Auslegungsprozesses deduktiv unter Berücksichtigung des Ziels der IFRS, entscheidungsnützliche Informationen für die primären Adressaten zu vermitteln, hergeleitet werden (sog. **objektiv-teleologische Auslegung**)[678].[679]

Auch in diesem Zusammenhang wird deutlich, dass die Anforderungen an die Schließung einer offenen Regelungslücke nach IAS 8.10–12 eng mit dem Prozess der Normenauslegung verknüpft sind. Denn die objektiv-teleologische Auslegung entspricht prinzipiell der in IAS 8.10 normierten Anforderung,[680] dass bei der Auswahl und bei der Anwendung der Bilanzierungsmethoden die fundamentalen qualitativen Anforderungen an die Informationsvermittlung zu berücksichtigen sind. Der konkret auszulegende Einzelfall determiniert, wie die jeweiligen Erkenntnisse des hermeneutischen Auslegungsprozesses zu gewichten sind.[681] Falls mehrere mögliche Auslegungsvarianten verbleiben, können in letzter Instanz auch aktuelle Verlautbarungen anderer Standardsetzer, anerkannte Branchenpraktiken und das Fachschrifttum vom Auslegenden miteinbezogen werden, wie dies auch im Rahmen der Schließung von offenen Regelungslücken nach IAS 8.12 vorgesehen ist.[682]

---

673 Vgl. CASSEL, J., Unternehmensbewertung im IFRS-Abschluss, S. 80; NERLICH, C., Auslegungsmethodik, S. 287–294.

674 Vgl. BYDLINSKI, F., Juristische Methodenlehre, S. 420–448; ZIPPELIUS, R., Juristische Methodenlehre, S. 43; SCHÖN, W., Kompetenzen der Gerichte zur Auslegung von IAS/IFRS, S. 766.

675 Vgl. HENNRICHS, J., in: Hennrichs/Kleindiek/Watrin, MüKo Bilanzrecht Bd. 1, Einf. in die ReLe nach IFRS, Rn. 69.

676 Vgl. MERKT, H., in: Merkt/Probst/Fink, Rechnungslegung nach HGB und IFRS, Kap. 1, Rn. 150; ZIPPELIUS, R., Juristische Methodenlehre, S. 44; RÜTHERS, B./FISCHER, C./BIRK, A., Rechtstheorie, Rn. 744.

677 Vgl. CASSEL, J., Unternehmensbewertung im IFRS-Abschluss, S. 93 f.

678 Vgl. hierzu allgemein LARENZ, K./CANARIS, C.-W., Methodenlehre der Rechtswissenschaft, S. 153–155; RUHNKE, K./SIMONS, D., Rechnungslegung nach IFRS und HGB, S. 176 f.

679 Vgl. NERLICH, C., Auslegungsmethodik, S. 295 f.

680 Vgl. BOHL, W./WIECHMANN, J., IFRS für Juristen, Rn. 313.

681 Vgl. LARENZ, K./CANARIS, C.-W., Methodenlehre der Rechtswissenschaft, S. 166 f.

682 Vgl. CASSEL, J., Unternehmensbewertung im IFRS-Abschluss, S. 92 und S. 94.

4 Konkretisierung und kritische Analyse der Bilanzierung von erworbenen Krypto-Token nach IFRS *de lege lata*

41 Vorbemerkungen

Im Zuge des anhaltenden Digitalisierungstrends hat sich in den vergangenen Jahren unter anderem mit Krypto-Token ein neuer ökonomischer Sachverhalt aufgetan. Auch wenn in diesem Zusammenhang die mediale Aufmerksamkeit vielfach auf der Wertentwicklung einzelner Krypto-Token und des gesamten Krypto-Marktes lag,[683] haben sich Krypto-Token zu einem gewissen Grad auch im internationalen Wirtschaftsverkehr etabliert, „sind also Teil der ökonomischen Realität“[684]. Die den Krypto-Token auf der **Sachverhaltsebene** zugesprochene Bedeutung unterstreicht, dass sich auch nach IFRS bilanzierende Unternehmen auf der **Bilanzierungsebene** mit diesem neuen ökonomischen Sachverhalt auseinandersetzen müssen.

Im **Mittelpunkt** steht dabei im Rahmen dieser Arbeit die Frage, wie erworbene Zahlungs-Token und Nutzungs-Token mit einer Zahlungsfunktion[685] im aktuellen IFRS-Normensystem bilanziell abzubilden sind. Die aktuellen Vorschriften bieten dem Anwender diesbezüglich nur bedingt eine Orientierung, da sich weder ein Standard noch eine Interpretation im IFRS-Normengefüge explizit auf Krypto-Token bezieht. Zwar hat das IFRS IC im Juli 2019 eine *agenda decision* zur Bestandsbilanzierung von Kryptowährungen, d. h. bestimmten Krypto-Token, veröffentlicht,[686] die mittelbar eine faktische Bindungswirkung für die berichterstattenden Unternehmen hat.[687] So sind laut der Auffassung des IFRS IC die IFRS-Vorschriften hinreichend eindeutig und Kryptowährungen – abhängig von ihrer Verwendungsabsicht – als immaterielle

---

683 Vgl. statt vieler SCHYRA, A., Bitcoins, S. 38 f.

684 FREIBERG, J., Digitale (Krypto-)Währungen nach IFRS, S. 148. Der Verfasser bezieht sich in seiner Aussage auf Kryptowährungen.

685 Der Begriff „Krypto-Token“ wird ausschließlich für die in dieser Arbeit untersuchten Zahlungs-Token und Nutzungs-Token mit einer Zahlungsfunktion verwendet, obgleich auch andere Token-Arten unter diesen Oberbegriff fallen. Vgl. hierzu bereits Abschnitt 22, Fn. 124. Nicht behandelt werden Anlage-Token und *Stable Coins.* Vgl. zur Bilanzierung von Anlage-Token SIXT, E./HIMMER, K., Accounting and Taxation of Cryptoassets, S. 23–25; MARX, F. J./DALLMANN, H., Virtuelle Währungen nach IFRS, S. 134 f.; KEILING, M./ROMEIKE, S., Bilanzierung von Kryptowährungen, S. 274; PWC (Hrsg.), Rechnungslegung von Krypto-Assets, S. 11. Vgl. zur Bilanzierung von *Stable Coins* MARX, F. J./DALLMANN, H., Virtuelle Währungen nach IFRS, S. 130 f.; MARX, F. J./DALLMANN, H., Virtuelle Währungen nach HGB, S. 222; LIEGMANN, B./FARRUGGIA-WEBER, F., Stablecoins (Teil II), S. 2526–2528. Zudem werden nur Krypto-Token, nicht jedoch (vertragliche) Rechte über den Kauf oder den Verkauf von Krypto-Token (z. B. *Futures*, Optionen, *Short*-Positionen) und Rechte auf den Erhalt eines noch nicht existenten Krypto-Token betrachtet. Vgl. zur Bilanzierung von (vertraglichen) Rechten über den Kauf, den Verkauf oder den Erhalt von Krypto-Token nach IFRS CPA CANADA (Hrsg.), Accounting for Cryptocurrencies, S. 7; IFRS IC (Hrsg.), Staff Paper 4A (September 2018), Rn. 38; LÜDENBACH, N., Bitcoins – Lost in rules, S. 105–107; EY (Hrsg.), Bilanzierung von Kryptovermögenswerten, S. 17 f. Vgl. zur Bilanzierung von Token-Vorverkaufsvereinbarungen PWC (Hrsg.), Rechnungslegung von Krypto-Assets, S. 15 f.

686 Vgl. IFRS IC (Hrsg.), IFRIC Update (June 2019), S. 13–15.

687 Vgl. ähnlich NERLICH, C., Auslegungsmethodik, S. 249. Auch wenn die Agendaentscheidungen des IFRS IC formal nicht Bestandteil der verpflichtend anzuwendenden Vorschriften der Standards und der Interpretationen sind, haben sie sich mittlerweile „als Quasi-GAAP etabliert“ (BERGER, J., Neue Prominenz von IFRIC-Agendaentscheidungen, o. S.). Ursächlich hierfür ist, dass Regulatoren und Abschlussprüfer erwarten, dass die Agendaentscheidungen des IFRS IC angewendet werden. Vgl. GEISEL, A., Was tun, wenn IFRS zwar ausgelegt, aber nicht interpretiert werden?, o. S.

Vermögenswerte (IAS 38) oder als Vorräte (IAS 2) zu bilanzieren.[688] Vor dem Hintergrund der **umfassenden Kritik** der Kommentierenden an der *agenda decision*[689] soll im Weiteren jedoch von dieser Entscheidung abstrahierend die normgerechte bilanzielle Abbildung von erworbenen Zahlungs- und Nutzungs-Token nach IFRS grundlegend untersucht werden.

Methodisch wird hierzu auf die zuvor erläuterten Leitlinien im Umgang mit einer nicht abschließend geregelten Bilanzierungsfrage zurückgegriffen.[690] So ist zunächst – unter Berücksichtigung der Auslegung der potenziell anwendbaren Normen – i. S. v. IAS 8.7–9 zu evaluieren, ob der untersuchte Tatbestand ausdrücklich unter eine einschlägige IFRS-Regelung fällt und somit nach der aktuell geltenden Rechtslage (*de lege lata*) eine bilanzielle Lösung bereithält. Sofern dies der Fall ist, ist die damit verbundene Rechtsfolge – unter Vorbehalt des *overriding principle* – anzuwenden.[691] Verbleibt indes eine offene Regelungslücke, da der Sachverhalt nicht von einer IFRS-Norm abgedeckt wird, ist auf die Leitlinien des IAS 8.10–12 zurückzugreifen. Um ein prinzipienorientiertes Normensystem zu gewährleisten, besteht ein wesentliches Element in diesem methodischen Rahmen darin, die möglichen Rechnungslegungsmethoden für Krypto-Token in Bezug auf die Entscheidungsnützlichkeit der durch sie vermittelten Informationen zu beurteilen. Daher bilden die im dritten Abschnitt erläuterten konzeptionellen Grundlagen der IFRS-Rechnungslegung die Analyse- und Würdigungsgrundlage der nachfolgenden Untersuchung.[692]

Es bestehen unterschiedliche Möglichkeiten, wie ein nach IFRS bilanzierendes Unternehmen zu Beständen an Krypto-Token gelangen kann oder gelangt ist und sich mithin mit deren Bilanzierung auseinandersetzen muss. In dieser Arbeit soll jedoch ausschließlich die **Zugangsart eines Erwerbs** betrachtet werden.[693] Erwerbe von Krypto-Token werden wohl am häufigsten über eine zentralisierte oder eine dezentrale Handelsplattform durchgeführt.[694] Neben dem „klassischen" Erwerb über eine börsenähnliche Handelsplattform können Krypto-Token mitunter auch an speziellen Automaten oder an anderen Verkaufsstellen erworben werden. Bspw. können Bitcoin-Werteinheiten in der Schweiz an allen Fahrkartenautomaten der Schweizer Bundesbahnen und in Österreich in allen Postfilialen gekauft werden.[695] Daneben kommen als

---

[688] Vgl. IFRS IC (Hrsg.), IFRIC Update (June 2019), S. 13–15.

[689] Vgl. für eine Auswertung der schriftlichen Stellungnahmen (sog. *comment letter*) IFRS IC (Hrsg.), Staff Paper 12 (July 2019), Rn. 6–15. In diesem Zusammenhang sprachen sich bspw. 80 % der Kommentierenden dafür aus, einen Standardsetzungsprozess, entweder anstatt oder zusätzlich zu der vom IFRS IC ausgearbeiteten Agendaentscheidung, anzustoßen.

[690] Vgl. ausführlich Abschnitt 35.

[691] Vgl. so auch sachverhaltsspezifisch EY (Hrsg.), Bilanzierung von Kryptovermögenswerten, S. 26.

[692] Vgl. ausführlich Abschnitt 31–33.

[693] Vgl. bereits Abschnitt 11. Als weitere Zugangsarten kommen unter anderem der Erhalt von Krypto-Token als Gegenleistung für den Verkauf eines Gutes oder einer Dienstleistung (vgl. hierzu auch Abschnitt 453.1, Fn. 1278), aus einem *Hard Fork* oder aus einem *Airdrop* zugegangene Krypto-Token (vgl. hierzu FREIBERG, J., Digitale (Krypto-)Währungen nach IFRS, S. 154 f.) oder aus einem Konsensmechanismus zugegangene Krypto-Token (vgl. GRANT THORNTON (Hrsg.), Mining and validation issues, S. 1–12; ACSB (Hrsg.), Cryptocurrencies (Mining Activities), S. 1–6) in Betracht.

[694] Vgl. hier und im folgenden Satz Abschnitt 231.4.

[695] Vgl. ERBGUTH, J./FASCHING, J. G., Verantwortlicher einer Bitcoin-Transaktion, S. 561.

weitere Erwerbsformen der private Erwerb[696] oder der Erwerb im Rahmen eines *Initial Token Offering*[697] infrage. Abhängig von den konkreten Rahmenbedingungen können Krypto-Token im Rahmen der aufgeführten Erwerbsformen gegen einen anderen Krypto-Token,[698] zum Teil auch gegen eine Fiatwährung, erworben werden.[699]

Mit Blick auf die bilanzielle Abbildung von erworbenen Zahlungs- und Nutzungs-Token werden diese zunächst für bilanzielle Zwecke anhand ihrer Arten und ihrer Verwendungszwecke systematisiert (Abschnitt 42). Daran anschließend wird untersucht, ob erworbene Krypto-Token allgemein aktivierungsfähige Vermögenswerte sind (Abschnitt 43), ob ein Standard tatbestandsseitig auf diese anzuwenden ist (Abschnitt 44) und ob – sofern keine offene Regelungslücke verbleibt – die hiermit verbundenen Bilanzierungskonsequenzen auf der Rechtsfolgeseite zu einer entscheidungsnützlichen Informationsvermittlung über den Sachverhalt führen (Abschnitt 45). Abschließend werden die gewonnenen Erkenntnisse gewürdigt (Abschnitt 46).

42 Systematisierung von Krypto-Token für bilanzielle Zwecke anhand der Arten und der möglichen Verwendungsabsichten

Um die allgemeine Bilanzierungsfähigkeit sowie die tatbestandsseitige Anwendbarkeit von potenziell einschlägigen Standards in Hinblick auf den Sachverhalt eines erworbenen Krypto-Token zu prüfen, sind vorgelagert zwei in diesem Zusammenhang zu berücksichtigende **Betrachtungsebenen** zu erläutern. Zum einen ist es mit Blick auf die in dieser Arbeit untersuchten bilanziellen Fragestellungen erforderlich, die Charakteristika der unterschiedlichen Arten von Krypto-Token aus der Perspektive der Krypto-Token haltenden Partei für bilanzielle Zwecke zu konkretisieren, da sich die den Token inhärenten Rechte mitunter erheblich unterscheiden (1. Betrachtungsebene).[700] Zum anderen ist zu berücksichtigen, dass nach IFRS bilanzierende Unternehmen Krypto-Token ggf. zu unterschiedlichen Zwecken halten, d. h. die Verwendungsabsichten abhängig vom Geschäftsmodell des bilanzierenden Unternehmens differieren (2. Betrachtungsebene).

Mit Blick auf die erste zu berücksichtigende Betrachtungsebene ist zunächst festzuhalten, dass für eine zweckmäßige bilanzielle Abbildung von Krypto-Token die Differenzierung zwischen

---

696 Vgl. KAPLANOV, N. M., Nerdy Money: Bitcoin, The Private Digital Currency, And The Case Against Its Regulation, S. 9; KUHLMANN, N., Funktionsweise und rechtliche Einordnung, S. 692, Fn. 34 und Fn. 39; KOENIG, A., Cryptocoins, S. 64–66. So gibt es verschiedene Plattformen, über die nach Privatpersonen in der Umgebung gesucht und ein Treffen zum Austausch von Krypto-Token vereinbart werden kann.

697 Vgl. hierzu ausführlich Abschnitt 232.4.

698 Potenziell können Krypto-Token auch mit anderen Vermögenswerten im Zuge eines Tauschs erworben werden. Vom Sachverhalt kommend wird dies jedoch nicht der Regelfall sein, sodass diese Perspektive im Folgenden nicht weiter betrachtet wird.

699 Vertragstypologisch wäre der Erwerb gegen eine Fiatwährung als ein Kauf, der Erwerb gegen andere Krypto-Token als ein Tausch i. S. d. BGB anzusehen. Vgl. m. w. N. PESCH, P. J., Cryptocoin-Schulden, S. 130–134. Vgl. weiterführend zur vertragstypologischen Einordnung KUHLMANN, N., Funktionsweise und rechtliche Einordnung, S. 694 f.; ENGELHARDT, C./KLEIN, S., Bitcoins, S. 359; BOEHM, F./PESCH, P. J., Bitcoins, S. 78; BECK, B./KÖNIG, D., Einordnung von kryptographischem Geld, S. 131–135.

700 Vgl. KEILING, M./ROMEIKE, S., Bilanzierung von Kryptowährungen, S. 268 f.; KIRSCH, H.-J./VON WIEDING, F., Bitcoin nach HGB, S. 2735.

unterschiedlichen **Arten von Krypto-Token** erforderlich ist.[701] Seit der Erfindung des Bitcoin-Systems wurden bereits mehr als 2.200 unterschiedliche Krypto-Token ausgegeben.[702] Jeder dieser Krypto-Token hat seine eigenen Merkmale und Eigenschaften, was das Verständnis und die Berücksichtigung dieser Faktoren für Rechnungslegungszwecke besonders herausfordernd macht.[703] Vor diesem Hintergrund scheint zunächst grundsätzlich eine Einzelfallbetrachtung im Rahmen der Bilanzierung nach IFRS erforderlich.[704] Gleichwohl lassen sich – trotz der Individualität der Token – (widerlegbare) Tendenzen in der Gestaltung identifizieren.

In diesem Zusammenhang ist zunächst festzuhalten, dass sowohl Zahlungs- als auch Nutzungs-Token eine Zahlungs- bzw. Tauschmittelfunktion erfüllen. Der wesentliche Unterschied zwischen diesen Token-Arten ist indes die Gestaltung dieser Funktion. Während Zahlungs-Token universell einsetzbar sind oder es zumindest sein sollen, ist die Zahlungsfunktion eines Nutzungs-Token an die Produkte bzw. die Dienstleistungen eines spezifischen Emittenten oder der von diesem Emittenten aufgebauten Plattform geknüpft. Nutzungs-Token ermöglichen daher dem Inhaber den Zugang zu einem spezifischen Produkt oder einer spezifischen Dienstleistung, wobei der Nutzungs-Token als Tauschmittel fungiert. Obgleich sowohl Zahlungs- als auch Nutzungs-Token mithin eine Tauschmittelfunktion zukommt, unterscheiden sich gleichwohl die Charakteristika der beiden Token-Arten in ihrer Konzeption, was bspw. noch mit Blick auf die tatbestandsseitige Anwendbarkeit der Anwendungsvoraussetzungen von bilanzrechtlichen Zahlungsmitteln von Bedeutung sein wird. Die anhand des ursprünglichen Hauptzwecks[705] vorgenommene Unterscheidung der Token-Arten spiegelt sich auch in der Ableitung des ihnen zugesprochenen inneren Wertes wider. So ist einem Zahlungs-Token – wie auch einer Fiatwährung – kein innerer Wert beizumessen.[706] Der innere Wert eines Nutzungs-Token basiert hingegen auf der Nachfrage nach dem mit dem Token verknüpften Leistungsanspruch.

Neben den unterschiedlichen Arten von Krypto-Token ist auf der zweiten Betrachtungsebene zudem für bilanzielle Zwecke die vom berichterstattenden Unternehmen **beabsichtigte Verwendung** zu berücksichtigen. In diesem Zusammenhang lassen sich im Krypto-Ökosystem auf **Sachverhaltsebene** zwei Verwendungsabsichten identifizieren, wobei die erste Verwendungsabsicht direkt mit den zuvor beschriebenen Arten von Krypto-Token verbunden ist. So knüpft die Klassifizierung an die Charakteristika der Krypto-Token an, d. h. vor allem an den ursprünglich vom Emittenten der Werteinheiten oder dem Projektinitiator vorgesehenen Hauptzweck. Sofern das einen Krypto-Token haltende Unternehmen diesen entsprechend beabsichtigt einzusetzen, entspricht dessen Verwendungsabsicht der intendierten Nutzung des Krypto-Token (Verwendungsabsicht: **intendierte Nutzung**). Das bilanzierende Unternehmen würde in

---

701 Vgl. bereits ausführlich Abschnitt 22.
702 Vgl. COINMARKETCAP (Hrsg.), All Cryptocurrencies, o. S.
703 Vgl. CPA CANADA (Hrsg.), Accounting for Cryptocurrencies, S. 3.
704 Vgl. ähnlich SCHMIDT, S./USINGER, R., in: Grottel u. a., Beck Bilanzkommentar, 12. Aufl., § 248, Rn. 72.
705 Vgl. ähnlich PWC (Hrsg.), Rechnungslegung von Krypto-Assets, S. 5.
706 Vgl. hier und im folgenden Satz PWC (Hrsg.), Rechnungslegung von Krypto-Assets, S. 5; KPMG (Hrsg.), ICOs und Tokens, S. 9.

diesem Fall Zahlungs-Token plattformunabhängig im regulären Geschäftsbetrieb für den Erwerb von Produkten und von Dienstleistungen oder für die Bezahlung von Mitarbeitern einsetzen, d. h. als Form des Geldersatzes. Nutzungs-Token würden plattformabhängig für das hinterlegte Leistungsversprechen eingesetzt werden, z. B. um, wie bei Filecoin, dafür Cloud-Speicher zu erhalten.[707]

Gleichwohl entspricht die tatsächliche Verwendung von erworbenen Krypto-Token durch das bilanzierende Unternehmen nicht in jedem Fall der ursprünglich vom Emittenten der Werteinheiten oder dem Projektinitiator intendierten Nutzung. So werden Krypto-Token regelmäßig auch zu Investmentzwecken gehalten (Verwendungsabsicht: **Investment**).[708] Zu unterscheiden ist im Rahmen dieser zweiten Verwendungsabsicht auf Sachverhaltsebene, ob die Krypto-Token vom berichterstattenden Unternehmen zu kurzfristigen Handelszwecken oder zu langfristigen Investitionszwecken, d. h. mit dem Ziel einer nachhaltigen Wertsteigerung, gehalten werden.[709] In Hinblick auf die Verwendungsabsicht als Investmentvehikel ist anzumerken, dass der ursprünglich vom Emittenten intendierte Zweck, also die Charakteristika der unterschiedlichen Arten von Krypto-Token, in den Hintergrund rückt. Vielmehr stehen dann die kurz- oder langfristige Preis- und Wertentwicklung des betrachteten Krypto-Token sowie das Geschäftsmodell des bilanzierenden Unternehmens im Vordergrund.

Mit Blick auf die involvierten Akteure im Krypto-Ökosystem zeigt sich zudem, dass die Unternehmen nicht zwangsläufig nur einer Nutzungsmöglichkeit im Rahmen ihrer Geschäftsaktivität(en) nachgehen. So halten bspw. die Betreiber von Handelsplattformen regelmäßig für ihre Kunden Krypto-Token, nutzen eigene Bestände zur Begleichung von Zahlungsverpflichtungen, agieren gleichzeitig aber zum Teil auch auf eigene Rechnung als *Broker* oder als *Trader*, also als (kurzfristige) Spekulanten. Mithin ist es für Unternehmen, die Krypto-Token zu unterschiedlichen Zwecken halten ggf., d. h. abhängig von der noch ausstehenden Einordnung in das IFRS-Normengefüge, erforderlich, dieselbe Art eines Krypto-Token abhängig von der Verwendungsabsicht im Unternehmen unterschiedlich zu bilanzieren.

---

707 Vgl. Abschnitt 22.

708 Vgl. statt vieler KAULARTZ, M., Investitionen in Kryptowährungen, S. 69 f.; FIEDLER, S. U. A., Virtual Currencies, S. 12. So zeigen Umfragen, dass weniger als 10 % der Inhaber von Bitcoin-Werteinheiten diese zu Zahlungszwecken halten. Vgl. J. P. MORGAN (Hrsg.), Decrypting Cryptocurrencies, S. 5. Auch konnte gezeigt werden, dass Bitcoin-Werteinheiten sowohl eine Investment- als auch eine Währungskomponente inhärent ist. Vgl. DONG, H./DONG, W., Bitcoin, S. 105–113. Vgl. zu dieser Debatte auch GLASER, F. U. A., Bitcoin - Asset or Currency?, S. 1–14. Der zusätzliche Aspekt eines Investment-Vehikels gilt vor allem für alle Krypto-Token, die bereits über Handelsplattformen gehandelt werden können oder deren Handelbarkeit zumindest künftig erwartet wird. Vgl. KRÜGER, F./LAMPERT, M., Token, S. 1155, Fn. 16.

709 Vgl. SOPP, G./GRÜNBERGER, D., Virtuelle Währungen nach IFRS, S. 219; AASB (Hrsg.), Digital currency, S. 5. Darüber hinaus werden Krypto-Token regelmäßig zur Abwicklung von Kundengeschäften gehalten. Vgl. SOPP, G./GRÜNBERGER, D., Virtuelle Währungen nach IFRS, S. 219. Anders als bei den beiden zuvor vorgestellten Verwendungsmöglichkeiten halten die abwickelnden Unternehmen im Rahmen solch einer Dienstleistung die Krypto-Token gewöhnlich nicht für eigene Zwecke, sondern vielmehr im Auftrag einer anderen Partei. Vgl. hierzu bereits Abschnitt 231.4. Diese Verwendungsabsicht spielt implizit auf unterschiedlichen Bilanzierungsebenen, z. B. in Bezug auf das Kontrollkriterium bei der Prüfung der Definitionskriterien eines Vermögenswertes, eine wesentliche Rolle. Vgl. ausführlich Abschnitt 432.23.

Auch der IASB deutet bereits auf abstrakter Ebene an, dass die konkrete Verwendungsabsicht auf der **Bilanzierungsebene** zu berücksichtigen ist. So führt dieser in den Begründungserwägungen des Rahmenkonzepts aus, dass *„if entities conduct the same type of business activities, the Board expects that those activities would be reflected in a similar manner in the entities' financial statements.“*[710] Dies stützt sich auf das allgemeine Prinzip der IFRS, Gleichartiges gleich zu behandeln.[711] Obgleich sich der IASB gegen die Berücksichtigung der *business activities* als übergreifendes Prinzip im Rahmenkonzept entschied, soll dieser Aspekt bei der Entwicklung neuer Rechnungslegungsstandards unterstützen.[712] Konkret beeinflusst die jeweilige *business activity* laut IASB die Wahl der Bilanzierungseinheit, den Bewertungsmaßstab und die damit verbundene Erfolgserfassung sowie die Klassifizierung der Posten in der Bilanz und in der Gesamtergebnisrechnung.

Auch anhand des aktuellen IFRS-Normengefüges zeigt sich, dass – unabhängig vom Sachverhalt „Krypto-Token“ – sowohl in Hinblick auf die tatbestandsseitige Einordnung in einen Standard als auch in Bezug auf die damit verbundenen Rechtsfolgen zwischen den beschriebenen Verwendungsabsichten der intendierten Nutzung und der Nutzung als Investment-Vehikel unterschieden wird. So ist diese Unterscheidung auch in den Einzelstandards zu Finanzinstrumenten (IFRS 9),[713] Vorräten (IAS 2)[714] und in Bezug auf die Bilanzierung von Immobilien (IAS 2, IAS 16, IAS 40)[715] im aktuellen Regelungsrahmen angelegt. Anhand dieser Beispiele zeigt sich zudem, dass neben der Verwendungsabsicht auch die Art des Vermögenswertes (Finanzinstrument, Vorrat, Immobilie) Einfluss auf die Bilanzierung hat, d. h. die konkrete Bilanzierung eine **Kombination der beiden Betrachtungsebenen** ist.

---

710 CF.BC0.30.

711 Dies ist unter anderem in IAS 8, dem *Conceptual Framework* sowie dem Vorwort zu den IFRS angelegt. Vgl. IAS 8.7; CF.2.24, sowie IASB (Hrsg.), Preface to IFRS, Rn. 11.

712 Vgl. hier und im folgenden Satz CF.BC0.29–BC.0.33.

713 IFRS 9 etwa verlangt unter anderem, dass – basierend auf dem Geschäftsmodell des bilanzierenden Unternehmens – zwischen verschiedenen Kategorien von finanziellen Vermögenswerten zu unterscheiden ist. An die einzelnen Kategorien sind jeweils unterschiedliche Rechtsfolgen geknüpft, um eine entscheidungsnützliche Informationsvermittlung der finanziellen Vermögenswerte zu gewährleisten. Vgl. ausführlich zur Klassifizierung finanzieller Vermögenswerte nach IFRS 9 sowie den daraus resultierenden bilanziellen Konsequenzen BARCKOW, A., in: Baetge u. a., Rechnungslegung nach IFRS, 2. Aufl., IFRS 9, Rn. 153–189; HARTENBERGER, H., in: Driesch u. a., Beck IFRS HB, 5. Aufl., § 3, Rn. 361–490; LÜDENBACH, N./HOFFMANN, W.-D./FREIBERG, J., in: Lüdenbach/Hoffmann/Freiberg, Haufe IFRS-Kommentar, 17. Aufl., § 28, Rn. 153–200.

714 In IAS 2 wird bspw. zwischen der regulären unternehmerischen Nutzung von Vorräten i. S. v. IAS 2.6 und einem auf kurzfristigen Spekulationsabsichten basierenden Geschäftsmodell unterschieden. Diese Differenzierung hat Auswirkungen auf die auf der Rechtsfolgeseite anzuwendenden Bewertungsvorschriften. Vgl. hierzu ausführlich Abschnitt 446.

715 Während – vereinfacht ausgedrückt – der langfristige Aspekt eines Immobilieninvestments nach IAS 40 zu bilanzieren ist, werden Verkäufe von Immobilien im Rahmen der gewöhnlichen Geschäftstätigkeit nach IAS 2 bilanziert. Vgl. IAS 40.5 i. V. m. IAS 40.9 (a). Selbstgenutzte Immobilien, d. h. Immobilien, die weder langfristig noch kurzfristig verkauft werden sollen, sondern für den Eigenbedarf genutzt werden sollen, sind nach IAS 16 zu bilanzieren. Vgl. ausführlich zur Abgrenzung der Anwendungsbereiche von nach IFRS bilanzierten Immobilien PELLENS, B. U. A., Internationale Rechnungslegung, S. 448–452; JUNG, H./HÄNEL, C., in: Driesch u. a., Beck IFRS HB, 5. Aufl., § 6, Rn. 9–25; LÜDENBACH, N./HOFFMANN, W.-D./FREIBERG, J., in: Lüdenbach/Hoffmann/Freiberg, Haufe IFRS-Kommentar, 17. Aufl., § 16, Rn. 1–26.

Zusammenfassend ist daher festzuhalten, dass mit Blick auf die angestrebte innere Konsistenz der IFRS die Vermutung naheliegt, dass die erläuterten Betrachtungsebenen sowohl mit Blick auf die tatbestandsseitige Anwendbarkeit der Standards als auch in Hinblick auf die damit verbundenen Rechtsfolgen für Krypto-Token zu berücksichtigen sind. Dies wird primär im Zuge der standardspezifischen Bilanzierungsfähigkeit (Abschnitt 44) sowie der Bewertung von Krypto-Token (Abschnitt 45) noch von Bedeutung sein. In der vorgeschalteten Analyse der allgemeinen Bilanzierungsfähigkeit von erworbenen Krypto-Token spielen die vorgenommenen Differenzierungen hingegen nur partiell eine Rolle (Abschnitt 43).

43 Allgemeine Bilanzierungsfähigkeit

431. Vorgaben des *Conceptual Framework*

Eine entscheidende Bedeutung für das Verständnis der IFRS kommt der allgemeinen Bilanzierungsfähigkeit[716] von Vermögenswerten und Schulden zu.[717] Denn die Vermögenswerte und Schulden sind „die **zentralen Anknüpfungspunkte für die Rechnungslegung nach IFRS**“[718] und bilden bilanzseitig mit dem Eigenkapital die drei übergeordneten Posten der Bilanz.[719] Ein Sachverhalt, der nicht als Vermögenswert qualifiziert, ist nur dann zu aktivieren, wenn ein Einzelstandard – gegen den allgemeinen Grundsatz – eine Aktivierungspflicht vorsieht.[720] Unter welchen Umständen ein Vermögenswert als allgemein bilanzierungsfähig gilt, ist regelungssystematisch im *Conceptual Framework* angelegt.[721] Im *Conceptual Framework* ist in diesem Zusammenhang ein **zweistufiger Prüfprozess** vorgesehen, der auch für erworbene Krypto-Token einzuhalten ist. So müssen zum einen die Definitionskriterien eines Vermögenswertes erfüllt sein.[722] Zum anderen ist zu prüfen, ob der betrachtete Sachverhalt auch den allgemeinen Ansatzkriterien genügt.[723]

Ein Vermögenswert ist definiert als eine gegenwärtige wirtschaftliche Ressource, die von dem bilanzierenden Unternehmen kontrolliert wird und aus Ereignissen der Vergangenheit resultiert (**Definitionskriterien**).[724] Ein Sachverhalt, der die Definitionskriterien erfüllt, ist jedoch nur

---

716 Mitunter wird im Schrifttum auch der Begriff „abstrakte Bilanzierungsfähigkeit“ verwendet. Vgl. FREIBERG, J./HOFFMANN, W.-D., Abstrakte Bilanzierungsfähigkeit, S. 284.

717 Vgl. WAWRZINEK, W./LÜBBIG, M., in: Driesch u. a., Beck IFRS HB, 5. Aufl., § 2, Rn. 120.

718 WAWRZINEK, W./LÜBBIG, M., in: Driesch u. a., Beck IFRS HB, 5. Aufl., § 2, Rn. 120. Die Autoren beziehen sich in ihrer Aussage dabei nur auf die Definitionen von Vermögenswerten und von Schulden und nicht auf deren allgemeine Aktivierungsfähigkeit.

719 Vgl. CF.4.1 (a), sowie WAWRZINEK, W./LÜBBIG, M., in: Driesch u. a., Beck IFRS HB, 5. Aufl., § 2, Rn. 120. Im Folgenden wird lediglich auf den Begriff und das Bilanzierungskonzept eines Vermögenswertes eingegangen. Vgl. in Bezug auf die allgemeine Passivierungsfähigkeit eines Sachverhaltes sowie die Eigenkapitaldefinition i. S. d. Rahmenkonzepts CF.4.26–4.47 und CF.4.63–4.67, sowie BAETGE, J. U. A., in: Baetge u. a., Rechnungslegung nach IFRS, 2. Aufl., Kap. II, Rn. 75–85.

720 Vgl. WAWRZINEK, W./LÜBBIG, M., in: Driesch u. a., Beck IFRS HB, 5. Aufl., § 2, Rn. 120.

721 Vgl. hier und im folgenden Satz BAETGE, J. U. A., in: Baetge u. a., Rechnungslegung nach IFRS, 2. Aufl., Kap. II, Rn. 68.

722 Vgl. CF.4.3–4.25.

723 Vgl. CF.5.6–5.25.

724 Vgl. CF.4.3.

dann i. S. d. Rahmenkonzepts in der Bilanz zu aktivieren, wenn sein Ansatz zu entscheidungsnützlichen, d. h. relevanten und glaubwürdig dargestellten, Informationen führt (**Ansatzkriterien**).[725] Auf den ersten Blick scheint die Aufnahme der Ansatzkriterien in den Prüfprozess überflüssig zu sein, da die damit verbundenen Anforderungen bereits in den fundamentalen qualitativen Anforderungen an die Informationsvermittlung verankert sind.[726] Jedoch konkretisiert der IASB die fundamentalen qualitativen Anforderungen in Bezug auf die Ansatzentscheidung und erläutert deren Anwendung.[727]

Diese im Rahmenkonzept verankerten Prinzipien haben sowohl mittelbar als auch unmittelbar Einfluss auf die Rechnungslegung nach IFRS. So hat das *Conceptual Framework* zwar nicht den Rang eines Standards oder einer Interpretation,[728] die hierin verankerten allgemeinen Definitions- und Ansatzkriterien haben für die berichterstattenden Unternehmen jedoch mitunter faktische Bindungswirkung, da verschiedene Einzelstandards direkt auf diese rekurrieren.[729] Zudem sind in den IFRS-Einzelstandards zum Teil auf den Sachverhalt spezifizierte Definitions- und Ansatzkriterien angelegt, die sich an die allgemeinen Prinzipien anlehnen, jedoch detaillierter als die abstrakten Anforderungen im *Conceptual Framework* sind.[730] Die spezifischen Regelungen der Einzelstandards gehen den Leitlinien des Rahmenkonzepts stets vor.[731] Daneben wurden die bei der Erstanwendung einschlägigen Definitions- und Ansatzkriterien aus dem Rahmenkonzept teilweise (nahezu) wortgleich in einige IFRS-Einzelstandards übernommen.[732]

Da die sich durch die Neufassung des Rahmenkonzepts im Jahr 2018 ergebenden Änderungen in Bezug auf die Definition und den Ansatz eines Vermögenswertes vom IASB nicht in den jeweiligen Einzelstandards angepasst wurden,[733] bestehen derzeit im aktuellen Normengefüge differierende Definitions- und Ansatzkriterien von Vermögenswerten nebeneinander.[734] Vor diesem Hintergrund soll zunächst die allgemeine Bilanzierungsfähigkeit von erworbenen Zahlungs- und Nutzungs-Token hinsichtlich des im Jahr 2018 veröffentlichten überarbeiteten *Conceptual Framework* geprüft werden. In diesem Zusammenhang werden im ersten Schritt die allgemeinen Definitionskriterien eines Vermögenswertes (Abschnitt 432.) und in einem daran anschließenden zweiten Schritt die allgemeinen Ansatzkriterien eines Vermögenswertes (Ab-

---

725 Vgl. CF.5.7.

726 Vgl. so auch KRAFT, A., Extractive Activities, S. 58; KÖNIG, C., Umsatzrealisierung, S. 45.

727 Vgl. CF.5.8–5.25 i. V. m. CF.BC5.4 (b) i. V. m. CF.BC5.8.

728 Vgl. bereits Abschnitt 31.

729 Vgl. WAWRZINEK, W./LÜBBIG, M., in: Driesch u. a., Beck IFRS HB, 5. Aufl., § 2, Rn. 121. Dies betrifft z. B. IAS 1.15 und IAS 2.6.

730 Vgl. BAETGE, J. U. A., in: Baetge u. a., Rechnungslegung nach IFRS, 2. Aufl., Kap. II, Rn. 69.

731 Vgl. FREIBERG, J./HOFFMANN, W.-D., Abstrakte Bilanzierungsfähigkeit, S. 284.

732 Dies betrifft z. B. IAS 38. Vgl. IAS 38.8 i. V. m. IAS 38.21; CF.4.4 (a) (2010) i. V. m. CF.4.38 (2010), sowie DEHMEL, I., Definitions- und Ansatzkriterien, S. 1770.

733 Vgl. zu den hieraus zu erwartenden Konsequenzen KIRSCH, H., Conceptual Framework (Teil 2), S. 216.

734 In den Einzelstandards wird nunmehr konkretisiert, auf welche Version des Rahmenkonzepts sich die Regelungen beziehen. Vgl. hierzu ausführlich IASB (Hrsg.), Amendments to IFRS Standards; IASB (Hrsg.), Amendments to illustrative examples, implementation guidance and IFRS practice statements. Geplant ist, die Verweise sukzessive zu aktualisieren, so bspw. aktuell in Bezug auf den IFRS 3.

schnitt 433.) mit Blick auf erworbene Zahlungs- und Nutzungs-Token untersucht. Auf Abweichungen zwischen den Definitions- und Ansatzkriterien im aktuellen Rahmenkonzept und den bestehenden Einzelstandards wird separat bei der Prüfung der standardspezifischen Bilanzierungsfähigkeit eingegangen.

432. Definitionskriterien

432.1 Gegenwärtige wirtschaftliche Ressource

432.11 Vorbemerkungen

In CF.4.3 wird ein Vermögenswert definiert als eine gegenwärtige wirtschaftliche Ressource, die von dem bilanzierenden Unternehmen kontrolliert wird und aus Ereignissen der Vergangenheit resultiert. Der Begriff der gegenwärtigen wirtschaftlichen Ressource als erster Komponente dieser Definition wird im überarbeiteten *Conceptual Framework* erstmals separat definiert, und zwar als ein Recht, mit dem das Potenzial verbunden ist, einen wirtschaftlichen Nutzen zu generieren.[735] Folglich ist ein Vermögenswert das Recht auf einen bestimmten wirtschaftlichen Vorteil, und nicht der tatsächliche Zufluss dieses Vorteils.[736] Die Definition einer gegenwärtigen wirtschaftlichen Ressource stellt mithin auf **zwei Komponenten** ab, die im Folgenden gesondert für den Anwendungsfall von erworbenen Krypto-Token untersucht werden. In diesem Zusammenhang wird zunächst auf das Potenzial zur Generierung von wirtschaftlichem Nutzen eines erworbenen Krypto-Token eingegangen (Abschnitt 432.12), um anschließend die Rechte hieran zu konkretisieren (Abschnitt 432.13).

432.12 Potenzial zur Generierung von wirtschaftlichem Nutzen

Eine wirtschaftliche Ressource kann verschiedenartig für ein Unternehmen zu **wirtschaftlichem Nutzen** führen.[737] So wird ein wirtschaftlicher Nutzen bspw. begründet, wenn ein Unternehmen berechtigt ist oder befähigt wird, vertragliche *Cashflows* oder eine andere wirtschaftliche Ressource zu erhalten. Von Bedeutung ist nicht, ob der wirtschaftliche Nutzenzufluss aus der ökonomischen Ressource wahrscheinlich ist.[738] Es ist lediglich erforderlich, dass das Recht an der ökonomischen Ressource bereits besteht und unter mindestens einem Umstand das **Potenzial** hat, für das berichterstattende Unternehmen einen wirtschaftlichen Nutzen zu generieren, welcher nicht für andere Parteien verfügbar ist.[739] Vor diesem Hintergrund kann ein Recht die Definition einer wirtschaftlichen Ressource auch dann erfüllen, wenn die Wahrscheinlichkeit des wirtschaftlichen Nutzens gering ist.[740]

---

735 Vgl. CF.4.4, sowie DEHMEL, I., Definitions- und Ansatzkriterien, S. 1771.

736 Vgl. CF.4.17 i. V. m. CF.BC4.7.

737 Vgl. hier und im folgenden Satz CF.4.16. Mögliche Quellen eines wirtschaftlichen Nutzens erläutert der IASB in CF.4.16 anhand von nicht abschließenden Beispielen.

738 Vgl. hierzu ausführlich CF.BC4.8–BC4.14.

739 Vgl. CF.4.14, sowie ERB, C./PELGER, C., Das neue Rahmenkonzept des IASB, S. 875.

740 Vgl. CF.4.15. Dies ist dann im Rahmen der Ansatzkriterien sowie bei der Bewertung des Rechts zu berücksichtigen.

Auch erworbene Krypto-Token können für das haltende Unternehmen auf verschiedene Weise zu einem wirtschaftlichen Nutzen führen. So kann sich der wirtschaftliche Nutzen aus der **intendierten Nutzung** der erworbenen Krypto-Token ergeben. Zahlungs-Token haben in diesem Zusammenhang das Potenzial, als Tauschmittel plattformübergreifend zu fungieren, während dies für Nutzungs-Token ebenso auf einer einzelnen Plattform gilt. Durch den Einsatz der jeweiligen Krypto-Token erhalten deren Inhaber eine andere wirtschaftliche Ressource (z. B. ein Gut oder eine Dienstleistung),[741] die anschließend im Unternehmen eingesetzt werden kann.[742] Zudem kann ein wirtschaftlicher Nutzen potenziell auch aus einem künftigen **Verkauf** der vom berichterstattenden Unternehmen gehaltenen Krypto-Token resultieren. Ein solcher Verkauf führt dazu, dass das bilanzierende Unternehmen eine Fiatwährung oder andere Krypto-Token erhält, wodurch im Ergebnis ein wirtschaftliches Nutzenpotenzial i. S. v. CF.4.16 (d) konstituiert wird.[743] Vor diesem Hintergrund ist Zahlungs- und Nutzungs-Token grundsätzlich ein wirtschaftliches Nutzenpotenzial zuzuschreiben. Fraglich ist jedoch, ob diese Schlussfolgerung auch mit Blick auf noch nicht funktional einsatzfähige Nutzungs-Token und die Herkunft bestimmter erworbener Krypto-Token gültig ist.

Zunächst soll der Fall eines noch **nicht funktional einsatzfähigen Nutzungs-Token** eingehender untersucht werden. Dieser Aspekt ist insofern von hervorzuhebender Bedeutung, als die in Aussicht gestellten Produkte oder Dienstleistungen im Anfangsstadium eines auf einem Nutzungs-Token basierenden Krypto-Projektes häufig noch nicht existieren, obgleich die Token bereits emittiert wurden. So wird gerade bei Nutzungs-Token regelmäßig zunächst über ein *Initial Token Offering* Kapital eingesammelt, um mit diesem Kapital im Anschluss das Produkt bzw. die Dienstleistung, für die der Nutzungs-Token eingelöst werden kann, zu entwickeln. Eine solche Entwicklung kann nicht nur mitunter eine erhebliche Zeitspanne in Anspruch nehmen, sondern auch scheitern, sodass die künftige Einlösbarkeit des Token nicht garantiert ist.

Gleichwohl ist die auf Sachverhaltsebene bestehende Unsicherheit hinsichtlich des künftigen wirtschaftlichen Nutzenzuflusses für Rechnungslegungszwecke nicht entscheidend in Bezug auf die Bilanzierungsfähigkeit des noch nicht funktional einsatzfähigen Nutzungs-Token. So ist weder ein tatsächlicher noch ein wahrscheinlicher künftiger wirtschaftlicher Nutzenzufluss erforderlich, um die Definitionskriterien eines Vermögenswertes zu erfüllen. Denn das Bilanzierungsobjekt ist nicht direkt die bzw. das durch eine künftige Einlösung des Nutzungs-Token ggf. zugehende Dienstleistung bzw. Produkt, sondern das Recht, an dem (Krypto-)Ökosystem partizipieren zu dürfen, sobald dieses fertiggestellt wurde. Hierfür ist es – CF.4.14 folgend – hinreichend, dass ein möglicher Umstand existiert, bei dem der erworbene Nutzungs-Token für das berichterstattende Unternehmen einen wirtschaftlichen Nutzen generiert, welcher nicht für andere Parteien verfügbar ist. Ein solcher Umstand wird nicht nur in dem dem Nutzungs-Token

741 Vgl. CF.4.16 (a), sowie SOPP, G./GRÜNBERGER, D., Virtuelle Währungen nach IFRS, S. 221.

742 Vgl. KIRSCH, H.-J./VON WIEDING, F., Bitcoin im IFRS-Kontext, S. 116.

743 Vgl. hierzu, wenn auch im handels- bzw. steuerrechtlichen Kontext, KIRSCH, H.-J./VON WIEDING, F., Bitcoin nach HGB, S. 2733; RICHTER, L./AUGEL, C., Geld 2.0, S. 941.

zugrunde liegenden *Whitepaper* beschrieben, sondern durch eine erfolgreiche Finanzierung des Projektes, die die Emission des Token zur Folge hat, auch extern validiert. Diese Schlussfolgerung wird auch dadurch gestärkt, dass der IASB in den Begründungserwägungen zum Rahmenkonzept eine wirtschaftliche Ressource nicht auf solche Ressourcen beschränkt, „*for which a market currently exists.*“[744] Im Ergebnis kann daher ein nutzenstiftender Umstand auch dann angenommen werden, wenn der erworbene Nutzungs-Token funktional noch nicht in seiner intendierten Weise eingesetzt werden kann. Zudem verbliebe in jedem Fall die Möglichkeit der Übertragung des Nutzungs-Token, sodass ein potenzieller wirtschaftlicher Nutzen auch über einen Verkauf realisiert werden könnte.

Als zweiter Aspekt einer potenziellen Einschränkung des wirtschaftlichen Nutzenpotenzials ist die **Herkunft der erworbenen Krypto-Token** weiterführend zu untersuchen. Wurden Krypto-Token bei illegalen Aktivitäten genutzt, können diese von anderen Marktteilnehmern mitunter als „unrein“ (*tainted*) angesehen werden, was bereits dazu geführt hat, dass diese Token von bestimmten Intermediären nicht mehr anerkannt wurden.[745] Dass die Herkunft eines solchen vom berichterstattenden Unternehmen im Bestand gehaltenen Krypto-Token jedoch dazu führt, dass ihm sein wirtschaftliches Nutzenpotenzial vollständig abzusprechen ist, ist jedoch unwahrscheinlich. So genügt es bereits, wenn das berichterstattende Unternehmen mindestens einen Umstand nachweisen kann, bei dem der Krypto-Token noch zu einem wirtschaftlichen Nutzen führen kann, um dem betrachteten Kriterium zu genügen. Auch wenn bestimmte Teilnehmer einen entsprechend „verunreinigten“ Token mitunter nicht mehr akzeptieren, ist dies mithin nicht damit gleichzusetzen, dass keine andere Partei den Token anerkennen wird. Gleichwohl ist ein solcher Umstand als Indiz aufzufassen, die im Bestand gehaltene Werteinheit des entsprechenden Krypto-Token auf Wertminderung zu prüfen. Der Definition eines Vermögenswertes i. S. d. *Conceptual Framework* steht dies jedoch nicht entgegen.

Damit ein nach IFRS bilanzierendes Unternehmen von den erläuterten wirtschaftlichen Nutzenpotenzialen eines erworbenen Krypto-Token profitieren kann und mithin das Kriterium der gegenwärtigen wirtschaftlichen Ressource erfüllt wird, ist es zudem erforderlich, dass das berichterstattende Unternehmen über das Recht an den wirtschaftlichen Nutzenpotenzialen verfügt, was nachfolgend eruiert wird.

432.13 Recht

Obgleich sich der Wert eines Vermögenswertes anhand seines künftigen potenziellen Nutzenzuflusses bemisst, ist dies nicht der Anknüpfungspunkt für die Definition eines Vermögenswertes in den IFRS.[746] Dies begründet der IASB damit, dass das berichterstattende Unternehmen nicht den künftigen wirtschaftlichen Nutzenzufluss an sich, sondern nur das **Recht**, diesen im

[744] CF.BC4.26.
[745] Vgl. PESCH, P. J., Cryptocoin-Schulden, S. 82 f.
[746] Vgl. hier und im folgenden Satz CF.BC4.25.

Fall des tatsächlichen Auftretens, kontrollieren kann.[747] Rechte auf einen wirtschaftlichen Vorteil können in diesem Zusammenhang auf unterschiedliche Weise bestehen.[748] So können sich diese unter anderem gegen eine andere Partei richten (z. B. das Recht auf Erhalt einer Ware oder einer Dienstleistung), müssen dies jedoch nicht zwangsläufig (z. B. Gewinnung von nichtöffentlichem *Know-How*).[749] Obwohl eine Vielzahl an Rechten aus Verträgen oder aus der Gesetzgebung resultiert,[750] ist der Begriff eines „Rechts" nicht juristisch, sondern ökonomisch auszulegen.[751] Hierbei ist zu beachten, dass jedes Recht grundsätzlich ein separater Vermögenswert ist, wobei jedoch miteinander verbundene Rechte häufig als eine Bilanzierungseinheit behandelt werden.[752]

Die Voraussetzung, damit das bilanzierende Unternehmen das Potenzial zur Generierung von wirtschaftlichem Nutzen aus einem Krypto-Token erhalten kann, ist, dass es zum einen die Übertragungsmöglichkeit des Krypto-Token innehat, z. B. um die Möglichkeit zu haben, den erworbenen Krypto-Token als Tauschmittel einzusetzen oder diesen direkt oder indirekt in Zahlungsmittel umzuwandeln. Zum anderen muss das berichterstattende Unternehmen alle anderen Parteien von dem erwarteten künftigen wirtschaftlichen Nutzenzufluss ausschließen können. Vor diesem Hintergrund ist es erforderlich, dass das berichterstattende Unternehmen jederzeit über die erworbenen Krypto-Token disponieren und mithin das **Verfügungsrecht** über diese ausüben kann. Der Rechtebegriff in CF.4.6–4.13 ist daher eng mit dem – ebenfalls in der Definition eines Vermögenswertes verankerten – Kontrollbegriff in CF.4.19–4.25 verbunden.[753] Beide Kriterien fußen auf der Theorie der Verfügungsrechte (sog. *property rights theory*),[754] nach der Verfügungsrechte das Recht zur Nutzung eines Vermögenswertes, das Recht auf Nutzenziehung, das Recht zur Änderung der Form und der Substanz des Vermögenswertes (inklusive Zerstörung) und das Recht zur Veräußerung des Vermögenswertes umfassen.[755] Aufgrund

---

747 Dies verdeutlichte der IASB im Rahmen des ED/2015/3 noch anhand eines Lotteriescheins. In diesem Zusammenhang wurde die wirtschaftliche Ressource als die Teilnahmeberechtigung deklariert und nicht der (mit geringer Wahrscheinlichkeit) erwartete Lotteriegewinn. Vgl. ED.CF.BC4.27. Vgl. hierzu auch DEHMEL, I./HOMMEL, M./KUNKEL, T., Conceptual Framework, S. 1708.

748 Vgl. BAETGE, J. U. A., in: Baetge u. a., Rechnungslegung nach IFRS, 2. Aufl., Kap. II, Rn. 72.

749 Vgl. CF.4.6, sowie ERB, C./PELGER, C., Das neue Rahmenkonzept des IASB, S. 875.

750 Vgl. CF.4.7.

751 Vgl. DEHMEL, I./HOMMEL, M./KUNKEL, T., Conceptual Framework, S. 1709; DEHMEL, I., Definitions- und Ansatzkriterien, S. 1771 f.

752 Vgl. CF.4.11, sowie DEHMEL, I./HOMMEL, M./KUNKEL, T., Conceptual Framework, S. 1708. Der IASB verdeutlicht dies anhand eines Beispiels. So kann das rechtmäßige Eigentum an einem physischen Gegenstand mehrere Rechte begründen (z. B. das Recht auf Nutzung oder das Recht auf den Verkauf), die jedoch in vielen Fällen als ein Vermögenswert bilanziert werden. Konzeptionell ist die wirtschaftliche Ressource gleichwohl das Rechtebündel und nicht das physische Objekt. Vgl. CF.4.11 f. Vgl. zur Abgrenzung der Bilanzierungseinheit CF.4.48–4.55.

753 Auch wenn der Rechtebegriff die Kontrolle über eine wirtschaftliche Ressource bereits implizit abdeckt, entschied sich der IASB, den Kontrollbegriff als expliziten Bestandteil der Definitionskriterien eines Vermögenswertes beizubehalten. Vgl. CF.BC4.43 (a).

754 Vgl. in Bezug auf die Definition einer wirtschaftlichen Ressource DEHMEL, I., Definitions- und Ansatzkriterien, S. 1771 f. Vgl. in Bezug auf das Kontrollkriterium SCHIROTT, V., Bilanzabgang nach IFRS, S. 23.

755 Vgl. hierzu im IFRS-Kontext m. w. N. EWELT-KNAUER, C., Konzernabschluss als Berichtsinstrument, S. 117–149.

der engen Verknüpfung des Rechte- und des Kontrollbegriffs werden diese gemeinsam im folgenden Abschnitt 432.2 behandelt.

432.2 Kontrolle

432.21 Herleitung des konstituierenden Kontrollmerkmals für Krypto-Token

Ein Unternehmen kontrolliert eine wirtschaftliche Ressource, wenn es die gegenwärtige Möglichkeit hat, die Nutzung der wirtschaftlichen Ressource zu lenken und den daraus entstehenden wirtschaftlichen Nutzen direkt oder indirekt zu erhalten.[756] Zudem umfasst die Kontrolle die gegenwärtige Fähigkeit, andere Parteien von der Verwendung der wirtschaftlichen Ressource auszuschließen, sodass immer nur eine Partei eine wirtschaftliche Ressource kontrollieren kann.[757] Daher wird im Schrifttum anstatt des Kontrollbegriffs auch wiederholt der Terminus **Verfügungsmacht** verwendet.[758]

Kontrolle entsteht regelmäßig aus der Möglichkeit, einen Rechtsanspruch durchzusetzen.[759] Gleichwohl ist bei der Prüfung der Kontrolle eine wirtschaftliche Betrachtungsweise zugrunde zu legen (sog. *substance over form*).[760] Hierbei kann die Theorie der Verfügungsrechte unterstützend zugrunde gelegt werden.[761] So zeichnet sich die Verfügungsmacht über eine wirtschaftliche Ressource – wie bereits erläutert –[762] gerade dadurch aus, dass das Unternehmen das Recht zur Nutzung, das Recht auf Nutzenziehung, das Recht zur Änderung der Form und der Substanz und das Recht zur Veräußerung innehat.

Kontrolle über eine wirtschaftliche Ressource besteht auch dann, wenn das berichterstattende Unternehmen als Prinzipal eine andere Partei (sog. Agent) damit beauftragt, in seinem Namen und zu seinen Gunsten zu agieren.[763] Sofern die beauftragte Partei die wirtschaftliche Ressource bspw. ausschließlich für das berichterstattende Unternehmen verwahrt, führt die wirtschaftliche Ressource mithin nicht zu einem Vermögenswert beim Agenten, d. h. der beauftragten Partei, da dieser mittelbar vom Prinzipal kontrolliert wird. Es ist daher zwischen einer unmittelbaren und einer mittelbaren Kontrolle über eine gegenwärtige wirtschaftliche Ressource zu differenzieren.

---

[756] Vgl. CF.4.20 f. i. V. m. CF.4.23. Einen Hinweis auf die Kontrolle über eine wirtschaftliche Ressource liefert bspw. der Umstand, dass das bilanzierende Unternehmen wesentlichen betragsmäßigen Schwankungen in Bezug auf die wirtschaftlichen Nutzenzuflüsse ausgesetzt ist. Vgl. CF.4.24.

[757] Vgl. CF.4.20 i. V. m. CF.4.22.

[758] Vgl. statt vieler MATENA, S., Bilanzielle Vermögenszurechnung nach IFRS, S. 60–67; WAWRZINEK, W./LÜBBIG, M., in: Driesch u. a., Beck IFRS HB, 5. Aufl., § 2, Rn. 124 f.; DEHMEL, I., Definitions- und Ansatzkriterien, S. 1772 f.

[759] Vgl. CF.4.22.

[760] Vgl. MATENA, S., Bilanzielle Vermögenszurechnung nach IFRS, S. 61–63; WAWRZINEK, W./LÜBBIG, M., in: Driesch u. a., Beck IFRS HB, 5. Aufl., § 2, Rn. 125.

[761] Vgl. hier und im folgenden Satz EWELT-KNAUER, C., Konzernabschluss als Berichtsinstrument, S. 124.

[762] Vgl. Abschnitt 432.13.

[763] Vgl. hier und im folgenden Satz CF.4.25, sowie FREIBERG, J./HOFFMANN, W.-D., Abstrakte Bilanzierungsfähigkeit, S. 288.

Kontrolle über einen Krypto-Token besteht mithin, sofern das bilanzierende Unternehmen die gegenwärtige Möglichkeit hat, den Einsatz der Krypto-Token – in Abhängigkeit der Verwendungsabsicht – zu lenken und den hieraus entstehenden wirtschaftlichen Nutzen zu erhalten.[764] Hierzu ist es erforderlich, dass das bilanzierende Unternehmen die Möglichkeit hat, die Krypto-Token zu übertragen,[765] was insofern als **konstituierendes Kontrollmerkmal** von Krypto-Token anzusehen ist. Übertragung bedeutet in diesem Zusammenhang, dass das berichterstattende Unternehmen die Möglichkeit hat, einer anderen Partei den Zugriff auf und die Verfügungsmacht über die Krypto-Token zu gewähren.[766] Anknüpfungspunkt hierfür ist das aus dem öffentlichen und dem privaten Schlüssel bestehende **Schlüsselpaar**, da über dieses die Legitimität von Besitzansprüchen im Krypto-Ökosystem validiert werden kann.

Die exklusive Zuordnung der Werteinheiten zu einem öffentlichen Schlüssel (bzw. den dazugehörigen Adressen) begründet zunächst alleinstehend keine Verfügungsmacht über einen Krypto-Token. Zwar kann ein Eintrag auf einer Blockchain auf eine Vermögensposition des bilanzierenden Unternehmens hinweisen. Jedoch sind die über einen öffentlichen Schlüssel abgewickelten Transaktionen so lange wirtschaftlich wertlos, wie nicht auf den Eintrag auf der Blockchain zugegriffen werden kann.[767] Der Zugriff auf einen solchen Eintrag erfolgt mit dem dem öffentlichen Schlüssel zugehörigen privaten Schlüssel. Folglich wird die Verfügungsmacht über einen Krypto-Token mit dem **privaten Schlüssel** ausgeübt,[768] da mit diesem Transaktionen initiiert, signiert und daher Krypto-Token übertragen werden können.

Da der private Schlüssel auf differierende Weisen und von verschiedenen Parteien verwahrt werden kann,[769] soll im Folgenden untersucht werden, ob sich aus den unterschiedlichen Verwahrformen (eigenständige Verwahrung, Verwahrung durch Dritte, geteilte Verwahrung) Konsequenzen in Bezug auf die Verfügungsmacht und insofern auch das Kontrollkriterium ergeben. So ist unter anderem zu prüfen, ob der Kunde eines Verwahrdienstleisters zumindest mittelbar den Einsatz des privaten Schlüssels kontrolliert und mithin eine Übertragung der Token an eine andere Partei veranlassen kann.

432.22 Eigenständige Verwahrung

Sofern das bilanzierende Unternehmen den privaten Schlüssel eigenständig verwahrt, hat es faktisch die Möglichkeit, Transaktionen zu signieren und somit den Legitimationsnachweis dafür zu erbringen, die auf dem öffentlichen Schlüssel hinterlegten Krypto-Token auf einen neuen Inhaber bzw. allgemeiner auf eine andere Adresse übertragen zu dürfen. Technisch bedeutet dies, dass der Inhaber des privaten Schlüssels das Recht hat, die Kette von digitalen Signaturen,

---

764 Vgl. so auch CHAMBER OF DIGITAL COMMERCE (Hrsg.), Digital Currencies, S. 7.

765 Vgl. so auch im rechtlichen Zusammenhang KÜTÜK-MARKENDORF, M. E., Rechtliche Einordnung von Bitcoin, S. 48 f., sowie bereits Abschnitt 432.13.

766 Vgl. JACQUEMART, N./MEYER, S. D., Der Bitcoin-/Bitcoin-Cash-Hardfork, S. 471.

767 Vgl. SEITZ, J., Distributed Ledger Technology & Bitcoin, S. 765.

768 Vgl. KIRSCH, H.-J./VON WIEDING, F., Bitcoin im IFRS-Kontext, S. 117; SOPP, G./GRÜNBERGER, D., Virtuelle Währungen nach IFRS, S. 221.

769 Vgl. hierzu bereits Abschnitt 231.4.

die die Werteinheiten konstituieren, zu verlängern.[770] Da ein privater Schlüssel unter Verwendung von auf dem Zufallsprinzip basierenden Zahlen- bzw. Buchstabenreihenfolgen generiert wird,[771] kann zudem mit an Sicherheit grenzender Wahrscheinlichkeit ausgeschlossen werden, dass eine andere Partei denselben privaten Schlüssel erzeugt oder errät.[772] Somit können die Inhaber des privaten Schlüssels bei der eigenständigen Verwahrung alle anderen Parteien unmittelbar von der Verwendung der wirtschaftlichen Ressource ausschließen.[773]

Sofern der Inhaber der Bestände von Krypto-Token den privaten Schlüssel **verliert**, hat dieser indes keine Zugriffsmöglichkeit mehr auf die auf der Blockchain in Form von vergangenen Transaktionen hinterlegten Werteinheiten. Anders als im gegenwärtigen Finanzsystem kann auch keine andere zentrale Institution, wie bspw. eine Bank beim Verlust der TAN-Liste für das Online-Banking oder des PIN-Codes für die Kreditkarte, oder eine andere Partei erneuten Zugriff auf die Krypto-Token gewähren.[774] Zudem kann der private Schlüssel auch nicht aus dem öffentlichen Schlüssel abgeleitet werden, da bei der Erstellung des öffentlichen Schlüssels aus dem privaten Schlüssel kryptografische Einweg-Hashfunktionen verwendet werden, die nicht umkehrbar sind.[775] Vor diesem Hintergrund sind die Krypto-Token bei einem Verlust des privaten Schlüssels daher unwiderruflich verloren, sodass keine Kontrolle mehr über die Krypto-Token begründet werden kann.[776, 777]

Auch wenn der private Schlüssel **gestohlen** wird,[778] kann keine Kontrolle mehr über die hinterlegten Krypto-Token nachgewiesen werden, da das bilanzierende Unternehmen unter diesem

---

770 Vgl. MEYER, S. D./SCHUPPLI, B., Smart Contracts, S. 220. Vgl. zudem bereits Abschnitt 231.2.

771 Vgl. hierzu bereits Abschnitt 231.2.

772 Vgl. hierzu bereits Abschnitt 231.2, Fn. 149.

773 Vgl. so auch BECK, B./KÖNIG, D., Einordnung von kryptographischem Geld, S. 131. Strittig ist im juristischen Schrifttum hingegen z. B., ob überhaupt Eigentum an einer Bitcoin-Werteinheit oder allgemeiner an einem Krypto-Token bestehen kann. Vgl. hierzu unter anderem LERCH, M. P., Bitcoin als Evolution des Geldes, S. 196 f.; SEITZ, J., Distributed Ledger Technology & Bitcoin, S. 764–768; BECK, B./KÖNIG, D., Einordnung von kryptographischem Geld, S. 131; BOEHM, F./BRUNS, I., in: Bräutigam/Rücker, E-Commerce Rechtshandbuch, 13. Teil./E., Rn. 7–9. Diese Diskussion ist für IFRS-Zwecke insofern nicht von Bedeutung, als i. S. d. Grundsatzes *substance over form* die faktische Verfügungsmacht über die Krypto-Token besteht. Vgl. KIRSCH, H.-J./VON WIEDING, F., Bitcoin im IFRS-Kontext, S. 117.

774 Vgl. PESCH, P. J., Cryptocoin-Schulden, S. 137; SEITZ, J., Distributed Ledger Technology & Bitcoin, S. 765.

775 Vgl. hierzu bereits ausführlich Abschnitt 231.2.

776 Vgl. so auch HEMMERLE, M./LANGER, M., Blockchain-Technologie, S. 173; CPA CANADA (Hrsg.), Audit Considerations Related to Cryptocurrency Assets and Transactions, S. 19 f.; HECK, J., Steuerliche Behandlung von Kryptowährungen, S. 109. Dies lässt sich mit sog. *Multi-Signatures* umgehen, bei denen mehrere private Schlüssel erforderlich sind, um eine Transaktion durchzuführen. Hierbei handelt es sich um eine Auszahlungsbedingung, die es bspw. erfordert, dass zwei von drei privaten Schlüssel – die z. B. vom bilanzierenden Unternehmen gehalten werden – benötigt werden, um eine Transaktion zu signieren. Vgl. hierzu ANTONOPOULOS, A. M., Bitcoin, S. 81 und S. 274. Sofern ein privater Schlüssel unter diesen Umständen verloren ginge, würde die Kontrolle über die Krypto-Token weiterhin bestehen.

777 Diese Konstellation unterstreicht zudem zusätzlich die Verknüpfung von Verfügungsmacht und privatem Schlüssel. Denn i. S. d. *property rights theory* ist ein Merkmal der Verfügungsmacht, dass der Verfügungsberechtigte das Recht auf Zerstörung innehat. Dieses Recht kann der Inhaber des privaten Schlüssels (bewusst) nutzen, indem dieser den privaten Schlüssel zerstört oder die Bestände an Krypto-Token an eine willkürliche Adresse sendet.

778 Typischerweise richten sich daher Systemangriffe auf die im *Wallet* verwahrten privaten Schlüssel. Vgl. statt vieler DORSCHEL, J./MANZ, S., Contract Management in der Blockchain, S. 554 f. Vgl. zur Strafbarkeit von

Umstand nicht mehr alle anderen Parteien von der Verwendung bzw. der Übertragung der Krypto-Token ausschließen kann. Vielmehr kann der unrechtmäßige Inhaber des privaten Schlüssels dann betrügerische Transaktionen genehmigen, die der rechtmäßige Eigentümer nicht veranlassen würde. Vor diesem Hintergrund ist es mithin erforderlich, dass der private Schlüssel dem berichterstattenden Unternehmen im Rahmen der eigenständigen Verwahrung vorliegt und nicht einer unbefugten Person oder Institution bekannt ist.

432.23 Verwahrung durch Dritte

432.231. Vorbemerkungen

Die eigenständige Verwahrung des privaten Schlüssels kann eine zum Teil umständliche und herausfordernde Aufgabe sein, die zudem ein gewisses Maß an technischer Kompetenz erfordert.[779] Aus diesem Grund lagern Nutzer die Verwahrung der privaten Schlüssel regelmäßig an externe Dienstleister aus (sog. *custodial wallet provider*). Die Verwahrdienstleistung als solche wird zum einen von verschiedenen (zentralisierten) Handelsplattformen und von Zahlungsabwicklern als zusätzliche Dienstleistung angeboten.[780] Zum anderen verwahren bestimmte Unternehmen gegen eine Gebühr auch als alleiniges Geschäftsmodell die Zugangsberechtigung zu Krypto-Token. Die Verwahrung der privaten Schlüssel auszulagern bedeutet, dass der Nutzer einer solchen Dienstleistung den privaten Schlüssel zu seinem Bestand an Krypto-Token nicht kennt und daher An- und Verkäufe sowie das Versenden von Krypto-Token über den Dienstleister erfolgen (müssen). Dies ist ein wesentlicher Unterschied zur eigenständigen Verwahrung von Krypto-Token, bei der zwar auch mitunter Anbieter eine Infrastruktur zur Speicherung der privaten Schlüssel zur Verfügung stellen, den privaten Schlüssel jedoch zu keinem Zeitpunkt kennen. Während die Nutzer bei letztgenannten *Wallet*-Applikationen direkt mit dem Netzwerk kommunizieren, befindet sich im Rahmen der Fremdverwahrung „ein Intermediär zwischen dem Nutzer und der Blockchain.“[781]

Sofern ein nach IFRS bilanzierendes Unternehmen einen Dienstleister mit der Verwahrung der Krypto-Token beauftragt und der Dienstleister insofern über den privaten Schlüssel zu den verwahrten Beständen verfügt, stellt sich die Frage, ob der Kunde des Dienstleisters die Krypto-Token kontrolliert.[782] Entscheidend ist vor diesem Hintergrund, ob das bilanzierende Unternehmen **mittelbar** die Möglichkeit hat, die Nutzung der wirtschaftlichen Ressource zu lenken und den daraus potenziell entstehenden wirtschaftlichen Nutzen zu erhalten. Insofern ist das Kriterium der Kontrolle zunächst aus der Perspektive des Kunden eines Verwahrdienstleisters zu

---

Krypto-Token „Diebstählen“ BOEHM, F./PESCH, P. J., Bitcoins, S. 77. Vgl. zu haftungsrechtlichen Ansprüchen gegen den Anbieter einer *Wallet* SEITZ, J., Distributed Ledger Technology & Bitcoin, S. 766 f.; PESCH, P. J., Cryptocoin-Schulden, S. 220.

779 Vgl. hier und im folgenden Satz RAUCHS, M. U. A., 2nd Global Cryptoasset Benchmarking Study, S. 49; KELLER, A./STOLZENBERG, B., Kryptowährungen, S. 463, sowie bereits Abschnitt 231.4.

780 Vgl. hier und im folgenden Satz PWC (Hrsg.), Rechnungslegung von Krypto-Assets, S. 12. Vgl. zudem zu diesen beiden Akteuren bereits Abschnitt 231.4.

781 HOFERT, E., Regulierung der Blockchains, S. 148.

782 Vgl. HOFERT, E., Regulierung der Blockchains, S. 148.

diskutieren (Abschnitt 432.232.). Daran anschließend soll ein Perspektivwechsel zum Verwahrdienstleister erfolgen (Abschnitt 432.233.). Da dieser zumindest die faktische Verfügungsmöglichkeit hat, soll untersucht werden, ob der Verwahrdienstleister mitunter das Kontrollkriterium i. S. d. Rahmenkonzepts erfüllt. Die Einnahme dieser Perspektive wird zudem noch mit Blick auf die tatbestandsseitige Einordnung von Krypto-Token als Finanzinstrument von Bedeutung sein.

432.232. Perspektive des Kunden eines Verwahrdienstleisters

Die Kunden eines *custodial wallet provider* können über eine eigene Authentifizierungsebene auf die verwahrten Krypto-Token zugreifen.[783] Diese besteht in der Regel aus Nutzername-Passwort-Kombinationen, über die ein Kundenkonto angelegt und verwaltet werden kann. Über das Konto besteht auch die Möglichkeit, die verwahrten Krypto-Token im Rahmen eines Auszahlungsprozesses (sog. *withdrawal*) an andere Adressen außerhalb der Infrastruktur des Betreibers zu senden. In diesem Zusammenhang hat der Kunde entweder einen schuldrechtlichen Anspruch auf die Aushändigung des privaten Schlüssels, durch den ein direkter Zugriff auf die Krypto-Token möglich ist, oder einen schuldrechtlichen Anspruch auf die Übertragung der verwahrten Krypto-Token an eine nur vom Kunden kontrollierte Adresse.[784] Der Kunde hat daher mittelbar die Möglichkeit, die Nutzung der Krypto-Token zu lenken,[785] indem dieser die Zugriffsmöglichkeit überträgt.[786] Aus Sicht des Kunden handelt es sich mithin um eine treuhänderische Verwahrung durch den Verwahrdienstleister, durch die andere Parteien vom Nutzenzufluss ausgeschlossen werden können.[787] Ein weiteres Indiz dafür, dass der **Kunde die von Dritten verwahrten Krypto-Token mittelbar kontrolliert**, ist, dass dieser den wesentlichen betragsmäßigen Schwankungen aus Marktpreisänderungen ausgesetzt ist.[788] So führt eine Marktpreisänderung unmittelbar zu einer veränderten Vermögensposition beim Kunden, d. h. dem berichterstattenden Unternehmen.

Als mögliche Einschränkung der Kontrolle wird mitunter auf das **erhebliche Gegenparteirisiko** hingewiesen, dem die Nutzer von zentralisiert agierenden Verwahrdienstleistern ausgesetzt sind.[789] In diesem Zusammenhang besteht ein wesentliches Risiko für den Kunden in IT-

---

783 Vgl. ERBGUTH, J./FASCHING, J. G., Verantwortlicher einer Bitcoin-Transaktion, S. 561.

784 Vgl. JACQUEMART, N./MEYER, S. D., Der Bitcoin-/Bitcoin-Cash-Hardfork, S. 471.

785 Vgl. CF.4.20 i. V. m. CF.4.25. Vgl. so auch HOFERT, E., Regulierung der Blockchains, S. 149. Weiterhin kann der wirtschaftliche Nutzenzufluss ggf. auch auf der Plattform des Anbieters selbst erzielt werden, z. B. auf einer Handelsplattform durch den Verkauf eines Krypto-Token an eine andere Partei.

786 Sofern es an einem Herausgabeanspruch von dem Krypto-Token fehlt, ist der Krypto-Token lediglich als Basiswert für ein derivatives Finanzinstrument anzusehen. Vgl. FREIBERG, J., Digitale (Krypto-)Währungen nach IFRS, S. 150; BDO (Hrsg.), Bilanzierung von digitalen (Krypto-)Währungen nach IFRS, o. S. Vgl. ähnlich auch EY (Hrsg.), Bilanzierung von Kryptovermögenswerten, S. 18. Diese Konstellation wird im Rahmen dieser Arbeit nicht betrachtet. Vgl. bereits Abschnitt 41, Fn. 685.

787 Vgl. so auch PETRY, H. M., Kryptowährungen nach SWISS GAAP, S. 371; OESCH, D./PETRY, H. M., Bilanzierung von Kryptowährungen, S. 21.

788 Vgl. CF.4.24, sowie EY (Hrsg.), Bilanzierung von Kryptovermögenswerten, S. 7; OESCH, D./PETRY, H. M., Bilanzierung von Kryptowährungen, S. 21.

789 Vgl. statt vieler ESMA (Hrsg.), Initial Coin Offerings and Crypto-Assets, S. 15.

Sicherheitslücken des Dienstleisters, was in der Vergangenheit bereits zu gehackten Handelsplattformen und dem Verlust von Beständen an Krypto-Token geführt hat.[790] Unter diesen Umständen kam es vor, dass der Dienstleister im Anschluss nicht mehr in ausreichendem Umfang über die entsprechenden Krypto-Token verfügte, um die Ansprüche aller Kunden erfüllen zu können.[791] Das Risiko der Nichtdeckung besteht zudem, wenn das verwahrende Unternehmen nicht genügend Krypto-Token hinterlegt hat, d. h. über die (angeblich) verwahrten Krypto-Token gar nicht verfügt. So fanden bspw. die Prüfer der mittlerweile insolventen Handelsplattform QUADRIGACX lediglich Adressen ohne „Guthaben" vor.[792] Problematisch ist in diesem Zusammenhang, dass Haftungsfragen – z. B. bei dem Verlust der privaten Schlüssel durch die Plattform, bei der Pleite einer Plattform oder bei Hacking-Angriffen – noch nicht hinreichend auf rechtlicher und regulatorischer Ebene geklärt sind.[793] Die adäquate Auswahl und fortwährende Überwachung der Dienstleister ist daher eine elementare Frage des Risikomanagements des bilanzierenden Unternehmens. Gleichwohl steht dies der mittelbaren wirtschaftlichen Verfügungsmacht über die Krypto-Token und mithin der Ansatzentscheidung nicht entgegen. Vielmehr handelt es sich beim Eintritt von einem der beschriebenen Fälle um Fragestellungen der (Folge-)Bewertung.

432.233. Perspektive des Verwahrdienstleisters

Die vorangehenden Ausführungen haben gezeigt, dass der Kunde (bzw. der Nutzer) eines Verwahrdienstleisters stets die mittelbare Verfügungsmacht über die von der dritten Partei verwahrten Krypto-Token innehat. So hat der Kunde – wie bereits erläutert – gegenüber dem Verwahrdienstleister entweder einen schuldrechtlichen Anspruch auf den privaten Schlüssel, durch den ein direkter Zugriff auf die Krypto-Token möglich ist, oder einen schuldrechtlichen Übertragungsanspruch an eine nur vom Kunden kontrollierte Adresse.[794] Der Nutzer solch einer Dienstleistung kann insofern kurzfristig und ohne Strafe die vom Dienstleister verwahrten Krypto-Token abziehen.

---

790 Vgl. BÖHME, R. U. A., Bitcoin, S. 226 f.

791 Vgl. EY (Hrsg.), Bilanzierung von Kryptovermögenswerten, S. 7 f.; PESCH, P. J., Cryptocoin-Schulden, S. 220 f. Im Fall eines Verlustes oder eines Diebstahls von Beständen an Krypto-Token hat eine wachsende Zahl von Dienstleistern (2018: 64 %) ein Erstattungsverfahren eingeführt. Vgl. RAUCHS, M. U. A., 2nd Global Cryptoasset Benchmarking Study, S. 50.

792 Vgl. hierzu KANNENBERG, A., Prüfer finden leere Adressen, o. S. Drei Viertel der verwahrenden Dienstleister lassen jedoch die Reserven von externen Prüfern auditieren. Vgl. RAUCHS, M. U. A., 2nd Global Cryptoasset Benchmarking Study, S. 51. Es hat sich in der Praxis zudem gezeigt, dass die Möglichkeit der Nutzer, Krypto-Token an anderweitige Adressen zu senden oder sich in einer Fiatwährung auszahlen zu lassen, zwischenzeitlich eingeschränkt sein kann. Vgl. EY (Hrsg.), Bilanzierung von Kryptovermögenswerten, S. 8. Vgl. für zwei Beispiele FADILPAŠIĆ, S., Bitfinex Nutzer kämpfen mit der Auszahlung, o. S.; FADILPAŠIĆ, S., Krypto-Börse HitBTC unter Beschuss, o. S.

793 Vgl. zu möglichen Haftungsfällen und den möglichen zivilrechtlichen Anspruchsgrundlagen BOEHM, F./BRUNS, I., in: Bräutigam/Rücker, E-Commerce Rechtshandbuch, 13. Teil./E., Rn. 27–37.

794 Dies ist ein wesentlicher Unterschied zum Fall, dass der Inhaber eines (erworbenen) Krypto-Token eine *Wallet* nutzt, die zur eigenständigen Verwahrung gedacht ist. So besteht bei den darunter fallenden *Wallet*-Arten kein Herausgabeanspruch gegenüber einer anderen Partei, da der Betreiber einer hierunter zu fassenden *Wallet*-Applikation nicht auf die Krypto-Token zugreifen und mithin nicht einmal faktisch über diese verfügen kann.

Die Frage, die sich jedoch aus der Perspektive des Verwahrdienstleisters stellt, ist, ob dieser unter Umständen – unabhängig von der Herausgabepflicht gegenüber dem Kunden – zeitweise über die verwahrten Krypto-Token verfügen und deren Einsatz lenken kann. Diesbezüglich ist aus der Perspektive des Verwahrdienstleisters die konkrete **vertragliche Vereinbarung**[795] mit dem Kunden, d. h. dem mittelbar Verfügungsberechtigten, von entscheidender Bedeutung, da mit dieser die zugrunde liegenden Rechte und Pflichten hinsichtlich der Verwahrung der Token verknüpft sind. In dieser Hinsicht ist zwischen zwei Geschäftsmodellen zu unterscheiden,[796] die nachfolgend separat in Bezug auf die Möglichkeit der Kontrolle über die verwahrten Krypto-Token aus der Perspektive des Verwahrdienstleisters untersucht werden.

Sofern das verwahrende Unternehmen aufgrund der vertraglichen Bestimmung **lediglich im Auftrag des Kunden** agieren darf und die zu den Token zugehörigen privaten Schlüssel[797] ausschließlich verwaltet, fungiert das verwahrende Unternehmen als Agent für den Kunden. Nach CF.4.25 hat das verwahrende Unternehmen in diesem Fall keine Kontrolle im bilanziellen Sinne über die Krypto-Token, da es nicht über deren Nutzung entscheiden darf. Hierfür spricht auch, dass in diesem Fall der Verwahrdienstleister keinen Chancen und keinen Risiken aus Schwankungen von Marktpreisänderungen ausgesetzt ist, sondern diese vollständig vom Kunden getragen werden.[798] Vor diesem Hintergrund besteht für den Verwahrdienstleister auch kein Liquiditätsrisiko aus einem potenziellen kurzfristigen Abzug der verwahrten Bestände durch den Kunden. Das Geschäftsmodell des Verwahrenden besteht in diesem Fall nicht darin, Erträge durch den Verkauf oder den Tausch von Krypto-Token zu generieren, sondern vielmehr darin, eine IT-Infrastruktur zur Verfügung zu stellen und hierfür vom Kunden eine Gebühr zu verlangen.[799]

Daneben existieren auch Haltevereinbarungen, bei denen der Betreiber der Verwahrstelle das Recht hat, Krypto-Token vom mittelbaren Inhaber „auszuleihen“.[800] Im Rahmen einer solchen vertraglichen Vereinbarung dürfen die Verwahrdienstleister die im Auftrag des Kunden gehaltenen Krypto-Token **für andere Zwecke verwenden**, bspw. um kurzfristigen Handel zu betreiben. Sofern dies der Fall ist, kann das verwahrende Unternehmen über den Einsatz der Krypto-Token im Rahmen der vertraglichen Vereinbarung bestimmen und den daraus mitunter

---

795 ENGELHARDT/KLEIN charakterisieren diese Vereinbarung als (atypischen) Verwahrungsvertrag. Vgl. hierzu ENGELHARDT, C./KLEIN, S., Bitcoins, S. 356. Vgl. zu den hieraus resultierenden Haftungsfragen BOEHM, F./BRUNS, I., in: Bräutigam/Rücker, E-Commerce Rechtshandbuch, 13. Teil./E., Rn. 32.

796 Vgl. ähnlich PWC (Hrsg.), Rechnungslegung von Krypto-Assets, S. 13.

797 Teilweise werden nicht separat für jeden Nutzer ein oder mehrere private Schlüssel für den Zugriff auf die hinterlegten Werteinheiten verwaltet. Vielmehr werden die Bestände an Krypto-Token für verschiedene Nutzer über dieselben privaten und öffentlichen Schlüssel verwaltet. Dies gilt auch für das noch zu untersuchende zweite Geschäftsmodell.

798 Vgl. OESCH, D./PETRY, H. M., Bilanzierung von Kryptowährungen, S. 21.

799 Vgl. OESCH, D./PETRY, H. M., Bilanzierung von Kryptowährungen, S. 21.

800 Vgl. ausführlich zur Verwahrung von Krypto-Token durch Dritte PWC (Hrsg.), Rechnungslegung von Krypto-Assets, S. 12–14. PETRY merkt zutreffend an, dass dies in der Regel nicht der Fall ist und die Verwahrenden nicht frei über die Token verfügen können. Vgl. PETRY, H. M., Rechnungslegung von Kryptowährungen, S. 43.

resultierenden wirtschaftlichen Nutzen vereinnahmen.[801] Der Betreiber kann unter diesem Umstand mithin die wirtschaftliche Ressource lenken, was dafür spricht, dass die Dienstleister die „ausgeliehenen" Krypto-Token kontrollieren. Da der mittelbar verfügungsberechtigte Kunde allerdings jederzeit die Herausgabe seiner Bestände an Krypto-Token anweisen kann, besteht für den Verwahrdienstleister mitunter ein Liquiditätsrisiko.[802] Vor diesem Hintergrund ist der Verwahrdienstleister – sofern dieser nicht direkt die entsprechende Menge an angeforderten Token hält – direkt von Kursschwankungen betroffen, was ebenso indiziert, dass dieser Kontrolle über die „ausgeliehenen" Krypto-Token hat. Der mittelbaren Verfügungsmacht des Kunden des Verwahrdienstleisters über die Krypto-Token steht dies nicht entgegen, da dieser stets einen mittelbaren Anspruch auf Übertragung der Werteinheiten hat.

Im Ergebnis ist die konkrete vertragliche Haltevereinbarung zwischen Dienstleister und Kunde von entscheidender Bedeutung mit Blick auf das Kontrollkriterium aus der Perspektive des Verwahrdienstleisters und mithin auch hinsichtlich einer potenziellen Aktivierung eines Vermögenswertes bei diesem.

432.24 Geteilte Verwahrung

Die dritte Möglichkeit der Verwahrung der Zugriffsberechtigung liegt darin, dass sowohl der Kunde als auch ein Dienstleister einen oder mehrere private Schlüssel verwahren.[803] Um eine Transaktion zu initiieren und somit die Verfügungsberechtigung zu übertragen, ist es erforderlich, dass die Transaktion mit einer bestimmten Anzahl an privaten Schlüsseln signiert wird. In diesem Fall besteht für den Kunden solch einer Dienstleistung eine weitaus geringere Abhängigkeit vom verwahrenden Unternehmen, da dieses die Krypto-Token in keinem Fall einseitig übertragen kann.[804]

In Bezug auf die Kontrolle über die Krypto-Token lassen sich bei einer geteilten Verwahrung die Erkenntnisse aus der alleinigen eigenständigen Verwahrung und der alleinigen Verwahrung durch Dritte verbinden. Aus der Perspektive des Kunden betrachtet, kontrolliert dieser den bzw. die eigenen privaten Schlüssel **unmittelbar**. Zudem kontrolliert er **mittelbar** ebenso den bzw. die privaten Schlüssel, die von einer dritten Partei verwahrt werden. Vor diesem Hintergrund kann der Kunde solch einer geteilte Verwahrung alle anderen Parteien, d. h. auch das für ihn einen oder mehrere private Schlüssel verwahrende Unternehmen, von der Verwendung der wirtschaftlichen Ressource ausschließen. Für den Kunden einer solchen Dienstleistung besteht daher im Ergebnis Kontrolle über die Krypto-Token, während der Dienstleister keine Kontrolle in Bezug auf die (teilweise) verwahrten Krypto-Token nachweisen kann.[805] Dies ist damit zu

---

801 Vgl. CF.4.20.

802 Vgl. zu den hierbei mitunter auftretenden Problemen in der Praxis Abschnitt 432.232., Fn. 792.

803 Hierbei handelt es sich um eine sog. *Multi-Signature*, die auch innerhalb eines Unternehmens bei eigenständiger Verwahrung eingesetzt werden kann. Vgl. Abschnitt 432.22, Fn. 776.

804 Vgl. OESCH, D./PETRY, H. M., Bilanzierung von Kryptowährungen, S. 21; RAUCHS, M. U. A., 2nd Global Cryptoasset Benchmarking Study, S. 53.

805 Vgl. so auch OESCH, D./PETRY, H. M., Bilanzierung von Kryptowährungen, S. 21.

begründen, dass der Verwahrdienstleister die direkt vom Nutzer gehaltenen privaten Schlüssel weder mittelbar noch unmittelbar kontrolliert.

432.3 Vergangenes Ereignis

Damit eine wirtschaftliche Ressource aktivierungsfähig ist, muss das bilanzierende Unternehmen die Kontrolle über eine wirtschaftliche Ressource aufgrund eines **vergangenen Geschäftsvorfalls** oder eines **sonstigen Ereignisses** vor dem Bilanzstichtag erhalten haben.[806] Insofern begründet weder die Absichtserklärung[807] eine wirtschaftliche Ressource zu erwerben noch eine getätigte Auszahlung[808] für sich genommen unmittelbar die Existenz eines Vermögenswertes. Vielmehr ist darauf abzustellen, ob die wirtschaftliche Ressource dem Unternehmen aufgrund des vergangenen Ereignisses bereits zugegangen ist.[809]

Krypto-Token können dem bilanzierenden Unternehmen aus unterschiedlichen vergangenen Geschäftsvorfällen zugehen.[810] Bei der behandelten Zugangsart des Erwerbs kann das vergangene Ereignis aus dem Erwerb über eine zentralisierte oder eine dezentrale Handelsplattform, dem privaten Erwerb oder dem Erwerb im Rahmen eines *Initial Token Offering* resultieren.[811] Um ein vergangenes Ereignis zu begründen, muss die wirtschaftliche Ressource dem bilanzierenden Unternehmen bereits zugegangen sein. Die Absicht einen Krypto-Token zu erwerben, ist daher ebenso wenig ein schlüssiger Nachweis für ein vergangenes Ereignis, wie der Umstand, dass die Gegenleistung für den zu erwerbenden Krypto-Token, d. h. eine Form der Auszahlung,[812] bereits erfolgte. Damit ein vergangenes Ereignis als solches beim Erwerb von Krypto-Token vorliegt, ist daher auf den **Zeitpunkt des Kontrollübergangs über die Krypto-Token** abzustellen. Das ebenfalls in der Definition eines Vermögenswertes angelegte Kriterium der Kontrolle ist daher eng mit dem Kriterium des vergangenen Ereignisses verknüpft.[813] Abhängig von der konkreten Erwerbsform kommen für den Zeitpunkt des Kontrollübergangs unterschiedliche konstituierende Merkmale in Betracht. Zu unterscheiden ist zwischen einem direkt über die Blockchain abgewickelten Erwerb und einem *off-chain* abgewickelten Erwerb.

---

806 Vgl. CF.4.3, sowie WAWRZINEK, W./LÜBBIG, M., in: Driesch u. a., Beck IFRS HB, 5. Aufl., § 2, Rn. 123; BAETGE, J./KIRSCH, H.-J./THIELE, S., Bilanzen, S. 183.

807 Vgl. HINZ, M., Rechnungslegung nach IFRS, S. 95.

808 Auch wenn eine Auszahlung ein Indiz für einen künftigen wirtschaftlichen Nutzen ist, handelt es sich nicht um eine zwingende Voraussetzung für die Existenz eines Vermögenswertes. Denn auch unentgeltlich erlangte wirtschaftliche Ressourcen, z. B. durch eine Schenkung, können die Vermögenswertdefinition erfüllen. Gleichwohl besteht eine enge Verknüpfung zwischen einer Auszahlung und der Existenz eines aktivierungsfähigen Vermögenswertes. Vgl. MATENA, S., Bilanzielle Vermögenszurechnung nach IFRS, S. 67; BAETGE, J. U. A., in: Baetge u. a., Rechnungslegung nach IFRS, 2. Aufl., Kap. II, Rn. 72c.

809 Vgl. MATENA, S., Bilanzielle Vermögenszurechnung nach IFRS, S. 67; BAETGE, J./KIRSCH, H.-J./THIELE, S., Bilanzen, S. 183.

810 Vgl. Abschnitt 41, sowie PETRY, H. M., Kryptowährungen nach SWISS GAAP, S. 371; DELOITTE (Hrsg.), Cryptocurrency, S. 8; CHAMBER OF DIGITAL COMMERCE (Hrsg.), Digital Currencies, S. 7.

811 Vgl. bereits Abschnitt 41.

812 Vgl. RICHTER, L./AUGEL, C., Geld 2.0, S. 940 f.; PENNER, S., Virtuelle Wirtschaftsgüter, S. 50 f.; HIRSCHLER, K./STÜCKLER, K., Bilanzierung von Kryptowährungen, S. 119.

813 Vgl. zur Verbindung der Kriterien auch CF.BC4.18.

Anwendungsfälle eines direkten **blockchainbasierten Erwerbs** sind ein Erwerb über ein *Initial Token Offering*,[814] ein Erwerb über eine dezentrale Handelsplattform sowie ein privater Erwerb. Die Frage, die sich hierbei ergibt, ist, ab wann das für die Erfüllung der Definitionskriterien erforderliche vergangene Ereignis vorliegt, da diesbezüglich unterschiedliche Zeitpunkte in Betracht kommen. Das reine Initiieren einer blockchainbasierten Transaktion, mittels der das erwerbende Unternehmen die Krypto-Token erhalten soll, ist in diesem Zusammenhang keine hinreichende Begründung für ein vergangenes Ereignis. So ist zu diesem Zeitpunkt die Erwerbstransaktion noch nicht bestätigt. Sofern die *Nodes* bspw. feststellen, dass die initiierte Transaktion nicht gültig ist, wird diese verworfen und die Krypto-Token gehen dem Erwerbenden nicht zu. Doch selbst wenn die Gültigkeit der Transaktion gegeben ist, ist dem Erwerbenden die wirtschaftliche Ressource noch nicht zugegangen. Erst der **Eintrag der Transaktion in die dem Krypto-Token zugrunde liegende Blockchain**, also die Bestätigung durch die *Miner* oder die Validatoren, konstituiert ein vergangenes Ereignis. Denn hierdurch erfolgt eine Zuordnung der Krypto-Token zu einer dem öffentlichen Schlüssel zugeordneten Adresse,[815] die der Erwerbende mit dem zugehörigen privaten Schlüssel kontrollieren kann.

Da die Verbreitung eines neuen Blocks mit der (Erwerbs-)Transaktion eine gewisse Zeit in Anspruch nehmen kann und somit nicht alle *Miner* diese Information gleichzeitig erhalten, ist es möglich (wenn auch unwahrscheinlich), dass unterschiedliche *Miner* nahezu zeitgleich neue Blöcke finden und an das Netzwerk kommunizieren, sodass kurzfristig mehrere gültige Blockketten (ein sog. *Fork*) bestehen.[816] Aus diesem Grund sollte ein vergangenes Ereignis erst nach einer **gewissen Anzahl an Bestätigungen**, d. h. Verweisen von nachfolgenden Blöcken auf den Block, in dem die Erwerbstransaktion integriert ist, angenommen werden.[817] Bei der Bitcoin-Blockchain wird eine Transaktion bspw. nach sechs Bestätigungen als hinreichend verbindlich bestätigt angesehen.[818] Gleichwohl ist dem konkreten Zeitpunkt der Bestätigung wohl lediglich eine **theoretische Bedeutung** beizumessen. Damit sich hieraus in der Praxis materielle Konsequenzen ergeben, müsste der Bestätigungsprozess auf den Übergang zwischen den Geschäftsjahren fallen. Im Zusammenhang mit einer Bitcoin-Transaktion würde die als hinreichend verbindlich erachtete Bestätigung zudem lediglich ca. eine Stunde dauern, wodurch diese Thematik für die Jahresabschlusserstellung in der Regel nicht bedeutend sein wird. Dass es sich hierbei lediglich um einen theoretischen Aspekt handelt, wird zudem dadurch unterstrichen, dass

---

[814] Krypto-Token können vom Emittenten bereits zum Zeitpunkt der Mittelaufnahme an die Erwerber oder erst zu einem späteren Zeitpunkt ausgegeben werden. Betrachtet wird im Rahmen dieser Arbeit nur, wenn der originäre Krypto-Token ausgegeben wird. Vgl. bereits Abschnitt 41, Fn. 685. Sofern der Emittent hingegen nur verspricht, zu einem späteren Zeitpunkt (z. B. weil die zugrunde liegende Blockchain noch entwickelt werden muss) Krypto-Token an die Teilnehmer des *Initial Token Offering* auszugeben, begründet dies kein vergangenes Ereignis mit Blick auf den Zugang des originären Krypto-Token. In diesem Fall kann jedoch ggf. das Recht auf den Erhalt des Krypto-Token aktiviert werden.

[815] Vgl. PESCH, P. J., Cryptocoin-Schulden, S. 131.

[816] Vgl. hierzu bereits ausführlich Abschnitt 231.33.

[817] Vgl. so auch in Hinblick auf Bitcoin-Transaktionen PESCH, P. J., Cryptocoin-Schulden, S. 143.

[818] Vgl. bereits Abschnitt 231.33.

Transaktionen im Rahmen des *Proof-of-Work* oder des *Proof-of-Stake* von anderen Krypto-Token als Bitcoin noch bedeutend schneller bestätigt werden.

Allerdings werden nicht alle Erwerbstransaktionen über eine Blockchain durchgeführt, sodass diese Transaktionen nicht zwangsläufig in einer öffentlich einsehbaren Transaktionshistorie nachvollzogen werden können. So werden unter anderem Erwerbe von Krypto-Token über zentralisiert agierende Handelsplattformen regelmäßig ***off-chain***, d. h. ohne direkten Eintrag in die Blockchain, abgewickelt. Gleichwohl muss der Erwerb nicht zwangsläufig auf der dem Token zugrunde liegenden Blockchain erfolgen, um ein vergangenes Ereignis zu begründen, sofern die Kontrolle über den Krypto-Token bereits auf den Erwerber übergegangen ist. Dies ist bei einem Erwerb über eine zentralisiert agierende Handelsplattform mit der Bestätigung der Transaktion seitens der Handelsplattform der Fall. Die Bestätigung der Eigentumsübertragung liegt somit vollständig bei der Handelsplattform.[819]

433. Ansatzkriterien

Die die Definitionskriterien erfüllenden erworbenen Krypto-Token sind jedoch nur in der Bilanz – vorbehaltlich etwaiger standardspezifischer Ansatzverbote – zu aktivieren, wenn sie zusätzlich die Ansatzkriterien gemäß CF.5.7 erfüllen, welche sich an den **fundamentalen qualitativen Anforderungen** an die Informationsvermittlung anlehnen. So sind erworbene Krypto-Token nur im IFRS-Abschluss anzusetzen, wenn deren Ansatz zu relevanten und zu glaubwürdig dargestellten Informationen führt.[820] In diesem Zusammenhang sind die aus dem Ansatz bzw. die aus dem Verzicht des Ansatzes resultierenden bilanziellen Konsequenzen in Bezug auf die Vermittlung von entscheidungsnützlichen Informationen abzuwägen,[821] wobei im Wesentlichen unterschiedliche Dimensionen der Unsicherheit zu beurteilen sind.[822]

Damit der Ansatz eines Vermögenswertes zu **relevanten Informationen** führt, sind vor allem zwei Faktoren von Bedeutung. So ist zum einen zu berücksichtigen, wie (un-)sicher die Existenz eines Vermögenswertes ist.[823] Zum anderen kann die Relevanz der vermittelten Informationen durch den Ansatz eines Vermögenswertes eingeschränkt sein, sofern dieser zwar existiert, die Wahrscheinlichkeit eines Zuflusses an wirtschaftlichem Nutzen jedoch gering ist.[824]

Eine **Unsicherheit in Bezug auf die Existenz** von erworbenen Krypto-Token ist nicht gegeben. So handelt es sich zum einen bei den in dieser Arbeit betrachteten Krypto-Token um bereits marktfähige, d. h. transferierbare Vermögenswerte, deren Existenz im Allgemeinen über den Eintrag in die dem entsprechenden Token zugrunde liegende Blockchain nachgewiesen werden

---

819 Vgl. ESMA (Hrsg.), Initial Coin Offerings and Crypto-Assets, S. 15.
820 Vgl. CF.5.7. Zudem ist die Kostenrestriktion einzuhalten. Vgl. CF.5.8 f.
821 Vgl. CF.5.7 i. V. m. CF.5.10 f.
822 Vgl. CF.BC5.13.
823 Vgl. CF.5.12 (a) i. V. m. CF.5.14. Als Beispiel für eine solche Unsicherheit wird im Rahmenkonzept eine der Sache nach umstrittende Schadensersatzforderung genannt.
824 Vgl. CF.5.12 (b) i. V. m. CF.5.15–5.17.

kann. Zum anderen liegt durch die mittelbare oder unmittelbare Kontrolle, die aus einem vergangenen Ereignis resultiert, auch im Speziellen keine Existenzunsicherheit vor.

Neben der Beurteilung der Existenzunsicherheit ist es in Bezug auf eine relevante Informationsvermittlung aus dem Ansatz eines Vermögenswertes ebenso von Bedeutung, die **Wahrscheinlichkeit des wirtschaftlichen Nutzenzuflusses** zu evaluieren. Eine konkrete Schwelle, ab wann die Wahrscheinlichkeit eines wirtschaftlichen Nutzenzufluss zu gering ist, um den Ansatz eines Vermögenswertes zu negieren, sieht das *Conceptual Framework* (2018) nicht (mehr) vor.[825] Während ein wirtschaftlicher Nutzenzufluss aus etablierten Krypto-Token, z. B. Bitcoin-Werteinheiten und Ether, zweifelsfrei anzunehmen ist,[826] ist dies bei noch nicht funktional einsetzbaren Krypto-Token ggf. schwieriger nachzuweisen. So scheitert eine Vielzahl an Projekten im Krypto-Ökosystem entweder aufgrund von betrügerischen Absichten der Token-Emittenten[827] oder bei der Entwicklung des dem Krypto-Token zugrunde liegenden Geschäftsmodells.[828] Gleichwohl ist anzumerken, dass die Krypto-Token bereits durch die Möglichkeit der Übertragung auf eine andere Partei zu wirtschaftlichem Nutzen, wenn auch ggf. nicht dem durch das Projekt intendierten Nutzen, führen können.[829] Zudem lässt sich im Fall von erworbenen Krypto-Token argumentieren, dass die Bereitschaft des berichterstattenden Unternehmens, einen gewissen Preis für die Krypto-Token zu entrichten, dafür spricht, dass dieses mit hinreichender Wahrscheinlichkeit einen künftigen wirtschaftlichen Nutzen annimmt, welcher sich im entrichteten Preis reflektiert.[830] Vor diesem Hintergrund steht die Wahrscheinlichkeit des wirtschaftlichen Nutzenzuflusses dem Ansatz eines erworbenen Krypto-Token nicht entgegen.

Der Ansatz eines Vermögenswertes ist i. S. d. Rahmenkonzepts angezeigt, wenn nicht nur relevante Informationen für die primären IFRS-Adressaten bereitgestellt werden, sondern auch eine **glaubwürdige Darstellung** gewährleistet wird.[831] Diese hängt maßgeblich von der mit dem Vermögenswert verbundenen Bewertungsunsicherheit sowie ggf. weiteren Faktoren zum Zeitpunkt des potenziellen Ansatzes ab.

Ein wesentliches Element, das zu einer erhöhten **Bewertungsunsicherheit** und mithin ggf. zu einer eingeschränkt glaubwürdigen Darstellung von Informationen im IFRS-Abschluss führen kann, ist laut IASB eine auf Schätzungen beruhende Zugangsbewertung.[832] Gerade bei einer

---

[825] Vgl. zu den Gründen CF.BC5.1–BC5.4 und CF.BC5.15–BC5.20, sowie m. w. N. BAETGE, J. U. A., in: Baetge u. a., Rechnungslegung nach IFRS, 2. Aufl., Kap. II, Rn. 98 f.

[826] Vgl. KIRSCH, H.-J./VON WIEDING, F., Bitcoin im IFRS-Kontext, S. 117.

[827] Vgl. m. w. N. Abschnitt 232.42, Fn. 444.

[828] Vgl. für einen Überblick zu aufgegebenen Krypto-Token Projekten und den Gründen hierfür DEADCOINS (Hrsg.), Dead Coins – Full List, o. S. Zudem berichtete das Portal GRÜNDERSZENE, dass sich bis einschließlich Januar 2019 die Zahl der gescheiterten Krypto-Token Projekte auf rund 1.000 beläuft. Vgl. PENKE, M., 1.000 Digitalwährungen sind schon tot, o. S.

[829] Vgl. hierzu Abschnitt 432.1.

[830] Vgl. ähnlich CF.5.17 (a), sowie DEHMEL, I., Definitions- und Ansatzkriterien, S. 1773.

[831] Vgl. hier und im folgenden Satz CF.5.18.

[832] Vgl. CF.5.19 i. V. m. CF.5.21. Gleichwohl erläutert der IASB in CF.5.22, dass nur in „*limited circumstances*“

Erwerbstransaktion eines Krypto-Token liegt eine solche Bewertungsunsicherheit jedoch nicht vor, da das berichterstattende Unternehmen eine Gegenleistung für den erworbenen Krypto-Token – entweder in Form einer Fiatwährung oder eines anderen Krypto-Token – entrichtet. Aus der erbrachten Gegenleistung lassen sich Anschaffungskosten für die erworbenen Krypto-Token bestimmen,[833] was die Bewertungsunsicherheit zum Zugangszeitpunkt erheblich reduziert.[834] Der Aspekt der Bewertungsunsicherheit ist bei Krypto-Token deutlich immanenter im Kontext der Folgebewertung, bspw. sofern der erworbene Token nicht an einem (aktiven) Markt gehandelt wird, was insbesondere bei mittels eines *Initial Token Offering* erworbenen Krypto-Token durchaus der Fall sein kann.[835] Diese Perspektive ist indes nicht im Rahmen der Ansatzentscheidung eines erworbenen Krypto-Token zu berücksichtigen, sondern vielmehr im Zuge der Folgebewertung von Bedeutung.[836]

Diese Sichtweise wird durch die vom IASB aufgenommenen **weiteren Faktoren** gestützt,[837] die in Bezug auf die glaubwürdige Darstellung der Ansatzentscheidung zu berücksichtigen sind. So würde ein unterlassener Ansatz der erworbenen Krypto-Token dazu führen, dass mit dem Abgang der für die Krypto-Token hingegebenen Gegenleistung die Erfassung eines Aufwands verbunden wäre, der das Jahresergebnis im Geschäftsjahr des Erwerbs mindern würde.[838] Sofern das bilanzierende Unternehmen den erworbenen Krypto-Token nicht direkt im Geschäftsjahr des Erwerbs verbraucht, könnten die daraus resultierenden bilanziellen Konsequenzen für die primären Abschlussadressaten insofern irreführend sein, als es eine verschlechterte Vermögens- und Ertragslage im Geschäftsjahr des Erwerbs suggeriert und stille Reserven aufgebaut würden. In den Folgejahren würden die stillen Reserven bei einem Einsatz oder einem Verkauf der Token erfolgswirksam aufgelöst werden, sodass die berichteten Informationen in den einzelnen Geschäftsjahren sowie im Zeitverlauf zu einer eingeschränkt entscheidungsnützlichen Informationsvermittlung über den Erwerb der Krypto-Token für die primären Adressaten führen würde.

Im Vergleich zu einer Nicht-Aktivierung der für die erworbenen Krypto-Token angefallenen Aufwendungen werden dem primären IFRS-Adressaten durch die Aktivierung der Erwerbskosten mithin entscheidungsnützlichere Informationen vermittelt, sodass im Ergebnis erworbene

---

und bei sehr hoher Bewertungsunsicherheit, die auch nicht über zusätzliche Angaben kompensiert werden kann, ein Vermögenswert nicht anzusetzen ist. Zudem attestiert der IASB vor allem *Cashflow*-basierten Bewertungsmethoden eine erhöhte Unsicherheit. Diese spielen für die Bewertung von Krypto-Token jedoch ohnehin nur eine untergeordnete Rolle. Vgl. hierzu ausführlich Abschnitt 452.233.

833 Vgl. zur Verbindung von Anschaffungskosten und einer erbrachten Gegenleistung auch m. w. N. HÖBENER, J., Zwischenergebniseliminierung, S. 78 f.

834 Vgl. zur Bestimmung der Anschaffungskosten von erworbenen Krypto-Token Abschnitt 452.1. Abseits des Erwerbs eines Krypto-Token mittels einer Fiatwährung oder eines anderen Krypto-Token bestehen bei anderen Zugangsarten von Krypto-Token indes keine direkten Anschaffungskosten oder eine direkt erbrachte oder erhaltene Gegenleistung. Bspw. ist dies der Fall bei einem *Airdrop* oder einem *Hard Fork*. Vgl. hierzu FREIBERG, J., Digitale (Krypto-)Währungen nach IFRS, S. 154 f.

835 Vgl. zur Bewertung von Krypto-Token ausführlich Abschnitt 45.

836 Vgl. ausführlich zur Folgebewertung von erworbenen Krypto-Token Abschnitt 453.2 und Abschnitt 453.3.

837 Vgl. hierzu CF.5.24 f.

838 Vgl. hier und im folgenden Satz CF.5.25 (a).

Krypto-Token – vorbehaltlich etwaiger standardspezifischer Einschränkungen – i. S. d. Rahmenkonzepts **zwingend in der Bilanz des erwerbenden Unternehmens anzusetzen** sind.[839]

44 Standardspezifische Bilanzierungsfähigkeit

441. Vorbemerkungen

Die konkrete Bilanzierung von Vermögenswerten und deren Ausweis auf der Aktivseite der Bilanz des berichterstattenden Unternehmens schreiben die **einzelnen Standards** des IFRS-Normengefüges vor. In diesem Zusammenhang ist in IAS 1 geregelt, dass die Vermögenswerte in der IFRS-Bilanz übergeordnet den langfristigen oder den kurzfristigen Vermögenswerten zuzuordnen sind.[840] Die Zuordnung eines Vermögenswertes zu einer der Kategorien ist mit dem dem Vermögenswert zugrunde liegenden Sachverhalt und bzw. oder der Verwendungsabsicht des Vermögenswertes verbunden.[841] An diese beiden Aspekte lehnt sich auch die tatbestandsseitige Anwendbarkeit der Standards an, die die konkrete bilanzielle Abbildung eines Sachverhaltes vorschreiben. In diesem Zusammenhang ist zwischen Standards, die übergreifend für nach IFRS bilanzierende Unternehmen anzuwenden sind (z. B. IAS 2, IAS 38, IFRS 9), und Standards, die Spezialregelungen für bestimmte Branchen vorsehen (z. B. IAS 41, IFRS 6), zu unterscheiden.

Unter Berücksichtigung dieser in den IFRS angelegten Systematik soll im Folgenden die **standardspezifische Bilanzierungsfähigkeit von erworbenen Zahlungs- und Nutzungs-Token** untersucht werden. In diesem Zusammenhang wird zunächst die Zuordnung zum kurz- oder langfristigen Vermögen geprüft (Abschnitt 442.). Zwar handelt es sich hierbei vordergründig um einen (nachgelagerten) Aspekt des Ausweises, gleichwohl ist eine entsprechende Einordnung zum einen ein nächster Schritt zur Charakterisierung von erworbenen Krypto-Token für bilanzielle Zwecke. Zum anderen ist die konkrete Klassifizierung zum kurz- oder langfristigen Vermögen auch in Bezug auf die tatbestandsseitige Anwendbarkeit der Standards, die die konkrete Bilanzierung regeln, von Bedeutung, bspw. bei der Prüfung der Anwendungsvoraussetzungen des IAS 2. Hieran anschließend werden potenziell auf erworbene Krypto-Token anwendbare von nicht anwendbaren Standards abgegrenzt (Abschnitt 443.), die daran anknüpfend weiterführend analysiert und gewürdigt werden (Abschnitt 444.–447.).

---

839 Vgl. so ebenfalls, wenn auch in Bezug auf die Definitions- und Ansatzkriterien des *Conceptual Framework* (2010), KIRSCH, H.-J./VON WIEDING, F., Bitcoin im IFRS-Kontext, S. 117; AASB (Hrsg.), Digital currency, S. 8; ACSB (Hrsg.), Cryptocurrencies, S. 2 f. Auch in anderen Rechnungslegungssystemen wird die allgemeine Aktivierungsfähigkeit bejaht. Vgl. KIRSCH, H.-J./VON WIEDING, F., Bitcoin nach HGB, S. 2732 f.; UMMENHOFER, T./ZEITLER, N., in: Böcking u. a., Beck HdR, B 731, Rn. 19–23; NAZARENO, D., Steuerfolgen von ICO, S. 202; PETRY, H. M., Kryptowährungen nach SWISS GAAP, S. 371.

840 Vgl. IAS 1.60 i. V. m. IAS 1.62. Hiervon ist abzuweichen, wenn eine Darstellung nach der Liquidität zu verlässlicheren und zu relevanteren Informationen für die primären Abschlussadressaten führt. Dieses Ausnahmewahlrecht wird für Banken, Versicherungen sowie Investment- und Beteiligungsgesellschaften als geeignet angesehen. Vgl. IAS 1.63, sowie DRSC Interpretation 1, Rn. 23.

841 Vgl. hierzu Abschnitt 442.

442. Zuordnung zum kurz- oder langfristigen Vermögen

Ein Vermögenswert ist gemäß IAS 1.66 als **kurzfristig zu klassifizieren**, wenn erwartet wird, dass der Vermögenswert innerhalb des normalen Geschäftszyklus oder bis zu zwölf Monate nach dem Bilanzstichtag realisiert wird, es sich um Zahlungsmittel oder um Zahlungsmitteläquivalente handelt, der Vermögenswert zum Verkauf bzw. zum Verbrauch innerhalb des normalen Geschäftszyklus oder primär zu Handelszwecken gehalten wird.[842] Sofern ein Vermögenswert keines dieser Kriterien erfüllt, ist dieser als **langfristig zu klassifizieren**.[843] Typische kurzfristige Vermögenswerte sind bspw. Vorräte,[844] während immaterielle Vermögenswerte gewöhnlich als langfristig kategorisiert werden.[845] Finanzielle Vermögenswerte sind abhängig von der erwarteten Haltedauer bzw. der Restlaufzeit als lang- oder kurzfristig einzuordnen.[846]

Für die Zuordnung von Zahlungs- und Nutzungs-Token zu den kurz- oder langfristigen Vermögenswerten kommt es auf deren Zweckbestimmung im Unternehmen an,[847] wobei diese regelmäßig kurzfristiger Natur sein wird.[848] So sind zu ihrer **intendierten Verwendung** gehaltene Zahlungs- und Nutzungs-Token (widerlegbar) den kurzfristigen Vermögenswerten zuzuordnen. Dies gilt unabhängig davon, ob diese die Kriterien eines Zahlungsmittels oder eines Zahlungsmitteläquivalentes erfüllen, da zumindest zu vermuten ist, dass die Krypto-Token innerhalb des normalen Geschäftszyklus des bilanzierenden Unternehmens als Form des Tauschmittels genutzt und daher verbraucht werden.[849] Sofern das bilanzierende Unternehmen die Krypto-Token hingegen zu **Investmentzwecken** hält, kommt in Abhängigkeit der Halteabsicht entweder ein Ausweis unter den kurzfristigen oder unter den langfristigen Vermögenswerten infrage. So wäre ein Ausweis unter den kurzfristigen Vermögenswerten bei zu Handelszwecken gehaltenen Krypto-Token sachgerecht,[850] während zur nachhaltigen Wertsteigerung gehaltene Krypto-Token als langfristig zu klassifizieren sind.

443. Abgrenzung der potenziell anwendbaren Standards

Neben der allgemeinen Aktivierungsfähigkeit von erworbenen Krypto-Token sowie deren Zuordnung zu den kurz- oder langfristigen Vermögenswerten ist mit Blick auf die konkrete Bilanzierungsfähigkeit zu prüfen, ob erworbene Krypto-Token tatbestandsseitig von dem Anwendungsbereich eines oder mehrerer Standards[851] erfasst werden. Da es sich bei Krypto-Token

---

842 Vgl. IAS 1.66.

843 Vgl. IAS 1.66. Wenn ein langfristiger Vermögenswert oder eine Gruppe von Vermögenswerten veräußert werden soll, sind diese in die kurzfristigen Vermögenswerte umzugliedern, sofern die Kriterien des IFRS 5.3 erfüllt sind. Vgl. hierzu ausführlich BÖCKING, H.-J./KIEFER, M., in: Baetge u. a., Rechnungslegung nach IFRS, 2. Aufl., IFRS 5, Rn. 3–14.

844 Vgl. IAS 1.68.

845 Vgl. WAWRZINEK, W./LÜBBIG, M., in: Driesch u. a., Beck IFRS HB, 5. Aufl., § 2, Rn. 300 f.

846 Vgl. IAS 1.68, sowie WAWRZINEK, W./LÜBBIG, M., in: Driesch u. a., Beck IFRS HB, 5. Aufl., § 2, Rn. 301.

847 Vgl. HIRSCHLER, K./STÜCKLER, K., Bilanzierung von Kryptowährungen, S. 123.

848 Vgl. BAUMÜLLER, J., Kryptowährungen nach UGB und IFRS, S. 235.

849 Vgl. so im Ergebnis auch HUBER, M. F./GULER, S./DUMONT, J., Token, S. 297.

850 Vgl. IAS 1.66 (b) i. V. m. IAS 1.68.

851 Von den ebenfalls verpflichtend anzuwendenden Interpretationen kommt keine in Bezug auf die Bilanzierung von erworbenen Krypto-Token in Betracht.

um digitale Vermögenswerte handelt, wird dies nicht der Fall sein, wenn sich der entsprechende Standard explizit auf materielle Vermögenswerte bezieht. Insofern sind erworbene Krypto-Token nicht nach IAS 16 (Sachanlagen) oder nach IAS 40 (Als Finanzinvestition gehaltene Immobilien) zu bilanzieren, da der jeweilige Anwendungsbereich an materielle Vermögenswerte geknüpft ist.[852] Des Weiteren fallen erworbene Krypto-Token auch nicht in den Anwendungsbereich von IAS 41 (Landwirtschaft), welcher unter anderem auf biologische Vermögenswerte und landwirtschaftliche Erzeugnisse zum Zeitpunkt der Ernte anzuwenden ist.[853] Ebenso handelt es sich bei den in dieser Arbeit behandelten Krypto-Token auch nicht um ein leasingartiges Nutzungsrecht i. S. v. IFRS 16. Obgleich es möglich ist, dass ein Nutzungs-Token dafür eingesetzt wird, dass dem bilanzierenden Unternehmen ein Nutzungsrecht gewährt wird, fungiert der Nutzungs-Token hierbei als Tauschmittel, nicht jedoch als identifizierbarer Vermögenswert i. S. v. IFRS 16.[854]

Aufgrund ihres digitalen Charakters ist indes detailliert zu prüfen, ob erworbene Krypto-Token tatbestandsseitig die Voraussetzungen von **immateriellen Vermögenswerten** nach IAS 38 erfüllen. Aufgrund der Zahlungsfunktion von Zahlungs- und Nutzungs-Token ist zudem zu untersuchen, ob erworbene Krypto-Token ein Anwendungsfall des IAS 32 i V. m. IFRS 9, d. h. **finanzielle Vermögenswerte**, sind. Auch der Einzelstandard zu **Vorräten** (IAS 2) verfügt über potenziell anwendbare Normen, da dieser zum einen nicht auf materielle Vermögenswerte beschränkt ist.[855] Zum anderen sind in IAS 2 für bestimmte Akteure, die Vorräte zu kurzfristigen Spekulationszwecken halten, spezielle Regelungen angelegt, die mit Blick auf zu diesem Zweck gehaltene Krypto-Token näher zu betrachten sind.

Anhand der potenziell anwendbaren Standards gliedern sich die folgenden Ausführungen. In diesem Zusammenhang wird zunächst auf die finanziellen Vermögenswerte eingegangen, da Zahlungs-Token und Nutzungs-Token mit einer Zahlungsfunktion sachverhaltsbedingt mit diesen wesentliche funktionale Parallelen aufweisen. Dies zeigt sich zum einen daran, dass die in dieser Arbeit behandelten Krypto-Token in ihrer intendierten Verwendungsabsicht als Form des Zahlungsmittels fungieren, welche bilanzrechtlich unter die finanziellen Vermögenswerte zu fassen sind. Insofern ist zu diskutieren, ob es sich bei Zahlungs- und bei Nutzungs-Token

---

852 Vgl. IAS 16.6; IAS 40.5. Als Finanzinvestition gehaltene Immobilien werden in IAS 40 als Grundstücke oder als Gebäude (oder beides) definiert, die Mieteinnahmen generieren sollen oder zum Zweck der Wertsteigerung gehalten werden. Auch wenn Unternehmen Krypto-Token zum Teil zu Zwecken der Wertsteigerung halten, entspricht der Charakter von Krypto-Token nicht dem von Immobilien. Vgl. Grant Thornton (Hrsg.), Accounting for cryptocurrencies, S. 6; CPA Canada (Hrsg.), Accounting for Cryptocurrencies, S. 5; AcSB (Hrsg.), Cryptocurrencies (January 2018), S. 5 f.

853 Vgl. IAS 41.1 und IAS 41.5.

854 Vgl. hierzu ausführlich KEILING, M., Utility Token im IFRS-Abschluss, S. 281–283. In dem konkreten Fall würde der Inhaber eines Nutzungs-Token diesen aus- und das Nutzungsrecht einbuchen. Vgl. hierzu zudem im HGB-Kontext DOWNAR, B./KEILING, M./SCHRAMM, F., Einlösung von Token im Jahresabschluss, S. 1913–1919. Für in dieser Arbeit nicht behandelte andersartige Nutzungs-Token, die bspw. nicht direkt bei deren Einsatz verbraucht werden, könnte hingegen ggf. ein Leasingverhältnis vorliegen. Vgl. hierzu MARX, F. J./DALLMANN, H., Virtuelle Währungen nach IFRS, S. 131 f.

855 Vgl. hierzu Abschnitt 446.

auch um Zahlungsmittel im bilanzrechtlichen Sinn handelt. Zum anderen werden finanzielle Vermögenswerte – wie auch Krypto-Token – regelmäßig zu kurz- oder zu langfristigen Investmentzwecken gehalten, weshalb die Standards für Finanzinstrumente insgesamt ein geeigneter Ausgangspunkt für die Prüfung der standardspezifischen Bilanzierungsfähigkeit sind.

444. Finanzielle Vermögenswerte nach IAS 32 i. V. m. IFRS 9

444.1 Anwendungsbereich und Definitions- und Ansatzkriterien

Die bilanzielle Abbildung von Finanzinstrumenten ist in unterschiedlichen Standards geregelt.[856] Während in IAS 32 die Normen zum Ausweis von Finanzinstrumenten angelegt sind, enthalten IFRS 9 die Vorschriften zum Ansatz sowie zur Zugangs- und Folgebewertung von Finanzinstrumenten und IFRS 7 die einschlägigen Angabepflichten. Bei den diesen Standards zugrunde liegenden **Finanzinstrumenten** handelt es sich per Definition um Verträge, die bei einem Unternehmen zu einem finanziellen Vermögenswert und bei einem anderen Unternehmen zu einer finanziellen Verbindlichkeit oder einem Eigenkapitalinstrument führen.[857] Der ein Finanzinstrument konstituierende Vertrag muss nicht zwangsläufig in Schriftform verfasst sein, sondern kann bspw. auch auf einer mündlichen Abrede basieren.[858] Damit ein Vertrag vorliegt, ist es vielmehr von entscheidender Bedeutung, dass die Vertragsparteien sich den wirtschaftlichen Folgen aus dem Vertrag nicht oder kaum entziehen können. Im Ergebnis handelt es sich mithin bei Vermögenswerten oder Schulden, die nicht auf einem Vertragsverhältnis basieren, auch nicht um ein Finanzinstrument.[859]

Neben dem einem Finanzinstrument zugrunde liegenden zweiseitigen Vertragsverhältnis konkretisiert der IASB zudem die in der Definition aufgeführten Begriffe „finanzieller Vermögenswert“, „finanzielle Verbindlichkeit“ und „Eigenkapitalinstrument“. So umfassen **finanzielle Vermögenswerte**:

- Zahlungsmittel;
- Eigenkapitalinstrumente eines anderen Unternehmens;
- vertragliche Rechte, finanzielle Vermögenswerte von einem anderen Unternehmen zu erhalten, oder finanzielle Vermögenswerte mit einem anderen Unternehmen unter vorteilhaften Bedingungen zu tauschen; oder

---

856 Zudem besteht noch eine aktive Interpretation des IFRS IC (IFRIC 2).

857 Vgl. IAS 32.11, sowie BARCKOW, A., Derivate Finanzinstrumente, S. 8–11. Diese zweiseitige Definition eines Finanzinstrumentes führt dazu, dass es sich insgesamt um ein „Nullsummenspiel“ (SCHMIDT, M., Rechnungslegung von Finanzinstrumenten, S. 58) handelt.

858 Vgl. hier und im folgenden Satz IAS 32.13, sowie BERENTZEN, C., Bilanzierung von finanziellen Vermögenswerten, S. 55.

859 Vgl. IAS 32.AG12, sowie SCHIROTT, V., Bilanzabgang nach IFRS, S. 25; BARCKOW, A., in: Baetge u. a., Rechnungslegung nach IFRS, 2. Aufl., IAS 32, Rn. 11; HARTENBERGER, H., in: Driesch u. a., Beck IFRS HB, 5. Aufl., § 3, Rn. 17. Hierzu zählen z. B. Steuerforderungen oder -verbindlichkeiten, die aus gesetzlichen Vorschriften resultieren.

- Verträge, die durch eigene Eigenkapitalinstrumente erfüllt werden (können).[860]

Diese kasuistische Aufzählung erfasst im Kern Geld, Geldforderungen, Eigenkapitalinstrumente und Derivate auf Eigenkapitalinstrumente.[861] Der wesentliche Unterschied von finanziellen Vermögenswerten zu materiellen, immateriellen und geleasten Vermögenswerten besteht darin, dass materielle, immaterielle und geleaste Vermögenswerte zunächst im Wertschöpfungsprozess des bilanzierenden Unternehmens eingesetzt werden (müssen), um (indirekt) zu einem Zufluss von Zahlungsmitteln oder anderen finanziellen Vermögenswerten zu führen, während dies finanziellen Vermögenswerten aufgrund der zweiseitigen Vertragsbeziehung immanent ist.[862]

Das Gegenstück zu einem finanziellen Vermögenswert ist stets eine finanzielle Verbindlichkeit oder ein Eigenkapitalinstrument. **Finanzielle Verbindlichkeiten** umfassen vertragliche Verpflichtungen, Zahlungsmittel oder andere finanzielle Vermögenswerte abzugeben oder zu potenziell nachteiligen Bedingungen zu tauschen.[863] Ein **Eigenkapitalinstrument** ist als ein Vertrag definiert, der einen Residualanspruch an den Vermögenswerten eines Unternehmens nach Abzug aller seiner Schulden begründet.

Ein finanzieller Vermögenswert, eine finanzielle Verbindlichkeit oder ein Eigenkapitalinstrument ist in der Bilanz **anzusetzen**, sobald das berichterstattende Unternehmen Vertragspartei des Finanzinstrumentes wird.[864] Der Bilanzansatz eines Finanzinstrumentes ist insofern nicht unmittelbar mit den allgemein im *Conceptual Framework* verankerten Ansatzkriterien verknüpft.[865] Hierdurch sollen neben originären und derivativen Finanzinstrumenten auch bestimmte schwebende Vertragsverhältnisse in der Bilanz erfasst werden.[866]

Bestimmte Sachverhalte werden explizit vom **Anwendungsbereich des IAS 32 ausgeschlossen**. Dies betrifft gemäß IAS 32.4 Anteile an Tochterunternehmen, an Gemeinschaftsunternehmen sowie an assoziierten Unternehmen,[867] nach IAS 19 zu bilanzierende Rechte und Pflichten eines Arbeitgebers aus Leistungsplänen gegenüber Arbeitnehmern, Versicherungsverträge im Anwendungsbereich von IFRS 4 bzw. IFRS 17 und Finanzinstrumente, Verträge und Verpflichtungen im Zusammenhang mit anteilsbasierten Vergütungen nach IFRS 2. Zwar erfüllen

---

860 Vgl. IAS 32.11, sowie ausführlich BARCKOW, A., in: Baetge u. a., Rechnungslegung nach IFRS, 2. Aufl., IAS 32, Rn. 16–21.

861 Vgl. BERENTZEN, C., Bilanzierung von finanziellen Vermögenswerten, S. 56.

862 Vgl. SCHMIDT, M., Rechnungslegung von Finanzinstrumenten, S. 58; FRIEDHOFF, M./BERGER, J., Financial Instruments, S. 39.

863 Vgl. hier und im folgenden Satz IAS 32.11, sowie STAUBER, J., Finanzinstrumente im IFRS-Abschluss von Nicht-Banken, S. 96–100; LÜDENBACH, N./HOFFMANN, W.-D./FREIBERG, J., in: Lüdenbach/Hoffmann/Freiberg, Haufe IFRS-Kommentar, 17. Aufl., § 28, Rn. 5 f.

864 Vgl. IFRS 9.3.1.1, sowie PELLENS, B. U. A., Internationale Rechnungslegung, S. 647.

865 Vgl. HARTENBERGER, H., in: Driesch u. a., Beck IFRS HB, 5. Aufl., § 3, Rn. 87.

866 Vgl. HARTENBERGER, H., in: Driesch u. a., Beck IFRS HB, 5. Aufl., § 3, Rn. 88.

867 Vgl. für Ausnahmen von diesem *scope out* BARCKOW, A., in: Baetge u. a., Rechnungslegung nach IFRS, 2. Aufl., IAS 32, Rn. 5.

diese Sachverhalte mitunter die Definitionskriterien eines Finanzinstrumentes, gleichwohl gelten hierfür Sonderregelungen. Durch die *scope outs* in IAS 32 sollen insofern Überschneidungen mit anderen Standards vermieden werden.[868]

Die in IAS 32 verankerten *scope outs* sind für erworbene Zahlungs- und Nutzungs-Token nicht einschlägig. Vor diesem Hintergrund ist zu untersuchen, ob sie tatbestandsseitig vom positiv definierten Anwendungsbereich für finanzielle Vermögenswerte erfasst werden. Diesbezüglich ist zum einen zu prüfen, ob Zahlungs- und Nutzungs-Token unter die **kasuistische Aufzählung von finanziellen Vermögenswerten** in IAS 32.11 einzuordnen sind, d. h. als Zahlungsmittel, als Zahlungsmitteläquivalent oder als sonstiger finanzieller Vermögenswert (z. B. Eigenkapitalinstrument eines anderen Unternehmens). Zum anderen ist mit Blick auf die allgemeine Definition von Finanzinstrumenten zu untersuchen, ob Krypto-Token auf einer zweiseitigen Vertragsbeziehung basieren, mithin dem Inhaber eines Krypto-Token eine **vertragliche Gegenpartei** gegenübersteht, bei der die vertragliche Vereinbarung zu einer finanziellen Verbindlichkeit oder einem Eigenkapitalinstrument führt.

Diese beiden Aspekte werden im Folgenden separat für die **unterschiedlichen Token-Arten** untersucht, wobei zunächst auf erworbene Zahlungs-Token (Abschnitt 444.2) und anschließend auf erworbene Nutzungs-Token (Abschnitt 444.3) eingegangen wird. Im Zusammenhang mit Zahlungs-Token wird dabei im ersten Schritt eruiert, ob diese als Zahlungsmittel zu klassifizieren sind, was mit Blick auf ihre funktionale Nähe zu einem Tauschmittel ein angemessener Ausgangspunkt in Hinblick auf die potentielle tatbestandsseitige Einordnung von Zahlungs-Token in den Anwendungsbereich des IAS 32 ist. Daran anschließend werden weitere Arten von finanziellen Vermögenswerten (z. B. Zahlungsmitteläquivalente und Eigenkapitalinstrumente) bezüglich ihrer charakteristischen Vergleichbarkeit zu Zahlungs-Token untersucht. In einem zweiten Schritt wird dann konkretisiert, ob bzw. unter welchen Umständen Zahlungs-Token eine vertragliche Gegenpartei zugrunde liegt.

444.2 Zahlungs-Token

444.21 Arten von finanziellen Vermögenswerten

444.211. Zahlungsmittel

444.211.1 Barmittel und Sichteinlagen

Anknüpfungspunkte für eine Konkretisierung von Zahlungsmitteln (*cash*) in den IFRS sind in IAS 32 und in IAS 7 angelegt, wobei IAS 32 primär auf die Funktionen von Zahlungsmittel abzielt,[869] während die Definition in IAS 7 die Komponenten von Zahlungsmitteln expliziert.

---

[868] Vgl. Berentzen, C., Bilanzierung von finanziellen Vermögenswerten, S. 58. Die Anwendungsbereiche der für Finanzinstrumente einschlägigen Standards sind nicht deckungsgleich, was für die vorliegende Arbeit jedoch unbedeutend ist. Vgl. hierzu Deloitte (Hrsg.), iGAAP 2019 (Volume B), S. 3–7; KPMG (Hrsg.), Insights into IFRS (2019/2020), Rn. 7.1.20.50; Stauber, J., Finanzinstrumente im IFRS-Abschluss von Nicht-Banken, S. 108–164.

[869] Vgl. Abschnitt 444.211.2.

Zahlungsmittel bestehen gemäß IAS 7.6 aus den Komponenten Barmitteln (*cash on hand*) und Sichteinlagen (*demand deposits*). Unter den Zahlungsmitteln werden in aktuellen Abschlüssen von nach IFRS bilanzierenden Unternehmen vor allem Barmittel und Sichteinlagen in einer Fiatwährungen ausgewiesen,[870] auch wenn diese definitorisch nicht auf Fiatwährungen beschränkt sind. Gleichwohl sind zu den **Barmitteln** insbesondere Münzen und Geldscheine in in- und ausländischen Fiatwährungen zu zählen.[871] Daneben werden den Barmitteln im Schrifttum zum Teil auch kurrente Edelmetallmünzen und Wertzeichen zugeordnet. Kennzeichnend für all diese Formen von Barmitteln ist, dass diese physisch vorliegen. Ebenjenes Charakteristikum weisen Zahlungs-Token hingegen nicht auf, sodass eine Analogie von Zahlungs-Token zu den Barmitteln nicht sachgerecht ist.

Sichteinlagen werden dadurch charakterisiert, dass der Inhaber des Sichtguthabens stets kurzfristig die Möglichkeit hat, die eingelegten Zahlungsmittel ohne Vorankündigung und ohne Strafe abheben zu können.[872] Mithin sind Sichteinlagen wirtschaftlich Barmitteln gleichgestellt,[873] da diese eine „(Bar-)Geldforderung“ gegenüber einer dritten Partei repräsentieren.[874] Ähnlich konkretisiert der IASB auch in IAS 32.AG3, dass eine Einzahlung von Zahlungsmitteln auf ein laufendes Konto bei einer Bank oder bei einem ähnlichen Finanzinstitut einen finanziellen Vermögenswert konstituiert (Sichteinlage), da dies zu dem vertraglichen Recht des Einzahlenden führt, Zahlungsmittel von der verwahrenden Institution zu erhalten bzw. einen Scheck oder ein ähnliches Finanzinstrument zugunsten eines Gläubigers zur Begleichung einer finanziellen Verbindlichkeit zu verwenden. Mit Blick auf die Schlussfolgerung in Bezug auf Barmittel scheint daher eine Charakterisierung von Zahlungs-Token als Sichteinlage im klassischen Sinne ebenfalls nicht angezeigt.

444.211.2 Bilanzrechtliche Geldfunktionen

Obgleich Zahlungs-Token nicht unmittelbar mit dem (klassischen) Verständnis von Barmitteln und von Sichteinlagen übereinstimmen, was bereits ein Indiz dafür ist, dass Zahlungs-Token kein Zahlungsmittel im bilanzrechtlichen Sinne sind, sollen angesichts der Neuartigkeit des Sachverhaltes über die Definition in IAS 7 hinaus die funktionalen Eigenschaften von Zahlungsmitteln mit Blick auf Zahlungs-Token untersucht werden. Die **funktionale Konkretisierung** von Zahlungsmitteln ist in IAS 32.AG3 angelegt, in der der IASB definiert: „*Currency (cash) is a financial asset because it represents the medium of exchange and is therefore the basis on which all transactions are measured and recognised in financial statements.*“[875]

[870] Vgl. EY (Hrsg.), Bilanzierung von Kryptovermögenswerten, S. 12.

[871] Vgl. hier und im folgenden Satz VON OERTZEN, C., in: Driesch u. a., Beck IFRS HB, 5. Aufl., § 11, Rn. 29; BARCKOW, A., in: Baetge u. a., Rechnungslegung nach IFRS, 2. Aufl., IAS 32, Rn. 17.

[872] Vgl. AASB (Hrsg.), Digital currency, S. 9; MEYER, M. A., in: Thiele/von Keitz/Brücks, Int. Bilanzrecht, IAS 7, Rn. 120; BDO (Hrsg.), Statement of Cash Flows, S. 4. Vgl. ebenso, wenn auch nicht im IFRS-Kontext, SCHARPF, P./SCHABER, M., HB Bankbilanz, S. 715.

[873] Vgl. SCHMIDT, R., in: Isensee/Kirchhof, HB des Staatsrechts (Band V), 3. Aufl., § 117, Rn. 2.

[874] Vgl. SCHMIDT, M., Rechnungslegung von Finanzinstrumenten, S. 59.

[875] IAS 32.AG3.

Die Ausführungen des IASB knüpfen zumindest implizit an den für **Geld typischen Funktionen** an.[876] Geld fungiert im volkswirtschaftlichen Sinn als Tauschmittel, als Wertaufbewahrungsmittel und als Recheneinheit.[877] An die Funktionen eines Tauschmittels (*medium of exchange*) sowie einer Recheneinheit (*the basis on which all transactions are measured and recognised in financial statements*) lehnt sich auch IAS 32.AG3 an, wohingegen die Geld volkswirtschaftlich weiterhin zugeschriebene Funktion eines Wertspeichers nicht adressiert wird.[878] Mit Blick auf die mittelbare Verknüpfung zwischen den bilanzrechtlichen Geldfunktionen und den volkswirtschaftlichen Geldfunktionen ist indes fraglich, ob die Funktion eines Wertspeichers – neben den Funktionen als Recheneinheit und als Tauschmittel – ggf. implizit für bilanzielle Zwecke zu berücksichtigen ist.

Zahlungsmittel gelten als **Wertspeicher**, sofern diese zur Übertragung von Kaufkraft von der Gegenwart in die Zukunft dienen.[879] Um dies zu erreichen, muss ein Zahlungsmittel einen stabilen Wert aufweisen. Würde die Funktion eines Wertspeichers für die bilanzielle Einordnung als Zahlungsmittel von Bedeutung sein, würden bspw. Notenbestände und Guthaben in einer Hochinflationswährung (IAS 29) nicht als Zahlungsmittel i. S. d. IFRS gelten, was jedoch der Fall ist.[880] Dass solche Währungen als Zahlungsmittel i. S. d. IFRS gelten, ist damit zu begründen, dass diese in gewissen Ländern als Tauschmittel etabliert und bzw. oder gesetzlich vorgeschrieben sind und zudem als Recheneinheit fungieren, d. h. die für die IFRS-Rechnungslegung konstituierenden Eigenschaften eines Zahlungsmittels erfüllen. Für bilanzielle Zwecke ist die Funktion eines Wertspeichers daher auch nicht implizit maßgeblich. Vor diesem Hintergrund sind nur die bilanzrechtlichen Geldfunktionen, d. h. die Funktion als Recheneinheit sowie die Funktion als Tauschmittel, mit Blick auf Zahlungs-Token zu prüfen.

Unter einer **Recheneinheit** wird allgemein ein standardisierter Wertmaßstab verstanden, mit dem Preise von Waren und von Dienstleistungen verglichen werden können.[881] Zwar besteht prinzipiell die Möglichkeit – unabhängig von Fragen der Rechnungslegung – den Wert von Waren und von Dienstleistungen in der jeweiligen Krypto-Werteinheit, z. B. in Bitcoin, auszudrücken.[882] Diese Möglichkeit wird aktuell jedoch noch von sehr wenigen Unternehmen genutzt. Auch Zahlungs-Token akzeptierende Unternehmen bepreisen ihre zu verkaufenden Güter bzw. Dienstleistungen faktisch (noch) nicht auf Basis des Wertmaßstabs eines Zahlungs-Token.[883] Vielmehr bemisst sich der Preis der Waren und der Dienstleistungen zumeist anhand

876 Vgl. so auch SOPP, G./GRÜNBERGER, D., Virtuelle Währungen nach IFRS, S. 221.

877 Vgl. statt vieler ISSING, O., Geldtheorie, S. 1–4; MANKIW, N. G./TAYLOR, M. P., Volkswirtschaftslehre, S. 805.

878 Vgl. IFRS IC (Hrsg.), Staff Paper 4A (September 2018), Rn. 15 und Rn. 26–29.

879 Vgl. hier und im folgenden Satz ISSING, O., Geldtheorie, S. 1 f.; JARCHOW, H.-J., Theorie und Politik des Geldes, S. 3.

880 Vgl. LÜDENBACH, N., Bitcoins – Lost in rules, S. 104. Vgl. ebenfalls, wenn auch nicht im IFRS-Kontext, STEIN, T./LUPBERGER, M., Bitcoins in der Erbschaftsteuer, S. 314.

881 Vgl. statt vieler MANKIW, N. G./TAYLOR, M. P., Volkswirtschaftslehre, S. 805.

882 Vgl. BECK, B., Bitcoins als Geld im Rechtssinne, S. 585; KUHLMANN, N., Funktionsweise und rechtliche Einordnung, S. 695; LERCH, M. P., Bitcoin als Evolution des Geldes, S. 199.

883 Vgl. IFRS IC (Hrsg.), Staff Paper 4A (September 2018), Rn. 22.

der jeweiligen staatlichen, lokalen Währung und wird für Zwecke des Preisausweises auf Basis des aktuellen Wechselkurses in Zahlungs-Token umgerechnet.[884] Für **Rechnungslegungszwecke** beschreibt der IASB die Funktion einer Recheneinheit in IAS 32.AG3 als die Grundlage, auf der alle Geschäftsvorfälle im Abschluss bewertet und erfasst werden. Zwar können Bitcoin-Werteinheiten und andere Zahlungs-Token grundsätzlich diese Funktion auch in Bezug auf den IFRS-Abschluss erfüllen. Im aktuellen Wirtschaftsumfeld kann jedoch bislang nicht beobachtet werden, dass ein nach IFRS bilanzierendes Unternehmen seine Transaktionen im Abschluss auf Basis eines Zahlungs-Token erfasst und bewertet.[885] Obgleich dies bereits indiziert, dass Zahlungs-Token auch funktional (noch) kein bilanzrechtliches[886] Zahlungsmittel sind, soll im Sinne einer ganzheitlichen Betrachtung im Folgenden die zweite bilanzrechtliche Geldfunktion untersucht werden.

Die zentrale Funktion von Geld bzw. bilanziellen Zahlungsmitteln ist die eines **Tauschmittels**. Geld erfüllt seine Tauschmittelfunktion, indem die Tauschpartner „von der doppelten Übereinstimmung ihrer Bedürfnisse entbunden werden.“[887] So sind durch die Verwendung von Geld zwischengeschaltete Tauschakte nicht mehr erforderlich, da der Empfänger von Geld dieses in der Zukunft für die von ihm tatsächlich nachgefragten Güter oder Dienstleistungen einsetzen kann.[888] Die Zahlungs-Token zugrunde liegende Idee besteht ebenso darin, dass diese als Tauschmittel für Transaktionen dienen. Damit die Funktion eines Tauschmittels jedoch erfüllt wird, muss eine gewisse Verbreitung und Akzeptanz vorliegen, was im nächsten Schritt – zunächst von den IFRS abstrahierend – betrachtet werden soll.

Bezugnehmend auf den aktuell bedeutsamsten Zahlungs-Token Bitcoin wird deutlich, dass Bitcoin-Werteinheiten, obgleich auf vergleichsweise niedrigem Niveau, sowohl im Online- als auch im Offline-Handel eingesetzt und akzeptiert werden. So akzeptieren in Deutschland, Österreich und der Schweiz bspw. aktuell über 270 Unternehmen Bitcoin-Werteinheiten als Bezahlung,[889] wobei die Zahl der Akzeptanzstellen – nicht nur in Deutschland, Österreich und der Schweiz – stetig steigt.[890] Die Unternehmen, die Bitcoin-Werteinheiten annehmen, sind aktuell

---

884 Vgl. HANL, A./MICHAELIS, J., Kryptowährungen, S. 365.

885 Vgl. so auch EY (Hrsg.), Bilanzierung von Kryptovermögenswerten, S. 12; IFRS IC (Hrsg.), Staff Paper 12 (July 2019), Rn. 20.

886 Die Unterscheidung zwischen der Krypto-Token zugesprochenen Funktion als Zahlungsmittel und dem davon abweichenden Verständnis in den IFRS wird fortan durch den Zusatz „bilanzrechtliches“ Zahlungsmittel Rechnung getragen.

887 BECK, B., Bitcoins als Geld im Rechtssinne, S. 582.

888 Vgl. statt vieler MANKIW, N. G./TAYLOR, M. P., Volkswirtschaftslehre, S. 805. Neben dem indirekten Warentausch ermöglicht Geld in der Funktion eines Tauschmittels auch die Gewährung und Tilgung von Krediten. Vgl. ISSING, O., Geldtheorie, S. 1; HAHN, H. J./HÄDE, U., Währungsrecht, S. 9.

889 Vgl. BTC-ECHO (Hrsg.), Akzeptanzstellen, o. S.

890 Vgl. UMMENHOFER, T./ZEITLER, N., Bilanzielle Behandlung von Kryptowährungen, S. 445. Mittlerweile akzeptieren weltweit über 100.000 Händler Bitcoin-Werteinheiten als eine Zahlungsmethode. Vgl. CHAMBER OF DIGITAL COMMERCE (Hrsg.), Digital Currencies, S. 3. Eine Vielzahl der Zahlungs-Token akzeptierenden Unternehmen tauscht diese direkt in die lokale Währung um oder lässt diese von Zahlungsabwicklern umtauschen, um Wechselkursrisiken zu vermeiden. Vgl. RAIBORN, C./SIVITANIDES, M., Accounting Issues Related to Bitcoins, S. 30. Dies indiziert zumindest, dass die tatsächliche Nutzung als allgemeines Tauschmittel fak-

größtenteils kleine und mittelständische Unternehmen, jedoch akzeptieren mittlerweile auch zahlreiche Großunternehmen, wie bspw. MICROSOFT, SUBWAY oder OVERSTOCK, Bitcoin-Werteinheiten als eine Zahlform.[891] Auch auf der Ebene der Zahl an abgewickelten Transaktionen[892] und der Nutzerbasis[893] lässt sich ein stetiger Zuwachs feststellen. Diese Umstände lassen zumindest den Schluss zu, dass Zahlungs-Token in den jeweiligen Netzwerken und zwischen bestimmten Nutzern bereits die Funktionen abdecken, die ansonsten traditionelle, von Staaten oder deren Zentralbanken ausgegebene Fiatwährungen erfüllen. Insofern können einige Zahlungs-Token, vor allem Bitcoin-Werteinheiten, als Tauschmittel angesehen werden,[894] obgleich die Verbreitung und die Akzeptanz von Zahlungs-Token im Vergleich zu andersartigen Zahlformen mit Fiatwährungen **noch nahezu bedeutungslos** sind.

Die verbleibende Frage ist, ob für Zwecke der IFRS die gegenwärtige Nutzung von Zahlungs-Token im Allgemeinen bzw. einzelner Zahlungs-Token im Speziellen hinreichend ist, um **bilanzrechtlich als Tauschmittel** angesehen zu werden. In den IFRS sind keine spezifischen Anforderungen angelegt, die vom bilanzierenden Unternehmen heranzuziehen sind, um zu bestimmen, ob ein bestimmter Vermögenswert ein Tauschmittel ist.[895] Der Grad, zu dem Zahlungs-Token als Tauschmittel fungieren müssen, um als Zahlungsmittel in den IFRS zu gelten, ist demnach auslegungsbedürftig. Dies wird mitunter so interpretiert, dass lediglich **gesetzliche Zahlungsmittel** bilanzrechtlich als Zahlungsmittel in den IFRS zu klassifizieren sind,[896] was zumindest implizit durch die aktuelle Bilanzierungspraxis gestützt wird, da unter den bilanzrechtlichen Zahlungsmitteln zumeist ausschließlich von staatlicher Seite ausgegebene Fiatwährungen ausgewiesen werden.[897]

Ein Zahlungsmittel wird **per Dekret** zu einem gesetzlichen Zahlungsmittel, womit regelmäßig ein Annahmezwang verbunden ist.[898] Dies führt zwangsläufig dazu, dass die Funktionen eines Tauschmittels und einer Recheneinheit erfüllt sind. So definiert auch die DEUTSCHE BUNDESBANK ein gesetzliches Zahlungsmittel als „das Zahlungsmittel, das niemand zur Erfüllung einer Geldforderung ablehnen kann, ohne rechtliche Nachteile zu erleiden."[899] Folgt man insofern

tisch eingeschränkt ist. Vgl. THIELE, C.-L., Zwischen Disruption und Spekulation, S. 581; PESCH, P. J., Cryptocoin-Schulden, S. 89–92.

891 Vgl. für eine Übersicht an Akzeptanzstellen CHOKUN, J., Bitcoins As Payment, o. S.

892 Vgl. hierzu in Bezug auf das Bitcoin-Netzwerk BLOCKCHAIN LUXEMBOURG S. A. (Hrsg.), Confirmed Transactions Per Day, o. S.

893 So wurde in verschiedenen Studien festgestellt, dass bereits 2–9 % der Bevölkerung in Europa, Kanada, Japan und den USA über Krypto-Token verfügen. Vgl. m. w. N. RAUCHS, M. U. A., 2nd Global Cryptoasset Benchmarking Study, S. 31–34.

894 Vgl. CPA CANADA (Hrsg.), Accounting for Cryptocurrencies, S. 6.

895 Vgl. so auch IFRS IC (Hrsg.), Staff Paper 4A (September 2018), Rn. 17.

896 Vgl. SOPP, G./GRÜNBERGER, D., Virtuelle Währungen nach IFRS, S. 221; EY (Hrsg.), Bilanzierung von Kryptovermögenswerten, S. 12 f.; AASB (Hrsg.), Digital currency, S. 10.

897 Vgl. EY (Hrsg.), Bilanzierung von Kryptovermögenswerten, S. 12, sowie bereits Abschnitt 444.211.1.

898 Vgl. EY (Hrsg.), Bilanzierung von Kryptovermögenswerten, S. 12.

899 DEUTSCHE BUNDESBANK (Hrsg.), Gesetzliches Zahlungsmittel, o. S. In Deutschland sind auf den Euro lautende Banknoten das einzige unbeschränkte gesetzliche Zahlungsmittel. Euro-Münzen sind hingegen ein beschränktes gesetzliches Zahlungsmittel, da niemand verpflichtet ist, mehr als 50 Münzen oder aber Münzen

der Auslegung, dass lediglich gesetzliche Zahlungsmittel in hinreichendem Maße die bilanzrechtlichen Geldfunktionen erfüllen, können Zahlungs-Token nicht als bilanzrechtliches Zahlungsmittel klassifiziert werden, da aktuell kein Zahlungs-Token als gesetzliches Zahlungsmittel in Deutschland oder einem anderen Staat anerkannt ist und kein Annahmezwang für Zahlungs-Token besteht.[900] Die Annahme von Zahlungs-Token basiert vielmehr auf freiwilliger Basis.

Zwar erläutert der IASB in IAS 32.AG3, dass Zahlungsmittel dazu verwendet werden können, eine finanzielle Verbindlichkeit zu begleichen; eine Annahmepflicht wird indes in der Norm nicht adressiert. Zudem spricht gegen die ausschließliche Klassifikation von gesetzlichen Zahlungsmitteln als bilanzrechtliche Zahlungsmittel, dass eine entsprechende Restriktion nicht im IFRS-Regelwerk angelegt ist. Auch das IFRS IC betont, dass „*[t]he notion of legal tender is not discussed in IFRS Standards, although we think the notion may provide evidence that a particular asset is used as a medium of exchange.*“[901] Hieraus lässt sich schlussfolgern, dass das Vorliegen eines gesetzlichen Dekrets ein Indikator, jedoch **keine zwingend zu erfüllende Voraussetzung** für die Klassifikation als Zahlungsmittel in den IFRS ist. Insofern ist es grundsätzlich denkbar, dass auch eine Form von privatem Ersatzgeld – mithin auch Zahlungs-Token –[902] potenziell unter den Zahlungsmitteln im IFRS-Abschluss eingeordnet werden könnte.

Zwar weisen Zahlungs-Token zum Teil ähnliche Charakteristika wie staatliche Fiatwährungen auf und wurden originär dafür konzipiert, als Zahlungsmittel eingesetzt zu werden. Auch erfüllen sie zumindest in Maßen die allgemeinen Geldfunktionen.[903] Indes gilt dies auch für eine **Vielzahl anderer Vermögenswerte**, die ebenfalls wie ein Zahlungsmittel eingesetzt werden (z. B. einige liquide *commodities*[904] oder Punkte aus Kundenbindungsprogrammen[905]), jedoch nicht als solche bilanzrechtlich klassifiziert werden. In den IFRS ist diesbezüglich die Trennlinie zwischen bilanzrechtlichen Zahlungsmitteln und Nicht-Zahlungsmitteln – gerade mit Blick auf einen neuen Sachverhalt, wie es Zahlungs-Token sind – nicht hinreichend mit Voraussetzungen für die Tauschmittelfunktion unterlegt.[906] Das entscheidende Argument gegen einen

---

mit einem Nennwert von mehr als 200 Euro anzunehmen. Vgl. ebenso für die Mitgliedstaaten der Europäischen Währungsunion m. w. N. BECK, B., Bitcoins als Geld im Rechtssinne, S. 581 f.

900 Vgl. bereits Abschnitt 22, sowie BAHN, D., Erfassung von Online-Bezahldiensten und Kryptowährungen in Buchhaltung und Bilanz, S. 716; ECKERT, K.-P., Steuerliche Betrachtung elektronischer Zahlungsmittel, S. 2109; LINGERT, A./WEILER, B., Rechtliche Kurzanalyse, S. 597; KOTAS, C., Kryptowährungen als Digital Assets, S. 78 f. Vgl. im IFRS-Kontext KIRSCH, H.-J./VON WIEDING, F., Bitcoin im IFRS-Kontext, S. 118; BERGER, J./FISCHER, F., Kryptowährungen in den IFRS, S. 1197. Würde ein Staat einen staatlich unterstützten Krypto-Token ausgeben, könnte dies dazu führen, dass ein Zahlungsmittel i. S. d. IFRS vorliegt.

901 IFRS IC (Hrsg.), Staff Paper 4A (September 2018), Rn. 25.

902 Vgl. zur Einordnung von Zahlungs-Token als privates Ersatzgeld Abschnitt 22.

903 Vgl. so auch m. w. N. BOSCH, R. U. A., Kryptowährungen, S. 413–440; LERCH, M. P., Bitcoin als Evolution des Geldes, S. 199; QUITZAU, J., Kryptowährungen, S. 12–17. Vgl. zudem ausführlich zu dieser Diskussion YERMACK, D., Is Bitcoin a Real Currency?, S. 1–24; LO, S./WANG, J. C., Bitcoin as Money?, S. 1–28.

904 Vgl. IASB (Hrsg.), Staff Paper 12A (January 2018), Rn. 15 und Rn. 21.

905 Vgl. AASB (Hrsg.), Digital currency, S. 10.

906 Vgl. ähnlich, wenn auch nicht im IFRS-Kontext, OESCH, D./PETRY, H. M., Bilanzierung von Kryptowährungen, S. 22.

Einordnung von Zahlungs-Token unter den bilanzrechtlichen Zahlungsmitteln in Bezug auf die Tauschmittelfunktion liegt in dem **noch geringen Grad der Akzeptanz** im allgemeinen Wirtschaftsverkehr. So besteht „zum jetzigen Zeitpunkt keine umfassende gesellschaftliche und rechtliche Akzeptanz als Zahlungsmittel“[907], sondern nur zwischen bestimmten Teilnehmern einer Transaktion. Dies ist ein wesentlicher Unterschied zu Fiatwährungen, die zumindest in den Heimatstaaten als allgemein akzeptiertes Tauschmittel und als Recheneinheit fungieren. Sofern die allgemeine Akzeptanz und Verbreitung von (einem) Zahlungs-Token als Tauschmittel und als Recheneinheit künftig signifikant steigen sollte, ist ein Ausweis unter den bilanzrechtlichen Zahlungsmitteln im aktuellen Regelungskontext vor dem Hintergrund ihres wirtschaftlichen Charakters jedoch zumindest denkbar.[908] Festzuhalten bleibt, dass es in der Gesamtschau im aktuellen Normenkontext und zum jetzigen Zeitpunkt jedoch **nicht sachgerecht ist, Zahlungs-Token als bilanzrechtliche Zahlungsmittel zu bilanzieren**.[909]

444.212. Zahlungsmitteläquivalente

Als alternative Klassifizierung eines Zahlungs-Token könnten die Zahlungsmitteläquivalente dienen, um der den Zahlungs-Token zugrunde liegenden Nutzungsintention gerecht zu werden. Zahlungsmitteläquivalente sind dazu bestimmt, dass das bilanzierende Unternehmen kurzfristigen Zahlungsverpflichtungen nachkommen kann.[910] Aus diesem Grund werden sie für gewöhnlich nicht zu Investitionszwecken gehalten. **Definiert** werden Zahlungsmitteläquivalente in IAS 7.6 f. als kurzfristige hochliquide Finanzinvestitionen, die jederzeit in festgelegte Zahlungsmittelbeträge umgewandelt werden können und nur unwesentlichen Wertschwankungen unterliegen.[911] Im Regelfall haben Zahlungsmitteläquivalente eine Restlaufzeit von nicht mehr als drei Monaten.[912] Unter die Zahlungsmitteläquivalente sind angesichts dieser Definition unter anderem Festgelder mit einer entsprechenden Laufzeit und kurzfristige, verzinsliche Wertpapiere (z. B. *commercial paper*) zu fassen.[913]

Mit Blick auf die Definitionskriterien von Zahlungsmitteläquivalenten spricht die diesen zugesprochene **Kurzfristigkeit** zunächst für eine entsprechende Einordnung von Zahlungs-Token in den Regelungsrahmen der IFRS, da Zahlungs-Token keinerlei Laufzeit unterliegen und sich regelmäßig kurzfristig über Handelsplattformen in andere Krypto-Token oder (zumindest indirekt) in Fiatwährungen tauschen lassen. Vor dem Hintergrund der als weiteres konstituierendes

---

907 KIRSCH, H.-J./VON WIEDING, F., Bitcoin im IFRS-Kontext, S. 118. Vgl. so im Ergebnis auch AASB (Hrsg.), Digital currency, S. 10.

908 Vgl. so auch IFRS IC (Hrsg.), Staff Paper 4A (September 2018), Rn. 69; DELOITTE (Hrsg.), Cryptocurrency, S. 12.

909 Vgl. so auch KIRSCH, H.-J./VON WIEDING, F., Bitcoin im IFRS-Kontext, S. 118.

910 Vgl. hier und im folgenden Satz IAS 7.7, sowie LÜDENBACH, N./HOFFMANN, W.-D./FREIBERG, J., in: Lüdenbach/Hoffmann/Freiberg, Haufe IFRS-Kommentar, 17. Aufl., § 3, Rn. 21.

911 Vgl. IAS 7.6 f.

912 Vgl. IAS 7.7. Durch den eindeutigen Bezug auf den Regelfall sind Ausnahmen von dieser Vorschrift prinzipiell denkbar. Vgl. hierzu auch LÜDENBACH, N./HOFFMANN, W.-D./FREIBERG, J., in: Lüdenbach/Hoffmann/Freiberg, Haufe IFRS-Kommentar, 17. Aufl., § 3, Rn. 19 f.

913 Vgl. MEYER, M. A., in: Thiele/von Keitz/Brücks, Int. Bilanzrecht, IAS 7, Rn. 121.

Merkmal eines Zahlungsmitteläquivalents aufgeführten **Liquidität** zeigt sich indes ein gemischtes Bild bezüglich der Anwendbarkeit der Normen auf Zahlungs-Token. So differiert die Liquidität von Zahlungs-Token in Abhängigkeit des spezifischen Token und dem Markt, an dem dieser gehandelt wird. Etablierte Zahlungs-Token werden durchaus in wesentlichen Volumina und Häufigkeiten ge- und verkauft. Inwiefern dies dem Anspruch nach einem „hochliquiden" Vermögenswert entspricht, ist im aktuellen Normenkontext nicht eindeutig festgelegt, da diesbezüglich keine weiterführenden Vorgaben oder quantitativen Richtwerte in IAS 7 angelegt sind. Vor diesem Hintergrund kommt es in Bezug auf das Kriterium der Liquidität mithin auf die konkreten Umstände an, wobei für etablierte Zahlungs-Token, wie bspw. Bitcoin-Werteinheiten, das Kriterium in der Regel erfüllt sein wird.[914]

Als weiteres Kriterium müssen Zahlungsmitteläquivalente gemäß IAS 7.6 f. jederzeit in **festgelegte Zahlungsmittelbeträge** umgewandelt werden können. Das IFRS IC konkretisiert dies wie folgt: „*[T]he amount of cash that will be received must be known at the time of the initial investment, ie the units cannot be considered cash equivalents simply because they can be converted to cash at any time at the then market price in an active market.*"[915] Prinzipiell ist es zwar möglich, gewisse Zahlungs-Token an Handelsplattformen gegen bilanzrechtliche Zahlungsmittel direkt oder indirekt zu tauschen. Ein vertragliches Recht, einen bestimmten Betrag in einer Fiatwährung zu erhalten, besteht jedoch zum Zeitpunkt der Investition nicht,[916] was gegen die Klassifizierung von Zahlungs-Token als Zahlungsmitteläquivalente spricht. Ebenso steht dem entgegen, dass Zahlungsmitteläquivalente per Definition **nur geringen Wertschwankungen unterliegen** (dürfen).[917] Auch wenn dieses Definitionskriterium vom IASB nicht mit quantitativen Richtwerten unterlegt wird, kann im jetzigen Marktstadium von Zahlungs-Token im Speziellen und Krypto-Token im Allgemeinen nicht von der erforderlichen geringen Wertschwankung ausgegangen werden, obgleich die Volatilität von Krypto-Token tendenziell rückläufig[918] ist. Im Ergebnis ist mithin festzuhalten, dass Zahlungs-Token nicht als Zahlungsmitteläquivalente zu klassifizieren sind, da Zahlungs-Token nicht den kumulativ zu erfüllenden Definitionskriterien von Zahlungsmitteläquivalenten genügen.[919]

---

914 Vgl. ausführlich zur Marktaktivität bei Krypto-Token Abschnitt 452.22.

915 IFRS IC (Hrsg.), IFRIC Update (July 2009), S. 3.

916 Vgl. SOPP, G./GRÜNBERGER, D., Virtuelle Währungen nach IFRS, S. 221.

917 Anders als bei Zahlungsmitteln wird demnach bei Zahlungsmitteläquivalenten Bezug auf die Geld zugeschriebene Funktion eines Wertaufbewahrungsmittels genommen. Unter Wertschwankungen werden Zinsänderungsrisiken, Kreditausfallrisiken und bei Fremdwährungsbeständen auch Wechselkursrisken verstanden. Vgl. MEYER, M. A., in: Thiele/von Keitz/Brücks, Int. Bilanzrecht, IAS 7, Rn. 121.

918 Vgl. FIEDLER, S. U. A., Virtual Currencies, S. 14 f. Vgl. ausführlich zur Volatilität von Bitcoin KASPER, J., Evolution of Bitcoin, S. 1–22. Gleichwohl lag bspw. die historische Volatilität von Bitcoin-Werteinheiten (in US-Dollar gemessen) durchschnittlich sechs- bis siebenmal höher als bei Währungen der G10-Industrienationen. Vgl. ausführlich OSTERRIEDER, J./LORENZ, J., A statistical risk assessment of Bitcoin, S. 1–13.

919 Vgl. so im Ergebnis auch KIRSCH, H.-J./VON WIEDING, F., Bitcoin im IFRS-Kontext, S. 118; SOPP, G./GRÜNBERGER, D., Virtuelle Währungen nach IFRS, S. 221; AASB (Hrsg.), Digital currency, S. 11; GRANT THORNTON (Hrsg.), Accounting for cryptocurrencies, S. 4.

444.213. Sonstige Arten von finanziellen Vermögenswerten

Neben den Zahlungsmitteln und den Zahlungsmitteläquivalenten kommen – basierend auf der kasuistischen Aufzählung in IAS 32.11 – potenziell noch weitere Arten von finanziellen Vermögenswerten als Klassifizierung für Zahlungs-Token in Betracht. Nach IAS 32.11 verbleiben diesbezüglich noch Eigenkapitalinstrumente eines anderen Unternehmens, Verträge, die durch eigene Eigenkapitalinstrumente erfüllt werden (können), d. h. Derivate auf Eigenkapitalinstrumente, sowie vertragliche Rechte, finanzielle Vermögenswerte von einem anderen Unternehmen zu erhalten oder finanzielle Vermögenswerte mit einem anderen Unternehmen unter vorteilhaften Bedingungen zu tauschen.[920]

Mit Blick auf eine potenzielle Klassifizierung als **Eigenkapitalinstrument** eines anderen Unternehmens ließe sich zwar anführen, dass einige Zahlungs-Token für die Inhaber Online-Abstimmungsrechte, bspw. hinsichtlich der Weiterentwicklung des Projektes,[921] vorsehen. Jedoch begründen Zahlungs-Token nicht die in IAS 32.11 sowie CF.4.63–4.67 festgelegten Voraussetzungen für ein Eigenkapitalinstrument, da mit der Inhaberschaft eines Zahlungs-Token kein Residualanspruch am Vermögen eines Unternehmens nach Abzug aller Schulden verbunden ist.[922] In den IFRS werden unter die Eigenkapitalinstrumente verschiedene Beteiligungsansprüche, wie bspw. Anteile an einer Personen- oder Aktiengesellschaft, gefasst. Bei Zahlungs-Token fehlt es hingegen an den gesellschaftsrechtlichen und den ökonomischen Charakteristika eines solchen Beteiligungsanspruchs, sodass Zahlungs-Token nicht als Eigenkapitalinstrument eines anderen Unternehmens angesehen werden können. Weiterhin leitet sich der Wert eines Zahlungs-Token auch nicht anhand eines anderen Basiswertes ab, sodass Zahlungs-Token auch **kein derivatives Finanzinstrument** repräsentieren.

Angesichts des Umstands, dass Zahlungs-Token selbst kein bilanzrechtliches Zahlungsmittel, kein Zahlungsmitteläquivalent, kein Eigenkapitalinstrument und kein Derivat sind, verbleibt für eine Klassifizierung als finanzieller Vermögenswert lediglich der Fall eines **vertraglichen Rechts** i. S. v. IAS 32.11 (c), welches zum Bezug eines finanziellen Vermögenswertes berechtigt. Eine solche Klassifizierung wäre bspw. sachgerecht, sofern eine andere Partei vertraglich dazu verpflichtet ist, dem Inhaber eines Zahlungs-Token bilanzrechtliche Zahlungsmittel oder andere finanzielle Vermögenswerte zu liefern. Vor diesem Hintergrund ist mithin in Bezug auf die tatbestandsseitige Anwendbarkeit des IAS 32 i. V. m. IFRS 9 entscheidend, ob eine andere Partei im Krypto-Ökosystem eine entsprechende vertragliche Verpflichtung gegenüber dem Inhaber eines Zahlungs-Token hat. Die Einnahme dieser Perspektive ist zudem wichtig, da in IAS 32.11 aktuell kasuistisch finanzielle Vermögenswerte als solche definiert werden, d. h. ein neuer Sachverhalt – wie es Zahlungs-Token sind – durch die „Maschen" dieser Kasuistik fallen könnte, obgleich diesem mitunter ähnliche Charakteristika zugrunde liegen.

---

920 Vgl. hierzu bereits Abschnitt 444.1.

921 Vgl. HILDNER, A./DANZMANN, M., Blockchain für die Unternehmensfinanzierung, S. 389.

922 Vgl. hier und in den folgenden drei Sätzen KIRSCH, H.-J./VON WIEDING, F., Bitcoin im IFRS-Kontext, S. 118.

Daher soll im nächsten Schritt geprüft werden, ob Zahlungs-Token auf einer zweiseitigen vertraglichen Vereinbarung basieren und mithin eine **vertragliche Gegenpartei** vorliegt, bei der das Vertragsverhältnis zu einer finanziellen Verbindlichkeit führt.[923] Mit Blick auf eine vertragliche Gegenpartei lassen sich in IAS 32 zwei Möglichkeiten identifizieren. So kann zum einen der Emittent eines Finanzinstrumentes als vertragliche Gegenpartei fungieren, zum anderen die einen finanziellen Vermögenswert verwahrende Institution. Diese beiden Perspektiven werden im Folgenden konkretisiert und die damit verbundenen Erkenntnisse auf den Sachverhalt eines Zahlungs-Token angewendet. Da in IAS 32 vorrangig die Perspektive eines ein Finanzinstrument emittierenden Unternehmens eingenommen wird,[924] wird zunächst evaluiert, ob Zahlungs-Token auf einer Emission basieren, die zu einer vertraglichen Gegenpartei führt (Abschnitt 444.221.). Anschließend wird das einem bilanzrechtlichen Zahlungsmittel zugrunde liegende Gegenparteiverständnis untersucht, welches nicht an dem eigentlichen Emittenten, sondern der verwahrenden Institution ansetzt (Abschnitt 444.222.).

444.22 Vertragliche Gegenpartei

444.221. Emittent

Die wesentliche Herausforderung bei der Identifikation einer vertraglichen Gegenpartei eines Zahlungs-Token besteht darin, dass Zahlungs-Token regelmäßig nicht von einer zentralen Stelle emittiert werden. Mithin ist die Rolle des Emittenten bei Zahlungs-Token – abseits eines *Initial Token Offering* – nicht zweifelsfrei von einer Partei bzw. von mehreren Parteien belegt. Als **mögliche Emittenten** kommen unter anderem die Erfinder und die Entwickler eines Zahlungs-Token sowie die *Miner* (bzw. Validatoren) in Betracht.[925] Diese Akteure sollen im Folgenden zunächst – stellvertretend für andere Zahlungs-Token – anhand des Bitcoin-Netzwerks betrachtet werden. Daran anschließend wird der Fall eines über ein *Initial Token Offering* ausgegebenen Zahlungs-Token betrachtet.

Im Bitcoin-Netzwerk werden neue Bitcoin-Werteinheiten als Teil des Validierungsprozesses ausgegeben, wobei diese sog. *Coinbase*-Transaktion, wie auch die übrigen zu bestätigenden Transaktionen, in den an die Blockchain zu hängenden Block integriert wird.[926] Mit Blick auf die durch das Protokoll initiierte Ausschüttung von neuen Werteinheiten im Bitcoin-System ist der mit dem **Protokoll verbundene Algorithmus** ein erster Anknüpfungspunkt in Bezug auf den Emittenten einer Bitcoin-Werteinheit. Bei dem Protokoll handelt es sich jedoch weder um eine greifbare juristische noch um eine (oder mehrere) natürlich abgrenzbare Person(en), gegen

[923] Das Vorliegen eines Eigenkapitalinstrumentes wurde bereits negiert, sodass dieser Aspekt im folgenden Abschnitt nicht weiter betrachtet wird.

[924] Vgl. so auch THIELE, S./PAA, C., in: Thiele/von Keitz/Brücks, Int. Bilanzrecht, IAS 32, Rn. 102 f.

[925] Auch wenn IAS 32.11 explizit auf eine vertragliche Vereinbarung zwischen Unternehmen abstellt, ist dieser Begriff weiter als zunächst zu vermuten. So umfasst dieser laut IAS 32.14 Einzelpersonen, Personengesellschaften, Kapitalgesellschaften, Treuhänder und öffentliche Institutionen, die mithin als mögliche Vertragsparteien infrage kommen.

[926] Vgl. ausführlich Abschnitt 231.3.

die durchsetzbare Rechte vorliegen.[927] Ebenso scheidet der **Erfinder** (SATHOSI NAKAMOTO) des Bitcoin-Systems im Allgemeinen sowie des Bitcoin-Protokolls im Speziellen als vertragliche Gegenpartei aus, da dieser weder identifiziert wurde noch dazu verpflichtet ist, Bitcoin-Werteinheiten für einen bestimmten oder einen variablen Betrag zurückzunehmen und dem vorherigen Inhaber einer Bitcoin-Werteinheit bilanzrechtliche Zahlungsmittel oder andere finanzielle Vermögenswerte zu liefern. Selbiges gilt für die **BITCOIN FOUNDATION**, deren Zweck es ist, das Bitcoin-System weiter zu entwickeln und weiter zu verbreiten.[928]

Ein zweiter Anknüpfungspunkt für den Emittenten und mithin die vertragliche Gegenpartei ist der ***Miner***, der den Block validiert, welcher zur Emission neuer Bitcoin-Werteinheiten führt.[929] Gegen die Interpretation des *Miner* als Emittenten spricht indes, dass die von ihm durchgeführten Tätigkeiten im Rahmen der Validierung zwar letztendlich zu neuen Werteinheiten führen, die Ausgabe der Bitcoin-Werteinheiten jedoch als Ergebnis eines vordefinierten Protokolls erfolgt.[930] Die eigentliche Emission der Werteinheiten könnte bei einer Interpretation des *Miner* als Emittenten daher erst im Anschluss an den Transfer der Bitcoin-Werteinheiten an eine andere Partei konstituiert werden, da den *Minern* die als *Block Reward* ausgeschütteten Bitcoin-Werteinheiten zunächst protokollbasiert gutgeschrieben werden. Ein *Miner* hat jedoch zu keinem Zeitpunkt die Verpflichtung, Bitcoin-Werteinheiten für einen bestimmten oder einen variablen Betrag zurückzunehmen und in diesem Zug finanzielle Vermögenswerte an die zuvor die Werteinheit haltende Partei zu übertragen, sodass keine vertraglichen Verpflichtungen vonseiten des *Miner* durch die Übertragung einer (neuen) Werteinheit bestehen. Weiterhin basiert die Entstehung von neuen Bitcoin-Werteinheiten beim einzelnen *Miner* auf einem Zufallselement, dem Auffinden eines validen *Hashwert*, und „wird nicht bloß durch einen Willensakt kreiert."[931] Daher kann nicht von einer bewussten Emissionsentscheidung seitens des validierenden *Miner* ausgegangen werden, sodass dieser im Ergebnis nicht als Emittent der Bitcoin-Werteinheiten anzusehen ist. Für das Bitcoin-System ist insofern keine Institution oder Einzelperson verantwortlich, sodass kein direkter Emittent identifiziert werden kann und mithin keine vertragliche Gegenpartei für eine Bitcoin-Werteinheit vorliegt. Dieses Ergebnis ist auf eine Vielzahl anderer Zahlungs-Token direkt übertragbar, da zahlreiche Zahlungs-Token strukturell dem Bitcoin-Ökosystem ähneln.

Anders ist dies ggf. zu beurteilen, wenn ein Zahlungs-Token nicht im Rahmen eines Konsensmechanismus, sondern durch ein ***Initial Token Offering*** ausgegeben wird und hierdurch unmittelbar ein Emittent identifiziert werden kann. Die vertraglichen Rechte und Pflichten der

927 Vgl. ähnlich KIRSCH, H.-J./VON WIEDING, F., Bitcoin nach HGB, S. 2734; HIRSCHLER, K./STÜCKLER, K., Bilanzierung von Kryptowährungen, S. 120.

928 Stiftungen werden auch bei anderen Zahlungs-Token regelmäßig für die genannten Zwecke eingesetzt. Unter anderem sind auch bei den Zahlungs-Token Litecoin, Monero, Dash und IOTA solche Stiftungen implementiert.

929 Vgl. FALSCHLEHNER, V./KLAUSBERGER, P., Finanzmarktaufsichtsrechtliche Einordnung, S. 41.

930 Daher wird auch aufsichtsrechtlich nicht von einer Emission ausgegangen. Vgl. m. w. N. KRIMPHOVE, D., Keine Angst vor FinTechs, S. 2697.

931 FALSCHLEHNER, V./KLAUSBERGER, P., Finanzmarktaufsichtsrechtliche Einordnung, S. 41.

beteiligten Parteien und mithin auch die Durchsetzbarkeit von etwaigen Ansprüchen gegen den Emittenten hängen in diesem Zusammenhang wesentlich von dem *Whitepaper* des emittierenden Unternehmens sowie der Code-Basis der zugrunde liegenden Zahlungs-Token ab. Obgleich zweifelsfrei die schuldrechtliche Verpflichtung für das emittierende Unternehmen besteht, die versprochenen Zahlungs-Token nach erfolgreicher Zeichnung des *Initial Token Offering* an den jeweiligen Investor zu übertragen, bestehen darüber hinaus allerdings regelmäßig keine weiteren Verpflichtungen vonseiten des Emittenten. So schließt der Emittent zumeist eine Rücknahme der Zahlungs-Token im *Whitepaper* aus.[932] Zudem lassen sich bei Zahlungs-Token auch keine direkten Ansprüche gegen das emittierende Unternehmen begründen, da die Zahlungs-Token nicht gegen dieses als Form des Zahlungsmittels verwendet werden können und bzw. oder sollen. Vielmehr ist ein Zahlungs-Token dazu intendiert, als allgemeines Tauschmittel für Güter und Dienstleistungen zu fungieren. Basierend auf diesen Charakteristika kann daher auch im Rahmen eines *Initial Token Offering* keine für ein Finanzinstrument erforderliche vertragliche Gegenpartei begründet werden, da mit dem Besitz eines Zahlungs-Token keine spezifischen inhärenten Rechte verbunden sind und der Emittent keine vertraglichen Verpflichtungen hat, Zahlungsmittel oder andere finanzielle Vermögenswerte an die Inhaber der Token zu übertragen. Mithin fehlt es im Anschluss an die Übertragung der Werteinheiten an einer zweiseitigen vertraglichen Vereinbarung.

444.222. Verwahrende Institution

444.222.1 Konkretisierung der vertraglichen Gegenpartei bei Zahlungsmitteln

Das bilanzrechtlichen Zahlungsmitteln für Zwecke der IFRS zugrunde liegende Gegenparteiverständnis basiert auf dem **Geldschöpfungsprozess** von Fiatwährungen. Im Zuge des Geldschöpfungsprozesses führt die Emission von neuem Geld dazu, dass die emittierende Zentralbank eine Verbindlichkeit in ihrer Bilanz passiviert.[933] Geschäftsbanken können sich durch das von einer Zentralbank neu geschaffene Geld (gegen Einlage von Sicherheiten, z. B. Wertpapieren) finanzieren, was dazu führt, dass eine Forderung der Zentralbank gegenüber der jeweiligen Geschäftsbank entsteht.[934] Die Geschäftsbanken nutzen das neu geschöpfte Zentralbankgeld, um bspw. neue Kredite auszugeben, wodurch das neu geschaffene Geld dem Wirtschaftskreislauf zugeführt wird. Die kreditgewährende Geschäftsbank schreibt dem Kreditnehmer dann den entsprechenden Betrag auf seinem Konto gut, was dazu führt, dass die kreditgewährende Institution eine Forderung gegenüber dem Kreditnehmer aktiviert. Der Kunde der Bank kann das

---

932 Dies gilt in der Regel auch für andere Token-Arten. Vgl. JUNG, M. R., Initial Token Offerings, S. 286; NAZARENO, D., Steuerfolgen von ICO, S. 200; NIEDLING, D., Steuerliche Aspekte von Initial Coin Offerings, S. 29; BUCHMANN, R., Kryptowährungen und ICO, S. 64.

933 Vgl. THIELE, C.-L., Zwischen Disruption und Spekulation, S. 581. Vgl. hierzu kritisch VON STEBUT, D., Geld als Zahlungsmittel und Rechtsbegriff, S. 565 f.

934 Vgl. hier und im folgenden Satz THIELE, C.-L., Zwischen Disruption und Spekulation, S. 581. Wenn die Geschäftsbanken den Kredit bei der Zentralbank zurückzahlen, wird das geschöpfte Geld dem Geldkreislauf wieder entzogen. Vgl. ausführlich zur Geldschöpfung und zur Geldvernichtung ISSING, O., Geldtheorie, S. 54–88. Zudem entsteht Zentralbankgeld auch, wenn die Zentralbank den Geschäftsbanken Vermögenswerte (z. B. Staatsanleihen o. Ä.) abkauft.

dem Konto gutgeschriebene Geld (Sichteinlage) fortan nutzen, um elektronische Transaktionen zu tätigen oder um sich Barmittel auszahlen zu lassen. Durch eine Abhebung oder durch eine Einlage von Barmitteln entsteht nicht direkt neues Geld, jedoch kann die Bank, bei der eine Einlage stattfindet, erneut Kredite (abzüglich einer an die Zentralbank zu entrichtenden Mindestreserve) ausgeben.

Die (vereinfachten) Ausführungen hinsichtlich des Geldschöpfungsprozesses zeigen, dass Fiatwährungen stets „Forderungsgeld"[935] sind, d. h. sich Forderungen und Verpflichtungen über mehrere Stufen erstrecken. Diesem Verständnis liegen auch Zahlungsmittel in den IFRS zugrunde. So knüpfen die unter die Zahlungsmittel fallenden **Sichteinlagen** an das Verhältnis zwischen Kunde und Bank (bzw. einer anderen Finanzinstitution) an, um eine zweiseitige vertragliche Vereinbarung zu begründen.[936] Während aus der Perspektive des Kunden die Sichteinlage zu einem finanziellen Vermögenswert führt, passiviert die verwahrende Bank (bzw. ein ähnliches Finanzinstitut) eine **finanzielle Verbindlichkeit**. Dem liegt zugrunde, dass die verwahrende Institution die bei ihr eingelegten Kundengelder (zumeist) nicht ausschließlich verwahrt,[937] sondern in ihrem Geschäftsmodell, z. B. zur Kreditvergabe, verwendet. In diesem Fall hat das verwahrende Unternehmen auf der einen Seite die (vertragliche) Möglichkeit, die eingelegten Mittel anderweitig einzusetzen und den hiermit verbundenen Nutzen zu vereinnahmen.[938] Auf der anderen Seite besteht für das verwahrende Unternehmen ein Liquiditätsrisiko, da die einlegende Partei kurzfristig sein vertragliches Recht einfordern kann, sich Barmittel auszahlen zu lassen oder die eingelegten Geldbestände transferieren kann. Mit Blick auf diese vertraglichen Verpflichtungen ist es daher angezeigt, dass die Bank eine finanzielle Verbindlichkeit i. S. v. IAS 32.11 passiviert.

Regelungssystematisch scheint es für Zwecke der Rechnungslegung konsequent, an die verwahrende Institution als vertragliche Gegenpartei einer Sichteinlage anzuknüpfen, und nicht –

---

935 THIELE, C.-L., Zwischen Disruption und Spekulation, S. 581.

936 Vgl. IAS 32.AG3.

937 Sofern das verwahrende Unternehmen bspw. als Verwaltungstreuhand agiert, aktiviert diese weder die für den Kunden gehaltenen Vermögenswerte, noch wird eine Verbindlichkeit gegenüber diesem ausgewiesen, da das als Treuhänder agierende Unternehmen keine Verfügungsmacht über die verwahrten Vermögenswerte hat, d. h. deren Einsatz nicht steuern kann und zudem keinen Liquiditätsrisiken ausgesetzt ist. Vgl. PWC (Hrsg.), IFRS für Banken, S. 912–914; KREUTZIGER, S., in: Böcking u. a., Beck HdR, B 775, Rn. 66. Bei einer Verwaltungstreuhand übt ein Treuhänder seine Rechtsmacht im Interesse des Treugebers aus. Die vom Treuhänder gehaltenen Vermögenswerte hält dieser auf eigenen Namen, jedoch auf fremde Rechnung. Vgl. für weitere Beispiele GRANT THORNTON (Hrsg.), Accounting for client money, S. 4 und S. 7. Vgl. zudem zur bilanziellen Abbildung von Treuhandverhältnissen im Jahresabschluss nach IFRS KREUTZIGER, S., in: Böcking u. a., Beck HdR, B 775, Rn. 66–73; FLINTROP, B., in: Driesch u. a., Beck IFRS HB, 5. Aufl., § 39, Rn. 36 f. Vgl. zudem SCHARPF, P./SCHABER, M., HB Bankbilanz, S. 857–862 und S. 1002–1005; BIEG, H./WASCHBUSCH, G., Bankbilanzierung nach HGB und IFRS, S. 161–166. Das Verwahren von Kundengeldern führt mithin nicht immer zu einer finanziellen Verbindlichkeit bei der verwahrenden Partei. Vgl. ausführlich zur Bilanzierung von Kundengeldern GRANT THORNTON (Hrsg.), Accounting for client money, S. 1–8; ACSB (Hrsg.), Client Money, S. 1–5.

938 Vgl. hier und im folgenden Satz GRANT THORNTON (Hrsg.), Accounting for client money, S. 4. In diesem Fall aktiviert die Bank oder ein ähnliches Finanzinstitut die erhaltenen Geldmittel und passiviert eine finanzielle Verbindlichkeit.

wie bei anderen finanziellen Vermögenswerten – an den eigentlichen Emittenten des Finanzinstrumentes. Denn würde diesbezüglich direkt auf die emittierende Zentralbank rekurriert werden, läge wohl kein konkreter Anspruch gegen diese vor, deren ökonomischen Konsequenzen sich die Zentralbank i. S. v. IAS 32.13 nicht oder kaum entziehen kann. Dies ist unter anderem damit zu begründen, dass von einer Zentralbank ausgegebenes Geld nicht mit einem realen Gegenwert unterlegt ist und das von der Zentralbank ausgegebene Geld mithin auch nicht hierfür eingelöst werden kann.[939] Noch deutlicher wird dies mit Blick auf die zweite Komponente[940] der bilanzrechtlichen Zahlungsmittel: Den **Barmitteln**. Denn solange diese nicht bei einer Bank eingelegt sind (und mithin eine Sichteinlage konstituieren), liegt ihnen keine vertragliche Vereinbarung mit einer anderen Partei zugrunde, deren ökonomischen Konsequenzen sich diese nicht oder kaum entziehen kann.[941]

Der Blick durch das Konstrukt der Forderungs- und Verpflichtungsbeziehungen, die eine Fiatwährung konstituieren, verdeutlicht, dass gesetzliche Zahlungsmittel lediglich „die Hoffnung [verkörpern; Anm. d. Verf.], einen entsprechenden Gegenwert an Sachgütern oder Dienstleistungen zu erhalten, [was; Anm. d. Verf.] von einer Zentralbank garantiert“[942] und durch die (gesetzliche) Annahmepflicht expliziert wird.[943] Vor diesem Hintergrund stellt BARCKOW zurecht fest, dass Zahlungsmitteln als Ausprägung eines finanziellen Vermögenswertes „kein Vertragsverhältnis im engeren Sinne zugrundeliegt“[944]. Angesichts ihrer Funktion als grundlegendes Tauschmittel und als Recheneinheit sind bilanzrechtliche Zahlungsmittel nach der Auffassung des IASB gleichwohl als Finanzinstrumente anzusehen.[945] Dies kommt in der Form zum Ausdruck, dass bilanzrechtliche Zahlungsmittel **per Definition** zu einem finanziellen Vermögenswert erklärt werden.[946]

Im Gegensatz zu anderen finanziellen Vermögenswerten liegt bilanzrechtlichen Zahlungsmitteln mithin ein differierendes, vom tatsächlichen Emittenten abstrahierendes, Gegenparteiverständnis für Zwecke der IFRS zugrunde. Im Folgenden soll daher untersucht werden, ob diesbezüglich Parallelen zu Zahlungs-Token bestehen. Zwar erfüllen Zahlungs-Token (noch) nicht die funktionalen Eigenschaften eines bilanzrechtlichen Zahlungsmittels und sind auch nicht als Barmittel oder Sichteinlagen i. S. v. IAS 7 zu kategorisieren,[947] sodass etwaige Parallelen nicht

---

939 Selbiges gilt auch für Barmittel, deren Materialwert (deutlich) geringer ist als deren Nennwert. Vgl. hierzu ausführlich und m. w. N. VON STEBUT, D., Geld als Zahlungsmittel und Rechtsbegriff, S. 564 f. Der Autor führt a. a. O. zudem aus, dass es in jedem Staats- bzw. Währungssystem wenigstens eine Geldart geben muss, die nicht gegen einen anderen Vermögenswert einlösbar ist.

940 Vgl. hierzu bereits Abschnitt 444.211.1.

941 Vgl. ähnlich BARCKOW, A., Derivate Finanzinstrumente, S. 9.

942 SIEGEL, T., Bitcoins: Zur Besteuerung von erfüllten Hoffnungen, S. 307, sowie bereits Abschnitt 21, Fn. 46.

943 Vgl. hierzu bereits Abschnitt 444.211.2.

944 BARCKOW, A., in: Baetge u. a., Rechnungslegung nach IFRS, 2. Aufl., IAS 32, Rn. 17. Vgl. so auch HENDLER, M., in: Heuser/Theile, IFRS HB, 6. Aufl., Kap. 22, Rn. 22.25.

945 Vgl. BARCKOW, A., in: Baetge u. a., Rechnungslegung nach IFRS, 2. Aufl., IAS 32, Rn. 17; HENDLER, M., in: Heuser/Theile, IFRS HB, 6. Aufl., Kap. 22, Rn. 22.25.

946 Vgl. so auch im Ergebnis BERGER, J./FISCHER, F., Kryptowährungen in den IFRS, S. 1197.

947 Vgl. Abschnitt 444.211.1 und Abschnitt 444.211.2.

automatisch zu einer entsprechenden Klassifizierung führen. Gleichwohl ist eine dahin gehende Untersuchung aus zwei Gründen sinnvoll. Zunächst ähneln sich Fiatwährungen und Zahlungs-Token in ihrer Funktionalität, da beide originär als Tauschmittel eingesetzt werden sollen. Dass Zahlungs-Token aktuell (noch) nicht als bilanzrechtliches Zahlungsmittel zu klassifizieren sind, ist unter anderem mit dem noch geringen Grad der Akzeptanz im allgemeinen Wirtschaftsverkehr verbunden.[948] Sofern die allgemeine Akzeptanz und Verbreitung von (einem) Zahlungs-Token als Tauschmittel und als Recheneinheit künftig signifikant steigen sollte, ist ein Ausweis unter den bilanzrechtlichen Zahlungsmitteln im aktuellen Regelungskontext vor dem Hintergrund ihres wirtschaftlichen Charakters jedoch zumindest denkbar,[949] sodass der Thematik der vertraglichen Gegenpartei von Zahlungs-Token durchaus künftig noch praktische Relevanz zukommen kann. Zudem können die hierbei gewonnenen Erkenntnisse mit Blick auf die *de lege ferenda*-Betrachtung von erworbenen Krypto-Token im IFRS-Abschluss noch von Bedeutung sein; vor allem, da Zahlungs-Token und deren neuartigen Charakteristika angesichts der Entstehungs- und Entwicklungsgeschichte des IAS 32 noch nicht in den Normen berücksichtigt sein können.

444.222.2 Parallelen zu Zahlungs-Token

Transaktionen im Krypto-Ökosystem ähneln einer Banküberweisung, ohne dass es zwingend erforderlich ist, ein (klassisches) Bankkonto zu besitzen.[950] Die Funktionen eines Bankkontos werden im Krypto-Ökosystem von einer ***Wallet*** übernommen, über die die Krypto-Token verwaltet werden. Da Zahlungsmittel im Kontext der IFRS nicht an dem tatsächlichen Emittenten als vertragliche Gegenpartei anknüpfen, scheint die „verwahrende" Institution im Krypto-Ökosystem – wie auch bei einer Sichteinlage – als ein möglicher, vergleichbarer Sachverhalt infrage zu kommen. Hierbei ist nicht entscheidend, ob es sich um eine Bank handelt, die die privaten Schlüssel in einer *Wallet* verwahrt, da IAS 32.AG3 auch andere Institutionen zulässt.[951] Die Verwahrung der den Zahlungs-Token zugehörigen privaten Schlüssel könnte daher zunächst zu der Annahme verleiten, dass der Inhaber eines Zahlungs-Token eine bilanzielle Forderung gegenüber dem *Wallet*-Betreiber hat. Mit Blick auf die unterschiedlichen *Wallet*-Arten und die damit verbundenen Rechte und Pflichten ist dies jedoch differenzierter zu betrachten.

Sofern der Inhaber eines Zahlungs-Token den privaten Schlüssel **eigenständig verwahrt**, hat keine andere Partei eine Zugriffsberechtigung oder -möglichkeit, d. h. keine Kontrolle, über die Zahlungs-Token.[952] Mithin besteht in diesem Fall keine verwahrende Partei, gegen die eine Forderung bestehen könnte. Eine Forderung im Sinn einer Sichteinlage kommt daher aus der

---

948 Vgl. hierzu ausführlich Abschnitt 444.211.2.

949 Vgl. Abschnitt 444.211.2.

950 Vgl. BÖRNER, R., Kryptowährungen, S. 48.

951 Vgl. so auch KPMG (Hrsg.), Insights into IFRS (2019/2020), Rn. 2.3.10.20. Der Standardentwurf zu IAS 7 sah noch vor, dass es sich bei Sichteinlagen um *deposits with banks* handelt. Der explizite Verweis auf Sichteinlagen bei Banken wurde jedoch im finalen Standard entfernt. Vgl. MEYER, M. A., in: Thiele/von Keitz/Brücks, Int. Bilanzrecht, IAS 7, Rn. 120.

952 Vgl. Abschnitt 432.22.

Perspektive des Inhabers eines Zahlungs-Token nur potenziell in Betracht, wenn der private Schlüssel vonseiten einer **dritten Partei** verwaltet wird. Mit Blick auf die Frage, ob sich aus der vertraglichen Vereinbarung zwischen der verwahrenden Partei und dem Kunden ein dem Sichteinlagen zugrunde liegendes Vertragsverhältnis und Gegenparteiverständnis ableiten lässt, ist zwischen zwei Geschäftsmodellen der Dienstleister zu unterscheiden,[953] welche bereits im Rahmen der Diskussion der Kontrolle eingeführt wurden.[954]

Sofern der Verwahrdienstleister vertraglich dazu berechtigt ist, die verwahrten Zahlungs-Token für **andere Zwecke** einzusetzen, d. h. sich die verwahrten Zahlungs-Token vom eigentlichen Inhaber „auszuleihen" und diese mithin nicht ausschließlich verwahrt, lassen sich **Parallelen zu einer Sichteinlage** erkennen. Dies lässt sich darauf zurückführen, dass das verwahrende Unternehmen über den Einsatz der Krypto-Token im Rahmen der vertraglichen Vereinbarung bestimmen und den daraus resultierenden wirtschaftlichen Nutzen vereinnahmen kann.[955] Mithin ist es dem Verwahrenden unter diesem Umstand möglich, die wirtschaftliche Ressource zu lenken, was dafür spricht, dass der Dienstleister die „ausgeliehenen" Krypto-Token kontrolliert. Gleichzeitig kann der mittelbar verfügungsberechtigte Kunde jedoch – wie auch bei einer Sichteinlage – die Herausgabe seiner Bestände an Zahlungs-Token anweisen, wodurch für den Verwahrdienstleister mitunter ein Liquiditätsrisiko besteht. Vor diesem Hintergrund ist es sachgerecht, dass ein solches Vertragsverhältnis beim verwahrenden Dienstleister in der Bilanz abgebildet wird, d. h., dass die für andere Zwecke „ausgeliehenen" und genutzten Zahlungs-Token zu aktivieren sind und die Verpflichtung gegenüber dem Kunden zu passivieren ist. Gleichwohl handelt es sich bei der Verpflichtung gegenüber dem Kunden nicht um eine finanzielle Verbindlichkeit. Dies ist damit zu begründen, dass die verwahrende Institution nicht dazu verpflichtet ist, Zahlungsmittel oder andere finanzielle Vermögenswerte an den Kunden zu übertragen.[956] Vielmehr ist der Verwahrdienstleister dazu verpflichtet, die verwahrten Zahlungs-Token bei einer entsprechenden Anweisung des Kunden herauszugeben. Die Zahlungs-Token selbst sind jedoch – wie bereits erläutert – keine finanziellen Vermögenswerte,[957] sodass die eine finanzielle Verbindlichkeit konstituierenden Anforderungen nicht erfüllt sind.

Eine solche bilanzielle Abbildung ist indes nicht angezeigt, wenn das verwahrende Unternehmen aufgrund der vertraglichen Bestimmung **lediglich im Auftrag des Kunden** agieren darf und die zu den Zahlungs-Token zugehörigen privaten Schlüssel ausschließlich verwaltet. In diesem Fall hat das verwahrende Unternehmen weder die Kontrolle über die Zahlungs-Token

---

953 Vgl. ähnlich PwC (Hrsg.), Rechnungslegung von Krypto-Assets, S. 13.

954 Vgl. hierzu ausführlich Abschnitt 432.233.

955 Vgl. Abschnitt 432.233.

956 Sofern es an einem direkten Herausgabeanspruch von dem Zahlungs-Token fehlt, ist der Zahlungs-Token lediglich als Basiswert für ein derivatives Finanzinstrument anzusehen. Vgl. FREIBERG, J., Digitale (Krypto-)Währungen nach IFRS, S. 150; BDO (Hrsg.), Bilanzierung von digitalen (Krypto-)Währungen nach IFRS, o. S. Vgl. ähnlich auch EY (Hrsg.), Bilanzierung von Kryptovermögenswerten, S. 18. Diese Konstellation wird im Rahmen dieser Arbeit nicht betrachtet. Vgl. bereits Abschnitt 41, Fn. 685.

957 Vgl. Abschnitt 444.21.

noch ist es Liquiditätsrisiken ausgesetzt. Dieses Geschäftsmodell ist daher mit dem eines Treuhänders vergleichbar, bei dem ebenso keine Bilanzwirkung aus der Verwahrung von Kundengeldern resultiert.[958]

Vor diesem Hintergrund ist festzuhalten, dass die Verwahrung von Zahlungs-Token durch eine dritte Partei wesentliche Parallelen zu den Geschäftsmodellen von bilanzrechtlichen Zahlungsmitteln verwahrenden Institutionen aufweist. Auch mit Blick auf die Bilanzierung der verwahrten Vermögenswerte aus der Perspektive der Verwahrdienstleister lassen sich – zumindest auf abstrakter Ebene – Parallelen erkennen. So ist abhängig vom Geschäftsmodell mitunter eine Verbindlichkeit aus der Kundeneinlage zu passivieren. Jedoch handelt es sich – anders als bei einer Sichteinlage – bei dieser Verbindlichkeit nicht um eine finanzielle Verbindlichkeit, was primär daraus resultiert, dass Zahlungs-Token selbst keine finanziellen Vermögenswerte sind und die verwahrende Partei daher vertraglich nicht dazu verpflichtet ist, finanzielle Vermögenswerte an den Kunden zu übertragen. Auch die eigenständige Verwahrung lässt sich mit Blick auf das Gegenparteiverständnis von staatlichen Fiatwährungen auf Zahlungs-Token „übertragen". So liegt Barmitteln ebenso wie eigenständig verwahrten Zahlungs-Token keine vertragliche Gegenpartei zugrunde, gegen die durchsetzbare Rechte vorliegen.

Da Zahlungs-Token als allgemeines Tauschmittel fungieren oder als solches zumindest fungieren sollen und das Gegenparteiverständnis bei als bilanzrechtlichen Zahlungsmitteln zu klassifizierenden Fiatwährungen sich abstrakt auf Zahlungs-Token übertragen lässt, indiziert dies, dass bilanzrechtliche Zahlungsmittel und Zahlungs-Token – trotz des Grads der Verbreitung und der Akzeptanz im aktuellen Wirtschaftsumfeld – nicht grundverschieden in Hinblick auf die Bilanzierung nach IFRS sind, sondern strukturelle und charakteristische Parallelen aufweisen. Trotz dieser Parallelen sind erworbene Zahlungs-Token allerdings im aktuellen Normengefüge **nicht als finanzielle Vermögenswerte** im Anwendungsbereich des IAS 32 i. V. m. IFRS 9 zu klassifizieren, da sie nicht den definitorischen Anforderungen der in IAS 32.11 aufgeführten Arten an finanziellen Vermögenswerten genügen.

444.3 Nutzungs-Token

Die in dieser Arbeit betrachteten Nutzungs-Token mit einer Zahlungsfunktion weisen eine **gewisse Ähnlichkeit zu Zahlungs-Token** auf, da diese Nutzungs-Token als alleiniges Tauschmittel für Produkte oder Dienstleistungen auf einer Plattform fungieren. Der wesentliche Unterschied zwischen beiden Token-Arten ist, dass die Waren bzw. die Dienstleistungen, für die ein Nutzungs-Token eingelöst werden kann, vorbestimmt sind, wohingegen Zahlungs-Token universell als Tauschmittel eingesetzt werden sollen. Der Anwendungsbereich eines Nutzungs-Token ist mithin schmaler als der eines Zahlungs-Token. Zudem besteht bei einem Nutzungs-Token im Vergleich zu einem Zahlungs-Token ein konkretes Versprechen in Form der Einlösbarkeit des Token; und zwar unabhängig davon, ob sich der Anspruch gegen den Emittenten

[958] Vgl. Abschnitt 444.222.1, Fn. 937.

oder eine dritte Partei richtet.[959] Vor diesem Hintergrund steht im Fokus der folgenden Betrachtung die Frage, ob Nutzungs-Token einen finanziellen Vermögenswert i. S. v. IAS 32.11 repräsentieren.

Da Nutzungs-Token eine Tauschmittelfunktion zugrunde liegt, scheint zunächst – ebenso wie bei Zahlungs-Token – eine charakteristische Verbindung zu **bilanzrechtlichen Zahlungsmitteln** vorzuliegen. Gleichwohl fungieren Nutzungs-Token lediglich auf den von den Emittenten bestimmten Plattformen als ein akzeptiertes Tauschmittel, sodass ihnen bereits originär die Zahlungsmittel konstituierende Funktion als allgemeines Tauschmittel fehlt. Insofern sind sie nicht als bilanzrechtliches Zahlungsmittel im Kontext der IFRS anzusehen. Auch eine Klassifizierung als **Zahlungsmitteläquivalent** ist im aktuellen Normengefüge nicht sachgerecht, da Zahlungsmitteläquivalente vom bilanzierenden Unternehmen genutzt werden, um kurzfristigen Zahlungsverpflichtungen nachzukommen.[960] Dies ist für Nutzungs-Token aufgrund der mangelnden allgemeinen Akzeptanz und der fehlenden Akzeptanzpflicht außerhalb der Plattform nicht gegeben.[961] Ebenso scheitert auch die Einordnung als **Eigenkapitalinstrument**, da durch das Eigentum an einem Nutzungs-Token kein Residualanspruch am Vermögen eines Unternehmens nach Abzug aller Schulden legitimiert wird.

Ferner verbriefen Nutzungs-Token keine **vertragliche Rechte** i. S. v. IAS 32.11, finanzielle Vermögenswerte von einem anderen Unternehmen zu erhalten oder finanzielle Vermögenswerte mit einem anderen Unternehmen unter vorteilhaften Bedingungen zu tauschen. Zwar liegt eine vertragliche Vereinbarung mit einer anderen Partei vor, sofern sich der Leistungsanspruch direkt gegen den Emittenten des Nutzungs-Token richtet. Gleichwohl bezieht sich der Leistungsanspruch darauf, in Zukunft für den Einsatz des Nutzungs-Token ein Produkt oder eine Dienstleistung zu erhalten, sodass mit einem solchen vertraglichen Anspruch – wie auch bei einem Gutschein –[962] kein Recht auf den Erhalt von Zahlungsmitteln oder anderen finanziellen Vermögenswerten begründet wird.[963] Diese Form einer vertraglichen Vereinbarung wird in IAS 32.AG11 explizit vom Anwendungsbereich des IAS 32 ausgeschlossen, da der künftige Nutzenzufluss nicht im Erhalt eines finanziellen Vermögenswertes besteht.[964] Mithin ist ein direkt bei einem Emittenten einlösbarer Nutzungs-Token zwar als vertragliches Recht zu charakterisieren, das – vergleichbar zu einem Gutschein – durch den Token verbrieft wird. Jedoch

---

959 Vgl. KRÜGER, F./LAMPERT, M., Token, S. 1155.

960 Vgl. hierzu bereits Abschnitt 444.212.

961 Vgl. so im Ergebnis auch KEILING, M./ROMEIKE, S., Bilanzierung von Kryptowährungen, S. 273.

962 Vgl. hinsichtlich einer entsprechenden Charakterisierung für bilanzielle Zwecke auch KAN, F., New standards for ICOs needed, o. S.; GERLACH, I./OSER, P., Handelsrechtliche Bilanzierung von Kryptowährungen, S. 1546.

963 A. A. wohl SIXT, E., Accounting for cryptocurrencies and for Payment Tokens, o. S., die für beim Emittenten einlösbare Token unter Bezugnahme auf das *substance over form* Prinzip die Definition eines Finanzinstrumentes als erfüllt ansieht.

964 Spiegelbildlich sind auch passivische Abgrenzungen und die meisten Gewährleistungs- und Garantieverpflichtungen keine finanziellen Verbindlichkeiten, da die mit ihnen verbundenen Nutzenabflüsse in der Bereitstellung von Gütern und von Dienstleistungen und nicht in einer vertraglichen Verpflichtung zur Abgabe von Zahlungsmitteln oder anderen finanziellen Vermögenswerten bestehen. Vgl. IAS 32.AG11.

basiert dieses vertragliche Recht nicht auf einer finanziellen Komponente, sodass IAS 32 hierfür nicht einschlägig ist.

Zu prüfen verbleibt, ob Nutzungs-Token die Anwendungsvoraussetzungen für eine in IAS 32.8–10 und in IFRS 9.2.4 f. angelegte Ausnahmevorschrift für bestimmte **Verträge über den Kauf und den Verkauf von nichtfinanziellen Posten** erfüllen. Unter diese Normen fallen Warengeschäfte (vor allem Warentermingeschäfte), die den Charakter eines (derivativen) Finanzgeschäfts haben. Dies wird angenommen, sofern die Verträge nicht zur Deckung (oder der Lieferung) des erwarteten Einkaufs-, Verkaufs- oder Nutzungsbedarfs des Unternehmens geschlossen wurden (sog. *own-use contracts*),[965] sondern vielmehr durch einen Nettobarausgleich abgewickelt werden.[966] Ein Nettobarausgleich kann nicht nur in bar oder durch eine Lieferung von andersartigen Finanzinstrumenten erfolgen, sondern liegt auch vor, wenn das Unternehmen bei ähnlichen Verträgen den Vertragsgegenstand für gewöhnlich annimmt und diesen kurz nach der Anlieferung wieder veräußert, um Gewinne aus kurzfristigen Schwankungen der Preise oder einer Händlermarge zu erzielen, oder wenn der nichtfinanzielle Posten, der Gegenstand des Vertrags ist, jederzeit in Zahlungsmittel umgewandelt werden kann.[967]

Bei einem solchen Vertrag steht mithin nicht die dem Vertrag zugrunde liegende Ware im Vordergrund, sondern vielmehr ein Finanzgeschäft. Vor diesem Hintergrund ist ein Nutzungs-Token, der vom berichterstattenden Unternehmen zu seiner vom Emittenten **intendierten Verwendungsabsicht** gehalten wird, nicht als ein Anwendungsfall dieser Vorschrift zu zählen. Auch zu **Investmentzwecken** gehaltene Nutzungs-Token sind zunächst nicht unmittelbar mit einer Form des Nettobarausgleiches verbunden, da der Emittent des Nutzungs-Token zumeist nicht verpflichtet ist, die Nutzungs-Token zurückzunehmen oder einen Barausgleich in Höhe der (Wert-)Differenz zwischen Kauf und Ausübung des Nutzungs-Token durchzuführen. Insofern kann die Voraussetzung eines Nettobarausgleiches sachverhaltsbedingt nur erfüllt werden, wenn davon ausgegangen wird, dass der Nutzungs-Token eingelöst und die erhaltene Ware (bzw. Dienstleistung) sodann weiterveräußert wird. Auch wenn dies im aktuellen wirtschaftlichen Umfeld als unwahrscheinliches Geschäftsmodell für zu Investmentzwecken gehaltene Nutzungs-Token anzusehen ist, soll im Folgenden im Sinne einer ganzheitlichen Betrachtung zumindest geprüft werden, ob Nutzungs-Token unter diesen spezifischen Umständen der Charakter eines Warentermingeschäfts zuzuschreiben ist.

Die vom Anwendungsbereich von IAS 32 oder von IFRS 9 erfassten Warentermingeschäfte sind **derivative Finanzinstrumente**,[968] welche gemäß IFRS 9.A drei kumulative Eigenschaften aufweisen. So ist deren Wertentwicklung an einen bestimmten Basiswert (z. B. Zinssätze,

---

965 Vgl. hierzu ausführlich LÜDENBACH, N./HOFFMANN, W.-D./FREIBERG, J., in: Lüdenbach/Hoffmann/Freiberg, Haufe IFRS-Kommentar, 17. Aufl., § 28, Rn. 21–40.

966 Vgl. IAS 32.8–10; IFRS 9.2.4 f., sowie BARCKOW, A., in: Baetge u. a., Rechnungslegung nach IFRS, 2. Aufl., IAS 32, Rn. 8.

967 Vgl. IAS 32.9 und IFRS 9.2.6.

968 Vgl. für einen Überblick zu Derivaten SCHMIDT, M., Rechnungslegung von Finanzinstrumenten, S. 66–90; WALLBAUM, J., Bilanzierung von Commodity-Derivaten, S. 21–32.

Wertpapierpreise, Rohstoffpreise) gekoppelt, das Geschäft erfordert keine Nettoinvestition (oder diese ist im Vergleich mit auf den Basiswert ähnlich reagierenden Verträgen niedriger) und das Geschäft wird in der Zukunft erfüllt. In Bezug auf die Definition eines Derivates ist zunächst festzuhalten, dass einige Gemeinsamkeiten zu Nutzungs-Token bestehen. So sind das Verpflichtungsgeschäft (Ausgabe der Nutzungs-Token) und das Erfüllungsgeschäft (Befriedigung des Leistungsversprechens) wie bei anderen Derivaten zeitlich voneinander getrennt. Zudem ist die Wertentwicklung von Nutzungs-Token zumindest implizit mit dem Wert und der Nachfrage nach den Waren oder den Dienstleistungen, die für den Nutzungs-Token eingetauscht werden können, gekoppelt. Unter Berücksichtigung der Bandbreite an unterschiedlichen derivativen Finanzinstrumenten ähneln Nutzungs-Token beim Inhaber am ehesten einer *(long) Call-Option*,[969] da Nutzungs-Token dem Inhaber das Recht gewähren, die zugrunde liegende Ware oder Dienstleistung zu einem späteren Zeitpunkt zu erhalten.

Fraglich ist hingegen unter anderem, ob das **Nettoinvestitionskriterium** erfüllt ist. Zwar ließe sich anführen, dass der Preis, den ein Erwerber für den Nutzungs-Token im Rahmen eines *Initial Token Offering* entrichtet, als Optionsprämie anzusehen ist und mithin eine weitere Parallele zu einer (*Call-*)Option besteht. Dem ist indes entgegenzuhalten, dass der Preis bzw. der Wert einer Option anderen Determinanten zugrunde liegt als der Preis bzw. der Wert eines Nutzungs-Token. So bestimmt sich der innere Wert einer Option unter anderem aus der Differenz zwischen dem Preis des der Option zugrunde liegenden Gutes (sog. Basiswert) und dem Ausübungspreis (sog. *Strikeprice*).[970] Mit Blick auf Nutzungs-Token ist zunächst anzumerken, dass der Ausübungspreis, zu dem der Inhaber des Nutzungs-Token diesen gegen das dahinter liegende Produkt oder die dahinter liegende Dienstleistung eintauschen kann, regelmäßig – gerade zum Zeitpunkt des *Initial Token Offering* – nicht vertraglich fixiert ist, sondern noch vom Emittenten angepasst werden kann.[971] Darüber hinaus basiert der innere Wert eines Nutzungs-Token auf der Nachfrage nach dem mit dem Token verknüpften Leistungsanspruch,[972] mithin nicht auf der einer Option zugrunde liegenden Wertkonzeption. Weiterhin haben Nutzungs-Token keine feste Laufzeit, wie dies bei Optionen üblich ist. Darüber hinaus wird der Basiswert, d. h. die Ware oder die Dienstleistung, vom emittierenden Unternehmen vollständig kontrolliert. Dieser Basiswert ist regelmäßig vom emittierenden Unternehmen noch zu entwickeln, sodass der Referenzpunkt der Wertmessung des potenziellen Derivates nicht an einen objektiven Bewertungsmaßstab anknüpft, sondern vielmehr auf den Erwartungen der Nachfrage der künftigen Nutzer basiert und mithin maßgeblich von den Anstrengungen des emittierenden Unternehmens abhängt.[973] Vor diesem Hintergrund zeigt sich bei näherer Betrachtung, dass eine

[969] Es handelt sich bei Nutzungs-Token nicht um unbedingte Termingeschäfte (*forwards, futures, swaps*), da der Inhaber des Nutzungs-Token das einseitige Recht hat, seine Option auszuüben.

[970] Vgl. statt vieler HULL, J. C., Options, futures, and other derivatives, S. 808.

[971] So hilft ein *Initial Token Offering* regelmäßig bei der Preisbestimmung für die in Zukunft angebotenen Produkte oder Dienstleistungen, ohne dass ebenjener Preis verpflichtend festgeschrieben wird. Vgl. CATALINI, C./GANS, J. S., Initial Coin Offerings, S. 4; FIEDLER, S. U. A., Virtual Currencies, S. 15.

[972] Vgl. bereits Abschnitt 42.

[973] Vgl. ZICKGRAF, P., Initial Coin Offerings, S. 304.

Charakterisierung als **derivatives Finanzinstrument nicht überzeugt**, insofern auch nicht die Ausnahmevorschrift für bestimmte Verträge über den Kauf und den Verkauf von nichtfinanziellen Posten.

Daher ist im Ergebnis auch eine Einstufung von Nutzungs-Token als finanzielle Vermögenswerte im aktuellen Regelungsrahmen nicht zulässig, obgleich Nutzungs-Token – wie auch bereits Zahlungs-Token – zuzuschreiben ist, dass diese zumindest zum Teil Charakteristika mit finanziellen Vermögenswerten gemein haben.

444.4 Zwischenfazit

Zahlungs-Token bzw. Nutzungs-Token wurden dazu entwickelt, um als allgemeines Tauschmittel bzw. als Tauschmittel mit einem bestimmten Verwendungszweck – ähnlich der Funktion eines Gutscheins – genutzt zu werden. Insofern ist es zunächst nicht unbegründet, aufgrund ihrer Charakteristika eine analoge Bilanzierung zu bilanzrechtlichen Zahlungsmitteln oder zu deren Äquivalenten in Betracht zu ziehen. Ebenso liegt mit Blick auf die Möglichkeit, Krypto-Token als Investment-Vehikel zu nutzen, eine gewisse Nähe zu den finanziellen Vermögenswerten vor. Daher scheinen die finanziellen Vermögenswerte **zumindest intuitiv der sachgerechte Bilanzposten** für Zahlungs- und Nutzungs-Token zu sein, und zwar unabhängig von der tatsächlichen Nutzungsabsicht des berichterstattenden Unternehmens.

Primär formale Voraussetzungen bedingen jedoch, dass weder Zahlungs- noch Nutzungs-Token im Anwendungsbereich von IAS 32 i. V. m. IFRS 9 zu verorten sind. Zwar lässt sich zeigen, dass **Zahlungs-Token** mit Blick auf eine Klassifizierung als bilanzrechtliches Zahlungsmittel neben der originären Nutzungsintention auch wesentliche Parallelen hinsichtlich des Gegenparteiverständnisses aufweisen. Jedoch scheitert eine Klassifizierung als bilanzrechtliches Zahlungsmittel vor allem daran, dass Zahlungs-Token noch nicht in hinreichendem Umfang die bilanzrechtlichen Geldfunktionen erfüllen. So führt unter anderem die noch nicht ausreichende allgemeine Tauschmittelfunktion von Bitcoin-Werteinheiten und anderen Zahlungs-Token dazu, dass eine solche bilanzielle Einordnung aktuell nicht sachgerecht wäre.

Obgleich sich die IFRS in Hinblick auf die Definition eines Zahlungsmittels nicht ausschließlich auf gesetzliche Zahlungsmittel beziehen, zeigt sich dennoch, dass das angelegte Begriffsverständnis sich im aktuellen Normengefüge zumindest eng an gesetzlichen, durch eine Zentralbank ausgegebenen Fiatwährungen anlehnt. Gleichwohl ist anzumerken, dass die Begrifflichkeiten in den IFRS nur rudimentär definiert und konkretisiert sind. Dies war vor dem Anwendungsfall von Krypto-Token im Allgemeinen und Zahlungs-Token im Speziellen nicht von Bedeutung, da die Begrifflichkeiten intuitiv verständlich und allgemein akzeptiert waren.[974] Dieses Begriffsverständnis wird durch den neuen Anwendungsfall nun zumindest hinterfragt. Weiterhin sind Zahlungs-Token nicht als eine andere Art von finanziellen Vermögenswerten i. S. v. IAS 32.11 zu charakterisieren, sodass eine tatbestandsseitige Einordnung von Zahlungs-

[974] Vgl. AASB (Hrsg.), Digital currency, S. 9.

Token in den Anwendungsbereich von IAS 32 i. V. m. IFRS 9 im Status quo nicht angezeigt ist.

Auch für **Nutzungs-Token** bestehen hinsichtlich der tatbestandsseitigen Anwendbarkeit der Normen für finanzielle Vermögenswerte wesentliche Hindernisse. Dies ist zum einen mit der engeren Nutzungsmöglichkeit zu begründen, die dazu führt, dass Nutzungs-Token noch weniger als allgemeines Tauschmittel fungieren können, als dies bei Zahlungs-Token der Fall ist. Insofern scheidet die Klassifizierung als bilanzrechtliches Zahlungsmittel ebenfalls aus. Zum anderen verbriefen Nutzungs-Token den Anspruch auf Waren- oder Dienstleistungen, begründen jedoch keinen vertraglichen Anspruch auf Zahlungsmittel oder andere finanzielle Vermögenswerte. Insofern ist auch hier eine bilanzielle Einordnung als finanzieller Vermögenswert vor dem Hintergrund der aktuellen Normen ausgeschlossen.

445. Immaterielle Vermögenswerte nach IAS 38

445.1 Anwendungsbereich und Definitions- und Ansatzkriterien

Da Zahlungs- und Nutzungs-Token nicht als finanzielle Vermögenswerte zu bilanzieren sind, kommt aufgrund ihres digitalen Charakters eine bilanzielle Abbildung als immaterieller Vermögenswert nach IAS 38 in Betracht. Ein immaterieller Vermögenswert wird in IAS 38.8 als ein identifizierbarer, nicht monetärer Vermögenswert ohne physische Substanz **definiert**.[975] Nur wenn erworbene Krypto-Token diese vier Definitionskriterien kumulativ erfüllen und zusätzlich den in IAS 38 angelegten **Ansatzkriterien** entsprechen, sind sie als immaterieller Vermögenswert zu bilanzieren.[976] Nach den in IAS 38 definierten Ansatzkriterien sind immaterielle Vermögenswerte nur anzusetzen, wenn es wahrscheinlich ist, dass dem Unternehmen der erwartete künftige wirtschaftliche Nutzen aus dem Vermögenswert zufließen wird und die Anschaffungs- oder Herstellungskosten verlässlich bestimmt werden können. Diese allgemeinen Ansatzkriterien werden vor dem Hintergrund unterschiedlicher Zugangsformen noch weiterführend konkretisiert, wobei für den hier betrachteten Anwendungsfall eines erworbenen Krypto-Token lediglich die konkretisierenden Vorschriften zu separat angeschafften immateriellen Vermögenswerten (inkl. Tauschvorgängen) von Bedeutung sind.[977]

In IAS 38 sind Bilanzierungsnormen für immaterielle Vermögenswerte angelegt, die nicht explizit vom Anwendungsbereich eines anderen IFRS-Standards erfasst werden.[978] Neben der positiven Abgrenzung über die Definitionskriterien wird der **Anwendungsbereich des IAS 38** zudem negativ abgegrenzt. So sind gemäß IAS 38.2 f. finanzielle Vermögenswerte (IAS 32),

---

[975] Sofern in dieser Arbeit von „immateriellen Vermögenswerten" die Rede ist, sind stets immaterielle Vermögenswerte im Anwendungsbereich des IAS 38 gemeint.

[976] Vgl. hier und im folgenden Satz IAS 38.18 i. V. m. IAS 38.21. Die Ansatzkriterien (wie auch die Vermögenswertdefinition) in IAS 38 entsprechen fast wortgleich den Kriterien des *Conceptual Framework* (2010). Vgl. so auch BAETGE, J./VON KEITZ, I., in: Baetge u. a., Rechnungslegung nach IFRS, 2. Aufl., IAS 38, Rn. 39.

[977] Vgl. ausführlich Abschnitt 445.3.

[978] Vgl. IAS 38.1.

Vermögenswerte aus der Exploration und Evaluierung von Bodenschätzen (IFRS 6), Ausgaben für die Erschließung bzw. Förderung und den Abbau von Mineralien, Öl, Erdgas und ähnlichen nicht regenerativen Ressourcen sowie Vermögenswerte aus dem Anwendungsbereich anderer Standards (z. B. latente Steueransprüche nach IAS 12, immaterielle Vermögenswerte, die im normalen Geschäftsgang verkauft werden (IAS 2.6 (a)) oder Leasingverhältnisse nach IFRS 16) nicht nach IAS 38 zu bilanzieren. Während noch zu prüfen ist, ob erworbene Krypto-Token vom Anwendungsbereich des IAS 2 erfasst werden,[979] sind die anderen in IAS 38 angelegten *scope outs* für erworbene Zahlungs- und Nutzungs-Token nicht von Bedeutung.

Zudem sind Aktivitäten oder Geschäftsvorfälle vom Anwendungsbereich des IAS 38 auszuschließen, sofern diese „so speziell sind, dass sie zu Rechnungslegungsfragen führen, die gegebenenfalls auf eine andere Art und Weise zu behandeln sind."[980] Aufgrund der Neuartigkeit von Krypto-Token, ihres unklaren bilanziellen Charakters sowie den nicht näher konkretisierten Voraussetzungen von IAS 38.7 könnte diese Norm potenziell zu einem Ausschluss von erworbenen Krypto-Token vom Anwendungsbereich des IAS 38 führen. Hierfür spricht zunächst, dass Krypto-Token nicht unter die typischerweise unter IAS 38 fallenden immateriellen Vermögenswerte wie Computersoftware, Patente oder Urheberrechte fallen.[981] Jedoch wird im weiteren Verlauf der Textziffer in IAS 38.7 explizit aufgeführt, dass sich derartige Fragestellungen auf bestimmte branchentypische immaterielle Vermögenswerte (Erschließung von Rohstoffvorkommen oder Versicherungswirtschaft) beziehen.[982] Insofern ist zu vermuten, dass der Wortlaut des IAS 38.7 nicht als allgemeines Prinzip aufzufassen ist, sondern sich auf diese expliziten Sachverhalte beschränkt. Dies lässt sich auch mit Blick auf die Entstehungs- und Entwicklungsgeschichte des IAS 38 untermauern, da bei der Erstveröffentlichung von IAS 38 im Jahr 1998 die beiden genannten Sachverhalte noch nicht von einem Standard (heute: IFRS 6 und IFRS 4 bzw. IFRS 17) erfasst wurden.[983] IAS 38.7 fungiert(e) demnach als eine Art Begründungserwägung respektive Erläuterung für den Ausschluss dieser spezifischen Sachverhalte von IAS 38. Vor diesem Hintergrund lässt sich daher kein Ausschluss von erworbenen Krypto-Token aus dem Anwendungsbereich des IAS 38 begründen.[984]

Während der Anwendungsbereich des IAS 38 (1998) noch auf immaterielle Vermögenswerte beschränkt war, die zu Zwecken der Herstellung oder der Lieferung von Gütern oder der Erbringung von Dienstleistungen, der Vermietung an Dritte oder für Verwaltungszwecke gehalten wurden, wurde dieses Definitionskriterium bei der Überarbeitung ersatzlos gestrichen.[985] Der Anwendungsbereich von IAS 38 erfährt mithin durch die **Art der Verwendung** eines immateriellen Vermögenswertes im Unternehmen – abseits der spezifischen *scope outs* in IAS 38.2 f.

979 Vgl. hierzu Abschnitt 446.
980 IAS 38.7.
981 Vgl. IAS 38.9 f., sowie RAMSCHEID, M., in: Driesch u. a., Beck IFRS HB, 5. Aufl., § 4, Rn. 3.
982 Vgl. HEYD, R./LUTZ-INGOLD, M., Immaterielle Vermögenswerte und Goodwill, S. 30 f.; KÜHLE, U./THIELE, S., in: Thiele/von Keitz/Brücks, Int. Bilanzrecht, IAS 38, Rn. 129 f.
983 Vgl. hier und in den folgenden zwei Sätzen IFRS IC (Hrsg.), Staff Paper 4A (September 2018), Rn. 58–60.
984 Vgl. so auch CPA CANADA (Hrsg.), Accounting for Cryptocurrencies, S. 9.
985 Vgl. IAS 38.BC4 f.

– keine Einschränkungen. Insofern können sowohl zur intendierten Nutzung als auch zu (kurz- oder langfristigen) Investmentzwecken gehaltene Krypto-Token potenziell in den Anwendungsbereich von IAS 38 fallen. Dem steht auch nicht entgegen, dass Krypto-Token zumeist **nicht langfristig im Unternehmen verbleiben**, was für nach IAS 38 zu bilanzierende immaterielle Vermögenswerte regelmäßig unterstellt wird. So wird zwar im Schrifttum aufgrund der Vorrangigkeit anderer Standards zum Teil darauf geschlossen, dass nach IAS 38 zu bilanzierende immaterielle Vermögenswerte stets langfristiger Natur sind.[986] Hierfür könnte bspw. sprechen, dass zum Verkauf im normalen Geschäftsgang gehaltene Vermögenswerte i. S. v. IAS 2.6 (a) als kurzfristige Vermögenswerte explizit gemäß IAS 38.3 (a) vom Anwendungsbereich des IAS 38 ausgeklammert und in den Standard für (stets kurzfristige) Vorräte umgeleitet werden. Gleichwohl ist weder in IAS 38 noch in IAS 1 angelegt, dass nur langfristige immaterielle Vermögenswerte in den Anwendungsbereich des IAS 38 fallen, sodass in Ausnahmefällen auch ein Ausweis unter den kurzfristigen Vermögenswerten außerhalb der Vorräte zulässig scheint,[987] in solch einem Fall wohl als separater Bilanzposten.[988] Um die Frage zu beantworten, ob erworbene Zahlungs- und Nutzungs-Token nach IAS 38 zu bilanzieren sind, ist es daher erforderlich, zu prüfen, ob diese die in IAS 38 verankerten Definitions- und Ansatzkriterien erfüllen.

445.2 Definitionskriterien von immateriellen Vermögenswerten

445.21 Vermögenswert i. S. v. IAS 38

Ein Vermögenswert ist gemäß IAS 38.8 – angelehnt an die Definition des *Conceptual Framework* (2010) – als eine Ressource definiert, über die ein Unternehmen aufgrund von Ereignissen der Vergangenheit die Kontrolle hat, und von der erwartet wird, dass dem Unternehmen durch sie künftiger wirtschaftlicher Nutzen zufließt. Im Vergleich zur Definition eines Vermögenswertes i. S. d. *Conceptual Framework* (2018) ist im Kontext von erworbenen Krypto-Token lediglich der **künftige wirtschaftliche Nutzenzufluss** von hervorzuhebender Bedeutung, da dieser in IAS 38 separat konkretisiert wird.[989] Hiernach kann der künftige wirtschaftliche Nutzen aus Verkaufserlösen oder der Erbringung von Dienstleistungen, Kosteneinsparungen oder

---

986 Vgl. KÜHLE, U./THIELE, S., in: Thiele/von Keitz/Brücks, Int. Bilanzrecht, IAS 38, Rn. 136; BAETGE, J./VON KEITZ, I., in: Baetge u. a., Rechnungslegung nach IFRS, 2. Aufl., IAS 38, Rn. 11 und Rn. 17; RAMSCHEID, M., in: Driesch u. a., Beck IFRS HB, 5. Aufl., § 4, Rn. 6.

987 Vgl. EY (Hrsg.), International GAAP 2020, S. 1298; LÜDENBACH, N./HOFFMANN, W.-D./FREIBERG, J., in: Lüdenbach/Hoffmann/Freiberg, Haufe IFRS-Kommentar, 17. Aufl., § 13, Rn. 100; ADS International, Abschnitt 8, Rn. 246 f. A. A. HAAKER, A., Bitcoin: „substanzloses" Gold jenseits des IAS 38?, S. M5.

988 Vgl. so bereits für zu Zahlungszwecken gehaltene Bitcoin-Werteinheiten KIRSCH, H.-J./VON WIEDING, F., Bitcoin im IFRS-Kontext, S. 119.

989 Vgl. hier und im folgenden Satz IAS 38.17. Der Kontrollbegriff wird auch für in den Anwendungsbereich von IAS 38 fallende Vermögenswerte weiterführend in IAS 38.13–16 konkretisiert, wobei hieraus keine differierenden Ergebnisse im Vergleich zu den vorherigen Ausführungen bezüglich der Kontrolle von erworbenen Krypto-Token resultieren. Selbiges gilt für das Kriterium des vergangenen Ereignisses, welches im Überarbeitungsprozess des *Conceptual Framework* nicht angepasst wurde. Vgl. ausführlich zu den Definitionskriterien eines Vermögenswertes Abschnitt 432.

anderen Vorteilen, die sich für das bilanzierende Unternehmen aus der Nutzung des Vermögenswertes ergeben, resultieren.

Da Zahlungs- und Nutzungs-Token als Tauschmittel fungieren, können sie grundsätzlich nicht als absatzseitiges Potenzial zur Umsatzsteigerung oder als produktionsseitiges Potenzial zur Kostenreduktion charakterisiert werden. Lediglich wenn Nutzungs-Token im Rahmen ihrer Funktion als Gutschein zu einem **vergünstigten** Bezug von Waren oder von Dienstleistungen berechtigen, können diese beschaffungsseitig zu Kostenreduktionen im Vergleich zu einer normalen Anschaffung führen und somit einen diesbezüglichen künftigen wirtschaftlichen Nutzen begründen. Insofern kommt den „**anderen Vorteilen**" eine besondere Bedeutung hinsichtlich der Anwendbarkeit des IAS 38 bei erworbenen Krypto-Token zu. Unter die anderen Vorteile sind regelmäßig interne Nutzungsmöglichkeiten, z. B. eine zu Verwaltungszwecken genutzte Software, zu subsumieren.[990] Auch wenn Krypto-Token nicht typischerweise in diesem Sinne zu einem künftigen wirtschaftlichen Nutzen führen, ist dem – basierend auf einer wörtlichen Auslegung – entgegenzuhalten, dass unter „anderen Vorteilen" prinzipiell eine Vielzahl an Sachverhalten, d. h. auch die Krypto-Token zugrunde liegenden wirtschaftlichen Nutzenpotenziale,[991] zu fassen sind. Zwar ist es fraglich, ob bspw. ein zu Investitionszwecken gehaltener Krypto-Token hiervon erfasst werden sollte. Regelungssystematisch ist dies im Normenkontext des IAS 38 jedoch mit Blick auf den vom IASB bewusst implementierten, weiten Anwendungsbereich von IAS 38 zulässig.[992] Vor diesem Hintergrund kann ein künftig erwarteter wirtschaftlicher Nutzenzufluss aus dem Besitz eines erworbenen Krypto-Token auch im Kontext des IAS 38 nachgewiesen werden, sodass in Verbindung mit den bereits in Abschnitt 432. erläuterten Aspekten die Vermögenswertdefinition des IAS 38 als erfüllt anzusehen ist.[993]

445.22 Identifizierbarkeit

Die Definition eines immateriellen Vermögenswertes wird in IAS 38.8 um das Kriterium der Identifizierbarkeit erweitert. Anhand dieses Kriteriums sollen immaterielle Vermögenswerte vom Geschäfts- oder Firmenwert abgegrenzt werden.[994] Ein Vermögenswert ist gemäß IAS 38.12 identifizierbar, sofern dieser entweder separierbar ist oder sich aus vertraglichen oder gesetzlichen Rechten ergibt. Jedes dieser Kriterien ist für sich genommen hinreichend, damit ein identifizierbarer Vermögenswert vorliegt.[995] In Bezug auf Krypto-Token lässt sich die Frage, ob diese identifizierbar sind, vor allem mit Blick auf das Kriterium der Separierbarkeit beantworten. Ein Vermögenswert gilt nach IAS 38.12 (a) als **separierbar**, wenn dieser vom Unternehmen getrennt und verkauft, übertragen, lizenziert, vermietet oder getauscht werden

[990] Vgl. RAMSCHEID, M., in: Driesch u. a., Beck IFRS HB, 5. Aufl., § 4, Rn. 16.

[991] Vgl. hierzu bereits Abschnitt 432.12.

[992] Vgl. ähnlich, wenn auch ohne Bezug zum konkreten Sachverhalt, KÜHLE, U./THIELE, S., in: Thiele/von Keitz/Brücks, Int. Bilanzrecht, IAS 38, Rn. 157.

[993] Vgl. im Ergebnis auch KIRSCH, H.-J./VON WIEDING, F., Bitcoin im IFRS-Kontext, S. 116 f.; AASB (Hrsg.), Digital currency, S. 8.

[994] Vgl. IAS 38.11.

[995] Vgl. KÜHLE, U./THIELE, S., in: Thiele/von Keitz/Brücks, Int. Bilanzrecht, IAS 38, Rn. 138.

kann, unabhängig davon, ob das berichterstattende Unternehmen dies zu tun beabsichtigt. Krypto-Token können nur verkauft und übertragen werden, wenn der Inhaber die Kontrolle über die Token ausüben kann, was bereits im Rahmen der Diskussion der Definitionskriterien bejaht wurde.[996] Zudem kann der Inhaber zumindest die separate Existenz seiner unmittelbar über den privaten Schlüssel kontrollierten Krypto-Token direkt über die Blockchain nachweisen, wenn diese öffentlich einsehbar ist. Da die Token nicht an das Unternehmen als Ganzes gebunden sind, ist insofern die Separierbarkeit und somit die Identifizierbarkeit von Krypto-Token gegenüber dem Geschäfts- oder Firmenwert unzweifelhaft gegeben.[997]

445.23 Fehlende physische Substanz

Immaterielle Vermögenswerte weisen typischerweise keine materielle, d. h. keine körperlich fassbare, Substanz auf.[998] Diese Voraussetzung ist regelmäßig unkritisch, sofern der betrachtete Vermögenswert nicht sowohl immaterielle als auch materielle Elemente aufweist, die nicht getrennt werden können.[999] Sollte dies jedoch der Fall sein, hat das Unternehmen zu beurteilen, welches Element wesentlicher ist und den Vermögenswert entsprechend als materiellen oder als immateriellen Vermögenswert zu klassifizieren.[1000] Solch ein Umstand tritt typischerweise auf, wenn ein immaterieller Vermögenswert auf einer physischen Komponente (z. B. einer CD) enthalten ist. Krypto-Token sind unzweifelhaft **nicht körperlich**, da diese rein virtuell als vergangene Transaktionen auf der Blockchain gespeichert sind. Gleichwohl kann der Zugang zu Krypto-Token in Form des privaten Schlüssels auf einer **physischen Komponente gespeichert** werden (z. B. einer *Paper-* oder einer *Hardware-Wallet*). Mithin ist fraglich, wie diese physische Komponente und das die Krypto-Token konstituierende immaterielle Element miteinander verbunden sind.

Für die Möglichkeit einer Separierung von einer physischen *Wallet* und den mit dieser verwalteten Krypto-Token spricht, dass der gespeicherte private Schlüssel lediglich den Zugang zu den Krypto-Token gewährt, die Token jedoch nicht direkt auf dem physischen Speichermedium liegen. Die physische *Wallet* ist demnach nicht der Träger des potenziellen immateriellen Wertes, sondern lediglich Aufbewahrungsort des Zugriffs. Krypto-Token gehen daher **keine direkte Verbindung zu der materiellen Komponente** ein. Zudem spricht auch die **Wertrelation** zwischen dem Speichermedium und den verwahrten Krypto-Token für deren (rein) immateriellen Charakter. So wird der Wert des materiellen Speichermediums regelmäßig geringer

[996] Vgl. hierzu ausführlich Abschnitt 432.2.

[997] Vgl. so im Ergebnis auch BERGER, J./FISCHER, F., Kryptowährungen in den IFRS, S. 1197 f.; AASB (Hrsg.), Digital currency, S. 12.

[998] Vgl. KÄHLERT, J.-P./LANGE, S., Abgrenzung immaterieller von materiellen Vermögensgegenständen, S. 614.

[999] Vgl. BAETGE, J./VON KEITZ, I., in: Baetge u. a., Rechnungslegung nach IFRS, 2. Aufl., IAS 38, Rn. 20; RAMSCHEID, M., in: Driesch u. a., Beck IFRS HB, 5. Aufl., § 4, Rn. 7 f. Wenn die Elemente getrennt werden können und wesentlich sind, sind sie separat als materielle und als immaterielle Vermögenswerte zu bilanzieren. Vgl. EY (Hrsg.), International GAAP 2020, S. 1243.

[1000] Vgl. hier und im folgenden Satz IAS 38.4, sowie BAETGE, J./VON KEITZ, I., in: Baetge u. a., Rechnungslegung nach IFRS, 2. Aufl., IAS 38, Rn. 20.

als der Wert des verwahrten Bestands an Krypto-Token sein.[1001] Mit Blick auf das untersuchte Kriterium lässt sich daher schlussfolgern, dass Krypto-Token keine physische Substanz aufweisen.

445.24 Fehlende Monetarität

Als weiteres konstituierendes Merkmal für das Vorliegen eines immateriellen Vermögenswertes sieht IAS 38 vor, dass der entsprechende Vermögenswert **nicht-monetär** ist. Dieser Begriff wird in IAS 38 nicht positiv bestimmt, sondern über die Negativabgrenzung zum Begriff „monetär". Monetäre Vermögenswerte sind gemäß IAS 38.8 im Bestand befindliche Geldmittel (*money*) und Vermögenswerte, für die das Unternehmen einen festen oder einen bestimmbaren Geldbetrag erhält (*assets to be received in fixed or determinable amounts of money*). Die Begrifflichkeiten werden weder in IAS 38 noch in anderen Standards explizit bzw. weiterführend erläutert, sodass es sich um unbestimmte Rechtsbegriffe handelt, die es für die Anwendung der Norm auf Krypto-Token zu konkretisieren gilt.

Bei einer wörtlichen Auslegung der Definition eines monetären Vermögenswertes aus IAS 38, d. h. (zunächst) ohne Berücksichtigung der Zusammenhänge mit anderen Normen, ließe sich zu dem Schluss gelangen, dass **Krypto-Token unter die monetären Vermögenswerte fallen**. So konnte bereits gezeigt werden, dass sowohl Zahlungs- als auch Nutzungs-Token zumindest in gewissem Umfang die volkswirtschaftlichen Funktionen von Geld (*money*) erfüllen können,[1002] es sich mithin bei Krypto-Token, vor allem bei Zahlungs-Token, um eine neue Form von Geld handelt.[1003] Zudem rekurriert IAS 38 nicht auf die in IAS 32 und in IAS 7 angelegten Definitionen zu bilanzrechtlichen Zahlungsmitteln,[1004] sodass diese Normen für Zwecke des IAS 38 nicht unmittelbar bindend sind. Da Krypto-Token zudem regelmäßig, wie in IAS 38.8 gefordert, direkt oder indirekt in einen bestimmbaren Geldbetrag im Sinne einer gesetzlichen Fiatwährung umgetauscht werden können,[1005] scheint daher „[d]ie Annahme eines **monetären Charakters** mit der Folge eines Ausschlusses aus IAS 38 [...] jedenfalls **nicht unbegründet**."[1006]

Gleichwohl ist zu untersuchen, ob sich aus dem **Gesamtkontext des IFRS-Normengefüges** weiterführende Erkenntnisse hinsichtlich der Begriffsbestimmung eines monetären Vermö-

[1001] Wenn der Wert eines Speichermediums für sich genommen wesentlich ist, ist zu prüfen, ob ein separater Ansatz als materieller Vermögenswert infrage kommt. Vgl. EY (Hrsg.), International GAAP 2020, S. 1243.

[1002] Vgl. Abschnitt 444.211.2.

[1003] Vgl. so auch in Bezug auf Bitcoin-Werteinheiten SHCHERBAK, S., How should bitcoin be regulated?, S. 58; UMMENHOFER, T./ZEITLER, N., in: Böcking u. a., Beck HdR, B 731, Rn. 11.

[1004] Vgl. KÜHLE, U./THIELE, S., in: Thiele/von Keitz/Brücks, Int. Bilanzrecht, IAS 38, Rn. 144.

[1005] Vgl. in Bezug auf Bitcoin-Werteinheiten KIRSCH, H.-J./VON WIEDING, F., Bitcoin im IFRS-Kontext, S. 119; LÜDENBACH, N., Bitcoins – Lost in rules, S. 105. Da die Preise von handelbaren Krypto-Token auf den Handelsplattformen schwanken, kann hingegen nicht von einem festen Betrag an Geldmitteln ausgegangen werden. Vgl. KEILING, M./ROMEIKE, S., Bilanzierung von Kryptowährungen, S. 270.

[1006] LÜDENBACH, N., Bitcoins – Lost in rules, S. 105. Der Autor bezieht sich in seiner Aussage auf Bitcoin-Werteinheiten.

genswertes ergeben. So konnte bereits gezeigt werden, dass der allgemeine Geldbegriff semantisch und bilanzrechtlich eng mit den Termini „Zahlungsmittel" und „(Fiat-)Währung" verbunden ist.[1007] Während die Begrifflichkeiten im allgemeinen Sprachgebrauch nahezu deckungsgleich verwendet werden, werden diese für bilanzielle Zwecke – bewusst oder unbewusst – unterschiedlich verwendet. So enthält IAS 38 eine Definition zu monetären Vermögenswerten (*monetary assets*), IAS 21 zu monetären Posten (*monetary items*) und IAS 7 i. V. m. IAS 32 zu Zahlungsmitteln/Währungen bzw. zu Zahlungsmitteläquivalenten (*cash/currency* bzw. *cash equivalents*). Obgleich die Begriffe nicht direkt übereinstimmen und deren Definitionen nicht identisch sind, lehnen sie sich dennoch aneinander an.[1008] Insofern scheint eine eindimensionale Auslegung des Begriffs „monetärer Vermögenswert" aus der Perspektive des IAS 38 nicht sachgerecht. Dies lässt sich auch damit untermauern, dass in den jeweiligen Standards strukturell stets eine **Trennung in zwei Komponenten** der Vermögenswerte mit monetärem Bezug erfolgt: In den originären Vermögenswert mit monetärem Bezug (erste Komponente) sowie einen Vermögenswert, dem der Erhalt oder der Anspruch auf die erste Komponente zugrunde liegt (zweite Komponente). Dies kann mit Blick auf die unterschiedlichen Standards überblicksartig Abbildung 4-1 entnommen werden.

		Standard		
		IAS 7 und IAS 32	**IAS 21**	**IAS 38**
Komponenten	erste Komponente	***cash/currency***	***units of currency***	***money***
	zweite Komponente	***readily convertible to known amounts of cash (cash equivalent)***	***assets to be received in a fixed or determinable number of units of currency***	***assets to be received in fixed or determinable amounts of money***

Abbildung 4-1: Struktureller Vergleich von Vermögenswerten mit monetärem Bezug in den verschiedenen Standards

In Bezug auf **erstere Komponente** wird die unmittelbare Normenverbindung von IAS 21 und IAS 32 respektive IAS 7 bereits dadurch deutlich, dass in IAS 32.AG3 die Begriffe „Zahlungsmittel" (*cash*) und „Währung" (*currency*) synonym verwendet werden.[1009] Währungen sind demnach wie Zahlungsmittel zu bilanzieren.[1010] Die Normenverbindung von IAS 21 zu IAS 38

[1007] Vgl. Abschnitt 444.211.
[1008] Vgl. KIRSCH, H.-J./VON WIEDING, F., Bitcoin im IFRS-Kontext, S. 119.
[1009] Vgl. AASB (Hrsg.), Digital currency, S. 9.
[1010] Vgl. CPA CANADA (Hrsg.), Accounting for Cryptocurrencies, S. 6.

lässt sich aus der semantischen Nähe von *monetary asset* (IAS 38) und *monetary item* (IAS 21) ableiten.[1011] Zudem lehnen sich die Funktionen eines bilanzrechtlichen Zahlungsmittels zum Teil an den allgemeinen Geldfunktionen an, was den gleichen Schluss für die Normenverbindung von IAS 38 zu IAS 32 zulässt.[1012] Obgleich der Begriff *„money"* in IAS 38 nicht weiter erläutert wird, indiziert der Wortlaut und Wortsinn der vom IASB in den verschiedenen Standards verwendeten Begrifflichkeiten insofern zumindest, dass diesbezüglich auch bilanzrechtlich dieselben Sachverhalte gemeint werden.

Vor diesem Hintergrund unterscheiden sich die Definitionen der **zweiten Komponente** in IAS 7.6, IAS 21.16 und IAS 38.8 nur noch marginal. Dies gilt insbesondere für die Definitionen in IAS 21 und IAS 38,[1013] sodass bspw. auch das IFRS IC bei der Auslegung der Monetarität von Kryptowährungen direkt auf IAS 21 rekurriert.[1014] Mit Blick auf die Merkmale der zweiten Komponente von Vermögenswerten mit monetärem Bezug lässt sich als ein gemeinsames konstituierendes Merkmal von aktiven monetären Posten (IAS 21) und Zahlungsmitteläquivalenten (IAS 7) feststellen, dass bei diesen ein **Anspruch auf den Erhalt** von einer bestimmten oder einer bestimmbaren Zahl an Fremdwährungseinheiten oder an Zahlungsmitteln gegen eine dritte Partei besteht.[1015] Dies leitet sich gemäß IAS 21.16 aus dem Wortlaut der Norm (*„right to receive"*) und bei Zahlungsmitteläquivalenten aus der Entscheidung des IFRS IC zu dieser Thematik ab.[1016] Zahlungs- und auch Nutzungs-Token liegt ein vergleichbarer Anspruch hingegen nicht zugrunde, da für den Inhaber des Krypto-Token lediglich die **Möglichkeit auf den Erhalt** von bilanzrechtlichen Zahlungsmitteln bzw. Fremdwährungseinheiten besteht, indem die Krypto-Token direkt verkauft oder indirekt getauscht werden. Auch wenn ein Anspruch auf den Erhalt von Geldbeträgen gegen eine dritte Partei – anders als in IAS 21 und in IAS 7 – nicht explizit im Wortlaut des IAS 38.8 implementiert ist, ergibt sich diese Voraussetzung aus den erläuterten Normenzusammenhängen. Dies lässt sich zudem insofern untermauern, als analog zur Klarstellung seitens des IFRS IC bei Zahlungsmitteläquivalenten auch im Schrifttum befürwortet und bzw. oder aus dem Wortlaut der Standards abgeleitet wird, dass bei monetären Vermögenswerten (IAS 38) und monetären Posten (IAS 21) der künftige Auszahlungsbetrag bereits *ex ante* feststehen muss.[1017]

1011 Vgl. ähnlich PwC (Hrsg.), Rechnungslegung von Krypto-Assets, S. 6 f.

1012 Vgl. Abschnitt 444.211.2.

1013 Vgl. SOPP, G./GRÜNBERGER, D., Virtuelle Währungen nach IFRS, S. 222.

1014 Vgl. IFRS IC (Hrsg.), Staff Paper 4A (September 2018), Rn. 49.

1015 Die Anwendungsbereiche der beiden Standards sind hingegen nicht deckungsgleich. So umfassen Zahlungsmitteläquivalente wohl weniger Sachverhalte als monetäre Posten. Zahlungsmitteläquivalente sind stets kurzfristiger Natur, da die maximale Laufzeit der hierunter gefassten Instrumente drei Monate nicht überschreiten darf. Diese Restriktion weisen monetäre Posten i. S. v. IAS 21 hingegen nicht auf. Zudem sind nicht nur Finanzinstrumente unter die monetären Vermögenswerte zu fassen, wie die in IAS 21.16 aufgeführten Beispiele verdeutlichen (z. B. Arbeitnehmerverpflichtungen). Vgl. hierzu auch HOLZWARTH, J./WENDLANDT, G., in: Baetge u. a., Rechnungslegung nach IFRS, 2. Aufl., IAS 21, Rn. 59.

1016 Vgl. zu der IFRS IC Entscheidung bereits Abschnitt 444.212.

1017 Vgl. BAETGE, J./VON KEITZ, I., in: Baetge u. a., Rechnungslegung nach IFRS, 2. Aufl., IAS 38, Rn. 19; HOLZWARTH, J./WENDLANDT, G., in: Baetge u. a., Rechnungslegung nach IFRS, 2. Aufl., IAS 21, Rn. 51.

Die begriffliche Abgrenzung von Vermögenswerten mit monetärem Bezug und die Verbindung von monetären Vermögenswerten zu monetären Posten, Zahlungsmitteln und deren Äquivalenten sowie Währungen war vor dem Anwendungsfall von Krypto-Token nicht erforderlich, da diese Begriffe allgemein verständlich und akzeptiert waren. Auch die konkrete Auslegung des Begriffs „monetär" im Zusammenhang von IAS 38 war nicht von wesentlicher bilanzieller Bedeutung, da monetäre Vermögenswerte, wie bspw. bilanzrechtliche Zahlungsmittel, ohnehin durch den expliziten *scope out* von Finanzinstrumenten vom Anwendungsbereich des IAS 38 ausgenommen sind.[1018] Dieser Mechanismus ist indes für Krypto-Token gerade nicht einschlägig, da diese nicht der Definition eines finanziellen Vermögenswertes im aktuellen Normengefüge genügen.[1019] Krypto-Token im Allgemeinen und Zahlungs-Token im Speziellen bewegen sich vielmehr in einem für die **Zwecke der IFRS nicht eindeutig definierten Bereich**, was die Anwendung der bestehenden Normen mit Blick auf ihre Kasuistik zumindest erschwert.

Obwohl Krypto-Token von den Inhabern zunehmend als Geldersatz verwendet werden, sind Krypto-Token im Ergebnis bilanzrechtlich im aktuellen IFRS-Normengefüge als nicht-monetär zu charakterisieren. Diese Schlussfolgerung ist im Wesentlichen auf zwei Aspekte zurückzuführen. Zum einen definiert der IASB die in IAS 38 verwendeten Begriffe nur rudimentär. So wird bspw. nicht weiterführend erläutert, was unter dem Begriff „*money*" zu verstehen ist, welcher der Definition eines monetären Vermögenswertes zugrunde liegt. Zum anderen sind die in den Einzelstandards verwendeten Begrifflichkeiten eng miteinander verknüpft. Diesbezüglich konnte gezeigt werden, dass diese hinsichtlich des Wortlauts und des Wortsinns wesentliche Parallelen aufweisen. Darüber hinaus ähnelt sich die in den Einzelstandards angelegte Differenzierung in unterschiedliche Komponenten der Vermögenswerte mit monetärem Bezug. So wird stets eine Trennung zwischen dem originären Vermögenswert mit monetärem Bezug sowie einem Vermögenswert, dem der Erhalt oder der Anspruch auf die erste Komponente zugrunde liegt, vorgenommen. Vor diesem Hintergrund, d. h. der fehlenden begrifflichen Konkretisierung in IAS 38 auf der einen Seite und der engen Verknüpfung zu anderen in den IFRS verwendeten Begrifflichkeiten auf der anderen Seite, haben die Vorschriften der anderen Einzelstandards Ausstrahlungswirkung auf den IAS 38. Dies führt unter anderem mit Blick auf die negierte Klassifizierung von Zahlungs- und Nutzungs-Token als finanzielle Vermögenswerte dazu, dass Zahlungs- und Nutzungs-Token tatbestandsseitig die Definitionskriterien eines immateriellen Vermögenswertes nach IAS 38 erfüllen.

Die Ausgaben für den Erwerb eines immateriellen Vermögenswertes sind jedoch nur zu aktivieren, wenn die in IAS 38 angelegten Ansatzkriterien erfüllt werden. Die Ansatzkriterien in IAS 38 sind nicht deckungsgleich mit denen aus dem neuen *Conceptual Framework* (2018), sodass die vorgeschriebenen Kriterien separat für erworbene Krypto-Token zu beurteilen sind.

[1018] Vgl. IAS 38.2 (b).
[1019] Vgl. Abschnitt 444.

445.3 Ansatzkriterien von immateriellen Vermögenswerten

Ein die Definitionskriterien von immateriellen Vermögenswerten erfüllender Vermögenswert ist gemäß IAS 38.21 nur dann als immaterieller Vermögenswert anzusetzen, wenn es wahrscheinlich ist, dass dem Unternehmen der künftige wirtschaftliche Nutzen aus dem Vermögenswert zufließen wird, und die Anschaffungs- oder Herstellungskosten des Vermögenswertes verlässlich ermittelt werden können. Die **Wahrscheinlichkeit des erwarteten künftigen wirtschaftlichen Nutzens** soll das bilanzierende Unternehmen anhand von angemessenen und begründeten Annahmen beurteilen.[1020] Hierbei sind externe Hinweise bei der Wahrscheinlichkeitsbeurteilung zum Zeitpunkt des erstmaligen Ansatzes ein höheres Gewicht beizumessen als unternehmensinternen Informationen. Der wirtschaftliche Nutzen eines **Zahlungs-Token** besteht darin, diesen als potenziell universelles Tauschmittel einzusetzen. Dieser Nutzen wird dem berichterstattenden Unternehmen – unter der Prämisse einer gewissen Akzeptanz als Tauschmittel oder der Handelbarkeit des Token – nur bei Verlust der unmittelbaren oder mittelbaren Zugangsberechtigung nicht zufließen.[1021] Sicherheitsaspekte bei der eigenständigen Verwahrung der privaten Schlüssel und die Sicherheitsvorkehrungen der verwahrenden Institutionen sind daher essentiell, stehen der Erfüllung des Kriteriums des wahrscheinlichen Nutzenzuflusses jedoch nicht entgegen.

Sofern ein Unternehmen einen **Nutzungs-Token** zu dessen intendierter Verwendung hält, sind darüber hinaus weitere Aspekte zu berücksichtigen. In diesem Fall hängt die Wahrscheinlichkeit des erwarteten künftigen Nutzenzuflusses nicht nur von der Verwahrung, sondern vielmehr wesentlich vom Emittenten des Nutzungs-Token ab. So besteht zumindest die Gefahr, dass das von der emittierenden Partei getätigte Versprechen, die Token für Waren oder für Dienstleistungen auf der Plattform einlösen zu können, nicht erfüllt wird, sofern sich die dem Nutzungs-Token zugrunde liegende Plattform noch im Aufbau befindet. Diese Situation ist nicht nur hypothetischer Natur, sondern konnte in der Praxis bereits regelmäßig beobachtet werden.[1022] Durch die Bereitschaft des berichterstattenden Unternehmens, einen gewissen Preis für die erworbenen Krypto-Token zu zahlen, kann jedoch zum Zeitpunkt des Ansatzes ein künftiger wirtschaftlicher Nutzenzufluss zumindest mit einer hinreichenden Wahrscheinlichkeit angenommen werden, der sich im gezahlten Preis reflektiert.[1023] Dieser interne Anhaltspunkt wird zudem dann extern validiert, wenn andere Markttransaktionen, z. B. auf einer Handelsplattform, beobachtbar sind. Insofern ist das Wahrscheinlichkeitskriterium sowohl für erworbene Zahlungs- als auch für erworbene Nutzungs-Token als erfüllt anzusehen. Dieses Ergebnis wird nicht zuletzt dadurch gestützt, dass der IASB das Wahrscheinlichkeitskriterium bei gesonderten Erwerben stets als erfüllt ansieht.[1024]

[1020] Vgl. hier und im folgenden Satz IAS 38.22 f.

[1021] Vgl. hier und im folgenden Satz KIRSCH, H.-J./VON WIEDING, F., Bitcoin im IFRS-Kontext, S. 117.

[1022] Vgl. hierzu bereits Abschnitt 433.

[1023] Vgl. hierzu allgemein IAS 38.BC27, sowie BAETGE, J./VON KEITZ, I., in: Baetge u. a., Rechnungslegung nach IFRS, 2. Aufl., IAS 38, Rn. 42.

[1024] Vgl. IAS 38.25 i. V. m. IAS 38.BC27, sowie HEYD, R./LUTZ-INGOLD, M., Immaterielle Vermögenswerte und

Immaterielle Vermögenswerte sind gemäß IAS 38.24 beim erstmaligen Ansatz mit ihren Anschaffungs- oder Herstellungskosten zu bewerten, wobei bei erworbenen Krypto-Token stets die Anschaffungskosten zu bestimmen sind. Bei gesondert erworbenen immateriellen Vermögenswerten nimmt der IASB für gewöhnlich an, dass eine **verlässliche Bestimmung der Anschaffungskosten** möglich ist.[1025] Dies gilt besonders dann, wenn der Erwerb mit bilanzrechtlichen Zahlungsmitteln oder anderen monetären Vermögenswerten erfolgt. Da Krypto-Token selbst keine bilanzrechtlichen Zahlungsmittel oder andere monetäre Vermögenswerte sind, kommen bei einem Erwerb durch die Hingabe eines anderen Krypto-Token die Tauschgrundsätze für die Bestimmung der Anschaffungskosten zum Einsatz.[1026] Auch bei einem Tausch wird für gewöhnlich das Kriterium der verlässlichen Messbarkeit der Anschaffungskosten gemäß IAS 38.BC28 als erfüllt angesehen.[1027] Bei einem Tausch werden die Anschaffungskosten entweder auf Basis des beizulegenden Zeitwertes des hingegebenen Vermögenswertes (d. h. hier eines im Bestand gehaltenen Krypto-Token) oder – sofern dieser verlässlicher ermittelbar ist – mittels des beizulegenden Zeitwertes des erhaltenen Vermögenswertes (d. h. hier des erworbenen Krypto-Token) bestimmt.[1028] Unabhängig von der konkreten Einordnung in die *Fair Value*-Hierarchie nach IFRS 13 ist die verlässliche Ermittlung eines beizulegenden Zeitwertes in jedem Fall möglich, wenn die erworbenen Krypto-Token oder die bei dem Tauschgeschäft hingegebenen Krypto-Token auf einem Markt, bspw. einer Handelsplattform, gehandelt werden oder für andersartige Transaktionen genutzt werden, für die sich Marktpreise bestimmen lassen. Zudem lassen sich auch bei einem *Initial Token Offering* Markttransaktionen beobachten, die als Inputparameter in die *Fair Value*-Bewertung einfließen können. Doch selbst wenn eine verlässliche Bestimmung des beizulegenden Zeitwertes für den erhaltenen oder für den hingegebenen Krypto-Token negiert würde oder das Tauschgeschäft keine wirtschaftliche Substanz aufwiese, gewährt der IASB mit IAS 38.45 die Möglichkeit, die Anschaffungskosten mit dem Buchwert des hingegebenen Vermögenswertes zu bemessen. Da zumindest der Buchwert des hingegebenen Krypto-Token verlässlich messbar ist,[1029] ist das Kriterium der verlässlichen Bestimmung der Anschaffungskosten bei erworbenen Krypto-Token grundsätzlich[1030] als erfüllt anzusehen.

Goodwill, S. 37.

1025 Vgl. hier und im folgenden Satz IAS 38.26 i. V. m. IAS 38.BC28.

1026 Vgl. zur Abgrenzung zwischen einem Kauf und einem Tausch KÜHLE, U./THIELE, S., in: Thiele/von Keitz/Brücks, Int. Bilanzrecht, IAS 38, Rn. 249. Vgl. zur konkreten Bestimmung der Anschaffungskosten (inkl. Tausch) Abschnitt 452.1.

1027 Vgl. BAETGE, J./VON KEITZ, I., in: Baetge u. a., Rechnungslegung nach IFRS, 2. Aufl., IAS 38, Rn. 44; KÜHLE, U./THIELE, S., in: Thiele/von Keitz/Brücks, Int. Bilanzrecht, IAS 38, Rn. 191.

1028 Vgl. IAS 38.45–47.

1029 Aus diesem Grund gehen ADLER/DÜRING/SCHMALTZ davon aus, dass die Anschaffungskosten bei einem Tausch stets und nicht, wie in IAS 38.BC28 angedeutet, nur für gewöhnlich verlässlich messbar sind. Vgl. ADS International, Abschnitt 8, Rn. 87; a. A. FASSELT, M./RADDE, J., in: Böcking u. a., Beck HdR, B 211, Rn. 308–310.

1030 Theoretisch kann der Ansatz eines erworbenen Krypto-Token regelungssystematisch daher nur unterbleiben, sofern der hingegebene Krypto-Token zuvor nicht aktiviert war. Dieser Umstand könnte allenfalls bei anderen Zugangsarten, bspw. bei einem *Hard Fork* oder einem *Airdrop*, von hypothetischer Bedeutung sein, da die

445.4 Zwischenfazit

Da erworbene Zahlungs- und Nutzungs-Token die Definitions- und Ansatzkriterien des IAS 38 erfüllen, werden sie tatbestandsseitig vom Anwendungsbereich des IAS 38 erfasst. Grund hierfür ist weniger, dass Zahlungs- und Nutzungs-Token – abgesehen von ihrer Immaterialität – charakteristisch unmittelbar mit diesem Bilanzposten verknüpft sind und bzw. oder mit immateriellen Vermögenswerten i. S. v. IAS 38 assoziiert werden. Vielmehr ist der Anwendungsbereich des IAS 38 so breit gefasst, dass auch erworbene Krypto-Token die formalen Voraussetzungen erfüllen. Dies hängt auch damit zusammen, dass die in IAS 38 implementierten *scope outs* (z. B. für Finanzinstrumente) auf Zahlungs- und Nutzungs-Token gerade nicht anwendbar sind. Dass erworbene Zahlungs- und Nutzungs-Token ein ungewöhnlicher Anwendungsfall des IAS 38 sind, wurde zudem mit Blick auf das Definitionskriterium der fehlenden Monetarität deutlich. So werden die in dieser Arbeit betrachteten Krypto-Token zwar zunehmend als Geldersatz verwendet, sind bilanzrechtlich jedoch nicht entsprechend zu charakterisieren. Auch das IFRS IC kommt zu der Schlussfolgerung, dass mit IAS 38 für Kryptowährungen ein sachgerechter Standard in den IFRS vorhanden ist.[1031] Die angeführten Bedenken hinsichtlich einer entsprechenden Einordnung in das IFRS-Normengefüge werden noch im Rahmen der *de lege ferenda*-Betrachtung aufgegriffen.[1032]

Im nächsten Schritt werden die Anwendungsvoraussetzungen des IAS 2 geprüft, was aus zweierlei Gründen erforderlich ist. So werden erstens bestimmte immaterielle Vermögenswerte vom Anwendungsbereich des IAS 38 ausgeschlossen. Dies gilt gemäß IAS 38.3 (a) für zur Veräußerung im normalen Geschäftsgang gehaltene immaterielle Vermögenswerte, welche in den Anwendungsbereich des IAS 2 fallen und daher als Vorratsvermögen zu bilanzieren sind. Sofern also erworbene Krypto-Token von dieser Norm erfasst würden, sind die Vorschriften des IAS 2 vorrangig anzuwenden. Zudem ist es zweitens möglich, dass sich erworbene Krypto-Token in den Anwendungsbereich mehrerer Standards einordnen lassen, sodass in solch einem Fall zu diskutieren wäre, welche der sich aus der Bilanzierung ergebenden Informationen entscheidungsnützlicher für die primären Adressaten der IFRS sind.

446. Vorräte nach IAS 2

446.1 Anwendungsbereich und Definitions- und Ansatzkriterien

In IAS 2 werden die Bewertung von Vorräten und die entsprechenden Angabepflichten geregelt.[1033] Separate Ansatzvorschriften für Vorräte sieht IAS 2 nicht vor, sodass sich die Bilanzierungsfähigkeit nach den allgemeinen Grundsätzen des *Conceptual Framework* bestimmt,

hieraus resultierenden Token nicht zwangsläufig im IFRS-Abschluss angesetzt werden. Vgl. hierzu FREIBERG, J., Digitale (Krypto-)Währungen nach IFRS, S. 155.

1031 Vgl. IFRS IC (Hrsg.), IFRIC Update (June 2019), S. 14.

1032 Vgl. Abschnitt 5, vor allem Abschnitt 531.

1033 Vgl. hier im folgenden Satz BARTLE, G./JACOBS, O. H./KUGEL, T., in: Baetge u. a., Rechnungslegung nach IFRS, 2. Aufl., IAS 2, Rn. 1 und Rn. 14; VON KEITZ, I., in: Thiele/von Keitz/Brücks, Int. Bilanzrecht, IAS 2, Rn. 102 f.

welche für erworbene Krypto-Token erfüllt sind.[1034] Auch der konkrete Bilanzausweis von Vorräten ist nicht Gegenstand von IAS 2, sondern richtet sich nach den Vorschriften des IAS 1. Hiernach sind Vorräte stets kurzfristige Vermögenswerte[1035] und entweder in der Bilanz oder im Anhang weiter zu untergliedern.[1036]

Vorräte werden in IAS 2.6 **definiert** als Vermögenswerte, die

a) zum Verkauf im normalen Geschäftsgang gehalten werden (Fertigerzeugnisse oder Handelswaren),

b) sich in der Herstellung für einen solchen Verkauf befinden (unfertige Erzeugnisse oder unfertige Leistungen), oder

c) die als Roh-, Hilfs- und Betriebsstoffe dazu bestimmt sind, bei der Herstellung oder bei der Erbringung von Dienstleistungen verbraucht zu werden.

Alle Vermögenswerte, die diese Vorratsdefinition erfüllen, sind prinzipiell Teil des **Anwendungsbereichs** von IAS 2.[1037] Explizit ausgeschlossen vom gesamten Anwendungsbereich des IAS 2 werden zum einen Finanzinstrumente (IAS 32 i. V. m. IFRS 9) und zum anderen biologische Vermögenswerte und landwirtschaftliche Erzeugnisse (IAS 41). Beide Einzelstandards sind für erworbene Krypto-Token nicht einschlägig,[1038] sodass die tatbestandsseitige Anwendbarkeit der Normen des IAS 2 weiter zu prüfen ist. Ferner werden bestimmte Vorräte von den „normalen" Bewertungsvorschriften sowie den damit verbundenen Erfolgswirkungen des IAS 2 ausgeschlossen. Dies betrifft sowohl land- und forstwirtschaftliche Erzeugnisse als auch mineralische Produkte, die branchenüblich zum Nettoveräußerungswert bewertet werden.[1039] Zudem bewerten Warenmakler/-händler (sog. *commodity broker-trader*) ihre Vorräte – abweichend zu den Vorschriften des IAS 2 – GuV-wirksam mit dem beizulegenden Zeitwert abzüglich Veräußerungskosten.[1040] Es werden also einerseits bestimmte Berufsgruppen, die Vorräte in einer anderen als der regulären unternehmerischen Nutzung verwenden, von den „normalen" Bewertungsvorschriften des IAS 2 ausgeschlossen und andererseits bestimmte branchenspezifische Aspekte tatbestands- und bzw. oder rechtsfolgeseitig nicht von IAS 2 abgedeckt.[1041]

[1034] Da kein expliziter Verweis auf das *Conceptual Framework* (2010) vorliegt, ist auf die Ansatzkriterien des *Conceptual Framework* (2018) abzustellen. Vgl. hierzu bereits Abschnitt 433.

[1035] Vgl. IAS 1.68, sowie HUNDSDOERFER, J., in: Schulze-Osterloh/Hennrichs/Wüstemann, HdJ, Abt. II/4, Rn. 12 und Rn. 190.

[1036] Vgl. IAS 1.77 i. V. m. IAS 1.78 (c) i. V. m. IAS 2.37. Eine übliche Untergliederung besteht aus den Posten Handelswaren, Roh-, Hilfs- und Betriebsstoffe, unfertige Erzeugnisse bzw. Leistungen und Fertigerzeugnisse.

[1037] Vgl. hier und im folgenden Satz IAS 2.2, sowie VON KEITZ, I., in: Thiele/von Keitz/Brücks, Int. Bilanzrecht, IAS 2, Rn. 1, Rn. 108 und Rn. 119 f.

[1038] Vgl. Abschnitt 443. und Abschnitt 444.

[1039] Vgl. IAS 2.3 (a), sowie BARTLE, G./JACOBS, O. H./KUGEL, T., in: Baetge u. a., Rechnungslegung nach IFRS, 2. Aufl., IAS 2, Rn. 9.

[1040] Vgl. IAS 2.3 (b) i. V. m. IAS 2.BC6–BC8.

[1041] Vgl. VON KEITZ, I., in: Thiele/von Keitz/Brücks, Int. Bilanzrecht, IAS 2, Rn. 121.

Die folgenden Ausführungen sind anhand der **in IAS 2.6 angelegten unterschiedlichen Arten von Vorräten** strukturiert. So wird zunächst auf Vorräte eingegangen, die i. S. v. IAS 2.6 (a) im normalen Geschäftsgang verkauft werden (Abschnitt 446.2). Im Fokus dieses Abschnitts stehen vor allem die Auslegung des Begriffs „normaler Geschäftsgang“ sowie die Anwendungsvoraussetzungen für *commodity broker-trader*. Anschließend werden die Vorratsarten aus IAS 2.6 (b) und (c) betrachtet (Abschnitt 446.3).

446.2 Verkauf im normalen Geschäftsgang

446.21 Konkretisierung der Anforderungen

Der Begriff „normaler Geschäftsgang“ (*ordinary course of business*) wird in IAS 2 nicht weiterführend definiert oder konkretisiert. Es liegt demnach ein unbestimmter Rechtsbegriff vor, den es für die Normenanwendung auszulegen gilt. Festzuhalten ist diesbezüglich zunächst, dass die alleinige Absicht, einen Vermögenswert zu verkaufen, nicht hinreichend ist, um einen Verkauf im normalen Geschäftsgang zu begründen.[1042] Zudem ist, basierend auf dem Wortlaut und dem Wortsinn des in IAS 2 verwendeten Begriffs, ein einmaliger oder ein gelegentlicher Verkauf von Vermögenswerten nicht als normaler Geschäftsgang zu bezeichnen, da der Begriff semantisch bereits eine **gewisse Regelmäßigkeit** unterstellt.

Ein Verkauf im normalen Geschäftsgang steht in enger **Verbindung zu den Vorschriften** zur Umsatzerfassung mit Kunden gemäß IFRS 15. So sind die zum Verkauf stehenden Vorräte spätestens mit dem Umsatzakt aufwandswirksam aus der Bilanz des Unternehmens auszubuchen.[1043] Zur Abgrenzung des Anwendungsbereichs des IFRS 15 wird auf den im Vergleich zu IAS 2 nahezu identischen Begriff der „gewöhnlichen Geschäftstätigkeit“ (*course of an entity's ordinary activities*) zurückgegriffen.[1044] Dieser kann aufgrund des Normenzusammenhangs prinzipiell herangezogen werden, um IAS 2 zu konkretisieren. Indes wird auch in IFRS 15 der Umfang der gewöhnlichen Geschäftstätigkeit nicht näher bestimmt, sondern auf die im Rahmenkonzept verankerte Ertragsdefinition verwiesen.[1045] Hierbei bezieht sich der IASB auf das *Conceptual Framework* (2010),[1046] in dem noch, anders als im aktuellen Rahmenkonzept aus dem Jahr 2018, explizit typische Umsatzerlöse aus der gewöhnlichen Geschäftstätigkeit anhand von Beispielen aufgezählt werden (Verkaufserlöse, Dienstleistungsentgelte, Zinsen, Dividenden und Lizenzerträge).[1047] Hieraus wird zum einen deutlich, dass sich die gewöhnliche Geschäftstätigkeit – basierend auf der Art und der Tätigkeit (und ggf. der Branche) – zwischen

[1042] Vgl. LÜDENBACH, N./HOFFMANN, W.-D./FREIBERG, J., in: Lüdenbach/Hoffmann/Freiberg, Haufe IFRS-Kommentar, 17. Aufl., § 17, Rn. 4.

[1043] Vgl. IAS 2.34, sowie PWC (Hrsg.), Manual of Accounting 2019, Rn. 25.42–45; BARTLE, G./JACOBS, O. H./KUGEL, T., in: Baetge u. a., Rechnungslegung nach IFRS, 2. Aufl., IAS 2, Rn. 108; LÜDENBACH, N./HOFFMANN, W.-D./FREIBERG, J., in: Lüdenbach/Hoffmann/Freiberg, Haufe IFRS-Kommentar, 17. Aufl., § 17, Rn. 17 f.

[1044] Vgl. IFRS 15.A.

[1045] Vgl. IFRS 15.BC53, sowie SCHOO, L., Umsatzrealisierung, S. 32.

[1046] Vgl. IFRS 15.BC29.

[1047] Vgl. CF.4.27 (2010) i. V. m. CF.4.29 (2010), sowie SCHOO, L., Umsatzrealisierung, S. 17 f.

Unternehmen unterscheiden kann.[1048] Zum anderen ist die gewöhnliche Geschäftstätigkeit des bilanzierenden Unternehmens eng mit dessen **Kerngeschäft** verbunden.[1049] Dies legen auch die Begründungserwägungen des IASB zu IFRS 15 nahe, in denen auf das FASB *Concepts Statement No. 6* referenziert wird, welches als gewöhnliche Geschäftstätigkeit eines Unternehmens deren „*ongoing major or central operations*"[1050] beschreibt.

Daneben werden die Anwendungsvoraussetzungen für zum Verkauf im normalen Geschäftsgang gehaltene Vorräte dadurch konkretisiert, dass diese einerseits **Fertigerzeugnisse** und andererseits zum Weiterverkauf erworbene **Handelswaren** umfassen.[1051] Fertigerzeugnisse sind durch das bilanzierende Unternehmen hergestellte und zum Absatz bestimmte Produkte, welche bereits verkaufsfähig sind.[1052] Handelswaren sind von Dritten bezogene Produkte, die nicht oder nur geringfügig weiterverarbeitet werden und anschließend im normalen Geschäftsgang weiterveräußert werden sollen. Hierunter können bspw. auch zum Weiterverkauf gehaltene Grundstücke, Gebäude oder Sammlerobjekte (Gemälde, Skulpturen o. Ä.)[1053] fallen, sofern diese vom Unternehmen zum Verkauf im normalen Geschäftsgang gehalten werden.[1054]

Vorräte sind **nicht auf materielle Vermögenswerte beschränkt**.[1055] Zwar werden Vorräte in IAS 32.AG10 zu den materiellen Vermögenswerten gezählt. Jedoch lässt sich mit Blick auf den in IAS 38.3 (a) vorgenommenen *scope out* von zum Verkauf im normalen Geschäftsgang gehaltenen immateriellen Vermögenswerten und dem Verweis auf IAS 2 ableiten, dass eine diesbezügliche Beschränkung des Anwendungsbereichs von IAS 2 regelungssystematisch nicht angezeigt ist. Kennzeichnend für zum Verkauf im normalen Geschäftsgang gehaltene Vorräte sind daher nicht deren inhärente Merkmale und Eigenschaften. Das heißt, dass nicht der Charakter der zugrunde liegenden Vermögenswerte eine Zuordnung zum Anwendungsbereich des IAS 2.6 (a) determiniert. Zentral für diesen Bilanzposten ist vielmehr, dass die hierunter gefassten Vermögenswerte im Rahmen des Kerngeschäfts des Unternehmens verkauft werden. Für die bilanzielle Abbildung von erworbenen Zahlungs- und Nutzungs-Token bedeutet dies, dass die Anwendbarkeit des IAS 2.6 (a) durch die Tätigkeit des bilanzierenden Unternehmens,

---

1048 Vgl. CF.4.27 (2010); IFRS 15.69 i. V. m. IFRS 15.BC247, sowie SCHLÜTER, J./SCHÖNHOFER, C., in: Driesch u. a., Beck IFRS HB, 5. Aufl., § 15, Rn. 102 und Rn. 109; WÜSTEMANN, J./WÜSTEMANN, S./JENDRECK, A., in: Baetge u. a., Rechnungslegung nach IFRS, 2. Aufl., IFRS 15, Rn. 11; GRÜNBERGER, D., IFRS 2020, S. 106 f.

1049 Vgl. SCHLÜTER, J./SCHÖNHOFER, C., in: Driesch u. a., Beck IFRS HB, 5. Aufl., § 15, Rn. 102.

1050 IFRS 15.BC53.

1051 Vgl. IAS 2.8.

1052 Vgl. hier und im folgenden Satz SCHMIDT, M./LABRENZ, H., in: Böcking u. a., Beck HdR, B 214, Rn. 8.

1053 Abhängig von den Fakten und Umständen des bilanzierenden Unternehmens kann hierbei IAS 2 oder die Ausnahmeregelung für *commodity broker-trader* greifen. Vgl. EY (Hrsg.), International GAAP 2020, S. 1613. Vgl. ausführlich zu den Anwendungsvoraussetzungen der Regelungen für *commodity broker-trader* Abschnitt 446.23.

1054 Vgl. IAS 2.8, sowie BARTLE, G./JACOBS, O. H./KUGEL, T., in: Baetge u. a., Rechnungslegung nach IFRS, 2. Aufl., IAS 2, Rn. 17b.

1055 Vgl. KPMG (Hrsg.), Insights into IFRS (2019/2020), Rn. 3.8.10.20; EY (Hrsg.), Bilanzierung von Kryptovermögenswerten, S. 19; CUTTELOD, C., Bitcoin-Anlagen, S. 916. A. A. SCHMIDT, M./LABRENZ, H., in: Böcking u. a., Beck HdR, B 214, Rn. 11.

d. h. die **Verwendungsabsicht im Rahmen des jeweiligen Geschäftsmodells**, determiniert wird.[1056]

446.22 Verwendungsabsicht als Determinante der tatbestandsseitigen Anwendbarkeit der Vorschriften auf erworbene Krypto-Token

Unternehmen halten Krypto-Token abhängig von ihrem Geschäftsmodell zu unterschiedlichen Zwecken. In diesem Zusammenhang ist zwischen der ursprünglich vom Emittenten oder dem Initiator des Krypto-Projektes intendierten Verwendungsabsicht und der Nutzung als Investment-Vehikel zu unterscheiden.[1057] Sofern ein nach IFRS bilanzierendes Unternehmen Krypto-Token zu Zahlungszwecken hält (**intendierte Nutzung**), sind diese nicht unter die zum Verkauf im normalen Geschäftsgang gehaltenen Vorräte zu fassen.[1058] In diesem Fall sollen die Krypto-Token nicht verkauft werden, sondern vielmehr dazu genutzt werden, andere Vermögenswerte oder eine Dienstleistung zu erwerben, sodass der mit einem Verkauf im normalen Geschäftsgang verbundene Umsatzakt beim Einsatz eines zu Zahlungszwecken gehaltenen Krypto-Token gerade nicht vorliegt.

Sofern Krypto-Token vom bilanzierenden Unternehmen zu **Investmentzwecken** gehalten werden, ist anhand der Halteabsicht zu unterscheiden, ob sie kurz- oder langfristig im Unternehmen verbleiben sollen.[1059] Bei einem geplanten langfristigen[1060] Verbleib im Unternehmen stehen die **nachhaltige Wertsteigerung** und damit eine Halteabsicht der Krypto-Token im Vordergrund des normalen Geschäftsgangs. Auch wenn eine potenzielle Wertsteigerung der gehaltenen Krypto-Token nur durch einen Verkauf (oder dem Einsatz des Token) realisiert werden kann, ist solch ein Verkauf nicht zwingend das Geschäftsmodell und damit der normale Geschäftsgang des bilanzierenden Unternehmens, da zur nachhaltigen Wertsteigerung gehaltene Krypto-Token voraussichtlich eher für mehrere Perioden im Unternehmen verbleiben.[1061] Insofern werden zur langfristigen Wertsteigerung gehaltene Bestände an Krypto-Token tatbestandsseitig nicht von den Normen des IAS 2 erfasst.[1062]

Anders ist dies ggf. zu beurteilen, sofern nicht die Halteabsicht, sondern vielmehr die **Handelsabsicht** im Vordergrund der Geschäftstätigkeit des bilanzierenden Unternehmens steht. Eine

---

1056 Vgl. so auch AASB (Hrsg.), Digital currency, S. 13.

1057 Vgl. Abschnitt 42.

1058 Vgl. hier und im folgenden Satz THUROW, C., Bitcoin in der IFRS-Bilanzierung, S. 198; KIRSCH, H.-J./VON WIEDING, F., Bitcoin im IFRS-Kontext, S. 119; KEILING, M./ROMEIKE, S., Bilanzierung von Kryptowährungen, S. 270; BERGER, J./FISCHER, F., Kryptowährungen in den IFRS, S. 1199.

1059 Vgl. Abschnitt 442.

1060 Sofern ein Vermögenswert nicht als kurzfristig klassifiziert wird, gilt dieser bereits als langfristig. Vgl. hierzu Abschnitt 442.

1061 Vgl. so im Ergebnis auch DELOITTE (Hrsg.), Cryptocurrency, S. 16; PWC (Hrsg.), Rechnungslegung von Krypto-Assets, S. 7.

1062 Vgl. so im Ergebnis auch LÜDENBACH, N., Bitcoins – Lost in rules, S. 105. A. A. wohl IFRS IC (Hrsg.), Staff Paper 12 (July 2019), Rn. 65 i. V. m. Rn. 69 i. V. m. Rn. 71 (b) f., welches in solch einem Fall eine Bewertung mit dem niedrigeren Wert aus den historischen Anschaffungs- oder Herstellungskosten und dem Nettoveräußerungswert als sachgerecht befindet. Sofern der Verkauf nicht im normalen Geschäftsgang erwartet wird, sind laut IFRS IC hingegen die Vorschriften des IAS 38 einzuhalten.

entsprechende Geschäftstätigkeit liegt vor, wenn das bilanzierende Unternehmen beabsichtigt, Krypto-Token in wesentlichem Umfang und als Teil des Kerngeschäfts im normalen Geschäftsgang zu kaufen und zu verkaufen. Zum einen kommen die Vorschriften des IAS 2 für Unternehmen in Betracht, die entweder als Teil ihres Kerngeschäfts mit im Bestand gehaltenen Krypto-Token handeln, d. h. auf *Trading* spezialisierte Unternehmen. Zum anderen ließe sich dies auch bei Unternehmen argumentieren, die als *Broker* agieren und in dieser Rolle Krypto-Token zu einem vorgegebenen Preis an- und verkaufen.[1063] Indes werden die Anwendungsvoraussetzungen für „klassische“ produzierende Unternehmen nicht erfüllt sein, da deren normale Geschäftstätigkeit nicht der An- und Verkauf von Krypto-Token ist.[1064] Dies gilt gleichermaßen, wenn Unternehmen gelegentlich mit den im Bestand gehaltenen Krypto-Token handeln, da diese Aktivitäten dann nicht als Teil des normalen Geschäftsgangs anzusehen sind.

Der Anwendungsbereich von IAS 2 ist insofern nur für spezifische Akteure im Krypto-Ökosystem potenziell einschlägig. Zu untersuchen bleibt, ob diese Akteure von der Ausnahmevorschrift für *commodity broker-trader* gemäß IAS 2.3 (b) erfasst werden.

446.23 Ausnahmevorschrift für *commodity broker-trader* nach IAS 2.3 (b)

Commodity broker-trader kaufen und verkaufen Vorräte auf eigene oder auf fremde Rechnung mit dem Ziel, aus kurzfristigen Preisschwankungen oder einer Händlermarge einen Profit zu erzielen.[1065] Mit Blick auf die für eine Anwendung des IAS 2 infrage kommenden Akteure im Krypto-Ökosystem stimmt deren Geschäftsmodell mit dem eines *commodity broker-trader* überein, sodass dies zunächst für eine Anwendung der Ausnahmevorschrift für *commodity broker-trader* spricht. Als weitere Anwendungsvoraussetzungen der Ausnahmevorschrift lassen sich identifizieren,

- dass es sich bei Krypto-Token um *commodities* handeln muss,[1066] und
- dass das berichterstattende Unternehmen die Krypto-Token intern mit dem beizulegenden Zeitwert abzüglich Veräußerungskosten bewertet.[1067]

Die **erste Anwendungsvoraussetzung** ist eng mit den Charakteristika von Krypto-Token verbunden, wobei in den IFRS **nicht definiert** ist, was unter einem ***commodity*** zu verstehen ist.[1068]

1063 Vgl. IFRS IC (Hrsg.), Staff Paper 4A (September 2018), Rn. 41. Nicht gemeint ist daher der Fall, wenn die Handelsplattform lediglich als Vermittler zwischen den Transaktionsparteien auftritt. PETRY weist noch auf zwei weitere Akteure (*Miner* und Krypto-Token als Gegenleistung akzeptierende Unternehmen) hin, bei denen ein Ausweis unter den Vorräten ggf. angemessen ist, die jedoch nicht unter die hier behandelten erworbenen Krypto-Token fallen. Vgl. PETRY, H. M., Kryptowährungen nach SWISS GAAP, S. 372.

1064 Vgl. ähnlich KEILING, M./ROMEIKE, S., Bilanzierung von Kryptowährungen, S. 273; LOITZ, R., Bilanzierung von Kryptowährungen, S. M5.

1065 Vgl. IAS 2.3 (b) i. V. m. IAS 2.5, sowie BARTLE, G./JACOBS, O. H./KUGEL, T., in: Baetge u. a., Rechnungslegung nach IFRS, 2. Aufl., IAS 2, Rn. 10.

1066 Vgl. AASB (Hrsg.), Digital currency, S. 13; CUTTELOD, C., Bitcoin-Anlagen, S. 918.

1067 Vgl. IAS 2.3 (b).

1068 Gleichwohl werden in IFRS 9.B4.3.5 (d) und IFRS 9.IG.B1 Goldbarren als *commodity* bezeichnet und vom Anwendungsbereich des IFRS 9 ausgeschlossen.

Die Anwendbarkeit der Norm auf Krypto-Token, die zu kurzfristigen Handelszwecken gehalten werden, hängt daher wesentlich von der Auslegung des Begriffs „*commodity*" ab.[1069] Diesbezüglich sind Wortlaut und Wortsinn im allgemeinen Sprachgebrauch der erste Anknüpfungspunkt des Auslegungsprozesses,[1070] sodass es nicht verwundert, dass das IFRS IC in diesem Zusammenhang auf eine Lexikon-Definition abstellt.[1071] Nach der vom IFRS IC verwendeten Quelle ist ein *commodity* „[*a*] *raw material or primary agricultural product that can be bought and sold, such as copper or coffee* [*and*; Anm. d. Verf.] *a useful or valuable thing.*"[1072] Abseits dieser Definition werden mit dem *commodity*-Begriff untereinander austauschbare,[1073] standardisierte und an Börsen gehandelte Waren verbunden.[1074] Diese Kriterien sind für zahlreiche Krypto-Token erfüllt, da diese fungibel sind und regelmäßig – wenn auch nicht immer – auf zumindest börsenähnlichen Plattformen gehandelt werden.

Dementgegen impliziert die vom IFRS IC genutzte Definition zumindest, dass *commodities* von physischer Form sind, was gegen eine analoge Anwendung des IAS 2.3 (b) für erworbene Krypto-Token sprechen würde. Mit Blick auf den Sinn und den Zweck der gesamten Norm lässt sich dies jedoch nicht ableiten. So wurde für den allgemeinen Vorratsbegriff in IAS 2 bereits hergeleitet, dass auch immaterielle Vermögenswerte Vorräte sein können,[1075] sodass eine auf rein physische Vermögenswerte ausgerichtete Definition eines *commodity* im Normenzusammenhang **nicht zielführend** ist und der Anwendung der Vorschriften in IAS 2.3 (b) auf erworbene Krypto-Token mithin nicht entgegensteht.[1076] Vor diesem Hintergrund ist die erste Anwendungsvoraussetzung für *commodity broker-trader* bei Akteuren, die Krypto-Token zu kurzfristigen Investmentzwecken halten, erfüllt.

Während die erste Anwendungsvoraussetzung an die Charakteristika von Krypto-Token anknüpft, ist die **zweite Anwendungsvoraussetzung** mit den konkreten Umständen beim berichterstattenden Unternehmen verbunden. So schreibt IAS 2.3 (b) vor, dass die „normalen" Bewertungsvorschriften des IAS 2 nicht anzuwenden sind, wenn die zu bilanzierenden Vorräte von einem *commodity broker-trader* gehalten werden, der seine Vorräte mit dem beizulegenden

[1069] *Commodities* können prinzipiell für eine Vielzahl von Transaktionen genutzt werden, für die unterschiedliche Standards einschlägig sind. Trotzdem hat der IASB auch Transaktionen identifiziert, für die ggf. kein Standard unmittelbar anwendbar ist. Explizit als Anwendungsfall nennt der IASB jedoch auch alle in IAS 2 genannten Vorratsarten (inkl. der Ausnahmeregelung für *commodity broker-trader*). Vgl. IASB (Hrsg.), Staff Paper 12A (January 2018), Rn. 11–20. Die fehlenden Anforderungen in Bezug auf die Behandlung von Transaktionen mit *commodities* wurden bereits im Rahmen eines Projektes des IFRS IC zu *commodity loans* kritisiert. Vgl. IFRS IC (Hrsg.), Staff Paper 10 (November 2016), Rn. 21.

[1070] Vgl. Abschnitt 353.

[1071] Vgl. IFRS IC (Hrsg.), Staff Paper 4A (September 2018), Rn. 45.

[1072] Oxford Dictionaries (Hrsg.), Definition of commodity, o. S.

[1073] Hierauf stellt der IASB im Rahmen der Diskussion zum Projekt *Commodity loans and related transactions* ab. Vgl. IASB (Hrsg.), Staff Paper 12A (January 2018), Rn. 5 (a).

[1074] Vgl. Investopedia (Hrsg.), Commodity, o. S.; AcSB (Hrsg.), Cryptocurrencies, S. 5.

[1075] Vgl. Abschnitt 446.21. Auch im deutschen Recht ist der Begriff einer Ware nicht auf physische Güter beschränkt, da hierunter bspw. auch Strom fällt. Vgl. § 2 Abs. 5 WpHG.

[1076] A. A. Berchowitz, G., Bitcoin throws accounting a curveball, o. S., der befindet, dass Bitcoin-Werteinheiten keine *commodities* sind und daher auch die Vorschriften für *commodity broker-trader* für nicht anwendbar erachtet.

Zeitwert abzüglich Veräußerungskosten bewertet. Insofern hängen die Anwendbarkeit der Ausnahmevorschrift und die damit verbundenen Rechtsfolgen davon ab, wie das bilanzierende Unternehmen seine Krypto-Token für interne Zwecke bewertet. Nur wenn Krypto-Token intern mit dem beizulegenden Zeitwert abzüglich Veräußerungskosten bewertet werden, ist dies auch für Zwecke der externen Rechnungslegung angezeigt.

Dementgegen leitet EY ab, dass „*commodity broker-traders* ***have the choice*** *to measure their inventories* [...] *at fair value less costs to sell* [ohne Hervorhebungen im Original]"[1077], d. h. es wird angenommen, dass ein (Bewertungs-)Wahlrecht für das bilanzierende Unternehmen vorliegt. Während bei der ersten Anwendungsvoraussetzung durchaus Auslegungsfragen vor dem Hintergrund der fehlenden Definition eines *commodity* bestehen, ist angesichts des eindeutigen Wortlauts der Norm in IAS 2.3 (b) ein **Wahlrecht** hinsichtlich des Bewertungsmaßstabs **auszuschließen.**[1078] Regelungssystematisch ist daher – sofern die Anwendungsvoraussetzungen für *commodity broker-trader* kumulativ erfüllt sind – stets eine entsprechende Bewertung angezeigt. Die „normalen" Bewertungsvorschriften des IAS 2 sind insofern nur dann anzuwenden, wenn das berichterstattende Unternehmen die Anwendungsvoraussetzungen nicht erfüllt, gleichwohl die Krypto-Token zum Verkauf im normalen Geschäftsgang hält. Unter der Annahme einer diesbezüglichen Verwendungsabsicht läge dieser Umstand vor, wenn das bilanzierende Unternehmen die gehaltenen Krypto-Token intern **nicht** mit dem beizulegenden Zeitwert abzüglich Veräußerungskosten bewertet.

Neben den aufgeführten expliziten Anwendungsvoraussetzungen für *commodity broker-trader* wird mitunter diskutiert, ob **implizite Anwendungsvoraussetzungen** bestehen. So stellt sich die Frage, ob für *commodity broker-trader* zumindest implizit gefordert ist, dass „die Bewertung zum beizulegenden Zeitwert abzüglich Veräußerungskosten branchenüblich ist und zudem ein aktiver Markt besteht bzw. die Realisierung des Werts sicher ist."[1079] Mit Blick auf die **Branchenüblichkeit** lässt sich zwar zunächst festhalten, dass die entsprechende Ausnahmevorschrift für *commodity broker-trader* (unter anderem)[1080] angesichts einer Branchenpraxis Eingang in die Bilanzierung fand.[1081] Gleichwohl wird eine eingeführte Branchenpraxis auf Sachverhaltsebene, d. h. hier bei zu Handelszwecken gehaltenen Krypto-Token, nicht als Anwendungsvoraussetzung angeführt. Vor diesem Hintergrund führt die aktuell insgesamt, d. h.

[1077] EY (Hrsg.), International GAAP 2020, S. 1628. Vgl. ähnlich auch DELOITTE (Hrsg.), iGAAP 2019 (Volume A), S. 731, die feststellen, dass „[*i*]*f the entity is acting as a commodity broker-trader in respect of the cryptocurrency in question, it is permitted to measure its holdings at fair value less costs to sell.*" Auch das IFRS IC erläutert mit Blick auf die Ausnahmevorschrift für *commodity broker-trader*, dass „[*i*]*n that case, the entity can measure its holdings of cryptocurrencies at FVTPL*" (IFRS IC (Hrsg.), Staff Paper 12 (July 2019), Rn. 68). Diese Wortwahl impliziert zumindest ein Wahlrecht.

[1078] Auch aus den anderen Ausführungen des IFRS IC in Bezug auf Kryptowährungen lässt sich kein entsprechendes Wahlrecht ableiten. Vgl. IFRS IC (Hrsg.), Staff Paper 4A (September 2018), Rn. 42 f.; IFRS IC (Hrsg.), IFRIC Update (June 2019), S. 15.

[1079] VON KEITZ, I., in: Thiele/von Keitz/Brücks, Int. Bilanzrecht, IAS 2, Rn. 123.

[1080] Zudem wurde angeführt, dass eine Bewertung zum Nettoveräußerungswert für die Bewertung von *commodity broker-tradern* nicht angemessen ist. Vgl. IAS 2.BC6 (c).

[1081] Vgl. IAS 2.BC6 (b).

nicht nur für zu kurzfristigen Handelszwecken gehaltene Krypto-Token, bestehende *diversity in practice* bei der Bilanzierung von Krypto-Token nicht zu einem tatbestandsseitigen Ausschluss von den Vorschriften für *commodity broker-trader*.

Als typische **Märkte**, an denen *commodity broker-trader* agieren, gelten Warenterminbörsen, wie z. B. die *Chicago Mercantile Exchange* (CME) und die *Chicago Board Options Exchange* (CBOE).[1082] An diesen werden Handelswaren und Rohstoffe zu festgelegten Mengen und einheitlicher Qualität an- und verkauft.[1083] Zwar werden auf diesen beiden Warenterminbörsen auch bereits Bitcoin-*Futures* gehandelt,[1084] allerdings gilt dies weder für weitere Krypto-Token noch für die originären Bitcoin-Werteinheiten. Denn an beiden Handelsplätzen werden lediglich Finanzprodukte gehandelt, für die die Wertentwicklung des Bitcoins der Basiswert ist. In IAS 2.3 (b) und in IAS 2.5 werden jedoch auch keine spezifischen Märkte als Anwendungsvoraussetzung angeführt, sodass potenziell auch andere als die für *commodity broker-trader* typischen Märkte infrage kommen. Sachverhaltsbedingt ist mit Blick auf das Geschäftsmodell eines *commodity broker-trader* gleichwohl eine **gewisse Marktqualität** erforderlich, da das Geschäftsmodell auf dem kurzfristigen An- und Verkauf von *commodities* basiert und mithin Transaktionen zumindest in einer gewissen Regelmäßigkeit erfolgen müssen.[1085] Eine Einschränkung auf ausschließlich an aktiven Märkten gehandelte Vorräte ist regelungssystematisch indes nicht angelegt.

446.3 Sonstige Arten von Vorräten

Neben zum Verkauf im normalen Geschäftsgang gehaltenen Vermögenswerten fallen auch Vermögenswerte, die sich in der **Herstellung für einen Verkauf** befinden (unfertige Erzeugnisse und unfertige Leistungen), sowie Roh-, Hilfs- und Betriebsstoffe (vor Eingang in den Herstellungsprozess) in den Anwendungsbereich von IAS 2.[1086] Unter erstere Vorratsart fallen Werkstoffe, die bereits unter Einsatz von Maschinen und bzw. oder Arbeitskräften teilweise verarbeitet wurden,[1087] was für erworbene Krypto-Token indes nicht charakteristisch ist, da sie sich nicht in einem Herstellungsvorgang befinden. Dem steht auch nicht entgegen, dass Nutzungs-Token zum Teil noch nicht funktional einsatzfähig sind. Zwar ist in diesen Fällen das hinter dem Krypto-Token stehende Projekt noch in der Entwicklung, der Krypto-Token selbst existiert jedoch bereits und lässt sich an andere Parteien übertragen. Das sich noch in der Entwicklung befindende Projekt ist daher getrennt von dem für das Geschäftsmodell erforderlichen Nutzungs-Token zu betrachten.

[1082] Vgl. BARTLE, G./JACOBS, O. H./KUGEL, T., in: Baetge u. a., Rechnungslegung nach IFRS, 2. Aufl., IAS 2, Rn. 10.
[1083] Vgl. OLDEWEME, D. J., Bilanzierung von Commodity-Hedges, S. 6.
[1084] Vgl. SPIELMANN, C., Bitcoin-Terminhandel, S. 185; BAUR, D./DIMPFL, T., Price Discovery in Bitcoin, S. 1.
[1085] Vgl. ähnlich PwC (Hrsg.), Manual of Accounting 2019, Rn. 25.8; VON KEITZ, I., in: Thiele/von Keitz/Brücks, Int. Bilanzrecht, IAS 2, Rn. 123; DELOITTE (Hrsg.), Cryptocurrency, S. 16.
[1086] Vgl. IAS 2.6 (b) und (c).
[1087] Vgl. KÜMPEL, T., Vorratsvermögen nach IAS 2, S. 2609; SCHMIDT, M./LABRENZ, H., in: Böcking u. a., Beck HdR, B 214, Rn. 3.

Roh-, Hilfs- und Betriebsstoffe sind dazu bestimmt, bei der Herstellung eines Gutes oder bei der Erbringung einer Dienstleistung verbraucht zu werden. Diese Werkstoffe sind vor allem für Industrieunternehmen von Bedeutung.[1088] Dies zeigt sich auch daran, dass produktionsfremde Vermögenswerte definitorisch nicht im Anwendungsbereich von IAS 2 liegen.[1089] Mit Blick auf die Eigenschaften und Merkmale von Krypto-Token wird deutlich, dass diese nicht als ein Roh-, Hilfs- oder Betriebsstoff zu charakterisieren sind,[1090] da Zahlungs- und Nutzungs-Token nicht direkt im betrieblichen Leistungserstellungsprozess weiterverarbeitet oder bei der Erbringung einer Dienstleistung verbraucht werden.[1091] Sie sind mithin kein Grundstoff für den Produktionsprozess eines Unternehmens, sondern dienen dazu, die entsprechenden Waren oder Dienstleistungen zu erwerben.

446.4 Zwischenfazit

Festzuhalten ist, dass erworbene Krypto-Token nur unter bestimmten Umständen vom Anwendungsbereich des IAS 2 erfasst werden. So konnte gezeigt werden, dass nur für spezifische Akteure im Krypto-Ökosystem eine Bilanzierung der erworbenen Zahlungs- und Nutzungs-Token nach IAS 2 überhaupt zulässig ist. Bei diesen Akteuren handelt es sich um *Broker* und andere auf kurzfristiges *Trading* spezialisierte Unternehmen, deren Kerngeschäft im Verkauf (und Kauf) von Krypto-Token liegt. Mit Blick auf die dem zugrunde liegenden Geschäftsmodelle ist es sach- und normengerecht, diese Unternehmen tatbestandsseitig als *commodity broker-trader* zu charakterisieren, sofern sie ihre Krypto-Token intern mit dem beizulegenden Zeitwert abzüglich Veräußerungskosten bewerten.[1092] Dieser Schlussfolgerung gingen indes wesentliche Auslegungs- und Anwendungsfragen voraus, die sich aus den nicht immer eindeutigen Anwendungsvoraussetzungen des IAS 2 ergeben. So fehlt es bspw. an einer expliziten *commodity*-Definition in den IFRS.

Dementsprechend bietet IAS 2 zum einen keine bilanzielle Lösung für zu Zahlungszwecken gehaltene Krypto-Token (intendierte Nutzung). Zum anderen bleiben verschiedene Konstellationen offen, wenn Krypto-Token zu Investmentzwecken gehalten werden. So ist IAS 2 nicht anzuwenden, wenn Krypto-Token als langfristiges Investment im Unternehmen verbleiben sollen oder Investments nicht Teil des Kerngeschäfts des bilanzierenden Unternehmens sind. In diesen Fällen sind regelungssystematisch die Normen des IAS 38 einschlägig.

[1088] Vgl. Kümpel, T., Vorratsvermögen nach IAS 2, S. 2609.

[1089] Vgl. von Keitz, I., in: Thiele/von Keitz/Brücks, Int. Bilanzrecht, IAS 2, Rn. 111; Lüdenbach, N./Hoffmann, W.-D./Freiberg, J., in: Lüdenbach/Hoffmann/Freiberg, Haufe IFRS-Kommentar, 17. Aufl., § 17, Rn. 12. Die Autoren weisen jedoch darauf hin, dass diese Betriebsstoffe in Ermangelung eines einschlägigen Standards regelmäßig analog zu Vorräten bilanziert werden.

[1090] Vgl. Kirsch, H.-J./von Wieding, F., Bitcoin im IFRS-Kontext, S. 119; EY (Hrsg.), International GAAP 2020, S. 1616.

[1091] Vgl. Kirsch, H.-J./von Wieding, F., Bitcoin nach HGB, S. 2733; EY (Hrsg.), Bilanzierung von Kryptovermögenswerten, S. 19; IFRS IC (Hrsg.), Staff Paper 4A (September 2018), Rn. 40.

[1092] Vgl. ausführlich zur Bewertung im Rahmen des IAS 2 Abschnitt 451. und Abschnitt 453.3.

447. Würdigung der standardspezifischen Bilanzierungsfähigkeit

Erworbene Zahlungs- und Nutzungs-Token sind allgemein bilanzierungsfähige Vermögenswerte i. S. d. *Conceptual Framework*. Da dem auch kein konkretes Bilanzierungsverbot entgegensteht, ist der Ansatz von erworbenen Zahlungs- und Nutzungs-Token für das berichterstattende Unternehmen verpflichtend. Die Beantwortung der Frage, ob diese Krypto-Token vom Anwendungsbereich eines Standards erfasst werden, gestaltet sich indes vor dem Hintergrund ihres neuartigen Charakters und der Kasuistik der Einzelstandards in den IFRS schwieriger. Regelungssystematisch sind erworbene Krypto-Token im aktuellen Normengefüge weder materieller noch finanzieller Natur, sondern vielmehr den **immateriellen Vermögenswerten** zuzuordnen, da Zahlungs- und Nutzungs-Token tatbestandsseitig die Definitions- und Ansatzkriterien von immateriellen Vermögenswerten i. S. d. IAS 38 erfüllen. Sofern erworbene Krypto-Token vom bilanzierenden Unternehmen indes zum Verkauf im normalen Geschäftsgang gehalten werden, was bei Krypto-Token mit Blick auf einen kurzfristigen Investmentzweck einschlägig ist, sind die Voraussetzungen für eine Bilanzierung nach IAS 2 ebenso erfüllt. In diesem Fall sind die Vorschriften des IAS 2 vorrangig anzuwenden, da zum Verkauf im normalen Geschäftsgang gehaltene immaterielle Vermögenswerte gemäß IAS 38.3 (a) explizit vom Anwendungsbereich des IAS 38 ausgeschlossen und in den Standard für die Bilanzierung von Vorräten umgeleitet werden. Die sich hieraus *de lege lata* ergebenden einschlägigen Bilanzierungsnormen lassen sich in Abbildung 4-2 überblicksartig nachvollziehen.

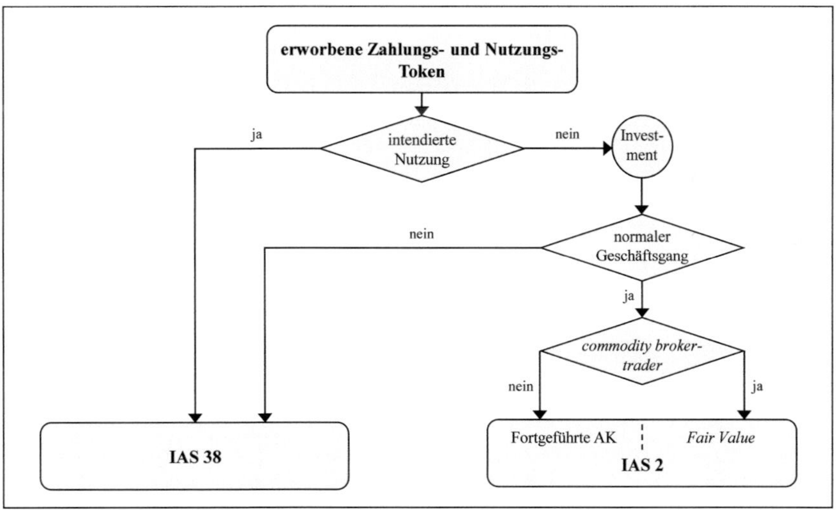

Abbildung 4-2: Tatbestandsseitige Einordnung von erworbenen Zahlungs- und Nutzungs-Token in das IFRS-Normengefüge *de lege lata*

Die „**Gretchenfrage**" in Bezug auf die Anwendbarkeit der Standards mit Blick auf die intendierte Nutzung ist, inwiefern Krypto-Token ein **monetärer bzw. nicht-monetärer** Charakter zuzusprechen ist. Diese für bilanzielle Zwecke erforderliche Charakterisierung ist sowohl bei der Prüfung der Anwendungsvoraussetzungen für finanzielle Vermögenswerte als auch bei der Prüfung der Definitionskriterien von immateriellen Vermögenswerten erforderlich. Im aktuellen Normengefüge besteht die wesentliche Herausforderung darin, dass in den IFRS weder ein einheitliches noch schlüssig abgegrenztes Konzept für Vermögenswerte mit monetärem Bezug angelegt ist.[1093] Vielmehr werden zahlreiche ähnliche, wenn auch nicht deckungsgleiche, Termini (*cash*, *cash equivalent*, *currency*, *money*, *monetary asset*, *monetary item*) verwendet, die nicht hinreichend konkretisiert und abgegrenzt werden, wodurch es zu Problemen bei der Normenanwendung in Bezug auf Krypto-Token kommt. Diesbezüglich ließ sich zeigen, dass Zahlungs- und Nutzungs-Token im aktuellen Normengefüge nicht unter die Vermögenswerte mit monetärem Bezug fallen, obgleich Inhaber sie mitunter wie Zahlungsmittel verwenden. Vor diesem Hintergrund ist bereits fraglich, ob mit einer Klassifizierung als immaterielle Vermögenswerte, die als nicht-monetäre Vermögenswerte charakterisiert werden, die tatsächlichen wirtschaftlichen Verhältnisse des Sachverhaltes hinreichend berücksichtigt werden.

Zusätzliche steht infrage, ob Krypto-Token und (typische) immaterielle Vermögenswerte i. S. d. **IAS 38** auf Sachverhaltsebene in hinreichendem Maße übereinstimmen, damit eine analoge Bilanzierung zu sachgerechten Ergebnissen auf Ansatz- und Ausweisebene führen kann. So unterscheiden sich die in IAS 38.9 beispielhaft aufgeführten immateriellen Vermögenswerte, wie z. B. wissenschaftliche oder technische Erkenntnisse, Lizenzen, geistiges Eigentum, Patente oder Urheberrechte, charakteristisch maßgeblich von Krypto-Token. Während die in IAS 38.9 erwähnten immateriellen Vermögenswerte vom berichterstattenden Unternehmen verwendet werden, um zu einem wirtschaftlichen Nutzen aus Verkaufserlösen von Produkten und Dienstleistungen zu führen oder (interne) Kosteneinsparungen zu generieren, begründet sich der wirtschaftliche Nutzen von Krypto-Token vor allem darin, dass diese als Tauschmittel fungieren.[1094]

Obgleich in IAS 38 keine Restriktionen hinsichtlich der Verwendungsabsicht von immateriellen Vermögenswerten aufgeführt sind, ist es dennoch naheliegend, anzunehmen, dass der Standard vor dem Hintergrund bestimmter immaterieller Vermögenswerte und deren Eigenschaften sowie deren Verwendungsabsichten entwickelt wurde.[1095] Dies zeigt sich auch daran, dass in der Erstveröffentlichung des IAS 38 (1998) die Verwendungsabsicht von immateriellen Vermögenswerten noch auf Zwecke der Herstellung oder der Lieferung von Gütern oder Dienstleistungen, der Vermietung an Dritte oder für Verwaltungszwecke beschränkt war.[1096] Hinweise auf die Berücksichtigung von zu Zahlungs- oder zu Investmentzwecken gehaltenen immateriellen Vermögenswerten sind im Standard indes nicht enthalten. Die implizite Annahme des IASB, dass die negative Abgrenzung des Anwendungsbereichs von IAS 38 ausreicht (z. B.

[1093] Vgl. ähnlich DELOITTE (Hrsg.), CL (TAD Holdings of Cryptocurrencies), S. 1.
[1094] Vgl. so auch CSA (Hrsg.), CL (TAD Holdings of Cryptocurrencies), S. 1 f.
[1095] Vgl. so auch IASB (Hrsg.), Staff Paper 12D (July 2018), Rn. 60.
[1096] Vgl. IAS 38.BC4 f., sowie bereits ausführlich Abschnitt 445.1.

durch den *scope out* von Finanzinstrumenten), um nicht vom Standard intendierte Vermögenswerte von IAS 38 auszuschließen, **läuft zumindest bei erworbenen Krypto-Token ins Leere**, da diese zwar Charakteristika von finanziellen Vermögenswerten aufweisen, jedoch nicht in den Anwendungsbereich der für finanzielle Vermögenswerte einschlägigen Standards fallen.

Daher führt nicht der Charakter von immateriellen Vermögenswerten zur Schlussfolgerung, dass IAS 38 auf erworbene Zahlungs- und Nutzungs-Token anzuwenden ist, sondern vielmehr, dass es **formal angezeigt ist, diesen Standard anzuwenden**. Insofern dominiert die formalrechtliche Auslegung des Anwendungsbereichs und der Definitions- sowie Ansatzkriterien des IAS 38 die teleologische Perspektive auf den zu bilanzierenden Sachverhalt. Der Ausweis von zu Zahlungs- und zu Investmentzwecken gehaltenen Zahlungs- und Nutzungs-Token unter den immateriellen Vermögenswerten kann somit dazu führen, dass sich die primären Adressaten bei der Analyse des IFRS-Abschlusses der Natur und den Charakteristika von erworbenen Krypto-Token nicht bewusst werden.[1097] So kommt bspw. durch einen Ausweis unter den immateriellen Vermögenswerten der **wirtschaftliche Charakter eines Tauschmittels** nicht zur Geltung, sodass mit Blick auf die Abbildung der tatsächlichen wirtschaftlichen Verhältnisse erhebliche Schwächen mit einer diesbezüglichen tatbestandsseitigen Einordnung in das IFRS-Normengefüge verbunden sind.

Während sich bei der teleologisch geprägten Diskussion der Anwendungsvoraussetzungen von IAS 38 vor allem Zweifel dahin gehend ergeben, ob Zahlungs- und Nutzungs-Token aufgrund ihres Charakters unter IAS 38 fallen sollten, führt die tatbestandsseitige Prüfung in Hinblick auf die Anwendbarkeit der **Normen des IAS 2** auf den untersuchten Sachverhalt zu Herausforderungen anderer Art. Dies ist damit zu begründen, dass zumindest bei der Vorratskategorie zum Verkauf im normalen Geschäftsgang (inkl. *commodity broker-trader*) die Verwendungsabsicht des berichterstattenden Unternehmens die Anwendung von IAS 2 determiniert und insofern der Charakter der Krypto-Token für eine Einordnung in IAS 2 von geringer Bedeutung ist. Gleichwohl ist die konkrete Anwendung der Vorschriften für den Bilanzierenden herausfordernd, bspw. hinsichtlich der Interpretation von unbestimmten Rechtsbegriffen. Diesbezüglich erschwert im Rahmen der Ausnahmevorschrift für *commodity broker-trader* vor allem die fehlende Definition für den verwendeten Begriff eines „*commodity*" die tatbestandsseitige Einordnung des Sachverhaltes. Auf Basis der vorgenommenen Auslegung der Anwendungsvoraussetzungen ist es jedoch angezeigt, bestimmte Unternehmen im Krypto-Ökosystem als *commodity broker-trader* zu charakterisieren (*Trader* und *Broker*),[1098] was mit Blick auf den Sinn und Zweck der für diese angelegten Ausnahmevorschriften auf Tatbestandsebene sachgerecht ist. Nur wenn die als *commodity broker-trader* agierenden Akteure ihre Krypto-Token intern nicht mit dem beizulegenden Zeitwert abzüglich Veräußerungskosten bewerten, sind daher die „normalen" Bewertungsvorschriften des IAS 2 anzuwenden. Inwiefern eine Differenzierung unter Berücksichtigung der internen Perspektive des bilanzierenden Unternehmens bei Krypto-Token

---

[1097] Vgl. CHAMBER OF DIGITAL COMMERCE (Hrsg.), CL (TAD Holdings of Cryptocurrencies), S. 3.

[1098] Vgl. ähnlich BERGER, J./FISCHER, F., Kryptowährungen in den IFRS, S. 1199.

angemessen ist, bleibt zumindest fraglich, da nur zu kurzfristigen Investmentzwecken gehaltene Krypto-Token vom Anwendungsbereich des IAS 2 überhaupt erfasst werden. So ist zumindest nicht offensichtlich, weshalb eine Unterscheidung der Folgebewertungskonzeptionen der Vermittlung von entscheidungsnützlichen Informationen bei Krypto-Token, die zu kurzfristigen Investmentzwecken gehalten werden, förderlich sein sollte.[1099]

Obgleich die tatbestandsseitige Einordnung von erworbenen Zahlungs- und Nutzungs-Token auf der Basis der geltenden Standards mitunter als unbefriedigend anzusehen ist, werden formal die Anforderungen zweier Standards erfüllt, sodass **keine offene Regelungslücke** vorliegt.[1100] Zudem empfiehlt auch das IFRS IC für Kryptowährungen eine Bilanzierung nach IAS 2 und nach IAS 38. Vor diesem Hintergrund sollen im nächsten Schritt die hieraus auf der Rechtsfolgeseite resultierenden bilanziellen Konsequenzen konkretisiert und gewürdigt werden. Nur durch die Verbindung von Ansatz, Bewertung (inkl. Erfolgswirkung) und Ausweis lässt sich letztendlich beurteilen, ob mit der Anwendung der Vorschriften des aktuellen Normengefüges entscheidungsnützliche Informationen für die primären Adressaten vermittelt werden. Die angeführten Bedenken hinsichtlich einer entsprechenden Einordnung in das IFRS-Normengefüge werden im Rahmen der *de lege ferenda*-Betrachtung noch aufgegriffen.[1101]

45 Bewertung

451. Vorgaben zur Zugangs- und Folgebewertung nach IAS 38 und nach IAS 2

Sofern erworbene Zahlungs- und Nutzungs-Token nicht zum Verkauf im normalen Geschäftsgang gehalten werden, sind die Vorschriften für **immaterielle Vermögenswerte nach IAS 38** anzuwenden. Immaterielle Vermögenswerte im Anwendungsbereich des IAS 38 sind bei ihrem Zugang gemäß IAS 38.24 mit ihren Anschaffungs- oder Herstellungskosten zu bewerten, wobei im Zuge eines Erwerbs von Krypto-Token stets die Anschaffungskosten zu bestimmen sind. Immaterielle Vermögenswerte, die einer begrenzten Nutzungsdauer unterliegen, sind im Zuge der Folgebewertung **planmäßig abzuschreiben**, wohingegen immaterielle Vermögenswerte mit einer unbestimmten Nutzungsdauer nicht planmäßig abgeschrieben werden dürfen.[1102] Unabhängig von der Nutzungsdauer hat das bilanzierende Unternehmen zu beurteilen, ob ggf. **außerplanmäßige Wertminderungen** zu erfassen sind.[1103] Hierbei sind die Vorschriften des IAS 36 für Wertminderungen von Vermögenswerten anzuwenden, die vorsehen, dass der erzielbare Betrag des Vermögenswertes, d. h. der höhere Wert aus dem beizulegenden Zeitwert

---

[1099] Vgl. hierzu noch Abschnitt 453.3.

[1100] Vgl. so auch FREIBERG, J., Digitale (Krypto-)Währungen nach IFRS, S. 157. Gleichwohl stellt DELOITTE zutreffend fest, dass „*a significant amount of judgement is required to apply the current Standards*" (DELOITTE (Hrsg.), Cryptocurrency, S. 19).

[1101] Vgl. Abschnitt 5.

[1102] Vgl. ausführlich IAS 38.88–110, sowie RAMSCHEID, M., in: Driesch u. a., Beck IFRS HB, 5. Aufl., § 4, Rn. 100–115; LÜDENBACH, N./HOFFMANN, W.-D./FREIBERG, J., in: Lüdenbach/Hoffmann/Freiberg, Haufe IFRS-Kommentar, 17. Aufl., § 13, Rn. 90–96.

[1103] Vgl. IAS 38.111, sowie ausführlich BAETGE, J./VON KEITZ, I., in: Baetge u. a., Rechnungslegung nach IFRS, 2. Aufl., IAS 38, Rn. 141–146.

abzüglich Veräußerungskosten und dem Nutzungswert,[1104] mit dessen Buchwert verglichen wird.[1105] Sofern der erzielbare Betrag des Vermögenswertes unter seinem Buchwert liegt, ist eine Wertminderung aufwandswirksam in Höhe der Differenz zwischen dem Buchwert und dem erzielbaren Betrag zu erfassen.[1106]

Im Zuge der Folgebewertung von immateriellen Vermögenswerten, hier also von erworbenen Krypto-Token, besteht – unter bestimmten Voraussetzungen – ein **Wahlrecht** zwischen dem Anschaffungskostenmodell und dem Neubewertungsmodell.[1107] Die zuvor erläuterten Vorschriften zur planmäßigen und zur außerplanmäßigen Abschreibung spiegeln sich im Rahmen des **Anschaffungskostenmodells** insofern wider, als die Anschaffungskosten in den Folgeperioden fortzuführen sind, indem der Vermögenswert in Höhe der Anschaffungskosten abzüglich der kumulierten planmäßigen Abschreibungen und der kumulierten Wertminderungsaufwendungen und zuzüglich etwaiger Wertaufholungen zu bewerten ist.[1108] Im Rahmen der Folgebewertung kann der für Zwecke des Wertminderungstests zu ermittelnde erzielbare Betrag über oder unter den fortgeführten Anschaffungskosten des Vermögenswertes liegen. Sofern der erzielbare Betrag über den fortgeführten Anschaffungskosten liegt, erfolgt – abgesehen von dem Fall einer Wertaufholung – keine Anpassung des Buchwertes, sodass der Wertansatz des Vermögenswertes mithin nach oben auf die ursprünglichen Anschaffungskosten beschränkt ist. Ein unter den fortgeführten Anschaffungskosten liegender erzielbarer Betrag führt indes zu einer GuV-wirksamen Wertminderung.

Beim **Neubewertungsmodell** werden die immateriellen Vermögenswerte in den folgenden Perioden mit ihrem beizulegenden Zeitwert abzüglich der kumulierten planmäßigen Abschreibungen und der kumulierten Wertminderungsaufwendungen und zuzüglich etwaiger Wertaufholungen bewertet.[1109] Von dem Wahlrecht zur Anwendung des Neubewertungsmodells kann jedoch nur Gebrauch gemacht werden, wenn der beizulegende Zeitwert des betrachteten Vermögenswertes auf einem **aktiven Markt** für identische Vermögenswerte zu beobachten ist.[1110] In allen anderen Fällen ist das Anschaffungskostenmodell zwingend anzuwenden.[1111] Da immaterielle Vermögenswerte regelmäßig nicht fungibel sind und daher die Handelbarkeit eingeschränkt ist, werden diese nur in Ausnahmefällen an aktiven Märkten gehandelt.[1112] Vor diesem

---

1104 Vgl. IAS 36.6 i. V. m. IFRS 13.A.

1105 Vgl. IAS 36.8.

1106 Vgl. IAS 36.59.

1107 Vgl. IAS 38.72, sowie PELLENS, B. U. A., Internationale Rechnungslegung, S. 401; BAETGE, J./VON KEITZ, I., in: Baetge u. a., Rechnungslegung nach IFRS, 2. Aufl., IAS 38, Rn. 106.

1108 Vgl. IAS 38.74.

1109 Vgl. hier und im folgenden Satz IAS 38.75.

1110 Vgl. IAS 38.75. Vgl. ausführlich zur Bestimmung des beizulegenden Zeitwertes im Allgemeinen sowie im Speziellen für Krypto-Token Abschnitt 452.2.

1111 Vgl. IAS 38.75.

1112 Vgl. IAS 38.78, sowie ADS International, Abschnitt 8, Rn. 194. So erläutert der IASB in IAS 38.78, dass bspw. für Markennamen oder Musikrechte kein aktiver Markt vorliegen kann, wohingegen ein solcher – in manchen Ländern – für frei übertragbare Taxilizenzen, Fischereilizenzen oder Produktionsquoten durchaus existieren kann.

Hintergrund kommt dem Anschaffungskostenmodell in der Praxis eine größere Bedeutung zu.[1113]

Aus der **Neubewertung** eines immateriellen Vermögenswertes zum Bilanzstichtag kann sowohl ein höherer als auch ein niedrigerer beizulegender Zeitwert im Vergleich zum Buchwert resultieren. Eine Wertänderung unterhalb der fortgeführten Anschaffungskosten ist stets GuV-wirksam zu erfassen, während eine Wertänderung oberhalb der fortgeführten Anschaffungskosten im Rahmen des Neubewertungsmodells stets GuV-neutral im sonstigen Ergebnis zu erfassen und bilanzseitig im Eigenkapital unter der Neubewertungsrücklage zu kumulieren ist.[1114] Hierbei ist jedoch zu beachten, dass bei einer **Wertminderung** (Buchwert > beizulegender Zeitwert) zunächst etwaige Neubewertungsrücklagen des betrachteten Vermögenswertes aufzulösen sind und lediglich der darüber hinausgehende Betrag Aufwand der Periode ist. Spiegelbildlich sind bei einer **Werterhöhung** (Buchwert < beizulegender Zeitwert) etwaige, mit einer vergangenen Neubewertung verbundene Wertminderungen zunächst GuV-wirksam als Ertrag der Periode zu vereinnahmen und nur der darüber hinausgehende Betrag GuV-neutral über das sonstige Ergebnis in die Neubewertungsrücklage im Eigenkapital einzustellen.

Sofern erworbene Krypto-Token indes zum Verkauf im normalen Geschäftsgang gehalten werden, sind die Vorschriften für **Vorräte nach IAS 2** anzuwenden. Diese sehen vor, dass Vorräte im Rahmen der Zugangsbewertung mit den Anschaffungs- oder Herstellungskosten bewertet werden.[1115] Im Zuge der Folgebewertung sind Vorräte gemäß IAS 2.9 an jedem Bilanzstichtag mit dem niedrigeren Wert aus den Anschaffungs- oder Herstellungskosten und dem Nettoveräußerungswert zu bewerten, wobei die historischen Anschaffungs- oder Herstellungskosten die Wertobergrenze bilden.[1116] Agiert ein Unternehmen indes als ***commodity broker-trader***, sind die Bewertungsvorschriften des IAS 2 nicht einschlägig. Vielmehr bewerten *commodity broker-trader* ihre Vorräte, sofern sie dies auch für interne Zwecke tun, mit dem beizulegenden Zeitwert abzüglich Veräußerungskosten, wobei Wertänderungen GuV-wirksam erfasst werden.[1117] Mithin besteht für diese Akteure keine Begrenzung des Wertansatzes auf die ursprünglichen Anschaffungs- oder Herstellungskosten.

Die auf erworbene Krypto-Token *de lege lata* anzuwendenden Bewertungsvorschriften unterscheiden sich mithin abhängig vom tatbestandsseitig einschlägigen Standard. Dies verwundert insofern nicht, als den in den Standards angelegten Bewertungskonzeptionen andersartige Sachverhalte und bzw. oder Verwendungsabsichten zugrunde liegen, die mit Blick auf das Ziel der IFRS-Rechnungslegung, entscheidungsnützliche Informationen zu vermitteln, eine abwei-

[1113] Vgl. m. w. N. PELLENS, B. U. A., Internationale Rechnungslegung, S. 401.

[1114] Vgl. hier und in den folgenden zwei Sätzen IAS 38.85 f., sowie BAETGE, J./VON KEITZ, I., in: Baetge u. a., Rechnungslegung nach IFRS, 2. Aufl., IAS 38, Rn. 121 f.

[1115] Vgl. IAS 2.9, sowie LÜDENBACH, N./HOFFMANN, W.-D./FREIBERG, J., in: Lüdenbach/Hoffmann/Freiberg, Haufe IFRS-Kommentar, 17. Aufl., § 17, Rn. 19.

[1116] Vgl. IAS 2.33.

[1117] Vgl. IAS 2.3 (b).

chende bilanzielle Abbildung erfordern. So sind bspw. planmäßige Abschreibungen sachverhaltsbedingt im Rahmen des Bewertungskonzepts des IAS 2 nicht von Bedeutung.[1118] Gleichwohl ähneln sich die bilanziellen Konsequenzen im Rahmen einer (außerplanmäßigen) Wertminderung in IAS 38 und in IAS 2 insofern, als diese stets GuV-wirksam erfasst werden. In diesem Zusammenhang erläutert auch der IASB, dass grundsätzlich „[*n*]*o major difference exists between IAS 2 and the requirements included in IAS 36*“[1119]. Gleichwohl unterscheiden sich die einerseits für die Bilanzierung nach IAS 38 in IAS 36 und andererseits in IAS 2 verankerten konkreten Regelungen in Details, z. B. der Bewertungsperspektive.[1120]

Zudem divergieren die Vorschriften in IAS 2 und in IAS 38 bezüglich der Verwendung von **aktuellen Bewertungsmaßstäben.**[1121] Dies betrifft mit Blick auf die tatbestandsseitige Einordnung von erworbenen Zahlungs- und Nutzungs-Token in das IFRS-Normengefüge die Verwendung der Bewertungsmaßstäbe des beizulegenden Zeitwertes nach IFRS 13, des Nutzungswertes nach IAS 36 und des Nettoveräußerungswertes nach IAS 2. Während diese bei der Folgebewertung im Rahmen des Anschaffungskostenmodells des IAS 38 und im Zuge der „normalen“ Bewertung des IAS 2 ausschließlich für Zwecke der Werthaltigkeitsprüfung von Bedeutung sind, ist die Bestimmung des beizulegenden Zeitwertes beim Neubewertungsmodell nach IAS 38 sowie den Ausnahmevorschriften des IAS 2 für *commodity broker-trader* auch bei über die ursprünglichen Anschaffungskosten hinausgehenden Wertänderungen von Belang. In diesem Zusammenhang knüpft IAS 38 die Anwendbarkeit des Neubewertungsmodells daran, dass der beizulegende Zeitwert des betrachteten Vermögenswertes auf einem aktiven Markt für identische Vermögenswerte zu beobachten ist. Regelungssystematisch wird mithin eine bestimmte **Marktqualität** vorausgesetzt. Eine entsprechende Regelungssystematik ist für *commodity broker-trader* in IAS 2.3 (b) nicht angelegt, obgleich sachverhaltsbedingt eine gewisse Marktqualität vorhanden sein muss, damit das auf kurzfristige An- und Verkäufe basierende Geschäftsmodell betrieben werden kann.[1122] Dies ist indes nicht in der Form zu interpretieren, dass nur auf aktiven Märkten gehandelte Krypto-Token eine entsprechende Marktqualität aufweisen. Vielmehr kann diese auch bereits unter der Schwelle eines aktiven Marktes erreicht werden. Grundvoraussetzung ist jedoch sachverhaltsbedingt, dass der entsprechende Krypto-Token auf einer Handelsplattform gehandelt wird und insofern quotierte Preise vorliegen.[1123]

Die sich auf der Rechtsfolgeseite aus den Vorgaben der einschlägigen Standards ergebenden bilanziellen Konsequenzen sollen im Folgenden für erworbene Zahlungs- und Nutzungs-Token konkretisiert, analysiert und gewürdigt werden. Hierzu werden im ersten Schritt die infrage

---

[1118] Vgl. zur Bedeutung von planmäßigen Abschreibungen bei Krypto-Token Abschnitt 453.21.

[1119] IAS 36.BCZ4.

[1120] Vgl. IAS 36.BCZ37–BCZ39.

[1121] In den IFRS lässt sich zwischen den Kategorien historische Kosten und aktuelle Werte unterscheiden. Vgl. hierzu ausführlich CF.6.4–6.21, sowie BAETGE, J. U. A., in: Baetge u. a., Rechnungslegung nach IFRS, 2. Aufl., Kap. II, Rn. 147–177.

[1122] Vgl. hierzu bereits Abschnitt 446.23.

[1123] Vgl. so auch EY (Hrsg.), International GAAP 2020, S. 1629. Vgl. ausführlich zur Bewertung von erworbenen Krypto-Token Abschnitt 452.

kommenden **Bewertungsmaßstäbe**, d. h. Anschaffungskosten, beizulegender Zeitwert, Nettoveräußerungswert und Nutzungswert, für Zahlungs- und Nutzungs-Token konkretisiert (Abschnitt 452.). Im zweiten Schritt werden die **Konsequenzen der Vorschriften** auf die Darstellung von erworbenen Krypto-Token im IFRS-Abschluss analysiert und gewürdigt (Abschnitt 453.). In diesem Zusammenhang werden zum einen die aus den Vorgaben resultierenden Bewertungsmaßstäbe und zum anderen die damit verbundenen Erfolgswirkungen hinsichtlich der Vermittlung von entscheidungsnützlichen Informationen für die primären IFRS-Adressaten diskutiert.

452. Bewertungsmaßstäbe

452.1 Anschaffungskosten nach IAS 38 und nach IAS 2

Als Bewertungsmaßstab für die Zugangsbewertung sind sowohl nach IAS 38 als auch nach IAS 2 die Anschaffungskosten eines erworbenen Krypto-Token zu ermitteln. Die Anschaffungskosten von **immateriellen Vermögenswerten** sind als der zum Erwerb des immateriellen Vermögenswertes entrichtete Betrag an bilanzrechtlichen Zahlungsmitteln bzw. Zahlungsmitteläquivalenten oder als der beizulegende Zeitwert einer anderen, für den Erwerb hingegebenen Leistung definiert.[1124] Für die Bestimmung der **Anschaffungskosten von erworbenen Krypto-Token** ist mithin zu unterscheiden, ob diese mit einem bilanzrechtlichen Zahlungsmittel bzw. mit einem Zahlungsmitteläquivalent (separate Anschaffung) oder mit einem anderen Krypto-Token erworben wurden (Tausch).

Bei einer **separaten Anschaffung** enthalten die Anschaffungskosten gemäß IAS 38.27 den Kaufpreis (inkl. Einfuhrzölle und nicht erstattungsfähige Umsatzsteuern nach Abzug von Rabatten, Boni und Skonti) und direkt zurechenbare Kosten für die Vorbereitung des Vermögenswertes auf seine beabsichtigte Nutzung.[1125] Der **Kaufpreis** für einen erworbenen Krypto-Token bemisst sich bei der Hingabe eines bilanzrechtlichen Zahlungsmittels in entsprechender Höhe.[1126] Fraglich ist indes, welche Kosten den erworbenen Krypto-Token neben dem Kaufpreis direkt zurechenbar und daher den Anschaffungskosten zuzurechnen sind. Diesbezüglich

---

1124 Vgl. IAS 38.8.

1125 Fremdkapitalkosten sind für Krypto-Token nicht zu berücksichtigen, da diese nicht die Merkmale von qualifizierenden Vermögenswerten i. S. d. IAS 23.5 erfüllen. Vgl. allgemein zur Berücksichtigung von Fremdkapitalkosten BISCHOF, S./STERZENBACH, S., in: Baetge u. a., Rechnungslegung nach IFRS, 2. Aufl., IAS 23, Rn. 6–9.

1126 Vgl. MARX, F. J./DALLMANN, H., Virtuelle Währungen nach IFRS, S. 132. Für die Bewertung von Krypto-Token bzw. Transaktionen mit diesen im Allgemeinen ist sich zu vergegenwärtigen, dass jeder Preis/Wert sich aus einem Paar von Vermögenswerten, dem zu bewertenden Vermögenswert und dem Referenzwert, zusammensetzt. So ist es möglich, einem Vermögenswert einen Preis/Wert in einem anderen Vermögenswert (überlicherweise einer Fiatwährung wie dem Euro) beizumessen. Es ist jedoch unmöglich zu implizieren, dass der betrachtete Vermögenswert eine absolute Zahl wert ist. Der relative Bezugspunkt für nach IFRS bilanzierende Unternehmen in Deutschland ist der Euro, da dieser das gesetzliche Zahlungsmittel ist und die Unternehmen dazu verpflichtet sind, ihre Abschlüsse in Euro aufzustellen. Daher sind Bestände an Krypto-Token sowie Transaktionen mit diesen stets in die Berichtswährung des bilanzierenden Unternehmens umzurechnen. Sofern das bilanzierende Unternehmen die Krypto-Token in einer anderen Währung als der Berichtswährung erwirbt, ist der Rechnungsbetrag gemäß IAS 21.21 mit dem Kassakurs zum Zeitpunkt der Transaktion umzurechnen. Vgl. BAETGE, J./VON KEITZ, I., in: Baetge u. a., Rechnungslegung nach IFRS,

kommen verschiedene Arten von Transaktionsgebühren sowie Gebühren für die Verwahrung der Krypto-Token in Betracht.

Wenn Krypto-Token über eine **Handelsplattform** erworben werden, sind regelmäßig (prozentuale) **Transaktionsgebühren** an die Betreiber der Handelsplattformen zu entrichten, um die der Bestand an erworbenen Token direkt gemindert wird. Da ein Erwerb ohne eine solche Transaktionsgebühr nicht möglich und der entsprechenden Transaktion direkt zuzuordnen ist, ist diese Gebühr – umgerechnet in die Berichtswährung – in die Anschaffungskosten einzubeziehen.

Abhängig von den spezifischen Merkmalen und Umständen beim bilanzierenden Unternehmen sind dem Erwerbsvorgang ggf. noch weitere Kosten direkt zurechenbar. Hierbei ist für die Bestimmung der Anschaffungskosten von erworbenen Krypto-Token vor allem IAS 38.30 von Bedeutung. Diese Vorschrift besagt, dass „[d]er Ansatz als Anschaffungs- oder Herstellungskosten im Buchwert eines immateriellen Vermögenswerts endet, wenn der Vermögenswert sich in dem vom Management beabsichtigten betriebsbereiten Zustand befindet."[1127] Prinzipiell kann dieser Zustand bereits erreicht sein, sobald die mittelbare oder unmittelbare **Kontrolle** über den erworbenen Krypto-Token besteht,[1128] da der Token ab diesem Zeitpunkt vom Inhaber übertragen und somit eingesetzt werden kann. Der betriebsbereite Zustand kann demnach bereits angenommen werden, wenn das bilanzierende Unternehmen einen Krypto-Token über eine Handelsplattform erworben hat und mittelbar über die erworbenen Krypto-Token verfügen kann. Jedoch ist es ebenso sachgerecht, dass der vom Management beabsichtigte Zustand erst erreicht ist, sobald die Zugangsberechtigung für die Krypto-Token nach dem Erwerb an einer Handelsplattform auf eine andere, nur vom berichterstattenden Unternehmen mit dem privaten Schlüssel kontrollierte Adresse übertragen wurde. Für diese Übertragung sind ggf.[1129] **blockchainbasierte Transaktionsgebühren** an die *Miner* oder die Validatoren zu entrichten, die sodann – umgerechnet in die Berichtswährung – ebenfalls in die Anschaffungskosten einfließen. Der betriebsbereite Zustand sollte vom berichterstattenden Unternehmen im Rahmen einer *Accounting Policy* explizit definiert und direkt mit dem Erwerb verbunden sein. So wäre es nicht sachgerecht, die Gebühren für die Blockchain-Verarbeitung anzusetzen, wenn die Token zunächst auf der Handelsplattform verbleiben und erst zu einem späteren Zeitpunkt übertragen werden, da in diesem Fall der Bezug zur eigentlichen Erwerbstransaktion zu verneinen ist. **Gebühren für die Verwahrung** („Lagerkosten") von Krypto-Token in einer *Wallet* sind den Anschaffungskosten indes nicht zuzurechnen, da diese dem Anschaffungsvorgang nicht direkt zugeordnet werden können.[1130]

2. Aufl., IAS 38, Rn. 80; RAMSCHEID, M., in: Driesch u. a., Beck IFRS HB, 5. Aufl., § 4, Rn. 76.

1127 IAS 38.30.

1128 Vgl. hierzu ausführlich mit Blick auf die Kontrolle Abschnitt 432.2, sowie mit Blick auf den Kontrollübergang Abschnitt 432.3.

1129 Im Bitcoin-Protokoll sind solche Gebühren bspw. optional, wobei für eine zeitnahe Übertragung der Verfügungsberechtigung eine Gebühr zu empfehlen ist. Vgl. bereits Abschnitt 231.33.

1130 Vgl. HIRSCHLER, K./STÜCKLER, K., Bilanzierung von Kryptowährungen, S. 120; RICHTER, L./AUGEL, C.,

Sofern der Erwerb eines Krypto-Token indes nicht mit einem bilanzrechtlichen Zahlungsmittel bzw. einem Zahlungsmitteläquivalent, sondern durch Hingabe eines anderen Token erfolgt, konstituiert dies ein **Tauschgeschäft**.[1131] Die Anschaffungskosten sind dann gemäß IAS 38.45–47 zu bestimmen. Bei einem Tausch werden die Anschaffungskosten entweder auf Basis des beizulegenden Zeitwertes des hingegebenen Vermögenswertes (d. h. hier eines im Bestand gehaltenen Krypto-Token) oder – sofern dieser verlässlicher ermittelbar ist – mittels des beizulegenden Zeitwertes des erhaltenen Vermögenswertes (d. h. hier des erworbenen Krypto-Token) bestimmt.[1132] Wenn keine verlässlichen beizulegenden Zeitwerte für den erhaltenen oder den hingegebenen Krypto-Token ermittelt werden können oder das Tauschgeschäft keine wirtschaftliche Substanz aufweist, wird in IAS 38.45 zudem die Möglichkeit gewährt, die Anschaffungskosten mit dem Buchwert des hingegebenen Vermögenswertes zu bemessen.

Bei in den Anwendungsbereich des **IAS 2** fallenden erworbenen Krypto-Token richtet sich der Umfang der Anschaffungskosten nach IAS 2.10 f. und IAS 2.15–18. Im Gegensatz zu IAS 38 wird in IAS 2 nicht zwischen unterschiedlichen Anschaffungsformen unterschieden, insbesondere sind keine Tauschgrundsätze in den Vorschriften zur Vorratsbewertung angelegt. Da die Tauschgrundsätze jedoch inhaltsgleich in IAS 38 und in IAS 16 implementiert sind, ist zu vermuten, dass selbige auch für Zwecke der Vorratsbewertung analog anzuwenden sind.[1133] Insofern unterscheidet sich die Bestimmung der Anschaffungskosten bei einem **Tausch** zwischen IAS 2 und IAS 38 nicht.

Hinsichtlich einer **separaten Anschaffung** durch die Hingabe von bilanzrechtlichen Zahlungsmitteln ist zunächst anzumerken, dass der Wortlaut der Vorschriften des IAS 2 von den Normen des IAS 38 abweicht. Gleichwohl hat dies keine Auswirkungen auf den Umfang der Anschaffungskosten von erworbenen Krypto-Token im Anwendungsbereich von IAS 2. So sind in den Anschaffungskosten ebenfalls der Kaufpreis sowie der Transaktion direkt zurechenbare Transaktionsgebühren auf einer Handelsplattform und (ggf.) Transaktionsgebühren für die Blockchain-Verarbeitung zu berücksichtigen. Die genannten Gebühren sind unter den in IAS 2.11 verwendeten Begriff der „Abwicklungskosten" zu fassen. Lagerkosten werden in IAS 2.16 (b) explizit von den aktivierungspflichtigen Anschaffungskosten ausgeschlossen, sofern diese nicht aufgrund einer erforderlichen Weiterverarbeitung entstehen (vor allem Rohstoffe und unfertige Erzeugnisse). Dieser Umstand ist bei erworbenen Krypto-Token auf Sachverhaltsebene nicht einschlägig, sodass Verwahrgebühren – wie auch nach IAS 38 – nicht in den Anschaffungskosten der erworbenen Krypto-Token zu berücksichtigen sind.[1134]

Geld 2.0, S. 941.

1131 Vgl. so auch EY (Hrsg.), Bilanzierung von Kryptovermögenswerten, S. 23.

1132 Vgl. IAS 38.45–47. Vgl. zur Bestimmung des beizulegenden Zeitwertes Abschnitt 452.2.

1133 Vgl. so auch RIESE, J./KURZ, L., in: Driesch u. a., Beck IFRS HB, 5. Aufl., § 8, Rn. 28; LÜDENBACH, N./HOFFMANN, W.-D./FREIBERG, J., in: Lüdenbach/Hoffmann/Freiberg, Haufe IFRS-Kommentar, 17. Aufl., § 17, Rn. 23.

1134 Vgl. so auch EY (Hrsg.), Bilanzierung von Kryptovermögenswerten, S. 19.

452.2 Beizulegender Zeitwert nach IFRS 13

452.21 Konzeption des beizulegenden Zeitwertes

Die auf erworbene Krypto-Token anzuwendenden Einzelstandards sehen teilweise eine Bewertung zum beizulegenden Zeitwert vor, wobei für dessen konkrete Bestimmung auf die Vorschriften des IFRS 13 verwiesen wird.[1135] Der **beizulegende Zeitwert** ist gemäß IFRS 13.9 als der Preis **definiert**, der bei der Veräußerung eines Vermögenswertes (bzw. bei der Übertragung einer Schuld) im Rahmen einer gewöhnlichen Transaktion zwischen Marktteilnehmern am Bewertungsstichtag gezahlt werden würde.[1136] Hierbei ist ein hypothetischer Veräußerungspreis zugrunde zu legen, sodass es nicht erheblich ist, ob die im Bestand gehaltenen Krypto-Token wirklich verkauft werden (Abgangsfiktion).[1137] Bei der Ermittlung des beizulegenden Zeitwertes ist streng marktorientiert vorzugehen, sodass unternehmens- und transaktionsspezifische Faktoren nicht zu berücksichtigen sind, sondern vielmehr die Perspektive eines typischen Marktteilnehmers einzunehmen ist.[1138] Insofern sind lediglich die Charakteristika der zu bewertenden Krypto-Token ins Bewertungskalkül miteinzubeziehen, die auch ein typischer Marktteilnehmer im Rahmen der Preisfindung berücksichtigen würde.[1139]

Eine besondere Bedeutung bei der Bestimmung des *Fair Value* von Krypto-Token nimmt der **strenge Stichtagsbezug** ein. So werden Krypto-Token an den entsprechenden Handelsplattformen regelmäßig rund um die Uhr gehandelt, was die Bestimmung des konkreten Bewertungszeitpunktes für Zwecke der Rechnungslegung erschwert, da Schlusskurse ebenso wenig existieren wie amtliche Kassakurse.[1140] Aufgrund der zum Teil erheblichen Schwankungen von Krypto-Token innerhalb kurzer Zeiträume empfiehlt es sich daher, eine konsistente *Accounting Policy* zu entwickeln und anzuwenden,[1141] da auch außergewöhnliche Ereignisse (bspw. starke Preisschwankungen) am oder um den Stichtag keine Glättung des *Fair Value* rechtfertigen.[1142]

[1135] Vgl. IAS 38.8; IAS 2.6. Vgl. zur historischen Entwicklung von IFRS 13 KIRSCH, H.-J. U. A., in: Baetge u. a., Rechnungslegung nach IFRS, 2. Aufl., IFRS 13, Rn. 1–4.

[1136] Bei der Bewertung zum beizulegenden Zeitwert „stellt jeder separate Coin eine individuelle Unit of Account dar" (FREIBERG, J., Digitale (Krypto-)Währungen nach IFRS, S. 153), da einzelne Einheiten von Krypto-Token an börsenähnlichen Handelsplattformen gehandelt oder an andere Parteien übertragen werden können.

[1137] Vgl. IFRS 13.24, sowie CASTEDELLO, M./KLINGBEIL, C., IFRS 13: Anwendungsfragen, S. 483.

[1138] Vgl. IFRS 13.22 f., sowie ZWIRNER, C./BOECKER, C., Fair Value, S. 8.

[1139] Vgl. IFRS 13.11 f. i. V. m. IFRS 13.A. Zudem ist bei der Ermittlung des beizulegenden Zeitwertes von Krypto-Token zu berücksichtigen, dass diese keine finanziellen Vermögenswerte sind und daher prinzipiell nach dem Konzept des *highest and best use*, d. h. mit ihrem höchsten und besten Nutzen aus Marktsicht, zu bewerten sind. Vgl. IFRS 13.27–33, sowie ausführlich KIRSCH, H.-J. U. A., in: Baetge u. a., Rechnungslegung nach IFRS, 2. Aufl., IFRS 13, Rn. 111–121. Dieses Konzept wirkt sich vor allem auf die modellgestützte Bestimmung des beizulegenden Zeitwertes im Rahmen eines einkommensbasierten Ansatzes aus, „welcher die Vorhersage künftiger Erfolgsgrößen erfordert" (HITZ, J.-M./ZACHOW, J., Fair Value, S. 967). Da dieser Bewertungsansatz indes bei Krypto-Token keine Rolle spielt (vgl. Abschnitt 452.233.), ist dem *highest and best use* keine konzeptionelle und bzw. oder praktische Bedeutung bei der Bewertung von Krypto-Token beizumessen.

[1140] Vgl. THUROW, C., Bitcoin in der IFRS-Bilanzierung, S. 197.

[1141] Vgl. so auch CPA CANADA (Hrsg.), Accounting for Cryptocurrencies, S. 17; ACSB (Hrsg.), Cryptocurrencies (Employee Benefits), S. 4.

[1142] Vgl. IDW (Hrsg.), IDW RS HFA 47, Rn. 3; ZWIRNER, C./BOECKER, C., Fair Value, S. 51.

Die Bestimmung des beizulegenden Zeitwertes ist auch möglich, wenn Marktpreise nicht direkt beobachtet werden können.[1143] So ist es auch zulässig – unter Berücksichtigung der gegenwärtigen Marktbedingungen sowie aus der Perspektive eines typischen Marktteilnehmers –, den *Fair Value* modellgestützt zu ermitteln, wenn direkt beobachtbare Transaktionspreise fehlen. Als **Bewertungsverfahren** kommen grundsätzlich marktbasierte, einkommensbasierte und kostenorientierte Ansätze in Betracht,[1144] wobei sich aus den aktuellen Normen keine Präferenz des IASB für ein Verfahren, d. h. keine direkte Verfahrenshierarchie, identifizieren lässt.[1145] Die Verfahrensauswahl knüpft vielmehr an die in die Bewertungsverfahren einfließenden Inputparameter an. So hat das bilanzierende Unternehmen das Bewertungsverfahren innerhalb der Bewertungsansätze heranzuziehen, bei der in möglichst großem Umfang relevante beobachtbare Inputparameter und in möglichst geringem Umfang nicht beobachtbare Inputparameter einfließen.[1146]

Die in die Bewertungsmethoden eingehenden Inputparameter lassen sich anhand ihrer Marktobjektivierung in eine **dreistufige Inputparameterhierarchie** einordnen.[1147] Als verlässlichste Indikation des beizulegenden Zeitwertes werden hierbei beobachtbare, nicht modifizierte Preise auf aktiven Märkten für identische Vermögenswerte (und Schulden) erachtet (**Level-1-Inputparameter**).[1148] Inputparameter der zweiten Stufe sind direkt oder indirekt an einem Markt beobachtbar, gehören jedoch nicht der ersten Hierarchiestufe an (**Level-2-Inputparameter**). Zu den Inputparametern auf der zweiten Stufe sind vor allem Preise für identische Bewertungsobjekte auf inaktiven Märkten sowie Preise für ähnliche Bewertungsobjekte auf aktiven oder auf inaktiven Märkten zu zählen.[1149] Anders als Level-1-Inputfaktoren[1150] können die Inputparameter auf der zweite Ebene ggf. nicht gänzlich ohne Anpassungen in die Bestimmung des *Fair Value* einbezogen werden.[1151] Inputparameter der dritten Stufe können nicht an einem Markt beobachtet werden, sondern sind vom Bilanzierenden selbständig zu ermitteln (**Level-3-**

1143 Vgl. hier und im folgenden Satz IFRS 13.21 i. V. m. IFRS 13.24, sowie WIELAND-BLÖSE, H./ANDRÉ, J., in: Thiele/von Keitz/Brücks, Int. Bilanzrecht, IFRS 13, Rn. 144.

1144 Vgl. IFRS 13.62.

1145 Vgl. IFRS 13.74; IFRS 13.BC142, sowie KIRSCH, H.-J. U. A., in: Baetge u. a., Rechnungslegung nach IFRS, 2. Aufl., IFRS 13, Rn. 44.

1146 Vgl. IFRS 13.61; IFRS 13.67.

1147 Vgl. IFRS 13.76, sowie HITZ, J.-M./ZACHOW, J., Fair Value, S. 969.

1148 Vgl. hier und im folgenden Satz IFRS 13.76–85, sowie ausführlich KIRSCH, H.-J. U. A., in: Baetge u. a., Rechnungslegung nach IFRS, 2. Aufl., IFRS 13, Rn. 72–86.

1149 Vgl. IFRS 13.82, sowie FLICK, P./GEHRER, J./MEYER, S., Fair Value-Ermittlung von Finanzinstrumenten, S. 390. Daneben sind auch – abseits von originären Preisen eines Vermögenswertes – andere Eingangsparameter, die aus Marktdaten abgeleitet werden können, als Level-2-Inputparameter zu klassifizieren.

1150 Sofern Modifikationen an einem Level-1-Inputparameter vorgenommen werden, führt dies zwangsläufig zu einer Abstufung der gesamten Bewertung auf eine untere Ebene der *Fair Value*-Hierarchie. Vgl. IFRS 13.79, sowie KIRSCH, H.-J. U. A., in: Baetge u. a., Rechnungslegung nach IFRS, 2. Aufl., IFRS 13, Rn. 78.

1151 Vgl. KIRSCH, H.-J. U. A., in: Baetge u. a., Rechnungslegung nach IFRS, 2. Aufl., IFRS 13, Rn. 81; LÜDENBACH, N./HOFFMANN, W.-D./FREIBERG, J., in: Lüdenbach/Hoffmann/Freiberg, Haufe IFRS-Kommentar, 17. Aufl., § 8a, Rn. 29. Sofern sich eine entsprechende Anpassung nicht auf wesentliche, nicht beobachtbare Inputparameter stützt, liegt eine Level-2-Bewertung vor. Ansonsten handelt es sich um eine Bewertung auf der dritten Ebene. Vgl. IFRS 13.83 f., sowie FISCHER, D. T., Fair Value Measurement, S. 238; KIRSCH, H.-J. U. A., in: Baetge u. a., Rechnungslegung nach IFRS, 2. Aufl., IFRS 13, Rn. 83 f.

Inputparameter).[1152] Unter einen Level-3-Inputparameter sind bspw. unternehmenseigene Daten zu fassen, die jedoch für Zwecke der Bestimmung des beizulegenden Zeitwertes stets an die Marktsicht anzupassen sind.

Sofern bei der Bestimmung des beizulegenden Zeitwertes Inputparameter aus unterschiedlichen Hierarchiestufen in das Bewertungsverfahren einfließen, erfolgt die **Gesamteinstufung der Bewertung** auf Basis des niedrigsten, signifikanten Eingangsparameters.[1153] Die Zuordnung des ermittelten beizulegenden Zeitwertes zu einer Hierarchieebene ist für die Berichterstattung elementar, da mit einer abnehmenden Marktobjektivierung, d. h. einer niedrigeren Ebene in der *Fair Value*-Hierarchie, der Umfang der Anhangangaben zunimmt.[1154]

Etablierte Zahlungs- und Nutzungs-Token sind für gewöhnlich an Handelsplattformen notiert, sodass originäre Marktpreise beobachtet werden können. Gleichwohl ist dies regelmäßig nicht zum Zeitpunkt des Entstehens eines neuen Krypto-Token der Fall, z. B. im Zuge eines *Initial Token Offering*, eines *Hard Forks* oder eines *Airdrops*,[1155] sodass bei Krypto-Token auch Bewertungsverfahren von Bedeutung sind. Obgleich die Projektinitiatoren eine (schnelle) Notierung an einer Handelsplattform anstreben,[1156] kann dies mitunter einige Zeit in Anspruch nehmen, was ggf. eine Bestimmung des beizulegenden Zeitwertes mittels einer Level-3-Bewertung erfordert. Auch der umgekehrte Fall eines *Delisting*, d. h., dass bestimmte Krypto-Token an Handelsplattformen nicht mehr handelbar sind, ist in der Praxis zu beobachten.[1157] Im Laufe des „Lebenszyklus" eines Krypto-Token kann sich mithin die Einstufung des beizulegenden Zeitwertes ändern, sodass eine entsprechende Konkretisierung der Bewertungsverfahren für Krypto-Token auf den unterschiedlichen Ebenen der *Fair Value*-Hierarchie erforderlich ist. Insgesamt ist jedoch zu vermuten, dass nach IFRS bilanzierende Unternehmen in größerem Umfang etabliertere Krypto-Token im Bestand halten,[1158] sodass ein Großteil der **Bewertungsfragestellungen in den IFRS bezüglich Krypto-Token** bereits durch beobachtbare Marktpreise auf der ersten oder auf der zweiten Ebene der *Fair Value*-Hierarchie abgedeckt wird.

Von besonderer Bedeutung für die Bilanzierung von erworbenen Krypto-Token ist es, ob deren beizulegender Zeitwert der ersten Hierarchiestufe zuzuordnen ist und mithin auf einem aktiven

---

1152 Vgl. hier und im folgenden Satz IFRS 13.86–90, sowie KIRSCH, H.-J. U. A., in: Baetge u. a., Rechnungslegung nach IFRS, 2. Aufl., IFRS 13, Rn. 87–93a.

1153 Vgl. IFRS 13.73.

1154 Vgl. FISCHER, D. T., Fair Value Measurement, S. 238.

1155 Vgl. hier und im folgenden Satz SIXT, E./HIMMER, K., Accounting and Taxation of Cryptoassets, S. 46.

1156 Vgl. bereits Abschnitt 232.42. Dies ist insofern von Bedeutung, als nur zwischen einem Viertel und einem Drittel der über ein *Initial Token Offering* ausgegebenen Krypto-Token auch an einer Handelsplattform gelistet sind. Vgl. m. w. N. ESMA (Hrsg.), Initial Coin Offerings and Crypto-Assets, S. 11. Sofern die Handelbarkeit der betrachteten Token über einen längeren Zeitraum ausbleibt, könnte dies mitunter ein Indikator für einen Wertminderungstest sein.

1157 Vgl. hierzu bspw. BTC-ECHO (Hrsg.), Kryptowährungen nicht mehr handelbar, o. S.; KNAB, M., Coin Delisting, o. S.

1158 Bereits bei den notierten Token zeigt sich eine diesbezügliche Tendenz. So nehmen die größten zwanzig Krypto-Token in Bezug auf die Marktkapitalisierung einen Marktanteil von über 90 % ein. Vgl. SANDNER, P./BEKEMEIER, F., Do 2,200 crypto assets really matter?, o. S.

Markt beobachtet werden kann. Denn nur in diesem Fall kann von dem in IAS 38 implementierten Wahlrecht zur Anwendung des Neubewertungsmodells Gebrauch gemacht werden. Die folgenden Ausführungen knüpfen daher gliederungstechnisch an die Hierarchieebenen bei der Ermittlung des beizulegenden Zeitwertes an. Hierzu wird zunächst untersucht, ob bzw. unter welchen Umständen Krypto-Token an **aktiven Märkten** gehandelt werden und das berichterstattende Unternehmen zumindest grundsätzlich die regelungssystematische Möglichkeit hat, das Neubewertungsmodell anzuwenden (Abschnitt 452.22). Daran anschließend wird das Vorgehen bei der Bewertung von Krypto-Token konkretisiert, sofern **kein aktiver Markt** für diese vorliegt, was zwangsläufig eine Zuordnung zur zweiten oder zur dritten Hierarchieebene zur Folge hat (Abschnitt 452.23).

452.22 Bestimmung des (relevanten) aktiven Marktes bei Krypto-Token

Ob für einen zu bewertenden Krypto-Token ein Preis auf einem aktiven Markt beobachtet werden und mithin eine Bewertung auf der obersten Stufe der *Fair Value*-Hierarchie erfolgen kann, ist vor allem mit Blick auf die Anwendbarkeit des Neubewertungsmodells im Rahmen der Bilanzierung nach IAS 38 von Bedeutung. Da Zahlungs- und Nutzungs-Token – anders als eine Vielzahl anderer immaterieller Vermögenswerte –[1159] **grundsätzlich fungibel** sind, können sie potenziell an einem aktiven Markt gehandelt werden.[1160] Die Voraussetzungen, ob ein aktiver Markt vorliegt, sind in IFRS 13 angelegt und werden im Folgenden konkretisiert und auf Zahlungs- und Nutzungs-Token angewendet.

Der **Markt**begriff wird in IFRS 13 nicht separat definiert, sondern nur in seinen Ausprägungen konkretisiert.[1161] Für Zwecke der Ermittlung des beizulegenden Zeitwertes ist es in diesem Zusammenhang keine Voraussetzung, dass es sich um einen strukturierten, formellen oder organisierten Markt handelt.[1162] Vielmehr können beobachtbare Inputparameter prinzipiell an Börsen, an Händlermärkten, an Vermittlermärkten sowie an Direktmärkten bestimmt werden.[1163] Damit die Preise auf diesen Märkten jedoch zu einer Einstufung des beizulegenden Zeitwertes auf der ersten Hierarchieebene führen, wird vorausgesetzt, dass der entsprechende Markt als aktiver Markt qualifiziert.[1164] Ein **aktiver** Markt wird in IFRS 13.A als Handelsplatz definiert, an dem Transaktionen über den zu bewertenden Vermögenswert hinreichend häufig und in hinreichendem Volumen stattfinden, sodass fortlaufend Preisinformationen bereitstehen. Durch

---

[1159] Vgl. hierzu bereits Abschnitt 451.

[1160] In der Definition eines aktiven Marktes in IFRS 13 wird die Homogenitätseigenschaft der an einem aktiven Markt gehandelten Vermögenswerte nicht mehr explizit aufgegriffen. Implizit muss dieses Kriterium jedoch weiterhin erfüllt sein, da ansonsten hinreichende Volumina und Häufigkeiten unwahrscheinlich sind. Vgl. KÜTING, K./CASSEL, J., Bewertung börsengehandelter Anteile, S. 299. Die in dieser Arbeit betrachteten Krypto-Token sind prinzipiell fungibel und daher als homogen anzusehen. Einzuschränken ist dies ggf. dann, wenn es sich bei einzelnen Token um sog. *colored* oder *tainted coins* handelt. Vgl. zu *colored coins* Abschnitt 232.1, Fn. 347. Vgl. zu *tainted coins* Abschnitt 432.12.

[1161] Vgl. hierzu ausführlich LAUER, P., Fair-Value-Bewertung von Schulden, S. 196–200.

[1162] Vgl. KPMG (Hrsg.), Insights into IFRS (2019/2020), Rn. 2.4.100.110.

[1163] Vgl. IFRS 13.68 i. V. m. IFRS 13.B34.

[1164] Vgl. IFRS 13.76.

die erforderliche Regelmäßigkeit der Transaktionen wird eine objektivierte Preisbildung gefördert. Zudem liegt die konkrete Bewertung eines Sachverhaltes bei einem Level-1-Inputparameter nicht im Ermessen des berichterstattenden Unternehmens, da dieser für Zwecke der Rechnungslegung unverändert übernommen werden muss.

Um sich der eingangs des Abschnitts gestellten Fragestellung zu nähern, ist zu untersuchen, an welchen Märkten Krypto-Token gehandelt werden und ob diese Märkte die einen aktiven Markt konstituierenden Merkmale aufweisen. Nicht von Belang für die Bestimmung des *Fair Value* auf der ersten Hierarchiestufe ist es, wie häufig **Transaktionen** mit einem Krypto-Token auf der **zugrunde liegenden Blockchain** erfolgen, da die auf einer öffentlich einsehbaren Blockchain beobachtbaren Informationen keinerlei Rückschlüsse auf die Bepreisung der Transaktionen zulassen. Relevante Transaktionen für die Preisbestimmung von Krypto-Token lassen sich hingegen auf unterschiedlichen Märkten beobachten. Zu differenzieren ist hierbei zwischen außerbörslichen und börslichen Märkten.[1165]

Unter die **außerbörslichen Märkte** fallen unter anderem *OTC-Desks* von Handelsplattformen, die Betreiber von Krypto-Token-Automaten oder auch private Wechselstuben. Die Voraussetzungen für einen aktiven Markt werden bei außerbörslichen Märkten regelmäßig nicht erfüllt sein, da die erzielten Preise nicht oder zumindest nicht fortlaufend bereitstehen und bzw. oder öffentlich zugänglich sind. An diesen Märkten beobachtete Inputparameter führen dann nicht zu einer Einordnung des beizulegenden Zeitwertes auf der obersten Hierarchieebene, können jedoch auf einer unteren Ebene – sofern keine Level-1-Inputparameter vorliegen – zur Bestimmung des beizulegenden Zeitwertes herangezogen werden.[1166]

Anders ist dies mitunter zu beurteilen, wenn Krypto-Token auf einer **börslichen Plattform** gehandelt werden, auch wenn es sich bei diesen Handelsplattformen aufsichtsrechtlich zumeist nicht um formell zugelassene Börsen handelt.[1167] Gleichwohl sind „[z]entral wie dezentral organisierte Kryptotoken-Handelsplattformen [...] grundsätzlich als Finanzmärkte anzusehen."[1168] Die Handelsplattformen im Krypto-Ökosystem sind als **Vermittlermärkte** i. S. v. IFRS 13.B34 (c) zu klassifizieren.[1169] Auf einer solchen Handelsplattform werden die Kauf- und Verkaufsaufträge basierend auf einem Orderbuch zusammengebracht.[1170] Handelsplattformen im Krypto-Ökosystem sind insofern mit sog. *Electronic Communication Networks* vergleichbar, die – parallel zu regulierten Börsen – private elektronische Handelssysteme sind und ebenfalls explizit unter die Vermittlermärkte in IFRS 13.B34 (c) fallen. Bei Vermittlermärkten ist zum Teil bereits per se fraglich, ob diese einen aktiven Markt konstituieren können, da die

[1165] Vgl. bereits m. w. N. Abschnitt 231.4.
[1166] Vgl. hierzu auch Abschnitt 452.23.
[1167] Vgl. UMMENHOFER, T./ZEITLER, N., Bilanzielle Behandlung von Kryptowährungen, S. 448.
[1168] BAFIN (Hrsg.), Digitalisierung, S. 61.
[1169] Vgl. so auch MARX, F. J./DALLMANN, H., Virtuelle Währungen nach IFRS, S. 129.
[1170] Im Gegensatz zu regulierten Börsen fehlt es bei Handelsplattformen im Krypto-Ökosystem jedoch regelmäßig an gesetzlichen Bestimmungen, die sicherstellen, dass Anleger bei der Ausführung der Aufträge stets den besten Preis erhalten. Vgl. MAKAROV, I./SCHOAR, A., Trading and Arbitrage in Cryptocurrency Markets, S. 1.

veröffentlichten Preise von Dritten bereitgestellt werden, keine bindenden Angebote sind und zum Teil nicht von einer gewöhnlichen Transaktion unter Marktteilnehmern auszugehen ist.[1171] Eine pauschale Einstufung von Vermittlermärkten als nicht aktive Märkte ist regelungssystematisch indes nicht sachgerecht, sondern hängt von den tatsächlich beobachteten Marktaktivitäten ab.[1172] Ob bzw. unter welchen Umständen die auf den Handelsplattformen für Krypto-Token zur Verfügung gestellten Preisinformationen einen Level-1-Inputparameter konstituieren, ist in der Praxis und im Schrifttum gleichwohl umstritten.

Die wesentliche Herausforderung bei der Abgrenzung von aktiven zu inaktiven Märkten besteht darin, dass – unabhängig von Krypto-Token – definitorisch **keine klare Trennlinie** zwischen diesen beiden Marktstadien gezogen wird.[1173] Das IDW nennt als konkretisierende Kriterien für das Vorliegen eines aktiven Marktes, dass neben einer regelmäßigen Preisstellung nur geringe Differenzen zwischen Geld- und Briefkursen zu beobachten sind und zwischen unterschiedlichen Märkten die Preise nur unwesentlich abweichen.[1174] Mithin wird eine gewisse **Markteffizienz** unterstellt, um aktive von inaktiven Märkten zu unterscheiden.

Ob Transaktionen mit Krypto-Token auf einer Handelsplattform daher, wie in der Definition für einen aktiven Markt gefordert, hinreichend häufig und in hinreichendem Volumen stattfinden und mithin einer gewissen Markteffizienz unterliegen, ist einzelfallbezogen zu entscheiden, was zwangsläufig zu Ermessensspielräumen führt. Gleichwohl werden die Voraussetzungen für einen aktiven Markt regelungssystematisch – auch bei Krypto-Token – nur zu verneinen sein, wenn sich Käufer oder Verkäufer aus dem Markt komplett und dauerhaft zurückziehen, d. h. „der Handel [...] fast vollständig zum Erliegen gekommen ist."[1175] Dies spricht zunächst dafür, dass an Handelsplattformen notierte Krypto-Token regelmäßig an aktiven Märkten gehandelt werden. Einzuschränken ist dies mit Blick auf die konkretisierenden Kriterien des IDW

[1171] Vgl. IFRS 13.B45–47, sowie IDW (Hrsg.), IDW RS HFA 47, Rn. 89–92. Vgl. zudem sachverhaltsspezifisch MARX, F. J./DALLMANN, H., Virtuelle Währungen nach IFRS, S. 129.

[1172] Vgl. IDW (Hrsg.), IDW RS HFA 47, Rn. 81 und Rn. 92; IDW (Hrsg.), IDW RS HFA 9, Rn. 67; DELOITTE (Hrsg.), iGAAP 2019 (Volume A), S. 411; KPMG (Hrsg.), Insights into IFRS (2019/2020), Rn. 2.4.280.30. (Misch-)Preise von Preisserviceagenturen sind hingegen in jedem Fall kein Level-1-Inputparameter. Vgl. LÜDENBACH, N./HOFFMANN, W.-D./FREIBERG, J., in: Lüdenbach/Hoffmann/Freiberg, Haufe IFRS-Kommentar, 17. Aufl., § 8a, Rn. 38. Im Krypto-Ökosystem gilt dies daher bspw. auch für die weitreichend genutzte Website COINMARKETCAP. Vgl. so auch HUT 8 MINING CORP. (Hrsg.), Consolidated Financial Statements 2018, S. 12. A. A. BITFARMS LTD. (Hrsg.), Consolidated Financial Statements 2018, S. 36.

[1173] Vgl. IASB EXPERT ADVISORY PANEL (Hrsg.), Fair value in markets that are no longer active, S. 10; KÜTING, K./CASSEL, J., Bewertung börsengehandelter Anteile, S. 295; KIRSCH, H.-J. U. A., in: Baetge u. a., Rechnungslegung nach IFRS, 2. Aufl., IFRS 13, Rn. 73–76; WÜSTEMANN, J./ISELBORN, M., Einfluss der Marktliquidität auf die Bewertung von Finanzinstrumenten, S. 509, sowie sachverhaltsspezifisch PwC (Hrsg.), Rechnungslegung von Krypto-Assets, S. 24 f. Insofern sollten die berichterstattenden Unternehmen eindeutige Kriterien definieren, wie sie aktive von inaktiven Märkten trennen. Vgl. PURTSCHER, V., Bewertung von Beteiligungen nach IFRS 9, S. 510. Die fehlende Abgrenzung von aktiven und inaktiven Märkten wurde auch im Rahmen des *Post-Implementation Review* zu IFRS 13 kritisiert, jedoch nicht vom IASB angegangen. Vgl. m. w. N. KIRSCH, H.-J. U. A., in: Baetge u. a., Rechnungslegung nach IFRS, 2. Aufl., IFRS 13, Rn. 73.

[1174] Vgl. IDW (Hrsg.), IDW RS HFA 47, Rn. 81.

[1175] KÜTING, K./CASSEL, J., Bewertung börsengehandelter Anteile, S. 293. Vgl. so auch KIRSCH, H.-J. U. A., in: Baetge u. a., Rechnungslegung nach IFRS, 2. Aufl., IFRS 13, Rn. 75.

indes, wenn wesentliche Preisunterschiede zwischen den Handelsplattformen in Bezug auf einen Krypto-Token vorliegen und wesentliche Differenzen zwischen Geld- und Briefkurs des zu bewertenden Krypto-Token zu beobachten sind.[1176]

Zudem stellt sich die bislang noch nicht thematisierte Frage, auf welche Volumina und auf welche Häufigkeiten sich die Beurteilung des Aktivitätslevels der jeweiligen Märkte stützen sollte. Dies ist gerade im Rahmen des in dieser Arbeit untersuchten Sachverhalts von besonderer Bedeutung, da Krypto-Token zwar zum Teil gegen Fiatwährungen gehandelt, weitaus größere Volumina jedoch im direkten Handel mit anderen Krypto-Token umgesetzt werden. Insofern stellt sich die Frage hinsichtlich des sachgerechten **Bezugspunkts für die Ableitung eines aktiven Marktes.**[1177] Hierbei ist vor allem der „Sprung in die Monetarität", d. h. die erstmalige Umrechnung in eine Währung i. S. v. IAS 21, von Bedeutung für die gesamte Bewertung.

Hinsichtlich des Bezugspunkts für die Ableitung eines aktiven Marktes könnte einerseits (implizit) gefordert sein, dass ein Markt nur dann aktiv ist, wenn der entsprechende Vermögenswert direkt **gegen ein bilanzrechtliches Zahlungsmittel** getauscht werden kann.[1178] Dies wäre damit zu rechtfertigen, dass der bei der *Fair Value*-Bewertung zu ermittelnde Preis gegenwärtig in seiner gängigen Bedeutung mit einer Fiatwährung verknüpft ist[1179] und für Zwecke der Rechnungslegung eine Bewertung im Abschluss in einer Währung i. S. v. IAS 21 zu erfolgen hat.[1180] Als eine solche sind Krypto-Token indes aufgrund ihres – zumindest für bilanzielle Zwecke – nicht-monetären Charakters aktuell nicht anzusehen.[1181] Dieser Interpretation folgend würde sich die negierte Charakterisierung von Krypto-Token als bilanzrechtliches Zahlungsmittel (und damit auch als Währung i. S. v. IAS 21) insofern auch unmittelbar auf die Bewertungsebene auswirken.

Andererseits stützen sich weder die Definition des beizulegenden Zeitwertes in IFRS 13.24 noch die Definition eines aktiven Marktes in IFRS 13.A explizit darauf, dass Transaktionen

1176 Vgl. HOUSE OF COMMONS (Hrsg.), Crypto-assets, S. 28. Vgl. in Bezug auf *Arbitrage*-Möglichkeiten im Handel mit Krypto-Token MAKAROV, I./SCHOAR, A., Trading and Arbitrage in Cryptocurrency Markets, S. 1–56. Vgl. zum *Bid-Ask-Spread* bei Bitcoin-Werteinheiten J. P. MORGAN (Hrsg.), Decrypting Cryptocurrencies, S. 37. Vgl. zur *Efficient Market Hypothesis* bei Bitcoin-Werteinheiten BARTOS, J., Does Bitcoin Follow the Hypothesis of Efficient Market?, S. 10–23.

1177 Vgl. so auch DELOITTE (Hrsg.), Cryptocurrency, S. 14. So berichtet die ESMA, dass knapp 75 % des Handelsvolumens in Bitcoin-Werteinheiten, Ether und Tether stattfinden. Vgl. ESMA (Hrsg.), Initial Coin Offerings and Crypto-Assets, S. 12. Auch bei der Diskussion dieser Thematik beim IASB wurde deutlich, dass die Regelungen hierzu in IFRS 13 nicht klar sind. Vgl. IASB (Hrsg.), Staff Paper 12D (November 2018), Rn. 33 (a).

1178 Zu den bilanzrechtlichen Zahlungsmitteln sind auch Fremdwährungen i. S. v. IAS 21 zu zählen. Sofern ein Krypto-Token daher in einer Fremdwährung gehandelt wird, die nicht der Berichtswährung entspricht, wäre dieser beizulegende Zeitwert noch nach den Vorschriften des IAS 21 in die Berichtswährung des bilanzierenden Unternehmens umzurechnen. Vgl. so auch PWC (Hrsg.), Rechnungslegung von Krypto-Assets, S. 27. Vgl. hierzu auch GRANT THORNTON (Hrsg.), Accounting for cryptocurrencies, S. 10. Die nachgelagerte Umrechnung steht einer Level-1-Bewertung nicht entgegen.

1179 Vgl. DELOITTE (Hrsg.), Cryptocurrency, S. 14.

1180 Vgl. PWC (Hrsg.), Rechnungslegung von Krypto-Assets, S. 27.

1181 Vgl. ausführlich Abschnitt 444.211. und Abschnitt 445.24.

direkt oder ausschließlich mit einem bilanzrechtlichen Zahlungsmittel erfolgen müssen, um einen Level-1-Inputparameter zu konstituieren. Vor diesem Hintergrund ist es durchaus denkbar, dass ein aktiver Markt auch existiert, wenn der **zu bewertende Krypto-Token nur gegen (andere) Krypto-Token** handelbar ist, so lange gewährleistet ist, dass dieser Preis für bilanzielle Zwecke in die Berichtswährung des Abschlusserstellers mittels weiterer Umrechnungen überführt werden kann.[1182] Während ein aktiver Markt für einen Krypto-Token, der gegen ein bilanzrechtliches Zahlungsmittel gehandelt wird, zweifellos unter den beschriebenen Voraussetzungen vorliegen kann, ist zu untersuchen, wie der Fall zu beurteilen ist, wenn der zu bewertende Krypto-Token ausschließlich gegen andere Krypto-Token gehandelt wird. Die sich hieran anschließende Frage ist daher, was dies für die hierarchische Einstufung des beizulegenden Zeitwertes bedeutet; insbesondere, ob zwei- oder mehrfache Preisumrechnungen, sofern diese Preise jeweils auf aktiven Märkten zu beobachten sind, insgesamt zu einer Einstufung der Bewertung auf der obersten Hierarchieebene führen (können) und mithin die Anwendungsvoraussetzung für das Neubewertungsmodell in IAS 38 erfüllt wird.

Gegen eine Einstufung auf der obersten Ebene der *Fair Value*-Hierarchie kann in diesem Fall angeführt werden, dass der für Rechnungslegungszwecke zu ermittelnde Preis bei mehrfachen Umrechnungen **nicht direkt beobachtbar** ist, und zwar weder in der Berichtswährung noch in einer anderen Fiatwährung. Zudem indiziert die fehlende direkte Handelbarkeit gegen ein bilanzrechtliches Zahlungsmittel zumindest, dass ggf. Probleme bestehen können, die zu bewertenden Krypto-Token in bilanzrechtliche Zahlungsmittel umzuwandeln,[1183] da die Umtauschvorgänge in der Praxis mitunter[1184] eine gewisse Zeit in Anspruch nehmen, in der sich die Umrechnungspreise wesentlich ändern können.[1185] Insofern könnte dieser Umstand zumindest rechtfertigen, dass ein Liquiditätsabschlag erhoben wird,[1186] was gemäß IFRS 13.76 zwangsläufig zu einer Einordnung der gesamten Bewertung unterhalb der ersten Ebene führen würde.

Dieser **formal geprägten Auslegung** folgend würden lediglich in einem bilanzrechtlichen Zahlungsmittel notierte Krypto-Token eine Bewertung auf der obersten Hierarchieebene rechtfer-

---

1182 So könnte bspw. der X-Token aktiv gegen den Y-Token, nicht jedoch gegen ein bilanzrechtliches Zahlungsmittel, gehandelt werden. Sofern der Y-Token gegen ein solches aktiv gehandelt würde, könnte der beizulegende Zeitwert des X-Token aus der Kombination der Preisstellungen bestimmt werden (*Fair Value* X-Token = Anzahl X-Token * X-Token/Y-Token * Y-Token/bilanzrechtliches Zahlungsmittel). Sofern das bilanzrechtliche Zahlungsmittel nicht der Berichtswährung entspricht, wäre der ermittelte Wert noch gemäß IAS 21.23 umzurechnen.

1183 Vgl. EY (Hrsg.), Bilanzierung von Kryptovermögenswerten, S. 25.

1184 Dies wäre in der Praxis bspw. dann der Fall, wenn die erforderlichen Umtauschpaare an unterschiedlichen Handelsplattformen gehandelt werden.

1185 Vgl. PwC (Hrsg.), Rechnungslegung von Krypto-Assets, S. 27. Zudem argumentiert PwC a. a. O., dass durch einen zweifachen Umtausch Kosten bzw. ein *Spread* entstehen, der nicht als Level-1-Inputparameter anzusehen ist.

1186 Vgl. EY (Hrsg.), The valuation of crypto-assets, S. 7. Vgl. zur Bestimmung solch eines Liquiditätsabschlages bei Krypto-Token EY (Hrsg.), The valuation of crypto-assets, S. 15. Vgl. zur Bestimmung von Zu- und Abschlägen auf Inputparameter Kirsch, H.-J. u. a., in: Baetge u. a., Rechnungslegung nach IFRS, 2. Aufl., IFRS 13, Rn. 94–97.

tigen. Eine solche Auslegung des IFRS 13 vernachlässigt jedoch die wirtschaftliche Betrachtungsweise, vor allem wenn die Transaktionen, die zu einer Notierung des Preises in einem anderen Krypto-Token führen, häufig und in hinreichenden Volumina stattfinden. Denn in diesem Fall sind objektivierte Preise beobachtbar, die auf der Grundlage von Marktmechanismen entstanden sind. Zudem lässt sich das Argument, dass der Preis dieser Krypto-Token nicht direkt in einer (bilanziellen) Währung beobachtet werden kann, zumindest insofern abschwächen, als die Bestimmung des beizulegenden Zeitwertes nach IFRS 13 auf einer **Abgangsfiktion**, d. h. einem hypothetischen Preis, und mithin nicht auf einem tatsächlichen Verkauf beruht. Auch bei mehrfachen Umrechnungen, die jeweils einem Level-1-Inputparameter zugrunde liegen, lässt sich solch ein hypothetischer Preis daher fortlaufend ermitteln. Dem steht auch nicht entgegen, dass der tatsächliche Umtausch des zu bewertenden Krypto-Token in die Berichtswährung in der Praxis unter Umständen eine gewisse Zeit in Anspruch nehmen würde, da dieses Argument ebenso für nicht in ihrer Berichtswährung, jedoch in einer Währung i. S. v. IAS 21, notierte Token gelten müsste. Zudem setzt bereits die Einstufung der einzelnen Umrechnungsebenen als aktive Märkte ein enges Zeitfenster voraus, in dem Transaktionen durchgeführt werden. Vor diesem Hintergrund werden Aspekte der Liquidität und mithin eine ggf. erforderliche Abstufung der Inputparameter bereits bei den einzelnen Preisen, die in die Bestimmung des beizulegenden Zeitwertes des zu bewertenden Krypto-Token einfließen, berücksichtigt.

Im Ergebnis überzeugt eine Argumentation, die lediglich in einem anderen Krypto-Token aktiv gehandelten Krypto-Token **pauschal** von der obersten Ebene der *Fair Value*-Hierarchie ausschließt, nicht. Daher ist es auch abseits von direkten Transaktionen des zu bewertenden Krypto-Token mit einem bilanzrechtlichen Zahlungsmittel grundsätzlich möglich, durch mehrstufige Umrechnungen, bei denen die verwendeten Preise jeweils auf einem aktiven Markt ermittelt werden können, eine Level-1-Bewertung zu erzielen.[1187] Ungeachtet dessen sind direkt beobachtbare Transaktionen auf **aktiven Märkten in einem bilanzrechtlichen Zahlungsmittel**, wenn diese verfügbar sind und eine hinreichend objektivierte Preisstellung gewährleisten, zu präferieren.[1188]

Sofern für den zu bewertenden Krypto-Token mehrere aktive Märkte existieren, muss das bilanzierende Unternehmen für die Ermittlung des beizulegenden Zeitwertes den **relevanten Markt** bestimmen.[1189] Zur Identifikation des relevanten Marktes ist gemäß IFRS 13.16 primär

---

1187 Vgl. so auch GRANT THORNTON (Hrsg.), Accounting for cryptocurrencies, S. 8; a. A. PWC (Hrsg.), Rechnungslegung von Krypto-Assets, S. 27. Auch LÜDENBACH verknüpft die Existenz eines aktiven Marktes wohl mit der Möglichkeit, Bitcoin-Werteinheiten gegen eine Fiatwährung zu tauschen. Vgl. LÜDENBACH, N., Bitcoins – Lost in rules, S. 107.

1188 Vgl. so auch GRANT THORNTON (Hrsg.), Accounting for cryptocurrencies, S. 8; PWC (Hrsg.), Rechnungslegung von Krypto-Assets, S. 27, sowie implizit EY (Hrsg.), International GAAP 2020, S. 1314.

1189 Vgl. IFRS 13.16, sowie ausführlich KIRSCH, H.-J. U. A., in: Baetge u. a., Rechnungslegung nach IFRS, 2. Aufl., IFRS 13, Rn. 22a–28, sowie in Bezug auf aktive Märkte Rn. 77. Vgl. zudem ausführlich LÜDENBACH, N./HOFFMANN, W.-D./FREIBERG, J., in: Lüdenbach/Hoffmann/Freiberg, Haufe IFRS-Kommentar, 17. Aufl., § 8a, Rn. 21–25; WIELAND-BLÖSE, H./ANDRÉ, J., in: Thiele/von Keitz/Brücks, Int. Bilanzrecht, IFRS 13, Rn. 132–138. Auch bei Inputparametern der anderen Ebenen ist stets auf den relevanten Markt abzustellen.

auf den objektspezifischen **Hauptmarkt** abzustellen. Der Hauptmarkt für den zu bewertenden Krypto-Token entspricht dem relevanten Markt, sofern dieser erstens das größte objektspezifische Handelsvolumen sowie die höchste objektspezifische Marktaktivität aufweist und zweitens das bilanzierende Unternehmen am Bewertungsstichtag Zugang zu dem Markt hat.[1190]

Die erste Voraussetzung setzt an der **Liquidität des zu bewertenden Vermögenswertes** auf dem jeweiligen Markt an, wobei die genannten Kriterien aus Markt- und explizit nicht aus Unternehmenssicht zu beurteilen sind.[1191] Das bilanzierende Unternehmen hat gemäß IFRS 13.17 in diesem Zusammenhang keine vollständige Analyse aller möglichen Märkte vorzunehmen, was im Kontext von Krypto-Token bei aktuell bereits mehr als 200 Handelsplattformen[1192] auch wenig zielführend wäre. Jedoch sollte es alle Informationen berücksichtigen, die in angemessener Weise verfügbar sind. Ein gangbarer Weg könnte es in diesem Zusammenhang bspw. sein, Branchenwebsites (z. B. COINMARKETCAP) hinsichtlich der gehandelten Volumina zu filtern und so eine Indikation zu erlangen, welche Märkte intensiver zu prüfen sind.[1193]

Die zweite Voraussetzung knüpft an den **Zugang zu dem Hauptmarkt** des berichterstattenden Unternehmens am Bewertungsstichtag an. Dieses Kriterium ist von besonderer Bedeutung, da ein notierter Preis an einem aktiven Markt, zu dem das berichterstattende Unternehmen keinen Zugang hat, kein geeigneter Inputparameter für die Bestimmung des beizulegenden Zeitwertes ist.[1194] Der Zugang zu einer Handelsplattform liegt z. B. nicht vor, sofern sich die Geschäftsaktivitäten der betrachteten Handelsplattform ausschließlich an Bewohner und an Unternehmen bestimmter Länder richten, in denen das berichterstattende Unternehmen nicht beheimatet ist.[1195] Damit das Zugangskriterium zu einem Hauptmarkt als erfüllt anzusehen ist, ist ein hypothetischer Zugang hinreichend. So kann bspw. das bilanzierende Unternehmen nicht mit Blick darauf, dass es (noch) keinen *Account* auf einer Handelsplattform angelegt hat, dies als Begründung dafür anführen, dass der Markt nicht zugänglich sei. Nicht von Bedeutung für das

1190 Vgl. IFRS 13.A i. V. m. IFRS 13.19.

1191 Vgl. IFRS 13.BC52. Es handelt sich daher nicht zwingend um den Markt, an dem das Unternehmen seiner höchsten Handelsaktivität nachgeht. Gleichwohl kann widerlegbar vermutet werden, dass sich der objektspezifische und der unternehmensspezifische Hauptmarkt regelmäßig entsprechen. Vgl. IFRS 13.17.

1192 Vgl. ESMA (Hrsg.), Initial Coin Offerings and Crypto-Assets, S. 11.

1193 Bei der konkreten Prüfung der Märkte ist insofern Vorsicht geboten, als den Handelsplattformen zum Teil vorgeworfen wird, dass diese ihre berichteten Handelsvolumina durch sog. *Wash-Trading* manipulieren. *Wash-Trading* ist eine Form der Marktmanipulation, die an regulierten Börsen verboten ist. Hierbei stellt die Handelsplattform bei einem *Trade* sowohl den Käufer als auch den Verkäufer, um hierdurch hohe *Trading*-Volumina zu suggerieren. Vgl. hierzu PWC (Hrsg.), Rechnungslegung von Krypto-Assets, S. 25 f.; RODGERS, T., Wash Trading, o. S.; SIRIWARDANA, N., Wash Trading, o. S.; RAUCHS, M. U. A., 2nd Global Cryptoasset Benchmarking Study, S. 41, Fn. 37; VOGEL, P./KURAK, M./HUEBNER, J., Blockchain and Philanthropy, S. 136, Fn. 19. Das Vorhandensein von bzw. das Ausmaß an *Wash-Trading* variiert wesentlich zwischen den Handelsplattformen. Die bilanzierenden Unternehmen könnten zur Identifikation solcher Handelsplattformen auf Marktstudien zurückgreifen, wobei jedoch zu berücksichtigen ist, dass die Studien nicht auf aktuellen, sondern auf vergangenen Daten basieren. Vgl. hierfür BLOCKCHAIN TRANSPARENCY INSTITUTE (Hrsg.), Market Surveillance Report, o. S.

1194 Vgl. IFRS 13.19, sowie LAUER, P., Fair-Value-Bewertung von Schulden, S. 197.

1195 Vgl. ACSB (Hrsg.), Cryptocurrencies (Employee Benefits), S. 3; CPA CANADA (Hrsg.), Accounting for Cryptocurrencies, S. 17.

Zugangskriterium ist zudem, ob das berichterstattende Unternehmen in der Lage ist, seinen kompletten Bestand an Krypto-Token am Bewertungsstichtag tatsächlich verkaufen zu können.[1196]

Sofern diese Voraussetzungen nicht erfüllt werden oder der Hauptmarkt nicht eindeutig identifiziert werden kann, ist auf den **vorteilhaftesten Markt** abzustellen.[1197] Dieser ist gemäß IFRS 13.A als der Markt definiert, an dem die Veräußerung des Vermögenswertes unter Berücksichtigung von Transport- und Transaktionskosten[1198] den maximalen Erlös erzielt, wobei das bilanzierende Unternehmen auch zu diesem Markt einen Zugang haben muss.

452.23 Bestimmung des beizulegenden Zeitwertes bei Fehlen eines aktiven Marktes für Krypto-Token

452.231. Vorbemerkungen

Sofern der zu bewertende Krypto-Token nicht an einem aktiven Markt gehandelt wird,[1199] kann das im Rahmen der Bilanzierung nach IAS 38 an eine entsprechende Marktqualität anknüpfende Neubewertungsmodell nicht angewendet werden. Dies ist immer dann der Fall, wenn der zu bewertende Krypto-Token an inaktiven börslichen Märkten, an außerbörslichen Märkten oder (noch) gar nicht gehandelt wird. Gleichwohl ist der Bewertungsmaßstab des *Fair Value* regelungssystematisch auch abseits einer Bewertung auf der ersten Stufe der Hierarchieebene im Rahmen der *de lege lata* auf Krypto-Token anzuwendenden Normen von Bedeutung, unter anderem für *commodity broker-trader* oder im Zuge des Wertminderungstests nach IAS 36.

Unter der Voraussetzung, dass keine Preise an aktiven Märkten für den zu bewertenden Krypto-Token zu beobachten sind, ist der beizulegende Zeitwert mit einer angemessenen Bewertungsmethode zu bestimmen. In IFRS 13.62 werden in diesem Zusammenhang markt-, einkommens- und kostenorientierte Ansätze als weit verbreitete Bewertungsansätze für die Ermittlung des beizulegenden Zeitwertes angeführt. Mit Blick auf den konkreten Sachverhalt kommt bei Zahlungs- und Nutzungs-Token zudem noch ein spezifischer Bewertungsansatz infrage, der an die aus der Volkswirtschaft bekannte Quantitätsgleichung des Geldes anknüpft. Die Anwendbarkeit der Bewertungsansätze auf Zahlungs- und bzw. oder Nutzungs-Token ist dabei davon abhängig, ob deren Charakteristika, d. h. die Art und Weise, wie sich ihr **innerer Wert** ableitet,[1200] in dem jeweiligen Ansatz berücksichtigt werden können.

Zunächst werden die **marktbasierten Ansätze** zur Bestimmung des beizulegenden Zeitwertes für Krypto-Token konkretisiert (Abschnitt 452.232.). Zu den marktbasierten Ansätzen zählen

[1196] Vgl. IFRS 13.20, sowie IDW (Hrsg.), IDW RS HFA 47, Rn. 15.

[1197] Vgl. IFRS 13.16.

[1198] Transportkosten fallen bei Krypto-Token nicht an. Vgl. zu den zu berücksichtigenden Transaktionskosten Abschnitt 452.1 und Abschnitt 452.3.

[1199] Dass auch mehrfache Umrechnungen von jeweils an aktiven Märkten beobachtbaren Preisen zu einer Einstufung der gesamten Bewertung auf der ersten Ebene der *Fair Value*-Hierarchie führen können, wird im Folgenden stets unterstellt. Vgl. Abschnitt 452.22.

[1200] Vgl. hierzu bereits Abschnitt 42.

verschiedene vergleichsorientierte Bewertungsmethoden, deren Inputparameter sich aus Markttransaktionen mit identischen oder mit vergleichbaren Vermögenswerten ergeben.[1201] Einerseits sind zu den marktorientierten Ansätzen originäre Marktpreise zu zählen, die faktisch bereits das Ergebnis einer Bewertungsmethode sind, ohne dass eine solche vom Bilanzierenden selbständig angewendet werden muss.[1202] Andererseits gehören zu den marktbasierten Ansätzen auch „klassische“ Bewertungsmethoden, vor allem die Bewertung mit Marktmultiplikatoren.[1203] An die marktbasierten Ansätze anschließend werden dann die weiteren möglichen Bewertungsmethoden zur Bestimmung des beizulegenden Zeitwertes eines Krypto-Token konkretisiert und analysiert (Abschnitte 452.233. bis 452.235.)

452.232. Marktbasierter Ansatz

452.232.1 Marktpreise

Die einfachste Bewertungsmethode im Rahmen des marktorientierten Ansatzes ist es, Krypto-Token mithilfe ihres notierten **Marktpreises** zu bewerten.[1204] Zu dieser Bewertungsmethode zählt auch die in Abschnitt 452.22 erläuterte Bestimmung des beizulegenden Zeitwertes auf der ersten Stufe der *Fair Value*-Hierarchie. Falls jedoch kein entsprechender Preis für den zu bewertenden Krypto-Token beobachtbar ist, können auch andere quotierte Marktpreise für identische Krypto-Token herangezogen werden, gleichwohl mit der Konsequenz einer Einstufung der Bewertung unterhalb der ersten Ebene der *Fair Value*-Hierarchie. In diesem Zusammenhang kann das berichterstattende Unternehmen sowohl auf beobachtbare Preise für identische Krypto-Token des börslichen Handels (z. B. gehandelte Krypto-Token an inaktiven Märkten) als auch auf Preise des außerbörslichen Handels (z. B. *OTC-Desks* von Handelsplattformen) zurückgreifen, um den beizulegenden Zeitwert zu ermitteln. Zudem wäre es bspw. auch möglich, dass die Preise von in Zahlungs-Token[1205] denomierten Waren und Dienstleistungen als Inputparameter herangezogen werden. Auf einem solchen Preis aufbauend kann das bilanzierende Unternehmen ermitteln, welcher Betrag in einem bilanzrechtlichen Zahlungsmittel hätte aufgebracht werden müssen, um dieselbe Menge der Produkte oder der Dienstleistungen zu erwerben. Im Rahmen der Bestimmung von Inputparametern unterhalb der ersten Stufe ist zu berücksichtigen, dass diese ggf. **nicht gänzlich ohne Anpassungen** in die Bestimmung des *Fair Value* einbezogen werden können.[1206] Eine Einstufung der gesamten Bewertung auf die

---

[1201] Vgl. IFRS 13.A i. V. m. IFRS 13.B5.

[1202] Vgl. GROBE, J.-V., Fair Value Measurement, S. 290; FRANKEN, L./SCHULTE, J./THEILE, C., in: Heuser/Theile, IFRS HB, 6. Aufl., Kap. 8, Rn. 8.46; ENGELKE, F., Kapitalkonsolidierung im mehrstufigen Konzern, S. 100.

[1203] Vgl. IFRS 13.B6. Die in IFRS 13.B7 als weiterer marktbasierter Ansatz genannte Methode des Matrix-Preismodells ist für Krypto-Token indes nicht anwendbar. Vgl. zu dieser Methode LAUER, P., Fair-Value-Bewertung von Schulden, S. 179; BIEKER, M., Fair Value, S. 132 f.

[1204] Vgl. LAUER, P., Fair-Value-Bewertung von Schulden, S. 178.

[1205] Ein dem ähnliches Bewertungskonzept ist auch auf Nutzungs-Token übertragbar. Dieses ist jedoch mit Blick auf die Ableitung des inneren Wertes bei einem Nutzungs-Token den kostenorientierten Ansätzen zuzuordnen. Vgl. hierzu Abschnitt 452.234.

[1206] Vgl. KIRSCH, H.-J. U. A., in: Baetge u. a., Rechnungslegung nach IFRS, 2. Aufl., IFRS 13, Rn. 81; LÜDENBACH, N./HOFFMANN, W.-D./FREIBERG, J., in: Lüdenbach/Hoffmann/Freiberg, Haufe IFRS-Kommentar, 17. Aufl., § 8a, Rn. 29; WÜSTEMANN, J./ISELBORN, M., Einfluss der Marktliquidität auf die Bewertung von

dritte Ebene der *Fair Value*-Hierarchie erfolgt in diesem Zusammenhang jedoch nur, wenn die Anpassung für die Bewertung als Ganzes von Bedeutung ist und sich auf nicht beobachtbare Inputparameter stützt.[1207] Ansonsten sind Marktpreise, die nicht auf einem aktiven Markt für identische Vermögenswerte beobachtet werden können, in die **zweite Ebene der *Fair Value*-Hierarchie** einzuordnen.

452.232.2 Marktmultiplikatoren

Als weitere Methode des marktorientierten Ansatzes kann, sofern keine Level-1-Bewertung möglich ist, eine Bewertung mit **Marktmultiplikatoren** vorgenommen werden.[1208] Dieses Verfahren wird vor allem im Rahmen der Unternehmensbewertung genutzt.[1209] Hierbei wird zunächst ein Multiplikator bzw. eine Bandbreite an Multiplikatoren gebildet, indem die Marktkapitalisierung eines zum Bewertungsobjekt vergleichbaren börsennotierten Unternehmens (sog. *trading*-Multiplikator) und bzw. oder der bei einer vergleichbaren M&A-Transaktion gezahlte Transaktionspreis (sog. *transaction*-Multiplikator) zu einer Bezugsgröße ins Verhältnis gesetzt wird.[1210] Typische Bezugsgrößen sind in diesem Zusammenhang bspw. das EBITDA oder Umsatzerlöse. Anschließend wird der Multiplikator auf das Bewertungsobjekt übertragen, indem dieser mit der Bezugsgröße, die dem zu bewertenden Vermögenswert zugrunde liegt, multipliziert wird.

Mit Blick auf Krypto-Token lässt sich das der Bewertung mit einem Marktmultiplikator zugrunde liegende Konzept vor allem auf **Zahlungs-Token** übertragen. In diesem Zusammenhang können die in der Unternehmensbewertung regelmäßig im Rahmen der Bewertung mit einem Marktmultiplikator verwendeten Bezugsgrößen (EBITDA, Umsatzerlöse etc.) jedoch nicht verwendet werden, da diese Metriken keinerlei fundamentalen Einfluss auf den *Fair Value* von Zahlungs-Token haben und in dieser Form für Zahlungs-Token nicht existieren. Der Preis eines Zahlungs-Token wird vielmehr durch seine Akzeptanz im allgemeinen Wirtschaftsverkehr beeinflusst, d. h. wie häufig dieser verwendet wird bzw. verwendet werden kann.[1211] Als Approximation hierfür kann im Krypto-Ökosystem bspw. der **NVT-Multiplikator** (*Network Value to Transactions*) herangezogen werden, der die Marktkapitalisierung eines Zahlungs-Token mit der Anzahl an Transaktionen im Netzwerk ins Verhältnis setzt.[1212]

Finanzinstrumenten, S. 508 f.

1207 Vgl. IFRS 13.84, sowie WIELAND-BLÖSE, H./ANDRÉ, J., in: Thiele/von Keitz/Brücks, Int. Bilanzrecht, IFRS 13, Rn. 297.

1208 Vgl. IFRS 13.B6, sowie sachverhaltsspezifisch EY (Hrsg.), The valuation of crypto-assets, S. 7.

1209 Vgl. statt vieler LÖHNERT, P. G./BÖCKMANN, U. J., Multiplikatorverfahren in der Unternehmensbewertung, S. 843.

1210 Vgl. zur multiplikatorgestützten Bewertung LÖHNERT, P. G./BÖCKMANN, U. J., Multiplikatorverfahren in der Unternehmensbewertung, S. 841–863; OLBRICH, M./FREY, N., Multiplikatorverfahren, S. 405–419.

1211 Vgl. BERNSTEIN, B., Cryptocurrencies are money, not equity, o. S.; KALICHKIN, D., Network Value to Transactions, o. S. Der innere Wert eines Nutzungs-Token basiert hingegen auf der Nachfrage nach dem mit dem Token verknüpften Leistungsanspruch. Vgl. hierzu bereits Abschnitt 42.

1212 Ein weiterer im Krypto-Ökosystem verwendeter Multiplikator ist der DAA-Multiplikator (*Daily Active Addresses*). Die Herausforderungen bei der Ermittlung der Bezugsgröße werden exemplarisch anhand des NVT-

Inwiefern eine Bewertung mit Marktmultiplikatoren zu einem aussagekräftigen beizulegenden Zeitwert für Zwecke der Bilanzierung führt, ist wesentlich davon abhängig, ob Zahlungs-Token identifiziert werden können, die vergleichbare Charakteristika und Metriken aufweisen. Bereits die **Identifikation** und die anschließende **Auswahl von vergleichbaren Bewertungsobjekten** sind im Rahmen der Multiplikatorbewertung von Zahlungs-Token mitunter mit erheblichen Schwierigkeiten verbunden, z. B. in Bezug auf die Entwicklung und auf die Beurteilung von geeigneten Vergleichsmaßstäben. Weitere Herausforderungen bestehen nach der Identifikation und der Auswahl der vergleichbaren Zahlungs-Token – abseits der vergleichsweise simplen Ermittlung der Marktkapitalisierung – in der konkreten Bestimmung der für die **Ermittlung des Multiplikators** erforderlichen **Anzahl an Transaktionen** der Vergleichsobjekte. Die tatsächliche Anzahl an getätigten Transaktionen mit einem Zahlungs-Token in einem bestimmten Zeitraum setzt sich aus der Summe von *on-chain* und *off-chain* Transaktionen zusammen. Da börsliche Transaktionen regelmäßig *off-chain* über interne Datenbanken der Plattformbetreiber abgewickelt werden und die Betreiber der Handelsplattformen regelmäßig nur die Volumina, nicht jedoch die Anzahl an Transaktionen veröffentlichen, werden im Multiplikator lediglich *on-chain* Transaktionen inkludiert.[1213] Dies ist insofern nicht per se negativ zu bewerten, als diese Bewertungsmethode ohnehin nur bei noch nicht notierten Zahlungs-Token für die Ermittlung des beizulegenden Zeitwertes genutzt werden wird. Bei der Ermittlung der Anzahl an *on-chain* Transaktionen ergeben sich insofern Komplikationen, als auf der Blockchain nicht die Anzahl an direkt zwischen zwei Parteien initiierten Transaktionen beobachtbar ist.[1214] Da die von einem privaten Schlüssel initiierte Transaktion zum Teil auf mehrere Transaktionen von unterschiedlichen, aus dem öffentlichen Schlüssel abgeleiteten Adressen aufgeteilt wird, ist die Ermittlung eines sachgerechten Bezugspunktes zumindest erschwert. Ein weiterer zu berücksichtigender Faktor ist, für welchen Zeitraum die Anzahl an Transaktionen ermittelt wird (z. B. Tage, Wochen, Quartale) und ob diese, z. B. durch eine Durchschnittsbildung, verdichtet werden sollte.[1215]

Im Zuge der Ermittlung des Multiplikators ergeben sich nicht nur **Ermessensspielräume** für den Bewertenden, vielmehr bestehen bislang keine anerkannten Branchenpraktiken und kaum empirische Evidenzen, wie ein Multiplikatoransatz im Kontext von Zahlungs-Token konzipiert sein sollte, damit der beizulegende Zeitwert für Zwecke der Rechnungslegung sachgerecht approximiert wird. So ist bereits fraglich, ob der beim Bewertungsverfahren unterstellte lineare Zusammenhang zwischen dem Marktpreis und der Anzahl an abgewickelten Transaktionen für Zahlungs-Token gilt.[1216] Für Bitcoin-Werteinheiten wird bspw. vermutet, dass der Wert des

---

Multiplikators verdeutlicht. Die Ergebnisse lassen sich jedoch auch auf andere Bezugsgrößen, wie z. B. die Zahl an aktiven Adressen oder an aktiven Nutzern, übertragen. Nicht angewendet werden können diese Multiplikatoren auf Privatsphäre spezialisierte Krypto-Token (z. B. Monero, Zcash), da die entsprechenden Parameter nicht ermittelt werden können. Vgl. LANNQUIST, A., Crypto Asset Valuation Frameworks, o. S.

1213 Vgl. so auch KALICHKIN, D., Network Value to Transactions, o. S.

1214 Vgl. BADEV, A./CHEN, M., Bitcoin: Technical Background and Data Analysis, S. 16.

1215 Vgl. hierzu ausführlich KALICHKIN, D., Network Value to Transactions, o. S.

1216 Vgl. hierzu kritisch BOTASHEV, R., Cryptoasset Valuation, o. S.

Bitcoin-Netzwerkes proportional zu der quadrierten Anzahl an Nutzern sein sollte (Metcalfsches Gesetz)[1217] und insofern keinem linearen Zusammenhang unterliegt.

Im Ergebnis wird die Ermittlung des beizulegenden Zeitwertes mithilfe eines **Marktmultiplikators** regelmäßig in die **dritte Ebene der *Fair Value*-Hierarchie** einzuordnen sein. Zwar werden die Inputparameter für die Bestimmung des Multiplikators zumindest teilweise i. S. v. IFRS 13.82 auf der zweiten Ebene ermittelt. Gleichwohl werden bspw. durch die Auswahl der vergleichbaren Zahlungs-Token in signifikantem Umfang subjektive, nicht beobachtbare Parameter in die Ermittlung des beizulegenden Zeitwertes einfließen, was zwangsläufig eine Level-3-Bewertung bedingt.

452.233. Einkommensbasierter Ansatz

Der beizulegende Zeitwert kann ferner mit einkommensbasierten Bewertungsansätzen ermittelt werden.[1218] Grundprinzip dieser Ansätze ist die Diskontierung von erwarteten künftigen Erfolgsgrößen des Bewertungsobjektes.[1219] Unter die einkommensbasierten Ansätze sind gemäß IFRS 13.B11 barwertorientierte Bewertungsmodelle (z. B. Ertragswert- und *Discounted Cashflow*-Verfahren), die Residualwertmethode[1220] und Optionspreismodelle (z. B. das BLACK-SCHOLES-Modell und Binomialmodelle) zu subsumieren.

Im Zuge der Bestimmung des beizulegenden Zeitwertes mithilfe von **barwertorientierten Bewertungsmodellen**[1221] sind zum einen die künftig zu erwartenden **Erfolgsgrößen** zu ermitteln. Dabei besteht bereits die Herausforderung, dass weder Zahlungs- noch Nutzungs-Token eine für die Bewertung mit einem Barwert erforderliche Erfolgsgröße, wie z. B. wiederkehrende *Cashflows*, Jahresüberschüsse oder Dividenden, generieren.[1222] Doch nicht nur diese Komponente, sondern auch die Bestimmung eines adäquaten **Kapitalisierungszinssatzes**, der das inhärente Risiko der Zahlungsströme berücksichtigt, gestaltet sich für Krypto-Token herausfordernd. Der Kapitalisierungszinssatz setzt sich aus einem risikolosen Zinssatz, erhöht um eine Risikokomponente (Produkt aus Betafaktor und Marktrisikoprämie) zusammen.[1223] Während

---

1217 Vgl. im IFRS-Kontext MARX, F. J./DALLMANN, H., Virtuelle Währungen nach IFRS, S. 133. Vgl. zu den Studien PETERSON, T. F., Metcalfe's Law as a Model for Bitcoin's Value, S. 9–18; VAN VLIET, B., An alternative model for valuing Bitcoin, S. 71. Vgl. zudem im Zusammenhang mit Krypto-Token KALICHKIN, D., Metcalfe's Law applications to cryptoasset valuation, o. S.

1218 Vgl. IFRS 13.62 i. V. m. IFRS 13.B10–B30.

1219 Vgl. IFRS 13.B10.

1220 Die Residualwertmethode ist eine spezifische Form von barwertorientierten Bewertungsverfahren. Daher wird diese hier nicht separat behandelt. Vgl. hierzu KIRSCH, H.-J. U. A., in: Baetge u. a., Rechnungslegung nach IFRS, 2. Aufl., IFRS 13, Rn. 58a.

1221 Vgl. hierzu ausführlich IFRS 13.B12–B30.

1222 Lediglich bei einem auf dem *Proof-of-Stake* basierenden Krypto-Token könnte ggf. argumentiert werden, dass dieser „eingelegt" *Staking-Rewards* abwirft, welche als Erfolgsgröße angesehen werden könnten. Vgl. LANNQUIST, A., Crypto Asset Valuation Frameworks, o. S.

1223 Mit dem Betafaktor wird das systematische Risiko eines Bewertungsobjektes gemessen. Ein ermittelter Betafaktor von eins sagt aus, dass das Bewertungsobjekt in gleichem Maße schwankt wie der Gesamtmarkt. Wenn der Betafaktor größer als eins ist, schwankt das Bewertungsobjekt stärker als der Gesamtmarkt (kleiner eins: *vice versa*). Ein negativer Betafaktor zeigt eine entgegengesetzte Renditeentwicklung an. Betafaktoren werden durch eine Regression der Renditen des Bewertungsobjektes mit dem Gesamtmarkt aus historischen

sich der risikolose Zinssatz für Zwecke der Unternehmensbewertung aus Marktdaten anhand von Zinsstrukturkurven objektiv ermitteln lässt,[1224] ist eine sachgerechte Bestimmung der Risikokomponente komplexer, was in besonderem Maß für Krypto-Token gilt. So fehlt es sowohl an einer (objektivierten) Marktrisikoprämie als auch an belastbaren Betafaktoren für Krypto-Token. Zwar könnte bspw. der Betafaktor basierend auf einer Gruppe von vergleichbaren notierten Krypto-Token durch eine Renditeregression gegen den Gesamtmarkt abgeleitet werden. Jedoch ist gegenwärtig noch unklar, ob dieses Risikomaß überhaupt auf Krypto-Token übertragbar ist oder ob weitere respektive andere Risikokomponenten zu sachgerechteren Ergebnissen führen.[1225] Daher wird im Schrifttum im Ergebnis nachvollziehbar gefolgert, dass barwertorientierte Bewertungsverfahren für Zahlungs- und für Nutzungs-Token nicht anwendbar sind.[1226]

Als weiteres potenzielles Bewertungsverfahren wird im Krypto-Umfeld ein angepasstes **BLACK-SCHOLES-Modell** vorgeschlagen.[1227] Bei dem Modell von BLACK-SCHOLES handelt es sich um ein Verfahren zur Bewertung von Finanzoptionen. ANTOS charakterisiert Nutzungs-Token als solch eine Finanzoption, indem er festhält, dass „*[o]wning a cryptoasset is essentially owning a call option on the right to use or contribute to the product if the token project team successfully invents something innovative and valuable.*"[1228] Die wesentliche Herausforderung bei der Übertragung dieses Bewertungsverfahrens auf Nutzungs-Token besteht darin, die entsprechenden Inputparameter zu ermitteln. So muss der Bewertende unter anderem den Marktpreis des sog. **Basiswertes**, d. h. bei einem Nutzungs-Token den Marktpreis des diesem zugrunde liegenden Produktes oder der diesem zugrunde liegenden Dienstleistung, bestimmen. Dies bedeutet mithin, dass der Nutzenwert für den potenziellen Einsatz des Krypto-Token bestimmt werden muss. Dieser Wert ist jedoch – auch vor dem Hintergrund, dass Projekte mit Krypto-Token regelmäßig auf innovativen Geschäftsmodellen basieren – nicht direkt beobachtbar. Selbiges gilt auch für die **Varianz** des Basiswertes, die als weiterer Inputparameter für die

---

Daten am Kapitalmarkt abgeleitet. Die Marktrisikoprämie ist die Differenz der erwarteten Rendite des Marktportfolios und des risikolosen Zinses. Vgl. statt vieler MEITNER, M./STREITFERDT, F., Betafaktor, S. 651–709; MEITNER, M./STREITFERDT, F., Risikofreier Zins und Marktrisikoprämie, S. 589–646.

1224 Vgl. m. w. N. KOELEN, P., Bewertungskalküle, S. 145; OBERMEIER, R., Fair Value, S. 554. Vgl. zudem WESNER, N., Extracting Market-Implied Bitcoin's Risk-Free Interest Rate, S. 223–230, der herausstellt, dass für Bitcoin kein risikoloser Zinssatz beobachtbar ist. Der Autor versucht a. a. O. modellbasiert einen impliziten risikolosen Zinssatz für Bitcoin-Werteinheiten zu bestimmen.

1225 Vgl. zur Idee eines Krypto-CAPM zur Ableitung des Betafaktors bzw. der Betafaktoren LANNQUIST, A., Crypto Asset Valuation Frameworks, o. S. Vgl. zur Bestimmung des Kapitalisierungszinssatzes bei *Security*-Token EY (Hrsg.), The valuation of crypto-assets, S. 8 f. Vgl. zu den Risikokomponenten und den Wertdeterminanten von Bitcoin-Werteinheiten und anderen Krypto-Token auch LIU, Y./TSYVINSKI, A., Risks and Returns of Cryptocurrency, S. 1–68; LEHRBASS, F./WEIßER, M., Determinanten der Wertentwicklung von Bitcoins, S. 270–276.

1226 Vgl. EY (Hrsg.), The valuation of crypto-assets, S. 16. Vgl. so auch FREIBERG, J., Digitale (Krypto-)Währungen nach IFRS, S. 153.

1227 Vgl. hierzu ausführlich ANTOS, J., Valuation Framework for Cryptoassets using Black-Scholes, o. S. Vgl. grundlegend zum BLACK-SCHOLES Modell BLACK, F./SCHOLES, M., The Pricing of Options, S. 637–654. Vgl. kritisch zur Verwendung dieses Modells für Rechnungslegungszwecke SCHROEDER, G., Statistischer Missbrauch in der Bilanz, S. 329–334.

1228 ANTOS, J., Valuation Framework for Cryptoassets using Black-Scholes, o. S.

Bestimmung des *Fair Value* mittels des Modells von BLACK-SCHOLES erforderlich ist. Auch die **(Rest-)Laufzeit** der Option und der **Bezugspreis** sind nicht beobachtbar,[1229] sodass es im Ergebnis für Rechnungslegungszwecke nicht möglich ist, das BLACK-SCHOLES-Modell sachgerecht zur Bestimmung des beizulegenden Zeitwertes anzuwenden.[1230]

452.234. Kostenbasierter Ansatz

Weiterhin kommt zur Bestimmung des beizulegenden Zeitwertes der kostenorientierte Ansatz infrage. Bei diesem Verfahren wird der beizulegende Zeitwert bestimmt, indem die **aktuellen Wiederbeschaffungskosten** des Vermögenswertes ermittelt werden.[1231] Diese spiegeln den Betrag wider, der bei der Anschaffung- oder bei der Herstellung eines Substituts mit gleicher Funktion – angepasst um die angefallenen Wertverluste – aus Marktsicht aufzuwenden wäre. Der kostenbasierte Ansatz wird vor allem für die Bestimmung des beizulegenden Zeitwertes von materiellen Vermögenswerte, die in einer Gruppe von Vermögenswerten genutzt werden, verwendet.[1232] Für die Ermittlung des beizulegenden Zeitwertes von Finanzinstrumenten ist dieser Ansatz hingegen nicht sachgerecht ist.[1233]

Mit Blick darauf, dass Krypto-Token zumindest charakteristisch eher Finanzinstrumenten als materiellen Vermögenswerten ähneln, ist bereits per se fraglich, ob dieser Bewertungsansatz für Krypto-Token sachgerecht ist. Dies bestätigt sich bei Zahlungs-Token auch angesichts dessen, dass ihnen – wie auch einer Fiatwährung – kein innerer Wert beizumessen ist und mithin das auf den Wiederbeschaffungskosten basierende Bewertungskonzept nicht überzeugt.[1234] Der innere Wert eines Nutzungs-Token basiert hingegen auf der Nachfrage nach dem mit dem Token verknüpften Leistungsanspruch. Der beizulegende Zeitwert eines **Nutzungs-Token** könnte mithin bestimmt werden, indem die Wiederbeschaffungskosten des hinter dem Nutzungs-Token stehenden Produkts bzw. der Dienstleistung ermittelt werden.

Hierbei geht es nicht darum, den Token selbst erneut herzustellen oder zu emittieren, sondern vielmehr darum, die Leistungskapazität hinter dem vom Emittenten ausgegebenen Versprechen zu bewerten. Sofern der Token bereits einlösbar ist, ergeben sich für die angebotenen Produkte oder Dienstleistungen zwangsläufig Preise, die in dem Nutzungs-Token denominiert sind.[1235] Hierauf aufbauend kann das bilanzierende Unternehmen ermitteln, welcher Betrag in einem bilanzrechtlichen Zahlungsmittel hätte aufgebracht werden müssen, um dieselbe Menge der

---

1229 Vgl. bereits Abschnitt 444.3.

1230 Dies verwundert auch insofern nicht, als bereits im Zuge der bilanziellen Charakterisierung von Nutzungs-Token diese nicht die Anforderungen an ein derivatives Finanzinstrument erfüllen. Vgl. Abschnitt 444.3.

1231 Vgl. hier und im folgenden Satz IFRS 13.A i. V. m. IFRS 13.B8 f., sowie ausführlich KIRSCH, H.-J. U. A., in: Baetge u. a., Rechnungslegung nach IFRS, 2. Aufl., IFRS 13, Rn. 60 f.; WIELAND-BLÖSE, H./ANDRÉ, J., in: Thiele/von Keitz/Brücks, Int. Bilanzrecht, IFRS 13, Rn. 242–244.

1232 Vgl. KIRSCH, H.-J. U. A., in: Baetge u. a., Rechnungslegung nach IFRS, 2. Aufl., IFRS 13, Rn. 60; Vgl. WAWRZINEK, W./LÜBBIG, M., in: Driesch u. a., Beck IFRS HB, 5. Aufl., § 2, Rn. 256; WIELAND-BLÖSE, H./ANDRÉ, J., in: Thiele/von Keitz/Brücks, Int. Bilanzrecht, IFRS 13, Rn. 242.

1233 Vgl. WAWRZINEK, W./LÜBBIG, M., in: Driesch u. a., Beck IFRS HB, 5. Aufl., § 2, Rn. 256.

1234 Vgl. zum inneren Wert von Zahlungs- und Nutzungs-Token bereits Abschnitt 42.

1235 Vgl. hier und im folgenden Satz EY (Hrsg.), The valuation of crypto-assets, S. 11.

Produkte oder der Dienstleistungen abseits der Plattform zu erwerben.[1236] Mit diesen beiden Parametern kann dann der Preis für einen Token in der Berichtswährung geschätzt werden. Ein entsprechend ermittelter beizulegender Zeitwert wird regelmäßig auf der zweiten Ebene der *Fair Value*-Hierarchie einzustufen sein.[1237]

Sofern der zu bewertende Nutzungs-Token jedoch noch nicht funktional auf der Plattform einsetzbar ist, können sich mitunter bei der Ermittlung des beizulegenden Zeitwertes **Schwierigkeiten** ergeben. So handelt es sich bei den durch die Ausgabe von Nutzungs-Token finanzierten Vorhaben regelmäßig um innovative Geschäftsmodelle, bei denen das konkrete Produkt bzw. die konkrete Dienstleistung, für das bzw. die der Nutzungs-Token einlösbar ist, in einer frühen Phase des Projektes noch nicht hinreichend spezifiziert ist. Diese Herausforderung wird noch dadurch verschärft, als zum Teil das Tauschverhältnis zwischen dem Token und dem Produkt oder der Dienstleistung bei der Ausgabe der Nutzungs-Token noch nicht feststeht.[1238] Insofern ist die Anwendbarkeit des kostenbasierten Ansatzes wesentlich von dem konkreten Nutzungs-Token und seinem aktuellen Status im Entwicklungsprozess bedingt.

452.235. Krypto-Token spezifischer Bewertungsansatz

Obgleich in IFRS 13.62 markt-, einkommens- und kostenorientierte Ansätze als weit verbreitete Bewertungsansätze für die Ermittlung des beizulegenden Zeitwertes angeführt werden, ist dessen Bestimmung nicht auf die explizit hierunter fallenden und in IFRS 13 beschriebenen Verfahren beschränkt.[1239] Als ein weiteres methodisches Verfahren wird, wenn auch abseits der Rechnungslegung, die Anwendung der aus der Volkswirtschaftslehre bekannten **Quantitätstheorie des Geldes** (*Quantity Theory of Money*)[1240] für die Bewertung von Zahlungs- und Nutzungs-Token diskutiert.[1241] Die der Theorie zugrunde liegende Idee wird auf den vorliegenden Sachverhalt in der Form übertragen, den Wert eines Token als besten Schätzer für einen hypothetischen Preis abzuleiten, indem die Token-Nachfrage zu dessen Angebot ins Verhältnis gesetzt wird (Abbildung 4-3). Hierbei werden sowohl die Nachfrage als auch das Angebot in einer Fiatwährung gemessen.[1242]

1236 Diesem Vorgehen liegt die Annahme zugrunde, dass ein rationaler Nutzer eine auf Nutzungs-Token aufbauende Plattform nicht nutzen würde, wenn anderweitig die Produkte bzw. die Dienstleistungen günstiger wären.

1237 Eine Einstufung der gesamten Bewertung auf die dritte Ebene der *Fair Value*-Hierarchie erfolgt in diesem Zusammenhang nur, wenn die Anpassung eines Bewertungsparameters für die Bewertung als Ganzes von Bedeutung ist und sich auf nicht beobachtbare Inputparameter stützt. Vgl. IFRS 13.84, sowie WIELAND-BLÖSE, H./ANDRÉ, J., in: Thiele/von Keitz/Brücks, Int. Bilanzrecht, IFRS 13, Rn. 297.

1238 Vgl. bereits Abschnitt 232.42, Fn. 442.

1239 Das verwendete Bewertungsverfahren muss jedoch mit einer oder mehreren der Methoden vereinbar sein. Vgl. IFRS 13.62.

1240 Vgl. für einen Überblick MANKIW, N. G./TAYLOR, M. P., Volkswirtschaftslehre, S. 842–844.

1241 Vgl. unter anderem EY (Hrsg.), The valuation of crypto-assets, S. 11–13 und S. 18–20; BUTERIN, V., Token Valuation, o. S.; MEHTA, A./KORALEWSKI, B., MV=P...Que?, o. S.; SALL, M., Valuing Cryptoassets, o. S.; EVANS, A., Cryptoasset Valuations, o. S.; PFEFFER, J., An (Institutional) Investor's Take on Cryptoassets, S. 1–26.

1242 Vgl. zu den hiermit verbundenen Herausforderungen ausführlich MEHTA, A./KORALEWSKI, B.,

$$\textbf{Token-Preis} = \frac{\textbf{Token-Nachfrage}}{\textbf{Token-Angebot}} = \frac{\mathbf{P * Q}}{\mathbf{M * V}}$$

Legende: P ≙ Preis-Level | Q ≙ Im Krypto-Ökosystem abgewickeltes Waren- und Dienstleistungsvolumen
M ≙ Token-Anzahl | V ≙ Umlaufgeschwindigkeit des Token

Abbildung 4-3: Anwendung der Quantitätsgleichung des Geldes auf Krypto-Token[1243]

Das **Token-Angebot** für einen bestimmten Zeitraum bestimmt sich aus dem Produkt der gesamten Token-Anzahl (M) und der Umlaufgeschwindigkeit des Token (V). Die **Token-Anzahl** als erste Komponente des Token-Angebots hängt von dem konkret betrachteten Token ab. Bei Nutzungs-Token ist diese regelmäßig *ex ante* fixiert, während bei Zahlungs-Token zumeist unter vordefinierten Bedingungen über den Zeitverlauf weitere Token, z. B. im Rahmen des *Mining*, ausgegeben werden.[1244] Sofern der Emittent im Rahmen eines *Initial Token Offering* Werteinheiten des eigenen Projektes einbehält, d. h. sich selbst zuteilt, sollten diese Reserven vom Gesamtbestand der Token abgezogen werden, da die einbehaltenen Krypto-Token nicht frei verfügbar sind.[1245] Mit der **Umlaufgeschwindigkeit**, d. h. der zweiten Komponente des Token-Angebots, wird gemessen, wie häufig der zu bewertende Token innerhalb eines bestimmten Zeitraumes eingesetzt wurde. Einen Anhaltspunkt hierfür können die *on-chain* Transaktionen auf der zugrunde liegenden Blockchain liefern.[1246]

Um die **Token-Nachfrage** zu modellieren, sind das Preis-Level sowie das Volumen der im Krypto-Ökosystem abgewickelten Waren- bzw. Dienstleistungen für einen bestimmten Zeitraum zu schätzen. Während bei der Bestimmung des **Preis-Levels** (P) – wie auch bei kostenorientierten Ansätzen – auf vergleichbare, in einer Fiatwährung denominierte Waren- bzw. Dienstleistungen abgestellt werden kann, ist das **Volumen** (Q) zu schätzen, indem bei einem Nutzungs-Token die (potenzielle) Marktgröße mit dem (potenziellen) Marktanteil für das Geschäftsmodell multipliziert wird.[1247] Bei Zahlungs-Token könnte hingegen quantifiziert werden, wie viele Waren- bzw. Dienstleistungen (potenziell) künftig mit dem Token gekauft werden oder – sofern bereits beobachtbar – gegenwärtig[1248] gekauft werden.

MV=P...Que?, o. S.

1243 In Anlehnung an EY (Hrsg.), The valuation of crypto-assets, S. 11 i. V. m. S. 13.

1244 Vgl. LANNQUIST, A., Crypto Asset Valuation Frameworks, o. S.

1245 Vgl. hier und in den folgenden zwei Sätzen EY (Hrsg.), The valuation of crypto-assets, S. 11 f.

1246 Vgl. ausführlich zu den bestehenden Herausforderungen bei der Bestimmung des Parameters sowie alternativen Möglichkeiten KALODNER, H. U. A., Design and applications of a blockchain analysis platform, S. 12 f.; EVANS, A., Cryptoasset Valuations, o. S.; ANTOS, J./SHIN, J., Cryptoasset Valuation, o. S.

1247 Vgl. EY (Hrsg.), The valuation of crypto-assets, S. 12. Vgl. für eine Beispielrechnung BURNISKE, C., Cryptoasset Valuations, o. S.

1248 Sofern in diesem Zusammenhang Preise für die zugrunde liegenden Waren beobachtet werden können, ist jedoch zu vermuten, dass diese im Sinne der Inputparameterhierarchie zu präferieren sind.

Die wesentliche Herausforderung bei der Anwendung dieses Verfahrens ist die **konkrete Ermittlung der Inputparameter aus Marktsicht**. Hierbei kommt es nicht nur – wie bei anderen Bewertungsverfahren und anderen Bewertungsobjekten auch – zu Ermessensspielräumen bei der konkreten Ableitung der Inputparameter. Vielmehr wurden die Zusammenhänge und das Zusammenspiel zwischen den Variablen noch nicht umfassend untersucht.[1249] Dies ist einer der Gründe dafür, dass noch kein Konsens hinsichtlich der konkreten Anwendung der Quantitätsgleichung des Geldes auf Krypto-Token bzw. der konkreten Ableitung einzelner Inputparameter besteht, und zwar weder allgemein noch spezifisch für Rechnungslegungszwecke. Gleichwohl ist dieses Verfahren zumindest für Tauschmittel, wie es Zahlungs- und Nutzungs-Token sind, konzipiert und grundsätzlich auf Zahlungs- und Nutzungs-Token anwendbar. Insofern kann es zumindest potenziell – ähnlich wie Barwertverfahren für die Bewertung von Unternehmen – zur Ermittlung des beizulegenden Zeitwertes auf der dritten Ebene der *Fair Value*-Hierarchie herangezogen werden, obgleich andere Bewertungsverfahren zu bevorzugen sind.

452.3 Nettoveräußerungswert nach IAS 2

Sofern Unternehmen ihre erworbenen Krypto-Token nach den allgemeinen Vorschriften des IAS 2 bewerten, ist der Nettoveräußerungswert zu jedem Bilanzstichtag zu bestimmen. Der Nettoveräußerungswert ist in IAS 2.6 **definiert** als der geschätzte, im normalen Geschäftsgang erzielbare Veräußerungserlös abzüglich der geschätzten Kosten bis zur Fertigstellung und der geschätzten notwendigen Vertriebskosten. Der Nettoveräußerungswert wird mithin über den Absatzmarkt ermittelt. Bei der Schätzung des Nettoveräußerungswertes sind die verlässlichsten substanziellen Hinweise zu berücksichtigen,[1250] wobei Börsen- und Marktpreise mit Blick auf den Veräußerungserlös die besten Schätzwerte sind.[1251] Anders als bei der Ermittlung des beizulegenden Zeitwertes nach IFRS 13 handelt es sich beim Nettoveräußerungswert um einen **unternehmensspezifischen Wert**.[1252] Der Nettoveräußerungswert kann als unternehmensspezifischer Wert insofern vom marktorientierten beizulegenden Zeitwert (abzüglich der Veräußerungskosten) abweichen,[1253] was sich bei Krypto-Token vor allem aus der **konkreten Marktauswahl** bedingen kann. So ist das bilanzierende Unternehmen bei der Bestimmung des Veräußerungswertes nach IAS 2 nicht daran gebunden, den relevanten Markt aus Sicht eines typischen Marktteilnehmers abzuleiten.[1254] Vielmehr wird der üblicherweise in Anspruch genommene Markt zur Bestimmung des erzielbaren Veräußerungserlöses herangezogen.[1255]

[1249] Bspw. geht die ursprüngliche Quantitätsgleichung des Geldes von einer (nahezu) konstanten Umlaufgeschwindigkeit des Geldes aus, was für Krypto-Token nicht der Fall ist. Vgl. zu den hieraus resultierenden Herausforderungen bei der Modellierung der Inputparameter sowie der Konsequenzen für den Token-Preis EVANS, A., Cryptoasset Valuations, o. S.; LANNQUIST, A., Crypto Asset Valuation Frameworks, o. S.

[1250] Vgl. IAS 2.30, sowie RIESE, J./KURZ, L., in: Driesch u. a., Beck IFRS HB, 5. Aufl., § 8, Rn. 95.

[1251] Vgl. PELLENS, B. U. A., Internationale Rechnungslegung, S. 493.

[1252] Vgl. IAS 2.7; IFRS 13.6 (c).

[1253] Vgl. IFRS 13.6 (c).

[1254] Vgl. BARTLE, G./JACOBS, O. H./KUGEL, T., in: Baetge u. a., Rechnungslegung nach IFRS, 2. Aufl., IAS 2, Rn. 96; RIESE, J./KURZ, L., in: Driesch u. a., Beck IFRS HB, 5. Aufl., § 8, Rn. 92.

[1255] Bei der Ermittlung des *Fair Value* nach IFRS 13 handelt es sich bei diesem Markt hingegen nur widerlegbar

Um den Nettoveräußerungswert zu bestimmen, sind vom geschätzten erzielbaren Veräußerungserlös die geschätzten **Veräußerungskosten**[1256], die sich aus den geschätzten Kosten bis zur Fertigstellung und den geschätzten notwendigen Vertriebskosten zusammensetzen, abzuziehen.[1257] Während Fertigstellungskosten bei erworbenen Krypto-Token nicht von Bedeutung sind, muss das bilanzierende Unternehmen die geschätzten Vertriebskosten bei der Wertermittlung berücksichtigen. Unter die Vertriebskosten sind – wie bereits bei der Ermittlung der Anschaffungsnebenkosten – die auftretenden Transaktionsgebühren auf einer Handelsplattform sowie ggf. auftretende blockchainbasierte Transaktionsgebühren[1258] zu fassen. Diesbezüglich ist jedoch anzumerken, dass sich die Perspektive unterscheidet. Während bei der Bestimmung der Anschaffungsnebenkosten im Rahmen der Zugangsbewertung die Gebühren beim Zugang betrachtet werden, sind bei den für den Nettoveräußerungswert zu bestimmenden Veräußerungskosten die geschätzten Kosten beim Abgang der Krypto-Token zu ermitteln. Dies bedeutet, dass im Rahmen der Bestimmung der Anschaffungsnebenkosten tatsächlich angefallene Kosten im Wertansatz berücksichtigt werden, während mit Blick auf die Bestimmung des Nettoveräußerungswertes die hypothetischen Veräußerungskosten ermittelt werden.

Transaktionsgebühren auf einer Handelsplattform werden normalerweise prozentual auf Basis des Transaktionsvolumens berechnet und sind insofern problemlos für das bilanzierende Unternehmen zu schätzen. Herausfordernder ist es hingegen, die erwarteten blockchainbasierten Transaktionsgebühren zu beziffern. Dies hängt damit zusammen, dass diese „in Abhängigkeit von der aktuellen Nachfrage für die Nutzung der betreffenden Blockchain erheblich schwanken können."[1259] Gleichwohl hat das berichterstattende Unternehmen die blockchainbasierten Transaktionsgebühren so zu schätzen, dass die tatsächlichen wirtschaftlichen Verhältnisse am Bilanzstichtag widergespiegelt werden. Insofern sind auch im Vergleich zu den „üblichen" Umständen höhere oder niedrigere Verifikationsgebühren in die Bestimmung des Wertmaßstabs einzubeziehen.

452.4 Nutzungswert nach IAS 36

Wenn die Regelungen des IAS 38 tatbestandsseitig für die erworbenen Krypto-Token einschlägig sind, hat das berichterstattende Unternehmen die gehaltenen Krypto-Token auf Wertminderung zu prüfen. Die Häufigkeit einer solchen Prüfung ist gemäß IAS 38.79 mit dem Ausmaß der Volatilität der beizulegenden Zeitwerte der einer Neubewertung unterliegenden immateri-

---

um den relevanten Markt. Vgl. bereits Abschnitt 452.22, Fn. 1191.

1256 Die folgenden Ausführungen gelten gleichermaßen – abseits der einzunehmenden Perspektive eines typischen Marktteilnehmers – auch für die gemäß IAS 36.5 zu berücksichtigenden Veräußerungskosten in Hinblick auf den beizulegenden Zeitwert abzüglich Veräußerungskosten. Abgesehen von den Veräußerungskosten unterscheidet sich dieser Wertmaßstab nicht vom beizulegenden Zeitwert nach IFRS 13. Vgl. BAETGE, J. U. A., in: Baetge u. a., Rechnungslegung nach IFRS, 2. Aufl., IAS 36, Rn. 44.

1257 Vgl. IAS 2.6.

1258 Dies ist sachgerecht, sofern das berichterstattende Unternehmen den privaten Schlüssel zu den Krypto-Token eigenständig verwahrt und die Krypto-Token zum Verkauf noch auf eine Handelsplattform übertragen muss.

1259 EY (Hrsg.), Bilanzierung von Kryptovermögenswerten, S. 20.

ellen Vermögenswerte verbunden. Da Krypto-Token wesentlichen Wertschwankungen ausgesetzt sind bzw. dies zumindest in der Vergangenheit waren, sind diese **jährlich**, und zusätzlich wann immer ein Anhaltspunkt auf Wertminderung vorliegt, einem Wertminderungstest nach IAS 36 zu unterziehen.[1260]

Die Vorschriften für einen Wertminderungstest sind in IAS 36 angelegt. Im Zusammenhang mit einem Wertminderungstest ist der erzielbare Betrag als Maßstab zur Ermittlung des möglichen Wertminderungsaufwands zu bestimmen.[1261] Dieser ist als der höhere Betrag aus dem beizulegenden Zeitwert abzüglich Veräußerungskosten und dem Nutzungswert definiert. Während der beizulegende Zeitwert (abzüglich Veräußerungskosten) anhand der Leitlinien des IFRS 13 zu ermitteln ist,[1262] wird die Bestimmung des **Nutzungswerts** in IAS 36.30–57 geregelt. Der Nutzungswert basiert auf einem Barwertkalkül, bei dem die aus einem Vermögenswert (oder einer zahlungsmittelgenerierenden Einheit) erwarteten künftigen *Cashflows* diskontiert werden.[1263] Insofern entspricht der Nutzungswert in seiner Grundkonzeption einem einkommensbasierten Ansatz.[1264]

Der Konzeption des Wertminderungstests in IAS 36 liegt die Annahme zugrunde, dass sich das bilanzierende Unternehmen stets für die **wirtschaftlich vorteilhaftere Möglichkeit** – dem Abgang oder der weiteren Nutzung des Vermögenswertes – entschließen würde.[1265] Die Idee der weiteren Nutzung ist im Kontext von Krypto-Token jedoch zu hinterfragen. Zwar kann zwischen den Verwendungsabsichten einer intendierten Nutzung als Tauschmittel und einer Nutzung als Investment-Vehikel unterschieden werden. Gleichwohl führen Krypto-Token zu **keinen laufenden *Cashflows* aus deren Nutzung**, sodass sich der Nutzungswert i. S. v. IAS 36 für Zahlungs- und Nutzungs-Token nicht sinnvoll ermitteln lässt.[1266] Für Zwecke des Wertminderungstests ist dies indes nicht schädlich, sofern kein Grund zu der Annahme vorliegt, dass der Nutzungswert eines Vermögenswertes seinen beizulegenden Zeitwert abzüglich Veräußerungskosten wesentlich übersteigt.[1267] Dies wird laut IASB oftmals der Fall sein, wenn der zu bewertende Vermögenswert zu **Veräußerungszwecken** gehalten wird. Basierend auf den Verwendungsabsichten als Tauschmittel und als Investment-Vehikel lässt sich der vom IASB in IAS 36.21 angesprochene Fall insofern auf Zahlungs- und Nutzungs-Token übertragen, als der

---

1260 Vgl. IAS 38.108 i. V. m. IAS 36, sowie ausführlich BAETGE, J./VON KEITZ, I., in: Baetge u. a., Rechnungslegung nach IFRS, 2. Aufl., IAS 38, Rn. 141–146; PELLENS, B. U. A., Internationale Rechnungslegung, S. 361–380.

1261 Vgl. hier und im folgenden Satz IAS 36.18–24, sowie Abschnitt 451.

1262 Vgl. IAS 36.6, sowie BAETGE, J. U. A., in: Baetge u. a., Rechnungslegung nach IFRS, 2. Aufl., IAS 36, Rn. 13. Vgl. zur Bestimmung des beizulegenden Zeitwertes Abschnitt 452.2, sowie zur Ermittlung der (erwarteten) Veräußerungskosten Abschnitt 452.3.

1263 Vgl. IAS 36.6 i. V. m. IAS 36.31.

1264 Vgl. hierzu bereits Abschnitt 452.233.

1265 Vgl. IAS 36.BCZ23, sowie BAETGE, J. U. A., in: Baetge u. a., Rechnungslegung nach IFRS, 2. Aufl., IAS 36, Rn. 37.

1266 Vgl. so auch DELOITTE (Hrsg.), Cryptocurrency, S. 13, die mit Blick auf Bitcoin-Werteinheiten zu dem Ergebnis gelangen, dass der Nutzungswert für diese nicht zu ermitteln sei, da ihnen kein anderer Nutzen als der eines Tauschmittels zugrunde liegt.

1267 Vgl. hier und im folgenden Satz IAS 36.21.

wirtschaftliche Nutzenzufluss erst aus dem Abgang der Krypto-Token resultiert. Vor diesem Hintergrund ist es im Ergebnis bei Zahlungs- und Nutzungs-Token sachgerecht, den erzielbaren Betrag auf der alleinigen Basis des beizulegenden Zeitwertes abzüglich Veräußerungskosten zu bestimmen.[1268] Gleichwohl indiziert dies erneut, dass die tatbestandsseitige Einordnung von Krypto-Token *de lege lata* auf der Rechtsfolgeseite mitunter zu Normfolgen führt, die nicht unmittelbar für die Charakteristika von Krypto-Token konzipiert sind.

452.5 Zwischenfazit

Ziel der vorangegangenen Abschnitte war es, zunächst die für erworbene Zahlungs- und Nutzungs-Token im Rahmen der Zugangs- und Folgebewertung infrage kommenden Bewertungsmaßstäbe sachverhaltsspezifisch zu konkretisieren. Hierbei wurde deutlich, dass sich die Anforderungen der Bewertungsmaßstäbe **weitestgehend auf Krypto-Token übertragen lassen**. So lassen sich bspw. die Anschaffungskosten von Krypto-Token im Rahmen der Zugangsbewertung sowohl bei entgeltlichen Erwerben als auch bei einem Erwerb durch die Hingabe eines anderen Krypto-Token (Tauschgrundsätze) eindeutig bestimmen. Zudem ist die Bewertung in den Folgeperioden unproblematisch, sofern quotierte Marktpreise der im Bestand gehaltenen Krypto-Token über börsliche oder über außerbörsliche Handelsplattformen beobachtbar sind. Außerdem reduziert sich die Bewertungsunsicherheit bei Krypto-Token sobald der Token einsatzfähig ist, d. h. ein Zahlungs-Token tatsächlich in der Praxis als Tauschmittel verwendet wird oder ein Nutzungs-Token für das dem Token zugrunde liegende Leistungsversprechen eingesetzt werden kann.

Herausforderungen hinsichtlich der Bewertung von Krypto-Token bestehen indes, wenn diese noch nicht an einer Handelsplattform notiert sind und auch noch keine anderen beobachtbaren Marktpreise vorliegen, bspw. wenn ein Nutzungs-Token noch nicht für das mit ihm verbundene Leistungsversprechen einlösbar ist, da das Produkt bzw. die Dienstleistung erst noch entwickelt werden muss. Dies ist zumeist der Fall, wenn sich das bilanzierende Unternehmen an neuen Krypto-Projekten im Zuge eines *Initial Token Offering* beteiligt. Problematisch ist in diesem Zusammenhang, dass vor dem Hintergrund der Neuartigkeit von Krypto-Token noch nicht umfassend evaluiert ist, ob die für Zahlungs- und Nutzungs-Token potenziell infrage kommenden Bewertungsmethoden zu validen Bewertungsergebnissen führen.[1269] Dies resultiert auch daraus, dass für andere Bewertungsobjekte etablierte Bewertungsverfahren zum Teil nicht auf diese übertragen werden können (z. B. einkommensbasierte Ansätze), da Zahlungs- und Nutzungs-Token differierende Charakteristika zugrunde liegen, die in den Modellen nicht berücksichtigt werden können und bzw. oder sollen. Darüber hinaus bestehen in diesen Bewertungssituationen sachverhaltsbedingt wesentliche Bewertungsunsicherheiten, da sich das Geschäftsrisiko regelmäßig durch die Vorabfinanzierung auf die Erwerber der Token verlagert.[1270]

1268 Vgl. so auch im Ergebnis SOPP, G./GRÜNBERGER, D., Virtuelle Währungen nach IFRS, S. 223.

1269 Vgl. ähnlich EFRAG (Hrsg.), EFRAG Research project on Crypto-assets (Initial Coin Offerings and Custodial services), Rn. B24 f.

1270 Vgl. BROCKER, T./KLEBECK, U., ICO – Aufsicht und Haftung, S. 288, sowie bereits Abschnitt 232.42.

In diesem Zusammenhang ist indes zu berücksichtigen, dass es bei Krypto-Token zumindest intendiert ist, diese handelbar zu machen, sodass sich die Einstufung des beizulegenden Zeitwertes des entsprechenden Token über seinen Lebenszyklus verändern kann.[1271] Insofern ist die Bewertungsunsicherheit von Krypto-Token, für die noch keine Marktpreise beobachtet werden können, unter Umständen für Zwecke der Rechnungslegung **nur temporär von Bedeutung**. Zudem ist zu vermuten, dass nach IFRS bilanzierende Unternehmen in größerem Umfang etablierte Krypto-Token im Bestand halten.[1272] Daher ist anzunehmen, dass ein Großteil der Bewertungsfragestellungen bezüglich Krypto-Token in den IFRS bereits durch beobachtbare Marktpreise auf der ersten oder auf der zweiten Ebene der *Fair Value*-Hierarchie abgedeckt werden.

Auf diesen Erkenntnissen aufbauend sollen im Folgenden nun in Bezug auf erworbene Zahlungs- und Nutzungs-Token die Konsequenzen aus der regelungssystematisch angezeigten Normenanwendung untersucht werden, indem die Darstellung von erworbenen Zahlungs- und Nutzungs-Token im IFRS-Abschluss vor dem Hintergrund des Ziels der IFRS, entscheidungsnützliche Informationen zu vermitteln, analysiert und gewürdigt wird. Hierzu wird zunächst auf die Zugangsbewertung nach IAS 38 und nach IAS 2 (Abschnitt 453.1) und anschließend auf die Folgebewertung nach IAS 38 und nach IAS 2 eingegangen (Abschnitt 453.2).

453. Würdigung der regelungssystematischen Normenanwendung

453.1 Zugangsbewertung nach IAS 38 und nach IAS 2

In den IFRS sind erworbene Vermögenswerte zum Zugangszeitpunkt zu ihren Anschaffungskosten oder mit ihrem beizulegenden Zeitwert zu bewerten. Sowohl die Vorschriften nach IAS 38 als auch die nach IAS 2 sehen eine Zugangsbewertung mit den Anschaffungskosten vor, wobei diese bei einem Tauschgeschäft entweder auf Basis des beizulegenden Zeitwertes des hingegebenen Vermögenswertes (d. h. hier eines im Bestand gehaltenen Krypto-Token) oder – sofern dieser verlässlicher ermittelbar ist – mittels des beizulegenden Zeitwertes des erhaltenen Vermögenswertes (d. h. hier des erworbenen Krypto-Token) bestimmt werden.[1273] Für die Zugangsbewertung von erworbenen Zahlungs- und Nutzungs-Token sind insofern beide Bewertungsmaßstäbe von Bedeutung, wobei sich die Anschaffungskosten und der beizulegende Zeitwert zum Zugangszeitpunkt eines im Rahmen einer Markttransaktion erworbenen

[1271] Vgl. bereits Abschnitt 452.21, sowie ähnlich CPA CANADA (Hrsg.), Accounting for Cryptocurrencies, S. 17. Gleichzeitig ist es ebenso möglich, dass die Handelbarkeit eines Krypto-Token wieder entfällt, wenn sich Handelsplattformen dazu entschließen, die Krypto-Token zu *delisten*. Vgl. m. w. N. Abschnitt 452.21, Fn. 1157.

[1272] Vgl. bereits Abschnitt 452.21. Die Bedeutung von einzelnen (notierten) Krypto-Token für die gesamte Marktkapitalisierung zeigt sich auch daran, dass die größten zwanzig Krypto-Token in Bezug auf die Marktkapitalisierung einen Marktanteil von über 90 % einnehmen. Vgl. SANDNER, P./BEKEMEIER, F., Do 2,200 crypto assets really matter?, o. S.

[1273] Vgl. IAS 38.45–47. Ausnahmsweise kann es auch zu einer Buchwertfortführung kommen. Vgl. hierzu bereits Abschnitt 452.1. Vgl. zu den Besonderheiten bei der Zugangsbewertung zum beizulegenden Zeitwert KIRSCH, H.-J. U. A., in: Baetge u. a., Rechnungslegung nach IFRS, 2. Aufl., IFRS 13, Rn. 39–43, sowie sachverhaltsspezifisch PWC (Hrsg.), Rechnungslegung von Krypto-Assets, S. 29.

Vermögenswertes im Regelfall entsprechen, sofern die Transaktionskosten nicht signifikant sind.[1274]

Besonders unkritisch ist die Zugangsbewertung, wenn der **Anschaffungsvorgang entgeltlich**, d. h. mittels eines bilanzrechtlichen Zahlungsmittels oder mittels eines Zahlungsmitteläquivalentes, erfolgt.[1275] In diesem Zusammenhang ist bei einer Markttransaktion[1276] (widerlegbar) davon auszugehen, dass der hingegebene Betrag die tatsächlichen wirtschaftlichen Verhältnisse zum Zugangszeitpunkt widerspiegelt und somit der Ansatz der erworbenen Krypto-Token dazu beiträgt, glaubwürdige Informationen für die primären Abschlussadressaten bereitzustellen. Darüber hinaus werden relevante Informationen vermittelt, da die primären Adressaten zum einen anhand der berichteten Anschaffungskosten der erworbenen Krypto-Token befähigt werden, zu überprüfen, inwiefern das Management die ihm anvertrauten Ressourcen nutzt. Insofern lässt sich anhand der berichteten Information eine in der Vergangenheit getroffene Einschätzung zur Unternehmensentwicklung bestätigen oder korrigieren, was dem Bestätigungswert einer Information zuträglich ist. Zum anderen haben die berichteten Anschaffungskosten des erworbenen Krypto-Token auch einen Prognosewert, da die Kosten bei einem zu Marktbedingungen erworbenen Krypto-Token den erwarteten künftigen Nutzenzufluss widerspiegeln.[1277]

In Bezug auf **Anschaffungsvorgänge durch einen Tausch** von Vermögenswerten hat sich in den IFRS eine standardübergreifende Vorgehensweise etabliert.[1278] Sofern entweder für den erhaltenen oder für den hingegebenen Krypto-Token ein beobachtbarer **Marktpreis** vorliegt, fördert ein diesbezüglicher Bilanzansatz eine sachgerechte, d. h. den tatsächlichen wirtschaftlichen Verhältnissen entsprechende, Informationsvermittlung zum Zugangszeitpunkt. So spiegeln Marktpreise die aktuellen Wertverhältnisse zum Zugangszeitpunkt wider, die zum einen

---

1274 Vgl. CF.6.78, sowie in Bezug auf Bitcoin-Werteinheiten LÜDENBACH, N., Bitcoins – Lost in rules, S. 106.

1275 Vgl. DELOITTE (Hrsg.), Cryptocurrency, S. 13.

1276 Eine Markttransaktion liegt nicht vor, wenn der Transaktionspreis durch Beziehungen zwischen den Parteien, durch finanzielle Not oder durch Zwang einer Partei beeinflusst ist. Zudem ist eine Markttransaktion auch nicht gegeben, wenn ein Vermögenswert von einer Regierung zugeteilt oder von einer anderen Partei an das Unternehmen gespendet wird. Vgl. CF.6.80 (a) und (b). Letzterer Aspekt könnte bspw. für die Zugangsform eines Krypto-Token im Rahmen eines *Airdrops* oder eines *Hard Forks* von Bedeutung sein. In solch einem Fall ist die Zugangsbewertung wohl regelmäßig über einen aktuellen Bewertungsmaßstab (vgl. CF.6.10–6.22), z. B. den beizulegenden Zeitwert, zu bestimmen. Vgl. so auch CF.6.6.

1277 Vgl. CF.6.25, sowie BAETGE, J. U. A., in: Baetge u. a., Rechnungslegung nach IFRS, 2. Aufl., Kap. II, Rn. 153.

1278 So entsprechen sich die Vorgehensweisen der bilanziellen Abbildung eines Tauschs in IAS 16 und in IAS 38. Vgl. RAMSCHEID, M., in: Driesch u. a., Beck IFRS HB, 5. Aufl., § 4, Rn. 89. Der Charakter eines Tauschs liegt auch vor, wenn ein Unternehmen im Zuge des normalen Geschäftsgangs für den Verkauf von Gütern oder von Dienstleistungen eine Kompensation in Krypto-Token akzeptiert. Solch ein Zugang eines Krypto-Token ist nach IFRS 15 zu bilanzieren. Vgl. hierzu allgemein IFRS 15.48 (d) i. V. m. IFRS 15.66–69, sowie sachverhaltsspezifisch BERGER, J./FISCHER, F., Kryptowährungen in den IFRS, S. 1198; DELOITTE (Hrsg.), Cryptocurrency, S. 13; KPMG (Hrsg.), Institutionalization of cryptoassets, S. 26; ACSB (Hrsg.), Cryptocurrencies (Other Considerations), S. 2. Auch der Erwerb von Waren, von Dienstleistungen oder von Arbeitsleistungen gegen einen Krypto-Token sind als Tauschakte zu bilanzieren. Vgl. DELOITTE (Hrsg.), Cryptocurrency, S. 16; ACSB (Hrsg.), Cryptocurrencies (Employee Benefits), S. 1–3, sowie in Bezug auf Erwerbe im Austausch für eigens ausgegebene Token aus einem *Initial Token Offering* PWC (Hrsg.), Rechnungslegung von Krypto-Assets, S. 19–22.

den erwarteten künftigen Nutzenzufluss aus dem erworbenen Krypto-Token reflektieren. Zum anderen werden Marktpreise nicht von den Unternehmen selbst bestimmt. Dies fördert das Gütekriterium der Neutralität, da Marktpreise wertfrei und objektiv ausgewählt und im Abschluss wiedergegeben werden, ohne dass Schätzprozesse des berichterstattenden Unternehmens in den Wertmaßstab einfließen.

Demgegenüber bestehen bei einem Tausch von Krypto-Token spezifische (Bewertungs-)Herausforderungen, wenn weder für den hingegebenen noch für den erhaltenen Krypto-Token beobachtbare Marktpreise vorliegen.[1279] In dem Fall, dass **keine Marktpreise** vorliegen, erfolgt die Bestimmung des beizulegenden Zeitwertes auf der Basis eines Bewertungsverfahrens auf der dritten Stufe der *Fair Value*-Hierarchie. Zwar steht dies einer – wie in IAS 38.45 geforderten – verlässlichen Ermittlung des beizulegenden Zeitwertes in Hinblick auf die Zugangsbewertung nicht grundsätzlich entgegen.[1280] Jedoch wurde bereits deutlich, dass die auf dieser Ebene erzielten Bewertungsergebnisse vor dem Hintergrund der noch nicht umfassend evaluierten Bewertungsmethoden für Zahlungs- und Nutzungs-Token mitunter in Hinblick auf ihre Validität infrage stehen, was fallweise mit der Anforderung einer verlässlichen Bestimmung des beizulegenden Zeitwertes in IAS 38.45 konfligieren kann. Gleichwohl gewähren die Tauschgrundsätze für den Fall, dass der beizulegende Zeitwert des hingegebenen oder des erhaltenen Krypto-Token nicht verlässlich bestimmt werden kann, nachgelagert die Möglichkeit, die Anschaffungskosten (ausnahmsweise)[1281] mit dem **Buchwert des hingegebenen Vermögenswertes** zu bemessen.[1282] Der Buchwert des hingegebenen Krypto-Token ist in diesem Zusammenhang als der beste Schätzer der Anschaffungskosten des erworbenen Krypto-Token anzusehen, sodass die Anschaffungskosten den tatsächlichen wirtschaftlichen Gehalt der Zugangstransaktion bestmöglich repräsentieren.

Vor diesem Hintergrund lässt sich festhalten, dass sowohl bei einem entgeltlichen Anschaffungsvorgang als auch bei einem Tausch von Krypto-Token den primären Adressaten der IFRS entscheidungsnützliche Informationen zum Zugangszeitpunkt vermittelt werden. Dies lässt sich noch insofern untermauern, als bereits in Hinblick auf die allgemeine Ansatzfähigkeit von erworbenen Zahlungs- und Nutzungs-Token i. S. d. Rahmenkonzepts abgeleitet wurde, dass durch die Aktivierung der Erwerbskosten entscheidungsnützlichere Informationen vermittelt werden als durch eine Nicht-Aktivierung der erworbenen Token.[1283]

[1279] Das Fehlen eines Marktpreises ist ebenso im Rahmen der Folgebewertung die wesentliche Herausforderung. Vgl. ausführlich zur Folgebewertung Abschnitt 453.2 und Abschnitt 453.3.

[1280] Vgl. FREIBERG, J., Gewinnrealisation bei Tauschgeschäften, S. 172.

[1281] Vgl. FREIBERG, J., Gewinnrealisation bei Tauschgeschäften, S. 173.

[1282] Vgl. IAS 38.45. Wenn der beizulegende Zeitwert nicht verlässlich ermittelt werden kann, kommt es zu einer erfolgsneutralen Buchwertfortführung. Sofern der beizulegende Zeitwert indes verlässlich ermittelt werden kann und nicht dem Buchwert des hingegebenen Vermögenswertes entspricht, folgt zwangsläufig, dass hieraus ein erfolgswirksam zu erfassender Differenzbetrag entsteht. Vgl. hierzu ausführlich BAETGE, J./VON KEITZ, I., in: Baetge u. a., Rechnungslegung nach IFRS, 2. Aufl., IAS 38, Rn. 99 f.

[1283] Vgl. hierzu ausführlich Abschnitt 433.

453.2 Folgebewertung nach IAS 38

453.21 Vorüberlegungen und Diskussion eines impliziten *scope out*

Für erworbene Zahlungs- und Nutzungs-Token, die nicht zum Verkauf im normalen Geschäftsgang gehalten werden, konnte hergeleitet werden, dass diese in den Anwendungsbereich des IAS 38 fallen und somit nach dessen Vorschriften folgezubewerten sind. Hierbei besteht gemäß IAS 38.72 – unter bestimmten Voraussetzungen – ein **Wahlrecht** zwischen dem Anschaffungskostenmodell und dem Neubewertungsmodell. Von diesem Wahlrecht kann das bilanzierende Unternehmen nur Gebrauch machen, wenn der beizulegende Zeitwert des zu bewertenden Krypto-Token auf einem aktiven Markt für identische Vermögenswerte zu beobachten ist. Dieser Marktzustand wird wohl für die Mehrzahl an insgesamt existierenden Krypto-Token nicht vorliegen. Hieraus sollte jedoch nicht gefolgert werden, dass dem in IAS 38 verankerten Wahlrecht nur eine geringe Bedeutung für die Folgebewertung von Krypto-Token beizumessen ist, da das Handelsvolumen von Krypto-Token und deren Marktkapitalisierung maßgeblich von einzelnen Token (z. B. Bitcoin-Werteinheiten und Ether) dominiert werden, für die aktive Märkte nachgewiesen werden können. Zudem werden nach IFRS bilanzierende Unternehmen gerade etablierte Krypto-Token in größerem Umfang handeln oder als Tauschmittel in ihrem Geschäftsmodell einsetzen,[1284] was dafür spricht, dass sie regelmäßig zwischen dem Anschaffungskosten- und dem Neubewertungsmodell wählen können. Dies lässt sich auch damit unterstreichen, dass in der Praxis gegenwärtig mehr Unternehmen bei Krypto-Token das Neubewertungsmodell anwenden.[1285]

Unabhängig von dem konkret angewendeten Folgebewertungsmodell wird in IAS 38 zwischen „zwei Subkategorien immaterieller Vermögenswerte“[1286] unterschieden. So differenziert der IASB in IAS 38 zwischen Vermögenswerten mit einer begrenzten **Nutzungsdauer** und solchen mit einer unbestimmten Nutzungsdauer.[1287] Zahlungs- und Nutzungs-Token liegt keine begrenzte Nutzungsdauer, weder zeit- noch leistungsmengenbezogen, zugrunde, sodass nach IAS 38 zu bilanzierende erworbene Krypto-Token keiner planmäßigen Abschreibung unterliegen.[1288] Als immaterielle Vermögenswerte mit einer unbestimmten Nutzungsdauer sind erworbene Krypto-Token daher jährlich, und zusätzlich wann immer ein Anhaltspunkt auf Wertminderung vorliegt, einem **Wertminderungstest nach IAS 36** zu unterziehen.[1289] Der Wertminderungstest ist in diesem Zusammenhang auf der Basis einer separaten Einheit eines Krypto-

---

[1284] Vgl. Abschnitt 452.21 und Abschnitt 452.5.

[1285] Vgl. IASB (Hrsg.), Staff Paper 12J (November 2019), Rn. 12 (a) und (b).

[1286] LÜDENBACH, N., Bitcoins – Lost in rules, S. 105.

[1287] Vgl. IAS 38.8 i. V. m. IAS 38.88–110, sowie ausführlich MÜLLER, C., Immaterielle Vermögenswerte unbestimmter Nutzungsdauer, S. 347–352.

[1288] Vgl. IAS 38.89 und IAS 38.97 i. V. m. IAS 38.107, sowie sachverhaltsspezifisch HAAKER, A., Bitcoin: „substanzloses“ Gold jenseits des IAS 38?, S. M5; BERGER, J./FISCHER, F., Kryptowährungen in den IFRS, S. 1198; DELOITTE (Hrsg.), Cryptocurrency, S. 13; EY (Hrsg.), Bilanzierung von Kryptovermögenswerten, S. 24.

[1289] Vgl. bereits Abschnitt 452.4.

Token durchzuführen, was erfordert, dass das bilanzierende Unternehmen bei mehrfachen Erwerben eines Krypto-Token im Zeitablauf die entsprechenden Anschaffungskosten nachhalten muss.[1290] Ein **Indikator** für eine Wertminderung liegt bspw. vor, wenn der notierte Preis eines Krypto-Token unter die fortgeführten Anschaffungskosten fällt. Sofern der zu bewertende Krypto-Token noch nicht gehandelt ist, kommt der Beobachtung der Aktivitäten des hinter dem Projekt stehenden Teams eine wesentliche Bedeutung im Rahmen der Prüfung auf Wertminderung zu. So werden im *Whitepaper* zum Krypto-Token Meilensteine in Bezug auf die Produktentwicklung und Zeitpunkte festgelegt, zu denen der (Nutzungs-)Token funktional einsatzfähig und bzw. oder an einer Handelsplattform notiert sein sollen.[1291] Sofern diese Meilensteine nicht erreicht werden, ist dies ein Indikator für einen Wertminderungstest nach IAS 36.

Fraglich ist jedoch, ob die Folgebewertungskonzeption des IAS 38 sachgerecht auf Krypto-Token übertragen werden kann oder ob mit Blick auf deren Charakteristika regelungssystematisch ein impliziter *scope out* von den Normen des IAS 38 erforderlich ist.[1292] Diese Fragestellung ist darauf zurückzuführen, dass die Vorschriften zur Folgebewertung in IAS 38 mitunter so ausgelegt werden, dass diese stets eine **zeitraumbezogene Nutzenstiftung** des immateriellen Vermögenswertes voraussetzen. So wird ein immaterieller Vermögenswert mit einer begrenzten Nutzungsdauer planmäßig abgeschrieben, was „eine kontinuierliche (wenn auch nicht notwendig gleichmäßige) Nutzenstiftung über einen längeren Zeitraum“[1293] impliziert. Selbiges leitet LÜDENBACH auch für immaterielle Vermögenswerte mit einer unbestimmten Nutzungsdauer her, indem er darauf hinweist, dass sowohl bei der Bestimmung der Nutzungsdauer[1294] als auch bei der Bestimmung des erzielbaren Betrags mittels des Nutzungswerts im Rahmen des Wertminderungstests[1295] von einer fortgesetzten, d. h. nicht einmaligen, Nutzung des immateriellen Vermögenswertes ausgegangen wird.[1296] Hieraus lässt sich schließen, dass zumindest im Regelfall im Kontext des IAS 38 davon ausgegangen wird, dass ein immaterieller Vermögenswert gehalten wird, um über einen bestimmten oder über einen unbestimmten Zeitraum Nutzen in Form von *Cashflows* zu generieren.[1297] Zahlungs- und Nutzungs-Token liegt indes eine **zeitpunktbezogene Nutzenstiftung** bei der Verwendung als Zahlungs- bzw. als Tauschmittel (intendierte Verwendung) oder bei einem Verkauf (Investment-Vehikel) zugrunde.[1298]

LÜDENBACH folgert hieraus, dass ein **impliziter *scope out*** von IAS 38 für nicht zur fortgesetzten Nutzung gehaltene immaterielle Vermögenswerte zu erfolgen hat, da für diesen Tatbestand

---

1290 Vgl. hier und im folgenden Satz, wenn auch im Kontext der US-GAAP, EY (Hrsg.), A holder's accounting for cryptocurrencies, S. 5 f. Vgl. ähnlich FREIBERG, J., Digitale (Krypto-)Währungen nach IFRS, S. 153, sowie bereits zur *unit of account* Abschnitt 452.21, Fn. 1136.

1291 Vgl. bereits Abschnitt 232.42.

1292 Vgl. hier und im folgenden Satz LÜDENBACH, N., Bitcoins – Lost in rules, S. 105 f.

1293 LÜDENBACH, N., Bitcoins – Lost in rules, S. 105.

1294 Vgl. IAS 38.BC61 f.

1295 Vgl. IAS 36.33 i. V. m. IAS 36.39.

1296 Vgl. LÜDENBACH, N., Bitcoins – Lost in rules, S. 105. Vgl. diesbezüglich bereits Abschnitt 452.4.

1297 Vgl. so auch DELOITTE (Hrsg.), Cryptocurrency, S. 15; AASB (Hrsg.), Digital currency, S. 16.

1298 Vgl. PETRY, H. M., Kryptowährungen nach SWISS GAAP, S. 372; LÜDENBACH, N., Bitcoins – Lost in rules, S. 105, sowie wohl implizit DELOITTE (Hrsg.), Cryptocurrency, S. 15.

keine Vorschriften auf der Rechtsfolgeseite in IAS 38 implementiert seien.[1299] Da solch ein Ausschluss jedoch weder auf Tatbestands- noch auf Definitionsseite in IAS 38 explizit verankert ist,[1300] ist es indes fraglich, ob dies vor dem Hintergrund des Anwendungsbereichs des IAS 38, der gerade alle die Definitionskriterien erfüllenden immateriellen Vermögenswerte – abseits der spezifischen *scope outs* in IAS 38.2 f. – erfassen soll,[1301] regelungssystematisch angezeigt ist. In Anbetracht des bewusst breit gefassten Anwendungsbereichs von IAS 38 kann daher gleichermaßen gefolgert werden, dass eine zeitraumbezogene Nutzenstiftung zwar die Regel, indes nicht die ausschließlich mögliche Nutzenstiftung sein muss. Hierfür spricht auch, dass für den Wertminderungstest nach IAS 36 nicht in jedem Fall der Nutzungswert zu ermitteln ist, sondern der erzielbare Betrag (in Ausnahmefällen) auch auf der alleinigen Basis des beizulegenden Zeitwertes abzüglich Veräußerungskosten bestimmt werden kann.[1302] Insofern besteht durchaus eine Regelungssystematik, bei der keine zeitraumbezogene Nutzenstiftung erforderlich ist. Daher ist im Ergebnis kein impliziter *scope out* von IAS 38 für erworbene Zahlungs- und Nutzungs-Token möglich. Gleichwohl indizieren die aufgeführten Aspekte erneut, dass erworbene Zahlungs- und Nutzungs-Token ein ungewöhnlicher Anwendungsfall des IAS 38 sind.

Insofern stellen Krypto-Token „[i]n der Bewertungskonzeption für immaterielles Vermögen [...] zwar einen Fremdkörper dar, die Vorgaben des IAS 38 sind aber dennoch anzuwenden."[1303] Auch wenn LÜDENBACH anmerkt, dass „[e]ine solche Auffassung [...] unterstellen [würde; Anm. d. Verf.], dass das Regelwerk der IFRS nicht lediglich kasuistisch, sondern in Teilen sogar **pathologisch** ist"[1304], sollen das Anschaffungskosten- und das Neubewertungsmodell in den folgenden Abschnitten hinsichtlich der mit ihnen vermittelten Informationen in Bezug auf erworbene Krypto-Token betrachtet werden. Zudem gebietet sich eine eingehende Untersuchung der Folgebewertungskonzeptionen des IAS 38 auch vor dem Hintergrund der Empfehlung des IFRS IC für Kryptowährungen.

453.22 Folgebewertung im Anschaffungskostenmodell

Immaterielle Vermögenswerte, die einer begrenzten Nutzungsdauer unterliegen, sind im Zuge der Folgebewertung planmäßig abzuschreiben, wohingegen immaterielle Vermögenswerte mit einer unbestimmten Nutzungsdauer nicht planmäßig abgeschrieben werden dürfen.[1305] Da Krypto-Token keiner begrenzten Nutzungsdauer unterliegen, sind sie nicht planmäßig abzuschreiben.[1306] Vor diesem Hintergrund kommt dem mindestens jährlich durchzuführenden

[1299] Vgl. LÜDENBACH, N., Bitcoins – Lost in rules, S. 105 f. Vgl. so auch HAAKER, A., Bitcoin: „substanzloses" Gold jenseits des IAS 38?, S. M5.

[1300] Vgl. so auch LÜDENBACH, N., Bitcoins – Lost in rules, S. 105 f., der der zuvor geführten Auslegung indes eine größere Bedeutung im Vergleich zu diesem Umstand beimisst.

[1301] Vgl. IAS 38.1 i. V. m. IAS 38.BC4 f.

[1302] Vgl. Abschnitt 452.4.

[1303] FREIBERG, J., Digitale (Krypto-)Währungen nach IFRS, S. 153.

[1304] LÜDENBACH, N., Bitcoins – Lost in rules, S. 106.

[1305] Vgl. IAS 38.88–110.

[1306] Vgl. Abschnitt 453.21.

Wertminderungstest eine erhebliche Bedeutung zu, sofern das bilanzierende Unternehmen im Zuge der Folgebewertung wahlweise das Anschaffungskostenmodell anwendet oder aufgrund eines fehlenden aktiven Marktes für die erworbenen Krypto-Token anwenden muss, da Wertanpassungen ausschließlich über den Wertminderungstest erfolgen. Der im Zuge des Wertminderungstests zu ermittelnde erzielbare Betrag entspricht in diesem Zusammenhang dem beizulegenden Zeitwert abzüglich der Veräußerungskosten.[1307]

Im Rahmen der Folgebewertung kann der erzielbare Betrag über oder unter den fortgeführten Anschaffungskosten des erworbenen Krypto-Token liegen. Sofern der **erzielbare Betrag über den fortgeführten Anschaffungskosten** liegt, erfolgt – abgesehen von dem Fall einer Wertaufholung – keine Anpassung des Buchwertes, da die ursprünglichen Anschaffungskosten eines erworbenen Krypto-Token im Anschaffungskostenmodell die Wertobergrenze bilden. Diese Fallkonstellation soll zunächst mit Blick auf die vermittelten Informationen untersucht werden. Zu diskutieren ist, ob diese Folgebewertungskonzeption bei Zahlungs- und Nutzungs-Token zu einer entscheidungsnützlichen, d. h. relevanten und glaubwürdig dargestellten, Informationsvermittlung für die primären IFRS-Abschlussadressaten führt.

In Bezug auf den Bewertungsmaßstab und eine damit verbundene Erfolgswirkung knüpft der IASB die **Relevanz** der vermittelten Informationen daran, ob die Eigenschaften der Vermögenswerte sowie die Art und Weise ihres Beitrags zu künftigen *Cashflows* sachgerecht widergespiegelt werden.[1308] *Cashflows* können sowohl direkt (bspw. durch den Verkauf eines Vermögenswertes) als auch indirekt (bspw. durch den Verkauf des aus der Nutzung des Vermögenswertes entstandenen Gutes) durch einen Vermögenswert generiert werden. In Bezug auf Krypto-Token lässt sich – wie bereits erläutert –[1309] feststellen, dass diese **stets direkte *Cashflows*** generieren (bspw. aus dem Verkauf des Token auf einer Handelsplattform oder dem Einsatz als Tauschmittel), da es nicht erforderlich ist, sie zur Nutzenstiftung mit anderen Ressourcen des Unternehmens zu kombinieren.[1310] Mit Blick auf einen Vermögenswert, der direkte *Cashflows* generiert, vermutet der IASB, dass die relevantesten Informationen wahrscheinlich durch einen aktuellen Wertmaßstab (z. B. den *Fair Value*), d. h. nicht durch die Anschaffungskosten, vermittelt werden.[1311] Dieser Annahme liegt zugrunde, dass den primären Adressaten bei einem auf die ursprünglichen Anschaffungskosten beschränkten Wertansatz unter Umständen keine aktuellen Informationen hinsichtlich der künftig zu erwartenden Höhe und Unsicherheit der *Cashflows* bereitgestellt werden.

Diesem Umstand ist bei Zahlungs- und Nutzungs-Token eine besondere Bedeutung beizumessen, da diese bislang zum Teil erheblichen Preisschwankungen ausgesetzt sind. Dies ist primär

[1307] Vgl. Abschnitt 452.4.

[1308] Vgl. hier und im folgenden Satz CF.6.49, sowie BAETGE, J. U. A., in: Baetge u. a., Rechnungslegung nach IFRS, 2. Aufl., Kap. II, Rn. 175; KIRSCH, H., Conceptual Framework (Teil 2), S. 218.

[1309] Vgl. Abschnitt 452.4 und Abschnitt 453.21.

[1310] Vgl. AASB (Hrsg.), Digital currency, S. 17; IFRS IC (Hrsg.), Staff Paper 12 (July 2019), Rn. 17 (b); SIXT, E./HIMMER, K., Accounting and Taxation of Cryptoassets, S. 40.

[1311] Vgl. hier und im folgenden Satz CF.6.56 f.

auf die im Vergleich zu etablierten Finanzmärkten noch geringere Marktreife zurückzuführen und zeigt sich unter anderem daran, dass die quotierten Preise von Zahlungs- und Nutzungs-Token **(äußerst) sensitiv**[1312] auf Meldungen hinsichtlich möglicher Regulierungsvorhaben oder anderweitiger Nachrichten (z. B. gehackte Handelsplattformen) reagieren. Die Tatsache, dass Krypto-Token in dieser Form auf Marktfaktoren reagieren, spricht – wie bereits die direkte Generierung von *Cashflows* – dafür, dass mit dem Anschaffungskostenmodell die **Relevanz** der vermittelten Informationen in Bezug auf Krypto-Token **eingeschränkt ist.**[1313] So kann der ausgewiesene Buchwert eines erworbenen Krypto-Token im Rahmen des Anschaffungskostenmodells mitunter erheblich von seinem beizulegenden Zeitwert abweichen, was dazu führt, dass die Vermögenslage des berichterstattenden Unternehmens in Bezug auf die bilanzierten Krypto-Token nicht den tatsächlichen Verhältnissen entsprechend dargestellt wird. Dies zeigt sich daran, dass bei einer positiven Wertentwicklung der gehaltenen Krypto-Token stille Reserven aufgebaut werden, die erst bei einem Abgang des Krypto-Token GuV-wirksam erfasst werden. Den primären Adressaten werden mithin Informationen vermittelt, die einen Erfolg im Jahr des Abgangs suggerieren, obgleich dieser sich ggf. auf vorangegangene Perioden bezieht.

In den vorstehenden Ausführungen wurde bereits infrage gestellt, ob die Informationsvermittlung bei einer im Vergleich zu den ursprünglichen Anschaffungskosten positiven Wertentwicklung der erworbenen Krypto-Token den tatsächlichen wirtschaftlichen Verhältnissen entspricht. Mit Blick auf das Ziel der IFRS, den primären Adressaten entscheidungsnützliche Informationen zu vermitteln, ist für einen solchen Schluss jedoch zudem die fundamentale qualitative Anforderung der **glaubwürdigen Darstellung** zu berücksichtigen. In diesem Zusammenhang ist es erforderlich, die mit einer Bewertung verbundene sachverhaltsspezifische Bewertungsunsicherheit zu beachten.[1314]

Unkritisch ist es mit Blick auf die glaubwürdige Darstellung, wenn der Preis des zu bewertenden Kypto-Token an einem **aktiven Markt** beobachtet werden kann.[1315] Obgleich auch bei einem an einem aktiven Markt gehandelten Krypto-Token zum Zeitpunkt der Bewertung nicht feststeht, wie hoch der Nutzenzufluss in Form einer Fiatwährung oder eines anderen Vermögenswertes beim tatsächlichen Abgang des Krypto-Token sein wird, ist dies nicht als Bewertungsunsicherheit zu verstehen.[1316] Vielmehr ist es diesbezüglich von Bedeutung, dass der Bewertung ein objektivierter Bewertungsmaßstab zugrunde liegt. Auch wenn dies insbesondere für an aktiven Märkten gehandelte identische Vermögenswerte gilt, ist dieses Argument in abgeschwächter Form auch für **andere beobachtbare Marktpreise** auf der zweiten Ebene der *Fair Value*-Hierarchie gültig. Zwar sind bspw. beobachtbare Preise auf einem inaktiven, d. h.

1312 Vgl. in Bezug auf Bitcoin-Werteinheiten LEHRBASS, F./WEIßER, M., Determinanten der Wertentwicklung von Bitcoins, S. 276.

1313 Vgl. ähnlich CF.6.50.

1314 Vgl. CF.6.60.

1315 Vgl. CF.6.60.

1316 Vgl. CF.6.62, sowie ausführlich im Rahmen der Folgebewertung im Neubewertungsmodells Abschnitt 453.23.

auf wenigen Transaktionen oder auf einem geringen Volumen basierenden, Markt für identische Krypto-Token weniger aussagekräftig als Preise für identische Krypto-Token auf aktiven Märkten, sodass die Inputparameter auf der zweite Stufe mitunter noch vom berichterstattenden Unternehmen angepasst werden müssen.[1317] Trotzdem ist durch den Marktbezug eines Level-2-Inputparameters sowohl eine entsprechende Objektivierung des Wertmaßstabs und eine (weitestgehend) vom bilanzierenden Unternehmen unabhängige Preisstellung als auch eine im Vergleich zu einer Level-3-Bewertung höhere Neutralität in Bezug auf die Informationsvermittlung gegeben.[1318] Vor diesem Hintergrund überzeugt eine auf den Anschaffungskosten basierende Folgebewertung bei Krypto-Token, für die beobachtbare Marktpreise vorliegen, auch mit Blick auf die glaubwürdige Darstellung der vermittelten Informationen nur eingeschränkt.

Bewertungsunsicherheiten bei Krypto-Token bestehen indes, wenn diese noch nicht an einem Markt notiert sind und auch noch keine anderen beobachtbaren Marktpreise vorliegen, was bspw. bei (noch) nicht gelisteten und (noch) nicht einlösbaren Nutzungs-Token der Fall ist.[1319] Dies ist zum einen darauf zurückzuführen, dass sich abseits von notierten Preisen oder anderen beobachtbaren Markttransaktionen bislang noch kein Konsens bezüglich einer modellbasierten Bestimmung des beizulegenden Zeitwertes etabliert hat. Zum anderen werden die Inputparameter für die Bestimmung des beizulegenden Zeitwertes abseits von notierten Preisen oder anderen beobachtbaren Markttransaktionen regelmäßig auf Schätzungen basieren, die für die primären Adressaten nicht beobachtbar sind. Gerade wenn in signifikantem Umfang subjektive, nicht beobachtbare Inputparameter in die Bestimmung des beizulegenden Zeitwertes einfließen, kann dies – auch unabhängig von der Bewertung von Krypto-Token – dazu führen, dass die Neutralität der berichteten Informationen und mithin deren glaubwürdige Darstellung eingeschränkt ist.

Durch die Anwendung des Anschaffungskostenmodells wird mithin zumindest verhindert, dass ggf. auf subjektiven, nicht beobachtbaren Inputparametern beruhende Wertänderungen die Darstellung der Vermögens- und korrespondierend auch eine ansonsten über die Gesamtergebnisrechnung nachzuzeichnende Ertragslage beeinflussen. Dies spricht insofern gegen eine Erhöhung des Buchwertes über die ursprünglichen Anschaffungskosten und mithin für die Anwendung des Anschaffungskostenmodells.[1320] Gleichwohl verbleiben mit Blick auf die Informationsvermittlung durch die Anwendung des Anschaffungskostenmodells auf erworbene Zahlungs- und Nutzungs-Token **Defizite in Bezug auf die Entscheidungsnützlichkeit**, da den pri-

---

[1317] Vgl. bereits Abschnitt 452.21 und Abschnitt 452.232.1. Vor diesem Hintergrund wird eine verlässliche Wertfindung – unabhängig vom konkreten Sachverhalt – zum Teil bezweifelt. Vgl. BAETGE, J., Verwendung von DCF-Kalkülen, S. 17; BALLWIESER, W./KÜTING, K./SCHILDBACH, T., Fair value im Handelsrecht, S. 536.

[1318] Vgl. IFRS 13.BC171, sowie KIRSCH, H.-J. U. A., in: Baetge u. a., Rechnungslegung nach IFRS, 2. Aufl., IFRS 13, Rn. 82. Vgl. zur Zuordnung der unterschiedlichen Bewertungsverfahren zu den einzelnen Ebenen der *Fair Value*-Hierarchie Abschnitt 452.23.

[1319] Vgl. bereits Abschnitt 452.5.

[1320] Vgl. IFRS IC (Hrsg.), Staff Paper 4B (September 2018), Rn. 19 f.; IFRS IC (Hrsg.), Staff Paper 12 (July 2019), Rn. 71 (d).

mären Adressaten mit dem Bewertungsmaßstab der fortgeführten Anschaffungskosten nur bedingt relevante Informationen hinsichtlich der im Bestand gehaltenen Krypto-Token vermittelt werden.

Ein erzielbarer Betrag, der niedriger als die fortgeführten Anschaffungskosten ist, führt indes zu einer **GuV-wirksamen Wertminderung**. Einer Wertminderung liegt zugrunde, dass der erzielbare Betrag indiziert, dass das ursprünglich erwartete Nutzenpotenzial des Vermögenswertes nicht mehr in der zuvor angenommenen Form ausgeschöpft werden kann.[1321] Mit Blick auf Krypto-Token sind in Bezug auf die durch eine Wertminderung vermittelten Informationen zum einen die mitunter starken Preisschwankungen von beobachtbaren Marktpreisen auf der ersten und zweiten Stufe der *Fair Value*-Hierarchie, zum anderen die Bewertungsmethoden auf der dritten Ebene näher zu untersuchen.

In Hinblick auf **Preisschwankungen** von notierten Krypto-Token ist zunächst fraglich, ob die Informationsvermittlung bei einem Unterschreiten des Buchwertes des betrachteten Krypto-Token durch eine GuV-wirksame Wertminderung sachgerecht dargestellt wird. So ließe sich mitunter bei starken Schwankungen des Preises um den Bewertungsstichtag argumentieren, dass die Wertminderung ggf. nicht dauerhaft ist und daher eine Wertminderung einer entscheidungsnützlichen Informationsvermittlung nicht zuträglich sei. Demgegenüber ist jedoch anzumerken, dass die Erfassung eines Wertminderungsaufwands nicht explizit an die voraussichtliche Dauer der Wertminderung geknüpft ist,[1322] jedoch implizit im erzielbaren Betrag berücksichtigt wird; im Nutzungswert durch den Betrachtungshorizont und im beizulegenden Zeitwert abzüglich Veräußerungskosten antizipiert durch die Marktsicht. Insofern wird gerade, wenn der erzielbare Betrag auf einem beobachtbaren Marktpreis, d. h. auf einem objektivierten Bewertungsmaßstab, basiert, durch eine GuV-wirksame Wertminderung den tatsächlichen wirtschaftlichen Verhältnisse zum Bewertungsstichtag Rechnung getragen und ist mithin sachgerecht.

Mit Blick auf die infrage stehende Validität der Bewertungsergebnisse eines auf einer **Level-3-Bewertung** basierendem erzielbaren Ertrags ließe sich anführen, dass eine Wertminderung ggf. nicht sachgerecht ist, wenn die Wertminderung auf der Unzulänglichkeit des Bewertungsmodells beruht. Einer solchen Begründung steht indes entgegen, dass die Güte des Bewertungsmaßstabs keinen Einfluss darauf hat, ob eine Wertminderung zu erfolgen hat oder nicht. Dies wäre auch vor dem Hintergrund, dass die primären Adressaten bei einer unterlassenen Wertminderung mitunter zu spät über das reduzierte, dem entsprechenden Krypto-Token zuzuschreibende wirtschaftliche Nutzenpotenzial informiert würden, nicht angemessen. Hierfür spricht auch, dass ein auf der dritten Stufe der *Fair Value*-Hierarchie bestimmter beizulegender Zeitwert in jedem Fall der beste Schätzer in Hinblick auf die tatsächlichen wirtschaftlichen Verhältnisse zum Bewertungsstichtag ist.

[1321] Vgl. IAS 36.1 i. V. m. IAS 36.6; CF.6.7 (c).
[1322] Vgl. IAS 36.BCZ96 f.

Im Ergebnis lässt sich festhalten, dass bei einer eingetretenen Wertminderung durch eine entsprechende GuV-wirksame Erfassung sowohl eine **relevantere** als auch eine **glaubwürdiger dargestellte** Informationsvermittlung in Bezug auf die Vermögens- und Ertragslage des bilanzierenden Unternehmens im Vergleich zu einer unterlassenen Wertminderung vorliegt. Insofern ist die regelungssystematisch ohnehin vorgesehene Rechtsfolge dem Ziel der IFRS, entscheidungsnützliche Informationen zu vermitteln, auch mit Blick auf erworbene Zahlungs- und Nutzungs-Token förderlich. Hierfür spricht auch, dass im IFRS-Normengefüge eine unterlassene Wertminderung keine relevante Alternative ist. Da sich die hier aufgeführten Argumente in Bezug auf eine Wertminderung auch auf die Folgebewertung im Rahmen des Neubewertungsmodells übertragen lassen, wird im folgenden Abschnitt ausschließlich der Fall betrachtet und hinsichtlich der Informationsvermittlung beurteilt, in dem der erzielbare Betrag im Rahmen der Folgebewertung oberhalb der ursprünglichen Anschaffungskosten liegt.

453.23 Folgebewertung im Neubewertungsmodell

453.231. Analyse der Vermögenslage

Das Neubewertungsmodell kann im Rahmen der Folgebewertung nach IAS 38 nur angewendet werden, wenn der beizulegende Zeitwert des betrachteten Vermögenswertes auf einem **aktiven Markt** für identische Vermögenswerte bestimmt werden kann.[1323] In allen anderen Fällen ist das Anschaffungskostenmodell verpflichtend anzuwenden. Mit Blick auf die Grundidee einer Folgebewertung mittels des Neubewertungsmodells wirken Zahlungs- und Nutzungs-Token zunächst als „ein kurioser Anwendungsfall der Neubewertungsmethode“[1324]. So liegt dem Neubewertungsmodell weniger der Gedanke eines *„Fair Value Accounting“*[1325] als die **Vorstellung der Substanzerhaltung** zugrunde,[1326] die für Zahlungs- und Nutzungs-Token nicht von Bedeutung ist. Dies lässt sich einerseits auf die Charakteristika von Krypto-Token zurückführen, da diese keiner Abnutzung unterliegen. Andererseits indiziert die Vorstellung der Substanzerhaltung, dass der entsprechende Vermögenswert über mehrere Perioden, d. h. nach dem Verständnis der IFRS langfristig, im Unternehmen verbleibt. Dieser Umstand ist indes zumindest bei Tauschmitteln nicht vorgesehen, sodass Krypto-Token in ihrer intendierten Verwendungsabsicht stets kurzfristiger Natur sind.[1327] Obgleich diese Umstände erneut darauf hindeuten, dass der Anwendungsbereich des IAS 38 und die damit verbundenen Rechtsfolgen nicht für Krypto-Token konzipiert sind, sind die Rechtsfolgen des IAS 38 auf Zahlungs- und Nutzungs-

---

1323 Vgl. hierzu bereits Abschnitt 451.

1324 HAAKER, A., Bitcoin: „substanzloses“ Gold jenseits des IAS 38?, S. M5. Der Autor bezieht sich bei dieser Aussage auf Bitcoin-Werteinheiten im Speziellen und nicht auf Zahlungns- und Nutzungs-Token im Allgemeinen. Angesichts der Charakteristika von Zahlungs- und Nutzungs-Token kann diese Feststellung jedoch übertragen werden.

1325 BEYER, B., Die Bilanzierung des Goodwills nach IFRS, S. 209.

1326 Vgl. SCHIEMANN, F., Substanz- und Kapitalerhaltung, S. 758, sowie m. w. N., wenn auch im Zusammenhang mit Sachanlagen, HÜNING, M., Kongruenzprinzip und Rechnungslegung von Sachanlagen nach IFRS, S. 171. Vgl. zudem in Bezug auf die Substanzerhaltung beim Anschaffungskosten- und beim Neubewertungsmodell m. w. N. BEYER, B., Die Bilanzierung des Goodwills nach IFRS, S. 209–212.

1327 Vgl. bereits Abschnitt 442, sowie im Kontext des IAS 38 Abschnitt 445.1.

Token anzuwenden.[1328] Diese sollen im Folgenden mit Blick auf den untersuchten Sachverhalt vor dem Hintergrund des Ziels der IFRS analysiert und gewürdigt werden.

Eine Bewertung von Krypto-Token mit dem **beizulegenden Zeitwert** zielt zuvorderst auf das Teilziel der Bewertungsnützlichkeit ab.[1329] So repräsentiert der beizulegende Zeitwert der Krypto-Token am Bewertungsstichtag die in der Berichtswährung ausgedrückten aktuellen Wertverhältnisse, sodass die aktuellen und die potenziellen Kapitalgeber im Rahmen der Bewertungsfunktion Einschätzungen in Bezug auf die Höhe, den Zeitpunkt und die Unsicherheit der künftig aus den jeweiligen Krypto-Token erwarteten Zahlungsströmen vornehmen können. Mit Blick auf die qualitative Anforderung der **Relevanz** weisen diese dem Teilziel der Bewertungsnützlichkeit zuträglichen Aspekte zudem einen Prognosewert auf. Dies ist darauf zurückzuführen, dass der Wertmaßstab des beizulegenden Zeitwertes den erwarteten künftigen Nutzenzufluss aus dem Vermögenswert an das berichterstattende Unternehmen repräsentiert, sodass der primäre Adressat befähigt wird, mittels dieser Informationen eigene Prognosen hinsichtlich der künftigen Entwicklung des Unternehmens vorzunehmen. Zudem werden die primären Abschlussadressaten durch eine Folgebewertung von Krypto-Token mit dem beizulegenden Zeitwert dazu befähigt, im Zeitablauf Rückschlüsse hinsichtlich der Angemessenheit der in der Vergangenheit getätigten Einschätzungen vorzunehmen (Bestätigungswert).[1330] Daher weist eine Bewertung von Krypto-Token mit dem beizulegenden Zeitwert eine hohe Relevanz für die primären Abschlussadressaten auf, was zum einen dadurch gestärkt wird, dass im Rahmen des Neubewertungsmodells nur Level-1-Inputparameter, die mithin an aktiven Märkten für identische Vermögenswerte ermittelt werden, berücksichtigt werden. Zum anderen wurde bereits in Hinblick auf die Art und Weise des Beitrags von Krypto-Token zu den künftigen *Cashflows* des berichterstattenden Unternehmens sowie deren Preissensitivität bei Änderungen von Marktfaktoren deutlich, dass der beizulegende Zeitwert für diese Vermögenswerte relevantere Informationen vermittelt als ein auf den Anschaffungskosten basierender Bewertungsmaßstab.[1331]

Der für das Neubewertungsmodell zu bestimmende beizulegende Zeitwert muss auf einem aktiven Markt für identische Vermögenswerte zu beobachten sein. Solch einen Level-1-Inputparameter sieht der IASB „als verlässlichste Indikation des beizulegenden Zeitwertes“[1332] an, da dieser ausschließlich marktorientiert bestimmt wird. Vor diesem Hintergrund wird dem die **glaubwürdige Darstellung** konkretisierenden Gütekriterium der Neutralität entsprochen, da die Abschlussinformationen wertfrei und objektiv ausgewählt und wiedergegeben werden, ohne dass (subjektive) Schätzprozesse in den Wertmaßstab einfließen. Daher wird im Ergebnis

---

[1328] Vgl. so auch FREIBERG, J., Digitale (Krypto-)Währungen nach IFRS, S. 153.

[1329] Vgl. hier und im folgenden Satz KIRSCH, H.-J. U. A., in: Baetge u. a., Rechnungslegung nach IFRS, 2. Aufl., IFRS 13, Rn. 15.

[1330] Vgl. CF.6.32.

[1331] Vgl. bereits Abschnitt 453.22.

[1332] KIRSCH, H.-J. U. A., in: Baetge u. a., Rechnungslegung nach IFRS, 2. Aufl., IFRS 13, Rn. 72. Vgl. zudem IFRS 13.77 und IFRS 13.BC168.

durch die Bewertung mit dem beizulegenden Zeitwert im Rahmen des Neubewertungsmodells die Vermögenslage zum Bewertungsstichtag mit Blick auf die erworbenen Krypto-Token den tatsächlichen wirtschaftlichen Verhältnissen entsprechend abgebildet. Angesichts der bereits hergeleiteten Relevanz der mit einer Folgebewertung von erworbenen Zahlungs- und Nutzungs-Token vermittelten bilanzseitigen Informationen beim Neubewertungsmodell werden den primären Adressaten mithin **entscheidungsnützliche Informationen** bereitgestellt.

453.232. Analyse der Ertragslage

Vor dem Hintergrund, dass Zahlungs- und Nutzungs-Token bislang einer hohen Volatilität unterlagen, ist davon auszugehen, dass bei der Anwendung des Neubewertungsmodells Wertänderungen des zum beizulegenden Zeitwert bewerteten Krypto-Token regelmäßig und in wesentlichem Umfang vorgenommen werden müssen.[1333] Die beiden in IAS 38 verankerten Folgebewertungskonzeptionen unterscheiden sich diesbezüglich neben dem Bewertungsmaßstab auch in der **ergebnisseitigen Behandlung** eines über die ursprünglichen Anschaffungskosten hinausgehenden beizulegenden Zeitwertes. So sind Wertänderungen oberhalb der fortgeführten Anschaffungskosten – abseits von der GuV-wirksamen Wertaufholung aus einer vergangenen Wertminderung – im Rahmen des Neubewertungsmodells GuV-neutral im sonstigen Ergebnis zu erfassen und bilanzseitig im Eigenkapital unter der Neubewertungsrücklage zu kumulieren.[1334] Eine GuV-wirksame Erhöhung des Wertansatzes über die ursprünglichen Anschaffungskosten ist insofern regelungssystematisch nicht zulässig.

Diese erfolgsseitig vorgegebene Regelungssystematik soll im Folgenden in Bezug auf den vorliegenden Sachverhalt in **zwei Schritten** näher untersucht werden. Im ersten Schritt sollen zunächst die Erfolgswirkungen von ähnlichen Sachverhalten mit den Regelungsfolgen für Krypto-Token im Rahmen des Neubewertungsmodells verglichen werden. Mithin wird geprüft, ob eine entsprechende Folgebewertung auch angesichts der (anzustrebenden) inneren Konsistenz der IFRS angezeigt ist. Im zweiten Schritt wird anschließend diskutiert, ob eine GuV-neutrale Erfassung von Wertänderungen im sonstigen Ergebnis in den IFRS nicht nur angesichts der Regelungssystematik erforderlich, sondern auch konzeptionell sachgerecht ist.

Tatbestandsseitig werden Zahlungs- und Nutzungs-Token vom Anwendungsbereich des IAS 38 erfasst, sofern diese nicht zum Verkauf im normalen Geschäftsgang gehalten werden. Konkret betrifft dies einerseits zu Zahlungszwecken gehaltene Krypto-Token (intendierte Nutzung) und andererseits zu Investmentzwecken gehaltene Krypto-Token, die entweder Teil einer langfristigen Investmentstrategie sind oder die zu kurzfristigen Investmentzwecken gehalten werden, jedoch außerhalb des Kerngeschäfts des bilanzierenden Unternehmens.[1335] Zu Zahlungszwecken gehaltene Zahlungs- und Nutzungs-Token weisen – wie bereits erläutert –[1336]

[1333] Vgl. THUROW, C., Bitcoin in der IFRS-Bilanzierung, S. 198.
[1334] Vgl. hierzu Abschnitt 451.
[1335] Vgl. Abschnitt 447.
[1336] Vgl. ausführlich Abschnitt 444.

funktionale Parallelen zu Zahlungsmitteln auf, obgleich eine entsprechende Klassifizierung bilanzrechtlich nicht angezeigt ist. Bilanzrechtliche Zahlungsmittel sind GuV-wirksam mit dem jeweiligen Stichtagskurs, d. h. dem *Fair Value* am Stichtag, folgezubewerten.[1337] Selbiges gilt auch, wenn das berichterstattende Unternehmen Immobilien zu langfristigen[1338] Investitionszwecken, d. h. mit dem Ziel einer nachhaltigen Wertsteigerung, hält, diese deshalb nach IAS 40 bilanziert und für eine Folgebewertung zum beizulegenden Zeitwert optiert.[1339] Für **vergleichbare Sachverhalte** in anderen Standards sehen die IFRS insofern regelungssystematisch eine **GuV-wirksame Erfolgswirkung** vor oder lassen diese zumindest zu. Eine entsprechende Erfolgswirkung ist für Zahlungs- und Nutzungs-Token im Anwendungsbereich des IAS 38 indes nicht möglich.

Mit Blick auf die Fragestellung, ob die Erfolgswirkungen im Rahmen des Neubewertungsmodells für erworbene Zahlungs- und Nutzungs-Token sachgerecht sind, lassen sich aus den Vorgaben der Bilanzierung von Immobilien in IAS 16 und in IAS 40 weitere Erkenntnisse gewinnen. Über die in IAS 16 und in IAS 40 vorgesehenen Erfolgswirkungen kommen die unterschiedlichen Zweckbestimmungen von Immobilien zum Ausdruck: Auf der einen Seite der Zweck einer Finanzinvestition (IAS 40), auf der anderen Seite der Zweck der Selbstnutzung (IAS 16).[1340] Eine **vergleichbare (tatbestandsseitige) Differenzierung** in Abhängigkeit der Verwendungsabsicht ist für immaterielle Vermögenswerte im Anwendungsbereich des IAS 38 indes nicht explizit vorgesehen. Vielmehr wird im Status quo die tatbestandsseitige Einordnung durch den Anwendungsbereich des IAS 38 und die Anwendungsbereiche der anderen Einzelstandards (z. B. für Finanzinstrumente) geregelt. Zahlungs- und Nutzungs-Token fallen jedoch gerade durch die Maschen dieser Kasuistik, da sie nicht als finanzielle Vermögenswerte zu klassifizieren sind und als mittelbare Konsequenz vom Anwendungsbereich des IAS 38 „aufgefangen" werden. Vor diesem Hintergrund verwundert es auch nicht, dass die Folgebewertungskonzeptionen in IAS 38 im Allgemeinen und die Erfolgswirkungen im Speziellen nicht mit vergleichbaren Sachverhalten übereinstimmen, da vom Anwendungsbereich des IAS 38 (normalerweise) keine Tauschmittel oder Vermögenswerte, die zu Investmentzwecken gehalten werden, erfasst werden. Mit Blick auf die (anzustrebende) **innere Konsistenz der IFRS** ist

[1337] Vgl. IAS 21.23 (a) i. V. m. IAS 21.28, sowie LÜDENBACH, N., Bitcoins – Lost in rules, S. 107; STAUBER, J., Finanzinstrumente im IFRS-Abschluss von Nicht-Banken, S. 543.

[1338] Zu kurzfristigen Handelszwecken gehaltene Vermögenswerten werden im IFRS-Normengefüge GuV-wirksam zum beizulegenden Zeitwert folgebewertet. Vgl. hierzu Abschnitt 453.3.

[1339] Vgl. IAS 40.30 i. V. m. IAS 40.35, sowie KIRSCH, H., Zeitwertbewertungsmodelle (Teil 1), S. 126. Die Mehrzahl an bilanzierenden Unternehmen verwendet jedoch das Anschaffungskostenmodell. Vgl. m. w. N. REISCH, L., Folgebewertung von Renditeimmobilien nach IAS 40, S. 424–431. Vgl. ausführlich zur Folgebewertung nach IAS 40 BALLWIESER, W., in: Baetge u. a., Rechnungslegung nach IFRS, 2. Aufl., IAS 40, Rn. 35–59.

[1340] Für eine über dic historischen Anschaffungskosten hinausgehende Wertentwicklung sieht IAS 16 im Gegensatz zu der in IAS 40 angelegten Möglichkeit keine GuV-wirksame Erfassung von Wertänderung vor, sondern lässt, wie auch IAS 38, lediglich das Neubewertungsmodell mit einer Erfassung im sonstigen Ergebnis zu. Vgl. IAS 16.39 f., sowie PELLENS, B. U. A., Internationale Rechnungslegung, S. 434. Die unterschiedliche Erfolgserfassung in IAS 16 und in IAS 40 ist auch damit verbunden, dass das in IAS 16 verankerte Neubewertungsmodell – analog zur Grundidee in IAS 38 – mit der Vorstellung der Substanzerhaltung verbunden ist.

es insofern bereits auf dieser Ebene zumindest fraglich, ob die im Status quo in IAS 38 angelegten Rechtsfolgen zu einer sachgerechten Informationsvermittlung in Bezug auf erworbene Zahlungs- und Nutzungs-Token führen. Vor diesem Hintergrund wird im zweiten Schritt näher untersucht, ob die in Bezug auf die Folgebewertung von Zahlungs- und Nutzungs-Token im Rahmen des Neubewertungsmodells vermittelten Informationen dem Ziel der IFRS förderlich sind.

Auch wenn die Gewinn- und Verlustrechnung die primäre Informationsquelle für die IFRS-Adressaten in Bezug auf die Ertragslage ist, kommt eine Erfassung im sonstigen Ergebnis potenziell in Betracht, wenn diese aus einer zeitwertbasierten Wertänderung resultiert und die sodann in der Gewinn- und Verlustrechnung vermittelten Informationen relevanter oder die Ertragslage des berichterstattenden Unternehmens glaubwürdiger dargestellt werden.[1341] Unter welchen Umständen dies konkret der Fall ist, lässt der IASB im *Conceptual Framework* zwar offen, jedoch wurden in dem Diskussionspapier, das dem Rahmenkonzept voranging, „sechs Kriterien diskutiert, die für eine solche Beurteilung infrage kommen könnten."[1342] So spricht unter anderem für eine GuV-neutrale Erfassung im sonstigen Ergebnis, wenn es sich um unrealisierte, nicht wiederkehrende, nicht in der Kontrolle des Managements und nicht der Betriebssphäre zugehörige Erfolgsbestandteile handelt, die einem hohen Grad an Bewertungsunsicherheit unterliegen, und ein langer Zeithorizont bis zu deren Realisierung zu erwarten ist.[1343] Mit Blick auf die Kriterien ist zum einen anzumerken, dass im *Discussion Paper* erörtert wurde, ob eines dieser Kriterien **alleinstehend** geeignet sei, um zwischen einer GuV-wirksamen Erfassung und einer GuV-neutralen Erfassung im sonstigen Ergebnis zu unterscheiden.[1344] Der IASB kam diesbezüglich zu dem Schluss, dass dies nicht möglich sei.[1345] Zum anderen wurden die Abgrenzungskriterien weder in den *Exposure Draft* noch in das finale *Conceptual Framework* aufgenommen. Gleichwohl können die Kriterien zumindest als Anhaltspunkt für die Beurteilung einer GuV-neutralen Erfassung im sonstigen Ergebnis von über die historischen Anschaffungskosten hinausgehenden Wertsteigerungen bei Zahlungs- und Nutzungs-Token im Rahmen des Neubewertungsmodells dienen.[1346] Vor diesem Hintergrund ist es das Ziel der Anwendung der Kriterien auf den vorliegenden Sachverhalt, Indizien in Hinblick auf eine sachgerechte Erfolgserfassung zu erhalten.

Das Kriterium der **Bewertungsunsicherheit** spricht zunächst für eine GuV-wirksame Erfassung von Wertsteigerungen, die über die historischen Anschaffungskosten hinausgehen. So ist

---

[1341] Vgl. CF.7.16–7.19, sowie bereits Abschnitt 34. Die bilanzierenden Unternehmen dürfen nicht selbst entscheiden, eine Erfolgswirkung im sonstigen Ergebnis zu erfassen. Vgl. IAS 1.88 i. V. m. CF.7.25. Dies muss vielmehr vonseiten eines Standards vorgegeben sein.

[1342] HÖBENER, J./DUST, Y./GIMPEL-HENNING, N., Sukzessive Unternehmenserwerbe, S. 339. Vgl. DP.CF.8.34-8.39, sowie KUHNER, C./BOTHEN, D., OCI-Positionen, S. 163.

[1343] Vgl. DP.CF.Table 8.1.

[1344] Vgl. DP.CF.8.37.

[1345] Vgl. DP.CF.8.38.

[1346] Vgl., wenn auch unabhängig vom konkreten Sachverhalt, DP.CF.8.37, sowie HÖBENER, J./DUST, Y./GIMPEL-HENNING, N., Sukzessive Unternehmenserwerbe, S. 339.

das Neubewertungsmodell an die Voraussetzung geknüpft, dass der zu bestimmende beizulegende Zeitwert auf einem aktiven Markt für identische Vermögenswerte zu beobachten ist, was eine hinreichende Verlässlichkeit – und mithin Bewertungssicherheit – des zugrunde liegenden Wertes impliziert. Da die von den Normen des Neubewertungsmodells erfassten Krypto-Token gehandelt werden, kann nicht davon ausgegangen werden, dass die aus den Wertschwankungen des beizulegenden Zeitwertes korrespondierenden Erfolgswirkungen **unregelmäßig wiederkehren**. Dies spricht ebenfalls für eine GuV-wirksame Erfassung. Gleichwohl liegen die Wertschwankungen und die im Zuge des Neubewertungsmodells nachzuzeichnenden Erfolgswirkungen nicht vollständig in der **Kontrolle des Managements**, was eine Erfassung im sonstigen Ergebnis indiziert. Hierfür spricht auf den ersten Blick auch, dass eine zum Bewertungszeitpunkt eingetretene Wertsteigerung bislang **nicht realisiert** wurde und der hieraus ggf. resultierende künftige *Cashflow* noch nicht sicher ist. Gleichwohl ist die Wertsteigerung jederzeit bei an aktiven Märkten gehandelten Krypto-Token realisierbar, sodass dieses Kriterium nicht als Argument für eine GuV-neutrale Erfassung im sonstigen Ergebnis angebracht werden kann. Zudem ist diesbezüglich anzumerken, dass zumindest zu ihrer intendierten Nutzung gehaltene Zahlungs- und Nutzungs-Token den kurzfristigen Vermögenswerten zuzuordnen sind und mithin aufgrund ihrer Zweckbestimmung zu erwarten ist, dass sie innerhalb des normalen Geschäftszyklus des bilanzierenden Unternehmens genutzt und daher verbraucht werden.[1347] Daher scheint regelmäßig kein **langer Zeithorizont** bis zur Realisierung bei zu ihrer intendierten Nutzung gehaltenen Krypto-Token vorzuliegen, was für eine GuV-wirksame Erfassung sprechen würde. Gerade bei zur intendierten Nutzung gehaltenen Krypto-Token kann jedoch argumentiert werden, dass eine GuV-wirksame Erfassung einer Wertänderung von Krypto-Token insofern nicht angemessen ist, da diese nicht direkt der **Betriebssphäre** zuzuordnen ist. Jedoch müsste dies dann auch für Bestände an Fremdwährungen gelten, die dennoch gemäß IAS 21 GuV-wirksam folgebewertet werden.

Insofern zeigt sich bei Krypto-Token anhand der im Diskussionspapier zum Rahmenkonzept aufgeführten Kriterien zur Abgrenzung des Jahresergebnisses vom sonstigen Ergebnis in der Gesamtschau ein heterogenes Bild in Bezug auf die sachgerechte Erfassung von über die historischen Anschaffungskosten hinausgehenden Wertänderungen. In der Tendenz deuten die Kriterien jedoch eher auf eine GuV-wirksame Erfassung hin. Dieses Ergebnis stützt insofern die bereits geführte Argumentation, die mit Blick auf die innere Konsistenz der IFRS zur Schlussfolgerung kam, dass eine GuV-wirksame Erfassung vor dem Hintergrund vergleichbarer Sachverhalte für Krypto-Token angezeigt sei.

Neben der zu erfassenden Wertänderung an sich sollten zusätzlich die aus einem Abgang resultierenden Konsequenzen in die Diskussion einer sachgerechten Erfolgswirkung einfließen. Bei dem **Abgang** eines erworbenen Krypto-Token sind diese aus dem IFRS-Abschluss auszubuchen.[1348] Aus dem Abgang sind in Höhe der Differenz zwischen dem Nettoveräußerungserlös

[1347] Vgl. Abschnitt 442.

[1348] Dies gilt auch, wenn kein künftiger wirtschaftlicher Nutzen aus der Nutzung des Krypto-Token oder aus

und dem Buchwert des Krypto-Token GuV-wirksam sonstige betriebliche Erträge respektive sonstige betriebliche Aufwendungen zu erfassen.[1349] Sofern in den vorangegangenen Perioden eine Neubewertungsrücklage gebildet wurde, wird diese beim Abgang des Krypto-Token durch eine erfolgsneutrale Verrechnung mit den Gewinnrücklagen aufgelöst,[1350] sodass es zu **keinem *recycling*** des ursprünglich im sonstigen Ergebnis erfassten Erfolgs in die Gewinn- und Verlustrechnung kommt.[1351] Insofern wird die den IFRS-Adressaten als primäre Informationsquelle über die Ertragslage des bilanzierenden Unternehmens dienende Gewinn- und Verlustrechnung über die Haltedauer, spätestens jedoch in der Periode des Abgangs der Krypto-Token, verzerrt. Dies beruht darauf, dass trotz der faktischen Realisation der zuvor noch unsicheren Werterhöhung der Krypto-Token keine solche in der Gewinn- und Verlustrechnung nachgezeichnet wird. Dieser Umstand ist insofern bedenklich, als bei der Anwendung des Anschaffungskostenmodells, bei dem eine über die historischen Anschaffungskosten hinausgehende Werterhöhung den Wertansatz der Krypto-Token nicht verändert, der Abgangsgewinn – der beim Anschaffungskostenmodell auch den beim Neubewertungsmodell bereits im sonstigen Ergebnis berücksichtigten Betrag umfasst – vollständig in der Gewinn- und Verlustrechnung erfasst wird.

Im Ergebnis werden bei der Anwendung des Neubewertungsmodells auf Krypto-Token in Bezug auf die Ertragslage nur eingeschränkt entscheidungsnützliche Informationen vermittelt.[1352] So überzeugt vor allem die lediglich im Eigenkapital vorgenommene Umgliederung zuvor im sonstigen Ergebnis erfasster Beträge beim Abgang eines Krypto-Token nicht, da eine Wertsteigerung zum Abgangszeitpunkt sowohl bei einem Verkauf des Krypto-Token gegen ein bilanzrechtliches Zahlungsmittel als auch bei einem Tausch gegen einen anderen Vermögenswert realisiert wird. Ferner spricht die jederzeit mögliche Realisierung einer Wertsteigerung aufgrund der vom Neubewertungsmodell lediglich eingeschlossenen, an aktiven Märkten gehandelten Vermögenswerten sowie die wünschenswerte normenübergreifende Konsistenz zwischen vergleichbaren Sachverhalten für eine GuV-wirksame Erfolgserfassung.[1353] Obgleich damit größere Schwankungen des Jahresergebnisses verbunden sein können, würde durch eine GuV-wirksame Folgebewertung eine periodengerechte Erfolgserfassung gewährleistet werden. Obschon eine stets GuV-wirksame Erfolgserfassung von Wertänderungen zum Bewertungsstichtag im Neubewertungsmodell nach IAS 38 im Status quo nicht möglich ist, würden die

---

seinem Abgang zu erwarten ist. Vgl. IAS 38.112. Sofern eine Veräußerung des Krypto-Token geplant ist, ist zu prüfen, ob IFRS 5 anzuwenden ist. Vgl. bereits Abschnitt 442., Fn. 843.

1349 Vgl. IAS 38.113, sowie KÜHLE, U./THIELE, S., in: Thiele/von Keitz/Brücks, Int. Bilanzrecht, IAS 38, Rn. 393–395.

1350 Vgl. BAETGE, J./VON KEITZ, I., in: Baetge u. a., Rechnungslegung nach IFRS, 2. Aufl., IAS 38, Rn. 149; EY (Hrsg.), International GAAP 2020, S. 1314. Vgl. hierzu im Zusammenhang mit Krypto-Token kritisch DELOITTE (Hrsg.), Cryptocurrency, S. 15.

1351 Vgl. so auch KIRSCH, H., Zeitwertbewertungsmodelle (Teil 1), S. 127.

1352 Vgl. so auch AASB (Hrsg.), Digital currency, S. 17 f. Auch bei der Diskussion beim IASB bezweifelten einige Mitglieder die entscheidungsnützliche Informationsvermittlung dieser Folgebewertungskonzeption. Vgl. IASB (Hrsg.), Staff Paper 12D (November 2018), Rn. 32.

1353 Vgl. so im Ergebnis auch AASB (Hrsg.), Digital currency, S. 17 f.; ACSB (Hrsg.), Cryptocurrencies, S. 4; FLICK, P./WORRET, D., Accounting for Cryptocurrency, S. 5.

hiermit verbundenen Informationen in der Gesamtschau zu entscheidungsnützlicheren Informationen im Vergleich zu einer Erfassung im sonstigen Ergebnis führen.

453.3 Folgebewertung nach IAS 2

Die Vorschriften des IAS 2 sind für die Folgebewertung immer dann anzuwenden, wenn erworbene Krypto-Token zum Verkauf im normalen Geschäftsgang gehalten werden, was bei einem auf kurzfristige Investmentzwecke ausgerichteten Geschäftsmodell der Fall ist (*Broker* oder *Trader*). Die Akteure im Krypto-Ökosystem, die einem solchen Geschäftsmodell nachgehen, sind als *commodity broker-trader* i. S. v. IAS 2.3 (b) zu charakterisieren, sofern diese ihre Vorräte intern mit dem beizulegenden Zeitwert abzüglich Veräußerungskosten bewerten.[1354] Diese interne Bewertungsperspektive spiegelt sich auch in der Bilanzierung wider, da die Vorschriften für *commodity broker-trader* vorsehen, dass diese ihre Vorräte im Zuge der Folgebewertung GuV-wirksam mit dem beizulegenden Zeitwert abzüglich Veräußerungskosten, d. h. abweichend von den Bewertungsvorschriften des IAS 2, folgebewerten.[1355] Wenn Unternehmen jedoch intern einen hiervon abweichenden Bewertungsmaßstab zu Steuerungszwecken verwenden, was vor dem Hintergrund des auf kurzfristigen Handel ausgerichteten Geschäftsmodells nicht der Regelfall sein wird, ist eine Bewertung nach den Vorschriften des IAS 2 regelungssystematisch angezeigt. Im Zuge der Folgebewertung sind die Krypto-Token dann gemäß IAS 2.9 an jedem Bilanzstichtag mit dem niedrigeren Wert aus den Anschaffungs- oder Herstellungskosten und dem Nettoveräußerungswert zu bewerten, wobei die historischen Anschaffungs- oder Herstellungskosten die Wertobergrenze bilden.[1356] Die Folgebewertungskonzeptionen unterscheiden sich mithin in erster Linie in Bezug auf die **bilanz- und erfolgsseitige Abbildung von Werterhöhungen** über die historischen Anschaffungskosten.[1357] Obgleich die „normale“ Bewertungskonzeption des IAS 2 im Rahmen der Bilanzierung von Krypto-Token aktuell in der Praxis nicht zu beobachten ist,[1358] sollen im Folgenden beide potenziellen Folgebewertungskonzeptionen untersucht werden. Dies ist auch insofern angezeigt, als das IFRS IC die „normalen“ Bewertungsvorschriften des IAS 2 als durchaus anwendbar erachtet.[1359]

Erworbene Zahlungs- und Nutzungs-Token sind nur nach IAS 2 zu bilanzieren, wenn diese zu **kurzfristigen Investmentzwecken** gehalten werden. Für Vermögenswerte, die im Sinne dieser

---

1354 Vgl. ausführlich Abschnitt 446.23.

1355 Vgl. IAS 2.3 (b).

1356 Vgl. IAS 2.33.

1357 Wertminderungen sind stets GuV-wirksam zu erfassen. In diesem Zusammenhang können sich Unterschiede hinsichtlich des Bewertungsmaßstabes ergeben, da der Nettoveräußerungswert ein unternehmensspezifischer Wertmaßstab ist, während der für *commodity broker-trader* zu ermittelnde *Fair Value* marktorientiert abzuleiten ist. Vgl. zu den hieraus resultierenden Unterschieden bereits Abschnitt 452.3. Die Wertminderungsvorschriften ähneln in den bilanziellen Konsequenzen denen in IAS 38 (vgl. IAS 36.BCZ4 i. V. m. IAS 36.BCZ37–BCZ39), sodass im Folgenden hierauf nicht weiter eingegangen wird. Vgl. hierzu bereits Abschnitt 451.

1358 Vgl. CSA (Hrsg.), CL (TAD Holdings of Cryptocurrencies), S. 3; IASB (Hrsg.), Staff Paper 12J (November 2019), Rn. 12.

1359 Vgl. IFRS IC (Hrsg.), IFRIC Update (June 2019), S. 15 i. V. m. IFRS IC (Hrsg.), Staff Paper 12 (July 2019), Rn. 65 i. V. m. Rn. 69 und Rn. 71 (b).

Verwendungsabsicht gehalten werden, ist im IFRS-Normengefüge bislang charakteristisch, dass sie GuV-wirksam zum beizulegenden Zeitwert folgebewertet werden. So führt auch der AASB aus: „*There has long been agreement that assets held for speculative purposes should be fair valued though* [sic!] *profit and loss.*"[1360] Diese Gesamtanalogie der IFRS-Normen indiziert bereits, dass es fraglich ist, ob die allgemeinen Folgebewertungsvorschriften des IAS 2, d. h. abseits der spezifischen Norm für *commodity broker-trader* in IAS 2.3 (b), angemessen sind. Diese sich zunächst aus dem gesamten Normengefüge der IFRS ergebende Schlussfolgerung soll im nächsten Schritt für zu kurzfristigen Investmentzwecken gehaltene Krypto-Token näher untersucht werden. In diesem Zusammenhang steht im Fokus der Betrachtung, welche Informationen die primären Adressaten des IFRS-Abschlusses in Bezug auf ein solches Geschäftsmodell benötigen, um fundierte ökonomische Entscheidungen zu treffen.

Bereits im Rahmen der Diskussion des Anschaffungskostenmodells in IAS 38 wurde erörtert, dass die Begrenzung des Wertansatzes auf die historischen Anschaffungskosten, wie dies auch in den allgemeinen Vorschriften des IAS 2 vorgesehen ist, dazu führt, dass den primären Adressaten im Vergleich zu einem auf dem beizulegenden Zeitwert basierenden Wertmaßstab nur eingeschränkt relevante Informationen vermittelt werden.[1361] Jedoch wurde in diesem Zusammenhang ebenso deutlich, dass, wenn Krypto-Token noch nicht an einem Markt notiert sind und auch noch keine anderen Marktpreise beobachtet werden können, fraglich ist, ob die durch einen Wertansatz zum beizulegenden Zeitwert vermittelten Informationen glaubwürdig dargestellt werden. Sachverhaltsbedingt schränkt letzterer Aspekt eine sachgerechte Bewertung von Krypto-Token zum beizulegenden Zeitwert jedoch nicht ein. So ist mit Blick auf zu kurzfristigen Investmentzwecken gehaltene Krypto-Token ohnehin eine **gewisse Marktqualität** erforderlich, da das Geschäftsmodell auf dem kurzfristigen An- und Verkauf von *commodities* basiert und mithin Transaktionen zumindest in einer gewissen Regelmäßigkeit erfolgen müssen.[1362] Dies ist nur bei an Handelsplattformen gehandelten Krypto-Token, d. h. wenn quotierte Preisen für den zu bewertenden Krypto-Token vorliegen, der Fall. Eine entsprechende Marktqualität führt grundsätzlich[1363] zu einer Einstufung des beizulegenden Zeitwertes auf der ersten oder auf der zweiten Ebene der *Fair Value*-Hierarchie.[1364] Diesbezüglich wurde bereits abgeleitet, dass eine entsprechende Bewertung die Anforderungen an die glaubwürdige Darstellung erfüllt.[1365]

Dieses Teilergebnis spricht mithin, wie bereits der Gesamtkontext der IFRS-Normen, für eine GuV-wirksame Folgebewertung von zu Handelszwecken gehaltenen Krypto-Token mit dem

1360 AASB (Hrsg.), Digital currency, S. 15.

1361 Vgl. hier und im folgenden Satz Abschnitt 453.22.

1362 Vgl. Abschnitt 446.23 und Abschnitt 452.21.

1363 Die gesamte Bewertung wird lediglich auf der dritten Ebene der *Fair Value*-Hierarchie eingestuft, sofern Anpassungen an einem Level-2-Inputparameter für die Bewertung als Ganzes von Bedeutung sind und sich auf nicht beobachtbare Inputparameter stützen. Vgl. hierzu bereits Abschnitt 452.232.1.

1364 Vgl. Abschnitt 452.232.

1365 Vgl. Abschnitt 453.22.

beizulegenden Zeitwert und gegen die „normalen“ in IAS 2 angelegten Folgebewertungsvorschriften. Dies lässt sich zusätzlich anhand der einer entscheidungsnützlichen Informationsvermittlung förderlichen Rechenschafts- und Bewertungsfunktion stützen. So wird den aktuellen und den potenziellen Kapitalgebern die Beurteilung der erwarteten Rendite einer Investition in das berichterstattende Unternehmen zumindest erschwert, wenn diese – wie bei einem auf die historischen Anschaffungskosten beschränkten Wertmaßstab – die Höhe, den Zeitpunkt und die Unsicherheit der künftigen Zahlungsströme nicht einschätzen können, da ihnen keine aktuellen Wertverhältnisse mit Blick auf die gehaltenen Krypto-Token vorliegen (**Bewertungsfunktion**). Ebendiese Informationen werden den primären Adressaten indes bei einer Folgebewertung mit dem beizulegenden Zeitwert vermittelt. Ebenfalls die Bewertungsfunktion unterstützend kommt hinzu, dass durch die bilanzseitige Erhöhung des Buchwertes – wie für *commodity broker-trader* vorgesehen – der künftig erwartete Nutzenzufluss dokumentiert wird und durch eine GuV-wirksame Erfassung der Wertänderung nachgezeichnet wird. Dass die Wertänderung noch nicht realisiert ist, ist indes hinsichtlich einer entscheidungsnützlichen Informationsvermittlung nicht schädlich. Dies ist darauf zurückzuführen, dass gerade bei einer Handelsabsicht eine Realisation kurzfristig zu erwarten ist. Angesichts der volatilen Bewertung von Krypto-Token fördert eine bilanzseitige Erhöhung des Vermögenswertes und eine damit verbundene Erfassung von Wertänderungen in der Gewinn- und Verlustrechnung gerade die Transparenz der Berichterstattung,[1366] vor allem mit Blick auf das verfolgte Geschäftsmodell der im Krypto-Ökosystem nach IAS 2 bilanzierenden Unternehmen.

Insgesamt wird mithin zum einen die Bewertungsfunktion gestärkt, da den primären Adressaten Informationen vermittelt werden, auf deren Basis diese die künftige Ertragslage mit Blick auf die vom berichterstattenden Unternehmen gehaltenen Krypto-Token abschätzen können. Zum anderen wird durch eine GuV-wirksame Folgebewertung die **Rechenschaftsfunktion** gefördert, da die primären Adressaten Rückschlüsse auf die Effizienz und die Effektivität des dem Management des berichterstattenden Unternehmens zur Verfügung gestellten Kapitals ermöglichen, was bei einem auf Spekulation basierenden Geschäftsmodell für die aktuellen und die potenziellen Kapitalgeber von besonderer Bedeutung ist. Sofern die Erfolgswirkung indes – wie bei der „normalen“ Folgebewertung nach IAS 2 – erst beim Abgang des Vermögenswertes nachgezeichnet wird, wird die Verbindung der Leistung des Managements mit der entsprechenden Periode zumindest erschwert.

Im Ergebnis führen die speziellen Folgebewertungsvorschriften für *commodity broker-trader*, wie bereits aus dem Gesamtzusammenhang der IFRS-Normen zu erwarten, bei zu kurzfristigen Investmentzwecken gehaltenen Krypto-Token zu entscheidungsnützlicheren Informationen im Vergleich zu der Anwendung der „normalen“ Normen des IAS 2.[1367] Durch eine entsprechende GuV-wirksame Folgebewertung mit dem beizulegenden Zeitwert abzüglich Veräußerungskosten wird zudem den Informationsbedürfnissen der primären Adressaten Rechnung getragen, da

---

1366 Vgl. CUTTELOD, C., Bitcoin-Anlagen, S. 916.
1367 Vgl. ähnlich AASB (Hrsg.), Digital currency, S. 14 f.

diese unmittelbar evaluieren können, ob das auf kurzfristigem Handel mit Krypto-Token basierende Geschäftsmodell erfolgreich ist. Dies leitet sich (eigentlich) auch bereits aus dem Sinn und Zweck der in IAS 2.3 (b) kodifizierten Ausnahmeregelung ab. So soll gerade der Investment-Sachverhalt von den Bewertungsvorschriften des IAS 2 ausgeklammert werden, da die „normalen" Bewertungsvorschriften des **IAS 2 nicht für Investmentzwecke konzipiert** sind.[1368] Selbiges lässt sich auch aus den Begründungserwägungen in Bezug auf die vorgesehene Erfolgswirkung bei *commodity broker-tradern* ableiten. So erläutert der IASB diesbezüglich, das eine GuV-wirksame Erfassung von Wertänderungen bei *commodity broker-tradern* sachgerecht ist, da diese gerade von Wertschwankungen profitieren, was insofern auch bilanziell nachgezeichnet werden sollte.[1369] Gleichwohl stellt CPA CANADA zu Recht fest, dass „*[w]hile this accounting result will seem logical to many, it is available only to those entities that meet the definition of a broker-trader.*"[1370] Vor diesem Hintergrund ist es – zumindest im Rahmen der Bilanzierung von Krypto-Token – regelungssystematisch nicht sinnvoll, dass die Rechtsfolgevorschriften für *commodity broker-trader* an den internen Bewertungsmaßstab des berichterstattenden Unternehmens geknüpft sind. Obgleich sich hieraus in der Praxis gegenwärtig keine Probleme ergeben, da eine Bilanzierung nach den „normalen" Vorschriften des IAS 2 bei Krypto-Token nicht zu beobachten ist,[1371] ist dies ein Aspekt, der im Rahmen der *de lege ferenda*-Betrachtung aufzugreifen ist.[1372]

453.4 Zwischenfazit

Die für erworbene Krypto-Token auf Tatbestandsseite einschlägigen Standards führen im Rahmen der Zugangs- und Folgebewertung auf der Rechtsfolgeseite zu vorgegebenen Bilanzierungsvorschriften, welche für den untersuchten Sachverhalt konkretisiert, analysiert und gewürdigt wurden. Während die sich aus den aktuellen Normen ergebende Zugangsbewertung unstrittig zu entscheidungsnützlichen Informationen hinsichtlich des Erwerbs eines Zahlungs- oder Nutzungs-Token führt, wurden in Bezug auf die aus den aktuellen Vorschriften resultierenden Folgebewertungskonzeptionen zum Teil **wesentliche Schwächen** hinsichtlich der Informationsvermittlung identifiziert.

Da immaterielle Vermögenswerte regelmäßig nicht fungibel, sondern vielmehr einzigartig sind, werden diese nur in Ausnahmefällen an aktiven Märkten gehandelt.[1373] Mit Blick darauf, dass abseits von aktiven Märkten eine Bewertung von immateriellen Vermögenswerten mit wesent-

---

[1368] Vgl. IAS 2.BC6 (c) i. V. m. IAS 2.BC7, sowie AASB (Hrsg.), Digital currency, S. 16.

[1369] Vgl. IAS 2.BC8. Zudem würde bei der Anwendung der Vorschriften des IAS 2 jeder Verkauf von Krypto-Token als Umsatzerlös gemäß IFRS 15 deklariert werden, was bei einem *Trading*- bzw. einem *Broker*-Geschäft fragwürdig scheint. *Commodity broker-trader* werden daher explizit vom Anwendungsberich des IFRS 15 ausgeschlossen. Vgl. IFRS 15.BC28 (c).

[1370] CPA CANADA (Hrsg.), Accounting for Cryptocurrencies, S. 9.

[1371] Vgl. CSA (Hrsg.), CL (TAD Holdings of Cryptocurrencies), S. 3; IASB (Hrsg.), Staff Paper 12J (November 2019), Rn. 12.

[1372] Vgl. Abschnitt 5, vor allem Abschnitt 531.und Abschnitt 54.

[1373] Vgl. bereits Abschnitt 451.

lichen Bewertungsunsicherheiten verbunden ist, lassen die Vorschriften des **IAS 38** eine Bewertung zum *Fair Value* daher ausschließlich als Ausnahme zu, bei der die über die ursprünglichen Anschaffungskosten hinausgehenden Wertänderungen über das sonstige Ergebnis nachgezeichnet werden. Im Gegensatz zu anderen immateriellen Vermögenswerten sind die Werteinheiten eines Krypto-Token jedoch fungibel und werden regelmäßig an aktiven Märkten gehandelt. Insofern differieren die Charakteristika von Zahlungs- und Nutzungs-Token in Hinblick auf Bewertungsfragestellungen bereits von den Grundannahmen, die den Folgebewertungskonzeptionen von immateriellen Vermögenswerten zugrunde liegen. Dies zeigt sich nicht zuletzt daran, dass dem Neubewertungsmodell die Vorstellung der Substanzerhaltung zugrunde liegt, die jedoch für Zahlungs- und Nutzungs-Token keine Bedeutung hat. Die mit IAS 38 identifizierten Schwächen in Bezug auf die Informationsvermittlung von im Bestand gehaltenen Zahlungs- und Nutzungs-Token sind mithin weniger auf die konkreten Rechtsfolgevorschriften des IAS 38 zurückzuführen, sondern basieren bereits auf der tatbestandsseitigen Einordnung in den Anwendungsbereich des Standards. Die in IAS 38 angelegten Vorschriften fördern mithin durchaus eine entscheidungsnützliche Informationsvermittlung für die primären Adressaten, jedoch nicht für den speziellen Fall eines Krypto-Token. Mit Blick auf die Einbringung in das gesamte Normensystem der IFRS sowie der Vermittlung von entscheidungsnützlichen Informationen für die primären Adressaten indiziert die Funktion von Zahlungs- und Nutzungs-Token als Tauschmittel und ihre Verwendung als Investmentvehikel, dass eine (durchgängige)[1374] GuV-wirksame Folgebewertung mit dem beizulegenden Zeitwert, welche nach IAS 38 regelungssystematisch nicht zulässig ist, sachgerechter scheint.

Daneben ist das im aktuellen Normengefüge verankerte **Wahlrecht** zwischen dem Anschaffungskostenmodell und dem Neubewertungsmodell in IAS 38 für aktiv gehandelte Krypto-Token im Speziellen zu kritisieren. So kann das berichterstattende Unternehmen zum Anschaffungskostenmodell optieren, obwohl mit dem auf einem aktiven Markt beobachtbaren Preis sowohl ein relevanter als auch ein glaubwürdig darstellbarer Wertmaßstab vorliegt. Insofern können im aktuellen Regelungskanon stille Reserven gebildet werden, wenn der beizulegende Zeitwert des betrachteten Krypto-Token die bilanziellen Anschaffungskosten übersteigt. Neben den Limitationen hinsichtlich der durch das Anschaffungs- und Neubewertungsmodell vermittelten Informationen schränkt das explizite Wahlrecht daher zudem die zwischenbetriebliche Vergleichbarkeit ein.[1375] Im Ergebnis erhärten die mit den Rechtsfolgevorschriften des IAS 38 verbundenen bilanziellen Konsequenzen mithin, dass erworbene Krypto-Token ein ungewöhnlicher Anwendungsfall des IAS 38 sind.

In Bezug auf die von den Normen des **IAS 2** abgedeckten Sachverhalte ist festzuhalten, dass die Rechtsfolgevorschriften für *commodity broker-trader* im Status quo für Krypto-Token zu

[1374] Während dies bei an aktiven Märkten gehandelten Zahlungs- und Nutzungs-Token bereits expliziert wurde (vgl. Abschnitt 453.23), muss dies für Token, deren beizulegender Zeitwert unterhalb der ersten Ebene der *Fair Value*-Hierarchie bestimmt wird, noch weiterführend diskutiert werden. Dieser Aspekt wird noch im Rahmen der *de lege ferenda*-Betrachtung adressiert. Vgl. Abschnitt 52 und Abschnitt 532.22

[1375] Vgl. so auch SIXT, E./HIMMER, K., Accounting and Taxation of Cryptoassets, S. 42.

einer sachgerechten Abbildung führen. Dies ist darauf zurückzuführen, dass die Norm des IAS 2.3 (b) explizit für zu kurzfristigen Investmentzwecken gehaltene Vorräte angelegt ist. Dass die Anwendbarkeit der Ausnahmevorschrift für *commodity broker-trader* unter anderem an die interne Bewertungsperspektive des berichterstattenden Unternehmens anknüpft, überzeugt indes konzeptionell nicht.

46 Abschließende Würdigung der Bilanzierung von erworbenen Krypto-Token im aktuellen IFRS-Normengefüge

Bei erworbenen Zahlungs- und Nutzungs-Token handelt es sich um **allgemein bilanzierungsfähige Vermögenswerte** i. S. d. IFRS, deren Ansatz aufgrund eines fehlenden konkreten Bilanzierungsverbots verpflichtend ist. Ein Bilanzansatz ist für die Informationsbedürfnisse der primären Adressaten zudem essentiell, da die Darstellung der Vermögens- und Ertragslage in Bezug auf erworbene Krypto-Token ansonsten verzerrt würde. So würde ein unterlassener Ansatz der erworbenen Krypto-Token dazu führen, dass die Gegenleistung für den Erwerb des Krypto-Token als Aufwand direkt im Geschäftsjahr des Erwerbs das Jahresergebnis mindert. Dies würde weder dem Nutzenpotenzial der erworbenen Krypto-Token gerecht werden noch sind die hieraus resultierenden Informationen entscheidungsnützlich, da eine Verschlechterung der Vermögens- und Ertragslage suggeriert würde, obgleich eine solche nicht eingetreten ist. Zudem würde beim Abgang des erworbenen Token ein erheblicher positiver Erfolg erfasst werden, der nicht der Periode des Abgangs zuzuschreiben ist.

Hinsichtlich der **standardspezifischen Bilanzierungsfähigkeit** konnte unter Berücksichtigung der Auslegung aus dem aktuellen Normengefüge abgeleitet werden, dass zum Verkauf im normalen Geschäftsgang gehaltene Zahlungs- und Nutzungs-Token in den Anwendungsbereich des IAS 2 fallen, wohingegen zu anderen Zwecken gehaltene Token nach IAS 38 zu bilanzieren sind. Dies verwundert auf den ersten Blick, da Krypto-Token charakteristisch eher einem finanziellen Vermögenswert ähneln. Der Anwendungsbereich der für finanzielle Vermögenswerte einschlägigen IFRS-Einzelstandards lässt jedoch tatbestandsseitig keine diesbezügliche Einordnung von erworbenen Krypto-Token zu. Krypto-Token erfüllen indes die Anwendungsvoraussetzungen des **IAS 38**, wobei nicht der Charakter von immateriellen Vermögenswerten zu dieser Schlussfolgerung führt, sondern vielmehr, dass es formal angezeigt ist, diesen Standard anzuwenden. Dies ist insofern kritisch, als die primären Adressaten bspw. einen Ausweis von gehaltenen Krypto-Token nicht unter den immateriellen Vermögenswerten erwarten werden,[1376] da immaterielle Vermögenswerte typischerweise weder zu Tausch- noch zu Investmentzwecken gehalten werden. Zahlungs- und Nutzungs-Token wirken insofern wie ein „Fremdkörper" im Anwendungsbereich des IAS 38, obgleich die Definitions- und Ansatzkriterien des Standards erfüllt werden. Problematisch in Hinblick auf die Einordnung in den Anwendungsbereich des **IAS 2** ist vor allem, dass die Anwendungsvoraussetzungen für *commodity broker-trader* i. S. v. IAS 2.3 (b) i. V. m. IAS 2.5 nicht hinreichend spezifiziert sind. So ist

[1376] Vgl. ähnlich KEILING, M./ROMEIKE, S., Bilanzierung von Kryptowährungen, S. 272.

bspw. keine Definition in den IFRS angelegt, was unter einem „*commodity*" zu verstehen ist. Vor dem Hintergrund der Auslegung sowie dem Sinn und Zweck der Norm agieren jedoch bestimmte Akteure im Krypto-Ökosystem, die Krypto-Token als Teil ihres Kerngeschäfts zu kurzfristigen Handelszwecken im Bestand halten, als *commodity broker-trader*.

Mit der tatbestandsseitigen Einordnung von erworbenen Zahlungs- und Nutzungs-Token in das IFRS-Normengefüge sind auf der **Rechtsfolgeseite** Vorschriften zur Zugangs- und Folgebewertung verbunden. In diesem Zusammenhang wird der Erwerbsvorgang nach IAS 2 und nach IAS 38 sowohl bei einer entgeltlichen Transaktion als auch bei einem Tauschvorgang den wirtschaftlichen Verhältnissen entsprechend abgebildet. Selbiges gilt auch, wenn zu kurzfristigen Handelszwecken gehaltene Zahlungs- und Nutzungs-Token anhand der Vorschriften für *commodity broker-trader* GuV-wirksam mit dem beizulegenden Zeitwert abzüglich Veräußerungskosten folgebewertet werden. Dementgegen überzeugen die sonstigen in IAS 38 und in IAS 2 angelegten Folgebewertungskonzeptionen in Bezug auf Krypto-Token nur eingeschränkt. Dies ist jedoch nicht auf die Vorschriften an sich zurückzuführen, da diese aus sachgerechten Gründen eine entsprechende Folgebewertung vorsehen. Vielmehr basiert dies darauf, dass die Standards nicht unmittelbar für Tauschmittel bzw. für zu Investmentzwecken gehaltene Vermögenswerte konzipiert wurden, d. h. die Folgebewertungsvorschriften nicht hierauf ausgerichtet sind.

Angesichts des Charakters von erworbenen Zahlungs- und Nutzungs-Token und deren Verwendungsabsichten scheint mit Blick auf das Ziel der IFRS, entscheidungsnützliche Informationen zu vermitteln, eine **GuV-wirksame Folgebewertung mit dem beizulegenden Zeitwert** sachgerechter.[1377] Diese Folgebewertungskonzeption ist bei erworbenen Krypto-Token im Status quo regelungssystematisch jedoch nur angezeigt, wenn beim berichterstattenden Unternehmen die Voraussetzungen für einen *commodity broker-trader* erfüllt werden und das Unternehmen seine Vorräte intern zum beizulegenden Zeitwert abzüglich Veräußerungskosten bewertet. Die Schlussfolgerung in Bezug auf den sachgerechten Bewertungsmaßstab sowie eine damit verbundene Erfolgswirkung wird insofern gestützt, als in den IFRS gleiche oder zumindest in der Verwendungsabsicht übereinstimmende Sachverhalte ebenfalls eine dementsprechende Folgebewertung vorsehen oder zumindest zulassen.

[1377] Vgl. so im Ergebnis auch AASB (Hrsg.), Digital currency, S. 17 f.; AcSB (Hrsg.), Cryptocurrencies, S. 4; FLICK, P./WORRET, D., Accounting for Cryptocurrency, S. 5; SIXT, E./HIMMER, K., Accounting and Taxation of Cryptoassets, S. 41; HARDIDGE, D., CL (TAD Holdings of Cryptocurrencies), S. 4; a. A. FREIBERG, J., Digitale (Krypto-)Währungen nach IFRS, S. 157, der Wertänderungen vorzugsweise über das sonstige Ergebnis erfassen würde. Die sachgerechte Folgebewertungskonzeption bei erworbenen Zahlungs- und Nutzungs-Token wird noch ausführlich im Rahmen der *de lege ferenda*-Betrachtung evaluiert. Vgl. Abschnitt 52. Eine GuV-wirksame Folgebewertung zum beizulegenden Zeitwert lässt sich auch in der aktuellen bilanziellen Praxis vorrangig beobachten. Vgl. IFRS IC (Hrsg.), Staff Paper 4B (September 2018), Rn. 37 (a); IASB (Hrsg.), Staff Paper 12J (November 2019), Rn. 12; CSA (Hrsg.), CL (TAD Holdings of Cryptocurrencies), S. 3. Dies verwundert zunächst vor dem Hintergrund, dass *de lege lata* im Rahmen dieser Arbeit abgeleitet wurde, dass eine solche Folgebewertung nur bei *commodity broker-tradern* nach IAS 2.3 (b) angezeigt ist. Daneben kamen jedoch nach IFRS bilanzierende Unternehmen zu dem Schluss, dass die Normen des IFRS 9 bzw. des IAS 39 auf Krypto-Token anwendbar sind oder mit Blick auf IAS 8.11 eine offene Regelungslücke vorliegt, die entsprechend geschlossen wurde.

Zu einer anderen Auffassung gelangt indes das **IFRS IC**, welches für Kryptowährungen, d. h. den in dieser Arbeit als Zahlungs-Token bezeichneten Token, feststellt, dass die „*application of IFRS Standards to holdings of cryptocurrencies results in useful information for financial statement users*“[1378]. Das IFRS IC leitet eine diesbezügliche entscheidungsnützliche Informationsvermittlung bspw. dadurch ab, dass das berichterstattende Unternehmen bei zu kurzfristigen Investmentzwecken gehaltenen Kryptowährungen „***could*** [ohne Hervorhebungen im Original] *measure its holdings of cryptocurrencies at FVTPL*“[1379] bzw. es – beim Vorliegen eines aktiven Marktes im Rahmen des Neubewertungsmodells – „***can*** [ohne Hervorhebungen im Original] *elect to measure its holdings at fair value applying IAS 38*“[1380]. Diese Schlussfolgerung des IFRS IC unterstellt jedoch zum einen, dass das Wahlrecht in IAS 38 entsprechend ausgeübt wird. Zum anderen unterbleibt im Rahmen der regelungssystematischen Anwendung der Normen des IAS 38 in jedem Fall eine GuV-wirksame Folgebewertung. Darüber hinaus erfolgt eine entsprechende Bewertung zum *Fair Value* mit Blick auf *commodity broker-trader* nur, sofern das berichterstattende Unternehmen die im Bestand gehaltenen Vorräte intern mit dem beizulegenden Zeitwert abzüglich Veräußerungskosten bewertet. Daher greift die Analyse des IFRS IC bei Kryptowährungen insgesamt zu kurz. Vor diesem Hintergrund überrascht es nicht, dass die Rechtsfolgen der Agendaentscheidung in Fachkreisen kritisiert und mitunter abgelehnt werden.[1381]

Da erworbene Zahlungs- und Nutzungs-Token tatbestandsseitig von den IFRS-Normen erfasst werden, liegt für diese **keine offene Regelungslücke** vor.[1382] Dennoch wurde deutlich, dass die *de lege lata* anzuwendenden Vorschriften auf unterschiedlichen Ebenen nicht überzeugen. Aufgrund dieses Umstandes ist zu untersuchen, ob es sich für erworbene Krypto-Token im Normenkontext der IFRS um eine **verdeckte Regelungslücke** handelt.[1383] So scheinen die Vorschriften des IAS 2 und des IAS 38 zunächst zwar auf erworbene Krypto-Token anwendbar. Gleichwohl führt die Anwendung der damit verbundenen Rechtsfolgen zum einen dazu, dass der Charakter des Bilanzierungssachverhaltes nicht hinreichend berücksichtigt wird. Zum anderen resultiert aus den Normenfolgen eine Informationsvermittlung, die für die primären Adressaten erhebliche Defizite in Hinblick auf die Entscheidungsnützlichkeit aufweist. Dies sind zumindest Indikatoren für eine verdeckte Regelungslücke. Von der Normenfolge darf ein nach IFRS bilanzierendes Unternehmen jedoch nur abweichen, wenn die Informationsvermittlung

1378 IFRS IC (Hrsg.), Staff Paper 12 (July 2019), Rn. 34. Vgl. zudem IFRS IC (Hrsg.), Staff Paper 12 (July 2019), Rn. 70–72.

1379 IFRS IC (Hrsg.), Staff Paper 12 (July 2019), Rn. 71 (a).

1380 IFRS IC (Hrsg.), Staff Paper 12 (July 2019), Rn. 71 (c).

1381 Vgl. unter anderem IOSCO (Hrsg.), CL (TAD Holdings of Cryptocurrencies), S. 2; ACSB (Hrsg.), CL (TAD Holdings of Cryptocurrencies), S. 1; ASBJ (Hrsg.), CL (TAD Holdings of Cryptocurrencies), S. 2; ARDF (Hrsg.), CL (TAD Holdings of Cryptocurrencies), S. 5 f.; LÜDENBACH, N., Bitcoins – Lost in rules, S. 105 f.; AASB (Hrsg.), Digital currency, S. 16. Zudem haben nur sieben von zwanzig Kommentierenden eine Finalisierung der *agenda decision* empfohlen, und sechzehn der zwanzig Einsendungen sprachen sich für eine Standardsetzung aus. Vgl. IFRS IC (Hrsg.), Staff Paper 12 (July 2019), Rn. 8 und Rn. 14.

1382 Vgl. Abschnitt 447.

1383 Vgl. hierzu ausführlich Abschnitt 352.1.

so irreführend ist, dass die Entscheidungsnützlichkeit des gesamten Abschlusses beeinträchtigt ist (sog. *principle override*). Neben der aus der Anwendung der Einzelstandards resultierenden, fragwürdigen Vermittlung von entscheidungsnützlichen Informationen könnte hierfür sprechen, dass es sich bei erworbenen Krypto-Token um einen solch neuen Sachverhalt handelt, dass dieser weder bei der Entwicklung von IAS 2 noch von IAS 38 berücksichtigt wurde bzw. werden konnte. Dies ist insofern von Belang, als dem *principle override* gerade bei neuartigen wirtschaftlichen Sachverhalten (d. h. nachträglichen Lücken) – wie es Krypto-Token sind – Bedeutung zugesprochen wird.[1384]

Doch selbst in einem solchen Fall sieht IAS 1.19 nur in „*extremely rare circumstances*" vor, dass von den Vorschriften in den Einzelstandards abgewichen werden darf. Auch wenn diese Umstände nicht weiter spezifiziert werden, wird „[e]ine Rechtfertigung hierfür [...] nur schwer möglich sein, wenn andere Unternehmen in vergleichbaren Umständen die betreffenden Vorschriften befolgen"[1385], was durch die **faktische Bindungswirkung**[1386] der Agendaentscheidung des IFRS IC zumindest für Kryptowährungen und trotz erheblicher Defizite hinsichtlich der entscheidungsnützlichen Informationsvermittlung nur schwierig zu negieren sein wird. Vor diesem Hintergrund ist es wohl nicht (mehr) möglich, sich auf das *principle override* zu berufen,[1387] sodass die Informationsvermittlung zu erworbenen Krypto-Token im IFRS-Abschluss weiterhin eingeschränkt sein wird.

Vor diesem Hintergrund ist es dem Standardsetzer dringend zu empfehlen, ***de lege ferenda*** eine entscheidungsnützliche Informationsvermittlung zu gewährleisten. Angesichts dessen sollen im nachfolgenden Abschnitt Vorschläge unterbreitet und diskutiert werden, die die wesentlichen Schwachstellen bei der Anwendung der aktuellen Normen auf erworbene Zahlungs- und Nutzungs-Token adressieren und eine entscheidungsnützliche Informationsvermittlung des Sachverhalts sicherstellen.

[1384] Vgl. m. w. N. Abschnitt 352.1.

[1385] BISCHOF, S./WENDLANDT, K., in: Baetge u. a., Rechnungslegung nach IFRS, 2. Aufl., IAS 1, Rn. 32.

[1386] Vgl. bereits Abschnitt 11 und Abschnitt 41.

[1387] Vgl. so im Ergebnis auch IFRS IC (Hrsg.), Staff Paper 12 (July 2019), Rn. 34; CPA CANADA (Hrsg.), Accounting for Cryptocurrencies, S. 9; PETRY, H. M., Rechnungslegung von Kryptowährungen, S. 47; a. A. wohl KEILING, M./ROMEIKE, S., Bilanzierung von Kryptowährungen, S. 272, wobei zum Zeitpunkt der Veröffentlichung die Empfehlung des IFRS IC noch nicht ausgesprochen wurde.

5 Vorschlag für eine entscheidungsnützliche Bilanzierung von erworbenen Krypto-Token nach IFRS *de lege ferenda*

51 Wesentliche Schwachstellen bei der Anwendung der aktuellen IFRS-Vorschriften auf Krypto-Token

Die **zentrale Herausforderung** bei der Anwendung der aktuellen IFRS-Vorschriften auf erworbene Zahlungs-Token und Nutzungs-Token mit einer Zahlungsfunktion ist auf der Tatbestandsseite, dass sich Krypto-Token charakteristisch im Spannungsfeld zwischen immateriellem Vermögenswert, Vorrat und Geld- bzw. Währungsersatz bewegen. Da die IFRS von **kasuistischen Anwendungsbereichen** der einzelnen Standards geprägt sind, erschweren die für bilanzielle Zwecke nicht eindeutigen Charakteristika von Krypto-Token die Einordnung in das bestehende Normensystem. Aufgrund ihrer Tauschmittelfunktion und der Möglichkeit, sie als Investment-Vehikel zu nutzen, liegt für Zahlungs- und für Nutzungs-Token zunächst eine gewisse Nähe zu den finanziellen Vermögenswerten nahe. Eine solche Einordnung scheitert indes unter anderem an den restriktiven Definitionskriterien von Finanzinstrumenten im Allgemeinen und bilanzrechtlichen Zahlungsmitteln im Besonderen. Dies hat zur Folge, dass andere Standards für die bilanzielle Abbildung von erworbenen Krypto-Token herangezogen werden müssen. So sind schlussendlich – abhängig von der Verwendungsabsicht und dem Kerngeschäft des berichterstattenden Unternehmens – tatbestandsseitig IAS 2 oder IAS 38 anzuwenden, obgleich auch bei der Prüfung der jeweiligen Anwendungsbereiche auf unterschiedlichen Ebenen Schwachstellen hinsichtlich einer eindeutigen Übertragung auf Krypto-Token identifiziert wurden. Fraglich ist die Normenanwendung unter anderem aufgrund der fehlenden *commodity*-Definition in IAS 2 sowie der unklaren Definition von monetären Vermögenswerten in IAS 38.

Die mit der Einordnung in das IFRS-Normengefüge verbundenen **Rechtsfolgen** unterstreichen, dass erworbene Krypto-Token ein ungewöhnlicher Anwendungsfall von IAS 2 und von IAS 38 sind. Da weder die Vorschriften des IAS 38 noch die Normen des IAS 2 für Tauschmittel oder für als Investment-Vehikel gehaltene Vermögenswerte konzipiert sind, überrascht es insofern auch nicht, dass – abseits der Normen für *commodity broker-trader* – die Anwendung der Vorschriften des IAS 2 und des IAS 38 im Zuge der **Folgebewertung** zu wesentlichen Defiziten mit Blick auf eine entscheidungsnützliche Informationsvermittlung führen. Demgegenüber sind mit der Zugangsart und mit der damit verbundenen **Zugangsbewertung** nach IAS 2 und nach IAS 38 weit weniger Herausforderungen in Hinblick auf die bilanzielle Abbildung von Krypto-Token verbunden. So bestehen sowohl für entgeltliche Erwerbe als auch für Tauschvorgänge allgemein akzeptierte Prinzipien, die sich auf erworbene Zahlungs- und Nutzungs-Token übertragen lassen.

Vor diesem Hintergrund sollen im Folgenden unterschiedliche Möglichkeiten diskutiert werden, um eine entscheidungsnützliche Bilanzierung von erworbenen Zahlungs- und Nutzungs-Token *de lege ferenda* im IFRS-Abschluss zu gewährleisten. Bevor auf die konkreten Möglichkeiten zur sachgerechten Berücksichtigung der Charakteristika von erworbenen Zahlungs- und

Nutzungs-Token im IFRS-Normengefüge eingegangen wird, soll vorgelagert explizit die Fragestellung aufgegriffen werden, welcher **Bewertungsmaßstab** und welche damit verbundene **Erfolgswirkung** konzeptionell bei Krypto-Token angemessen ist (Abschnitt 52). Während die Zugangsbewertung von erworbenen Krypto-Token sowie eine unter Umständen erforderliche GuV-wirksame Wertminderung unstrittig die Entscheidungsnützlichkeit der vermittelten Informationen fördern,[1388] ist die konkrete Bilanzierung bei Werterhöhungen über die ursprünglichen Anschaffungskosten differenzierter zu evaluieren. Dies gilt bei Krypto-Token vor allem für Level-3-Bewertungen des *Fair Value*.

Darauf aufbauend werden verschiedene Möglichkeiten diskutiert, um die herausgearbeiteten Schwachstellen, die bei der Anwendung der aktuellen IFRS-Vorschriften auf Krypto-Token auftreten, zu adressieren.[1389] Zunächst soll im ersten Schritt auf die **Anpassung bestehender Vorschriften** eingegangen werden (Abschnitt 53). In diesem Zusammenhang ist zwischen zwei Alternativen zu unterscheiden. So kann eine *de lege ferenda*-Betrachtung zum einen an den aktuell für erworbene Krypto-Token einschlägigen IFRS-Normen, d. h. an IAS 2 und an IAS 38, anknüpfen. Zum anderen ist es möglich, einen Bezug zu den Anwendungsbereichen für finanzielle Vermögenswerte, d. h. IAS 32 und IFRS 9, herzustellen. Anschließend wird im zweiten Schritt untersucht, ob die identifizierten Schwachstellen mitunter anstatt durch Anpassung der bestehenden Vorschriften sachgerechter durch die **Entwicklung eigener Vorschriften für Krypto-Token** adressiert werden können (Abschnitt 54).

52 Folgebewertung von erworbenen Krypto-Token bei Werterhöhungen über die ursprünglichen Anschaffungskosten

Als Bewertungsmaßstab kommen im Rahmen der Folgebewertung prinzipiell die fortgeführten Anschaffungskosten oder ein aktueller Wert, welcher regelmäßig durch einen beizulegenden Zeitwert i. S. v. IFRS 13 repräsentiert wird, in Betracht.[1390] Auch wenn beide Bewertungsmaßstäbe einer entscheidungsnützlichen Informationsvermittlung potenziell zuträglich sein können, reflektieren die Bewertungsmaßstäbe des beizulegenden Zeitwertes und der fortgeführten Anschaffungskosten das **Spannungsverhältnis** zwischen der Anforderung an eine relevante und an eine glaubwürdige Informationsvermittlung. So ist eine Bewertung zum beizulegenden Zeitwert im Vergleich zu einer Bewertung zu Anschaffungskosten einerseits eher der Relevanz förderlich, was für Krypto-Token aufgrund ihres direkten Beitrags zu den *Cashflows* des Unternehmens sowie ihrer sensitiven Reaktion auf Marktfaktoren in besonderem Maße gilt.[1391] Andererseits wird einer Bewertung zu Anschaffungskosten eher zugeschrieben, dass diese eine glaubwürdige Darstellung gewährleistet.

1388 Vgl. Abschnitt 453.1 und Abschnitt 453.22.

1389 Vgl. zu den Möglichkeiten bereits ähnlich AASB (Hrsg.), Digital currency, S. 18 f.; IASB (Hrsg.), Staff Paper 12D (July 2018), Rn. 50; IASB (Hrsg.), Staff Paper 12D (November 2018), Rn. A1.

1390 Vgl. ausführlich BAETGE, J. U. A., in: Baetge u. a., Rechnungslegung nach IFRS, 2. Aufl., Kap. II, Rn. 147–177.

1391 Vgl. ausführlich Abschnitt 453.22.

Mit Blick auf die glaubwürdige Darstellung ist dies jedoch insofern einzuschränken, als **beobachtbare Marktpreise** für identische Krypto-Token ebenfalls der Anforderung an eine glaubwürdige Darstellung entsprechen, da es sich hierbei um objektivierte Preise handelt, die mithin zur Neutralität der vermittelten Informationen beitragen.[1392] Dies gilt in besonderem Maße für an aktiven Märkten gehandelte Krypto-Token,[1393] ist jedoch in abgeschwächter Form auf beobachtbare Marktpreise auf der zweiten Ebene der *Fair Value*-Hierarchie übertragbar, da Level-2-Inputparameter ebenfalls marktbasiert abgeleitet werden.[1394] Vor diesem Hintergrund ist der **beizulegende Zeitwert** im Vergleich zu einer Bewertung mit den Anschaffungskosten bei beobachtbaren Marktpreisen für identische Krypto-Token **der konzeptionell überlegene und deshalb vorzugswürdige Bewertungsmaßstab**, da mit diesem den primären Adressaten bei einer hinreichend erfüllten glaubwürdigen Darstellung relevantere Informationen als bei einer Bewertung zu fortgeführten Anschaffungskosten bereitgestellt werden. Mit Blick auf die Informationsbedürfnisse der primären Adressaten bei einem Tauschmittel oder bei einem zu Investmentzwecken gehaltenen Zahlungs- oder Nutzungs-Token ist es zudem konzeptionell angezeigt, dass Wertänderungen des beizulegenden Zeitwertes auf der ersten und auf der zweiten Ebene der *Fair Value*-Hierarchie **GuV-wirksam** erfasst werden.[1395]

Differenzierter ist die sachgerechte Folgebewertungskonzeption für Krypto-Token zu prüfen, für die (noch) **keine beobachtbaren Marktpreise** vorliegen und mithin eine Bewertung auf der dritten Ebene der *Fair Value*-Hierarchie erfolgt. Dieser Umstand tritt regelmäßig nach dem Erwerb über ein *Initial Token Offering* auf. In einem solchen Fall kann bspw. der ausgegebene Nutzungs-Token regelmäßig direkt nach dem Erwerb weder funktional eingesetzt noch an einer Handelsplattform gehandelt werden. Obgleich nach IFRS bilanzierende Unternehmen wohl primär etablierte und mithin marktfähige Zahlungs- und Nutzungs-Token halten werden,[1396] ist der skizzierte Umstand insofern mit Herausforderungen im Rahmen der Rechnungslegung verbunden, als im Zusammenhang mit einer Level-3-Bewertung von Krypto-Token die infrage kommenden Bewertungsverfahren noch nicht umfassend mit Blick auf die Validität der Bewertungsergebnisse evaluiert sind.[1397] Vor diesem Hintergrund steht die Glaubwürdigkeit, vor allem die Neutralität, der mit einer Bewertung zum beizulegenden Zeitwert auf der dritten Stufe vermittelten Informationen infrage. Dies ist zumindest ein Indiz dafür, dass eine Bewertung zu fortgeführten Anschaffungskosten unter den erläuterten Umständen angezeigt sein könnte.

Dem ist jedoch **entgegenzuhalten**, dass durch die in IFRS 13 angelegten Leitlinien auch abseits von beobachtbaren Marktpreisen sichergestellt werden soll, dass der beizulegende Zeitwert unter Beachtung der Anforderungen an eine glaubwürdige Darstellung bestimmt wird.[1398] So ist

---

1392 Vgl. bereits ausführlich Abschnitt 453.22 und Abschnitt 453.231.

1393 Vgl. CF.6.60.

1394 Vgl. Abschnitt 453.22 und Abschnitt 453.3.

1395 Vgl. bereits ähnlich Abschnitt 453.232. und Abschnitt 453.3.

1396 Vgl. bereits Abschnitt 452.21 und Abschnitt 452.5.

1397 Vgl. ähnlich EFRAG (Hrsg.), EFRAG Research project on Crypto-assets (Initial Coin Offerings and Custodial services), Rn. B24 f. Vgl. zudem zu den Bewertungsmethoden ausführlich Abschnitt 452.23.

1398 Vgl. KIRSCH, H.-J. U. A., in: Baetge u. a., Rechnungslegung nach IFRS, 2. Aufl., IFRS 13, Rn. 16; KIRSCH,

es einer Bewertung zum beizulegenden Zeitwert anhand eines Bewertungsmodells immanent, dass sich hieraus „im Einzelfall erhebliche Bewertungsspielräume ergeben können."[1399] Dies gilt nicht nur für Krypto-Token, sondern für eine Vielzahl an Bewertungsobjekten für die trotz (erheblicher) Bewertungsspielräume eine Bilanzierung zum beizulegenden Zeitwert verpflichtend ist, z. B. im IFRS 9-Zusammenhang.[1400] Bewertungsunsicherheiten und bzw. oder Bewertungsspielräume stehen der glaubwürdigen Darstellung eines Sachverhaltes mithin nicht per se entgegen.

Den Informationsbedürfnissen der primären Adressaten wird bei einer Bewertung zum beizulegenden Zeitwert mit Blick auf die glaubwürdige Darstellung insofern Rechnung getragen, als der in IFRS 13 vorgesehene Umfang der **Anhangangaben** von der Einstufung der gesamten Bewertung in die *Fair Value*-Hierarchie determiniert wird.[1401] Diesbezüglich sieht IFRS 13 bei einer Zuordnung der Bewertung zur dritten Ebene die umfangreichsten Angaben vor. Auch wenn Anhangangaben nicht als „Allheilmittel" fungieren (können), um einen Sachverhalt glaubwürdig darzustellen, werden die primären Adressaten mit entsprechenden Angaben zumindest in die Lage versetzt, das Bewertungsverfahren und die Wertdeterminanten der vom berichterstattenden Unternehmen im Bestand gehaltenen Krypto-Token nachvollziehen zu können. So sind bei einer Bewertung auf der dritten Ebene der *Fair Value*-Hierarchie unter anderem der Bewertungsprozess zu beschreiben, quantitative Informationen zu den in das Bewertungsverfahren einfließenden Inputparameter anzugeben und die Sensitivität bei Änderungen von Level-3-Inputparametern (mindestens qualitativ) zu beschreiben.[1402] Durch diese Angaben werden die primären Adressaten hinsichtlich der Bewertungsunsicherheit von Krypto-Token auf der dritten Ebene der *Fair Value*-Hierarchie sensibilisiert, wenngleich sie nicht in die Lage versetzt werden, den exakten Wertansatz nachzuvollziehen.[1403] Dies ist indes auch nicht das Ziel der Anhangangaben und wäre aufgrund des hierfür erforderlichen Berichtumfangs auch nicht darstellbar.[1404]

Auch in Hinblick auf das eine glaubwürdige Informationsvermittlung konkretisierende Gütekriterium der **Fehlerfreiheit** lässt sich diese Einschätzung untermauern. So wird in Bezug auf die glaubwürdige Darstellung der aus einer Bewertung resultierenden Rechnungslegungsinformationen keine absolute Fehlerfreiheit vom IASB gefordert, was bei einer Bestimmung des beizulegenden Zeitwertes von Krypto-Token auf der dritten Ebene der *Fair Value*-Hierarchie

---

H.-J. U. A., Bedeutung der Verlässlichkeit, S. 766.

1399 WAWRZINEK, W./LÜBBIG, M., in: Driesch u. a., Beck IFRS HB, 5. Aufl., § 2, Rn. 238.

1400 Vgl. BARCKOW, A., in: Baetge u. a., Rechnungslegung nach IFRS, 2. Aufl., IFRS 9, Rn. 205–209; KIRSCH, H., Zeitwertbewertungsmodelle (Teil 2), S. 185.

1401 Vgl. ausführlich zu den Anhangvorschriften des IFRS 13 KIRSCH, H.-J. U. A., in: Baetge u. a., Rechnungslegung nach IFRS, 2. Aufl., IFRS 13, Rn. 152–184; LÜDENBACH, N./HOFFMANN, W.-D./FREIBERG, J., in: Lüdenbach/Hoffmann/Freiberg, Haufe IFRS-Kommentar, 17. Aufl., § 8a, Rn. 131–139; WIELAND-BLÖSE, H./ANDRÉ, J., in: Thiele/von Keitz/Brücks, Int. Bilanzrecht, IFRS 13, Rn. 311–330.

1402 Vgl. IFRS 13.93.

1403 Vgl., wenn auch unabhängig vom konkreten Sachverhalt, KIRSCH, H.-J. U. A., in: Baetge u. a., Rechnungslegung nach IFRS, 2. Aufl., IFRS 13, Rn. 165.

1404 Vgl. LANGE, T./MÜLLER, S., Zeitwertermittlung von Immobilien, S. 208.

ohnehin kaum möglich wäre, da Schätzprozesse bei der Bestimmung der Inputparameter erforderlich sind. Fehlerfreiheit kann im Allgemeinen und in Bezug auf die Bewertung von erworbenen Zahlungs- und Nutzungs-Token im Speziellen vielmehr bereits erreicht werden, sofern das Bewertungsergebnis eindeutig als Schätzwert deklariert wird, der Schätzprozess an sich sowie dessen Beschränkungen erläutert werden und im Rahmen des Prozesses selbst und dessen Auswahl keine Fehler unterlaufen sind.[1405]

Im Ergebnis wird das Spannungsverhältnis zwischen einer Bewertung mit den (fortgeführten) Anschaffungskosten und dem beizulegenden Zeitwert bei Krypto-Token, für die noch keine Marktpreise beobachtet werden können, besonders deutlich. Während in Hinblick auf die Relevanz der vermittelten Informationen vor dem Hintergrund des Charakters von Krypto-Token, ihres direkten Beitrags zu den *Cashflows* des Unternehmens sowie ihrer sensitiven Reaktion auf Marktfaktoren offensichtlich ist, dass der beizulegende Zeitwert zu präferieren ist,[1406] ist dies in Bezug auf die glaubwürdige Darstellung nicht eindeutig. So ließ sich zwar zeigen, dass sich die Defizite, die sich gegenwärtig noch bei den Bewertungsmethoden auf der dritten Ebene der *Fair Value*-Hierarchie bei Krypto-Token offenbaren, durch entsprechende, in IFRS 13 ohnehin angelegte, Anhangangaben zumindest verringern lassen. Gleichwohl ist es fraglich, ob ein hinreichend objektivierter beizulegender Zeitwert für Krypto-Token bestimmt werden kann, für die noch keine beobachtbaren Marktpreise vorliegen und ob Wertänderungen oberhalb der ursprünglichen Anschaffungskosten, wie bei beobachtbaren Marktpreisen, GuV-wirksam erfasst werden sollten. Hierdurch würden sich die Bewertungsunsicherheiten bei einer entsprechenden Erfassung auch unmittelbar auf das Jahresergebnis auswirken. Mithin überzeugt in diesem Zusammenhang weder eine auf den Anschaffungskosten noch auf dem *Fair Value* basierende Folgebewertungskonzeption bei über die ursprünglichen Anschaffungskosten hinausgehenden Wertentwicklungen von Zahlungs- und Nutzungs-Token vollständig. Dieser Aspekt wird noch im Rahmen des weiteren Vorgehens adressiert, vor allem in Abschnitt 532.22.

53 Anpassung bestehender Vorschriften

531. IAS 2 und IAS 38 als Anknüpfungspunkt

Ein möglicher erster Anknüpfungspunkt für eine Anpassung der bestehenden Vorschriften sind der IAS 2 und der IAS 38. Da erworbene Zahlungs- und Nutzungs-Token-Token unter Berücksichtigung der Auslegung die tatbestandsseitigen Anforderungen dieser beiden Standards erfüllen, sind nicht notwendigerweise Anpassungen des Anwendungsbereichs erforderlich, auch wenn damit unter Umständen Klarheit hinsichtlich der Anwendbarkeit der Normen erreicht werden könnte.

So wäre es in Bezug auf **IAS 2** wünschenswert, den Begriff „***commodity***" explizit zu definieren, da dies ein erster Schritt ist, um die Anwendungsvoraussetzungen für *commodity broker-trader*

[1405] Vgl. CF.2.18, sowie WAWRZINEK, W./LÜBBIG, M., in: Driesch u. a., Beck IFRS HB, 5. Aufl., § 2, Rn. 74.
[1406] Vgl. so auch SIXT, E., Accounting for cryptocurrencies and for Payment Tokens, o. S.

zu konkretisieren und mithin zu verhindern, dass spezifische Akteure im Krypto-Ökosystem aufgrund einer fehlenden Definition ggf. zu dem Schluss gelangen, dass sie nicht als *commodity broker-trader* i. S. v. IAS 2.3 (b) agieren. Hieran schließt sich unmittelbar der zweite erforderliche Schritt an, um eine entscheidungsnützliche Informationsvermittlung für zum Verkauf im normalen Geschäftsgang gehaltene Krypto-Token zu gewährleisten: In IAS 2 sollte expliziert werden, dass nicht die Bewertungsvorschriften des IAS 2, sondern stets die Vorschriften für *commodity broker-trader* auf kurzfristige und mithin spekulative **Investments** anzuwenden sind, und zwar unabhängig von dem zu internen Zwecken verwendeten Bewertungsmaßstab. Im Ergebnis würde dies dazu führen, dass zu kurzfristigen Investmentzwecken gehaltene Krypto-Token GuV-wirksam mit dem beizulegenden Zeitwert folgezubewerten sind, was vor dem Hintergrund der Informationsbedürfnisse der primären Adressaten sachgerecht ist.[1407]

Um eine entscheidungsnützliche Bilanzierung von erworbenen Zahlungs- und Nutzungs-Token im Anwendungsbereich des **IAS 38** zu gewährleisten, müssten insbesondere die **Folgebewertungsvorschriften** angepasst werden. So konnte gezeigt werden, dass in Bezug auf Krypto-Token sowohl durch die Anwendung der Folgebewertungsvorschriften des Anschaffungskostenmodells als auch des Neubewertungsmodells nur eingeschränkt den fundamentalen qualitativen Anforderungen an die Berichterstattung entsprochen wird.[1408] Mit Blick darauf, dass für Krypto-Token grundsätzlich eine GuV-wirksame Folgebewertung mit dem beizulegenden Zeitwert sachgerecht ist, müssten die Vorschriften des IAS 38 in Form von expliziten und mithin von den allgemeinen Bewertungsvorschriften abweichenden Normen angepasst werden, da die beiden in IAS 38 verankerten Modelle regelungssystematisch eine solche Folgebewertung nicht zulassen.

Zwar ließe sich durch entsprechende (Ausnahme-)Vorschriften in IAS 38 für Zahlungs- und Nutzungs-Token die gewünschte Bilanzierung erreichen. Gegen eine diesbezügliche Anpassung der Normen des IAS 38 spricht jedoch die fehlende Prinzipienorientierung. So würde die komplette Bewertungskonzeption des IAS 38, die für „richtige“ immaterielle Vermögenswerte zu einer sachgerechten Informationsvermittlung führt, mit Blick auf einen einzelnen Sachverhalt infrage gestellt. Angesichts einer für Krypto-Token potenziell in IAS 38 verankerten Einzelfallregelung könnte dies auch für andere Sachverhalte gefordert werden, bspw. für andere zu Investmentzwecken gehaltene Vermögenswerte (z. B. für Wasserrechte oder für CO_2-Zertifikate).[1409] Eine solche Kasuistik ist mit Blick auf die vom IASB angestrebte Prinzipienorientierung[1410] nicht wünschenswert. Zudem verblieben Zahlungs- und Nutzungs-Token selbst bei der Anpassung der Folgebewertungsvorschriften ein „Fremdkörper“ im Anwendungsbereich von IAS 38. Dies ist darauf zurückzuführen, dass Krypto-Token charakteristisch – abseits ihrer Immaterialität – nicht mit den vom Standard abgedeckten Sachverhalten vergleichbar sind. Dies

1407 Vgl. Abschnitt 453.3.
1408 Vgl. ausführlich Abschnitt 453.2.
1409 Vgl. so auch AASB (Hrsg.), Digital currency, S. 21.
1410 Vgl. hierzu bereits Abschnitt 351., Fn. 617.

zeigt sich unter anderem daran, dass in IAS 38 keinerlei Hinweise angelegt sind, dass Tauschmittel oder zu Investmentzwecken gehaltene Vermögenswerte vom Anwendungsbereich des Standards erfasst werden sollten. Insofern sind die Verwendungsabsichten, zu denen Zahlungs- und Nutzungs-Token gehalten werden, zumindest nicht explizit ein Anwendungsfall von IAS 38. Entsprechende Sachverhalte werden vielmehr von anderen Standards, vor allem von den Standards für Finanzinstrumente, erfasst, die jedoch *de lege lata* nicht auf Zahlungs- und Nutzungs-Token anwendbar sind. Im Ergebnis ist eine Anpassung der Normen des IAS 38 daher **abzulehnen**.

Vor diesem Hintergrund könnte auch in Erwägung gezogen werden, Krypto-Token explizit vom Anwendungsbereich des IAS 38 auszuschließen. Ein Anknüpfungspunkt für einen solchen ***scope out*** wäre **IAS 38.7**, in dem bestimmte Aktivitäten und Geschäftsvorfälle vom Anwendungsbereich des IAS 38 ausgeschlossen werden, da diese so spezifisch sind, dass sie anderweitig zu bilanzieren sind.[1411] Ein Ausschluss von den Vorschriften des IAS 38 würde *ceteris paribus* dazu führen, dass eine offene Regelungslücke für nicht zum Verkauf im normalen Geschäftsgang gehaltene Krypto-Token vorliegt, sodass die berichterstattenden Unternehmen unter Rückgriff auf die Normen des IAS 8.10–12 eine angemessene Bilanzierungsmethode entwickeln und anwenden müssten. Gegen ein solches Vorgehen spricht, dass dies die bereits bestehende *diversity in practice* nicht vermindern, sondern mitunter sogar erhöhen würde.[1412] Mit Blick auf die zwischenbetriebliche Vergleichbarkeit der IFRS-Abschlüsse von Unternehmen, die Krypto-Token im Bestand halten, ist es daher zu präferieren, dass der Sachverhalt tatbestandsseitig „sauber" in das IFRS-Normengefüge eingeordnet wird. Sofern dies der Fall ist, braucht es mithin eine entsprechende Lösung über IAS 38.7 nicht mehr.

Während eine Anpassung der Vorschriften des IAS 2 durchaus dazu führen könnte, dass zu kurzfristigen Investmentzwecken gehaltene Zahlungs- und Nutzungs-Token entscheidungsnützlich bilanziert werden würden, überzeugt weder eine Anpassung der Folgebewertungsvorschriften des IAS 38 noch ein expliziter *scope out* von Krypto-Token aus IAS 38. Vor diesem Hintergrund wird im Folgenden eine Anpassung der Standards für Finanzinstrumente untersucht und hinsichtlich einer sach- und normengerechten Übertragung auf erworbene Krypto-Token evaluiert.

532. IAS 32 und IFRS 9 als Anknüpfungspunkt

532.1 Diskussion der Möglichkeiten zur tatbestandsseitigen Anpassung

Zahlungs- bzw. Nutzungs-Token wurden entwickelt, um als allgemeines Tauschmittel bzw. als Tauschmittel mit einem bestimmten Verwendungszweck – ähnlich der Funktion eines Gutscheins – genutzt zu werden. Zudem können beide Token-Arten auch als Investment-Vehikel fungieren, sodass eine charakteristische Nähe zu den finanziellen Vermögenswerten nicht zu

1411 Vgl. hierzu bereits ausführlich Abschnitt 445.1.

1412 Vgl. so auch IASB (Hrsg.), Staff Paper 12D (November 2018), Rn. 35.

bestreiten ist. Im aktuellen Normengefüge scheitert eine solche bilanzielle Einordnung indes daran, dass Zahlungs- und Nutzungs-Token weder die Definitionskriterien eines Finanzinstrumentes im Allgemeinen noch eines bilanzrechtlichen Zahlungsmittels im Besonderen erfüllen. Aufgrund der charakteristischen und der regelungssystematischen Nähe von Krypto-Token zu finanziellen Vermögenswerten ist *de lege ferenda* insofern zu untersuchen, ob die Standards für Finanzinstrumente ein geeigneter Anknüpfungspunkt sind, um die identifizierten Schwachstellen bei der Anwendung der aktuellen Vorschriften auf Krypto-Token zu adressieren. Hierzu müssten zunächst **die Anwendungsbereiche oder die Definitionskriterien in IAS 32 und bzw. oder IFRS 9 angepasst** werden, damit erworbene Zahlungs- und Nutzungs-Token überhaupt als finanzielle Vermögenswerte bilanziert werden können.[1413] Diesbezüglich können drei unterschiedliche Möglichkeiten der Anpassung identifiziert werden, die nachfolgend konkretisiert und evaluiert werden.

Eine **erste** Möglichkeit besteht darin, die **Definition von Finanzinstrumenten** zu überdenken und in diesen Prozess die bisherigen Erkenntnisse zu den Charakteristika von Krypto-Token einfließen zu lassen. Die Anpassung der allgemeinen Definition eines Finanzinstrumentes und des damit verbundenen Begriffsverständnis geht vor dem Hintergrund, dass dann alle bestehenden Klassifizierungen von Finanzinstrumenten erneut hinsichtlich nicht intendierter Konsequenzen überprüft werden müssten, zu weit und ist mithin keine sachgerechte Vorgehensweise, um die identifizierten Schwachstellen im Rahmen der Bilanzierung von erworbenen Zahlungs- und Nutzungs-Token zu beheben.

Einen **zweiten**, im Vergleich zur ersten Möglichkeit sachgerechteren, Anknüpfungspunkt bietet die **Definition eines bilanzrechtlichen Zahlungsmittels**. Dies ist zum einen darauf zurückzuführen, dass Zahlungs- und Nutzungs-Token in ihrer (ursprünglich) intendierten Funktion charakteristisch einen stärkeren Bezug zu Zahlungsmitteln als zu anderen finanziellen Vermögenswerten haben. So weisen gerade Zahlungs-Token als allgemein intendiertes Tauschmittel wesentliche Parallelen zu unter den bilanzrechtlichen Zahlungsmitteln auszuweisenden Fremdwährungen auf und werden bereits (in begrenztem Umfang) wie ein Zahlungsmittel eingesetzt. Zum anderen spricht für eine Überarbeitung der Definition von bilanzrechtlichen Zahlungsmitteln, dass in den aktuellen IFRS-Normen lediglich rudimentäre Definitionskriterien angelegt sind. Vor diesem Hintergrund sollte die Begriffsbestimmung – unabhängig vom konkreten Sachverhalt – expliziert werden.[1414] Eine Konsultation in diesem Sinne sollte indes nicht mit dem Ziel angestoßen werden, dass Zahlungs- und Nutzungs-Token in jedem Fall in das Korsett der Definition eines bilanzrechtlichen Zahlungsmittels „gezwängt“ werden. Vielmehr ist zu

1413 Da die Standards zu Finanzinstrumenten vorrangig zu den Normen für Vorräte und für immaterielle Vermögenswerte sind (vgl. IAS 2.2 (b); IAS 38.2 (b)), wären die Vorschriften des IAS 2 und des IAS 38 nicht mehr auf Krypto-Token anzuwenden, sodass keine tatbestandsseitigen Einordnungskonflikte zwischen den Normen verbleiben würden.

1414 In diese Diskussion sollte der IASB auch die durch Krypto-Token aufgeworfenen Aspekte in Bezug auf das „Begriffswirrwarr“ zu Vermögenswerten mit monetärem Bezug (*cash*, *cash equivalent*, *currency*, *money*, *monetary asset*, *monetary item*) einbetten, sodass ein solches Projekt weitere Standards (IAS 7, IAS 21, IAS 38), die direkt anknüpfende oder artverwandte Sachverhalte regeln, miteinbeziehen sollte.

evaluieren, ob Krypto-Token in den aktuellen Normen nur nicht unter die bilanzrechtlichen Zahlungsmittel zu fassen sind, da diese erst nach der Standardsetzung ein für bilanzielle Zwecke auf Sachverhaltsebene relevanter Tatbestand wurden. Die **Kernfrage** in Bezug auf eine mögliche Anpassung der Definition von bilanzrechtlichen Zahlungsmitteln ist, wie umfassend die Funktion eines Tauschmittels für Zwecke der IFRS erfüllt sein muss, damit ein bilanzrechtliches Zahlungsmittel vorliegt, da unter anderem mit Blick auf die fehlende allgemeine Akzeptanz von Zahlungs- und Nutzungs-Token im Status quo eine Klassifizierung als bilanzrechtliches Zahlungsmittel abgelehnt wurde.[1415]

Während Zahlungs-Token zumindest dazu intendiert sind, als allgemeines Tauschmittel zu fungieren, spricht bei Nutzungs-Token bereits die Sachverhaltsebene gegen eine Charakterisierung als allgemeines Tauschmittel, da diese nur auf einer bestimmten Plattform und bzw. oder für einen bestimmten Verwendungszweck als Tauschmittel fungieren. Die Herausforderung ist auf abstrakter definitorischer Ebene, dass zwar prinzipiell alle Vermögenswerte, d. h. explizit auch Nutzungs-Token, als Geldersatz und mithin als Tauschmittel dienen können. Ob eine Klassifizierung als bilanzrechtliches Zahlungsmittel jedoch auch für bilanzielle Zwecke angemessen ist, scheint zumindest fraglich. Sofern eine breitere Definition von bilanzrechtlichen Zahlungsmitteln vom IASB intendiert würde, verbleibt daher die Schwierigkeit der **konkreten definitorischen Trennung** zwischen bilanzrechtlichen Zahlungsmitteln und anderen Tauschmitteln. Denn eine solche hat nicht nur Auswirkungen auf das aktuell etablierte Begriffsverständnis und den hier betrachteten Anwendungsfall eines erworbenen Zahlungs- oder Nutzungs-Token, sondern auch auf ähnliche Sachverhalte. Grenzfälle wären bspw. die aktuell unter den bilanzrechtlichen Zahlungsmitteln auszuweisenden Hochinflationswährungen, aber auch nicht von den aktuellen Normen erfasste Punkte aus Kundenbindungsprogrammen oder besonders liquide *commodities*,[1416] die ebenso wie Krypto-Token bei Transaktionen in einem bestimmten Wirtschaftsumfeld die herkömmlichen Zahlungsmittel ersetzen.[1417]

Gegen eine im Vergleich zu den aktuellen Normen weitere Definition eines bilanzrechtlichen Zahlungsmittels spricht demnach zum einen die Herausforderung, eine konkrete definitorische Trennlinie festzulegen. Zum anderen ist es auch mit Blick auf das allgemein akzeptierte Begriffsverständnis in Bezug auf Zahlungsmittel nicht sinnvoll, die Begriffsdefinition zu weit zu fassen. So wird den bilanzrechtlichen Zahlungsmitteln immer noch zugeschrieben, dass mit diesen jederzeit Zahlungsverpflichtungen beglichen werden können, was bei Zahlungs- und Nutzungs-Token aufgrund ihres geringen und bzw. oder nur in einem bestimmten Ökosystem vorhandenen Akzeptanzlevels nicht der Fall ist. Daher sollten in den IFRS unter den bilanzrechtlichen Zahlungsmitteln auch nur allgemein akzeptierte Tauschmittel ausgewiesen werden,

---

[1415] Vgl. Abschnitt 444.211.2 und Abschnitt 444.3.

[1416] Vgl. hierzu bereits Abschnitt 444.211.

[1417] Gerade in Bezug auf Nutzungs-Token oder auf Punkte aus Kundenbindungsprogrammen müsste zudem geklärt werden, ob deren Tauschmittelcharakter überwiegt oder ob es sich hierbei um eine nicht finanzielle Forderung handelt, die gemäß IAS 32.AG11 aktuell von den Vorschriften für Finanzinstrumente ausgeschlossen sind. Vgl. hierzu Abschnitt 444.3.

was aktuell nur Fiatwährungen sind. Insofern könnte der IASB auf einen **gesetzlichen Status**,[1418] bspw. den Status als gesetzliches Zahlungsmittel, rekurrieren, um bilanzrechtliche Zahlungsmittel von anderen Tauschmitteln abzugrenzen. Auch wenn dies dazu führt, dass Zahlungs- und Nutzungs-Token – zumindest zum jetzigen Zeitpunkt – nicht unter den bilanzrechtlichen Zahlungsmitteln ausgewiesen werden würden, würde ein solches Vorgehen zumindest eine eindeutige Trennlinie für bilanzielle Zwecke ziehen. Zudem würde eine diesbezügliche Konkretisierung die aktuelle Bilanzierungspraxis nicht verändern, Auslegungsspielräume für die Bilanzierenden jedoch mindern.

Die **dritte** Möglichkeit, dem Charakter von Zahlungs- und Nutzungs-Token als intendiertem Tauschmittel oder als Investment-Vehikel zu begegnen, besteht darin, Zahlungs- und Nutzungs-Token **explizit in die Anwendungsbereiche** des IAS 32 und bzw. oder des IFRS 9 aufzunehmen, ohne die allgemeinen Prinzipien und Definitionen anzupassen. So könnte IAS 32.11 dahin gehend angepasst werden, dass die Aufzählung der finanziellen Vermögenswerte explizit um Zahlungs- und Nutzungs-Token ergänzt wird.[1419] Alternativ könnten Zahlungs- und Nutzungs-Token auch ausdrücklich in den Anwendungsbereich des IFRS 9 integriert werden. Obgleich diese pragmatische Lösung zunächst mit Blick auf die (angestrebte) Prinzipienorientierung der IFRS fraglich scheint,[1420] ist eine entsprechende Kasuistik ohnehin bereits in den Standards für Finanzinstrumente implementiert. So werden zum einen bereits im aktuellen Normengefüge bilanzrechtliche Zahlungsmittel per Definition zum finanziellen Vermögenswert erklärt.[1421] Zum anderen werden in IFRS 9.2.3–2.5 bestimmte Transaktionen, für die ansonsten IFRS 9 nicht unmittelbar anzuwenden wäre, in den Anwendungsbereich des Standards aufgenommen,[1422] da diese Sachverhalte charakteristisch Finanzinstrumenten ähneln. Aufgrund der charakteristischen Nähe von Zahlungs- bzw. Nutzungs-Token zu den finanziellen Vermögenswerten ist eine kasuistische Lösung für den betrachteten Sachverhalt ebenfalls gerechtfertigt.

Angesichts dieser Umstände soll im Folgenden untersucht werden, ob die beschriebene pragmatische Lösung auf der **Rechtsfolgeseite** zu einer entscheidungsnützlichen Bilanzierung von erworbenen Krypto-Token *de lege ferenda* führen würde. Sofern erworbene Krypto-Token als finanzieller Vermögenswert in IAS 32 definiert würden oder i. S. v. IFRS 9 so zu bilanzieren sind, als seien es finanzielle Vermögenswerte, sind die Normen des IFRS 9 hinsichtlich der Zugangs- und Folgebewertung anzuwenden. Zudem sind für den Ausweis und die Anhangangaben sachverhaltsspezifisch der IFRS 7 und allgemein die Vorschriften des IAS 1 zu berücksichtigen.

1418 Vgl. IASB (Hrsg.), Staff Paper 12D (November 2018), Rn. A18.

1419 Vgl. hier und im folgenden Satz AASB (Hrsg.), Digital currency, S. 20.

1420 Vgl. AASB (Hrsg.), Digital currency, S. 20.

1421 Vgl. hierzu ausführlich Abschnitt 444.222.1.

1422 Vgl. so auch IFRS IC (Hrsg.), Staff Paper 4B (September 2018), Rn. 49; FRC (Hrsg.), Digital Currencies, S. 2.

532.2 Diskussion der Rechtsfolgen

532.21 Zugangsbewertung nach IFRS 9

Zahlungs- und Nutzungs-Token sind in der Bilanz anzusetzen, wenn diese dem berichterstattenden Unternehmen zugegangen sind und damit eine mittelbare oder eine unmittelbare Kontrolle über die erworbenen Krypto-Token vorliegt.[1423] Die **Zugangsbewertung** erfolgt bei einem Finanzinstrument grundsätzlich mit seinem **beizulegenden Zeitwert** i. S. v. IFRS 13.[1424] Dies ist mithin ein Unterschied zur Bilanzierung nach IAS 2 oder nach IAS 38, nach denen zumindest entgeltliche Erwerbe mit einem bilanzrechtlichen Zahlungsmittel bzw. mit einem Zahlungsmitteläquivalent mit den Anschaffungskosten erstbewertet werden.[1425] Hieraus werden sich im Regelfall jedoch keine materiellen Unterschiede im IFRS-Abschluss ergeben, da der IASB den Transaktionspreis als **den besten Schätzer für den beizulegenden Zeitwert** eines Finanzinstrumentes zum Zugangszeitpunkt ansieht.[1426] Gleichwohl kann es zu Divergenzen zwischen dem beizulegenden Zeitwert und der hingegebenen Leistung (Transaktionspreis) kommen,[1427] bspw. mit Blick auf die unterschiedlichen Bewertungsperspektiven. So ist der Transaktionspreis ein Zugangspreis (sog. *entry-price*), nicht jedoch zwangsläufig ein marktseitig zugesprochener Veräußerungspreis (sog. *exit-price*), dem der beizulegende Zeitwert nach IFRS 13 zugrunde liegt.[1428] Sofern der Transaktionspreis und der beizulegende Zeitwert voneinander abweichen, kommt es hinsichtlich der Differenz zwischen dem beizulegenden Zeitwert und dem Transaktionspreis auf die Einordnung des beizulegenden Zeitwertes in die *Fair Value*-Hierarchie an, wie mit dieser zu verfahren ist.[1429] So würde eine zum Zugangszeitpunkt auftretende Differenz bei einer Bewertung auf der ersten oder auf der zweiten Ebene der *Fair Value*-Hierarchie direkt erfolgswirksam als Zugangsgewinn oder -verlust erfasst werden. Sofern der beizulegende Zeitwert auf der dritten Ebene bestimmt wird, ist die Differenz indes abzugrenzen und im Rahmen der Folgebewertung erfolgswirksam zu „amortisieren“.[1430]

[1423] Vgl. hierzu bereits ausführlich Abschnitt 432.2 und Abschnitt 432.3. Die allgemeine Ansatzkonzeption des IFRS 9, welche einen Ansatz vorsieht, wenn das bilanzierende Unternehmen Vertragspartei eines Finanzinstrumentes wird (vgl. IFRS 9.3.1.1), ist aufgrund der Charakteristika von Krypto-Token nicht direkt auf diese übertragbar, sodass auf das allgemeine Kontrollkriterium abgestellt werden sollte. Dies ist vor dem Hintergrund, dass ohnehin eine explizite und daher nicht prinzipienorientierte Vorschrift diskutiert wird, für die Anwendung des IFRS 9 nicht schädlich.

[1424] Vgl. IFRS 9.5.1.1. Hiervon sind nur bestimmte Derivate, die die Ausbuchung eines anderen finanziellen Vermögenswertes verhindern, nicht mitinbegriffen. Vgl. IFRS 9.B3.1.1 i. V. m. IFRS 9.B3.2.14, sowie BARCKOW, A., in: Baetge u. a., Rechnungslegung nach IFRS, 2. Aufl., IFRS 9, Rn. 130.

[1425] Vgl. Abschnitt 452.1 und Abschnitt 453.1.

[1426] Vgl. IFRS 9.5.1.1 i. V. m. IFRS 9.B5.1.2A und IFRS 9.BCZ5.10. Vgl. zudem IFRS 13.58.

[1427] Vgl. LÜDENBACH, N./HOFFMANN, W.-D./FREIBERG, J., in: Lüdenbach/Hoffmann/Freiberg, Haufe IFRS-Kommentar, 17. Aufl., § 28, Rn. 281.

[1428] Vgl. hierzu auch IFRS 13.57, sowie ausführlich KIRSCH, H.-J. U. A., in: Baetge u. a., Rechnungslegung nach IFRS, 2. Aufl., IFRS 13, Rn. 39–43.

[1429] Vgl. hier und in den folgenden beiden Sätzen IFRS 9.B5.1.2A, sowie ausführlich LÜDENBACH, N./HOFFMANN, W.-D./FREIBERG, J., in: Lüdenbach/Hoffmann/Freiberg, Haufe IFRS-Kommentar, 17. Aufl., § 28, Rn. 281 und Rn. 289 f.; HARTENBERGER, H., in: Driesch u. a., Beck IFRS HB, 5. Aufl., § 3, Rn. 408 f.; BARCKOW, A., in: Baetge u. a., Rechnungslegung nach IFRS, 2. Aufl., IFRS 9, Rn. 216–220; KIRSCH, H.-J. U. A., in: Baetge u. a., Rechnungslegung nach IFRS, 2. Aufl., IFRS 13, Rn. 42a–42c.

[1430] Sofern sich Transaktionspreis und beizulegender Zeitwert zum Zugangszeitpunkt entsprechen, jedoch im

Die Regelungsfolgen des IFRS 9 in Bezug auf die Zugangsbewertung sind bei erworbenen Krypto-Token nicht als wesentliche Herausforderung anzusehen. Dies ist zum einen darauf zurückzuführen, dass bei einem Erwerb stets ein Transaktionspreis vorliegt.[1431] Zum anderen bestehen klare Vorschriften, wie damit umzugehen ist, wenn der Transaktionspreis nicht dem beizulegenden Zeitwert entspricht. Durch eine diesbezügliche Prüfung und eine mitunter vorzunehmende Anpassung des Transaktionspreises werden mit Blick auf die Zugangsbewertung die tatsächlichen wirtschaftlichen Verhältnisse widergespiegelt, die der Transaktion marktseitig zugesprochen werden. Insofern sind die Vorschriften zur Zugangsbewertung einer entscheidungsnützlichen Bilanzierung von erworbenen Krypto-Token mittels der Normen des IFRS 9 zuträglich. Dies vermag jedoch nicht zu überraschen, da auch in Bezug auf die Zugangsbewertung im Anwendungsbereich des IAS 2 und des IAS 38 keine wesentlichen bilanziellen Probleme mit Blick auf die Zugangsbewertung von erworbenen Krypto-Token identifiziert wurden.

532.22 Folgebewertung nach IFRS 9

Im Rahmen der Folgebewertung sieht IFRS 9 keine einheitlichen Bewertungsvorschriften für finanzielle Vermögenswerte vor. Vielmehr sind diese vorgelagert in bestimmte Kategorien einzuordnen (sog. **Klassifizierung**), die den Bewertungsmaßstab sowie die damit verbundene Erfolgserfassung bestimmen.[1432] Bei der Klassifizierung eines finanziellen Vermögenswertes sind

- das Geschäftsmodell des bilanzierenden Unternehmens, welches die Grundlage für die Steuerung der finanziellen Vermögenswerte bildet, und
- die vertraglichen Zahlungsstromeigenschaften des finanziellen Vermögenswertes zu berücksichtigen, d. h. ob sich die Zahlungsströme eines finanziellen Vermögenswertes ausschließlich auf die Rückzahlung von Nominal und Zins beziehen.[1433]

Für Zahlungs- und Nutzungs-Token ist besonders das zweite Prüfkriterium von Bedeutung: Da Zahlungs- und Nutzungs-Token keine vertraglich vereinbarten Zahlungsströme auf ein ausstehendes Nominal verbriefen,[1434] ist regelungssystematisch eine Folgebewertung von erworbenen Zahlungs- und Nutzungs-Token zum **beizulegenden Zeitwert** angezeigt, bei der Zeitwertänderungen **GuV-wirksam** erfasst werden.[1435] Anders als bspw. in IAS 38 spielt es im Kontext

---

Rahmen der Folgebewertung ein Bewertungsverfahren angewendet werden muss, das auf der Grundlage von nicht beobachtbaren Inputparametern erfolgt, ist das Bewertungsverfahren so zu kalibrieren, dass das Ergebnis des betreffenden Bewertungsverfahrens beim erstmaligen Ansatz dem Transaktionspreis entspricht. Vgl. IFRS 13.64, sowie sachverhaltsspezifisch PWC (Hrsg.), Rechnungslegung von Krypto-Assets, S. 29.

1431 Vgl. hierzu bereits Abschnitt 452.1 und Abschnitt 453.1.

1432 Vgl. IFRS 9.4.1.1, sowie LÜDENBACH, N./HOFFMANN, W.-D./FREIBERG, J., in: Lüdenbach/Hoffmann/Freiberg, Haufe IFRS-Kommentar, 17. Aufl., § 28, Rn. 153.

1433 Vgl. IFRS 9.4.1.1 i. V. m. IFRS 9.B4.1.1–B4.1.26, sowie ausführlich BARCKOW, A., in: Baetge u. a., Rechnungslegung nach IFRS, 2. Aufl., IFRS 9, Rn. 156–188; HARTENBERGER, H., in: Driesch u. a., Beck IFRS HB, 5. Aufl., § 3, Rn. 361–371; LÜDENBACH, N./HOFFMANN, W.-D./FREIBERG, J., in: Lüdenbach/Hoffmann/Freiberg, Haufe IFRS-Kommentar, 17. Aufl., § 28, Rn. 153–200.

1434 Vgl. so auch KEILING, M./ROMEIKE, S., Bilanzierung von Kryptowährungen, S. 271.

1435 Vgl. IFRS 9.5.2.1 (c) i. V. m. IFRS 9.4.1.4. Da es sich bei Krypto-Token auch weder um Eigenkapitalinstrumente, die ohne Handelsabsicht erworben wurden, noch um eine bedingte Gegenleistung im Rahmen eines

des IFRS 9 keine Rolle, ob der finanzielle Vermögenswert an einem aktiven Markt gehandelt wird.[1436]

Eine GuV-wirksame Folgebewertung mit dem beizulegenden Zeitwert ist für Zahlungs- und Nutzungs-Token sachgerecht, wenn die Token an einer Handelsplattform notiert sind oder für sie andere Marktpreise beobachtet werden können.[1437] Problematischer ist die Folgebewertung mit dem beizulegenden Zeitwert indes, sofern (noch) **keine beobachtbaren Marktpreise** vorliegen. So sind mit einer solchen Level-3-Bewertung mitunter **erhebliche Bewertungsunsicherheiten** verbunden, wodurch die glaubwürdige Darstellung der vermittelten Informationen zumindest reduziert wird; vor allem im Vergleich zu beobachtbaren Marktpreisen auf der ersten und auf der zweiten Stufe der *Fair Value*-Hierarchie. Dieser Bewertungsaspekt ist für Rechnungslegungszwecke vor allem bei einem *Initial Token Offering* von Bedeutung. Bei diesen liegt zwar zum Zugangszeitpunkt ein (objektivierter) Transaktionspreis vor, jedoch sind im Anschluss an die Ausgabe der Token (zunächst) regelmäßig noch keine Preisnotierung an einem Handelsplatz oder andere Marktpreise für den Krypto-Token beobachtbar, sodass im Rahmen der Folgebewertung der beizulegende Zeitwert mittels eines Bewertungsverfahrens zu bestimmen ist. Die Bewertung ist in diesem Zusammenhang dadurch erschwert, dass die erworbenen Krypto-Token, gerade Nutzungs-Token, zum Teil noch nicht in der intendierten Art und Weise einsetzbar sind, da das Geschäftsmodell, in dem die Token verwendet werden sollen, zumeist erst noch mit der eingesammelten Finanzierung aufgebaut werden muss.

Angesichts der **Bewertungsunsicherheiten**, die vorliegen, wenn für den zu bewertenden Zahlungs- oder Nutzungs-Token kein Marktpreis beobachtet werden kann, steht infrage, ob eine GuV-wirksame Folgebewertung zur Entscheidungsnützlichkeit der vermittelten Abschlussinformationen beitragen würde.[1438] Während dies bei Wertminderungen stets der Fall ist,[1439] gilt diese Fragestellung mithin GuV-Wirkungen, die aus Werterhöhungen über die ursprünglichen Anschaffungskosten resultieren. Im Folgenden sollen daher zwei Möglichkeiten untersucht werden, die die Unsicherheit der Bewertung im Kontext von Zahlungs- und Nutzungs-Token, für die keine Marktpreise vorliegen, adressieren.

Eine **erste Möglichkeit**, um die Herausforderungen bei der Bewertung von Zahlungs- und Nutzungs-Token, für die keine beobachtbaren Marktpreise vorliegen, zu adressieren, wäre es, Wertänderungen, die die ursprünglichen Anschaffungskosten übersteigen, **GuV-neutral im sonstigen Ergebnis** zu erfassen. Hierdurch würde verhindert werden, dass in den skizzierten Situationen mitunter GuV-wirksam Erträge erfasst werden, obgleich die Bestimmung des bei-

---

Unternehmenszusammenschlusses nach IFRS 3 handelt, kann auch nicht zur Erfassung der Wertänderungen im sonstigen Ergebnis optiert werden. Vgl. IFRS 9.4.1.4 i. V. m. IFRS 9.5.7.5 f.

1436 Vgl. MÄRKL, H./SCHABER, M., Financial Instruments, S. 64.

1437 Vgl. Abschnitt 52.

1438 Vgl. Abschnitt 52.

1439 Vgl. bereits Abschnitt 453.22, sowie zu Indikatoren einer Wertminderung Abschnitt 453.21.

zulegenden Zeitwertes von erheblichen Bewertungsunsicherheiten geprägt ist. Regelungssystematisch wäre hierzu eine explizite Ausnahmeregelung für Zahlungs- und Nutzungs-Token erforderlich, um eine entsprechende Bilanzierung zu erreichen. Fraglich wäre im Rahmen einer solchen Bilanzierung indes, zu welchem Zeitpunkt eine Umgliederung (sog. *recycling*) der zuvor im sonstigen Ergebnis erfassten Erträge in das Jahresergebnis zu erfolgen hat. So käme bspw. der Zeitpunkt, an dem ein beobachtbarer Marktpreis für den Krypto-Token vorliegt oder der Abgangszeitpunkt des Krypto-Token in Betracht.

Eine **zweite Möglichkeit** wäre es, an eine bereits bestehende Ausnahmeregelung anzuknüpfen. Für bestimmte Finanzinvestitionen in Eigenkapitalinstrumente und für Verträge über solche Instrumente konkretisiert der IASB das allgemeine Prinzip der Folgebewertung für entsprechend klassifizierte finanzielle Vermögenswerte in der Form, dass in wenigen Ausnahmefällen die **Anschaffungskosten eine angemessene Schätzung** für den beizulegenden Zeitwert im Rahmen der Folgebewertung sein können.[1440] Dies kann bei den genannten Instrumenten gemäß IFRS 9.B5.2.3 der Fall sein,

- wenn nicht genügend aktuelle Informationen zur Bestimmung des beizulegenden Zeitwertes verfügbar sind, oder
- wenn eine große Bandbreite an möglichen beizulegenden Zeitwerten besteht und die Anschaffungskosten innerhalb der Bandbreite die bestmögliche Schätzung sind.

Wenn die Voraussetzungen zur Anwendung der Norm erfüllt sind und der beizulegende Zeitwert mithin durch die Anschaffungskosten repräsentiert wird, kommt es in der Folgeperiode zu **keiner Erfolgswirkung**, da keine Wertänderung des Eigenkapitalinstrumentes bzw. des Vertrages über ein Eigenkapitalinstrument nachzuzeichnen ist.

Zahlungs- und Nutzungs-Token sind zwar weder als Finanzinvestitionen in Eigenkapitalinstrumente noch als Verträge über solche Instrumente zu charakterisieren,[1441] sodass die Norm nicht unmittelbar auf Krypto-Token anwendbar ist. Ungeachtet dessen soll diese zweite Möglichkeit im Folgenden näher mit Blick auf die Frage untersucht werden, ob die Regelung auf erworbene Zahlungs- und Nutzungs-Token sachgerecht übertragen werden könnte. Das Ziel ist es mithin, zu prüfen, ob die Entscheidungsnützlichkeit der vermittelten Informationen durch eine **Übertragung der Norm** auf Zahlungs- und Nutzungs-Token erhöht werden könnte. Hierzu ist zunächst zu explizieren, ob und ggf. unter welchen Umständen eine Übertragung der Vorschrift auf Krypto-Token überhaupt gerechtfertigt ist, wobei zunächst auf die Umstände eingegangen wird, in denen dies nicht der Fall ist.

[1440] Vgl. IFRS 9.B5.2.3. Der IASB beschränkt die Anwendung der Vorschrift in den Begründungserwägungen zu IFRS 9 insofern, als die Anschaffungskosten von Eigenkapitalinstrumenten für Finanzinstitutionen und für Investmentfonds in keinem Fall ein angemessener Schätzer des beizulegenden Zeitwertes sind. Vgl. IFRS 9.BC5.18.

[1441] Vgl. Abschnitt 444.213. und Abschnitt 444.3.

Die Anschaffungskosten sind in **keinem Fall der beste Schätzer** für den beizulegenden Zeitwert des zu bewertenden Zahlungs- oder Nutzungs-Token, sofern es sich um einen notierten Krypto-Token handelt.[1442] Denn bei einer solchen Bewertung auf der ersten oder auf der zweiten Stufe der *Fair Value*-Hierarchie bestehen durch die Marktnotierung zum einen aktuelle Preisinformationen. Zum anderen sind große Bandbreiten an beobachtbaren möglichen beizulegenden Zeitwerten selbst bei notierten Preisen an inaktiven Märkten nicht typisch. Auch wenn andere Marktpreise beobachtet werden können, sind die Anschaffungskosten kein angemessener Schätzer des beizulegenden Zeitwertes, da dann aktuellere Informationen als die Anschaffungskosten vorliegen. Grundvoraussetzung für die Anwendung der Norm ist es mithin, dass die zu bewertenden Token noch nicht an einer Handelsplattform notiert sind und keine anderen beobachtbaren Marktpreise vorliegen. Insofern adressiert die Norm und mithin die zweite identifizierte Möglichkeit ausschließlich die Bewertungsfälle bei Zahlungs- und Nutzungs-Token, die mit (wesentlichen) Herausforderungen verbunden sind.

Zu berücksichtigen ist jedoch zusätzlich, dass der IASB – neben dem Fall, dass ein Vermögenswert notiert ist – in IFRS 9.B5.2.4 eine **Liste an nicht abschließenden Beispielen** anführt, unter welchen Umständen die Anschaffungskosten kein angemessener Schätzer des beizulegenden Zeitwertes im Rahmen der Folgebewertung sind. So wäre es in Bezug auf Zahlungs- und Nutzungs-Token bspw. nicht angemessen, an einer Folgebewertung mit den Anschaffungskosten als Schätzer des *Fair Value* festzuhalten, wenn das mit dem Krypto-Token verbundene Projekt die im *Whitepaper* angeführten Meilensteine zur Produktentwicklung nicht erreicht oder sich das Marktumfeld, in dem der Token eingesetzt werden soll, signifikant ändert.[1443] Dies gilt im Besonderen, sofern es mittel- bis langfristig nicht möglich ist, die Krypto-Token zu handeln oder in ihrer intendierten Weise zu verwenden. Sofern ein Indikator mithin indiziert, dass die Anschaffungskosten kein angemessener Schätzer für den beizulegenden Zeitwert sind, ist der *Fair Value* des Krypto-Token „regulär" zu bestimmen und die Wertänderung GuV-wirksam nachzuzeichnen.

Abseits dieser Fälle, in denen eine GuV-wirksame Erfassung der Wertänderung sachgerecht ist, adressieren die genannten Anwendungsvoraussetzungen des IFRS 9.B5.2.3 die Umstände, die bei Level-3-Bewertungen von Zahlungs- und Nutzungs-Token typisch sind. So liegen gerade bei Krypto-Token, die im Zuge eines *Initial Token Offering* erworben wurden, so lange **unzureichend neue und objektivierte Informationen** vor, wie der zu bewertende Krypto-Token (noch) nicht in seiner intendierten Funktion eingesetzt werden kann oder (noch) nicht an einer Handelsplattform notiert ist. Zudem ist vor dem Hintergrund, dass für Krypto-Token – anders als bspw. für Eigenkapitalinstrumente –[1444] noch keine etablierten Bewertungsverfahren auf der

---

1442 Vgl. so auch für notierte Eigenkapitalinstrumente oder Verträge über notierte Eigenkapitalinstrumente IFRS 9.B5.2.6.

1443 Vgl. IFRS 9.B5.2.4 (a)–(c).

1444 Vgl. IFRS 9.BC17 (b).

dritten Ebene der *Fair Value*-Hierarchie bestehen, zu vermuten, dass eine eindeutige Bestimmung des beizulegenden Zeitwertes nur schwer möglich sein wird. Vielmehr deutet sowohl die methodische als auch die sachverhaltsbedingte Unsicherheit in Bezug auf das Bewertungsobjekt darauf hin, dass die möglichen **beizulegenden Zeitwerte** (wesentlich) **streuen** werden. Dies ist auch darauf zurückzuführen, dass zum Bewertungszeitpunkt noch nicht hinreichend sicher ist, dass die Token zu einem späteren Zeitpunkt tatsächlich verwendet werden können.[1445] Mithin erfolgt die Bewertung im Spannungsfeld zwischen dem möglichen „Scheitern" des Projektes einerseits und der (planmäßigen) Fertigstellung des Projektes andererseits. Während das Scheitern des Projekts dazu führen würde, dass die Token keinen Wert bzw. nur noch einen sehr geringen Wert aufweisen, sind bei der Fertigstellung des Projektes zwangsläufig Marktpreise vorhanden, die zur Bestimmung eines (objektivierten) beizulegenden Zeitwerts herangezogen werden können. Innerhalb dieser Bandbreite an Szenarien lassen sich mithin unterschiedliche beizulegende Zeitwerte begründen. Mit Blick auf die glaubwürdige Darstellung sind die zum Zugangszeitpunkt marktseitig bestimmten Anschaffungskosten innerhalb dieser Bandbreite wohl regelmäßig als der beste Schätzer des *Fair Value* anzusehen, sodass die Anwendungsvoraussetzungen von IFRS 9.B5.2.3 grundsätzlich erfüllt werden.

Vor dem Hintergrund, dass sich in bestimmten Bewertungssituationen deutliche Parallelen bei Zahlungs- und Nutzungs-Token, deren beizulegender Zeitwert auf der dritten Ebene der *Fair Value*-Hierarchie bestimmt wird, und dem in IFRS 9.B5.2.3 adressierten Sachverhalt ergeben, scheint es regelungssystematisch *de lege ferenda* gerechtfertigt, IFRS 9.B5.2.3 auf erworbene Zahlungs- und Nutzungs-Token zu erweitern. Obgleich auch die erste Möglichkeit, d. h. eine GuV-neutrale Erfassung der über die ursprünglichen Anschaffungskosten hinausgehenden Wertänderungen im sonstigen Ergebnis (inkl. späterem *recycling*), ebenfalls der Informationsvermittlung im Rahmen der Folgebewertung von Krypto-Token, für die keine Marktpreise beobachtet werden können, dienlich sein würde, ist die **Erweiterung von IFRS 9.B5.2.3 in der Gesamtschau überzeugender**. Das entscheidende Argument hierfür ist, dass die Ausnahmevorschrift für nicht notierte Eigenkapitalinstrumente und Verträge über Eigenkapitalinstrumente die Herausforderungen in den erläuterten Bewertungssituationen einerseits spezifisch adressiert und andererseits die Normanwendung sinnvoll auf bestimmte Sachverhalte begrenzt. So besteht ein Vorteil der zweiten Möglichkeit gegenüber der GuV-neutralen Erfassung von Wertänderungen des beizulegenden Zeitwertes im sonstigen Ergebnis darin, dass die berichterstattenden Unternehmen keinen Punktwert des *Fair Value* aus der Bandbreite auswählen müssen bzw. können. Vielmehr wird der glaubwürdigen Darstellung, vor allem mit Blick auf die Neutralität der berichteten Informationen, insofern Rechnung getragen, als die Anschaffungskosten als bester Schätzer des beizulegenden Zeitwertes marktseitig im Rahmen der Erwerbstransaktion objektiviert wurden. Zudem würden durch eine Verankerung des betrachteten Sachverhalts in den Anwendungsbereich des IFRS 9.B5.2.3 **Übergangsprobleme** in Bezug auf die Folgebewertung adressiert werden. So ist es bei Krypto-Token zumindest intendiert, diese an

[1445] Vgl. Abschnitt 432.12 und Abschnitt 433.

einer Handelsplattform zu notieren. Sobald dies der Fall ist oder die Token funktional einsatzfähig sind, bestehen die angesprochenen Herausforderungen bei der Bewertung nicht mehr, sodass es angezeigt ist, die in IFRS 9 grundsätzlich angelegte Folgebewertungskonzeption, die für Zahlungs- und Nutzungs-Token eine GuV-wirksame Folgebewertung zum beizulegenden Zeitwert vorsieht, anzuwenden. Anders als bei einer GuV-neutralen Erfassung von Wertänderungen des *Fair Value* im sonstigen Ergebnis besteht zudem im Rahmen der präferierten Lösung auch nicht die Herausforderung, den angemessenen Zeitpunkt der Umgliederung in die GuV zu bestimmen.

532.23 Ausgewählte Anhang- und Ausweisvorschriften nach IFRS 7 und IAS 1

Neben den Vorschriften zur Zugangs- und Folgebewertung in IFRS 9 sind zudem die **Vorschriften des IFRS 7** für finanzielle Vermögenswerte zu berücksichtigen.[1446] Mit den durch die Anwendung des IFRS 7 zu vermittelnden Angaben sollen die primären Abschlussadressaten in die Lage versetzt werden,

- die Bedeutung von Finanzinstrumenten für die Vermögens-, Finanz- und Ertragslage, und
- die Art und das Ausmaß der sich aus den Finanzinstrumenten ergebenden Risiken sowie die Steuerung dieser Risiken durch das berichterstattende Unternehmen beurteilen zu können.[1447]

Unabhängig von den konkreten Einzelvorschriften ist es für die primären Adressaten des IFRS-Abschlusses von **entscheidender Bedeutung**, dass diese für ihre Kapitalallokationsentscheidung verstehen, wie das berichterstattende Unternehmen plant, die erworbenen Zahlungs- bzw. Nutzungs-Token im eigenen Geschäftsmodell einzusetzen (intendierte Verwendungsabsicht vs. Investment-Vehikel), und Angaben erhalten, mit denen sie das mit den Token verbundene Risiko für die wirtschaftliche Lage des Unternehmens beurteilen können.[1448] In diesem Zusammenhang ist es mithin unter anderem erforderlich, dass das berichterstattende Unternehmen expliziert, in welchem Umfang es Zahlungs- und bzw. oder Nutzungs-Token hält und welche dies sind.

Darüber hinaus fördert ein **separater Ausweis** von wesentlichen Beständen an Krypto-Token in der IFRS-Bilanz – je nach Halteabsicht unter den lang- oder unter den kurzfristigen Vermögenswerten – eine relevante Informationsvermittlung und mithin eine effektive und transparente Kommunikation mit den primären Abschlussadressaten.[1449] Für einen solchen separaten

[1446] Vgl. zum Anwendungsberich des Standards IFRS 7.3–5A.

[1447] Vgl. IFRS 7.1, sowie ausführlich zu diesen Aspekten KUHN, S./CHRIST, J., in: Baetge u. a., Rechnungslegung nach IFRS, 2. Aufl., IFRS 7, Rn. 35–297.

[1448] Vgl. zudem ausführlich zu den (allgemeinen) Anforderungen zum Ausweis und der Anhangangaben bei Krypto-Token IFRS IC (Hrsg.), IFRIC Update (June 2019), S. 15; IFRS IC (Hrsg.), Staff Paper 4A (September 2018), Rn. 63; FREIBERG, J., Digitale (Krypto-)Währungen nach IFRS, S. 155 f.; CPA CANADA (Hrsg.), Accounting for Cryptocurrencies, S. 12 f.; PWC (Hrsg.), Rechnungslegung von Krypto-Assets, S. 30 f.; SIXT, E./HIMMER, K., Accounting and Taxation of Cryptoassets, S. 43.

[1449] Vgl. IAS 1.55, sowie sachverhaltsspezifisch KIRSCH, H.-J./VON WIEDING, F., Bitcoin im IFRS-Kontext,

Ausweis spricht zudem, dass Zahlungs- und Nutzungs-Token sowohl funktional als auch hinsichtlich ihrer Charakteristika nicht uneingeschränkt mit bereits bestehenden Arten von (finanziellen) Vermögenswerten übereinstimmen, obgleich sie Schnittmengen mit diesen aufweisen.[1450] Dies zeigt sich nicht zuletzt daran, dass es sachgerechter ist, IAS 32.11 dahin gehend anzupassen, die Aufzählung der finanziellen Vermögenswerte explizit um Zahlungs- und Nutzungs-Token zu ergänzen, und bzw. oder alternativ ausdrücklich in den Anwendungsbereich des IFRS 9 zu integrieren, als die (allgemeine) Definition eines Finanzinstrumentes oder eines bilanzrechtlichen Zahlungsmittels für diese neue Art von Vermögenswert zu modifizieren.

Insofern konnte im Ergebnis gezeigt werden, dass die vorgestellte **pragmatische Lösung**, d. h. Zahlungs- und Nutzungs-Token explizit in den Anwendungsbereich des IAS 32 und bzw. oder des IFRS 9 aufzunehmen, dazu führt, dass den primären IFRS-Adressaten **entscheidungsnützliche Informationen** über die vom berichterstattenden Unternehmen erworbenen Krypto-Token vermittelt werden. Angesichts dessen, dass hiermit sowohl die intendierte Verwendungsabsicht als auch die Nutzung als Investment-Vehikel abgedeckt wird, ist die vorgestellte Lösung einer Anpassung des IAS 2 vorzuziehen.

54 Entwicklung eigener Vorschriften für Krypto-Token

Neben der Möglichkeit, bestehende Regelungen anzupassen, ließen sich die mit der Anwendung der aktuellen Normen verbundenen Schwachstellen auch durch die Entwicklung neuer Vorschriften adressieren, bspw. indem der IASB einen **eigenen Standard für Krypto-Token** erarbeitet. Der IASB legt sich selbst in Bezug auf eine potenzielle Standardentwicklung oder wesentlichen Anpassungen bestehender Standards **Kriterien** auf.[1451] Eine diesbezügliche Entscheidung hängt davon ab,

- ob ein Defizit in der Art und Weise besteht, wie über bestimmte Arten von Transaktionen oder Aktivitäten berichtet wird,
- wie wichtig die Berichterstattung für die primären Adressaten ist,
- welche Unternehmenstypen von den Änderungen betroffen sein werden und ob der Sachverhalt in einigen Ländern prävalenter als in anderen ist, und
- wie akut und allgegenwärtig das Problem für die nach IFRS berichterstattenden Unternehmen ist.

Mit Blick auf diese Kriterien lässt sich zunächst festhalten, dass durch die Anwendung der aktuellen Normen Defizite in der Berichterstattung von erworbenen Zahlungs- und Nutzungs-

S. 119; LÜDENBACH, N., Bitcoins – Lost in rules, S. 106; FREIBERG, J., Digitale (Krypto-)Währungen nach IFRS, S. 155 und S. 157; UMMENHOFER, T./ZEITLER, N., in: Böcking u. a., Beck HdR, B 731, Rn. 72.

1450 Vgl. IAS 1.57 (a) i. V. m. IAS 1.58, sowie sachverhaltsspezifisch KIRSCH, H.-J./VON WIEDING, F., Bitcoin im IFRS-Kontext, S. 119 f.

1451 Vgl. hier und im folgenden Satz IFRS FOUNDATION (Hrsg.), Due Process Handbook, Rn. 5.4.

Token bestehen, die dazu führen, dass den primären Adressaten in Bezug auf diese Vermögenswerte nur eingeschränkt entscheidungsnützliche Informationen vermittelt werden. Gleichwohl halten aktuell nur wenige nach IFRS bilanzierende Unternehmen Bestände an Krypto-Token, wobei zumindest in Kanada immer häufiger Transaktionen mit Krypto-Token zu beobachten sind und insgesamt erwartet wird, dass die Zahl Krypto-Token haltender Unternehmen steigt.[1452] Insofern besteht zwar ein akutes Problem in Bezug auf die Bilanzierung von Zahlungs- und Nutzungs-Token, jedoch scheint vor dem Hintergrund der Prävalenz in den IFRS-Abschlüssen die **Entwicklung eines eigenen Standards nicht gerechtfertigt**.[1453]

Zudem würde der Prozess zur Entwicklung eines eigenen Standards mehrere Jahre in Anspruch nehmen und mithin nicht zu einer kurzfristigen Lösung des bilanziellen Problems führen.[1454] Ferner wurde im vorangegangenen Abschnitt bereits eine Lösung erläutert,[1455] die nicht nur zu einer entscheidungsnützlichen Bilanzierung von erworbenen Zahlungs- und Nutzungs-Token beiträgt, sondern auch ein angemessenes Kosten-Nutzen-Verhältnis aufweist. Gleichwohl sollte der IASB weiterhin den Markt und die Marktdurchdringung von Krypto-Token sowie die aktuell anhängigen Regulierungsprojekte intensiv beobachten und sich diesbezüglich mit den entsprechenden Regulierungsbehörden auf nationaler und auf internationaler Ebene austauschen, um unter Umständen frühzeitig auf wesentliche Änderungen und bzw. oder Weiterentwicklungen mit Einfluss auf die IFRS reagieren zu können. In diesem Zusammenhang ist anzumerken, dass der IASB plant, sich regelmäßig mit Blick auf die gegenwärtigen Entwicklungen bei Krypto-Token auszutauschen.[1456]

Neben einem erforderlichen *amendment* von IAS 32 und bzw. oder von IFRS 9, um erworbene Zahlungs- und Nutzungs-Token in die Anwendungsbereiche der Standards für finanzielle Vermögenswerte zu integrieren, wurden durch die mit der bilanziellen Einordnung von erworbenen Krypto-Token verbundenen Diskussionen weitere Sachverhalte identifiziert, die ggf. vom IASB zu adressieren sind. So sollten die Begrifflichkeiten zu **Vermögenswerten mit monetärem Bezug** untersucht und mitunter angepasst, zumindest jedoch konkret voneinander abgegrenzt oder als gleichwertig charakterisiert werden.[1457] Dies ist auch insofern erforderlich, als neben den in dieser Arbeit behandelten Zahlungs- und Nutzungs-Token weitere Varianten von auf kryptografischen Verfahren basierenden Vermögenswerten in der Entwicklung oder bereits marktfähig sind. Deren Charakteristika sind ebenfalls auf die bestehenden IFRS anzuwenden

---

1452 Vgl. für einen Überblick zur Prävalenz von Kryptowährungen bei nach IFRS bilanzierenden Unternehmen IASB (Hrsg.), Staff Paper 12J (November 2019), Rn. 8–13; IASB (Hrsg.), Staff Paper 12D (November 2018), Rn. 44–60. Der Großteil der nach IFRS berichterstattenden Unternehmen, die Kryptowährungen halten, ist in diesem Zusammenhang in Kanada ansässig. Vgl. CSA (Hrsg.), CL (TAD Holdings of Cryptocurrencies), S. 3; IASB (Hrsg.), Staff Paper 12J (November 2019), Rn. 11.

1453 Vgl. so auch DELOITTE (Hrsg.), Cryptocurrency, S. 19.

1454 Vgl. so auch AASB (Hrsg.), Digital currency, S. 19; DELOITTE (Hrsg.), Cryptocurrency, S. 19.

1455 Vgl. Abschnitt 532.

1456 Ein erstes diesbezügliches Treffen fand im November 2019 statt. Vgl. IASB (Hrsg.), Staff Paper 12J (November 2019), Rn. 1–50.

1457 Vgl. Abschnitt 532.1. Vgl. zu ersten Überlegungen in Bezug auf die Definition von bilanzrechtlichen Zahlungsmitteln IASB (Hrsg.), Staff Paper 12D (November 2018), Rn. A12–A18.

und mit vergleichbaren Fragestellungen, wie die in dieser Arbeit behandelten Zahlungs- und Nutzungs-Token, verbunden. Dies betrifft z. B. von Zentralbanken ausgegebene digitale Währungen oder auch sog. *stable coins* (z. B. Tether und Libra[1458]). Zudem besteht für bestimmte materielle und immaterielle Vermögenswerte, die zu Investmentzwecken, jedoch außerhalb der Anwendungsbereiche des IAS 2 (*commodity broker-trader*), des IAS 40 und des IFRS 9 gehalten werden, eine offene Normlücke.[1459] Für solche Vermögenswerte könnte es sinnvoll sein, langfristig einen eigenen **Investmentstandard** zu entwickeln.[1460] Für die Einführung eines eigenen Investmentstandards spricht, dass in diesem gebündelt, d. h. über den Sachverhalt „Krypto-Token" hinausgehend, Prinzipien zur Bilanzierung von zu Investmentzwecken gehaltenen Vermögenswerten angelegt werden könnten. Hierdurch könnte unter anderem die (konzeptionell) angezeigte Zugangs- und Folgebewertung von zu Investmentzwecken gehaltenen Vermögenswerten sowie der sachgerechte Zeitpunkt des Ansatzes und der Ausbuchung expliziert werden. Ein solcher Standard würde insgesamt das Normengefüge der IFRS komplementieren.

[1458] Vgl. zu Libra UKROW, J., Libra im Lichte des Europarechts, S. 726–733; OMLOR, S., Libra, S. I.

[1459] Vgl. hier und im folgenden Satz auch IASB (Hrsg.), Staff Paper 12D (November 2018), Rn. A7–A11; IFRS IC (Hrsg.), Staff Paper 4B (September 2018), Rn. 44–47; FREIBERG, J., Digitale (Krypto-)Währungen nach IFRS, S. 157; AASB (Hrsg.), Digital currency, S. 14 f. und S. 19.

[1460] Im Rahmen eines solchen Projektes sollten nicht zuletzt auch die Anwendungsvoraussetzungen für *commodity broker-trader* expliziert werden. Vgl. hierzu bereits Abschnitt 531.

6 Zusammenfassung und Ausblick

Die Abwicklung von Transaktionen in einem dezentralen Transaktionssystem mit Krypto-Token und die Blockchain als diesem System zugrunde liegende Technologie mit zahlreichen weiteren praxisrelevanten Anwendungsfällen sind wegweisende Innovationen, deren Verbreitung in den kommenden Jahren weiter voranschreiten wird. Die Neuartigkeit der mit dieser technologischen Innovation verbundenen Sachverhalte stellt bestehende Rahmenkonzepte „in Recht, Regulierung und Bilanzierung vor zahlreiche Herausforderungen in Theorie und Praxis."[1461] Hierzu trägt neben der Neuartigkeit auch die Vielfältigkeit der funktionalen und der technologischen Gestaltung von **Krypto-Token** bei, welche auch für Zwecke der **Rechnungslegung nach IFRS** wesentliche Herausforderungen bei der Normenanwendung mit sich bringen. Dies ist auch dadurch bedingt, dass in den IFRS-Normen keine expliziten Vorschriften für Krypto-Token im Allgemeinen und für die in dieser Arbeit behandelten Zahlungs-Token und Nutzungs-Token mit einer Zahlungsfunktion im Speziellen angelegt sind. Vor diesem Hintergrund bestehen zahlreiche tatbestandsseitige Auslegungs- und Anwendungsfragen in Bezug auf die Übertragbarkeit der aktuellen Vorschriften der IFRS auf erworbene Krypto-Token und hinsichtlich der Angemessenheit der damit verbundenen Rechtsfolgen.

Das **Ziel der vorliegenden Arbeit** bestand angesichts dieser bilanziellen Herausforderungen darin, für nach IFRS bilanzierende Unternehmen eine entscheidungsnützliche bilanzielle Abbildung von erworbenen Zahlungs- und Nutzungs-Token im IFRS-Abschluss abzuleiten. Hierzu wurden zunächst die definitorischen und die technologischen Grundlagen zu Krypto-Token gelegt. Anschließend wurden die für eine bilanzielle Einschätzung des Sachverhaltes erforderlichen Grundlagen der Rechnungslegung nach IFRS erläutert, insbesondere das in dieser Arbeit als Beurteilungsmaßstab fungierende *Conceptual Framework* sowie der Umgang mit Regelungslücken und mit auslegungsbedürftigen Normen. Besonders letzterer Aspekt war angesichts des betrachteten neuartigen Sachverhaltes von besonderer Bedeutung für die vorliegende Arbeit.

In Bezug auf die allgemeine Bilanzierungsfähigkeit sowie die tatbestandsseitige Einordnung von erworbenen Krypto-Token in das IFRS-Normengefüge war es zum einen erforderlich, zwischen unterschiedlichen **Arten von Krypto-Token** zu differenzieren.[1462] Zum anderen war diesbezüglich die Absicht zu berücksichtigen, mit der ein nach IFRS bilanzierendes Unternehmen die erworbenen Zahlungs- und bzw. oder Nutzungs-Token hält. So werden Zahlungs- und Nutzungs-Token einerseits funktional als Tauschmittel eingesetzt (Verwendungsabsicht: **intendierte Nutzung**), andererseits werden sie ebenso zu kurzfristigen Handelszwecken oder zu langfristigen Investitionszwecken gehalten (Verwendungsabsicht: **Investment**).

1461 KIRSCH, H.-J./VON WIEDING, F., Bitcoin nach HGB, S. 2735.

1462 Mit Blick auf die Merkmale und auf die Eigenschaften eines jeden Krypto-Token ist für jeden Token zwar eine Einzelfallbetrachtung erforderlich. Jedoch lassen sich (widerlegbare) Tendenzen in ihrer funktionalen Gestaltung feststellen, die dieser Arbeit zugrunde gelegt wurden.

Bevor die konkreten Anwendungsvoraussetzungen der IFRS-Normen mit Blick auf erworbene Zahlungs- und Nutzungs-Token Gegenstand der Untersuchung waren, wurde im **ersten Schritt** geprüft, ob erworbene Zahlungs- und Nutzungs-Token **allgemein bilanzierungsfähige Vermögenswerte** sind, d. h. den im *Conceptual Framework* (2018) angelegten Definitions- und Ansatzkriterien genügen.

- In Bezug auf die **Definitionskriterien** wurde zunächst festgestellt, dass erworbene Krypto-Token grundsätzlich ein Potenzial aufweisen, wirtschaftlichen Nutzen zu generieren, bspw. indem das berichterstattende Unternehmen die erworbenen Krypto-Token weiterverkauft oder als Tauschmittel für andere Güter und Dienstleistungen verwendet. Um dieses wirtschaftliche Nutzenpotenzial aktivieren zu dürfen, muss das bilanzierende Unternehmen die Verfügungsmacht über das wirtschaftliche Nutzenpotenzial ausüben können. In diesem Zusammenhang wurde als konstituierendes Kontrollmerkmal für erworbene Krypto-Token die Möglichkeit der Übertragung identifiziert. Konkret bedeutet dies bei Krypto-Token, dass der Inhaber mittelbar oder unmittelbar dazu befähigt sein muss, den Einsatz des privaten Schlüssels zu lenken. Mit Blick auf die eigenständige Verwahrung der privaten Schlüssel ist dieses Kriterium insofern unkritisch, als der Inhaber des privaten Schlüssels alle andere Parteien unmittelbar von der Verwendung der wirtschaftlichen Ressource ausschließen kann. Verwahrt eine dritte Partei indes den privaten Schlüssel im Auftrag des berichterstattenden Unternehmens, ist dies nicht unmittelbar gegeben, da Transaktionen nur über die verwahrende Partei veranlasst werden können. Jedoch konnte gezeigt werden, dass in diesem Fall die mittelbare Kontrolle über die durch Dritte verwahrten Zahlungs- und Nutzungs-Token besteht, sodass das bilanzierende Unternehmen die Nutzung der wirtschaftlichen Ressource lenken kann und den daraus potenziell entstehenden wirtschaftlichen Nutzen erhält. Mit dem Zeitpunkt des Kontrollübergangs im Rahmen eines Erwerbs ist zudem das verbleibende Definitionskriterium des vergangenen Ereignisses verbunden, sodass erworbene Krypto-Token im Ergebnis die Definition eines Vermögenswertes i. S. d. Rahmenkonzepts erfüllen.

- An die Definitionskriterien anschließend wurden die **Ansatzkriterien** geprüft, welche sich an den fundamentalen qualitativen Anforderungen an die IFRS-Finanzberichterstattung anlehnen. Infrage stand in diesem Zusammenhang unter anderem, ob die mit Krypto-Token verbundene Bewertungsunsicherheit einem Bilanzansatz entgegensteht. Gerade bei einer Erwerbstransaktion liegen jedoch Anschaffungskosten für die erworbenen Krypto-Token vor, was die Bewertungsunsicherheit – zumindest im Rahmen der Ansatzentscheidung – reduziert. Daneben würde ein unterlassener bilanzseitiger Ansatz der erworbenen Krypto-Token dazu führen, dass im Geschäftsjahr des Erwerbs eine verschlechterte Vermögens- und Ertragslage suggeriert würde, die wirtschaftlich betrachtet nicht eingetreten ist. Dieser Effekt würde sich in den Folgejahren – z. B. beim Verkauf des Krypto-Token – umkehren. Im Vergleich zu einer Nicht-Aktivierung der für die erworbenen Krypto-Token angefallenen Aufwendungen werden dem primären IFRS-Adressaten durch die Aktivierung der Erwerbskosten mithin entscheidungsnützlichere Informationen vermittelt, sodass im Ergebnis erworbene Zahlungs- und Nutzungs-Token – vorbehaltlich etwaiger standardspezifischer Einschränkungen – i. S. d. Rahmenkonzepts zwingend in der Bilanz des erwerbenden Unternehmens anzusetzen sind.

Vor dem Hintergrund der allgemeinen Bilanzierungsfähigkeit von erworbenen Zahlungs- und Nutzungs-Token wurde im **zweiten Schritt** mit Blick auf die **standardspezifische Bilanzierungsfähigkeit** untersucht, ob die Token tatbestandsseitig von dem Anwendungsbereich eines oder mehrerer Standards erfasst werden. Vor dem Hintergrund ihres Charakters kommen in diesem Zusammenhang die Normen für finanzielle Vermögenswerte, für immaterielle Vermögenswerte und für Vorräte in Betracht.

- **Finanzielle Vermögenswerte** werden nach den Vorschriften des **IAS 32 i. V. m. IFRS 9 und IFRS 7** bilanziert. Unter die finanziellen Vermögenswerte fallen unter anderem auch bilanzrechtliche Zahlungsmittel sowie mit Investmentabsichten gehaltene finanzielle Vermögenswerte. Angesichts des Tauschmittelcharakters von Zahlungs- und Nutzungs-Token sowie der Möglichkeit, diese als Investment-Vehikel zu nutzen, scheint eine Bilanzierung als finanzieller Vermögenswert insofern auf den ersten Blick sachgerecht. Gleichwohl bedingen primär formale Voraussetzungen, dass Zahlungs- und Nutzungs-Token weder die Definitionskriterien eines Finanzinstrumentes im Allgemeinen noch eines bilanzrechtlichen Zahlungsmittels im Speziellen erfüllen. Letzterer Aspekt ist damit zu begründen, dass sich die Normen zu bilanzrechtlichen Zahlungsmitteln eng an gesetzlichen, durch eine Zentralbank ausgegebenen Fiatwährungen anlehnen. Zwar sind gerade Zahlungs-Token dazu intendiert, als allgemeines Tauschmittel, d. h. wie auch Fiatwährungen unabhängig von einem konkreten Verwendungszweck, zu fungieren. Gleichwohl weisen weder Bitcoin-Werteinheiten noch andere Zahlungs-Token zurzeit in hinreichendem Umfang die im bestehenden Normengefüge geforderten Funktionen als Tauschmittel und als Recheneinheit auf. Für Nutzungs-Token gilt selbiges bereits charakteristisch, da diese nur für einen bestimmten Verwendungszweck als Tauschmittel dienen, ähnlich der Funktion eines Gutscheins. Daher sind die Rechtsfolgen für finanzielle Vermögenwerte im Ergebnis nicht auf erworbene Zahlungs- und Nutzungs-Token anzuwenden.
- Mit Blick auf den Anwendungsbereich und die Definitions- und Ansatzkriterien von **immateriellen Vermögenswerten** nach **IAS 38** konnte festgestellt werden, dass erworbene Zahlungs- und Nutzungs-Token die entsprechenden Anwendungsvoraussetzungen erfüllen. Dass IAS 38 überhaupt als potenziell anwendbarer Standard für erworbene Zahlungs- und Nutzungs-Token infrage kommt, ist damit zu begründen, dass die in IAS 38 implementierten *scope outs*, z. B. für Finanzinstrumente, bei Krypto-Token gerade nicht greifen. Gleichwohl scheint vor dem Hintergrund, dass sich die normalerweise unter IAS 38 fallenden Sachverhalte charakteristisch wesentlich von Krypto-Token unterscheiden, eine Zuordnung

von Zahlungs- und Nutzungs-Token zu den immateriellen Vermögenswerten bereits tatbestandsseitig wenig sachgerecht. So sind unter anderem die mit einem Krypto-Token verbundenen Nutzungsabsichten, d. h. die Verwendung als Tauschmittel oder als Investment-Vehikel, nicht in IAS 38 angelegt. Dennoch hat die Analyse gezeigt, dass Zahlungs- und Nutzungs-Token die formalen Voraussetzungen für einen immateriellen Vermögenswert erfüllen. Dies wird zum einen dadurch bedingt, dass IAS 38 formal keine Einschränkungen in Bezug auf die Verwendungsabsicht vorsieht. Zum anderen ist das Definitionskriterium „nicht-monetär" wenigstens uneindeutig definiert, was in Verbindung mit anderen in den IFRS angelegten Normen dazu führt, dass sowohl Zahlungs- als auch Nutzungs-Token diesem Kriterium für Zwecke der IFRS entsprechen, obgleich Krypto-Token vermehrt als „Ersatzgeld" verwendet werden.

- Da zum Verkauf im normalen Geschäftsgang gehaltene immaterielle Vermögenswerte vom Anwendungsbereich des IAS 38 ausgeschlossen werden und Normen gerade bei einem neuen Sachverhalt wie Krypto-Token auch potenziell im Konflikt zueinander stehen können, sind auch die Vorschriften des **IAS 2** für **Vorräte** hinsichtlich der Normenanwendung auf erworbene Krypto-Token zu prüfen. Mit Blick auf die Anwendungsvoraussetzungen konnte hierbei festgestellt werden, dass zu kurzfristigen Handelsabsichten gehaltene Krypto-Token nach IAS 2 zu bilanzieren sind, sofern das Kerngeschäft des berichterstattenden Unternehmens in dieser Tätigkeit besteht. Dies betrifft im Krypto-Ökosystem nur bestimmte Unternehmen (*Broker* und *Trader*). Angesichts des Geschäftsmodells von *Brokern* und *Tradern* ist es sach- und normengerecht, diese Unternehmen tatbestandsseitig als *commodity broker-trader* zu charakterisieren, obgleich mit dieser Schlussfolgerung wesentliche Auslegungs- und Anwendungsfragen im Kontext des IAS 2 verbunden sind, die sich aus den nicht immer eindeutigen Anwendungsvoraussetzungen ergeben. Mit einer dementsprechenden Charakterisierung ist nach IAS 2.3 (b) eine GuV-wirksame Folgebewertung mit dem beizulegenden Zeitwert abzüglich Veräußerungskosten verbunden, sofern das berichterstattende Unternehmen die gehaltenen Krypto-Token für interne Zwecke dementsprechend bewertet. Vor dem Hintergrund des für eine tatbestandsseitige Einordnung erforderlichen Geschäftsmodells wird dies wohl der Regelfall sein. Nur wenn das berichterstattende Unternehmen die gehaltenen Krypto-Token zum Verkauf im normalen Geschäftsgang hält, diese intern jedoch nicht zum beizulegenden Zeitwert abzüglich Veräußerungskosten bewertet, ist es regelungssystematisch angezeigt, die allgemeinen Bewertungsvorschriften des IAS 2 anzuwenden.

- Im Ergebnis besteht für erworbene Zahlungs- und Nutzungs-Token im aktuellen IFRS-Normengefüge **keine offene Regelungslücke**, da diese tatbestandsseitig – abhängig von der Verwendungsabsicht und dem Kerngeschäft des berichterstattenden Unternehmens – die Definitions- und Ansatzkriterien des IAS 2 und des IAS 38 erfüllen. Sofern erworbene Zahlungs- und Nutzungs-Token zum Verkauf im normalen Geschäftsgang gehalten werden, sind die Vorschriften des IAS 2 vorrangig anzuwenden. In allen anderen Fällen gelten die

Vorschriften des IAS 38. Gleichwohl ist es abseits der formalen Anforderungen fraglich, ob eine solche tatbestandsseitige Einordnung in den Regelungskanon der IFRS auch unter teleologischen Gesichtspunkten zu befürworten ist, bspw. vor dem Hintergrund, dass Krypto-Token zwar auf Sachverhaltsebene eine monetäre Funktion zuzusprechen ist, dies indes für bilanzielle Zwecke nicht zum Ausdruck kommt.

Da auf der Definitions- und Ansatzebene formal die Anforderungen zweier Standards erfüllt sind und das IFRS IC für Kryptowährungen ebenfalls eine Bilanzierung nach IAS 2 und nach IAS 38 ableitet, wurden im **dritten Schritt** die hieraus auf der **Rechtsfolgeseite** resultierenden bilanziellen Konsequenzen analysiert. In diesem Zusammenhang wurden zum einen die mit den Vorgaben der Standards verbundenen Bewertungsmaßstäbe in Bezug auf Krypto-Token konkretisiert, zum anderen die sich aus den Zugangs- und Folgebewertungsvorschriften resultierende Informationsvermittlung in Hinblick auf das Ziel der IFRS, entscheidungsnützliche Informationen zu vermitteln, untersucht.

- Mit Blick auf die für Krypto-Token relevanten **Bewertungsmaßstäbe** wurde deutlich, dass sich diese weitestgehend problemlos auf Krypto-Token übertragen lassen. Dies gilt in besonderem Maß, wenn die erworbenen Krypto-Token bereits notiert sind und mithin ein Marktpreis beobachtbar ist. In diesem Fall bestehen zwar mitunter Schwierigkeiten in der konkreten Abgrenzung zwischen der ersten und der zweiten Ebene der *Fair Value*-Hierarchie, jedoch nicht bei der Bestimmung des beizulegenden Zeitwertes an sich. Wesentliche Herausforderungen bei der Bewertung von Krypto-Token ergeben sich indes, wenn keine beobachtbaren Marktpreise für den im Bestand gehaltenen Krypto-Token vorliegen. Obgleich durchaus Verfahren zur Bewertung auf der dritten Ebene der *Fair Value*-Hierarchie existieren, haben sich diese bislang weder etabliert noch sind diese in Bezug auf die Verlässlichkeit der Bewertungsergebnisse umfassend untersucht worden.

- Nachfolgend wurde die mit der **regelungssystematischen Normanwendung verbundene Informationsvermittlung** im Rahmen der Zugangs- und Folgebewertung des IAS 2 und des IAS 38 mit Blick auf erworbene Zahlungs- und Nutzungs-Token analysiert und gewürdigt. In diesem Zusammenhang konnte gezeigt werden, dass die sich aus den Normen ergebende Zugangsbewertung unstrittig eine entscheidungsnützliche Informationsvermittlung fördert. Die Anwendung der in IAS 38 und in IAS 2 vorgeschriebenen Normen zur Folgebewertung führen auf der Ebene der Rechtsfolge indes dazu, dass – abseits der in IAS 2.3 (b) angelegten Vorschriften für *commodity broker-trader* – Defizite in Bezug auf die Informationsvermittlung bestehen. Dies ist unter anderem darauf zurückzuführen, dass der sowohl im Anschaffungskostenmodell des IAS 38 als auch in den Bewertungsvorschriften des IAS 2 vorgesehene, auf den Anschaffungskosten basierende Bewertungsmaßstab für Krypto-Token in Bezug auf die Relevanz der hierüber vermittelten Informationen nicht überzeugt. Überzeugender ist in Hinblick auf die Relevanz der vermittelten Informationen vielmehr der beizulegende Zeitwert. Zwar wird ein auf dem beizulegenden Zeitwert basierender Bewertungsmaßstab für aktiv gehandelte Krypto-Token im Rahmen des Neubewertungsmodells in IAS 38 zugelassen. Die in IAS 38 vorgesehenen bilanziellen Konsequenzen, die eine Erfassung von über die historischen Anschaffungskosten hinausgehenden Wertänderungen im sonstigen Ergebnis vorsehen, sind indes nur bedingt entscheidungsnützlich, vor allem zum Zeitpunkt des Abgangs der Krypto-Token. Dass mit den Folgebewertungskonzeptionen Defizite in Bezug auf eine entscheidungsnützliche Informationsvermittlung von erworbenen Zahlungs- und Nutzungs-Token verbunden sind, ist indes insofern nicht überraschend, als weder die Bewertungsvorschriften des IAS 2 noch des IAS 38 ursprünglich in Hinblick auf Tauschmittel oder auf Investment-Vehikel entwickelt wurden.

Im Ergebnis ist festzuhalten, dass es sich im IFRS-Kontext bei erworbenen Zahlungs- und Nutzungs-Token um aktivierungspflichtige Vermögenswerte handelt, die – abhängig von der Verwendungsabsicht und dem Kerngeschäft des berichterstattenden Unternehmens – nach den Vorschriften des IAS 2 oder des IAS 38 zu bilanzieren sind. Eine solche Einordnung in die Standards wurde bereits auf Tatbestandsebene kritisch gesehen, was sich durch die *de lege lata* anzuwendenden Rechtsfolgen und die damit verbundenen Implikationen auf die Darstellung der Vermögens- und Ertragslage in Bezug auf erworbene Krypto-Token bestätigte. Konträr zur Meinung des IFRS IC besteht daher vor dem Hintergrund der identifizierten Schwachstellen auf Tatbestands- und auf Rechtsfolgeseite **dringender Handlungsbedarf** seitens des Standardsetzers, um eine entscheidungsnützliche Bilanzierung von erworbenen Zahlungs- und Nutzungs-Token in den IFRS zu gewährleisten.

Mit Blick auf die sich ergebenden Schwachstellen bei der Anwendung der IFRS-Vorschriften auf erworbene Krypto-Token wurden *de lege ferenda* **Vorschläge für eine entscheidungsnützliche Bilanzierung von erworbenen Krypto-Token** in den IFRS unterbreitet. Eine Anpassung der aktuell für Zahlungs- und Nutzungs-Token einschlägigen IFRS-Standards überzeugt in diesem Zusammenhang ebenso wenig wie die Klassifikation als bilanzrechtliches Zahlungsmittel. Auch die Entwicklung eines eigenen Standards für Krypto-Token ist mit Blick auf die Prävalenz von nach IFRS bilanzierenden Unternehmen, die Zahlungs- oder Nutzungs-Token in ihrem Bestand halten, gegenwärtig nicht gerechtfertigt. Zu empfehlen ist vielmehr, dass Zahlungs- und Nutzungs-Token explizit in den Anwendungsbereich des IAS 32 und bzw. oder des IFRS 9 aufgenommen werden, ohne dass die grundlegenden Definitionen eines Finanzinstrumentes oder eines bilanzrechtlichen Zahlungsmittels für den Anwendungsfall „Krypto-Token" geändert werden. So konnte gezeigt werden, dass ein solches Vorgehen sowohl in einem angemessenen Zeitrahmen umgesetzt werden könnte als auch die Anwendung des IFRS 9 und des IFRS 7 auf erworbene Zahlungs- und Nutzungs-Token zu einer entscheidungsnützlichen Informationsvermittlung für die primären Adressaten des IFRS-Abschlusses führt. So würde eine Klassifizierung als finanzieller Vermögenswert dazu führen, dass Zahlungs- und Nutzungs-Token regelungssystematisch GuV-wirksam mit dem beizulegenden Zeitwert folgebewertet werden, was mit Blick auf die Charakteristika von Zahlungs- und Nutzungs-Token grundsätzlich die entscheidungsnützliche Folgebewertungskonzeption ist. Angesichts der mitunter erheblichen Bewertungsunsicherheiten bei Krypto-Token, für die keine Marktpreise beobachtet werden können, wurde zudem vorgeschlagen, die Normen des IFRS 9.B5.2.3 auf Krypto-Token auszuweiten, wodurch die Entscheidungsnützlichkeit der vermittelten Informationen bei bestimmten Level-3-Bewertungen erhöht werden würden.

Ob der IASB die vorgeschlagenen Anpassungen indes in sein Arbeitsprogramm aufnehmen wird, ist zum jetzigen Zeitpunkt zu bezweifeln. So wurde zuletzt erst die Agendaentscheidung des IFRS IC in Bezug auf Kryptowährungen bekanntgegeben, die in der nächsten Berichtsperiode – vor dem Hintergrund der faktischen Bindungswirkung einer *agenda decision* – von den berichterstattenden Unternehmen angewendet werden wird, obgleich damit wesentliche Probleme in Bezug auf die Informationsvermittlung verbunden sind. Weiterhin priorisiert der IASB aktuell andere Projekte, was auch durch die Ausführungen von HANS HOOGERVORST, *Chairman* des IASB, untermauert wird, der unter Berücksichtigung des ca. fünfjährigen Zeitraums, der für die Entwicklung eines Standards erforderlich ist, ausführt: „*And my prediction is cryptocurrencies will be gone before that time*.“[1463] Ob sich Zahlungs- und Nutzungs-Token in der Breite durchsetzen werden, bleibt zwar abzuwarten.[1464] Indes indiziert die Haltung des IASB bereits, dass die Dringlichkeit und die (künftige) Prävalenz der Thematik unterschätzt werden.

Dass neben den in dieser Arbeit behandelten Aspekten weiterer **Forschungsbedarf** besteht, wird auch durch das derzeitige Projekt der EFRAG (*Research project on Crypto-Assets*) deutlich.[1465] Bspw. bestehen zum einen offene Anwendungsfragen bezüglich andersartiger Zugangsarten, z. B. einem *Airdrop*, einem *Hard Fork* oder dem *Mining/Staking* von Krypto-Token. Zum anderen sollten auch andere Arten von Krypto-Token weiterführend hinsichtlich ihrer Charakteristika untersucht werden. Ein besonderes Augenmerk sollte diesbezüglich auf *Stable Coins*,[1466] wie bspw. dem avisierten Krypto-Token des Konsortiums rund um Facebook, *Security*-Token sowie der Ausgabe von neuen Krypto-Token aus der Perspektive des emittierenden Unternehmens[1467] gelegt werden.

1463 Zit. nach CPA JOURNAL (Hrsg.), No Standards Setting Action Expected on Cryptocurrencies, o. S.

1464 Vgl. ähnlich LUTHER, W. J., Cryptocurrencies, network effects, and switching costs, S. 570; LÜDENBACH, N., Bitcoins – Lost in rules, S. 103.

1465 Aktuelle Informationen zum Status des Projektes können auf der Internetseite der EFRAG (www.efrag.org) eingesehen werden.

1466 Vgl. hierzu auch IASB (Hrsg.), Staff Paper 12J (November 2019), Rn. 26–34.

1467 Vgl. hierzu auch IASB (Hrsg.), Staff Paper 12J (November 2019), Rn. 35–50.

Quellenverzeichnis

Verzeichnis der Kommentare und Handbücher

ADLER, HANS/DÜRING, WALTHER/SCHMALTZ, KURT, Rechnungslegung nach Internationalen Standards. Loseblatt, Stuttgart 2002 ff. (Stand: August 2011) (zitiert: ADS International).

AUER-REINSDORFF, ASTRID/CONRAD, ISABELL (Hrsg.), Handbuch IT- und Datenschutzrecht, 3. Aufl., München 2019 (zitiert: BEARBEITER, in: Auer-Reinsdorff/Conrad, IT- und Datenschutzrecht, 3. Aufl.).

BAETGE, JÖRG/KIRSCH, HANS-JÜRGEN/THIELE, STEFAN (Hrsg.), Bilanzrecht. Loseblatt, Bonn/Berlin 2002 ff. (Stand: November 2019) (zitiert: BEARBEITER, in: Baetge/Kirsch/Thiele, Bilanzrecht).

BAETGE, JÖRG/WOLLMERT, PETER/KIRSCH, HANS-JÜRGEN/OSER, PETER/BISCHOF, STEFAN (Hrsg.), Rechnungslegung nach IFRS. Kommentar auf der Grundlage des deutschen Bilanzrechts. Loseblatt, 2. Aufl., Stuttgart 2003 ff. (Stand: November 2019) (zitiert: BEARBEITER, in: Baetge u. a., Rechnungslegung nach IFRS, 2. Aufl.).

BIEG, HARTMUT/WASCHBUSCH, GERD, Bankbilanzierung nach HGB und IFRS, 3. Aufl., München 2017 (Bankbilanzierung nach HGB und IFRS).

BÖCKING, HANS-JOACHIM/CASTAN, EDGAR/HEYMANN, GERD/PFITZER, NORBERT/SCHEFFLER, EBERHARD (Hrsg.), Beck'sches Handbuch der Rechnungslegung – HGB und IFRS –. Loseblatt, München 1987 ff. (Stand: Dezember 2019) (zitiert: BEARBEITER, in: Böcking u. a., Beck HdR).

BRAEGELMANN, TOM H./KAULARTZ, MARKUS (Hrsg.), Rechtshandbuch Smart Contracts, München 2019 (zitiert: BEARBEITER, in: Braegelmann/Kaulartz, Rechtshandbuch Smart Contracts).

BRÄUTIGAM, PETER/RÜCKER, DANIEL (Hrsg.), E-Commerce. Rechtshandbuch, München 2017 (zitiert: BEARBEITER, in: Bräutigam/Rücker, E-Commerce Rechtshandbuch).

DELOITTE (Hrsg.), Deloitte iGAAP 2019. Volume A: A guide to IFRS reporting, London 2019 (iGAAP 2019 (Volume A)).

DELOITTE (Hrsg.), Deloitte iGAAP 2019. Volume B: Financial Instruments – IFRS 9 and related Standards, London 2019 (iGAAP 2019 (Volume B)).

DRIESCH, DIRK/RIESE, JOACHIM/SCHLÜTER, JÖRG/SENGER, THOMAS (Hrsg.), Beck'sches IFRS-Handbuch. Kommentierung der IFRS/IAS, 5. Aufl., München 2016 (zitiert: BEARBEITER, in: Driesch u. a., Beck IFRS HB, 5. Aufl.).

EY (Hrsg.), International GAAP 2020. Generally Accepted Accounting Principles under International Financial Reporting Standards, Chichester 2020 (International GAAP 2020).

GROTTEL, BERND/SCHMIDT, STEFAN/SCHUBERT, WOLFGANG J./STÖRK, ULRICH (Hrsg.), Beck'scher Bilanz-Kommentar. Handels- und Steuerbilanz. §§ 238 bis 339, 342 bis 342e HGB, 12. Aufl., München 2020 (zitiert: BEARBEITER, in: Grottel u. a., Beck Bilanzkommentar, 12. Aufl.).

HENNRICHS, JOACHIM/KLEINDIEK, DETLEF/WATRIN, CHRISTOPH (Hrsg.), Münchener Kommentar zum Bilanzrecht. Band 1 IFRS. Loseblatt, München 2009 ff. (Stand: September 2014) (zitiert: BEARBEITER, in: Hennrichs/Kleindiek/Watrin, MüKo Bilanzrecht Bd. 1).

HEUSER, PAUL J./THEILE, CARSTEN (Hrsg.), IFRS Handbuch. Einzel- und Konzernabschluss, 6. Aufl., Köln 2019 (zitiert: BEARBEITER, in: Heuser/Theile, IFRS HB, 6. Aufl.).

IDW (Hrsg.), WP Handbuch. Wirtschaftsprüfung und Rechnungslegung, 16. Aufl., Düsseldorf 2019 (zitiert: BEARBEITER, in: WP Handbuch, 16. Aufl.).

ISENSEE, JOSEF/KIRCHHOF, PAUL (Hrsg.), Handbuch des Staatsrechts der Bundesrepublik Deutschland. Band V: Rechtsquellen, Organisation, Finanzen, 3. Aufl., Heidelberg 2007 (zitiert: BEARBEITER, in: Isensee/Kirchhof, HB des Staatsrechts (Band V), 3. Aufl.).

KPMG (Hrsg.), Insights into IFRS. KPMG's practical guide to International Financial Reporting Standards, 16. Aufl., London 2019 (Insights into IFRS (2019/2020)).

LÜDENBACH, NORBERT/HOFFMANN, WOLF-DIETER/FREIBERG, JENS (Hrsg.), Haufe IFRS-Kommentar. Das Standardwerk, 17. Aufl., Freiburg 2019 (zitiert: BEARBEITER, in: Lüdenbach/Hoffmann/Freiberg, Haufe IFRS-Kommentar, 17. Aufl.).

MERKT, HANNO/PROBST, ARNO/FINK, CHRISTIAN (Hrsg.), Rechnungslegung nach HGB und IFRS. Themensystematischer Kommentar mit synoptischer Darstellung, Stuttgart 2017 (zitiert: BEARBEITER, in: Merkt/Probst/Fink, Rechnungslegung nach HGB und IFRS).

PETERSEN, KARL/BANSBACH, FLORIAN/DORNBACH, EIKE, IFRS Praxishandbuch. Ein Leitfaden für die Rechnungslegung mit Fallbeispielen, 13. Aufl., München 2019 (IFRS Praxishandbuch).

PwC (Hrsg.), IFRS für Banken. Praxishandbuch der Bankbilanzierung nach IFRS, 6 Aufl., Köln 2017 (IFRS für Banken).

PwC (Hrsg.), Manual of Accounting. IFRS 2019, Beccles 2018 (Manual of Accounting 2019).

SCHARPF, PAUL/SCHABER, MATHIAS, Handbuch Bankbilanz. Bilanzierung, Bewertung und Prüfung, 7. Aufl., Düsseldorf 2018 (HB Bankbilanz).

SCHIMANSKY, HERBERT/BUNTE, HERMANN-JOSEF/LWOWSKI, HANS-JÜRGEN (Hrsg.), Bankrechts-Handbuch, 5. Aufl., München 2017 (zitiert: BEARBEITER, in: Schimansky/Bunte/Lwowski, Bankrecht, 5. Aufl.).

SCHULZE-OSTERLOH, JOACHIM/HENNRICHS, JOACHIM/WÜSTEMANN, JENS (Hrsg.), Handbuch des Jahresabschlusses. Bilanzrecht nach HGB, EStG, IFRS. Loseblatt, Köln 2005 ff. (Stand: September 2019) (zitiert: BEARBEITER, in: Schulze-Osterloh/Hennrichs/Wüstemann, HdJ).

THIELE, STEFAN/VON KEITZ, ISABEL/BRÜCKS, MICHAEL (Hrsg.), Internationales Bilanzrecht. Rechnungslegung nach IFRS. Loseblatt, Bonn 2008 ff. (Stand: Januar 2020) (zitiert: BEARBEITER, in: Thiele/von Keitz/Brücks, Int. Bilanzrecht).

Verzeichnis der Aufsätze, Monografien und sonstigen Fachbeiträgen

AASB (Hrsg.), Digital currency – A case for standard setting activity. A perspective by the Australian Accounting Standards Board (AASB), verfügbar unter: http://www.aasb.gov.au/admin/file/content102/c3/AASB_ASAF_DigitalCurrency.pdf (Stand: 16.01.2020) (Digital currency).

AcSB (Hrsg.), Cryptocurrencies – Other Considerations, verfügbar unter: https://www.frascanada.ca/-/media/frascanada/acsb/ifrsdg-past-meetings/2019-01-10-cryptocurrencies-other-considerations-en.pdf (Stand: 16.01.2020) (Cryptocurrencies (Other Considerations)).

AcSB (Hrsg.), Cryptocurrencies – Mining Activities, verfügbar unter: https://www.frascanada.ca/-/media/frascanada/acsb/ifrsdg-past-meetings/2018-06-21-cryptocurrencies-mining-activities-en.pdf (Stand: 16.01.2020) (Cryptocurrencies (Mining Activities)).

AcSB (Hrsg.), Client Money, verfügbar unter: https://www.frascanada.ca/-/media/frascanada/acsb/committees/2019-06-20-meeting-files/2019-06-20-client-money.pdf (Stand: 16.01.2020) (Client Money).

AcSB (Hrsg.), Cryptocurrencies, verfügbar unter: https://www.frascanada.ca/-/media/frascanada/acsb/ifrsdg-past-meetings/2018-01-10-cryptocurrencies-en.pdf (Stand: 16.01.2020) (Cryptocurrencies).

AcSB (Hrsg.), Cryptocurrencies – Employee Benefits, verfügbar unter: https://www.frascanada.ca/-/media/frascanada/acsb/ifrsdg-past-meetings/2018-10-16-cryptocurrencies-employee-benefits-en.pdf (Stand: 16.01.2020) (Cryptocurrencies (Employee Benefits)).

ADHAMI, SAMAN/GIUDICI, GIANCARLO/MARTINAZZI, STEFANO, Why do businesses go crypto? An empirical analysis of initial coin offerings, in: Journal of Economics and Business 2018, S. 64–75 (Empirical analysis of initial coin offerings).

ALKEMEIER, MICHAEL, Konzerninterne Unternehmenszusammenschlüsse. Die Bilanzierung von Business Combinations under Common Control im IFRS-Teilkonzernabschluss, Lohmar/Köln 2017 (Konzerninterne Unternehmenszusammenschlüsse).

ANDONI, MERLINDA/ROBU, VALENTIN/FLYNN, DAVID/ABRAM, SIMONE/GEACH, DALE/JENKINS, DAVID/MCCALLUM, PETER/PEACOCK, ANDREW, Blockchain technology in the energy sector. A systematic review of challenges and opportunities, in: Renewable and Sustainable Energy Reviews 2019, S. 143–174 (Blockchain technology).

ANTONAKOPOULOS, NADINE, Gewinnkonzeptionen und Erfolgsdarstellung nach IFRS. Analyse der direkt im Eigenkapital erfassten Erfolgsbestandteile, Wiesbaden 2007 (Gewinnkonzeptionen und Erfolgsdarstellung).

ANTONAKOPOULOS, NADINE, Erfolgsquellenanalyse nach IFRS auf Basis des Gesamterfolgs (total comprehensive income), in: KoR 2010, S. 121–129 (Erfolgsquellenanalyse).

ANTONOPOULOS, ANDREAS M., Mastering Bitcoin. Programming the Open Blockchain, 2. Aufl., Sebastopol u. a. 2017 (Bitcoin).

ANTONOPOULOS, ANDREAS M./WOOD, GAVIN, Mastering Ethereum. Building Smart Contracts and DApps, Sebastopol u. a. 2018 (Ethereum).

ANTOS, JOHNNY, An Efficient-Markets Valuation Framework for Cryptoassets using Black-Scholes Option Theory, verfügbar unter: https://medium.com/blockchain-advisory-group/an-efficient-markets-valuation-framework-for-cryptoassets-using-black-scholes-option-theory-a6a8a480e18a (Stand: 16.01.2020) (Valuation Framework for Cryptoassets using Black-Scholes).

ANTOS, JOHNNY/SHIN, JUSTIN, Cryptoasset Valuation: Introducing Beta of Velocity, verfügbar unter: https://medium.com/blockchain-advisory-group/cryptoasset-valuation-introducing-the-beta-of-velocity-cd8483d1c897 (Stand: 16.01.2020) (Cryptoasset Valuation).

AUFFENBERG, LUTZ, Bitcoins als Rechnungseinheiten. Eine kritische Auseinandersetzung mit der aktuellen Verwaltungspraxis der BaFin, in: NVwZ 2015, S. 1184–1187 (Bitcoins als Rechnungseinheiten).

BADEV, ANTON/CHEN, MATTHEW, Bitcoin: Technical Background and Data Analysis. Executive summary, verfügbar unter: https://www.federalreserve.gov/econresdata/feds/2014/files/2014104pap.pdf (Stand: 16.01.2020) (Bitcoin: Technical Background and Data Analysis).

BAETGE, JÖRG, Verwendung von DCF-Kalkülen bei der Bilanzierung nach IFRS, in: WPg 2009, S. 13–23 (Verwendung von DCF-Kalkülen).

BAETGE, JÖRG/KIRSCH, HANS-JÜRGEN/THIELE, STEFAN, Bilanzen, 15. Aufl., Düsseldorf 2019 (Bilanzen).

BAETGE, JÖRG/THIELE, STEFAN, Gesellschafterschutz versus Gläubigerschutz – Rechenschaft versus Kapitalerhaltung. Zu den Zwecken des deutschen Einzelabschlusses vor dem Hintergrund der internationalen Harmonisierung, in: Handelsbilanzen und Steuerbilanzen. Festschrift zum 70. Geburtstag von Prof. Dr. h. c. Heinrich Beisse, hrsg. v. Budde, Wolfgang Dieter/Moxter, Adolf/Offerhaus, Klaus, Düsseldorf 1997, S. 11–24 (Gesellschafterschutz vs. Gläubigerschutz).

BAFIN (Hrsg.), Bitcoins. Aufsichtliche Bewertung und Risiken für Nutzer, in: BaFin Journal Januar 2014, S. 26–30 (Bitcoins).

BAFIN (Hrsg.), Initial Coin Offerings. Hohe Risiken für Verbraucher, in: BaFin Journal November 2017, S. 15–18 (Initial Coin Offerings).

BAFIN (Hrsg.), Verbraucherwarnungen: Risiken von Initial Coin Offerings (ICOs), verfügbar unter: https://www.bafin.de/SharedDocs/Veroeffentlichungen/DE/Meldung/2017/meldung_171109_ICOs.html (Stand: 16.01.2020) (Verbraucherwarnungen: Risiken von ICOs).

BAFIN (Hrsg.), Digitalisierung. Folgen für Finanzmarkt, Aufsicht und Regulierung – Teil I, verfügbar unter: https://www.bafin.de/SharedDocs/Downloads/DE/BaFinPerspektiven/2018/bp_18-1_digitalisierung.pdf?__blob=publicationFile&v=17 (Stand: 16.01.2020) (Digitalisierung).

BAHN, DANIEL, Erfassung von Online-Bezahldiensten und Kryptowährungen in Buchhaltung und Bilanz. Gängige Systeme im Überblick, in: BBK 2017, S. 712–721 (Erfassung von Online-Bezahldiensten und Kryptowährungen in Buchhaltung und Bilanz).

BAIN & COMPANY (Hrsg.), Was Bankkunden wirklich wollen. Privatkunden in Deutschland sind unzufrieden und zeigen eine hohe Wechselbereitschaft. Was Retail-Banken jetzt ändern müssen, verfügbar unter: https://www.bain.com/contentassets/7c048142ea024d9fb7c7cbb3bd5aa865/studie_banking_es.pdf (Stand: 16.01.2020) (Was Bankkunden wirklich wollen).

BAIN & COMPANY (Hrsg.), Deutschlands Banken 2016: Die Stunde der Entscheider, verfügbar unter: https://www.bain.com/contentassets/7857d773569343949df3f77e7e6ba86d/bain-studie_deutschlands_banken_2016_ds_final2.pdf (Stand: 16.01.2020) (Deutschlands Banken).

BAIRD, LEEMON/HARMON, MANCE/MADSEN, PAUL, Hedera: A Governing Council & Public Hashgraph Network. The trust layer of the internet, verfügbar unter: https://www.hedera.com/hh-whitepaper-v1.4-181017.pdf (Stand: 16.01.2020) (Hashgraph).

BALLWIESER, WOLFGANG, Informations-GoB – auch im Lichte von IAS und US-GAAP, in: KoR 2002, S. 115–121 (Informations-GoB).

BALLWIESER, WOLFGANG, IFRS-Rechnungslegung. Konzept, Regeln und Wirkungen, 3. Aufl., München 2013 (IFRS-Rechnungslegung).

BALLWIESER, WOLFGANG, Ansätze und Ergebnisse einer ökonomischen Analyse des Rahmenkonzepts zur Rechnungslegung, in: zfbf 2014, S. 451–476 (Analyse des Rahmenkonzepts).

BALLWIESER, WOLFGANG, Fragwürdige Bilanzen – 1948, heute und in Zukunft?, in: DB 2018, S. 1–8 (Fragwürdige Bilanzen).

BALLWIESER, WOLFGANG/KÜTING, KARLHEINZ/SCHILDBACH, THOMAS, Fair value – erstrebenswerter Wertansatz im Rahmen einer Reform der handelsrechtlichen Rechnungslegung?, in: BFuP 2004, S. 529–549 (Fair value im Handelsrecht).

BANK OF ENGLAND (Hrsg.), The macroeconomics of central bank issued digital currencies. Staff Working Paper No. 605 (July 2016), verfügbar unter: https://www.bankofengland.co.uk/-/media/boe/files/working-paper/2016/the-macroeconomics-of-central-bank-issued-digital-currencies.pdf?la=en&hash=341B602838707E5D6FC26884588C912A721B1DC1 (Stand: 16.01.2020) (Staff Working Paper No. 605).

BANK OF ENGLAND (Hrsg.), Central bank digital currencies – design principles and balance sheet implications. Staff Working Paper No. 725 (May 2018), verfügbar unter: https://www.bankofengland.co.uk/-/media/boe/files/working-paper/2018/central-bank-digital-currencies-design-principles-and-balance-sheet-implications.pdf?la=en&hash=11469281B32821BCFD85B4A5483AB3577E38B2DD (Stand: 16.01.2020) (Staff Working Paper No. 725).

BARCKOW, ANDREAS, Die Bilanzierung von derivaten Finanzinstrumenten und Sicherungsbeziehungen. Eine Gegenüberstellung des deutschen Bilanzrechts mit SFAS 133 und IAS 32/39, Düsseldorf 2004 (Derivate Finanzinstrumente).

BARTOS, JAKUB, Does Bitcoin Follow the Hypothesis of Efficient Market?, in: International Journal of Economic Sciences 2015, Heft 2, S. 10–23 (Does Bitcoin Follow the Hypothesis of Efficient Market?).

BASSE, TOBIAS, Internetgeld und wettbewerbliche Geld- und Währungsordnungen, Frankfurt am Main 2003 (Internetgeld).

BAUMÜLLER, JOSEF, Kryptowährungen im Jahresabschluss nach UGB und IFRS. Problemaufriss und Stand der herrschenden Meinung, in: CFO aktuell 2018, S. 231–235 (Kryptowährungen nach UGB und IFRS).

BAUR, AARON/BÜHLER, JULIAN/BICK, MARKUS/BONORDEN, CHARLOTTE, Cryptocurrencies as a Disruption? Empirical Findings on User Adoption and Future Potential of Bitcoin and Co, in: Open and Big Data Management and Innovation, hrsg. v. Janssen, Marijn u. a., Heidelberg u. a. 2015, S. 63–80 (Cryptocurrencies as a Disruption).

BAUR, DIRK/DIMPFL, THOMAS, Price Discovery in Bitcoin Spot or Futures?, verfügbar unter: https://ssrn.com/abstract=3171464 (Stand: 16.01.2020) (Price Discovery in Bitcoin).

BDO (Hrsg.), Aktuelles: Bilanzierung von digitalen (Krypto-)Währungen nach IFRS, verfügbar unter: https://www.bdo.de/de-de/themen/newsletter/rechnungslegung-prufung-01-

2019/bilanzierung-von-digitalen-(krypto-)wahrungen-nach-ifrs (Stand: 16.01.2020) (Bilanzierung von digitalen (Krypto-)Währungen nach IFRS).

BDO (Hrsg.), IFRS in Practice. IAS 7 Statement of Cash Flows, verfügbar unter: https://www.bdo.global/getattachment/Services/Audit-Assurance/IFRS/IFRS-in-Practice/IFRS_IAS7_print.pdf (Stand: 16.01.2020) (Statement of Cash Flows).

BECK, BENJAMIN, Bitcoins als Geld im Rechtssinne, in: NJW 2015, S. 580–586 (Bitcoins als Geld im Rechtssinne).

BECK, BENJAMIN/KÖNIG, DOMINIK, Bitcoin: Der Versuch einer vertragstypologischen Einordnung von kryptographischem Geld, in: JZ 2015, S. 130–138 (Einordnung von kryptographischem Geld).

BECK, ROMAN/MILKAU, UDO, Blockchain: „Die Rolle der Banken wird technisch und prozessual anders aussehen“, in: Kreditwesen 2016, S. 576–581 (Blockchain).

BECKER, JÖRG/BREUKER, DOMINIC/HEIDE, TOBIAS/HOLLER, JUSTUS/RAUER, HANS PETER/BÖHME, RAINER, Can We Afford Integrity by Proof-of-Work? Scenarios Inspired by the Bitcoin Currency, in: The Economics of Information Security and Privacy, hrsg. v. Böhme, Rainer, Heidelberg u. a. 2013, S. 135–156 (Integrity by Proof-of-Work).

BEHRENDT, PHILIPP/JANKEN, SVEN, Kryptowährung – das digitale Fremdwährungskonto, in: DStZ 2018, S. 342–350 (Kryptowährung).

BEINSEN, BIRGIT/WAGENHOFER, ALFRED, Das ambivalente Verhältnis des IASB zum Vorsichtsprinzip, in: IRZ 2013, S. 413–419 (Vorsichtsprinzip).

BENEDETTI, HUGO/KOSTOVETSKY, LEONARD, Digital Tulips? Returns to Investors in Initial Coin Offerings, verfügbar unter: https://papers.ssrn.com/sol3/papers.cfm?abstract_id=3182169 (Stand: 16.01.2020) (Returns to Investors in Initial Coin Offerings).

BENTOV, IDDO/LEE, CHARLES/MIZRAHI, ALEX/ROSENFELD, MENI, Proof of Activity: Extending Bitcoin's Proof of Work via Proof of Stake, verfügbar unter: https://eprint.iacr.org/2014/452.pdf (Stand: 16.01.2020) (Proof of Activity).

BERCHOWITZ, GARY, Fair value or at cost? Bitcoin throws accounting a curveball, verfügbar unter: https://www.accaglobal.com/my/en/member/discover/cpd-articles/financial-management/bitcoinacc-cpd.html (Stand: 16.01.2020) (Bitcoin throws accounting a curveball).

BERENTSEN, ALEKSANDER/SCHÄR, FABIAN, Bitcoin, Blockchain und Kryptoassets, Norderstedt 2017 (Bitcoin, Blockchain und Kryptoassets).

BERENTSEN, ALEKSANDER/SCHÄR, FABIAN, The Case for Central Bank Electronic Money and the Non-case for Central Bank Cryptocurrencies, in: Federal Reserve Bank of St. Louis Review 2018, S. 97–106 (Central Bank Cryptocurrencies).

BERENTZEN, CHRISTOPH, Die Bilanzierung von finanziellen Vermögenswerten im IFRS-Abschluss nach IAS 39 und nach IFRS 9, Lohmar 2010 (Bilanzierung von finanziellen Vermögenswerten).

BERGER, JENS, Neue Prominenz von IFRIC-Agendaentscheidungen, verfügbar unter: https://betriebs-berater.ruw.de/bb-standpunkte/standpunkte/Neue-Prominenz-von-IFRIC-Agendaentscheidungen-38396 (Stand: 16.01.2020) (Neue Prominenz von IFRIC-Agendaentscheidungen).

BERGER, JENS/FISCHER, FELIX, Abbildung von Kryptowährungen in den IFRS, in: BB 2018, S. 1195–1199 (Kryptowährungen in den IFRS).

BERNSTEIN, BRENDAN, Cryptocurrencies are money, not equity. Developer incentivization and the power of holders, verfügbar unter: https://tokeneconomy.co/cryptocurrencies-are-money-not-equity-30ff8d0491bb (Stand: 16.01.2020) (Cryptocurrencies are money, not equity).

BEUTELSPACHER, ALBRECHT/NEUMANN, HEIKE B./SCHWARZPAUL, THOMAS, Kryptografie in Theorie und Praxis. Mathematische Grundlagen für Internetsicherheit, Mobilfunk und elektronisches Geld, 2. Aufl., Wiesbaden 2010 (Kryptografie).

BEYER, BETTINA, Die Bilanzierung des Goodwills nach IFRS. Eine konzeptionelle Betrachtung von Ansatz, Erst- und Folgebewertung, Wiesbaden 2015 (Die Bilanzierung des Goodwills nach IFRS).

BEYERSDORFF, MARTIN, Mehr Mut zur Relevanz in IFRS-Abschlüssen? Das neue IFRS Practice Statement 2 zu Wesentlichkeitsbeurteilungen nach IFRS, in: WPg 2017, S. 1383–1390 (Das neue IFRS Practice Statement 2 zu Wesentlichkeitsbeurteilungen nach IFRS).

BHASKAR, NIRUPAMA DEVI/LEE, DAVID KUO CHUEN, Bitcoin Mining Technology, in: Handbook of Digital Currency. Bitcoin, Innovation, Financial Instruments, and Big Data, hrsg. v. Lee, David Kuo Chuen, Amsterdam u. a. 2015, S. 45–65 (Bitcoin Mining Technology).

BIALLUCH-VON ALLWÖRDEN, STEPHANIE/VON ALLWÖRDEN, SEBASTIAN, Initial Coin Offerings: Kryptowährungen als Wertpapier oder Vermögensanlage?, in: WM 2018, S. 2118–2123 (Initial Coin Offerings).

BIEKER, MARCUS, Ende des Bilanzierungschaos in Sicht? – Stellungnahme zum Diskussionspapier „Fair Value Measurements“ des IASB (Teil II), in: PiR 2007, S. 132–138 (Fair Value).

BINANCE (Hrsg.), Binance Exchange. Whitepaper V1.1, verfügbar unter: https://www.binance.com/resources/ico/Binance_WhitePaper_en.pdf (Stand: 16.01.2020) (Binance Exchange).

BLACK, FISCHER/SCHOLES, MYRON, The Pricing of Options and Corporate Liabilities, in: The Journal of Political Economy 1973, S. 637–654 (The Pricing of Options).

BLOCHER, WALTER, The next big thing: Blockchain – Bitcoin – Smart Contracts. Wie das disruptive Potential der Distributed Ledger Technology (nicht nur) das Recht fordern wird, in: AnwBl 2016, S. 612–618 (The next big thing: Blockchain).

BLOCKCHAIN BUNDESVERBAND E. V. (Hrsg.), Statement on Token Regulation with a Focus on Token Sales, verfügbar unter: https://bundesblock.de/wp-content/uploads/2018/02/180209_Statement-Token-Regulation_blockchain-bundesverband.pdf (Stand: 16.01.2020) (Token Regulation).

BLOCKCHAIN TRANSPARENCY INSTITUTE (Hrsg.), Market Surveillance Report – April 2019, verfügbar unter: https://www.bti.live/reports-april2019/ (Stand: 16.01.2020) (Market Surveillance Report).

BLUNDELL-WIGNALL, ADRIAN, The Bitcoin Question. Currency versus Trust-less Transfer Technology, verfügbar unter: https://www.oecd-ilibrary.org/docserver/5jz2pwjd9t20-en.pdf?expires=1579170722&id=id&accname=guest&checksum=0E51CED66FAB2833F3D33664F80B131C (Stand: 16.01.2020) (The Bitcoin Question).

BOBERACH, FRANK, Transatlantischer Zahlungsverkehr auf der Basis von Blockchain – Erfahrungen der Reise-Bank, in: Kreditwesen 2017, S. 548–550 (Transatlantischer Zahlungsverkehr auf der Basis von Blockchain).

BÖCKING, HANS-JOACHIM/GROS, MARIUS/WIRTH, WILLY, Fehlerfeststellung im Enforcement-Verfahren. Zeitenwende der Bilanzrechtsprechung: Bedeutung und Implikationen des Beschlusses des OLG Frankfurt/M. vom 04.02.2019 – WpÜG 3/16, WpÜG 4/16 –, in: DK 2019, S. 341–355 (Fehlerfeststellung im Enforcement-Verfahren).

BÖCKING, HANS-JOACHIM/GROS, MARIUS/WIRTH, WILLY, Privater Standardsetzer als oberste Instanz in Deutschland und Europa? Zugleich Erwiderung zu Lüdenbach/Freiberg, DB 2019, S. 2305, in: DB 2019, S. 2644–2647 (Privater Standardsetzer als oberste Instanz in Deutschland und Europa?).

BÖCKING, HANS-JOACHIM/WIRTH, WILLY, Objektiver Fehlerbegriff und Wesentlichkeit. Implikationen des Beschlusses des OLG Frankfurt a.M. vom 04.02.2019 für Vorstand, Aufsichtsrat und Abschlussprüfer, in: WPg 2019, S. 1260–1265 (Objektiver Fehlerbegriff und Wesentlichkeit).

BOEHM, FRANZISKA/PESCH, PAULINA JO, Bitcoins: Rechtliche Herausforderungen einer virtuellen Währung. Eine erste juristische Einordung, in: MMR 2014, S. 75–79 (Bitcoins).

BOEKHOUT, ROLAND, Digitalisierung als Basis für das Banking von morgen, in: Kreditwesen 2017, S. 330–331 (Digitalisierung).

BOHL, WERNER/WIECHMANN, JOST, IFRS für Juristen. Einführung in eine kapitalmarktorientierte Rechnungslegung, 2. Aufl., München 2010 (IFRS für Juristen).

BÖHME, RAINER/CHRISTIN, NICOLAS/EDELMANN, BENJAMIN/MOORE, TYLER, Bitcoin: Economics, Technology, and Governance, in: Journal of Economic Perspectives 2015, S. 213–238 (Bitcoin).

BORKERT, KRISTIAN G., Die Blockchain hustet… Welche Erkältungsmittel hat die Hausapotheke?, in: Recht 4.0. Innovationen aus den rechtswissenschaftlichen Laboren, hrsg. v. Taeger, Jürgen, München 2017, S. 817–831 (Die Blockchain).

BÖRNER, RENE, Kryptowährungen und strafbarer Marktmissbrauch, in: NZWiSt 2018, S. 48–54 (Kryptowährungen).

BOSCH, ROBERT/BAUMANN, KAI/SANCAR, BINJAMIN/BRAND, FLORIAN/BÄRLINGEA, RALPH/BICKERLE, SEBASTIAN, Kryptowährungen im Wettbewerb zu staatlichen Währungen und Gold, in: Die informatisierte Service-Ökonomie. Veränderungen im privaten und öffentlichen Sektor, hrsg. v. Arnold, Christian/Knödler, Hermann, Wiesbaden 2018, S. 413–444 (Kryptowährungen).

BOTASHEV, RUSTAM, The Next Step in Cryptoasset Valuation, verfügbar unter: https://medium.com/@HASHCIB/the-next-step-in-cryptoasset-valuation-34bade0386de (Stand: 16.01.2020) (Cryptoasset Valuation).

BOURVEAU, THOMAS/DE GEORGE, EMMANUEL T./ELLAHIE, ATIF/MACCIOCCHI, DANIELE, Information Intermediaries in the Crypto-Tokens Market, verfügbar unter: https://papers.ssrn.com/sol3/papers.cfm?abstract_id=3193392 (Stand: 16.01.2020) (Crypto-Tokens Market).

BRANDVOLD, MORTEN/MOLNAR, PETER/VAGSTAD, KRISTIAN/VALSTAD, OLE, Price discovery on Bitcoin exchanges, in: Journal of International Financial markets, institutions & money 2015, Heft 3, S. 18–35 (Price discovery on Bitcoin exchanges).

BRINKMANN, JÜRGEN, Zweckadäquanz der Rechnungslegung nach IFRS. Eine Untersuchung aus deutscher Sicht, Berlin 2006 (Rechnungslegung nach IFRS).

BRINKMANN, MARCO/MESECK, MARIUS, Besteuerung von Kryptowährungen im Privatvermögen in Deutschland, in: RdF 2018, S. 231–238 (Besteuerung von Kryptowährungen).

BRITO, JERRY/SHADAB, HOUMAN/CASTILLO, ANDREA, Bitcoin Financial Regulation: Securities, Derivatives, Prediction Markets, and Gambling, in: The Columbia Science & Technology Law Review 2014, S. 144–221 (Bitcoin Financial Regulation).

BROCKER, TILL/KLEBECK, ULF, ICO – Aufsicht und Haftung, in: RdF 2018, S. 288–295 (ICO – Aufsicht und Haftung).

BRÜHL, VOLKER, Distributed Ledgers und Industrie 4.0 – Warum Finanzwirtschaft und Industrie stärker zusammenwachsen werden, in: Kreditwesen 2017, S. 544–547 (Distributed Ledgers und Industrie 4.0).

BRÜHL, VOLKER, Banking 4.0 – strategische Herausforderungen im digitalen Zeitalter, in: Kreditwesen 2017, S. 177–181 (Banking 4.0).

BUCHALIK, ROBERT/DANKER, WIEBKE, FinTechs: Die digitale Transformation. Warum Finanzdienstleister neben den neuen Marktteilnehmern insbesondere den digitalen Wandel im Blick behalten sollten., in: BankPraktiker 2017, Heft 2, S. 12–18 (FinTechs).

BUCHHEIM, REGINE/KNORR, LIESEL/SCHMIDT, MARTIN, Anwendung der IFRS in Europa: Das neue Endorsement-Verfahren, in: KoR 2008, S. 334–341 (Endorsement-Verfahren).

BUCHMANN, RENÉ, Kryptowährungen und Initial Coin Offerings aus Praxissicht, in: Finanz- und Rechnungswesen. Jahrbuch 2019, hrsg. v. Eberle, Reto/Oesch, David/Pfaff, Dieter, Zürich 2019, S. 57–66 (Kryptowährungen und ICO).

BUHL, HANS ULRICH/SCHWEIZER, ANDRÉ/URBACH, NILS, Blockchain-Technologie als Schlüssel für die Zukunft?, in: Kreditwesen 2017, S. 596–599 (Blockchain-Technologie).

BÜNNING, MARTIN/PARK, CARINA, Steuerbilanzielle Behandlung von Kryptowährungen, in: BB 2018, S. 1835–1838 (Steuerbilanzielle Behandlung von Kryptowährungen).

BÜRGE, ANDREAS/OHLUND, ERIC, International Accounting Standards – Neueste Entwicklungen, in: ST 1993, S. 165–170 (IAS – Neueste Entwicklungen).

BURNISKE, CHRIS, Cryptoasset Valuations, verfügbar unter: https://medium.com/@cburniske/cryptoasset-valuations-ac83479ffca7 (Stand: 16.01.2020) (Cryptoasset Valuations).

BUSCH, JULIA/BOECKER, CORINNA, ED/2015/3: Conceptual Framework for Financial Reporting – ein erster Überblick zur vorgeschlagenen Neufassung, in: IRZ 2015, S. 270–272 (Conceptual Framework).

BUSSE VON COLBE, WALTHER, Was ist und was bedeutet Shareholder Value aus betriebswirtschaftlicher Sicht?, in: ZGR 1997, S. 271–290 (Shareholder Value).

BUTERIN, VITALIK, Analyzing Token Sale Models, verfügbar unter: https://vitalik.ca/general/2017/06/09/sales.html (Stand: 16.01.2020) (Analyzing Token Sale Models).

BUTERIN, VITALIK, On Medium-of-Exchange Token Valuations, verfügbar unter: https://vitalik.ca/general/2017/10/17/moe.html (Stand: 16.01.2020) (Token Valuation).

BYDLINSKI, FRANZ, Juristische Methodenlehre und Rechtsbegriff, 2. Aufl., Wien/New York 1991 (Juristische Methodenlehre).

CANARIS, CLAUS-WILHELM, Die Feststellung von Lücken im Gesetz. Eine methodologische Studie über Voraussetzungen und Grenzen der richterlichen Rechtsfortbildung praeter legem, 2. Aufl., Berlin 1983 (Die Feststellung von Lücken im Gesetz).

CAP, CLEMENS H., A Structural Analysis of Bitcoin, in: Informatik 2012. 42. Jahrestagung der Gesellschaft für Informatik e.V., hrsg. v. Goltz, Ursula u. a., Bonn 2012, S. 51–66 (Structural Analysis of Bitcoin).

CAP, CLEMENS H., Bitcoin – das Open-Source-Geld, in: Open Source – Konzepte, Risiken, Trends, hrsg. v. Strahringer, Susanne, Heidelberg 2012, S. 84–93 (Bitcoin).

CASEY, MICHAEL/VIGNA, PAUL, Cryptocurrency. Wie virtuelles Geld unsere Gesellschaft verändert, Berlin 2015 (Cryptocurrency).

CASSEL, JOCHEN, Unternehmensbewertung im IFRS-Abschluss. Fair Value-Bewertung von Unternehmen und Sachgesamtheiten, Berlin 2012 (Unternehmensbewertung im IFRS-Abschluss).

CASTEDELLO, MARC/KLINGBEIL, CHRISTIAN, IFRS 13: Anwendungsfragen bei nicht-finanziellen Vermögenswerten in der Praxis, in: WPg 2012, S. 482–488 (IFRS 13: Anwendungsfragen).

CATALINI, CHRISTIAN/GANS, JOSHUA S., Initial Coin Offerings and the Value of Crypto Tokens, verfügbar unter: https://papers.ssrn.com/sol3/papers.cfm?abstract_id=3137213 (Stand: 16.01.2020) (Initial Coin Offerings).

CHATARD, YANNICK/MANN, MAXIMILIAN, Initial Coin Offerings und Token-Handel im funktionalen Rechtsvergleich. Entwicklung deutscher Leitlinien auf Grundlage des Diskussionsstands in der Schweiz, Frankreich und Deutschland, in: NZG 2019, S. 567–574 (Initial Coin Offerings und Token-Handel im funktionalen Rechtsvergleich).

CHRISTENSEN, JOHN ASMUS/DEMSKI, JOEL S., Accounting Theory. An Information Content Perspective, New York 2003 (Accounting Theory).

COENENBERG, ADOLF G./STRAUB, BARBARA, Rechenschaft versus Entscheidungsunterstützung: Harmonie oder Disharmonie der Rechnungszwecke?, in: KoR 2008, S. 17–26 (Rechenschaft vs. Entscheidungsunterstützung).

CORBET, SHAEN/LUCEY, BRIAN M./PEAT, MAURICE/VIGNE, SAMUEL, Bitcoin Futures – What Use are They?, verfügbar unter: https://ssrn.com/abstract=3197634 (Stand: 16.01.2020) (Bitcoin Futures).

COURTOIS, NICOLAUS T., On The Longest Chain Rule and Programmed Self-Destruction of Crypto Currencies, verfügbar unter: https://arxiv.org/pdf/1405.0534.pdf (Stand: 16.01.2020) (On The Longest Chain Rule).

CPA CANADA (Hrsg.), An Introduction to Accounting for Cryptocurrencies, verfügbar unter: https://www.cpacanada.ca/-/media/site/operational/rg-research-guidance-and-support/docs/01713-rg-introduction-to-accounting-for-cryptocurrencies-may-2018.pdf?la=en&hash=AB0ED5F8157805E8BBD40F104AF2DC6E2D25DE98 (Stand: 16.01.2020) (Accounting for Cryptocurrencies).

CPA CANADA (Hrsg.), Audit Considerations Related to Cryptocurrency Assets and Transactions, verfügbar unter: https://www.cpacanada.ca/-/media/site/operational/rg-research-guidance-and-support/docs/01825-rg-audit-considerations-related-to-cryptocurrency-july-2018.pdf?la=en&hash=FFAE3B624A0F16379E96B9C535F150D4CB1C550D (Stand: 16.01.2020) (Audit Considerations Related to Cryptocurrency Assets and Transactions).

CPA ONTARIO (Hrsg.), Navigating the brave new world of cryptocurrency and ICOs, verfügbar unter: https://media.cpaontario.ca/stewardship-of-the-profession/pdfs/Navigating-the-Brave-New-World-of-Cryptocurrency-and-ICOs.pdf (Stand: 16.01.2020) (Cryptocurrency and ICOs).

CUTTELOD, CÉLINE, Bitcoin-Anlagen: Ein neues Thema für die IFRS?, in: Expert Focus 2017, S. 916 (Bitcoin-Anlagen).

DANWERTH, CHRISTOPHER, The Regulation of Bitcoin and Other Virtual Currencies under Japanese Law in Comparative Perspective, in: ZVglRWiss 2018, S. 117–155 (The Regulation of Bitcoin).

DE VRIES, ALEX, Bitcoin's Growing Energy Problem, in: Joule 2018, S. 801–805 (Bitcoin's Growing Energy Problem).

DEBUS, JULIAN, Consensus Methods in Blockchain Systems, verfügbar unter: http://explore-ip.com/2017_Consensus-Methods-in-Blockchain-Systems.pdf (Stand: 16.01.2020) (Consensus Methods in Blockchain Systems).

DEHMEL, INGA, Aktuelle Entwicklungen bei den Definitions- und Ansatzkriterien für Vermögenswerte im Conceptual-Framework-Projekt des IASB, in: BB 2015, S. 1770–1775 (Definitions- und Ansatzkriterien).

DEHMEL, INGA/HOMMEL, MICHAEL/KUNKEL, TESSA, Conceptual Framework for Financial Reporting 2018 auf dem Prüfstand, in: BB 2018, S. 1706–1710 (Conceptual Framework).

DELOITTE (Hrsg.), Thinking allowed. Cryptocurrency: Financial reporting implications, verfügbar unter: https://www.iasplus.com/en-gb/publications/global/thinking-allowed/2018/thinking-allowed-cryptocurrency-financial-reporting-implications/at_download/file/Thinking%20allowed%20Cryptocurrency.pdf (Stand: 16.01.2020) (Cryptocurrency).

DETTENRIEDER, DOMINIK, Hedge Accounting in Industrieunternehmen nach IFRS 9, Lohmar/Köln 2014 (Hedge Accounting).

DICHEV, ILIA D., On the Balance Sheet-Based Model of Financial Reporting, in: Accounting Horizons 2008, S. 453–470 (On the Balance Sheet-Based Model of Financial Reporting).

DIETSCH, DAVID R., Umsatzsteuerliche Einordnung von Initial Coin Offerings, in: MwStR 2018, S. 546–551 (Umsatzsteuerliche Einordnung von Initial Coin Offerings).

DJAZAYERI, ALEXANDER, Die virtuelle Währung Bitcoin – Zivilrechtliche Fragestellungen und internationale regulatorische Behandlung, in: jurisPR-BKR 2014, Anm. 1 (Die virtuelle Währung Bitcoin – Zivilrechtliche Fragestellungen und internationale regulatorische Behandlung).

DJAZAYERI, ALEXANDER, Rechtliche Herausforderungen durch Smart Contracts, in: jurisPR-BKR 2016, Anm. 1 (Rechtliche Herausforderungen durch Smart Contracts).

DOBBERTIN, HANS, Digitale Fingerabdrücke. Sichere Hashfunktionen für digitale Signaturen, in: DuD 1997, S. 82–87 (Digitale Fingerabdrücke).

DOBLER, MICHAEL/HETTICH, SILVIA, Geplante Änderungen der Rahmenkonzepte von IASB und FASB. Konzeption, Vergleich, Würdigung, in: IRZ 2007, S. 29–36 (Änderungen der Rahmenkonzepte).

DOBRAUZ-SALDAPENNA, GÜNTHER/SCHRACKMANN, MARK, ICO in der Schweiz – Status quo im Aufsichts- und Zivilrecht sowie aktuelle Marktentwicklung, in: RdF 2019, S. 20–27 (ICO in der Schweiz).

DONG, HUIJIAN/DONG, WEIGUO, Bitcoin: Exchange Rate Parity, Risk Premium, and Arbitrage Stickiness, in: British Journal of Economics, Management & Trade 2015, S. 105–113 (Bitcoin).

DORSCHEL, JOACHIM/MANZ, STEPHAN, Contract Management in der Blockchain, in: Kreditwesen 2017, S. 553–555 (Contract Management in der Blockchain).

DOWNAR, BENEDIKT/KEILING, MARIO/SCHRAMM, FLORIAN, Die Einlösung von Token im Jahresabschluss nach HGB – eine Szenario-Analyse, in: DB 2019, S. 1913–1919 (Einlösung von Token im Jahresabschluss).

EBA (Hrsg.), EBA Opinion on 'virtual currencies', verfügbar unter: https://www.eba.europa.eu/documents/10180/657547/EBA-Op-2014-08+Opinion+on+Virtual+Currencies.pdf (Stand: 16.01.2020) (Opinion on virtual currencies).

EBA (Hrsg.), Cryptotechnologies, a major IT innovation and catalyst for change. 4 categories, 4 applications and 4 scenarios. An exploration for transaction banking and payments professionals, verfügbar unter: https://www.abe-eba.eu/media/azure/production/1344/cryptotechnologies-a-major-it-innovation-and-catalyst-for-change.pdf (Stand: 16.01.2020) (Cryptotechnologies).

EBA (Hrsg.), Report on crypto-assets, verfügbar unter: https://eba.europa.eu/documents/10180/2545547/EBA+Report+on+crypto+assets.pdf (Stand: 16.01.2020) (Crypto-assets).

ECKERT, KIM-PATRICK, Steuerliche Betrachtung elektronischer Zahlungsmittel am Beispiel sog. Bitcoin-Geschäfte, in: DB 2013, S. 2108–2111 (Steuerliche Betrachtung elektronischer Zahlungsmittel).

EHRKE-RABEL, TINA, Kryptowährungen und Umsatzsteuer, in: Digitalisierung im Konzernsteuerrecht, hrsg. v. Kirchmayr, Sabine u. a., Wien 2018, S. 145–178 (Kryptowährungen und Umsatzsteuer).

ELZE, HANS, Lücken im Gesetz. Begriff und Ausfüllung, Leipzig 1916 (Lücken im Gesetz).

ENGELHARDT, CHRISTIAN/KLEIN, SASCHA, Bitcoins – Geschäfte mit Geld, das keines ist. Technische Grundlagen und zivilrechtliche Betrachtung, in: MMR 2014, S. 355–360 (Bitcoins).

ENGELKE, FREDERIK, Kapitalkonsolidierung im mehrstufigen Konzern. Die Behandlung indirekter Beteiligungsverhältnisse im IFRS-Konzernabschluss, Siegburg 2018 (Kapitalkonsolidierung im mehrstufigen Konzern).

ENGISCH, KARL, Einführung in das juristische Denken, 12. Aufl., Stuttgart 2018 (Einführung in das juristische Denken).

ERB, CARSTEN/PELGER, CHRISTOPH, Potenzielle Praxisimplikationen des Diskussionspapiers zum künftigen IFRS-Rahmenkonzept, in: IRZ 2014, S. 21–25 (Diskussionspapier).

ERB, CARSTEN/PELGER, CHRISTOPH, Das neue Rahmenkonzept des IASB, in: WPg 2018, S. 872–878 (Das neue Rahmenkonzept des IASB).

ERB, CARSTEN/PELGER, CHRISTOPH, Potenzielle Praxisimplikationen des neuen Rahmenkonzepts des IASB, in: IRZ 2018, S. 327–331 (Praxisimplikationen des neuen Rahmenkonzepts).

ERBGUTH, JÖRN/FASCHING, JOACHIM GALILEO, Wer ist Verantwortlicher einer Bitcoin-Transaktion? Anwendbarkeit der DS-GVO auf die Bitcoin-Blockchain, in: ZD 2017, S. 560–565 (Verantwortlicher einer Bitcoin-Transaktion).

ESCHENBRUCH, KLAUS/GERSTBERGER, ROBERT, Smart Contracts. Planungs-, Bau- und Immobilienverträge als Programm?, in: NZBau 2018, S. 3–8 (Smart Contracts).

ESKANDARI, SHAYAN/BARRERA, DAVID/STOBERT, ELIZABETH/CLARK, JEREMY, A First Look at the Usability of Bitcoin Key Management, verfügbar unter: https://arxiv.org/pdf/1802.04351.pdf (Stand: 16.01.2020) (Bitcoin Key Management).

ESMA (Hrsg.), Advice. Initial Coin Offerings and Crypto-Assets, verfügbar unter: www.dirittobancario.it/sites/default/files/allegati/investor_protection.pdf (Stand: 16.01.2020) (Initial Coin Offerings and Crypto-Assets).

ESMA (Hrsg.), ESMA Highlights ICO Risks for Investors and Firms, verfügbar unter: https://www.esma.europa.eu/press-news/esma-news/esma-highlights-ico-risks-investors-and-firms (Stand: 16.01.2020) (ICO Risks).

EULER, THOMAS, The Token Classification Framework: A multi-dimensional tool for understanding and classifying crypto tokens, verfügbar unter: http://www.untitled-inc.com/the-token-classification-framework-a-multi-dimensional-tool-for-understanding-and-classifying-crypto-tokens/ (Stand: 16.01.2020) (Token Classification Framework).

EUROPEAN COMMISSION (Hrsg.), European Financial Stability and Integration Review 2018, verfügbar unter: https://ec.europa.eu/info/sites/info/files/european-financial-stability-andintegration-review-2018_en.pdf (Stand: 16.01.2020) (European Financial Stability and Integration Review 2018).

EVANS, ALEX, On Value, Velocity and Monetary Theory. A New Approach to Cryptoasset Valuations, verfügbar unter: https://medium.com/blockchannel/on-value-velocity-and-monetary-theory-a-new-approach-to-cryptoasset-valuations-32c9b22e3b6f (Stand: 16.01.2020) (Cryptoasset Valuations).

EWELT-KNAUER, CORINNA, Der Konzernabschluss als Berichtsinstrument der wirtschaftlichen Einheit. Zur Abgrenzung des Vollkonsolidierungskreises sowie zur bilanziellen Abbildung von Transaktionen mit Dritten, Lohmar 2010 (Konzernabschluss als Berichtsinstrument).

EY (Hrsg.), Life of a coin. Shaping the future of crypto-asset capital markets. Minds made for transforming financial services, verfügbar unter: https://www.ey.com/Publication/vwLUAssets/ey-life-of-a-coin/$File/ey-life-of-a-coin.pdf (Stand: 16.01.2020) (Life of a coin).

EY (Hrsg.), EY study: Initial Coin Offerings (ICOs). The Class of 2017 – one year later, verfügbar unter: https://www.ey.com/Publication/vwLUAssets/ey-study-ico-research/$FILE/ey-study-ico-research.pdf (Stand: 16.01.2020) (ICOs – The Class of 2017).

EY (Hrsg.), The customer takes control. Global Consumer Banking Survey 2012, verfügbar unter: http://www.ey.com/Publication/vwLUAssets/ey-global-consumer-banking-survey-2012/$FILE/ey-global-consumer-banking-survey-2012.pdf (Stand: 16.01.2020) (The customer takes control).

EY (Hrsg.), EY research: initial coin offerings (ICOs), verfügbar unter: https://www.ey.com/Publication/vwLUAssets/ey-research-initial-coin-offerings-icos/%24File/ey-research-initial-coin-offerings-icos.pdf (Stand: 16.01.2020) (Initial coin offerings).

EY (Hrsg.), Im Fokus: Bilanzierung von Kryptovermögenswerten, verfügbar unter: https://assets.ey.com/content/dam/ey-sites/ey-com/de_de/topics/ifrs/ey-im-fokus-bilanzierung-von-kryptovermoegenswerten-oktober-2018.pdf (Stand: 16.01.2020) (Bilanzierung von Kryptovermögenswerten).

EY (Hrsg.), A holder's accounting for cryptocurrencies, verfügbar unter: https://www.ey.com/publication/vwluassetsdld/technicalline_04623-181us_cryptocurrency_18october2018/$file/technicalline_04623-181us_cryptocurrency_18october2018.pdf (Stand: 16.01.2020) (A holder's accounting for cryptocurrencies).

EY (Hrsg.), Accounting for crypto-assets, verfügbar unter: https://www.ey.com/Publication/vwLUAssets/EY-IFRS-Accounting-for-crypto-assets/$File/EY-IFRS-Accounting-for-crypto-assets.pdf (Stand: 16.01.2020) (Accounting for crypto-assets).

EY (Hrsg.), The valuation of crypto-assets, verfügbar unter: https://www.ey.com/Publication/vwLUAssets/ey-the-valuation-of-crypto-assets/$FILE/ey-the-valuation-of-crypto-assets.pdf (Stand: 16.01.2020) (The valuation of crypto-assets).

EZB (Hrsg.), In search for stability in cryto-assets: are stablecoins the solution?, verfügbar unter: https://www.ecb.europa.eu/pub/pdf/scpops/ecb.op230~d57946be3b.en.pdf?321f6bf14960e6f604725be5a466957b (Stand: 16.01.2020) (Stablecoins).

EZB (Hrsg.), Virtual currency schemes. October 2012, verfügbar unter: https://www.ecb.europa.eu/pub/pdf/other/virtualcurrencyschemes201210en.pdf (Stand: 16.01.2020) (Virtual currency schemes).

FABER, MARCEL, Unternehmenszusammenschlüsse durch Einlage von Kapitalgesellschaftsanteilen. Auswirkungen eines unechten Anteilstausches auf den Konzernabschluss nach IFRS, Siegburg 2018 (Einlage von Kapitalgesellschaftsanteilen).

FALSCHLEHNER, VIKTOR/KLAUSBERGER, PHILIPP, Zur finanzmarktaufsichtsrechtlichen Einordnung von Bitcoins, in: Bitcoins, hrsg. v. Eberwein, Helgo/Steiner, Anna-Zoe, Wien 2014, S. 37–61 (Finanzmarktaufsichtsrechtliche Einordnung).

FIECHTER, PETER/HALBERKANN, JÉRÔME/MEYER, CONRAD, Determinants and Consequences of a Voluntary Turn Away from IFRS to Local GAAP: Evidence from Switzerland, in: European Accounting Review 2018, S. 955–989 (IFRS to Local GAAP).

FIEDLER, SALOMON/GERN, KLAUS-JÜRGEN/HERLE, DENNIS/KOOTHS, STEFAN/STOLZENBURG, ULRICH/STOPPOK, LUCIE, Virtual Currencies. Monetary Dialogue July 2018, verfügbar unter: http://www.europarl.europa.eu/cmsdata/149902/KIEL_FINAL%20publication.pdf (Stand: 16.01.2020) (Virtual Currencies).

FINMA (Hrsg.), Wegleitung für Unterstellungsanfragen betreffend Initial Coin Offerings, verfügbar unter: https://www.finma.ch/de/~/media/finma/dokumente/dokumentencenter/myfinma/1bewilligung/fintech/wegleitung-ico.pdf?la=de (Stand: 16.01.2020) (Initial Coin Offerings).

FISCHER, DANIEL T., IFRS 13 – Fair Value Measurement, in: PiR 2011, S. 235–238 (Fair Value Measurement).

FISCHER, DANIEL T., Entwurf eines neugefassten Rahmenkonzepts (ED/2015/3), in: PiR 2015, S. 224–226 (Entwurf eines neugefassten Rahmenkonzepts).

FISCHER, DANIEL T., Neufassung des Wesentlichkeitsbegriffs und Anwendungshinweise, in: PiR 2017, S. 323–325 (Neufassung des Wesentlichkeitsbegriffs und Anwendungshinweise).

FISCHER, DANIEL T., Neufassung des IASB-Rahmenkonzepts, in: PiR 2018, S. 155–156 (IASB-Rahmenkonzept).

FLICK, PETER/GEHRER, JUDITH/MEYER, SVEN, Neue Vorschriften für die Fair Value-Ermittlung von Finanzinstrumenten durch IFRS 13, in: IRZ 2011, S. 387–393 (Fair Value-Ermittlung von Finanzinstrumenten).

FLICK, PETER/WORRET, DANIEL, Accounting for Cryptocurrency: Wie bilanziert man Bitcoins?, in: International Accounting News 2018, Heft 3, S. 2–6 (Accounting for Cryptocurrency).

FORMANN, MICHAEL, Globale Innovationsinitiative im Zahlungsverkehr und DLT, in: Kreditwesen 2017, S. 551–552 (Globale Innovationsinitiative im Zahlungsverkehr und DLT).

FRANCO, PEDRO, Understanding Bitcoin. Cryptography, engineering, and economics, Chichester 2015 (Understanding Bitcoin).

FRC (Hrsg.), FRC submission to the Treasury Select Committee Digital Currencies Inquiry, verfügbar unter: https://www.frc.org.uk/getattachment/52cdb6cb-7498-4a92-9e67-c1f4f8fbb3f7/130418-FRC-response-Treasury-Select-Committee-Digital-Currencies-Inquiry.pdf (Stand: 16.01.2020) (Digital Currencies).

FREIBERG, JENS, Gewinnrealisation bei Tauschgeschäften nach IFRS, in: PiR 2007, S. 171–173 (Gewinnrealisation bei Tauschgeschäften).

FREIBERG, JENS, Die Mär vom Vorsichtsprinzip. Bedeutung von prudence für die bilanzielle Abbildung, in: PiR 2015, S. 290–294 (Vorsichtsprinzip).

FREIBERG, JENS, Die Bilanzierung von digitalen (Krypto-)Währungen nach IFRS, in: Digitale Transformation im Finanz- und Rechnungswesen, hrsg. v. Fink, Christian/Kunath, Oliver, Stuttgart 2019, S. 147–158 (Digitale (Krypto-)Währungen nach IFRS).

FREIBERG, JENS/HOFFMANN, WOLF-DIETER, Die abstrakte Bilanzierungsfähigkeit von Abschlusselementen. Änderungen nach dem Entwurf zum Rahmenkonzept, in: PiR 2015, S. 284–289 (Abstrakte Bilanzierungsfähigkeit).

FRIEDHOFF, MARTIN/BERGER, JENS, Financial Instruments. IAS 32 und IAS 39, Wiesbaden 2013 (Financial Instruments).

FROITZHEIM, OLIVER, Anmerkung zu KG, Urteil vom 25.09.2018 – (4) 151 Ss 28/18 (35/8), in: BKR 2018, S. 475–477 (Anmerkung zu KG, Urteil vom 25.09.2018).

FÜLBIER, ROLF UWE/GASSEN, JOACHIM, Bilanzrechtsregulierung: Auf der ewigen Suche nach der eierlegenden Wollmichsau, in: Private und öffentliche Rechnungslegung. Festschrift für

Hannes Streim zum 65. Geburtstag, hrsg. v. Wagner, Franz W./Schildbach, Thomas/Schneider, Dieter, Wiesbaden 2009, S. 135–155 (Bilanzrechtsregulierung).

FUNG, BEN/HALABURDA, HANNA, Understanding Platform-Based Digital Currencies, verfügbar unter: http://www.bankofcanada.ca/wp-content/uploads/2014/05/boc-review-spring14-fung.pdf (Stand: 16.01.2020) (Platform-Based Digital Currencies).

GALLASCH, FLORIAN, Die Bilanzierung von Versicherungsverträgen nach IFRS 4 Phase II. Das Bewertungsmodell für Erst- und passive Rückversicherungsverträge im Schaden- und Unfallbereich, Lohmar 2014 (Bilanzierung von Versicherungsverträgen).

GASSEN, JOACHIM, Are stewardship and valuation usefulness compatible or alternative objectives of financial accounting?, verfügbar unter: https://edoc.hu-berlin.de/bitstream/handle/18452/4772/28.pdf?sequence=1 (Stand: 16.01.2020) (Are stewardship and valuation usefulness compatible or alternative objectives of financial accounting?).

GASSEN, JOACHIM/FISCHKIN, MICHAEL/HILL, VERENA, Das Rahmenkonzept-Projekt des IASB und des FASB: Eine normendeskriptive Analyse des aktuellen Stands, in: WPg 2008, S. 874–882 (Das Rahmenkonzept-Projekt des IASB und des FASB).

GEBHARDT, GÜNTHER/MORA, ARACELI/WAGENHOFER, ALFRED, Revisiting the Fundamental Concepts of IFRS, in: Abacus 2014, S. 107–116 (Fundamental Concepts of IFRS).

GEISEL, ADRIAN, Was tun, wenn IFRS zwar ausgelegt, aber nicht interpretiert werden?, verfügbar unter: https://betriebs-berater.ruw.de/bb-standpunkte/standpunkte/Was-tun-wenn-IFRS-zwar-ausgelegt-aber-nicht-interpretiert-werden-35720 (Stand: 16.01.2020) (Was tun, wenn IFRS zwar ausgelegt, aber nicht interpretiert werden?).

GERLACH, INGO/OSER, PETER, Ausgewählte Aspekte zur handelsrechtlichen Bilanzierung von Kryptowährungen, in: DB 2018, S. 1541–1547 (Handelsrechtliche Bilanzierung von Kryptowährungen).

GIMPEL-HENNING, NILS, Sukzessive Anteilserwerbe im IFRS-Konzernabschluss. Bilanzielle Auswirkungen des Statuswechsels von Unternehmensbeteiligungen, Lohmar/Köln 2015 (Sukzessive Anteilserwerbe).

GJESDAL, FROYSTEIN, Accounting for Stewardship, in: JAR 1981, S. 208–231 (Accounting for Stewardship).

GLASER, FLORIAN/ZIMMERMANN, KAI/HAFERKORN, MARTIN/WEBER, MORITZ CHRISTIAN/SIERING, MICHAEL, Bitcoin - Asset or Currency? Revealing Users' Hidden Intentions, verfügbar unter: https://papers.ssrn.com/sol3/papers.cfm?abstract_id=2425247 (Stand: 16.01.2020) (Bitcoin - Asset or Currency?).

GOEBEL, ANDREA, Konzernrechnungslegung nach den International Accounting Standards. Konzeptionen, Inhalte und Möglichkeiten einer Annäherung durch deutsche Muttergesellschaften, in: DB 1994, S. 2457–2464 (Konzernrechnungslegung nach den IAS).

GOLDMAN SACHS (Hrsg.), All About Bitcoin, verfügbar unter: http://www.paymentlawadvisor.com/files/2014/01/GoldmanSachs-Bit-Coin.pdf (Stand: 16.01.2020) (All About Bitcoin).

GOMBER, PETER/KOCH, JASCHA-ALEXANDER/SIERING, MICHAEL, Mittelstandsfinanzierung im Kontext von FinTech und Digital Finance, in: CF 2017, S. 327–332 (Mittelstandsfinanzierung im Kontext von FinTech und Digital Finance).

GÖßMANN, WOLFGANG/WEBER, BEATRIX, Recht des Zahlungsverkehrs. Überweisung, Lastschrift, Scheck, ec- und Kreditkarte, Internet, Insolvenz, 4. Aufl., Berlin 2004 (Recht des Zahlungsverkehrs).

GRANT, GERRY/HOGAN, ROBERT, Bitcoin: Risks and Controls, in: The Journal of Accounting & Finance 2015 (July/August), S. 29–35 (Bitcoin: Risks and Controls).

GRANT THORNTON (Hrsg.), IFRS Viewpoint. Accounting for client money, verfügbar unter: https://www.grantthornton.global/globalassets/1.-member-firms/global/insights/article-pdfs/ifrs/accounting-for-client-money-ifrs-viewpoint-1.pdf (Stand: 16.01.2020) (Accounting for client money).

GRANT THORNTON (Hrsg.), IFRS Viewpoint. Accounting for cryptocurrencies – the basics, verfügbar unter: https://www.grantthornton.global/globalassets/1.-member-firms/global/insights/article-pdfs/ifrs/ifrs-viewpoint-9---accounting-for-cryptocurrencies--the-basics.pdf (Stand: 16.01.2020) (Accounting for cryptocurrencies).

GRANT THORNTON (Hrsg.), IFRS Viewpoint. Accounting for crypto assets – mining and validation issues, verfügbar unter: http://www.grantthorntonni.com/globalassets/pdf/grant-thornton----ifrs-viewpoint-10.pdf (Stand: 16.01.2020) (Mining and validation issues).

GRINBERG, REUBEN, Bitcoin: An Innovative Alternative Digital Currency, in: Hastings Science & Technology Law Journal 2011, S. 159–208 (Bitcoin).

GROßE, JAN-VELTEN, IFRS 13 „Fair Value Measurement" – Was sich (nicht) ändert, in: KoR 2011, S. 286–296 (Fair Value Measurement).

GRÜNBERGER, DAVID, IFRS 2020. Ein systematischer Praxis-Leitfaden, 17. Aufl., Herne 2019 (IFRS 2020).

GRZYWOTZ, JOHANNA, Virtuelle Kryptowährungen und Geldwäsche, Berlin 2019 (Virtuelle Kryptowährungen und Geldwäsche).

GUGGENBERGER, NIKOLAS, The Potential of Blockchain Technology for the Conclusion of Contracts, in: Contracts for the Supply of Digital Content: Regulatory Challenges and Gaps. Münster Coloquia on EU Law and the Digital Economy II, hrsg. v. Schulze, Reiner/Staudenmayer, Dirk/Lohsse Sebastian, Baden-Baden 2017, S. 83–97 (The Potential of Blockchain).

HAAKER, ANDREAS, Bitcoin: „substanzloses" Gold jenseits des IAS 38?, in: DB 2018, S. M4–M5 (Bitcoin: „substanzloses" Gold jenseits des IAS 38?).

HAAKER, ANDREAS/FREIBERG, JENS, Endorsement des IFRS-Rahmenkonzepts, in: PiR 2013, S. 259–260 (Endorsement des Rahmenkonzept).

HAAKER, ANDREAS/FREIBERG, JENS, OCI als Mülleimer?, in: PiR 2014, S. 213–214 (OCI).

HAAKER, ANDREAS/FREIBERG, JENS, Informationspotenzial der IFRS für die Adressaten?, in: PiR 2018, S. 329–330 (Informationspotenzial der IFRS für die Adressaten).

HACKER, PHILIPP, Corporate Governance for Complex Cryptocurrencies? A Framework for Stability and Decision Making in Blockchain-Based Organizations, verfügbar unter: https://papers.ssrn.com/sol3/papers.cfm?abstract_id=2998830 (Stand: 16.01.2020) (Corporate Governance for Complex Cryptocurrencies).

HACKER, PHILIPP/THOMALE, CHRIS, Crypto-Securities Regulation: ICOs, Token Sales and Cryptocurrencies under EU Financial Law, verfügbar unter: https://papers.ssrn.com/sol3/papers.cfm?abstract_id=3075820 (Stand: 16.01.2020) (Crypto-Securities Regulation).

HAHN, CHRISTOPHER/WONS, ADRIAN, Initial Coin Offering (ICO). Unternehmensfinanzierung auf Basis der Blockchain-Technologie, Wiesbaden 2018 (Initial Coin Offering).

HAHN, HUGO JOSEPH/HÄDE, ULRICH, Währungsrecht, 2. Aufl., München 2010 (Währungsrecht).

HAKERT, ANKA/KIRSCHBAUM, BENJAMIN, Ether Classic und Bitcoin Cash: Bilanzierung und Besteuerung von Kryptowährungen aus einer Hard Fork, in: DStR 2018, S. 881–886 (Bilanzierung und Besteuerung von Kryptowährungen aus einer Hard Fork).

HANL, ANDERAS/MICHAELIS, JOCHEN, Kryptowährungen – ein Problem für die Geldpolitik?, in: Wirtschaftsdienst 2017, S. 363–370 (Kryptowährungen).

HARTMANN, STEFAN, Die Zukunft der Visualität des Bargelds, oder: Auslaufmodell Banknote?, in: Die Zukunft des Bargelds. Perspektiven aus Wissenschaft und Praxis, hrsg. v. Lempp, Jakob/Pitz, Thomas/Sickmann, Jörn, Wiesbaden 2018, S. 167–183 (Bargeld).

HAUCK, ANTON/PRINZ, ULRICH, Zur Auslegung von (europarechtlich übernommenen) IAS/IFRS, in: DK 2005, S. 635–641 (Auslegung von IAS/IFRS).

HAYN, SVEN, Die International Accounting Standards (Teil I). Ihre grundlegende Bedeutung für die internationale Harmonisierung der Rechnungslegung sowie eine Darstellung wesentlicher Unterschiede zu den einzelgesellschaftlichen Normen des HGB, in: WPg 1994, S. 713–721 (Die IAS).

HECK, JOHANNES, Funktionsweise und Grundzüge der steuerlichen Behandlung von Blockchain-basierten Kryptowährungen, in: DStZ 2019, S. 106–112 (Steuerliche Behandlung von Kryptowährungen).

HECKELMANN, MARTIN, Zulässigkeit und Handhabung von Smart Contracts, in: NJW 2018, S. 504–510 (Smart Contracts).

HECKMANN, JÖRN/KAULARTZ, MARKUS, Selbsterfüllende Verträge. Smart Contracts: Quellcode als Vertragstext, in: c't 2016, S. 138–140 (Selbsterfüllende Verträge).

HEMMERLE, MATHIAS/LANGER, MATTHIAS, Blockchain-Technologie und die damit verbundenen Auswirkungen für Wirtschaftsprüfer, in: IRZ 2019, S. 171–175 (Blockchain-Technologie).

HENDRICKSON, JOSHUA R./HOGAN, THOMAS L./LUTHER, WILLIAM J., The political economy of Bitcoin, in: Economic Inquiry 2016, S. 925–939 (The political economy of Bitcoin).

HENDRIKSEN, ELDON S./VAN BREDA, MICHAEL F., Accounting Theory, 5. Aufl., Boston 1992 (Accounting Theory).

HENNECKE, RICHARD, „Darf ich in Bitcoin zahlen?“ – Geldwäscherisiken für Industrie- und Handels-Unternehmen bei Bitcoin-Transaktionen, in: CCZ 2018, S. 120–125 (Geldwäscherisiken).

HETTICH, SILVIA, Zweckadäquate Gewinnermittlungsregeln, Frankfurt am Main 2006 (Zweckadäquate Gewinnermittlungsregeln).

HEYD, REINHARD/LUTZ-INGOLD, MARTIN, Immaterielle Vermögenswerte und Goodwill nach IFRS. Bewertung, Bilanzierung und Berichterstattung, München 2005 (Immaterielle Vermögenswerte und Goodwill).

HILDNER, ALICIA, Bitcoins auf dem Vormarsch: Schaffung eines regulatorischen Level Playing Fields?, in: BKR 2016, S. 485–495 (Bitcoins auf dem Vormarsch).

HILDNER, ALICIA/DANZMANN, MAX, Blockchain-Anwendungen für die Unternehmensfinanzierung, in: CF 2017, S. 385–390 (Blockchain für die Unternehmensfinanzierung).

HIMMER, KLAUS, Proof of Stake (PoS): Was sind die steuerrechtlichen Auswirkungen?, verfügbar unter: https://cryptotax.io/proof-of-stake-was-sind-die-steuerrechtlichen-auswirkungen/#tag8 (Stand: 16.01.2020) (Proof of Stake).

HINERASKY, ANSGAR/KURSCHILDGEN, MICHAEL, Künstliche Intelligenz und Blockchain – neue Technologien in der Besteuerungspraxis, in: DB Beilage 2016, S. 35–39 (Künstliche Intelligenz und Blockchain).

HINZ, MICHAEL, Rechnungslegung nach IFRS. Konzept, Grundlagen und erstmalige Anwendung, München 2005 (Rechnungslegung nach IFRS).

HIRSCHLER, KLAUS/STÜCKLER, KARL, Die Bilanzierung von Kryptowährungen, in: Digitalisierung im Konzernsteuerrecht, hrsg. v. Kirchmayr, Sabine u. a., Wien 2018, S. 115–126 (Bilanzierung von Kryptowährungen).

HITZ, JÖRG-MARKUS/ZACHOW, JANNIS, Vereinheitlichung des Wertmaßstabs „beizulegender Zeitwert“ durch IFRS 13 „Fair Value Measurement“, in: WPg 2011, S. 964–972 (Fair Value).

HÖBENER, JULIAN, Zwischenergebniseliminierung im IFRS-Konzernabschluss, Siegburg 2020 (Zwischenergebniseliminierung).

HÖBENER, JULIAN/DUST, YANNIC/GIMPEL-HENNING, NILS, Die Bilanzierung sukzessiver Unternehmenserwerbe im Lichte des Conceptual Framework-Projekts. Erfolgswirkungen aus der Neubewertung der Altanteile, in: PiR 2016, S. 337–344 (Sukzessive Unternehmenserwerbe).

HOFERT, EDUARD, Regulierung der Blockchains, Tübingen 2018 (Regulierung der Blockchains).

HOFFMANN, SEBASTIAN/DETZEN, DOMINIC, Das Joint Conceptual Framework von IASB und FASB – Praktische Implikationen aus dem Abschluss der Phase A für kapitalmarktorientierte Unternehmen, in: KoR 2012, S. 53–55 (Joint Conceptual Framework).

HÖFNER, SEBASTIAN, Gemeinschaftliche Vereinbarungen nach IFRS 11. Konzeptionelle Analyse – Praktische Bedeutung – Lösungskonzept für Joint Operations, Berlin 2017 (Gemeinschaftliche Vereinbarungen).

HOLZEDER, KATHRIN/KAHRE, BURKHARD, Das Verhältnis von Kosten und Nutzen bei der Normierung der internationalen Rechnungslegung. Die Vorgehensweise des IASB bei der Kosten-Nutzen-Abwägung, in: PiR 2017, S. 211–215 (Kosten und Nutzen).

HOSP, JULIAN, Kryptowährungen einfach erklärt, Leipzig 2017 (Kryptowährungen).

HOSP, JULIAN, Blockchain 2.0. einfach erklärt – weit mehr als nur Bitcoin, München 2018 (Blockchain 2.0).

HOUSE OF COMMONS (Hrsg.), Crypto-assets. Twenty-Second Report of Session 2017–19, verfügbar unter: https://publications.parliament.uk/pa/cm201719/cmselect/cmtreasy/910/910.pdf (Stand: 16.01.2020) (Crypto-assets).

HOWELL, SABRINA T./NIESSNER, MARINA/YERMACK, DAVID, Initial coin offerings. Financing growth with cryptocurrency token sales, verfügbar unter: https://www.nber.org/papers/w24774.pdf (Stand: 16.01.2020) (Initial coin offerings).

HUBER, MARKUS FRANK/GULER, SILVAN/DUMONT, JANINE, By the same token. Steuerliche Grundfragen im Rahmen von Initial Coin Offerings, in: Steuer Revue 2018, S. 292–308 (Token).

HULL, JOHN C., Options, futures, and other derivatives, 8. Aufl., Boston 2012 (Options, futures, and other derivatives).

HÜNING, MICHAEL, Kongruenzprinzip und Rechnungslegung von Sachanlagen nach IFRS, Lohmar 2007 (Kongruenzprinzip und Rechnungslegung von Sachanlagen nach IFRS).

HUTER, MICHAEL, Die nichtfinanzielle Konzernerklärung. Kritische Analyse und Konkretisierung der handelsrechtlichen Vorschriften, Siegburg 2019 (Nichtfinanzielle Konzernerklärung).

HÜTHER, MARIO/DANZMANN, MAX, Der Einfluss des Internet of Things und der Industrie 4.0 auf Kreditfinanzierungen. Teil 1 – Atmende Finanzierungsverträge und Agency 4.0, in: BB 2017, S. 834–840 (Internet of Things und Industrie 4.0 (Teil 1)).

HÜTHER, MARIO/DANZMANN, MAX, Der Einfluss des Internet of Things und der Industrie 4.0 auf Kreditfinanzierungen. Teil 2 – Kreditsicherungsrecht und IoT-Banking, in: BB 2017, S. 2693–2699 (Internet of Things und Industrie 4.0 (Teil 2)).

IDW (Hrsg.), IDW Stellungnahme zur Rechnungslegung: Einzelfragen zur Bilanzierung von Finanzinstrumenten nach IFRS (IDW RS HFA 9), in: IDW FN 2007, S. 326–400 (IDW RS HFA 9).

IDW (Hrsg.), IDW Stellungnahme zur Rechnungslegung: Einzelfragen zur Ermittlung des Fair Value nach IFRS 13 (IDW RS HFA 47), in: IDW FN 2014, S. 84–100 (IDW RS HFA 47).

IJIRI, YUJI/JAEDICKE, ROBERT K., Reliability and Objectivity of Accounting Measurements, in: The Accounting Review 1966, S. 474–483 (Reliability and Objectivity of Accounting Measurements).

ISSING, OTMAR, Einführung in die Geldtheorie, 15. Aufl., München 2011 (Geldtheorie).

J. P. MORGAN (Hrsg.), J. P. Morgan Perspectives. Decrypting Cryptocurrencies: Technology, Applications and Challenges, verfügbar unter: https://forum.gipsyteam.ru/index.php?act=attach&type=post&id=566108 (Stand: 16.01.2020) (Decrypting Cryptocurrencies).

JACOBS, CHRISTOPH/LANGE-HAUSSTEIN, CHRISTIAN, Blockchain und Smart Contracts: zivil- und aufsichtsrechtliche Bedingungen. Funktionen, Anwendungsfälle, Perspektiven der Blockchain-Technologie, in: ITRB 2017, S. 10–15 (Blockchain und Smart Contracts).

JACQUEMART, NICOLAS/MEYER, STEPHAN D., Der Bitcoin-/Bitcoin-Cash-Hardfork, in: GesKR 2017, S. 469–485 (Der Bitcoin-/Bitcoin-Cash-Hardfork).

JARCHOW, HANS-JOACHIM, Theorie und Politik des Geldes, 11. Aufl., Göttingen 2003 (Theorie und Politik des Geldes).

JÜNEMANN, MICHAEL/KAST, ANGELA, Rechtsfragen beim Einsatz der Blockchain, in: Kreditwesen 2017, S. 531–536 (Rechtsfragen beim Einsatz der Blockchain).

JUNG, MARCEL R., Initial Token Offerings und Tokens im schweizer Steuerrecht. Darstellung und Analyse der Steuerpraxis, in: Expert Focus 2018, S. 283–293 (Initial Token Offerings).

KÄHLERT, JENS-PETER/LANGE, SABINE, Zur Abgrenzung immaterieller von materiellen Vermögensgegenständen, in: BB 1993, S. 613–618 (Abgrenzung immaterieller von materiellen Vermögensgegenständen).

KAJÜTER, PETER, Eigenkapitalveränderungsrechnung, in: DBW 2003, S. 109–113 (Eigenkapitalveränderungsrechnung).

KALICHKIN, DMITRY, Rethinking Metcalfe's Law applications to cryptoasset valuation. Introducing Network Value to Metcalfe (NVM) ratio and using it to identify and predict price bubbles, verfügbar unter: https://medium.com/cryptolab/network-value-to-metcalfe-nvm-ratio-fd59ca3add76 (Stand: 16.01.2020) (Metcalfe's Law applications to cryptoasset valuation).

KALICHKIN, DMITRY, Rethinking Network Value to Transactions (NVT) Ratio, verfügbar unter: https://medium.com/cryptolab/https-medium-com-kalichkin-rethinking-nvt-ratio-2cf810df0ab0 (Stand: 16.01.2020) (Network Value to Transactions).

KALODNER, HARRY/GOLDFEDER, STEVEN/CHATOR, ALISHAH/MÖSER, MALTE/NARAYANAN, ARVIND, BlockSci: Design and applications of a blockchain analysis platform, verfügbar unter: https://arxiv.org/pdf/1709.02489.pdf (Stand: 16.01.2020) (Design and applications of a blockchain analysis platform).

KAMMERER, MORITZ, IOTA – die nächste Generation der Blockchain?, verfügbar unter: https://www.heise.de/developer/artikel/IOTA-die-naechste-Generation-der-Blockchain-4208154.html (Stand: 16.01.2020) (IOTA).

KAMPMANN, HELGA/SCHWEDLER, KRISTINA, Zum Entwurf eines gemeinsamen Rahmenkonzepts von FASB und IASB. Rechnungslegungsziele und qualitative Anforderungen, in: KoR 2006, S. 521–530 (Gemeinsames Rahmenkonzept).

KAN, FRANCIS, New standards for ICOs needed. Accounting rules need to evolve to adequately provide assurance for Initial Coin Offerings, verfügbar unter: https://www.business-times.com.sg/hub/strategy-spotlight/new-standards-for-icos-needed (Stand: 16.01.2020) (New standards for ICOs needed).

KAPLANOV, NIKOLEI M., Nerdy Money: Bitcoin, The Private Digital Currency, And The Case Against Its Regulation, verfügbar unter: https://papers.ssrn.com/sol3/papers.cfm?abstract_id=2115203 (Stand: 16.01.2020) (Nerdy Money: Bitcoin, The Private Digital Currency, And The Case Against Its Regulation).

KASPER, JOCHEN, Bitcoins as legal tender. An evaluation from an economic perspective, Hamburg 2017 (Bitcoins as legal tender).

KASPER, JOCHEN, Evolution of Bitcoin. Volatility Comparisons with Least Developed Countries' Currencies, verfügbar unter: https://ssrn.com/abstract=3052207 (Stand: 16.01.2020) (Evolution of Bitcoin).

KAULARTZ, MARKUS, Die Blockchain-Technologie. Hintergründe zur Distributed Ledger Technology und zu Blockchains, in: CR 2016, S. 474–480 (Blockchain-Technologie).

KAULARTZ, MARKUS, Herausforderungen bei der Gestaltung von Smart Contracts, in: InTer 2016, S. 201–206 (Herausforderungen bei Smart Contracts).

KAULARTZ, MARKUS, Mogelpackung oder Megatrend: Investitionen in Kryptowährungen, in: BBP 2018, S. 69–70 (Investitionen in Kryptowährungen).

KAULARTZ, MARKUS, Security Tokens – zwischen ICO-Scams und der Zukunft des Wertpapiers, in: Rethinking Law 2019, Heft 4, S. 4–6 (Security Tokens).

KAULARTZ, MARKUS/HECKMANN, JÖRN, Smart Contracts – Anwendungen der Blockchain-Technologie, in: CR 2016, S. 618–624 (Smart Contracts).

KAULARTZ, MARKUS/MATZKE, ROBIN, Die Tokenisierung des Rechts, in: NJW 2018, S. 3278–3283 (Tokenisierung).

KEDING, SEBASTIAN, Die aufsichtsrechtliche Behandlung von Machine-to-Machine-Zahlungen unter Rückgriff auf Peer-to-Peer-Netzwerke, in: WM 2018, S. 64–72 (Machine-to-Machine-Zahlungen).

KEILING, MARIO, Utility Token im IFRS-Abschluss. Der Fall – die Lösung, in: IRZ 2019, S. 281–283 (Utility Token im IFRS-Abschluss).

KEILING, MARIO/ROMEIKE, STEPHAN, Die Bilanzierung von Kryptowährungen – Wie Coins und Tokens im IFRS-Abschluss zu erfassen sind, in: KoR 2018, S. 268–274 (Bilanzierung von Kryptowährungen).

KELLER, ADRIAN/STOLZENBERG, BASTIAN, Kryptowährungen. Überlegungen zur Kundenakzeptanz und Prüfungsmethodologie, in: Expert Focus 2019, S. 462–469 (Kryptowährungen).

KERSCHER, DANIEL, Bitcoin. Funktionsweise, Risiken und Chancen der digitalen Währung, 2. Aufl., Dingolfing 2014 (Bitcoin).

KILIMANN, OLAF, Zahlungsverkehr in Zeiten des Wandels und der Digitalisierung, in: Kreditwesen 2017, S. 955–957 (Zahlungsverkehr in Zeiten des Wandels und der Digitalisierung).

KING, S./NADAL, S., PPCoin: Peer-to-Peer Crypto-Currency with Proof-of-Stake, verfügbar unter: https://decred.org/research/king2012.pdf (Stand: 16.01.2020) (PPCoin: Peer-to-Peer Crypto-Currency with Proof-of-Stake).

KIRSCH, HANNO, Die Zukunft der Zeitwertbewertungsmodelle zur Vermögensbewertung in der IFRS-Rechnungslegung vor dem Hintergrund der Vorschläge zum Conceptual Framework. Teil 1: Aktuelle Zeitbewertungsmodelle und Vorschläge des ED/2015/3, in: IRZ 2016, S. 125–129 (Zeitwertbewertungsmodelle (Teil 1)).

KIRSCH, HANNO, Die Zukunft der Zeitwertbewertungsmodelle zur Vermögensbewertung in der IFRS-Rechnungslegung vor dem Hintergrund der Vorschläge zum Conceptual Framework. Teil 2: Bewertung ausgewählter Vermögenswerte, in: IRZ 2016, S. 183–187 (Zeitwertbewertungsmodelle (Teil 2)).

KIRSCH, HANNO, Bedeutung der qualitativen Anforderungen an die Finanzberichterstattung für Ansatz, Ausbuchung, Bewertung und die Struktur der Ergebnisrechnung, in: DStZ 2018, S. 619–627 (Qualitative Anforderungen).

KIRSCH, HANNO, Das neue Conceptual Framework (2018) und seine möglichen Auswirkungen auf die künftige IFRS-Rechnungslegung. Teil 1: Inhalt des Conceptual Framework, in: PiR 2018, S. 163–170 (Conceptual Framework (Teil 1)).

KIRSCH, HANNO, Das neue Conceptual Framework (2018) und seine möglichen Auswirkungen auf die künftige IFRS-Rechnungslegung. Teil 2: Potenzielle Folgen, in: PiR 2018, S. 214–221 (Conceptual Framework (Teil 2)).

KIRSCH, HANS-JÜRGEN/GALLASCH, FLORIAN/GIMPEL-HENNING, NILS, Die formale Gestaltung anhangsbezogener Rechnungslegungsvorschriften. Ein Beitrag zur aktuellen Diskussion um die Entwicklung eines „Disclosure Framework", in: KoR 2014, S. 86–94 (Die formale Gestaltung anhangsbezogener Rechnungslegungsvorschriften).

KIRSCH, HANS-JÜRGEN/GIMPEL-HENNING, NILS, Zur aktuellen Diskussion um die Einführung eines „Disclosure Framework". Eine Darstellung der beiden Diskussionspapiere der EFRAG und des FASB, in: KoR 2013, S. 190–197 (Zur aktuellen Diskussion um die Einführung eines „Disclosure Framework").

KIRSCH, HANS-JÜRGEN/KOELEN, PETER/OLBRICH, ALEXANDER/DETTENRIEDER, DOMINIK, Die Bedeutung der Verlässlichkeit der Berichterstattung im Conceptual Framework des IASB und des FASB, in: WPg 2012, S. 762–771 (Bedeutung der Verlässlichkeit).

KIRSCH, HANS-JÜRGEN/SCHOO, LENA/KRAFT, ARIANE, Das Discussion Paper zum Conceptual Framework des IASB – Ein Überblick über Inhalte und Neuerungen, in: WPg 2014, S. 301–310 (Discussion Paper).

KIRSCH, HANS-JÜRGEN/VON WIEDING, FABIAN, Bilanzierung von Bitcoin nach HGB, in: BB 2017, S. 2731–2735 (Bitcoin nach HGB).

KIRSCH, HANS-JÜRGEN/VON WIEDING, FABIAN, Bestandsbilanzierung von Bitcoin im IFRS-Kontext, in: IRZ 2018, S. 115–120 (Bitcoin im IFRS-Kontext).

KLEIN, DAVID, Blockchains als Verifikationsinstrument für Transaktionen im IOT. Dezentralisierte Verifikationsprozesse als technische und rechtliche Lösung für Maschine-zu-Maschine Transaktionen, in: Internet der Dinge. Digitalisierung von Wirtschaft und Gesellschaft, hrsg. v. Taeger, Jürgen, Oldenburg 2015, S. 429–440 (Blockchains als Verifikationsinstrument).

KLEINMANNS, HERMANN, Die „offene Gesellschaft der IFRS-Interpreten". Über Akteure, Kompetenzen und Bindungswirkungen beim Fehlen ausdrücklich zutreffender IFRS, in: DB 2014, S. 1325–1333 (IFRS-Interpreten).

KLÖHN, LARS/PARHOFER, NICOLAS/RESAS, DANIEL, Initial Coin Offerings (ICOs). Markt, Ökonomik und Regulierung, in: ZBB 2018, S. 89–106 (Initial Coin Offerings).

KNAB, MEGAN, Coin Delisting: What to do when an exchange delists your asset, verfügbar unter: https://medium.com/veriledger/coin-delisting-what-to-do-when-an-exchange-delists-your-asset-39bc79ce5b (Stand: 16.01.2020) (Coin Delisting).

KNÖFEL, OLIVER L., Gift Cards (Geschenkkarten) im Einzelhandel – Rechtsnatur, Funktionsweise, Probleme, in: WM 2017, S. 833–840 (Gift Cards (Geschenkkarten) im Einzelhandel).

KOBLITZ, NEIL/MENEZES, ALFRED J., Cryptocash, cryptocurrencies, and cryptocontracts, in: Designs, Codes and Cryptography 2016, S. 87–102 (Cryptocash, cryptocurrencies, and cryptocontracts).

KOCH, CHRISTIAN, Der Zahlungsverkehr in der Bankpraxis. Zahlungsdienste, Scheck, Wechsel, SEPA, Preis- und Leistungsmerkmale, 2. Aufl., Wiesbaden 2012 (Zahlungsverkehr in der Bankpraxis).

KOELEN, PETER, Investitionstheoretische Bewertungskalküle in der IFRS-Rechnungslegung. Möglichkeiten und Grenzen einer unternehmenswertorientierten Berichterstattung, Lohmar/Köln 2009 (Bewertungskalküle).

KOENIG, AARON, Cryptocoins. Investieren in digitale Währungen, München 2017 (Cryptocoins).

KOGENS, RONALD/LUCHSINGER GÄHWILER, CATRINA, Ein 360-Grad-Blick auf Token. Aus regulatorischer, zivilrechtlicher, steuerrechtlicher und rechnungslegungsrechtlicher Perspektive, in: Expert Focus 2018, S. 589–596 (Token).

KÖHLER, ANNETTE G./MARTEN, KAI-UWE, Diskussionsstand der IFRS-Konversion nicht kapitalmarktorientierter Unternehmen in Deutschland – Empirischer Befund –, in: IFRS für den Mittelstand?, hrsg. v. Marten, Kai-Uwe/Quick, Reiner/Ruhnke, Klaus, Düsseldorf 2005, S. 1–29 (IFRS-Konversion).

KÖNIG, CHRISTOPH, Umsatzrealisierung in der Airline-Industrie nach IFRS 15. Analyse und Konkretisierung der Vorschriften für Beförderungs- und Zusatzleistungen, Siegburg/Köln 2018 (Umsatzrealisierung).

KOSS, CLAUS, Gutscheine und ihre rechtliche Beurteilung, in: DB 2019, S. 2593–2599 (Gutscheine und ihre rechtliche Beurteilung).

KOTAS, CARSTEN, Kryptowährungen als Digital Assets: eine Zwischenbilanz, in: Kreditwesen 2018, S. 78–82 (Kryptowährungen als Digital Assets).

KPMG (Hrsg.), ICOs und Tokens – erfordern Unternehmensfinanzierungen auf Basis von Blockchain-Technologien neue Bewertungslösungen?, verfügbar unter: https://assets.kpmg/content/dam/kpmg/de/pdf/Themen/2018/kpmg-valuation-newsletter-2018.pdf (Stand: 16.01.2020) (ICOs und Tokens).

KPMG (Hrsg.), Institutionalization of cryptoassets. Cryptoassets have arrived. Are you ready for institutionalization?, verfügbar unter: https://assets.kpmg.com/content/dam/kpmg/us/pdf/2018/11/institutionalization-cryptoassets.pdf (Stand: 16.01.2020) (Institutionalization of cryptoassets).

KRAFT, ARIANE, Extractive Activities in der IFRS-Rechnungslegung. Die Bilanzierung investiver Aktivitäten des Upstream-Geschäfts rohstofffördernder Unternehmen, Köln 2016 (Extractive Activities).

KRAMER, ERNST AUGUST, Juristische Methodenlehre, 6. Aufl., München 2019 (Juristische Methodenlehre).

KREITERLING, CHRISTOPH/MÖGELIN, STEPHAN, Blockchain – ein Thema für die Finanzaufsicht?, in: Kreditwesen 2017, S. 528–530 (Blockchain).

KRIMPHOVE, DIETER, Keine Angst vor FinTechs – zivil-, international- privat- wie aufsichtsrechtliche Einordnung, in: BB 2018, S. 2691–2699 (Keine Angst vor FinTechs).

KROLL, JOSHUA A./DAVEY, IAN C./FELTEN, EDWARD W., The Economics of Bitcoin Mining, or Bitcoin in the Presence of Adversaries, in: WEIS 2013, S. 1–21 (Mining).

KRÜGER, FABIAN, Kryptowährungen: Gewinne aus Token-Verkäufen als Einkünfte aus privaten Veräußerungsgeschäften, in: BB 2018, S. 1887–1893 (Gewinne aus Token-Verkäufen).

KRÜGER, FABIAN/LAMPERT, MICHAEL, Augen auf bei der Token-Wahl – privatrechtliche und steuerliche Herausforderungen im Rahmen eines Initial Coin Offering, in: BB 2018, S. 1154–1160 (Token).

KÜFNER, ROBERT A., Das Krypto-Jahrzehnt. Was seit dem ersten Bitcoin alles geschehen ist – und wie digitales Geld die Welt verändern wird, Kulmbach 2018 (Das Krypto-Jahrzehnt).

KUHLMANN, NICO, Bitcoins: Funktionsweise und rechtliche Einordnung der digitalen Währung, in: CR 2014, S. 691–696 (Funktionsweise und rechtliche Einordnung).

KÜHNBERGER, MANFRED/ZAUMSEIL, PETER, Prinzipien- oder regelbasierte IFRS? Eine Analyse möglicher regelungstechnischer Vorteile, in: KoR 2017, S. 518–525 (Prinzipien- oder regelbasierte IFRS).

KUHNER, CHRISTOPH, Auf dem Weg zur Prinzipienbasierung der kapitalmarktorientierten Rechnungslegung? Einige Anmerkungen zum aktuellen Diskussionsstand, in: WPg 2004, S. 261–271 (Prinzipienbasierung).

KUHNER, CHRISTOPH/BOTHEN, DARIO, Die Bedeutung der Other Comprehensive Income-Positionen vor dem Hintergrund der Neuformulierung des IASB-Framework, in: KoR 2016, S. 161–168 (OCI-Positionen).

KÜMPEL, THOMAS, Bilanzierung und Bewertung des Vorratsvermögens nach IAS 2 (revised 2003), in: DB 2003, S. 2609–2615 (Vorratsvermögen nach IAS 2).

KÜTING, KARLHEINZ, Der Objektivierungsgrundsatz im HGB- und IFRS-System. Eine vergleichende Darstellung und Würdigung, in: DB 2011, S. 1404–1410 (Der Objektivierungsgrundsatz im HGB- und IFRS-System).

KÜTING, KARLHEINZ/CASSEL, JOCHEN, Zur Bewertung börsengehandelter Anteile zum beizulegenden Zeitwert: Wann sind Märkte zu ineffizient?, in: BFuP 2012, S. 287–305 (Bewertung börsengehandelter Anteile).

KÜTING, KARLHEINZ/GATTUNG, ANDREAS, Der Principle Override nach IFRS – vom Mythos einer fairen Rechnungslegung (Teil A), in: PiR 2006, S. 33–37 (Principle Override (Teil A)).

KÜTING, KARLHEINZ/GATTUNG, ANDREAS, Der Principle Override nach IFRS – vom Mythos einer fairen Rechnungslegung (Teil B), in: PiR 2006, S. 49–54 (Principle Override (Teil B)).

KÜTING, KARLHEINZ/RANKER, DANIEL, Tendenzen zur Auslegung der endorsed IFRS als sekundäres Gemeinschaftsrecht, in: BB 2004, S. 2510–2515 (Auslegung der endorsed IFRS).

KÜTING, KARLHEINZ/STRAUß, MARC, Die Intensität und Komplexität der Anhangangaben nach HGB und IFRS im Vergleich. Ziel der Informationsvermittlung erfüllt?, in: StuB 2011, S. 439–446 (Anhangangaben).

KÜTING, KARLHEINZ/WEBER, CLAUS-PETER/BOECKER, CORINNA, Fast Close – Beschleunigung der Jahresabschlusserstellung: (zu) schnell am Ziel?!, in: StuB 2004, S. 1–10 (Fast Close).

KÜTÜK, MERIH ERDEM/SORGE, CHRISTOPH, Bitcoin im deutschen Vollstreckungsrecht. Von der „Tulpenmanie“ zur „Bitcoinmanie“, in: MMR 2014, S. 643–646 (Bitcoin im deutschen Vollstreckungsrecht).

KÜTÜK-MARKENDORF, MERIH ERDEM, Rechtliche Einordnung von Internetwährungen im deutschen Rechtssystem am Beispiel von Bitcoin, Frankfurt am Main 2016 (Rechtliche Einordnung von Bitcoin).

LAMPORT, LESLIE/SHOSTAK, ROBERT/PEASE, MARSHALL, The Byzantine Generals Problem, in: ACM 1982, S. 382–401 (The Byzantine Generals Problem).

LANGE, TOBIAS/MÜLLER, STEFAN, Zeitwertermittlung von Immobilien gem. IFRS 13. Identifikation und Bereinigung von Abschlusspolitik, in: PiR 2015, S. 205–212 (Zeitwertermittlung von Immobilien).

LANNQUIST, ASHLEY, Today's Crypto Asset Valuation Frameworks, verfügbar unter: https://medium.com/blockchain-at-berkeley/todays-crypto-asset-valuation-frameworks-573a38eda27e (Stand: 16.01.2020) (Crypto Asset Valuation Frameworks).

LARENZ, KARL, Methodenlehre der Rechtswissenschaft, 6. Aufl., Berlin 1991 (Methodenlehre der Rechtswissenschaft).

LARENZ, KARL/CANARIS, CLAUS-WILHELM, Methodenlehre der Rechtswissenschaft, 3. Aufl., Berlin 1995 (Methodenlehre der Rechtswissenschaft).

LASCHEWSKI, CHRISTIAN, Der Blockchain-Algorithmus. Eine GoB-konforme digitale Buchführung?, in: WPg 2017, S. 359–366 (Blockchain-Algorithmus).

LAUER, PETER, Fair-Value-Bewertung von Schulden. Anlässe, Konzeption und kritische Würdigung der Bewertung von Schulden nach IFRS 13, Berlin 2014 (Fair-Value-Bewertung von Schulden).

LEE, LARISSA, New Kids on the Blockchain: How Bitcoin's Technology Could Reinvent the Stock Market, in: Hastings Business Law Journal 2016, S. 81–132 (New Kids on the Blockchain).

LEFFSON, ULRICH, Die Grundsätze ordnungsmäßiger Buchführung, 7. Aufl., Düsseldorf 1987 (GoB).

LEHRBASS, FRANK/WEIßER, MICHAEL, Determinanten der Wertentwicklung von Bitcoins, in: CF 2018, S. 270–276 (Determinanten der Wertentwicklung von Bitcoins).

LERCH, MARCUS P., Bitcoin als Evolution des Geldes: Herausforderungen, Risiken und Regulierungsfragen, in: ZBB/JBB 2015, S. 190–204 (Bitcoin als Evolution des Geldes).

LI, WENTING/BOHLI, JENS-MATTHIAS/KARAME, GHASSAN, Securing Proof-of-Stake Blockchain Protocols, in: Data Privacy Management, Cryptocurrencies and Blockchain Technology, hrsg. v. Garcia-Alfaro, Joaquin u. a., Cham 2017, S. 297–315 (Proof-of-Stake).

LIEGMANN, BASTIAN, Umsatzsteuerliche Behandlung virtueller Währungen, in: BB 2018, S. 1175–1179 (Umsatzsteuerliche Behandlung virtueller Währungen).

LIEGMANN, BASTIAN/FARRUGGIA-WEBER, FRANCESCO, Stablecoins – Zur steuerlichen Behandlung von „tokenisierten Fiat-Währungen" – Teil II: Gewerblicher Handel mit Stablecoins, in: BB 2019, S. 2525–2530 (Stablecoins (Teil II)).

LIEGMANN, BASTIAN/FARRUGGIA-WEBER, FRANCESCO, Stablecoins – Zur steuerlichen Behandlung von „tokenisierten Fiat-Währungen" – Teil I: Besteuerung der privaten Einkünfte, in: BB 2019, S. 2455–2461 (Stablecoins (Teil I)).

LINGERT, ALEXANDER/WEILER, BENJAMIN, Blockchain und Bitcoin – Eine rechtliche Kurzanalyse, in: ZAP 2018, S. 595–602 (Rechtliche Kurzanalyse).

LINK, ROBERT, Anwendung von Wesentlichkeit in der Finanzberichterstattung – Möglichkeiten und Fallstricke vor dem Hintergrund des IFRS Practice Statement 2, in: BB 2018, S. 171–175 (Anwendung von Wesentlichkeit in der Finanzberichterstattung).

LINKLATERS (Hrsg.), Fintech. A Global View of Token Regulation, verfügbar unter: https://linklaters.de/fileadmin/user_upload/Linklaters__Token_Regulation_Brochure_2017.pdf (Stand: 16.01.2020) (A Global View of Token Regulation).

LIU, YUKUN/TSYVINSKI, ALEH, Risks and Returns of Cryptocurrency, verfügbar unter: https://www.nber.org/papers/w24877.pdf (Stand: 16.01.2020) (Risks and Returns of Cryptocurrency).

LO, S./WANG, J. C., Bitcoin as Money?, verfügbar unter: http://www.bostonfed.org/economic/current-policy-perspectives/2014/cpp1404.pdf (Stand: 16.01.2020) (Bitcoin as Money?).

LOADER, BRIAN D./DUTTON, WILLIAM H., A Decade in Internet Time. The dynamics of the Internet and society, in: Information, Communication & Society 2012, S. 609–615 (A Decade in Internet Time).

LÖHNERT, PETER G./BÖCKMANN, ULRICH J., Multiplikatorverfahren in der Unternehmensbewertung, in: Praxishandbuch der Unternehmensbewertung. Grundlagen und Methoden, Bewertungsverfahren, Besonderheiten bei der Bewertung, hrsg. v. Peemöller, Volker H., 7. Aufl., Herne 2019, S. 841–863 (Multiplikatorverfahren in der Unternehmensbewertung).

LOITZ, RÜDIGER, Kryptische Bilanzierung von Kryptowährungen, in: DB 2018, S. M4–M5 (Bilanzierung von Kryptowährungen).

LORSON, PETER/GATTUNG, ANDREAS, Die Forderung nach einer „faithful representation". Verhältnis zur Objektivität, Neutralität und Nachprüfbarkeit, in: KoR 2008, S. 556–565 (Faithful representation).

LOSER, SILVAN, Initial Coin Offering mit Utility Token in der OR-Rechnungslegung. Neue Q&A von Expertsuisse, in: Expert Focus 2018, S. 950–955 (Initial Coin Offering mit Utility Token).

LÜDENBACH, NORBERT, Bitcoins – Lost in rules. Die IFRS-Bilanzierung von Bitcoin-Aktiva und -Passiva zwischen Kasuistik und Pathologie, in: PiR 2018, S. 103–107 (Bitcoins – Lost in rules).

LÜDENBACH, NORBERT/FREIBERG, JENS, Der objektive Fehlerbegriff des OLG Frankfurt – Eine deutsche Fehlinterpretation der IFRS?, in: DB 2019, S. 2305–2309 (Der objektive Fehlerbegriff des OLG Frankfurt).

LÜDENBACH, NORBERT/FREIBERG, JENS, Der Fehlerbegriff zwischen Konsens, Dissens und offenen Fragen – Replik zu Böcking/Gros/Wirth, DB 2019, S. 2644, in: DB 2019, S. 2647–2648 (Der Fehlerbegriff zwischen Konsens, Dissens und offenen Fragen).

LUTHER, WILLIAM J., Cryptocurrencies, network effects, and switching costs, in: Contemporary Economic Policy 2016, S. 553–571 (Cryptocurrencies, network effects, and switching costs).

MAIER, MICHAEL, Accounting for virtual currencies, in: ICAA Spotlight 2014, Summer 2014, S. 8–9 (Accounting for virtual currencies).

MAKAROV, IGOR/SCHOAR, ANTOINETTE, Trading and Arbitrage in Cryptocurrency Markets, verfügbar unter: https://papers.ssrn.com/sol3/papers.cfm?abstract_id=3171204 (Stand: 16.01.2020) (Trading and Arbitrage in Cryptocurrency Markets).

MANKIW, NICHOLAS GREGORY/TAYLOR, MARK P., Grundzüge der Volkswirtschaftslehre, 7. Aufl., Stuttgart 2018 (Volkswirtschaftslehre).

MÄRKL, HELMUT/SCHABER, MATHIAS, IFRS 9 Financial Instruments: Neue Vorschriften zur Kategorisierung und Bewertung von finanziellen Vermögenswerten, in: KoR 2010, S. 65–74 (Financial Instruments).

MARX, FRANZ JÜRGEN/DALLMANN, HOLGER, Bilanzierung und Bewertung virtueller Währungen nach HGB und Steuerrecht. Ansatz-, Bewertungs- und Ausweisfragen, in: StuB 2019, S. 217–224 (Virtuelle Währungen nach HGB).

MARX, FRANZ JÜRGEN/DALLMANN, HOLGER, Bilanzierung und Bewertung virtueller Währungen im Jahresabschluss nach IFRS. Ansatz-, Bewertungs- und Ausweisfragen, in: PiR 2019, S. 125–135 (Virtuelle Währungen nach IFRS).

MASSESSI, DEMIRO, Public Vs Private Blockchain In A Nutshell, verfügbar unter: https://medium.com/coinmonks/public-vs-private-blockchain-in-a-nutshell-c9fe284fa39f (Stand: 16.01.2020) (Public vs. Private Blockchain).

MATENA, SONJA, Bilanzielle Vermögenszurechnung nach IFRS. Konzept und Analyse der Zurechnung von Vermögenswerten zum bilanziellen Vermögen von Unternehmen, Düsseldorf 2004 (Bilanzielle Vermögenszurechnung nach IFRS).

MECHELLI, ALESSANDRO/CIMINI, RICCARDO, Is comprehensive income value relevant and does location matter? A european study, in: Accounting in Europe 2014, S. 59–87 (Comprehensive income).

MEHTA, ANSHUMAN/KORALEWSKI, BRIAN, MV=P...Que? Love and Circularity in the Time of Crypto, verfügbar unter: https://cryptodigestnews.com/mv-p-que-love-and-circularity-in-the-time-of-crypto-2b84074fa2d2 (Stand: 16.01.2020) (MV=P...Que?).

MEITNER, MATTHIAS/STREITFERDT, FELIX, Risikofreier Zins und Marktrisikoprämie, in: Praxishandbuch der Unternehmensbewertung. Grundlagen und Methoden, Bewertungsverfahren, Besonderheiten bei der Bewertung, hrsg. v. Peemöller, Volker H., 7. Aufl., Herne 2019, S. 651–709 (Risikofreier Zins und Marktrisikoprämie).

MEITNER, MATTHIAS/STREITFERDT, FELIX, Die Bestimmung des Betafaktors, in: Praxishandbuch der Unternehmensbewertung. Grundlagen und Methoden, Bewertungsverfahren, Besonderheiten bei der Bewertung, hrsg. v. Peemöller, Volker H., 7. Aufl., Herne 2019, S. 585–650 (Betafaktor).

MERKT, HANNO, Das IFRS Conceptual Framework aus regelungsmethodischer Sicht, in: zfbf 2014, S. 477–504 (Conceptual Framework aus regelungsmethodischer Sicht).

METZ, CHRISTIAN, Unternehmenskauf und internationale Rechnungslegung. Kaufpreisklauseln in M&A-Verträgen und ihre bilanzielle Abbildung, Berlin 2012 (Unternehmenskauf).

METZNER, THOMAS, Techniktrend Blockchain – ausgewählte Handlungsfelder von Banken, in: Kreditwesen 2018, S. 299–302 (Techniktrend Blockchain).

MEYER, STEPHAN D./SCHUPPLI, BENEDIKT, „Smart Contracts" und deren Einordnung in das schweizerische Vertragsrecht, in: recht 2017, S. 204–224 (Smart Contracts).

MILKAU, UDO, Blockchain in der Kreditwirtschaft: Was ist denkbar?, in: Kreditwesen 2017, S. 537–540 (Blockchain in der Kreditwirtschaft).

MILLER, MARKUS, Geopolitische Vermögenssteuerung. Vermögensanlage rund um den Globus, von Andorra über Panama und Singapur bis Zypern, München 2006 (Vermögenssteuerung).

MITTERER, KATHARINA/WIEDEMANN, MARKUS/ZWISSLER, THOMAS, BB-Gesetzgebungs- und Rechtsprechungsreport zu Industrie 4.0 und Digitalisierung 2017, in: BB 2018, S. 3–15 (Industrie 4.0 und Digitalisierung).

MME (Hrsg.), Conceptual Framework for Legal and Risk Assessment of Crypto Tokens. Classification of decentralized blockchain-based assets, verfügbar unter: https://www.mme.ch/fileadmin/files/documents/180501_BCP_Framework_for_Assessment_of_Crypto_Tokens_-_Block_2.pdf (Stand: 16.01.2020) (Classification of decentralized blockchain-based assets).

MOONITZ, MAURICE, The basic postulates of accounting, New York 1961 (Basic postulates of accounting).

MÖSER, MALTE/BÖHME, RAINER, Trends, Tips, Tolls: A Longitudinal Study of Bitcoin Transaction Fees, in: Financial Cryptography and Data Security, hrsg. v. Brenner, Michael u. a., Berlin/Heidelberg 2015, S. 19–33 (Bitcoin Transaction Fees).

MÖSER, MALTE/BÖHME, RAINER/BREUKER, DOMINIC, Towards Risk Scoring of Bitcoin Transactions, in: International Conference on Financial Cryptography and Data Security, hrsg. v. Böhme, Rainer u. a., Berlin/Heidelberg 2014, S. 16–32 (Towards Risk Scoring of Bitcoin Transactions).

MOXTER, ADOLF, Bilanzlehre, 2. Aufl., Wiesbaden 1976 (Bilanzlehre).

MOXTER, ADOLF, Fundamentalgrundsätze ordnungsmäßiger Rechenschaft, in: Bilanzfragen. Festschrift zum 65. Geburtstag von Prof. Dr. Ulrich Leffson, hrsg. v. Baetge, Jörg/Moxter, Adolf/Schneider, Dieter, Düsseldorf 1976, S. 87–100 (Fundamentalgrundsätze).

MÜLBERT, PETER O., Regulierungstsunami im europäischen Kapitalmarktrecht, in: ZHR 2012, S. 369–379 (Regulierungstsunami im europäischen Kapitalmarktrecht).

MÜLLER, CHRISTIAN, Immaterielle Vermögenswerte unbestimmter Nutzungsdauer. Theoretische Probleme und praktische Antworten, in: PiR 2018, S. 347–352 (Immaterielle Vermögenswerte unbestimmter Nutzungsdauer).

NAKAMOTO, SATOSHI, Bitcoin: A Peer-to-Peer Electronic Cash System, verfügbar unter: https://bitcoin.org/bitcoin.pdf (Stand: 16.01.2020) (A Peer-to-Peer Electronic Cash System).

NARAYANAN, ARVIND/BONNEAU, JOSEPH/FELTEN, EDWARD/MILLER, ANDREW/GOLDFEDER, STEVEN, Bitcoin and Cryptocurrency Technologies. A comprehensive introduction, Princeton 2016 (Bitcoin and Cryptocurrency Technologies).

NATHMANN, MARC, Token in der Unternehmensfinanzierung – Rechtliche Einordnung von Initial Coin Offerings (ICO), in: BKR 2019, S. 540–549 (Rechtliche Einordnung von Initial Coin Offerings).

NAZARENO, DOMINIC, Initial Coin Offering und die damit verbundenen Steuerfolgen. Finanzierung von Blockchain-Unternehmen, in: Expert Focus 2018, S. 198–203 (Steuerfolgen von ICO).

NERLICH, CHRISTOPH, Entwicklung einer Auslegungsmethodik für IFRS im EU-Kontext, Düsseldorf 2007 (Auslegungsmethodik).

NIEDLING, DIRK, Steuerliche Aspekte von Initial Coin Offerings, in: Kryptowährungen. Zwischen Hype und Skepsis, hrsg. v. Börsenzeitung/Berenberg, Hamburg 2018, S. 28–33 (Steuerliche Aspekte von Initial Coin Offerings).

NIEDLING, DIRK/MERKEL, FLORIAN, Initial Coin Offerings (ICO) – Steuerliche Rahmenbedingungen einer neuen Finanzierungsform, in: RdF 2018, S. 141–149 (Initial Coin Offerings).

NYFFENEGGER, REMO/SCHÄR, FABIAN, Token Sales: Eine Analyse des Blockchain-basierten Unternehmensfinanzierungsinstruments, in: CF 2018, S. 121–125 (Token Sales).

OBERMEIER, ROBERT, Fair Value-Bilanzierung nach IFRS auf der Basis von Barwertkalkülen. Ermittlung und Wirkung kapitalmarktorientierter Basiszinssätze, in: KoR 2009, S. 545–554 (Fair Value).

OESCH, DAVID/PETRY, HEIKO M., Bilanzierung von Kryptowährungen nach Banken-Rechnungslegungsvorschriften. Eine Wegleitung zur adressatengerechten Behandlung, in: Expert Focus 2019, S. 20–23 (Bilanzierung von Kryptowährungen).

OLBRICH, MICHAEL/FREY, NICO, Multiplikatorverfahren, in: Handbuch Unternehmensbewertung. Anlässe, Methoden, Branchen, Rechnungslegung, Rechtsprechung, hrsg. v. Petersen, Karl/Zwirner, Christian, 2. Aufl., Köln 2017, S. 405–419 (Multiplikatorverfahren).

OLDEWEME, DANIEL JOHANNES, Die Bilanzierung von Commodity-Hedges nach International Financial Reporting Standards (IFRS), Mannheim 2008 (Bilanzierung von Commodity-Hedges).

OMLOR, SEBASTIAN, Libra – Geld im Zeichen der Waage, in: BB 2019, S. I (Libra).

ORTON, HELEN, Konsortialkredite mit Private Blockchains Compliance-konform vergeben, in: bank und markt 2019, S. 70–72 (Konsortialkredite mit Private Blockchains).

OSTERRIEDER, JÖRG/LORENZ, JULIAN, A statistical risk assessment of Bitcoin and its extreme tail behaviour, verfügbar unter: https://papers.ssrn.com/sol3/papers.cfm?abstract_id=2867339## (Stand: 16.01.2020) (A statistical risk assessment of Bitcoin).

OTTO, PHILIPP, Welt ohne Banken, in: Kreditwesen 2017, S. 1060–1061 (Welt ohne Banken).

PATON, WILLIAM ANDREW/LITTLETON, ANANIAS CHARLES, An introduction to corporate accounting standards, 14. Aufl., Evanston 1970 (Corporate accounting standards).

PELGER, CHRISTOPH, Entscheidungsnützlichkeit in neuem Gewand: Der Exposure Draft zur Phase A des Conceptual Framework-Projekts, in: KoR 2009, S. 156–163 (Entscheidungsnützlichkeit in neuem Gewand).

PELGER, CHRISTOPH, Rechnungslegungszweck und qualitative Anforderungen im Conceptual Framework for Financial Reporting (2010) – Der erste Stein im neuen Fundament der internationalen Rechnungslegung, in: WPg 2011, S. 908–916 (Rechnungslegungszweck).

PELLENS, BERNHARD/FÜLBIER, ROLF UWE/GASSEN, JOACHIM/SELLHORN, THORSTEN, Internationale Rechnungslegung. IFRS 1 bis 16, IAS 1 bis 41, IFRIC-Interpretationen, Standardentwürfe, 10. Aufl., Stuttgart 2017 (Internationale Rechnungslegung).

PENNER, SILKE, Virtuelle Wirtschaftsgüter. Ein Ansatz zur einkommensteuerlichen Erfassung von Einkünften aus virtuellen Welten, Hamburg 2018 (Virtuelle Wirtschaftsgüter).

PESCH, PAULINA JO, Cryptocoin-Schulden. Haftung und Risikoverteilung bei der Verschaffung von Bitcoins und Alt-Coins, München 2017 (Cryptocoin-Schulden).

PESCH, PAULINA JO/BÖHME, RAINER, Datenschutz trotz öffentlicher Blockchain? Chancen und Risiken bei der Verfolgung und Prävention Bitcoin-bezogener Straftaten, in: DuD 2017, S. 93–98 (Datenschutz).

PETERSEN, HOLGER, Anonymes elektronisches Geld. Der Einfluß der blinden Signatur, in: DuD 1997, S. 403–410 (Anonymes elektronisches Geld).

PETERSON, TIMOTHY F., Metcalfe's Law as a Model for Bitcoin's Value, in: Alternative Investment Analyst Review 2018, Heft 2, S. 9–18 (Metcalfe's Law as a Model for Bitcoin's Value).

PETRY, HEIKO M., Kryptowährungen nach SWISS GAAP FER. Ein Fall für die Lösung offener Rechnungslegungsfragen nach SWISS GAAP FER, in: Expert Focus 2018, S. 369–373 (Kryptowährungen nach SWISS GAAP).

PETRY, HEIKO M., Rechnungslegung von Kryptowährungen – Status quo und Trends, in: Finanz- und Rechnungswesen. Jahrbuch 2019, hrsg. v. Eberle, Reto/Oesch, David/Pfaff, Dieter, Zürich 2019, S. 9–56 (Rechnungslegung von Kryptowährungen).

PFEFFER, JOHN, An (Institutional) Investor's Take on Cryptoassets, verfügbar unter: https://s3.eu-west-2.amazonaws.com/john-pfeffer/An+Investor%27s+Take+on+Cryptoassets+v6.pdf (Stand: 16.01.2020) (An (Institutional) Investor's Take on Cryptoassets).

PINKERNELL, REIMAR, Ertrag- und umsatzsteuerliche Behandlung von Bitcoin-Transaktionen, in: Ubg 2015, S. 19–27 (Ertrag- und umsatzsteuerliche Behandlung von Bitcoin-Transaktionen).

POON, JOSEPH/DRYJA, THADDEUS, The Bitcoin Lightning Network: Scalable Off-Chain Instant Payments, verfügbar unter: https://lightning.network/lightning-network-paper.pdf (Stand: 16.01.2020) (The Bitcoin Lightning Network).

POPOV, SERGUEI, The Tangle, verfügbar unter: https://assets.ctfassets.net/r1dr6vzfxhev/2t4uxvsIqk0EUau6g2sw0g/45eae33637ca92f85dd9f4a3a218e1ec/iota1_4_3.pdf (Stand: 16.01.2020) (The Tangle).

PREIßLER, GERALD, Prinzipienbasierung der Rechnungslegung nach IAS/IFRS?, Frankfurt am Main 2005 (Prinzipienbasierung).

PRINZ, WOLFGANG/SCHULTE, AXEL T., Blockchain und Smart Contracts. Technologien, Forschungsfragen und Anwendungen, verfügbar unter: http://publica.fraunhofer.de/e-prints/urn_nbn_de_0011-n-4972169.pdf (Stand: 16.01.2020) (Blockchain und Smart Contracts).

PROTOCOL LABS (Hrsg.), Filecoin: A Decentralized Storage Network, verfügbar unter: https://filecoin.io/filecoin.pdf (Stand: 16.01.2020) (Filecoin).

PURTSCHER, VICTOR, Bewertung von Beteiligungen nach IFRS 9, in: IRZ 2017, S. 509–517 (Bewertung von Beteiligungen nach IFRS 9).

PwC (Hrsg.), Initial coin offerings. Legal Frameworks and regulation for ICOs, verfügbar unter: https://www.pwc.ch/en/industry-sectors/financial-services/fs-regulations/ico.html (Stand: 16.01.2020) (Initial coin offerings).

PwC (Hrsg.), Rechnungslegung von Krypto-Assets und zugehörigen Transaktionen, verfügbar unter: https://www.pwc.de/de/newsletter/kapitalmarkt/ifrs-fuer-die-praxis-rechnungslegung-von-krypto-assets-und-zugehoerigen-transaktionen.pdf (Stand: 16.01.2020) (Rechnungslegung von Krypto-Assets).

QUITZAU, JÖRN, Kryptowährungen: das bessere Geld?, in: Kryptowährungen. Zwischen Hype und Skepsis, hrsg. v. Börsenzeitung/Berenberg, Hamburg 2018, S. 12–19 (Kryptowährungen).

RACHFALL, THOMAS, The Impact of Information and Communication Technology on the Information Overload Phenomenon, Hamburg 2017 (Information Overload).

RAIBORN, CECILY/SIVITANIDES, MARCOS, Accounting Issues Related to Bitcoins, in: The Journal of Corporate Accounting & Finance 2015 (January/February), S. 25–34 (Accounting Issues Related to Bitcoins).

RAUCHS, MICHEL/BLANDIN, APOLLINE/KLEIN, KRISTINA/PIETERS, GINA/RECANATINI, MARTINO/ZHANG, BRYAN, 2nd Global Cryptoasset Benchmarking Study, verfügbar unter: https://www.jbs.cam.ac.uk/fileadmin/user_upload/research/centres/alternative-finance/downloads/2018-12-ccaf-2nd-global-cryptoasset-benchmarking.pdf (Stand: 16.01.2020) (2nd Global Cryptoasset Benchmarking Study).

RAUCHS, MICHEL/GLIDDEN, ANDREW/GORDON, BRIAN/PIETERS, GINA/RECANATINI, MARTINO/ROSTAND, FRANÇOIS/VAGNEUR, KATHRYN/ZHANG, BRYAN, Distributed Ledger Technology Systems. A Conceptual Framework, verfügbar unter: https://www.jbs.cam.ac.uk/fileadmin/user_upload/research/centres/alternative-finance/downloads/2018-10-26-conceptualising-dlt-systems.pdf (Stand: 16.01.2020) (Distributed Ledger Technology Systems).

READ, OLIVER/GRÄSLUND, KARIN, Initial Coin Offerings: Regulierung in Deutschland und in der Schweiz, in: CF 2018, S. 313–319 (Initial Coin Offerings).

REES, LYNN/SHANE, PHILIP, Academic Research and Standard-Setting: The Case of Other Comprehensive Income, in: Accounting Horizons 2012, S. 789–815 (OCI).

REGIERER, CHRISTOPH/MÜHLING, MORITZ JOHANNES/HAUPT, OLIVER, Crowdfunding und Crowdinvesting. Rechtliche und tatsächliche Entwicklungen, in: Stiftung & Sponsoring 2015, Heft 1, S. 1–16 (Crowdfunding und Crowdinvesting).

REISCH, LUCAS, Die Folgebewertung von Renditeimmobilien nach IAS 40 – Eine empirische Untersuchung des Bilanzierungsverhaltens europäischer Unternehmen, in: KoR 2019, S. 424–431 (Folgebewertung von Renditeimmobilien nach IAS 40).

REITER, CHRISTIAN/NOLTE, DIRK, Bitcoin und Krypto-Assets – ein Überblick zur steuerlichen Behandlung beim Privatanleger und im Unternehmen, in: BB 2018, S. 1179–1185 (Steuerliche Behandlung von Bitcoin und Krypto-Assets).

RICHTER, LUTZ/AUGEL, CHRISTIAN, Geld 2.0 (auch) als Herausforderung für das Steuerrecht. Die bilanzielle und ertragsteuerliche Behandlung von virtuellen Währungen anhand des Bitcoins, in: FR 2017, S. 937–949 (Geld 2.0).

ROHNER, TOBIAS F./BOLLIGER, ANDREA B., Mehrwertsteuerliche Aspekte von Initial Coin Offerings. Die Ausgabe von Asset Token stellt keinen Umsatz dar, in: Expert Focus 2018, S. 638–643 (Mehrwertsteuerliche Aspekte von ICOs).

ROHR, JONATHAN/WRIGHT, AARON, Blockchain-Based Token Sales, Initial Coin Offerings, and the Democratization of Public Capital Markets, verfügbar unter: https://ssrn.com/abstract=3048104 (Stand: 16.01.2020) (Blockchain-Based Token Sales).

ROSENFELD, MENI, Overview of Colored Coins, verfügbar unter: https://bitcoil.co.il/BitcoinX.pdf (Stand: 16.01.2020) (Colored Coins).

RUHNKE, KLAUS/NERLICH, CHRISTOPH, Behandlung von Regelungslücken innerhalb der IFRS, in: DB 2004, S. 389–395 (Regelungslücken).

RUHNKE, KLAUS/SIMONS, DIRK, Rechnungslegung nach IFRS und HGB. Lehrbuch zur Theorie und Praxis der Unternehmenspublizität mit Beispielen und Übungen, 4. Aufl., Stuttgart 2018 (Rechnungslegung nach IFRS und HGB).

RÜTHERS, BERND/FISCHER, CHRISTIAN/BIRK, AXEL, Rechtstheorie. Mit Juristischer Methodenlehre, 10. Aufl., München 2018 (Rechtstheorie).

SAFFERLING, CHRISTOPH/RÜCKERT, CHRISTIAN, Telekommunikationsüberwachung bei Bitcoins. Heimliche Datenauswertung bei virtuellen Währungen gem. § 100a StPO?, in: MMR 2015, S. 788–794 (Telekommunikationsüberwachung bei Bitcoins).

SALL, MIKE, Valuing Cryptoassets from the Ground Up, verfügbar unter: https://medium.com/@sall/valuing-cryptoassets-from-the-ground-up-441ad5a9ff03 (Stand: 16.01.2020) (Valuing Cryptoassets).

SAMIOS, NIKOLAS/ARNOLD, ANJA, Dealterms.vc. Von Handwerk, Kunst und Philosophie der Venture-Capital-Finanzierung von Startups in Deutschland, Norderstedt 2018 (Dealterms).

SANDNER, PHILIPP/BEKEMEIER, FELIX, Do 2,200 crypto assets really matter? The top 100 cover a lion share of 98.5%, verfügbar unter: https://medium.com/@philippsandner/do-2-200-crypto-assets-really-matter-only-the-top-100-cover-a-lion-share-of-98-5-284dfaedd302 (Stand: 16.01.2020) (Do 2,200 crypto assets really matter?).

SANDNER, PHILIPP/HORVATH, BENJAMIN, Blockchain-Technologie: Infrastruktur für den Finanzsektor und Basis für neue Geschäftsmodelle, in: Kryptowährungen. Zwischen Hype und Skepsis, hrsg. v. Börsenzeitung/Berenberg, Hamburg 2018, S. 20–27 (Blockchain-Technologie).

SANDNER, PHILIPP/SCHULDEN, PHILIPP, CFO und Finanzabteilung: Ein perfekter Ausgangspunkt für die digitale Transformation mittels der Blockchain-Technologie, in: CF 2019, S. 249–251 (CFO und Finanzabteilung).

SCHIEMANN, FRANK, Substanz- und Kapitalerhaltung, in: Lexikon des Rechnungswesens. Handbuch der Bilanzierung und Prüfung, der Erlös-, Finanz-, Investitions- und Kostenrechnung, hrsg. v. Busse von Colbe, Walther/Crasselt, Nils/Pellens, Bernhard, 5. Aufl., München 2011, S. 757–759 (Substanz- und Kapitalerhaltung).

SCHILD, MARC, Wird durch die „Annual Improvements to IFRSs (2015-2017)" Gleiches gleich bilanziert? Eine Analyse der Anteilserwerbsbilanzierung bei gemeinschaftlichen Tätigkeiten, in: WPg 2018, S. 1235–1242 (Anteilserwerbsbilanzierung bei gemeinschaftlichen Tätigkeiten).

SCHILDBACH, THOMAS, Prinzipienorientierung – Wirksamer Schutz gegen Enronitis?, in: BFuP 2003, S. 247–266 (Prinzipienorientierung).

SCHIROTT, VLADIMIR, Bilanzabgang nach IFRS am Beispiel der Verbriefungstransaktionen. Eine konzeptionelle und bilanzpraktische Würdigung, Lohmar 2016 (Bilanzabgang nach IFRS).

SCHLATT, VINCENT/SCHWEIZER, ANDRÉ/URBACH, NILS/FRIDGEN, GILBERT, Blockchain: Grundlagen, Anwendungen und Potenziale, verfügbar unter: https://www.fit.fraunhofer.de/content/dam/fit/de/documents/Blockchain_WhitePaper_Grundlagen-Anwendungen-Potentiale.pdf (Stand: 16.01.2020) (Blockchain).

SCHLUND, ALBERT/PONGRATZ, HANS, Distributed-Ledger-Technologie und Kryptowährungen – eine rechtliche Betrachtung, in: DStR 2018, S. 598–604 (Distributed-Ledger-Technologie).

SCHMIDT, MARTIN, Rechnungslegung von Finanzinstrumenten. Abbildungskonzeptionen aus Sicht der Bilanztheorie, der empirischen Kapitalmarktforschung und der Abschlussprüfung, Wiesbaden 2005 (Rechnungslegung von Finanzinstrumenten).

SCHMIDT, MARTIN, Fehlerbegriff im Enforcement. Zugleich Anmerkung zum Beschluss des OLG Frankfurt a. M. am 4.2.2019, in: BB 2019, S. 2027–2031 (Fehlerbegriff im Enforcement).

SCHÖLLHORN, THOMAS/MÜLLER, MARTIN, Bedeutung und praktische Relevanz des Rahmenkonzepts (framework) bei Erstellung von IFRS-Abschlüssen nach zukünftigem „deutschen Recht" (Teil 1). Darstellung unter Berücksichtigung der IAS-VO und des BilReG, in: DStR 2004, S. 1623–1628 (Relevanz des Rahmenkonzepts bei IFRS-Abschlüssen).

SCHOLZ, PETER, Droht Banken die feindliche Übernahme durch FinTechs? Eine Bewertung der Wettbewerbssituation aus Sicht der Neuen Institutionenökonomik, in: CF 2017, S. 3–7 (Droht Banken die feindliche Übernahme durch FinTechs?).

SCHÖN, WOLFGANG, Kompetenzen der Gerichte zur Auslegung von IAS/IFRS, in: BB 2004, S. 763–768 (Kompetenzen der Gerichte zur Auslegung von IAS/IFRS).

SCHOO, LENA, Umsatzrealisierung nach IFRS. Entscheidungsnützlichkeit der Regelungen des Revenue-Recognition-Projektes versus der geltenden Regelungen, Lohmar 2013 (Umsatzrealisierung).

SCHREY, JOACHIM/THALHOFER, THOMAS, Rechtliche Aspekte der Blockchain, in: NJW 2017, S. 1431–1436 (Rechtliche Aspekte der Blockchain).

SCHROEDER, GERHARD, Statistischer Missbrauch in der Bilanz? Wertansätze nach Black&Scholes, in: IRZ 2016, S. 329–334 (Statistischer Missbrauch in der Bilanz).

SCHROEN, OLIVER CHRISTIAN, Sind „Bitcoin und Co." Wirtschaftsgüter gemäß der gefestigten BFH-Rechtsprechung?, in: DStR 2019, S. 1369–1375 (Sind „Bitcoin und Co." Wirtschaftsgüter?).

SCHRUFF, WIENAND, Die IFRS-Rechnungslegung im Spannungsfeld zwischen Cashflow-Prognose und Rechenschaft, in: WPg 2011, S. 855–860 (Die IFRS-Rechnungslegung im Spannungsfeld zwischen Cashflow-Prognose und Rechenschaft).

SCHYRA, ANDREAS, Kryptowährung Bitcoins. Wild West war einmal, in: b&b 2017, Heft 12, S. 38–39 (Bitcoins).

SEFFINGA, JAN/GROSSI, MARCO/BACHMANN, ANDREAS/HEDIGER, THIERRY, Blockchain in der Praxis. Eine Übersicht über Nutzen, Einsatzbereiche, Disruptionspotenzial, Anwendungsfälle und Pilotversuche, in: Expert Focus 2017, S. 811–820 (Blockchain in der Praxis).

SEITZ, JOHANNES, Distributed Ledger Technology & Bitcoin – Zur rechtlichen Stellung eines Bitcoin-„Inhabers", in: K&R 2017, S. 763–769 (Distributed Ledger Technology & Bitcoin).

SHCHERBAK, SERGII, How should bitcoin be regulated?, in: European Journal of Legal Studies 2014, Heft 1, S. 45–91 (How should bitcoin be regulated?).

SIEGEL, DIRK, Potenziale und Anwendungsbereiche der Blockchain-Technologie im Finanzbereich, in: Digitale Transformation im Finanz- und Rechnungswesen, hrsg. v. Fink, Christian/Kunath, Oliver, Stuttgart 2019, S. 269–279 (Potenziale und Anwendungsbereiche der Blockchain-Technologie im Finanzbereich).

SIEGEL, THEODOR, Bitcoins: Zur Besteuerung von erfüllten Hoffnungen. Gegenposition zur Annahme steuerfreier Bitcoin-Cash-Veräußerungsgewinne bei Richter/Augel, FR 2017, 1131, in: FR 2018, S. 306–307 (Bitcoins: Zur Besteuerung von erfüllten Hoffnungen).

SILLABER, CHRISTIAN/WALTL, BERNHARD, Life Cycle of Smart Contracts in Blockchain Ecosystems, in: DuD 2017, S. 497–500 (Life Cycle of Smart Contracts).

SIMMCHEN, CHRISTOPH, Blockchain (R)Evolution. Verwendungsmöglichkeiten und Risiken, in: MMR 2017, S. 162–165 (Blockchain (R)Evolution – Verwendungsmöglichkeiten und Risiken).

SIRIWARDANA, NIM, How do you solve a problem like Wash Trading in Crypto?, verfügbar unter: https://hackernoon.com/how-do-you-solve-a-problem-like-wash-trading-in-crypto-fec3611d4f4a (Stand: 16.01.2020) (Wash Trading).

SIXT, ELFRIEDE, 1. Accounting for cryptocurrencies classified as coins (decentralized networks) and for Payment Tokens, verfügbar unter: https://medium.com/@ebit4u/1-accounting-for-cryptocurrencies-classified-as-coins-decentralized-networks-and-for-payment-6b86684fc730 (Stand: 16.01.2020) (Accounting for cryptocurrencies and for Payment Tokens).

SIXT, ELFRIEDE, Bitcoins und andere dezentrale Transaktionssysteme. Blockchains als Basis einer Kryptoökonomie, Wiesbaden 2017 (Bitcoins und Blockchain).

SIXT, ELFRIEDE, How to classify Crypto Assets, verfügbar unter: https://medium.com/@ebit4u/how-to-classify-crypto-assets-1b8dedc36071 (Stand: 16.01.2020) (Crypto Assets).

SIXT, ELFRIEDE/HIMMER, KLAUS, Accounting and Taxation of Cryptoassets, verfügbar unter: https://ssrn.com/abstract=3419691 (Stand: 16.01.2020) (Accounting and Taxation of Cryptoassets).

SNOWBALL, DOUG, Information Load and Accounting Reports: Too Much, Too Little or Just Right?, in: Cost and Management 1979, Heft 53, S. 22–28 (Information Load).

SOPP, GUIDO/GRÜNBERGER, DAVID, Bilanzierung von virtuellen Währungen nach IFRS und aufsichtsrechtliche Behandlung bei Banken, in: IRZ 2018, S. 219–225 (Virtuelle Währungen nach IFRS).

SORGE, CHRISTOPH, Datenschutz in P2P-basierten Systemen. Peer-to-Peer-Netze jenseits des Filesharing, in: DuD 2007, S. 102–106 (P2P-basierte Systeme).

SORGE, CHRISTOPH/KROHN-GRIMBERGHE, ARTUS, Bitcoin: Eine erste Einordnung, in: DuD 2012, S. 479–484 (Bitcoin: Eine erste Einordnung).

SORGE, CHRISTOPH/KROHN-GRIMBERGHE, ARTUS, Bitcoin – das Zahlungsmittel der Zukunft?, in: Wirtschaftsdienst 2013, S. 720–722 (Zahlungsmittel der Zukunft).

SPIELMANN, CHRISTEL, Terminhandel mit Bitcoin: Neues aus dem Kryptogelduniversum, in: BBP 2018, S. 185–187 (Bitcoin-Terminhandel).

SPIELMANN, CHRISTEL, Fundraising im Kryptogeldzeitalter: Was es mit Tokens auf sich hat, in: BBP 2018, S. 93–96 (Fundraising im Kryptogeldzeitalter).

SPINDLER, GERALD, Initial Coin Offerings und Prospektpflicht und -haftung, in: WM 2018, S. 2109–2118 (Initial Coin Offerings und Prospektpflicht).

SPINDLER, GERALD/BILLE, MARTIN, Rechtsprobleme von Bitcoins als virtuelle Währung, in: WM 2014, S. 1357–1375 (Rechtsprobleme von Bitcoins).

SPINDLER, GERALD/BILLE, MARTIN, Rechtsprobleme von Bitcoins, in: K&R 2015, Heft 6, S. 8 (Rechtsprobleme von Bitcoins).

SPITZ, MICHAEL F., Perspektiven von Blockchain-Technologien aus Sicht einer Großbank, in: Kreditwesen 2017, S. 541–543 (Blockchain-Technologien).

SPROUSE, ROBERT/MOONITZ, MAURICE, A tentative set of broad accounting principles for business enterprises, New York 1962 (Accounting principles).

STAUBER, JÜRGEN, Finanzinstrumente im IFRS-Abschluss von Nicht-Banken. Ein konkreter Leitfaden zur Bilanzierung und Offenlegung, 3. Aufl., Wiesbaden 2019 (Finanzinstrumente im IFRS-Abschluss von Nicht-Banken).

STEIN, THOMAS/LUPBERGER, MAXIMILIAN, Bitcoins in der Erbschaftsteuer – Gibt es am Ende eine Bitcoin-GmbH?, in: DStR 2018, S. 311–317 (Bitcoins in der Erbschaftsteuer).

STORCK, CHRISTIAN, Die schöne, neue Welt der Token – ohne Regulierung und Compliance?, in: BB 2019, S. I (Die schöne, neue Welt der Token).

STRATEGY&/PWC (Hrsg.), 5th ICO / STO Report. A Strategic Perspective, verfügbar unter: https://www.pwc.ch/en/publications/2019/ch-PwC-Strategy&-ICO-Report-Summer-2019.pdf (Stand: 16.01.2020) (5th ICO / STO Report).

STREIM, HANNES/BIEKER, MARCUS/LEIPPE, BRITTA, Anmerkungen zur theoretischen Fundierung der Rechnungslegung nach Internationalen Accounting Standards, in: Wolfgang Stützel – Moderne Konzepte für Finanzmärkte, Beschäftigung und Wirtschaftsverfassung, hrsg. v. Schmidt, Hartmut/Ketzel, Eberhart/Prigge, Stefan, Tübingen 2001, S. 177–206 (Rechnungslegung nach IAS).

SURDEN, HARRY, Computable Contracts, in: UC Davis Law Review 2012, S. 629–700 (Computable Contracts).

SZABO, NICK, Formalizing and Securing Relationships on Public Networks, verfügbar unter: https://archive.is/i65kY#selection-225.438-225.453 (Stand: 16.01.2020) (Relationships on Public Networks).

SZABO, NICK, The Idea of Smart Contracts, verfügbar unter: http://www.fon.hum.uva.nl/rob/Courses/InformationInSpeech/CDROM/Literature/LOT-winterschool2006/szabo.best.vwh.net/idea.html (Stand: 16.01.2020) (The Idea of Smart Contracts).

SZABO, NICK, Smart Contracts, verfügbar unter: http://www.fon.hum.uva.nl/rob/Courses/InformationInSpeech/CDROM/Literature/LOTwinterschool2006/szabo.best.vwh.net/smart.contracts.html (Stand: 16.01.2020) (Smart Contracts).

SZABO, NICK, Bit Gold, verfügbar unter: https://nakamotoinstitute.org/bit-gold/ (Stand: 16.01.2020) (Bit Gold).

TEICHMANN, FABIAN, Terrorismusfinanzierung. Täter, Einnahmequellen und Methoden des Vermögenstransfers, in: ZRFC 2017, S. 223–226 (Terrorismusfinanzierung).

TEITLER-FEINBERG, EVELYN, Reporting Entity, in: IRZ 2011, S. 3–5 (Reporting Entity).

THAKE, MAX, What is Proof of Stake? (PoS), verfügbar unter: https://medium.com/nakamoto/what-is-proof-of-stake-pos-479a04581f3a (Stand: 16.01.2020) (Proof of Stake).

THE NAGA GROUP (Hrsg.), The Naga Coin - Smart Cryptocurrency for Gaming & Stock Trading. White Paper Version 1.0.13, verfügbar unter: https://docsend.com/view/srsg4zw (Stand: 16.01.2020) (Naga Coin).

THEILE, CARSTEN/GOY, KARIN, Entwurf ED/2015/3: Conceptual Framework for Financial Reporting, in: BBK 2015, S. 617–622 (ED/2015/3).

THIELE, CARL-LUDWIG, Zwischen Disruption und Spekulation: von Bitcoin, Blockchain und digitalem Geld, in: Kreditwesen 2017, S. 580–583 (Zwischen Disruption und Spekulation).

THIELE, CARL-LUDWIG, Eine Währung lebt vom Vertrauen, in: Kryptowährungen. Zwischen Hype und Skepsis, hrsg. v. Börsenzeitung/Berenberg, Hamburg 2018, S. 6–11 (Eine Währung lebt vom Vertrauen).

THUROW, CHRISTIAN, Bitcoin in der IFRS-Bilanzierung, in: IRZ 2014, S. 197–198 (Bitcoin in der IFRS-Bilanzierung).

TOEBE, MARC/LORSON, PETER, Die Festlegung von wertmäßigen Wesentlichkeitsgrenzen in der Rechnungslegung und Abschlussprüfung unter Berücksichtigung wissenschaftlicher Studien, in: WPg 2012, S. 1200–1206 (Wesentlichkeitsgrenzen).

TSCHORSCH, FLORIAN/SCHEUERMANN, BJÖRN, Bitcoin and Beyond: A Technical Survey on Decentralized Digital Currencies, verfügbar unter: https://eprint.iacr.org/2015/464.pdf (Stand: 16.01.2020) (Bitcoin).

TUTTLE, BRAD/BURTON, F. GREG, The effects of a modest incentive on information overload in an investment analysis task, in: Accounting, Organizations and Society 1999, S. 673–687 (Information overload).

UKROW, JÖRG, Libra im Lichte des Europarechts. Vom digitalen Binnenmarkt zum digitalen Währungskondominium? – Teil 1, in: EuZW 2019, S. 726–733 (Libra im Lichte des Europarechts).

UMMENHOFER, THERESA/ZEITLER, NICHOLAS, Die bilanzielle Behandlung von Kryptowährungen nach HGB. Dargestellt am Beispiel Bitcoins, in: DK 2018, S. 442–450 (Bilanzielle Behandlung von Kryptowährungen).

VAN VLIET, BEN, An alternative model of Metcalfe's Law for valuing Bitcoin, in: Economics Letters 2018, S. 70–72 (An alternative model for valuing Bitcoin).

VARRO, DANIEL/STURMA, BERNHARD, Ertragsteuerliche Beurteilung von Kryptowährungen und ICOs, in: Digitalisierung im Konzernsteuerrecht, hrsg. v. Kirchmayr, Sabine u. a., Wien 2018, S. 127–144 (Kryptowährungen und ICOs).

VOGEL, ALEXANDER/MÜLLER, WOLFGANG/LUTHIGER, RETO/LJUBICIC, SAMUEL, ICO vs. IPO? Digitale Börsengänge ergänzen die Palette an verschiedenen Finanzierungsformen, in: AG 2017, R333–334 (ICO vs. IPO).

VOGEL, PETER/KURAK, MALGORZATA/HUEBNER, JOHANNES, Blockchain and Philanthropy. Innovative giving and innovative taking, in: Expert Focus 2019, S. 133–136 (Blockchain and Philanthropy).

VON STEBUT, DIETRICH, Geld als Zahlungsmittel und Rechtsbegriff, in: Jura 1982, S. 561–572 (Geld als Zahlungsmittel und Rechtsbegriff).

WAGNER, JENS, Legal Tech und Legal Robots in Unternehmen und den diese beratenden Kanzleien. Teil 1: Einsatzbereiche und praktische Folgen, in: BB 2017, S. 898–905 (Legal Tech und Legal Robots).

WALLBAUM, JÖRG, Bilanzierung von Commodity-Derivaten. Eine handels- und steuerrechtliche Analyse am Beispiel von Strom-Derivaten, Lohmar 2005 (Bilanzierung von Commodity-Derivaten).

WANK, ROLF, Die Auslegung von Gesetzen, 6. Aufl., München 2015 (Auslegung von Gesetzen).

WEF (Hrsg.), Deep Shift. Technology Tipping Points and Societal Impact, verfügbar unter: http://www3.weforum.org/docs/WEF_GAC15_Technological_Tipping_Points_report_2015.pdf (Stand: 16.01.2020) (Technology Tipping Points and Societal Impact).

WEF (Hrsg.), Central Banks and Distributed Ledger Technology: How are Central Banks Exploring Blockchain Today?, verfügbar unter: http://www3.weforum.org/docs/WEF_Central_Bank_Activity_in_Blockchain_DLT.pdf (Stand: 16.01.2020) (Central Banks and DLT).

WEI, DAI, B-money, verfügbar unter: http://www.weidai.com/bmoney.txt (Stand: 16.01.2020) (B-money).

WEICH, STEPHEN, Rechnungslegung in der Insolvenz. Analyse konkreter Bilanzierungsfragen auf Basis eines konsistenten Zweck-Grundsatz-Systems, Köln 2017 (Insolvenz).

WEITNAUER, WOLFGANG, Initial Coin Offerings (ICOs): Rechtliche Rahmenbedingungen und regulatorische Grenzen, in: BKR 2018, S. 231–236 (Initial Coin Offerings).

WERNEBURG, MARTIN, Steuerliche Behandlung von Erträgen aus Security Token, in: BB 2019, S. 2844–2850 (Steuerliche Behandlung von Erträgen aus Security Token).

WESNER, NICOLAS, Extracting Market-Implied Bitcoin's Risk-Free Interest Rate, in: Handbook of Digital Currency. Bitcoin, Innovation, Financial Instruments, and Big Data, hrsg. v. Lee, David Kuo Chuen, Amsterdam u. a. 2015, S. 223–230 (Extracting Market-Implied Bitcoin's Risk-Free Interest Rate).

WHITTINGTON, GEOFFREY, Fair Value and the IASB/FASB Conceptual Framework Project: An Alternative View, in: Abacus 2008, S. 139–168 (Fair Value).

WILLECKE, LUKAS, Die urheberrechtliche Schutzfähigkeit von Blockchain-Anwendungen, in: Recht 4.0. Innovationen aus den rechtswissenschaftlichen Laboren, hrsg. v. Taeger, Jürgen, München 2017, S. 833–843 (Die urheberrechtliche Schutzfähigkeit von Blockchain-Anwendungen).

WOJCIK, KARL-PHILIPP, Die internationalen Rechnungslegungsstandards IAS/IFRS als europäisches Recht, Berlin 2008 (IAS/IFRS als europäisches Recht).

WORLD BANK GROUP (Hrsg.), Distributed Ledger Technology (DLT) and Blockchain. FinTech Note No. 1, verfügbar unter: documents.worldbank.org/curated/en/177911513714062215/pdf/122140-WP-PUBLIC-Distributed-Ledger-Technology-and-Blockchain-Fintech-Notes.pdf (Stand: 16.01.2020) (DLT and Blockchain).

WORLD BANK GROUP (Hrsg.), The Global Findex Database 2017. Measuring Financial Inclusion and the Fintech Revolution, verfügbar unter: https://openknowledge.worldbank.org/bitstream/handle/10986/29510/9781464812590.pdf (Stand: 16.01.2020) (Global Findex Database 2017).

WURM, BIRGIT, Die geplanten Ertragsrealisierungsansätze von IASB und FASB und mögliche Auswirkungen auf die Jahresabschlussanalyse, München 2008 (Ertragsrealisierungsansätze).

WÜSTEMANN, JENS/ISELBORN, MICHAEL, Wie beeinflusst die Marktliquidität die Bewertung von Finanzinstrumenten nach IFRS? Entwicklung von Grundsätzen ordnungsmäßiger Berücksichtigung des Liquiditätsrisikos, in: WPg 2016, S. 507–513 (Einfluss der Marktliquidität auf die Bewertung von Finanzinstrumenten).

WÜSTEMANN, JENS/KIERZEK, SONJA, Revenue Recognition under IFRS Revisited: Conceptual Models, Current Proposals and Practical Consequences, in: Accounting in Europe 2005, S. 69–106 (Revenue Recognition).

YERMACK, DAVID, Is Bitcoin a Real Currency? An Economic Appraisal, verfügbar unter: http://www.nber.org/papers/w19747.pdf (Stand: 16.01.2020) (Is Bitcoin a Real Currency?).

YERMACK, DAVID, Corporate Governance and Blockchains, in: Review of Finance 2017, S. 7–31 (Corporate Governance and Blockchains).

ZETZSCHE, DIRK A./BUCKLEY, ROSS P./ARNER, DOUGLAS W./FÖHR, LINUS, The ICO Gold Rush. It's a Scam, It's a Bubble, It's a Super Challenge for Regulators, verfügbar unter: https://ssrn.com/abstract=3072298 (Stand: 16.01.2020) (The ICO Gold Rush).

ZICKGRAF, PETER, Initial Coin Offerings – Ein Fall für das Kapitalmarktrecht?, in: AG 2018, S. 293–308 (Initial Coin Offerings).

ZIPPELIUS, REINHOLD, Juristische Methodenlehre, 11. Aufl., München 2012 (Juristische Methodenlehre).

ZOHAR, AVIV, Bitcoin: Under the Hood. The myths, the hype, and the true worth of bitcoins, in: Communications of the ACM 2015, S. 104–113 (Bitcoin).

ZÜLCH, HENNING, Die Rechnungslegungsnormen des IASB. Hierarchie, Lücken und Inkonsistenzen, in: PiR 2005, S. 1–7 (Rechnungslegungsnormen des IASB).

ZÜLCH, HENNING/FISCHER, CHRISTIAN/WILLMS, JESCO, Die Neugestaltung der Ertragsrealisation nach IFRS im Lichte der „Asset-Liability-Theory", in: KoR 2006, S. 1–23 (Neugestaltung der Ertragsrealisation).

ZÜLCH, HENNING/HÖLTKEN, MATTHIAS, Das other comprehensive income nach IFRS – Eine relevante Ergebnisgröße in der deutschen Bilanzierungspraxis?, in: IRZ 2015, S. 163–166 (OCI nach IFRS).

ZWIRNER, CHRISTIAN/BOECKER, CORINNA, Fair Value Measurement nach IFRS 13. Praxishinweise zur Anwendung dieses Bewertungsmaßstabs, in: IRZ 2014, S. 7–10 (Fair Value).

ZWIRNER, CHRISTIAN/BOECKER, CORINNA, Fair Value Measurement nach IFRS 13. IDW RS HFA 47 zu Einzelfragen der Fair Value-Ermittlung, in: IRZ 2014, S. 50–53 (Fair Value).

Verzeichnis der Geschäftsberichte

BITFARMS LTD. (Hrsg.), Consolidated Financial Statements. As Of December 31, 2018, verfügbar unter: https://www.bitfarms.io/app/uploads/2019/07/Bitfarms-Ltd.-Annual-Consolidated-FS-2018-WEBSITE.pdf (Stand: 16.01.2020) (Consolidated Financial Statements 2018).

HUT 8 MINING CORP. (Hrsg.), Consolidated Financial Statements. Years ended December 31, 2018 and 2017, verfügbar unter: https://hut8mining.com/wp-content/uploads/2019/05/Hut8-FS-Q4-2018.pdf (Stand: 16.01.2020) (Consolidated Financial Statements 2018).

Verzeichnis der Gesetze

Bürgerliches Gesetzbuch (BGB) in der Fassung der Bekanntmachung vom 02.01.2002, BGBl. I 2002, S. 42–341, BGBl. I 2002, S. 2909 und BGBl. I 2003, S. 738, zuletzt geändert durch Gesetz vom 21.12.2019, BGBl. I 2019, S. 2911–2912.

Gesetz über die Deutsche Bundesbank (Bundesbankgesetz – BBankG) in der Fassung der Bekanntmachung vom 22.10.1992, BGBl. I 1992, S. 1782–1792, zuletzt geändert durch Gesetz vom 04.07.2013, BGBl. I 2013, S. 1981–2164.

Gesetz über das Kreditwesen (Kreditwesengesetz – KWG) in der Fassung der Bekanntmachung vom 09.09.1998, BGBl. I 1998, S. 2776–2819, zuletzt geändert durch Gesetz vom 12.12.2019, BGBl. I 2019, S. 2637–2651.

Gesetz über den Wertpapierhandel (Wertpapierhandelsgesetz – WpHG) in der Fassung der Bekanntmachung vom 09.09.1998, BGBl. I 1998, S. 2708–2725, zuletzt geändert durch Gesetz vom 12.12.2019, BGBl. I 2019, S. 2637–2651.

Richtlinie 2014/49/EU des Europäischen Parlaments und des Rates vom 16. April 2014 über Einlagensicherungssysteme, in: Amtsblatt der EU Nr. L 173 vom 12.06.2014, S. 149–178.

Gesetz über die Erstellung, Billigung und Veröffentlichung des Prospekts, der beim öffentlichen Angebot von Wertpapieren oder bei der Zulassung von Wertpapieren zum Handel an einem organisierten Markt zu veröffentlichen ist (Wertpapierprospektgesetz – WpPG) vom 22.06.2005, BGBl. I 2005, S. 1698–1711, zuletzt geändert durch Gesetz vom 20.11.2019, BGBl. I 2019, S. 1626–1718.

Handelsgesetzbuch (HGB) vom 10.05.1897, RGBl. 1897, S. 219–436, zuletzt geändert durch Gesetz vom 12.12.2019, BGBl. I 2019, S. 2637–2651.

Vertrag über die Arbeitsweise der Europäischen Union (Konsolidierte Fassung), in: Amtsblatt der EU Nr. C 326 vom 26.10.2012, S. 47–199.

Verzeichnis der Materialien aus dem Gesetzgebungs- oder Standardsetzungsprozess

Nationale und internationale Rechnungslegungsstandards und Rahmenkonzepte

DRSC (Hrsg.), Deutsche Rechnungslegungs Standards (DRS) – DRSC Interpretationen (IFRS) – DRSC Anwendungshinweise. Loseblatt, Berlin 2000 ff. (Stand: Dezember 2018) (zitiert: DRS).

IASB (Hrsg.), Preface to International Financial Reporting Standards, London 2019 (Preface to IFRS).

IASB (Hrsg.), IFRS Standards (Red Book). Issued at 1 January 2019, London 2019 (zitiert: IFRS/IAS).

IASB (Hrsg.), Conceptual Framework for Financial Reporting, London 2018 (zitiert: CF).

IASB (Hrsg.), Conceptual Framework for Financial Reporting, London 2010 (zitiert: CF (2010)).

IASC (Hrsg.), Framework for the Preparation and Presentation of Financial Statements, London 1989 (zitiert: F (1989)).

IFRS FOUNDATION (Hrsg.), Due Process Handbook, London 2016 (Due Process Handbook).

Entwürfe und Diskussionspapiere

IASB (Hrsg.), Discussion Paper: A Review of the Conceptual Framework for Financial Reporting (DP/2013/1), London 2013 (zitiert: DP.CF).

IASB (Hrsg.), Exposure Draft: Conceptual Framework for Financial Reporting (ED/2015/3), London 2015 (zitiert: ED.CF).

Sonstige Materialien aus dem Gesetzgebungs- oder Standardsetzungsprozess

ACSB (Hrsg.), Tentative Agenda Decision – Holdings of Cryptocurrencies. Comment Letter, verfügbar unter: http://eifrs.ifrs.org/eifrs/comment_letters//528/528_25527_DavinaTamAccountingStandardsBoardAcSB_0_AcSBResponsetoTADHoldingsofCryptocurrencies.pdf (Stand: 16.01.2020) (CL (TAD Holdings of Cryptocurrencies)).

ACSB (Hrsg.), Request for Views 2015 Agenda Consultation. Comment Letter, verfügbar unter: http://eifrs.ifrs.org/eifrs/comment_letters/61/61_6080_LindaMezonCanadianAccountingStandardsBoard_0_AgendaConsultationCommentLetter.pdf (Stand: 16.01.2020) (CL (Agenda Consultation 2015)).

AOSSG (Hrsg.), Request for Views 2015 Agenda Consultation. Comment Letter, verfügbar unter: http://eifrs.ifrs.org/eifrs/comment_letters/61/61_6195_YoonhyeKwonAsianOceanianStandardSettersGroup_0_AOSSG_submission_2015AgendaConsultationRFV.pdf (Stand: 16.01.2020) (CL (Agenda Consultation 2015)).

ARDF (Hrsg.), Tentative Agenda Decision – Holdings of Cryptocurrencies. Comment Letter, verfügbar unter: http://eifrs.ifrs.org/eifrs/comment_letters//528/528_25529_ChiChunLiuAccountingResearchandDevelopmentFoundationARDF_0_CommentLetter_HoldingsofCryptocurrencies_fromARDFTaiwan.pdf (Stand: 16.01.2020) (CL (TAD Holdings of Cryptocurrencies)).

ASBJ (Hrsg.), Comments on the Tentative Agenda Decision Relating to the Holdings of Cryptocurrencies. Comment Letter, verfügbar unter: http://eifrs.ifrs.org/eifrs/comment_letters//528/528_25522_AtsushiKogasakaAccountingStandardsBoardofJapanASBJ_0_CommentsTADHoldingsofCryptocurrencies.pdf (Stand: 16.01.2020) (CL (TAD Holdings of Cryptocurrencies)).

BMF/BMJV (Hrsg.), Eckpunkte für die regulatorische Behandlung von elektronischen Wertpapieren und Krypto-Token. Digitale Innovationen ermöglichen – Anlegerschutz gewährleisten, verfügbar unter: https://www.bundesfinanzministerium.de/Content/DE/Gesetzestexte/Gesetze_Gesetzesvorhaben/Abteilungen/Abteilung_VII/19_Legislaturperiode/2019-03-07-Eckpunktepapier-Wertpapiere-Krypto-Token/2019-03-07-Eckpunktepapier-regulatorische-Behandlung-elektronische-Wertpapiere-Krypto-Token.pdf?__blob=publicationFile&v=7 (Stand: 16.01.2020) (Regulatorische Behandlung von elektronischen Wertpapieren und Krypto-Token).

BMWi/BMF (Hrsg.), Blockchain-Strategie der Bundesregierung. Wir stellen die Weichen für die Token-Ökonomie, verfügbar unter: https://www.bmwi.de/Redaktion/DE/Publikationen/Digitale-Welt/blockchain-strategie.pdf?__blob=publicationFile&v=12 (Stand: 16.01.2020) (Blockchain-Strategie der Bundesregierung).

Chamber of Digital Commerce (Hrsg.), Tentative Agenda Decision – Holdings of Cryptocurrencies. Comment Letter, verfügbar unter: http://eifrs.ifrs.org/eifrs/comment_letters//528/528_25561_PaulBrignerChamberofDigitalCommerce_0_ChamberofDigitalCommercelettertoIFRSTADonHoldingsofCryptocurrencies.pdf (Stand: 16.01.2020) (CL (TAD Holdings of Cryptocurrencies)).

Chamber of Digital Commerce (Hrsg.), Agenda Request – Determining the Appropriate Recognition, Measurement, Presentation, and Disclosure for Digital Currencies and Related Transactions, verfügbar unter: http://www.fasb.org/cs/BlobServer?blobkey=id&blobnocache=true&blobwhere=1175835064585&blobheader=application%2Fpdf&blobheader-

name2=Content-Length&blobheadername1=Content-Disposition&blobheader-value2=1273310&blobheadervalue1=filename%3DAR-2017.UNS.001.CHAMBER_OF_DIGITAL_COMMERCE_PERIANNE_BORING.pdf&blobcol=urldata&blobtable=MungoBlobs (Stand: 16.01.2020) (Digital Currencies).

CSA (Hrsg.), Tentative Agenda Decision – Holdings of Cryptocurrencies. Comment Letter, verfügbar unter: http://eifrs.ifrs.org/eifrs/comment_letters//528/528_25518_RitikaRohaillaCanadianSecuritiesAdministratorsCSAChiefAccountantsCommittee_0_CSACryptocurrencyHoldingsTADResponseLetter.pdf (Stand: 16.01.2020) (CL (TAD Holdings of Cryptocurrencies)).

DELOITTE (Hrsg.), Tentative agenda decision – Holdings of Cryptocurrencies. Comment Letter, verfügbar unter: http://eifrs.ifrs.org/eifrs/comment_letters//528/528_25535_VeronicaPooleDeloitteToucheTohmatsuLimitedDTTL_0_DTTLcommentletterHoldingsofcryptocurrencies.pdf (Stand: 16.01.2020) (CL (TAD Holdings of Cryptocurrencies)).

EFRAG (Hrsg.), EFRAG Research project on Crypto-assets. Briefing paper, verfügbar unter: https://www.efrag.org/Assets/Download?assetUrl=%2Fsites%2Fwebpublishing%2FMeeting%20Documents%2F1809111248072746%2F12-03%20EFRAG%20Research%20project%20on%20Crypto-assets%20-%20Briefing%20paper%20-%20EFRAG%20TEG%2019-02-13.pdf (Stand: 16.01.2020) (EFRAG Research project on Crypto-assets).

EFRAG (Hrsg.), EFRAG Research project on Crypto-assets. Analysis of Scope – Initial Coin Offerings and Custodial services (Issues Paper), verfügbar unter: https://www.efrag.org/Assets/Download?assetUrl=%2Fsites%2Fwebpublishing%2FMeeting%20Documents%2F1904050854507613%2F06-01%20-%20TEG%20Issues%20paper%20on%20scope%20of%20crypto-assets.pdf&AspxAutoDetectCookieSupport=1 (Stand: 16.01.2020) (EFRAG Research project on Crypto-assets (Initial Coin Offerings and Custodial services)).

EFRAG U. A. (Hrsg.), Getting a Better Framework. Accountability and the objective of financial reporting, verfügbar unter: https://www.efrag.org/Assets/Download?assetUrl=%2Fsites%2Fwebpublishing%2FSiteAssets%2FBulletin%2520Getting%2520a%2520Better%2520Framework%2520-%2520Accountability%2520and%2520the%2520Objective%2520of%2520Financial%2520Reporting.pdf (Stand: 16.01.2020) (Getting a Better Framework).

HARDIDGE, DAVID, Tentative Agenda Decision – Holdings of Cryptocurrencies. Comment Letter, verfügbar unter: http://eifrs.ifrs.org/eifrs/comment_letters//528/528_25525_DAVIDHARDIDGEIndividual_0_IFRICCryptocurrenciesTADDavidHardidge.pdf (Stand: 16.01.2020) (CL (TAD Holdings of Cryptocurrencies)).

HOOGERVORST, HANS, The dangers of ignoring unrealised income. Speech by Hans Hoogervorst, IASB Chairman. IFRS Conference Tokyo, 3 September 2014, verfügbar unter: https://www.ifrs.org/-/media/feature/news/speeches/2014/hans-hoogervorst-tokyo-september-2014.pdf (Stand: 16.01.2020) (Ignoring unrealised income).

IASB (Hrsg.), Cryptocurrencies. Potential new research project (Staff Paper 12D (November 2018)), verfügbar unter: https://www.ifrs.org/-/media/feature/meetings/2018/november/iasb/ap12d-cryptocurrencies.pdf (Stand: 16.01.2020) (Staff Paper 12D (November 2018)).

IASB (Hrsg.), Cryptoassets. Monitoring activities (Staff Paper 12J (November 2019)), verfügbar unter: https://www.ifrs.org/-/media/feature/meetings/2019/november/iasb/ap12j-implementation-matters.pdf (Stand: 16.01.2020) (Staff Paper 12J (November 2019)).

IASB (Hrsg.), Conceptual Framework. Measurement uncertainty (Staff Paper 10E (May 2016)), verfügbar unter: https://www.ifrs.org/-/media/feature/meetings/2016/may/iasb/conceptual-framework/ap10e-measurement-uncertainty.pdf (Stand: 16.01.2020) (Staff Paper 10E (May 2016)).

IASB (Hrsg.), Conceptual Framework. Proposed amendments – IAS 1 and IAS 8 (Staff Paper 10G (October 2014)), verfügbar unter: https://www.ifrs.org/-/media/feature/meetings/2014/october/iasb/conceptual-framework/ap10g-proposed-amendments-ias-1-and-ias-8.pdf (Stand: 16.01.2020) (Staff Paper 10G (October 2014)).

IASB (Hrsg.), Agenda Consultation 2015. New Project Suggestions (Staff Paper 24C (May 2016)), verfügbar unter: https://cdn.ifrs.org/-/media/feature/meetings/2016/may/iasb/2015-agenda-consultation/ap24c-potential-new-projects.pdf (Stand: 16.01.2020) (Staff Paper 24C (May 2016)).

IASB (Hrsg.), Agenda Consultation. New Project Suggestions (Staff Paper 24F (April 2016)), verfügbar unter: https://cdn.ifrs.org/-/media/feature/meetings/2016/april/iasb/2015-agenda-consultation/ap24f-new-project-suggestions.pdf (Stand: 16.01.2020) (Staff Paper 24F (April 2016)).

IASB (Hrsg.), Making Materiality Judgements – Practice Statement 2. Project Summary and Feedback Statement, verfügbar unter: https://www.ifrs.org/-/media/project/disclosure-initative/disclosure-intiative-materiality-practice-statement/mps-project-summary-and-practice-statement.pdf (Stand: 16.01.2020) (Project Summary Making Materiality Judgements).

IASB (Hrsg.), Commodity loans and related transactions. Potential new research project (Staff Paper 12A (January 2018)), verfügbar unter: https://www.ifrs.org/-/media/feature/meetings/2018/january/iasb/ap12a-commodity-loans-and-related.pdf (Stand: 16.01.2020) (Staff Paper 12A (January 2018)).

IASB (Hrsg.), Amendments to References to the Conceptual Framework in IFRS Standards. Amendments to IFRS Standards, London 2018 (Amendments to IFRS Standards).

IASB (Hrsg.), Amendments to References to the Conceptual Framework in IFRS Standards. Amendments to illustrative examples, implementation guidance and IFRS practice statements, London 2018 (Amendments to illustrative examples, implementation guidance and IFRS practice statements).

IASB (Hrsg.), Transactions involving commodities and cryptocurrencies. Potential new research project (Staff Paper 12D (July 2018)), verfügbar unter: https://www.ifrs.org/-/media/feature/meetings/2018/july/iasb/ap12d-ias37.pdf (Stand: 16.01.2020) (Staff Paper 12D (July 2018)).

IASB EXPERT ADVISORY PANEL (Hrsg.), Measuring and disclosing the fair value of financial instruments in markets that are no longer active, verfügbar unter: https://aeca.es/old/faif/documentos/IASB_Expert_Advisory_Panel_October_2008.pdf (Stand: 16.01.2020) (Fair value in markets that are no longer active).

IFRS IC (Hrsg.), IFRIC Update (June 2019), verfügbar unter: https://www.ifrs.org/-/media/feature/meetings/2019/september/ifric/ap1-ifric-update-june-2019.pdf (Stand: 16.01.2020) (IFRIC Update (June 2019)).

IFRS IC (Hrsg.), Holdings of Cryptocurrencies. Agenda decision to finalise (Staff Paper 12 (July 2019)), verfügbar unter: https://www.ifrs.org/-/media/feature/meetings/2019/june/ifric/ap12-holdings-of-cryptocurrencies.pdf (Stand: 16.01.2020) (Staff Paper 12 (July 2019)).

IFRS IC (Hrsg.), IFRIC Update (July 2009), verfügbar unter: https://www.ifrs.org/-/media/feature/news/updates/ifrs-ic/2009/july-2009-ifric-update.pdf (Stand: 16.01.2020) (IFRIC Update (July 2009)).

IFRS IC (Hrsg.), Commodities. Commodity loans (Staff Paper 10 (November 2016)), verfügbar unter: https://www.ifrs.org/-/media/feature/meetings/2016/november/ifrs-ic/commodity-loans/ap10-commodity_loans.pdf (Stand: 16.01.2020) (Staff Paper 10 (November 2016)).

IFRS IC (Hrsg.), New items for initial consideration. IAS 8 Accounting policies, Changes in accounting Estimates and Errors – Hierarchy of guidance to select an accounting policy (Staff Paper 5 (January 2011)), verfügbar unter: http://archive.ifrs.org/Meetings/Documents/IFRICJan11/IFRIC-Jan-2011-05IAS8.pdf (Stand: 16.01.2020) (Staff Paper 5 (January 2011)).

IFRS IC (Hrsg.), Cryptocurrencies. Possible standard-setting – holding of cryptocurrencies (Staff Paper 4B (September 2018)), verfügbar unter: https://www.ifrs.org/-/media/feature/meetings/2018/september/ifric/ap04b.pdf (Stand: 16.01.2020) (Staff Paper 4B (September 2018)).

IFRS IC (Hrsg.), Cryptocurrencies. Holdings of cryptocurrencies (Staff Paper 4A (September 2018)), verfügbar unter: https://www.ifrs.org/-/media/feature/meetings/2018/september/ifric/ap04a.pdf (Stand: 16.01.2020) (Staff Paper 4A (September 2018)).

IOSCO (Hrsg.), Tentative Agenda Decision – Holdings of Cryptocurrencies. Comment Letter, verfügbar unter: http://eifrs.ifrs.org/eifrs/comment_letters//528/528_25526_MakotoSonodaInternationalOrganizationofSecuritiesCommissionsIOSCO_0_IOSCOC1CommentLetterTentativeAgendaDecisionHoldingofCryptocurrencies.pdf (Stand: 16.01.2020) (CL (TAD Holdings of Cryptocurrencies)).

NZASB (Hrsg.), Request for Views 2015 Agenda Consultation. Comment Letter, verfügbar unter: eifrs.ifrs.org/eifrs/comment_letters//61/61_6059_KimberleyCrookNZASB_0_FinalNZASBCommentLetterIASBRFV2015AgendaConsultation_1838877.docx (Stand: 16.01.2020) (CL (Agenda Consultation 2015)).

TWEEDIE, DAVID, Statement of Sir David Tweedie before the Committee on Banking, Housing and Urban Affairs of the United States Senate. February 14, 2002, verfügbar unter: http://archive.ifrs.org/News/Announcements-and-Speeches/Documents/TweedieFebruary2002.pdf (Stand: 16.01.2020) (Statement).

TWEEDIE, DAVID, Written Evidence of Sir David Tweedie to the Treasury Committee. April 5, 2002, verfügbar unter: http://archive.ifrs.org/News/Announcements-and-Speeches/Documents/TweedieApril2002.pdf (Stand: 16.01.2020) (Written Evidence).

Verzeichnis der Rechtsprechung

BVerfG (Hrsg.), Urteil vom Urteil vom 06.02.1979 – 2 BvL 5/76, in: NJW 1979, S. 1345–1347.

KG Berlin (Hrsg.), Urteil vom 25.09.2018 – (4) 161 Ss 28/18 (35/18), in: BKR 2018, S. 473–475.

OLG Frankfurt am Main (Hrsg.), Urteil vom 04.02.2019 – WpÜG 3/16, WpÜG 4/16, in: BeckRS 2019, S. 6427.

Verzeichnis der sonstigen Internetquellen

BLOCKCHAIN LUXEMBOURG S. A. (Hrsg.), Confirmed Transactions Per Day. The number of daily confirmed Bitcoin transactions, verfügbar unter: https://www.blockchain.com/charts/n-transactions?timespan=all (Stand: 16.01.2020) (Confirmed Transactions Per Day).

BLOCKCHAIN LUXEMBOURG S. A. (Hrsg.), Average Number Of Transactions Per Block, verfügbar unter: https://www.blockchain.com/de/charts/n-transactions-per-block?timespan=1year&daysAverageString=7 (Stand: 16.01.2020) (Average Number Of Transactions Per Block).

BRANDT, MATHIAS, Neue Kryptoprojekte bald so effizient wie Visa, verfügbar unter: https://de.statista.com/infografik/13071/visa-und-krypto-coins-im-vergleich/ (Stand: 16.01.2020) (Kryptoprojekte bald so effizient wie Visa).

BTC-ECHO (Hrsg.), Frühjahrsputz bei Bittrex: 82 Kryptowährungen nicht mehr handelbar, verfügbar unter: https://www.btc-echo.de/fruehjahrsputz-bei-bittrex-82-kryptowaehrungen-nicht-mehr-handelbar/ (Stand: 16.01.2020) (Kryptowährungen nicht mehr handelbar).

BTC-ECHO (Hrsg.), Akzeptanzstellen, verfügbar unter: https://www.btc-echo.de/akzeptanzstellen/ (Stand: 16.01.2020) (Akzeptanzstellen).

CHOKUN, JONAS, Who Accepts Bitcoins As Payment?, verfügbar unter: https://99bitcoins.com/who-accepts-bitcoins-payment-companies-stores-take-bitcoins/ (Stand: 16.01.2020) (Bitcoins As Payment).

COIN ATM RADAR (Hrsg.), Bitcoin ATM Map, verfügbar unter: https://coinatmradar.com/ (Stand: 16.01.2020) (Bitcoin ATM Map).

COINMARKETCAP (Hrsg.), Historical data for Bitcoin, verfügbar unter: https://coinmarketcap.com/currencies/bitcoin/historical-data/ (Stand: 16.01.2020) (Historical data for Bitcoin).

COINMARKETCAP (Hrsg.), All Cryptocurrencies, verfügbar unter: https://coinmarketcap.com/all/views/all/ (Stand: 16.01.2020) (All Cryptocurrencies).

CPA JOURNAL (Hrsg.), FASB News. No Standards Setting Action Expected on Cryptocurrencies, verfügbar unter: https://www.cpajournal.com/2018/12/20/cpaj-news-briefs-52/ (Stand: 16.01.2020) (No Standards Setting Action Expected on Cryptocurrencies).

DEADCOINS (Hrsg.), Dead Coins – Full List, verfügbar unter: https://deadcoins.com/ (Stand: 16.01.2020) (Dead Coins – Full List).

DEUTSCHE BUNDESBANK (Hrsg.), Währung, verfügbar unter: https://www.bundesbank.de/action/de/723820/bbksearch?state=H4sI-AAAAAAAAAG1Qy2rDQAz8laJj8SE99LK3BmoolMaQ_ICyn-toLyq6rlQ8m5N8jQxPa0pvmoWGkM33N0IUCPVJDceScIW89hTyLNNSXeFgm3ODEAz7mE4VNQ58cYZXC-eJzEoN-AyvDIGhXebvsJksl3_bHZLWDdh5D4el584vZm6Y8eBMXaM3Uau8wD3buxRm-WaeQjzM0p85r7mvko8LamM_4zdIoKQbQ_zp4NrZbT_U7Hh_IT7YtomyD3V9Si5kUs-meCBa6TLFfnAJ5A8AQAA&firstLetter=W (Stand: 16.01.2020) (Währung).

DEUTSCHE BUNDESBANK (Hrsg.), Gesetzliches Zahlungsmittel, verfügbar unter: https://www.bundesbank.de/action/de/723820/bbksearch?state=H4sI-AAAAAAAAAG1Qy2rDQAz8laJj8SE99LLHQlwKpTEkP6Csp_aCsutq5YMJ-ffl0IS29KZ5aBjpTF8zdKFAj9RQHDlnyFtPIc8iDfUlHpYJNz-jxgI_5RGHT0CdHWKVwvvicxKDfwMowCNpVfll2k6WSb_tjstpBO4-h8PS8-cXsTVMe-vIkLtGZqtXeYBzv32jjFMo18hLk7ZV6Dt5mPAq9rOuM_Q6eoEET74-zZ0Go53Q91fCg_0b6Itgly_0Utat7EkgkeuEa6XAEtDbXVPQEAAA&firstLetter=G (Stand: 16.01.2020) (Gesetzliches Zahlungsmittel).

FADILPAŠIĆ, SEAD, Krypto-Börse HitBTC unter Beschuss (Update), verfügbar unter: https://de.cryptonews.com/news/krypto-boerse-hitbtc-unter-beschuss-2909.htm (Stand: 16.01.2020) (Krypto-Börse HitBTC unter Beschuss).

FADILPAŠIĆ, SEAD, Bitfinex Nutzer kämpfen mit der Auszahlung, verfügbar unter: https://de.cryptonews.com/news/bitfinex-nutzer-kaempfen-mit-der-auszahlung-2640.htm (Stand: 16.01.2020) (Bitfinex Nutzer kämpfen mit der Auszahlung).

HANDELSBLATT (Hrsg.), Bitcoin-Boom auf Island – Stromkonzern fürchtet Energienotstand, verfügbar unter: https://www.handelsblatt.com/finanzen/maerkte/devisen-rohstoffe/krypto-waehrung-bitcoin-boom-auf-island-stromkonzern-fuerchtet-energienot-stand/20956254.html?ticket=ST-1459927-HhZ3mvsXskm7KtuxbMh6-ap1 (Stand: 16.01.2020) (Bitcoin-Boom auf Island).

INVESTOPEDIA (Hrsg.), Commodity, verfügbar unter: https://www.investopedia.com/terms/c/commodity.asp (Stand: 16.01.2020) (Commodity).

IOSCO (Hrsg.), Regulators' Statements on Initial Coin Offerings, verfügbar unter: https://www.iosco.org/publications/?subsection=ico-statements (Stand: 16.01.2020) (Regulators' Statements on Initial Coin Offerings).

KANNENBERG, ALEX, Prüfer finden leere Adressen: Das Rätsel um die Coins der Kryptogeldbörse Quadrigacx, verfügbar unter: https://www.heise.de/newsticker/meldung/Pruefer-finden-leere-Adressen-Das-Raetsel-um-die-Coins-von-Quadrigacx-4324972.html (Stand: 16.01.2020) (Prüfer finden leere Adressen).

OXFORD DICTIONARIES (Hrsg.), Definition of commodity, verfügbar unter: https://en.oxforddictionaries.com/definition/commodity (Stand: 16.01.2020) (Definition of commodity).

PENKE, MICHEL, Rund 1.000 Digitalwährungen sind schon tot, verfügbar unter: https://www.gruenderszene.de/fintech/krypto-winter-coins-tot (Stand: 16.01.2020) (1.000 Digitalwährungen sind schon tot).

RODGERS, TOM, 95% Of Volume Could Be Wash Trading As Bitcoin Price Surges, verfügbar unter: https://www.forbes.com/sites/tomrodgers1/2019/04/04/99-of-volume-could-be-wash-trading-as-bitcoin-takes-back-5000/#60e2db3e23d5 (Stand: 16.01.2020) (Wash Trading).

SPÖRER, JAN/SANDNER, PHILIPP, Comparison of Payment, Utility, and Investment Tokens from 2015 until 2019. Relative market capitalization and absolute number of tokens, split according to the Economic Purpose (EEP) dimension, verfügbar unter: https://itsa.global/comparison-of-payment-utility-and-investment-tokens-from-2015-until-2019/ (Stand: 16.01.2020) (Comparison of Payment, Utility, and Investment Tokens from 2015 until 2019).